ISBN 978-0-656-80486-3
PIBN 10408261

LAVORO AMADUZZI

LA IONIZZAZIONE
E
LA CONVEZIONE ELETTRICA
NEI GAS

Con molte figure intercalate nel testo

BOLOGNA

Bologna - Stabilimento Poligrafico Emiliano

LA IONIZZAZIONE

LA CONVEZIONE ELETTRICA NEI GAS

PREFAZIONE

In questo volumetto ho esposte, con forma per quanto mi è stato possibile piana ed elementare, le principali cognizioni relative alla dissociazione elettrica degli aeriformi ed alla teoria ionica del passaggio della elettricità attraverso i gas.

Ho cercato per tal modo di corrispondere all' indole di queste « Attualità scientifiche » col fare principalmente un lavoro di divulgazione e di preparazione alla lettura ed allo studio delle opere maggiori e delle memorie speciali.

Per ciò che riguarda la teoria ionica, ho procurato, a scopo di utile discussione, di mettere in rilievo quei fatti per i quali nel momento presente essa si mostra insufficiente.

Bologna, agosto 1906.

LAVORO AMADUZZI

Capitolo I.

L'atomo elettrico

---

§ 1. Generalità sui raggi catodici. — Quando due conduttori adducono all'interno di un ambiente nel quale sia un gas molto rarefatto e vengono portati ad una conveniente differenza di potenziale, si ha fra di essi una scarica elettrica, la quale non si manifesta con un effetto luminoso molto sensibile nell'intervallo che va da un elettrodo all'altro. Se l'ambiente è limitato da vetro, si nota bensì una forte luminosità verde di fluorescenza nella regione opposta all'elettrodo negativo o catodo, la qual luminosità fa pensare alla esistenza di una particolare radiazione procedente del catodo in direzione ad esso normale. Molto più che su questa direzione apparve indifferente la posizione dell' elettrodo positivo o anodo.

Tale radiazione venne sulle prime studiata dal Plucker (1), dal Hittorf (2), dal Goldstein (3), e principalmente dal Crookes (4). La si chiamò radiazione catodica, con locuzione introdotta dal Goldstein.

Un cenno dei fenomeni luminosi che si manifestano colla scarica elettrica nei gas rarefatti, dovrà essere fatto più oltre quando sarà giunto il momento di interpretare il meccanismo della scarica.

Possiamo tuttavia utilizzare fino da ora una notizia di carattere generale la quale riguarda l' aspetto di tal luminosità: la luminescenza varia di apparenza colla natura del gas contenuto nel tubo di scarica (rosa coll' aria, azzurra coll' idrogeno, bianca coll' anidride carbonica), colla pressione del gas e colla densità del flusso elettrico traversante il tubo (basterebbe ricordare il fatto che nei tubi ad idrogeno, la luminosità è azzurra nelle parti larghe, e rosa nelle parti strette).

Nel vuoto assai spinto, quantunque sia necessaria la esistenza di particelle materiali, il fenomeno di luminosità scompare, tutte le differenze finiscono per attenuarsi, cosicchè le apparenze e le proprietà dei raggi catodici sono quasi identiche, qualunque sia la natura del gas rarefatto, la natura degli elettrodi ed in una certa misura il modo di eccitazione.

La radiazione catodica mostrò subito tali proprietà da farla considerare elemento importantissimo di studio. Innanzi tutto essa si rivelò per la sua proprietà di suscitare la fluorescenza nel vetro che colpiva, varia al variare della natura di questo. Poi si vide come i raggi catodici fossero capaci di eccitare la fluorescenza anche in altri corpi che non fossero il vetro (fig. 1), ed in maniera pure per essi diversa al variare della natura loro, e non sempre identica a quella che sui medesimi corpi può suscitare la luce ordinaria.

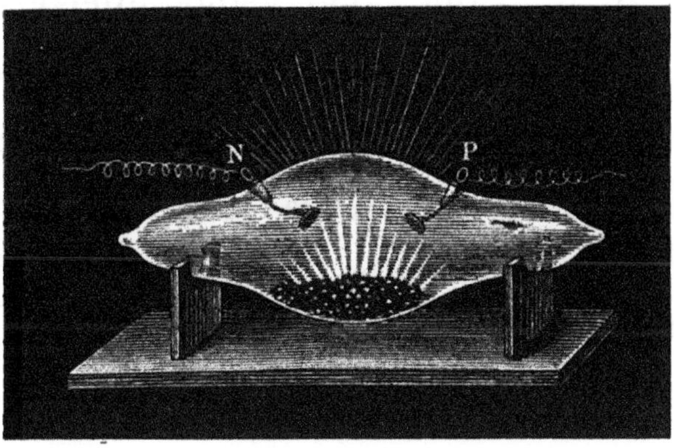

Fig. 1.

I raggi catodici, che, come abbiam detto, suscitano la fluorescenza in vari corpi e determinano azioni chimiche, si propagano nell'interno del tubo secondo linee rette, come può dimostrare l'ombra di una croce metallica che sul

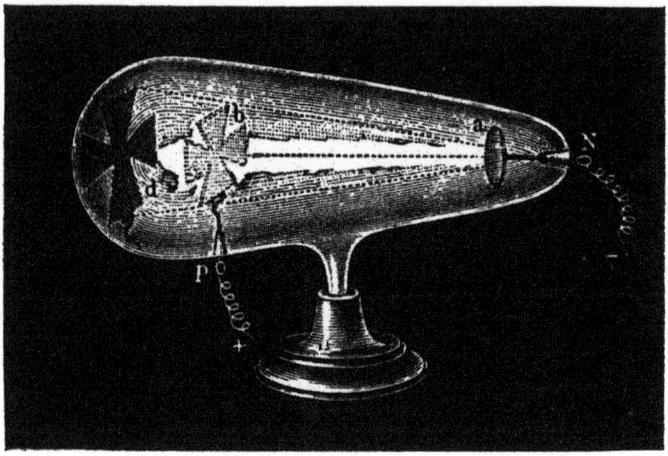

Fig. 2.

Tubo di Crookes.

cammino dei raggi venga interposta così da intercettarne il cammino. È la esperienza classica del Crookes che si eseguisce col tubo della fig. 2.

Certe esperienze eseguite coi raggi catodici e suggerite dalla ipotesi di una natura balistica di questi, avevano fatto ammettere che i raggi catodici possano mettere in moto corpi leggieri e mobilissimi sui quali vadano a cadere. Ora però si ammette generalmente che non si tratti di azione meccanica esercitata dai raggi catodici, ma, come per primo pensò il Righi, di un effetto secondario dovuto al riscaldamento dai raggi catodici prodotto. Una esperienza classica, atta a porre in rilievo la presunta azione meccanica, si eseguiva col noto radiometro elettrico del Crookes, rappresentato dalla fig. 3. Un palloncino di vetro ben chiuso e contenente aria a bassissima pressione, ha un anodo qualunque, e, come catodo, un mulinello a quattro alette di alluminio girevole sopra ad una punta acuta. Le alette hanno una faccia nuda e l'altra coperta da mica, e tutte le faccie nude sono collocate in uno stesso verso. Facendo agire il tubo colla scarica di un conveniente rocchetto, si nota un moto del molinello per modo che le alette di mica precedono

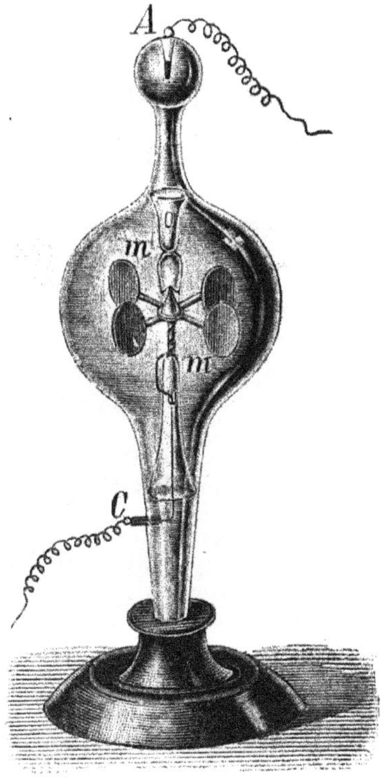

Fig. 3.

le faccie scoperte nella rotazione. Il fenomeno, nella ipotesi di una azione meccanica, sarebbe dovuto alla reazione meccanica dei corpuscoli catodici lanciati in linea retta dalle superfici metalliche funzionanti da catodo. Avendo però il Righi potuto notare la rotazione dopo che, cessate le scariche, colla semplice inclinazione del

Fig. 4.

radiometro aveva arrestato il moto delle alette, la idea di una azione meccanica doveva cedere il campo alla nuova spiegazione coll'effetto secondario calorifico. Il molinello di Crookes, o, come fu anche chiamato, il radiometro elettrico, funzionerebbe dunque come il comune radiometro in virtù del riscaldamento al quale vanno soggetti i catodi in funzione.

Ma non si ha soltanto un riscaldamento nel luogo di emissione dei raggi catodici. Questi riscaldano fortemente anche i corpi sui quali cadono. Di qui la spiegazione del moto nell'apparecchio della fig. 4. Ed il riscaldamento è anche più rapido se i raggi vengono fatti convergere: un frammento di platino iridiato (fig. 5) sul quale cadano concentrati i raggi convergenti emessi da un catodo concavo, raggiunge la temperatura del calor bianco.

Fig. 5.

Notevole è la azione deviatrice che sui raggi catodici esercitano le calamite, la qual cosa è facilmente dimostrata dallo spostamento dell' ombra della croce nel classico tubo del Crookes, effettuato dall' azione magnetica di una conveniente calamita posta in prossimità del tubo, o dalle esperienze eseguibili coi noti tubi rappresentati dalle figure 6 e 7.

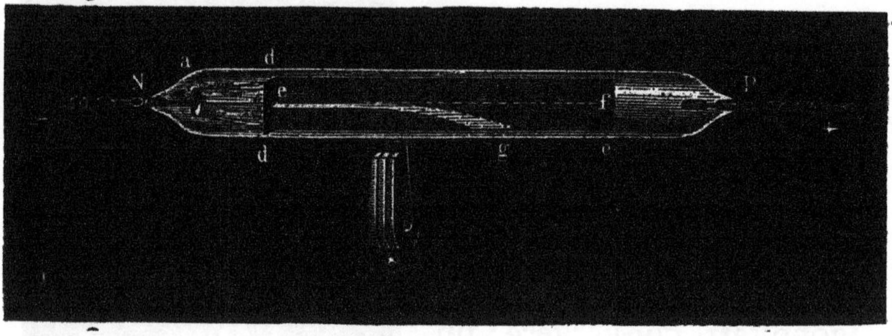

Fig. 6.

Questo fatto principalmente, insieme agli altri della azione meccanica esercitata dai raggi catodici e dell' effetto calorifico pronunciatissimo

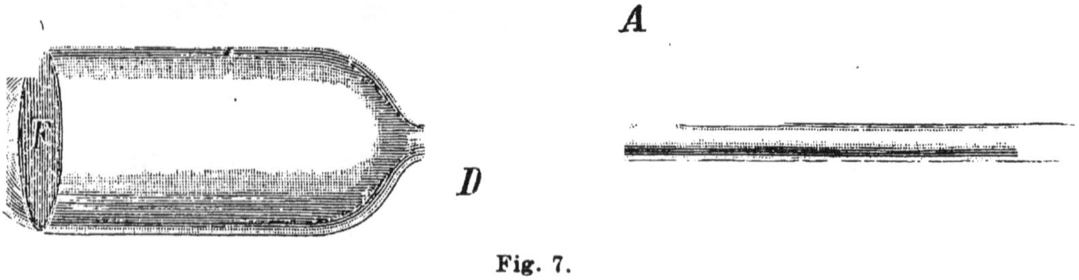

Fig. 7.

che questi raggi determinano, indussero il Crookes a pensare che la radiazione catodica altro non fosse che proiezione delle molecole costituenti la attenuata massa gassosa rimasta nel tubo, massa gassosa che al Crookes appariva quasi un quarto stato della materia (materia radiante). Si sarebbe dunque trattato di proiettili negativi lanciati dal catodo con prodigiosa rapidità. Essi non avrebbero perduto della energia iniziale durante il moto, appunto perchè non avrebbero subiti molti urti, data la rarefazione forte dei gas da essi medesimi costituiti.

La enorme forza viva acquistata nel moto spiegava benissimo gli effetti calorifici. La grande velocità assimilava la radiazione catodica ad una vera e propria corrente, sensibile quindi ad azioni magnetiche esteriori. Così anche il fatto della deviazione appariva spiegato nella ipotesi balistica del Crookes.

§ 2. **Le ombre elettriche prodotte dal moto di elettricità nell' aria alla ordinaria pressione.** — Una forte analogia fra il fenomeno della radiazione catodica e quella delle ombre elettriche, messo in rilievo dal Righi (5), è evidente. All' epoca nella quale il Crookes eseguiva le sue esperienze, il Righi pure riteneva che i raggi catodici fossero molecole gassose elettrizzate dal catodo e da esse respinte, e pensò che una punta elettrizzata dovesse produrre nell' aria ordinaria un effetto analogo per opera delle molecole elettrizzate dalla punta e respinte. Unica differenza doveva esistere in ciò che per quest' ultimo caso, in causa delle loro frequenti collisioni con quelle dell' aria ambiente, le molecole elettrizzate avrebbero conservata una velocità sempre assai piccola e si sarebbero mosse sensibilmente secondo le linee di forza, anzichè secondo linee rette, come accadeva nel gas estremamente rarefatto. Eseguì quindi esperienze varie delle quali è tipica la seguente (fig. 8). Una punta metallica rivolta in basso è fissata all' estremità inferiore di un conduttore isolato terminante superiormente in una piccola sfera. Al disotto è posta una piccola croce di ebanite parallela ad una lastra metallica collocata più in basso, e sulla quale sta una lastra di ebanite recante sulla faccia inferiore una armatura di stagnola. Accostando alla sfera S l' armatura interna di una piccola bottiglia di Leyda preventivamente caricata, cosicchè si abbia tra sfera ed armatura (carica negativamente) una sola scarica lunga circa 1 cm., si ha dalla punta il flusso di particelle cariche le quali procedono

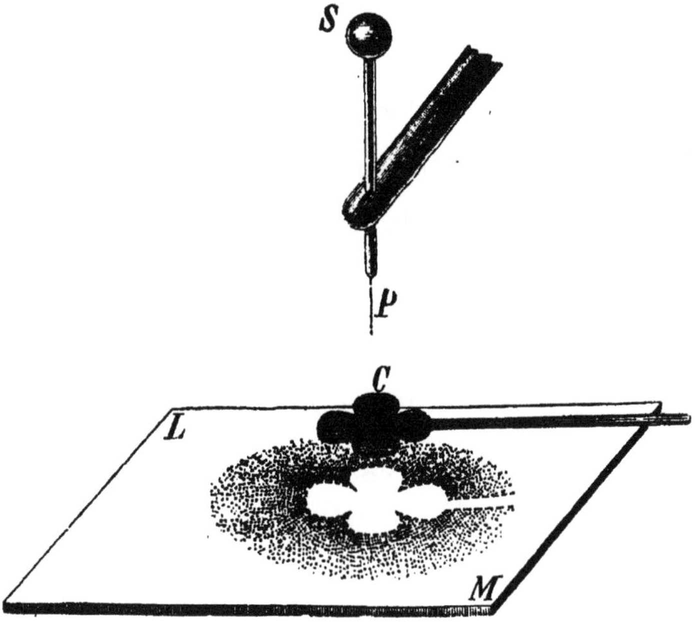

Fig. 8.

sino alla lastra di ebanite, tranne che in corrispondenza della croce di ebanite che le trattiene. Basta difatti proiettare subito sulla lastra inferiore di ebanite il solito miscuglio di polveri elettroscopiche perchè si manifesti l'ombra della croce in campo rosso. Quest' ombra non è soltanto priva di minio: è anche coperta di zolfo, il quale però vi rimane per l' attrazione dovuta alla carica positiva formatasi per influenza nell' armatura di stagnola.

Ombre simili il Righi ottenne collocando sulla lastra metallica, invece di una lastra di ebanite, un foglio di carta sul quale era stata deposta uniformemente della finissima polvere metallica. Respinta dalla carica positiva della lastra (destata per influenza dalla negativa per qualche tempo comunicata alla punta con una macchina elettrica), la polvere sfuggirebbe interamente dal foglio di carta, se in corrispondenza della regione interamente libera per il moto della elettricità negativa dalla punta, non venisse da tale elettricità negativa neutralizzata, così da ricadere poi sul foglio tutto intorno alla regione d' ombra della croce. In tale regione il foglio di carta rimane nudo perchè corrispondentemente ad essa non può giungere la elettricità negativa neutralizzatrice.

Si può avere una imitazione delle descritte esperienze sulle ombre elettriche facendo muovere, per opera delle forze elettriche, dei granelli di polvere. Basta ricorrere alla disposizione rappresentata dalla fig. 9.

Sul conduttore A si colloca della polvere nera di ferro porfirizzato, e si ricopre di gomma

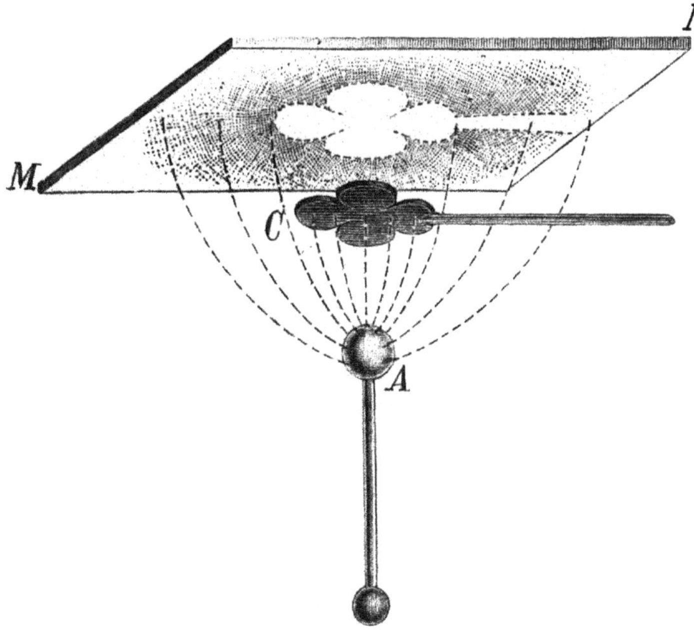

Fig. 9.

liquida un foglio di carta aderente alla faccia inferiore della lastra metallica M N.

Toccando il sistema metallico A con una bottiglietta di Leyda carica, la carta si annerisce in corrispondenza delle regioni non protette dalla croce di ebanite C. Illuminando intensamente la regione interposta tra la pallina e la lastra, può vedersi ben netto l'andamento delle traiettorie curvilinee seguite rapidamente dai granelli di polvere respinti dalla pallina ed attratti dalla lastra. Esse differiscono pochissimo dalle linee di forza, precisamente come avviene per gli altri casi antecedentemente descritti, e per esperienze delle quali avremo occasione di parlare in seguito.

Più avanti potremo pure vedere come la traiettoria delle particelle, che corrisponde sensibilmente alle linee di forza quando il gas ha la pressione ordinaria dell'atmosfera, assuma forma di meno in meno incurvata col diminuire della pressione, sino ad assumere la direzione rettilinea quando si raggiungano le più elevate rarefazioni. Ma una dimostrazione esauriente del fatto, che le particelle elettrizzate seguono le linee di forza, il Righi la dette colla disposizione seguente (6), ricorrendo ad un caso di dispersione elettrica pel quale le linee di forza hanno una forma ben nota (fig. 10). Un filo finissimo *ab* passa entro due tubetti di rame *ca* e *bd*, posti su una stessa linea retta; la sua estremità *c* è fissata, mentre dalla parte di *d* l' altra estremità è attaccata ad una molla *m* che serve a tenderlo. Il sostegno del filo è isolato, e si può caricare istantaneamente, facendo scoccare una scintilla fra una pallina con esso comunicante ed il conduttore di una bottiglia di Leyda carica. Se sotto il filo è posta una lastra di ebanite EF avente inferiormente un' ar-

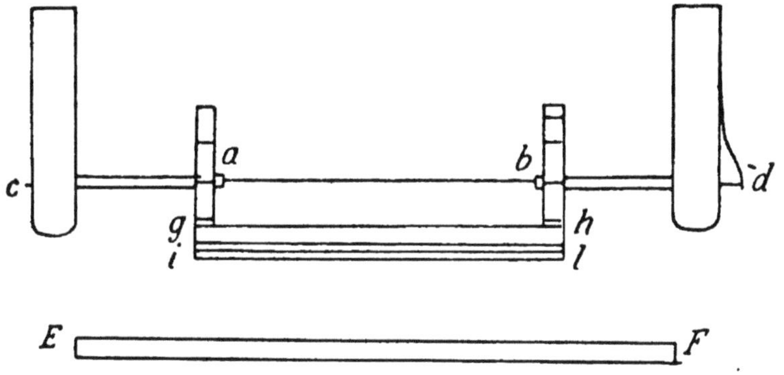

Fig. 10.

matura in comunicazione col suolo, proiettando su questa il solito miscuglio di minio e zolfo, si vedrà che la lastra resta caricata per l' elettricità dispersa dal filo sottile. Per mostrare che il trasporto ha luogo secondo le linee di forza, che in tal caso sono (almeno per le parti non troppo vicine alle estremità del filo) quelle di una retta elettrizzata parallela ad un piano comunicante col suolo, e quindi archi di cerchio, passanti pel filo, giacenti in piani a questo perpendicolari ed aventi il centro nel piano, bisogna intercettare una parte delle particelle in moto, cioè fare una esperienza di ombre elettriche. Perciò alle estremità A e B dei tubetti sono poste due lastre di ebanite in forma di dodecagoni regolari congiunte da tante striscie rettangolari di ebanite (due sole, *gh*, *il*, sono tracciate nella figura) che lasciano dall' una all' altra un piccolo intervallo (4 mm.). Non potranno così colpire la lastra EF che quelle particelle che si muovono lungo le linee di forza passanti per le fessure del prisma formato dalle striscie di ebanite. Le dette fessure si trovano sopra un cilindro di 50 mm. di diametro, avente per asse il filo stesso. Una delle fessure si trova in *a* sotto il filo, un' altra in *b* a 30° dalla prima, un' altra in *c*

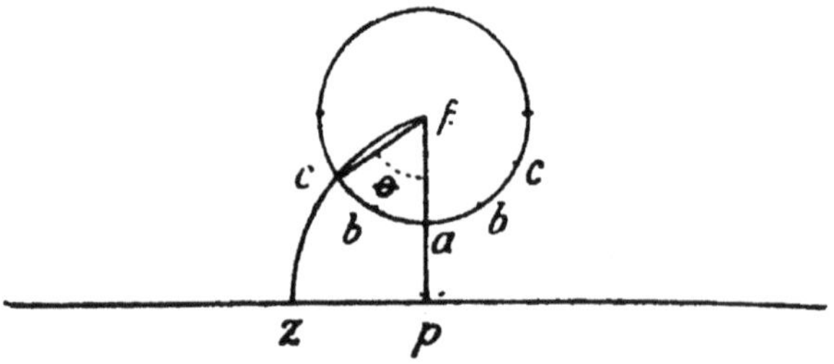

Fig. 11.

a 30° dalla precedente ecc. Se indichiamo (fig. 11) in generale θ l'angolo che la retta *fc* fa colla *fp* (perpendicolare al piano della ebanite), e con r la distanza pz fra p e il punto z in cui la linea di forza passante per c incontra il piano, si dimostra che

$$Z = \frac{R - 2d \cos \theta \sqrt{R^2 + 4d^2 - 4dR \cos \theta}}{2 \operatorname{sen} \theta}$$

essendo

$$R = fc \quad \text{e} \quad d = fp..$$

Si possono così calcolare le posizioni nelle quali la lastra viene incontrata da linee di forza passanti per le fessure del prisma di ebanite, e verificare se corrispondono o no al risultato della esperienza. Ora il Righi ha trovato fra il calcolo e l'esperienza un accordo notevolissimo. A conferma di questo diremo che egli, dando una carica istantanea al filo, e proiettando le polveri, in tre esperienze vide formarsi sull'ebanite delle striscie rosse o gialle (secondo che operò con elettricità $-$ o $+$) rettangolari e parallele al filo, le cui distanze da quella che si trovava immediatamente sotto al filo sono scritte nei seguenti quadri a lato delle distanze calcolate.

$d = 50^{mm}$

θ	*z mis:*	*z calc:*
30°	22mm	21.6
60°	47	44.3
90°	77	73.5
120°	106	123.6

$d = 80^{mm}$

θ	*z mis:*	*z cal:*
30°	31	28.3
60°	64	60.0
90°	104	102.2
120°		

$d = 130^{mm}$

θ	*z mis.*	*z cal:*
30°	42	41.0
60°	90	87.8
90°	143	151.2

§ 3. **L'emissione dei raggi catodici è inseparabile dal trasporto di cariche negative.** — Un argomento solido a favore della teoria della materialità dei raggi catodici venne da esperienze del Perrin, basate forse su una disposizione poco nota del Crookes, ma dalla quale il Crookes stesso non aveva saputo ottenere risultati assolutamente concludenti. Il fisico inglese, in un elettrodo ausiliario, collocato di fronte al catodo, e protetto da un cilindro metallico in comunicazione col suolo, notò costantemente l' acquisto di una carica elettrica, ma non avendo del pari mantenuto in comunicazione col suolo l'anodo, non potevansi ritenere definiti senza ambiguità il potenziale del catodo ed il segno delle cariche. Fu il Perrin (7) che in maniera non dubbia provò che si stabilisce una corrente di elettricità negativa lungo il percorso dei raggi catodici. Le esperienze vennero eseguite colla disposizione della fig. 12. Il catodo ha la

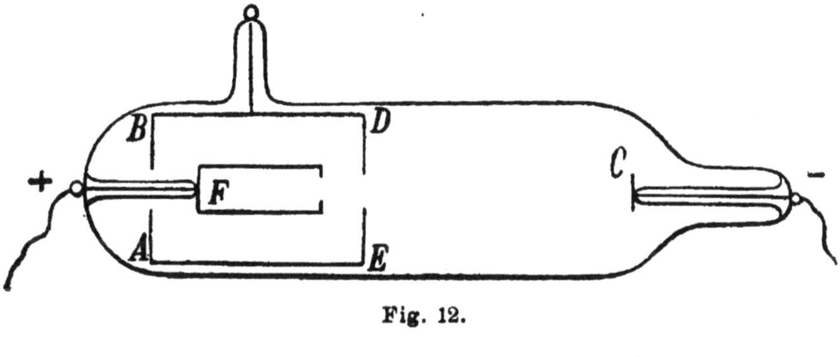

Fig. 12.

forma di disco: l' anodo che è posto in comunicazione col suolo, quella di un cilindro metallico (cilindro del Faraday) forato nella parte opposta al catodo. Nell' interno di questo cilindro, coassiale con esso e da esso ben isolato, sta un altro cilindretto metallico, aperto contro l'apertura del primo, e posto in comunicazione con un elettrometro. Ponendo in azione il tubo, i raggi catodici si dirigevano entro il cilindro interno e l'elettrometro attestava una carica elettrica negativa. Facendo deviare i raggi catodici con una calamita, cosicchè essi non penetrassero più nel cilindro, l'elettrometro non accusava più la carica negativa. Tutto sembrava dunque provare che i raggi catodici fossero il veicolo di cariche negative. Rimaneva da dimostrare che l'identità fra cariche trasportate e raggi catodici sussisteva anche durante la deviazione magnetica. Ciò fece il Thomson (8) nel modo seguente. Egli modificò il dispositivo del Perrin per modo che il cilindro di Faraday venisse a trovarsi fuori della linea seguita dai raggi catodici, e quindi questi non dessero al conduttore comunicante coll' elettrometro una sensibile carica negativa. altro che quando fossero assolutamente deviati da una calamita (fig. 13). Con tale disposizione, è stato possibile mettere in evidenza che il flusso di elettricità negativa emanante dal catodo si confonde coi raggi catodici anche quando questi sono deviati da un campo magnetico. Da ciò viene assodato il pensiero che

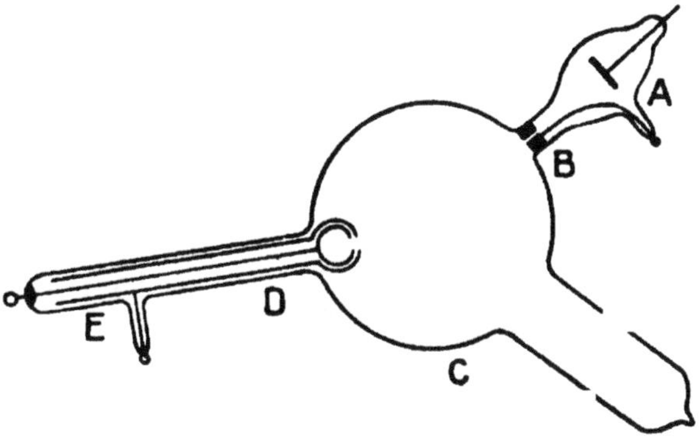

Fig. 13.

flusso di elettricità negativa e raggi catodici siano una sola e medesima cosa.

§ 4. **I raggi catodici in un campo elettrico.** — Se i raggi catodici sono costituiti da particelle cariche negativamente deve potersi ottenere una deviazione della loro traiettoria per l' azione di un campo elettrico, precisamente come su tale traiettoria fa sentire la propria influenza un campo magnetico. La deviazione elettrica dei raggi catodici è stata messa in rilievo da esperienze varie e numerose (9), fra le quali citeremo quelle del Goldstein, del Crookes, di J. Perrin, del Majorana, di J. J. Thomson, dell' Ebert.

La fig. 14α rappresenta la traiettoria che nelle esperienze del Perrin e del Majorana assumevano i raggi catodici uscenti attraverso la tela metallica (fig. 14β) funzionante da anodo, allorchè P comunica col polo positivo di una macchina elettrostatica o di un rocchetto, ed A è un filo metallico perpendicolare al piano della figura ed in comunicazione col polo negativo. La inversione di polarità conduceva la traiettoria all'andamento rappresentato dalla figura 14γ. N è il catodo da cui partono i raggi catodici.

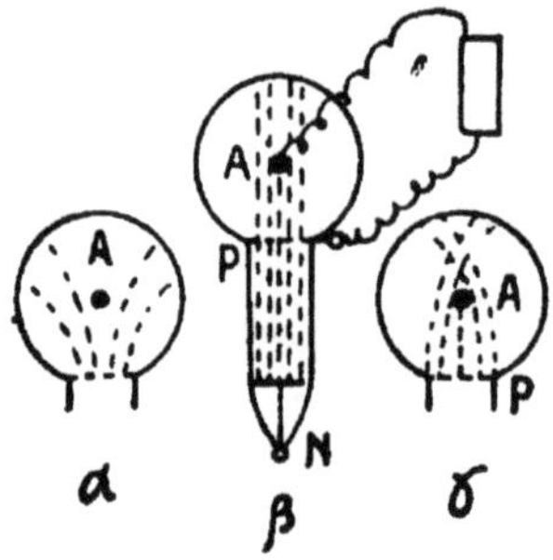

Fig. 14.

Assai netta è pure la esperienza dell'Ebert, per la quale ponendo il tubo a radiazione catodica fra le armature di un condensatore, apparisce la deviazione elettrostatica del flusso catodico nel senso previsto.

La deviazione elettrostatica può venire agevolmente calcolata con considerazioni molto semplici basate sulla ipotesi balistica.

È ovvio che se ψ rappresenta la differenza di potenziale che muove nella direzione Ox una particella di carica e e di massa m, per il principio della conservazione della energia, valido nella ipotesi che si escluda ogni attrito, sarà:

$$\frac{m}{2}\left(\frac{dx}{dt}\right)^2 = e\,\psi.$$

Se la particella arriva in un campo elettrico la cui componente nella direzione dell'asse y è F, la forza esercitata dal campo sulla particella stessa sarà

$$m\,\frac{d^2y}{dt^2} = -\,e\mathrm{F}.$$

Dalle ultime due relazioni risulta quindi

$$\frac{d^2y}{dx^2} = -\,\frac{\mathrm{F}}{2\psi}.$$

La deviazione provata dalla particella nel campo estendentesi da x_1 ad x_2 si avrà integrando da x_1 ad x_2 e sarà espressa da

$$\mathrm{A} = \frac{1}{2\psi}\int_{x_1}^{x_2} dx \int_{x_1}^{x_2} \mathrm{F}\,dx.$$

Se il campo è costante per tutto $x_2 - x_1 = a$ e per un tragitto successivo l della particella è nullo, l' ordinata finale della particella medesima sarà:

$$A = \frac{F}{2\psi}\left(\frac{a^2}{2} + al\right).$$

Orbene da questa relazione risulta che il prodotto $A\,\frac{\psi}{F}$ deve avere il valore costante

$$\frac{a^2}{4} + \frac{al}{2},$$

che può calcolarsi in base a note dimensioni di un apparecchio nel quale si operi la azione elettrostatica su di un fascio catodico.

Ciò fecero W. Kaufmann ed E. Aschkinass (11), cosicchè essi poterono verificare l' accordo fra l' ultima relazione desunta e la esperienza, confermando per tal modo l' ipotesi sulla quale è basato il calcolo.

— Una maniera intuitiva e utile di considerare la azione di un campo elettrico su una particella catodica si è quella di paragonare la particella stessa ad una pietra che venga lanciata orizzontalmente nel campo gravifico uniforme terrestre, ed il campo elettrico a tale campo terrestre. Le equazioni del moto si possono subito scrivere:

$$t = \frac{x}{v}, \quad y = \frac{gx^2}{2v^2}.$$

Ma

$$g = F \frac{e}{m},$$

e quindi

$$y = \frac{Fex^2}{2mv^2}.$$

Come pel caso della pietra lanciata orizzontalmente, anche qui per la particella catodica la traiettoria sarà parabolica.

Che la traiettoria dei raggi catodici in un campo elettrostatico abbia andamento parabolico è stato recentemente messo in rilievo da A. Wehnelt (11). Nel tubo rappresentato dalla fig. 15, il catodo K (il cui dettaglio è rappresentato dalla fig. 16 indicante come un circuito elettrico rende incandescente su una lamina di platino, costituente il catodo, un blocchetto di ossido metallico) manda dalla superficie dell' ossido su di esso deposto, raggi catodici sufficientemente lenti per essere facilmente deviabili, e dei quali dovremo parlare in seguito. Basta collegare la

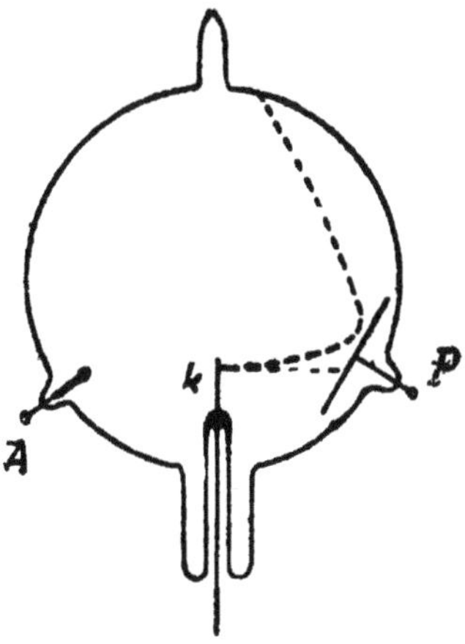

Fig. 15.

Fig. 16.

lamina metallica P al catodo, perchè il campo esistente fra l'anodo e questa lamina, agisca sui raggi e li devii secondo una curva sensibilmente parabolica.

Questa curva può vedersi su tutta la sua lunghezza grazie alla fluorescenza che lungo essa si eccita nel gas.

L'azione di un campo elettrico sui raggi catodici è stata utilizzata dal Perrin (12) per misurare la differenza di potenziale che mette in moto le particelle. Difatti, se i raggi debbono la loro energia alla repulsione esercitata dal catodo sulle particelle che li costituiscono, deve essere possibile modificare od annullare questa energia obbligandoli a passare, nella direzione delle linee di forza, in un campo elettrico di senso contrario a quello del catodo.

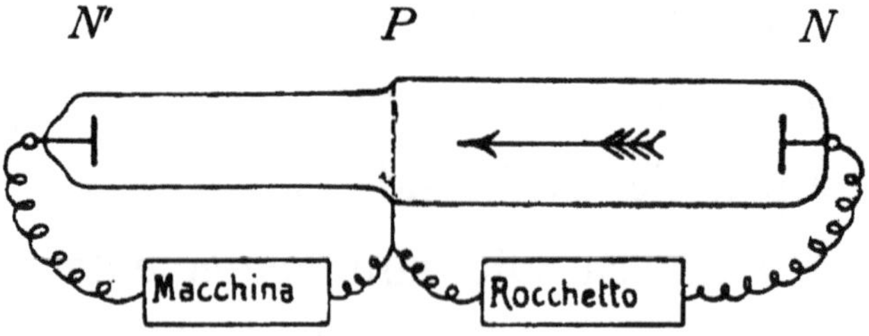

Fig 17.

I raggi catodici emessi dal catodo N (fig. 17) e generati dalle scariche di un rocchetto, traversano una tela metallica funzionante da anodo collegata col polo positivo P di una macchina elettrostatica, e penetrano, secondo le linee di forza, nel campo creato da questa macchina fra la tela metallica ed un piatto parallelo N' comunicante col polo negativo della macchina medesima. Se si eleva progressivamente il valore di questo campo, la luminosità di una polvere fluorescente posta sul piatto negativo N' diminuisce a poco a poco e finisce per spegnersi, indicando che i raggi sono totalmente arrestati dalla differenza di potenziale antagonista determinata dalla macchina. Il Perrin ha determinato il valore di questa differenza di potenziale mediante un elettrometro assoluto Abraham e Lemoine, ottenendo per tal modo il valore della differenza di potenziale eccitatrice dovuta al rocchetto.

§ 5. **I raggi catodici in un campo magnetico.** — Abbiamo già veduto come dalle prime esperienze del Crookes risultasse la possibilità di deviare i raggi catodici per mezzo di calamite. Se si ammette che i raggi catodici sieno costituiti da particelle cariche di elettricità negativa, semplici considerazioni teoriche portano a stabilire che la loro deviazione deve avvenire perpendicolarmente alla direzione del campo.

In un campo uniforme, un raggio catodico ad esso perpendicolare deve incurvarsi secondo una circonferenza il cui piano sia perpendicolare alla direzione del campo. Per un osservatore che guardi il raggio e che sia disposto nella direzione del campo, la traiettoria circolare verrà percorsa nel senso di rotazione delle lancette di un orologio. Se il raggio è disposto obliquamente rispetto al campo, esso si incurva secondo un'elica.

Per vederlo bastano queste semplici considerazioni.

Sia OZ la direzione del campo uniforme; sieno *e* la carica ed *m* la massa di una particella elettrizzata in movimento, assimilabile ad una piccola sfera. Se la sua velocità è piccola in confronto di quella della luce, l'azione del campo è uguale a quella esercitantesi sull'unità di lunghezza di una corrente trasportante una quantità *ev* di elettricità per unità di tempo. Sia H il valore del campo che si suppone parallelo ad OZ. Le equazioni del movimento della particella sono:

$$m \frac{d^2x}{dt^2} = evH \frac{dy}{ds}; \; m \frac{d^2y}{dt^2} = - evH \frac{dx}{ds}; \; m \frac{d^2z}{dt^2} = o.$$

Poichè la forza in ogni istante è perpendicolare alla direzione del movimento, la velocità $\frac{ds}{dt}$ è costante. D' altra parte l' ultima equazione mostra che la componente della velocità secondo OZ è costante. Quindi la tangente alla traiettoria fa necessariamente un angolo costante con OZ. Le equazioni precedenti divengono, tenendo conto di $v = \frac{ds}{dt} =$ costante:

$$mv^2 \frac{d^2x}{ds^2} = evH \frac{dy}{ds}; \; mv^2 \frac{d^2y}{ds^2} = - evH \frac{dx}{ds}; \; mv^2 \frac{d^2z}{ds^2} = o.$$

Sia ρ il raggio di curvatura della traiettoria; λ, μ, ν sieno i suoi coseni direttori. Si deduce da ciò che precede, il fattore v scomparendo:

$$\frac{\lambda}{\rho} = H \frac{e}{mv} \frac{dy}{ds}; \; \frac{\mu}{\rho} = - H \frac{e}{mv} \frac{dx}{ds}; \; \frac{\nu}{\rho} = o.$$

Elevando a quadrato e addizionando:

$$\frac{1}{\rho^2} = \left(H \frac{e}{mv}\right)^2 \left[\left(\frac{dx}{ds}\right)^2 + \left(\frac{dy}{ds}\right)^2\right].$$

E se α rappresenta l' angolo costante della traiettoria con OZ:

$$\left(\frac{dx}{ds}\right)^2 + \left(\frac{dy}{ds}\right) = sen^2 \alpha,$$

da cui:

$$\frac{1}{\rho} H = \frac{sen\ \alpha}{v} \frac{e}{m}.$$

ρ è costante; la curva è un' elica avviluppata su di un cilindro di raggio r dato da

$$z = \rho\ sen^2\ \alpha = \frac{mv}{He}\ sen\ \alpha.$$

Per $\alpha = \frac{\pi}{2}$ l' elica diviene una circonferenza di raggio $R = \frac{mv}{He}$.

L' andamento ad elica assunto da un fascio catodico posto in un campo magnetico uniforme era stato constatato da Hittorf nel 1869. Poi persuasero esperienze di Precht, di Fleeming, di Birkeland, di Barr, di Philippe (13). Il Poincaré, per spiegare una esperienza del Birkeland atta a provare un effetto di concentrazione dei raggi catodici per opera di un campo magnetico, applicò ancora il calcolo all' ipotesi balistica e raggiunse pienamente l'intento (14). Nuova conferma sperimentale delle deduzioni teoriche del Poincarè, venne poi da esperienze di Wiedemann e Wehnelt (15).

— Un tubo di Braun molto sensibile, atto a mettere in rilievo sia la deviazione elettrostatica, sia la deviazione magnetica dei raggi catodici, è quello costruito dal Wehnelt (16) e rappresentato dalla fig. 18. Esso utilizza i raggi catodici molto lenti

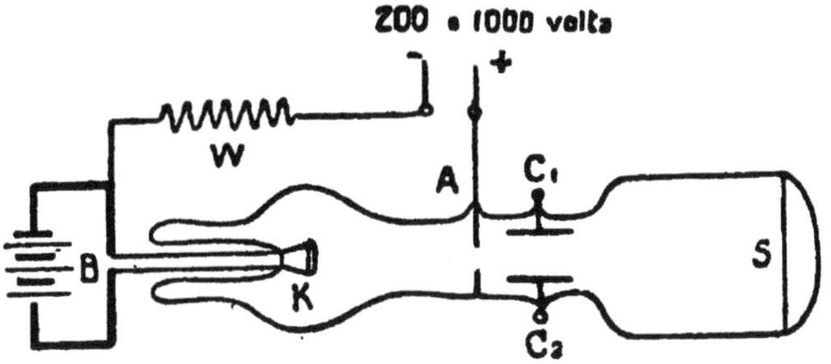

Fig. 18.

dei quali avremo occasione di dire fra breve e pur dotati della possibilità di destare azioni marcate di fluorescenza. Tali raggi vengono prodotti, come dicemmo fugacemente nel § 4, facendo passare attraverso ad una laminetta di platino sulla quale sia una traccia di CaO (o BaO o SrO) la corrente di una batteria B. L'anodo A ha la forma di un diaframma recante nel proprio centro una piccolissima apertura, la quale, allorchè agisce nel tubo la conveniente corrente regolata dal reostato W, lascia passare uno stretto fascio di raggi lenti che va a produrre una piccola chiazza di fluorescenza nello schermo S. Tal chiazza si sposta se sui raggi si fa agire un campo elettrico creato in C_1 C_2 o un campo magnetico destato esteriormente al tubo.

— L' azione magnetica sui raggi catodici permise al Perrin (17) di mettere in rilievo un fatto che appariva di vero interesse quando si pensava da taluno che i raggi catodici potessero essere costituiti dalla materia stessa del catodo. Un catodo piano in alluminio era dorato alla sua parte superiore ed argentato nella regione inferiore. Il fascio catodico che da esso partiva veniva da un' azione magnetica esteriore deviato ugualmente in tutte le sue parti. Ora se i raggi catodici fossero stati costituiti dal materiale stesso del catodo, tal materiale sarebbe stato diverso per le particelle d' oro, d' argento e d' alluminio, conseguentemente diverso sarebbe stato il valore di v perchè $e\psi = \frac{1}{2} mv^2$ (ψ essendo la differenza di potenziale fra l' anodo e il catodo), e conseguentemente diversa per le regioni superiore, media ed inferiore del fascio, la deviazione magnetica.

— Il Kaufmann (18) ha indagata la relazione che intercede tra la deviazione magnetica dei raggi catodici e il potenziale di scarica ψ, e ha trovato che la deviazione è inversamente proporzionale a $\sqrt{\psi}$. Per misurare comodamente la deviazione magnetica il Kaufmann adoperò come parete anticatodica una lastra di vetro sulla quale l' anodo proiettava la propria ombra. Il campo magnetico era ottenuto con due rocchetti il cui asse comune aveva andamento perpendicolare alla direzione del fascio catodico. La distanza x_0 dal catodo alla parete anticatodica era uguale al diametro dei rocchetti, di guisa che i raggi catodici venivano assoggettati all' azione magnetica lungo tale tratto x_0. La deviazione avveniva in una direzione perpendicolare tanto alla direzione Oz del campo come alla direzione Oy dei raggi. Orbene, se H rappresenta l' intensità del campo, si ha:

$$e\psi = \frac{1}{2} m \left(\frac{dx}{dt}\right)^2 ; \quad m \frac{d^2z}{dt^2} = \mathrm{H}e \frac{dx}{dt}$$

e da queste relazioni il Kaufmann dedusse per il valore della deviazione

$$z = \frac{1}{2} Hx_0^2 \sqrt{\frac{e}{2m\psi}}.$$

Il risultato sperimentale ricordato ed il fatto messo in rilievo da J. J. Thomson della indipendenza della deviazione dalla natura del gas, posti in relazione coll' ultima espressione scritta, portano alla conclusione importante che $\frac{e}{m}$ deve essere costante ed indipendente dalla natura del gas.

§ 6. **Misura del rapporto $\frac{e}{m}$ per le particelle catodiche, e della loro velocità.** — Nella ipotesi balistica sulla natura dei raggi catodici appariva giustificato il problema della determinazione della carica delle particelle, della loro velocità, della massa. Queste ultime due grandezze si mostrarono dapprima difficili da misurare. Non così la velocità e il rapporto delle altre due, che possono scaturire da quattro relazioni teoriche abbastanza semplici, due delle quali ci sono già note.

La prima è

$$\frac{m}{e} = \frac{v^2}{2\psi}.$$

Essa risulta dalle semplici considerazioni seguenti. Designando con ψ la differenza di potenziale fra il catodo e l'anodo, allorquando una particella di carica e passa dal catodo all'anodo o ad un punto che abbia lo stesso potenziale dell'anodo, il lavoro elettrico effettuato è ψe. E se questo lavoro si trasforma tutto in forza viva si ha:

$$\frac{e}{m} = \frac{v^2}{2\psi}.$$

La seconda relazione è

$$\frac{e}{m} = \frac{v}{\rho H}.$$

Essa ci è nota, e risulta dalla considerazione dell'effetto sui raggi catodici di un campo magnetico normale alla direzione del fascio catodico. ρ è il raggio di curvatura del fascio deviato.

La terza relazione è

$$\frac{e}{m} = \left(\frac{2y}{Fx^2}\right) v^2,$$

e deriva dallo studio fatto della deviazione del fascio catodico determinata da un campo elettrico.

La quarta relazione è

$$\frac{e}{m} = \frac{Q}{2W} v^2,$$

ove Q rappresenta la carica elettrica totale dei raggi catodici, e W la loro energia cinetica. Essa risulta da queste semplici considerazioni. Se N è il numero incognito di particelle, sarà

$$W = N \frac{mv^2}{2},$$

mentre

$$Q = Ne,$$

e quindi

$$\frac{e}{m} = \frac{Q}{2W} v^2.$$

Se le particelle si faranno urtare contro ad un ostacolo che le arresti si potrà approssimativamente ammettere che la loro energia cinetica si trasformi interamente in calore. In realtà una parte darà luogo ai raggi Röntgen, ma si ritiene che sia parte esigua.

Le equazioni ora ricordate, in quanto contengono ciascuna le due incognite v ed $\frac{e}{m}$, servono, associate due a due opportunamente, a dare il valore delle incognite. Queste associazioni opportune sono state tradotte in pratica nei principali metodi sperimentali che ora esamineremo brevemente.

§ 7. **Il metodo Thomson-Lenard**. — Questo metodo vien così chiamato perchè usato contemporaneamente (19) da J. J. Thomson per le particelle catodiche, e dal Lenard per i raggi Lenard dei quali parleremo in seguito. Esso si poggia sulla misura della deviazione determinata da un campo elettrostatico e da un campo ma-

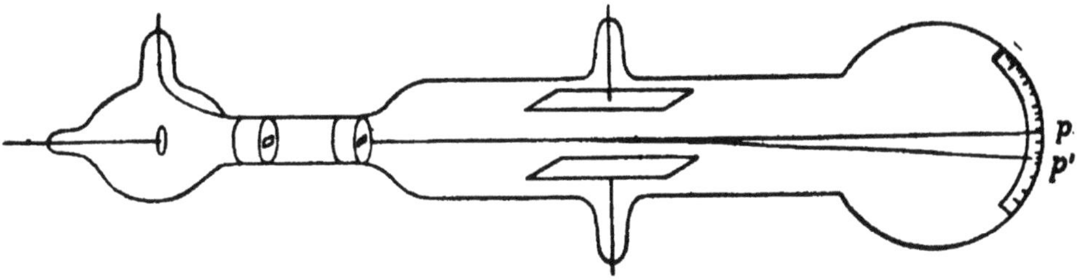

Fig. 19.

gnetico. Un fascio di raggi catodici (fig 19) dopo avere attraversate due fenditure perpendicolari fra loro, è assoggettato all' azione simultanea di un campo magnetico e di un campo elettrostatico antagonisti. E si giudica della uguaglianza delle due azioni dalla immobilità della macchia fluorescente sulla parete *pp'*. In queste condizioni, se F è il valore del campo elettrostatico ed H quello del campo magnetico, si ha:

$$Fe = Hev,$$

da cui:

$$v = \frac{F}{H}.$$

D'altro canto quando i raggi catodici sono assoggettati soltanto alla azione del campo magnetico, si ha:

$$\frac{e}{m} = \frac{v}{H\rho}.$$

In base allo spostamento *pp'* della macchia fluorescente, e conoscendo la lunghezza B*p*, si poteva calcolare agevolmente il valore di ρ, cosicchè le due relazioni indicate davano il valore:

$$\frac{e}{m} = \frac{F}{H^2\rho}.$$

Le medie dei risultati ottenuti dal Thomson furono $\frac{e}{m} = 0,77 \cdot 10^7$ (U.E.M.) per l'aria; $0,66 \cdot 10^7$ (U.E.M.) per l'idrogeno; $0,66 \cdot 10^7$ (U.E.M.) per l'anidride carbonica. Quanto al valore di v, pure facilmente desumibile, fu trovato in media $3 \cdot 10^9$.

§ 8. **Secondo metodo Thomson.** (20) — Esso è basato sulla applicazione della relazione quarta, che diventa

$$\frac{e}{m} = \frac{2W}{QH^2\rho^2},$$

se si pensa che

$$v = \frac{2W}{QH\rho}.$$

Il Thomson si valse per le sue determinazioni di quei tubi che sono una modificazione del noto dispositivo di Perrin, atto a dimostrare che le particelle catodiche sono inseparabili da una carica negativa. In essi, il cilindro interno a quello in comunicazione col suolo, riceveva i raggi catodici opportunamente deviati da un noto campo magnetico, e siccome tal cilindro comunicava coll' elettrometro, si aveva, oltre ai valori H e ρ, anche il valore Q. Una piccola pinzetta termoelettrica situata nell' interno del cilindro in comunicazione coll'elettrometro e collegata ad un galvanometro permetteva mediante la nozione della capacità calorifica sua di passare al valore di W. I risultati ottenuti furono in sufficiente accordo con quelli ottenuti mediante l'altro metodo considerato. Gli uni e gli altri misero in rilievo la indipendenza dei valori determinati, dalla natura del gas contenuto nel tubo e dalla materia costituente il catodo. Della qual cosa si ebbe anche conferma da esperienze di H. A. Wilson (21) che usò catodi fatti con alluminio, rame, ferro, piombo, platino, argento, stagno e zinco.

§ 9. **Il metodo Schuster-Kaufmann** (22). — Se ci riferiamo alla quarta delle relazioni richiamate si ricavano le relazioni:

$$v = \frac{2\psi}{H\rho}$$

$$\frac{e}{m} = \frac{2\psi}{H^2\rho^2},$$

che sono applicate in questo metodo consistente nel misurare la differenza di potenziale ψ fra catodo ed anodo, e la deflessione magnetica. Il Schuster pensò di ricorrere a questi due elementi sino dal 1890, e trovò dapprima per $\frac{e}{m}$ il valore $6{,}11 \cdot 10^7$, che poi corresse nel 1898 con $0{,}36 \cdot 10^7$, mantenendosi però sempre lontano dai valori più attendibili che ottenne il Kauffmann. Questi dedusse sulle prime un valore per $\frac{e}{m}$ uguale ad

$1{,}77 \cdot 10^7$, ma poi, con ulteriori perfezionamenti al metodo ottenne $1{,}86 \cdot 10^7$.

S. Simon (23) per mezzo dello stesso metodo del Kaufmann ha trovato per $\frac{e}{m}$ il seguente valore che sembra il più attendibile:

$$\frac{e}{m} = 1{,}865 \cdot 10^7 \text{ C. G. S. } e.\, m.$$
$$= 5{,}6 \cdot 10^7 \text{ C. G. S. } e.\, s.$$

ψ nelle esperienze del Simon ha variato da 6000 a 12000 volta, ed i dedotti valori corrispondenti di v, apparvero compresi fra $5 \cdot 10^9$ e $7 \cdot 10^9$, e permisero senz'altro di asserire che la velocità di emissione dei raggi catodici raggiunge circa il terzo della velocità della luce.

§ 10. **Il metodo Wiechert-Des Coudres.** — Chi lo adoperò per primo fu il Des Coudres (24), ma chi seppe trarre con esso i migliori risultati fu il Wiechert (25). Il principio sul quale è basato è davvero ingegnoso. Se A B C D ed A′ B′ C′ D′ sono due circuiti che abbracciano un tubo lungo il quale corrono dei raggi catodici, e vengono percorsi da rapidissime correnti alternate, quali quelle che si possono avere dalla scarica di una bottiglia di Leida, dato che i raggi abbiano velocità non infinita, si potranno disporre i due circuiti per modo che il tempo impiegato dai raggi a percorrere la distanza che li separa sia uguale alla metà o al quarto del periodo della corrente. E questo se uno dei circuiti, per esempio l'A'B'C'D', è mobile lungo il tubo catodico. Orbene, dato che nel tubo, oltre al catodo concavo *e*, si trovino, a partire da questo ed a convenienti distanze, un disco forato B_1 un ugual disco B_2

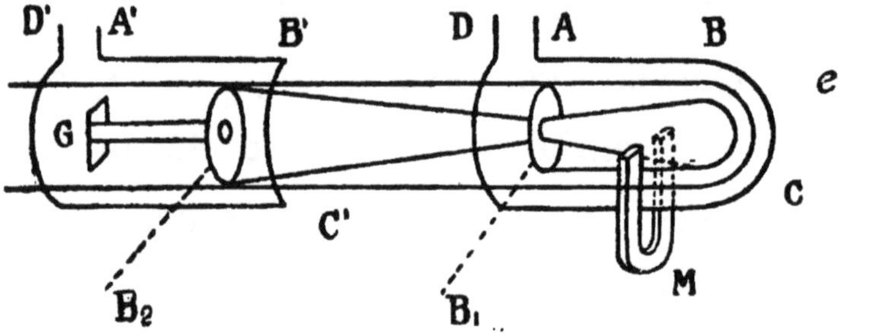

Fig. 20.

ed uno schermo fluorescente G, come rappresenta la figura 20; se il fascio catodico è deviato in basso da una calamita, si potrà ottenere che, in accordo colle oscillazioni della cor-

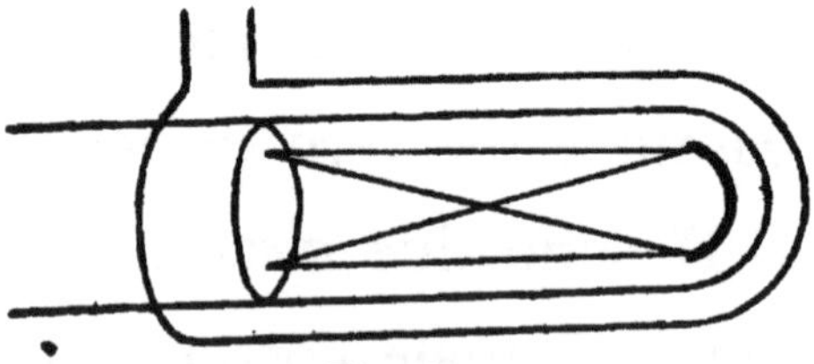
Fig. 21.

rente lungo ABCD, il fascio oscilli non simmetricamente rispetto al foro del diaframma B_1 (fig. 21), ma vada a passare attraverso al diaframma B_1, in corrispondenza della massima elongazione o della minima velocità di spostamento. E se il secondo circuito A'B'C'D' viene posto a tal distanza dal primo che i raggi penetrino nel suo campo, un quarto, o tre quarti di periodo dopo che lasciarono quello del primo, essi vi trovano un campo nullo, non risentono alcuna deviazione, passano attraverso al foro del diaframma B_2 e vanno a colpire lo schermo fluorescente G. Due posizioni successive del circuito A' B' C' D' per le quali il fascio catodico riesce a colpire lo schermo G, distano fra loro di un tratto uguale al cammino percorso dalle particelle catodiche durante un semiperiodo del campo alternante. Determinando questo periodo, si può così passare al valore della velocità colla quale le particelle catodiche stesse si muovono. Se λ e la distanza fra i due circuiti quando vi è differenza di un quarto di periodo, L la lunghezza delle onde elettriche passanti attraverso a questi circuiti, v la velocità dei raggi e V la velocità della luce, si ha

$$\frac{v}{V} = \lambda : \frac{L}{4}.$$

Così, in una esperienza si aveva L = 940 *cm.*, $\lambda = 39$, e quindi

$$v = 5 \cdot 10^9 \frac{cm.}{sec.}.$$

Gli stessi raggi catodici assoggettati all'azione di un campo magnetico assumevano un andamento circolare per cui, noto v si passava, mediante la espressione

$$\frac{e}{m} = \frac{v}{\rho H},$$

alla determinazione del rapporto fra la carica e la massa. Wiechert giunse alla conclusione che il valore di $\frac{e}{m}$ è compreso fra $1{,}55 \cdot 10^7$ e $1{,}01 \cdot 10^7$. Ammise come valore più probabile $1{,}26 \cdot 10^7$.

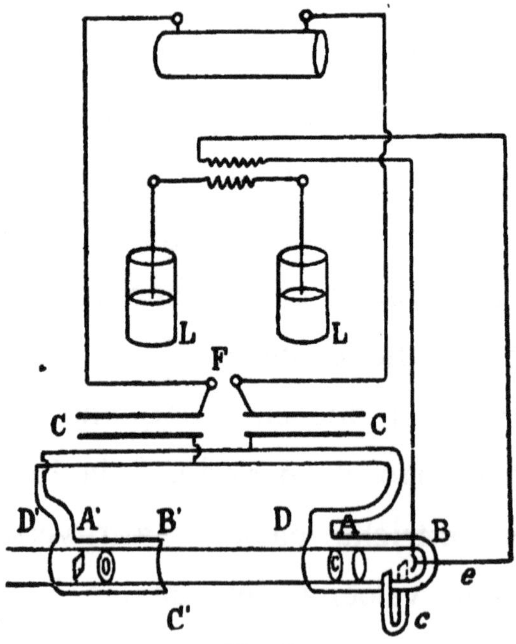

Fig. 22.

La figura 22 mostra la disposizione di insieme dell' apparecchio.

§ 11. **Le misure di W. Seitz**. — Per decidere quale dei valori trovati per il rapporto $\frac{e}{m}$ dai vari sperimentatori sia il più attendibile, W. Seitz (26) applicò successivamente vari metodi ad un medesimo tubo, e trovò come media delle sue determinazioni:

$$1{,}87.10^7,$$

valore assai prossimo a quello ottenuto dal Simon e dal Kaufmann, il che giustifica la maggiore attendibilità del metodo di quest' ultimo.

§ 12. **Conclusione**. — Se si tien conto dei diversi metodi usati per le misure, dei diversi effetti chiamati in soccorso, e delle inevitabili cause sperimentali di errore, non sembra fuor di luogo ritenere che i vari valori ottenuti sieno in sufficiente accordo e definiscano una individualità indipendente dalla natura del gas attraverso al quale avviene la radiazione catodica, e dalla natura del catodo. Su questa conclusione dovremo ritornare ben presto per ravvicinarla ad altri dati sperimentali che dobbiamo ancora prendere in considerazione.

§ 13. **Le due teorie sulla natura dei raggi catodici**. — Anche i raggi catodici vollero rendere il loro tributo a quel frequente ritorno, che ogni nuovo fenomeno determina, a vecchie idee, e vollero far risorgere le due vecchie ipotesi della materialità e della natura eterea. Risorsero per essi una teoria della emissione e una delle ondulazioni.

Secondo la prima, i raggi catodici sarebbero stati costituiti da particelle materiali cariche di elettricità negativa. Queste, respinte dal catodo, avrebbero acquistata una velocità enorme.

Secondo l'altra, i raggi catodici avrebbero consistito in un movimento vibratorio dell'etere, o trasversale a corta lunghezza d'onda, o longitudinale nel quale la superficie del catodo rappresenterebbe una superficie d'onda. Ora, dopo tutto quello che abbiamo appreso nei paragrafi antececenti, non può esservi — e il nostro stesso linguaggio lo ha implicitamente ammesso — la più piccola incertezza di scelta fra le due indicate ipotesi. Non va però nascosto che esse lottarono a lungo, e che la teoria delle ondulazioni venne opposta alle idee del Crookes da fisici che si chiamavano Goldstein, Wiedemann, Hertz.

La ipotesi della emissione spiegava bene gli effetti meccanici e calorifici, e colla presenza di cariche negative in movimento, dava conto delle deviazioni magnetiche. Soltanto lasciava qualche incertezza sul conto della fluorescenza. Essa si era poi finalmente decisa, come già dicemmo, nel fissare l'origine e la natura delle particelle. Non erano una produzione materiale del catodo, bensì erano costituite dal gas contenuto nel tubo. Non erano vere e proprie molecole, ma particelle di gran lunga più piccole.

I fisici tedeschi però moltiplicavano le esperienze e trovavano i lavori del Crookes poco rigorosi. Goldstein (27) vide nettamente, che, in generale, i raggi catodici non sono normali al catodo; variando le condizioni di produzione osservò che ogni strozzatura del tubo può essere sorgente di raggi; infine, ed in questo si fece precursore di una scoperta clamorosa, dichiarò che là dove i raggi catodici si fermano, si produce un *qualche cosa* che eccita dapprima la fluorescenza del corpo colpito, quando ciò è possibile, ma eccita anche quella dei corpi vicini.

Ebert e Wiedemann (28), riprendendo una esperienza colla quale Crookes aveva creduto di provare la repulsione di due fasci catodici paralleli (fig. 23), ebbero l'idea di intercettare

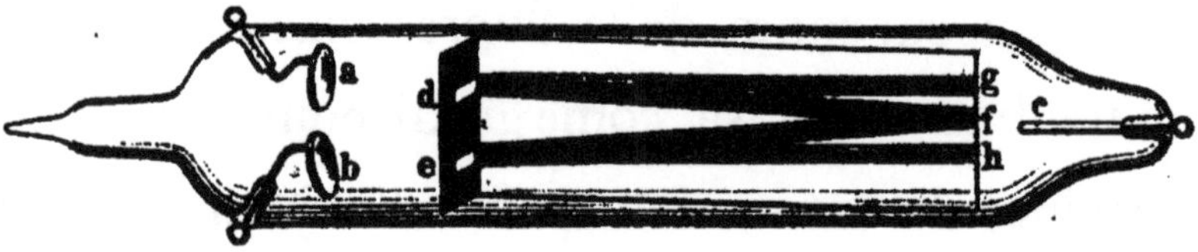

Fig. 23.

uno di questi fasci in prossimità della sua origine. La deviazione dell'altro fascio non fu per questo modificata; la parte soppressa non agiva dunque, e si doveva soltanto ammettere che la direzione iniziale del primo fascio varia quando è eccitato il secondo. Così venne a svanire la miglior prova che si era creduto avere della elettrizzazione dei raggi catodici. Si aggiunga a questo che lo stesso Crookes (29), per avere una diretta verifica della elettrizzazione fece cadere un fascetto di raggi catodici su una laminetta metallica collegata con un elettrometro, ma questa laminetta, contrariamente alla attesa, si caricò di elettricità positiva.

Hertz (30) poi non trovava affatto in accordo colla ipotesi della emissione oltre che le elettriche le stesse proprietà magnetiche dei raggi catodici. La deviazione magnetica, secondo lui, era un effetto secondario dell' azione del campo magnetico sull'etere. L'etere, magnetizzandosi, si sarebbe deformato, e con ciò ne sarebbe venuta una deformazione nelle traiettorie dei raggi catodici.

La ipotesi della emissione perdeva per ciò terreno, tanto da far dire al Wiedemann, che se si ha trasporto di materia lungo i raggi catodici, tale materia ha tanta poca relazione coi raggi stessi quanta ne ha il proiettile lanciato da un cannone col rumore che segna il momento di sua partenza.

Una crisi più acuta sopravvenne dopo esperienze del Lenard le quali riaccesero il problema, conducendo J. J. Thomson a tal risultato sperimentale, in virtù del quale si seppe, che se si trattava di un moto vibratorio dell'etere, questo doveva essere diverso dal moto luminoso, essendone diversa la velocità, e conducendo J. Perrin alla classica esperienza atta a dimostrare che il trasporto di cariche negative è inseparabile dai raggi catodici.

La teoria della emissione potè così risorgere, e tutti i lavori che già ci sono noti, perchè furono da noi considerati nei precedenti paragrafi, condussero a poco a poco ad una netta visione del fenomeno. I raggi catodici sono costituiti da particelle cariche negativamente, e tanto abbiamo una nozione chiara di queste particelle da apprezzarne con esattezza le costanti numeriche.

§ 14. **Esperienze del Lenard**. — Vediamo ora qualche cosa intorno a quelle esperienze del Lenard (31) che dettero per qualche tempo il sopravvento alla teoria delle ondulazioni.

Hertz aveva mostrato che le foglie metalliche sottili lasciano passare i raggi catodici, per cui il Lenard ebbe l' idea di chiudere con una simile foglia metallica una finestra praticata in un tubo a vuoto sulla parete opposta al catodo, così da poter fare uscire all'esterno i raggi catodici. Egli realizzò il suo pensiero poichè gli fu possibile ottenere foglie abbastanza sottili per lasciar passare i raggi catodici, e sufficientemente resistenti per sopportare la pressione atmosferica. L'apparecchio da lui adoperato si riduceva ad un tubo di vetro E (fig. 24) munito di un ca-

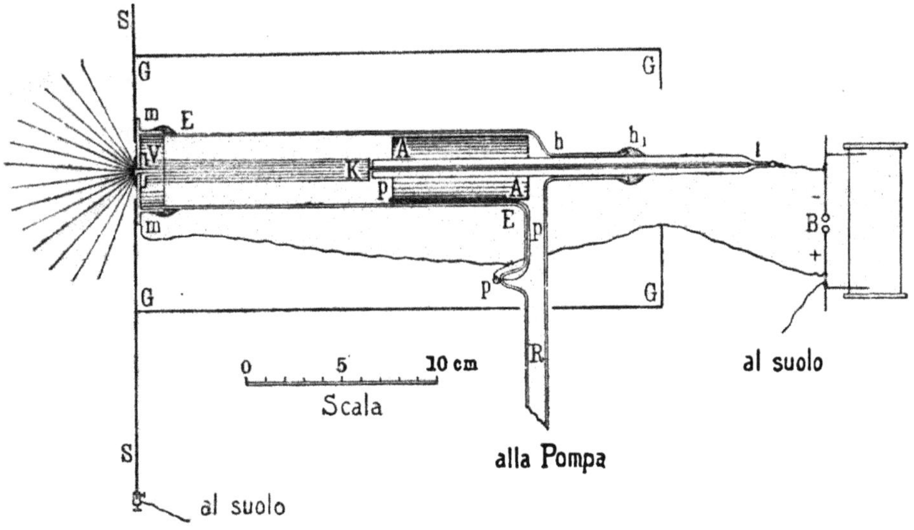

Fig. 24.

todo K circondato dall' anodo A. Tal tubo era contenuto in una cassa metallica collegata col suolo, ed aveva la regione anticatodica costituita da una lastra di metallo forata nella regione centrale e recante contro al foro la foglia metallica trasparente per i raggi catodici. Una capsula metallica V, munita di una piccola apertura, ricopriva internamente la finestra così da proteggerla contro ogni azione elettrostatica. Separando per tal modo le condizioni di produzione dei raggi catodici dalle condizioni di osservazione, il Lenard non solo potè studiare i raggi nell'aria, ma con un tubo ausiliario adattato dinanzi alla finestra di alluminio, in gas differenti ed a diverse pressioni. Il ricevitore del tubo ausiliario era, o la estremità chiusa del tubo E, o uno schermo florescente fissato ad un pezzo di ferro che permetteva di spostarlo per mezzo di una calamita.

Il Lenard potè anche operare una rarefazione estrema nel tubo ausiliario e studiare il comportamento dei raggi in queste nuove condizioni.

Alla loro uscita nell'aria i raggi catodici sono fortemente diffusi, l'aria diventa leggermente luminescente sino a 5 cm. circa dalla finestra. I corpi catodoluminescenti si illuminano quando sieno posti in prossimità della finestra tanto contro la regione centrale di questa come lateralmente. Un foglio di carta ricoperto di pentadecilparalilcetone e posto normalmente alla lastra di chiusura del tubo, si illumina vivamente secondo un semicerchio avente per centro la finestra d'uscita. Il che è prova di una emissione diffusissima dei raggi.

Le esperienze di Lenard fecero conoscere un fatto di forte interesse manifestatosi poi per altra via, e cioè che l'aria attraversata dai raggi uscenti dalla finestra anticatodica diventa conduttrice perchè scarica i corpi elettrizzati. Di più mostrarono come i raggi medesimi (che, come vedremo, erano frammisti a raggi Röntgen) provochino la condensazione di vapori, lasciando così intravedere un nesso fra questa maniera di condensazione e l'altra per la quale Helmoltz condensò vapore soprasaturo facendolo passare su di un elettrodo carico negativamente.

Coll' uso del tubo ausiliario fu possibile al Lenard dimostrare che, in genere, la presenza di un mezzo gassoso si oppone alla propagazione dei raggi operando un notevole assorbimento, tanto più forte quanto maggiore è la densità del gas attraversato. Legge che del resto non si applica solamente ai gas, ma a tutti i corpi in genere. Anche la pressione del gas nel tubo produttore ha una grande influenza sulla potenza di penetrazione dei raggi, in quanto questa aumenta col progredire della rarefazione nel tubo. Se nel tubo ausiliario si spinge al più alto grado possibile la rarefazione si ha una propagazione del tutto rettilinea dei raggi. Lenard potè ottenere una propagazione che si estendeva così in linea retta senza indebolimento sensibile fino alla distanza di 1^{m}, 50. Egli credette di aver per tal modo ripetute coi raggi catodici le esperienze che decisero se il suono o la luce hanno la loro base di propagazione nella materia o nell' etere. E siccome le ultime traccie di materia sembravano più nocive che utili, dichiarò insussistente la teoria balistica. Altro argomento esiziale per questa teoria il Lenard lo trovò nel risultato delle seguenti altre esperienze. (V. App.)

I raggi che nel tubo ausiliario si dirigono sotto l'aspetto di fascio ben definito, si prestano agevolmente allo studio delle azioni magnetiche. Orbene, il Lenard trovò che la deviazione magnetica operata su tali raggi dipende unicamente dalla caduta di potenziale nel tubo E, ed è assolutamente indipendente dalla pressione e dalla natura del gas contenuto nell' altro. Si vede agevolmente come i risultati ottenuti dal Lenard e la maniera secondo la quale egli li interpretava potessero difatti impressionare al punto da apportare, come dicemmo, qualche dubbio sulle attendibilità della teoria balistica. Dubbi che man mano dovevano dissiparsi colle successive esperienze delle quali già abbiamo avuto occasione di occuparci.

A convalidare la identità di costituzione per i raggi catodici ordinari e quelli condotti dal Lenard fuori del tubo di produzione vennero poi esperienze del Lenard (32) stesso e di Mac Clelland (33), le quali col noto metodo del Perrin provarono come anche questi trasportino cariche negative.

Con metodi già da noi citati, dal Lenard, dal Wien (34) e da altri, si provò poi che per i raggi catodici esterni il rapporto $\frac{e}{m}$ ha lo stesso valore come per i raggi ordinari. Anche la velocità è dello stesso ordine.

Il primo metodo usato dal Lenard per la misura di $\frac{e}{m}$ è già stato descritto. Egli però si servì anche di un' altra disposizione assai ingegnosa (35) (fig. 25).

I raggi catodici prodotti dal catodo C traversano la finestra di alluminio situata in A e penetrano nell' apparecchio V, che costituisce il campo di osservazione, e nel quale si è fatto un vuoto molto spinto.

In questo apparecchio i raggi di Lenard traversano il condensatore piano *a b*, parallelamente

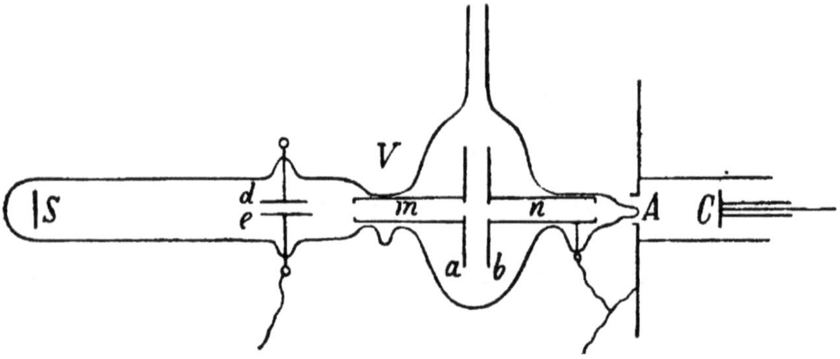

Fig. 25.

al campo che vi si può creare, poi raggiungono o un campo elettrico o un campo magnetico deviatori, e finalmente colpiscono uno schermo fosforescente S che permette di apprezzare la deviazione. A seconda che il campo fra *a* e *b* ha lo stesso senso dei raggi catodici o senso contrario la velocità di questi è diminuita od aumentata. In conseguenza di ciò, a parità di campo deviatore, la deviazione è diversa secondo il senso del campo fra *a* e *b*, o meglio del segno della carica di *a*, perchè il campo fra *a* e *b* si crea caricando *a* e mantenendo *b* al suolo. Misurando la deviazione e l' intensità dei due campi si può calcolare il solito rapporto.

§ 15. **Emissione di particelle negative provocata da raggi ultravioletti.** — Già da molto si sapeva, specialmente in base ai lavori di Ed. Becquerel, che la luce può provocare delle correnti elettriche, ma soltanto dopo la classica esperienza di Hertz (36) ne venne un richiamo allo studio della influenza delle radiazioni luminose su qualche fenomeno di origine elettrica. Così dalle ricerche di Hallwachs (37), di di Righi (38), di Stoletow (39) fu messo in evidenza e studiato nelle sue minute particolarità il fatto che le radiazioni ultraviolette hanno la proprietà di scaricare i corpi elettrizzati negativamente. Ma quale è il meccanismo del trasporto della elettricità sotto questa azione dei raggi ultravioletti? Schuster e Arrhénius (40), poco dopo la scoperta di Hertz, avevano emessa la opinione, manifestata poi anche da Richarz (41), che i gaz sotto l'influenza dei raggi ultravioletti acquistassero un specie di conducibilità elettrolitica.

Tale opinione venne combattuta da Wiedemann ed Ebert (42), i quali, sulla base di esperienze fatte colla analisi spettrale nei gas rarefatti, non poterono affatto constatare la dissociazione che considerava l'Arrhènius.

Anche il Righi (43) si oppose a siffatto modo di vedere, e dimostrò che la scarica avviene per un giuoco di convezione nella direzione della linee di forza, almeno nei gas àlla pressione atmosferica. Nei gas molto rarefatti la traiettoria delle particelle che operano la convezione tende a divenire rettilinea, cosicchè il Righi potè notare al riguardo la relazione esistente fra il fenomeno da lui studiato e quello dei raggi catodici. Di più potè avere una idea della velocità di convezione, compresa fra 50^{m} e 150^{m} al secondo, nell'aria alla ordinaria pressione e con grandi differenze di potenziale.

Una prima idea dell'andamento delle particelle secondo le linee di forza nell'aria, il Righi le ebbe eseguendo una esperienza di ombra elettrica fra due conduttori piani determinanti un campo uniforme. Ma vide meglio in seguito la variazione della traiettoria delle particelle col variare della rarefazione dell'aria, a partire dalla traiettoria corrispondente alle linee di forza sino alla traiettoria rettilinea, valendosi di una grande lastra metallica comunicante col suolo, e di un cilindro metallico disposto parallelamente ad essa e colla superficie laterale verniciata ovunque, salvo che lungo una delle sue generatrici. Presso la superficie della lastra e a piccolissima distanza da essa eran tesi tanti fili metallici paralleli al cilindro, i quali per turno potevano mettersi in comunicazione con un elettrometro sensibile. Era facile allora riconoscere quale di tali fili riceveva le cariche partite dalla generatrice scoperta del cilindro allorchè su di questo si faceva cadere un fascio di raggi ultravioletti. Di più si poteva misurare la quantità di elettricità che sfuggiva nell' unità di tempo.

Le parti essenziali dell'apparecchio (fig. 26 e 27) usato dal Righi erano racchiuse in un grande bicchiere di vetro, alla bocca del quale era applicato un disco di quarzo GG che permetteva alle radiazioni ultraviolette di penetrarvi per colpire la striscia non verniciata Z situata lungo una generatrice del cilindro di zinco H elettrizzato negativamente.

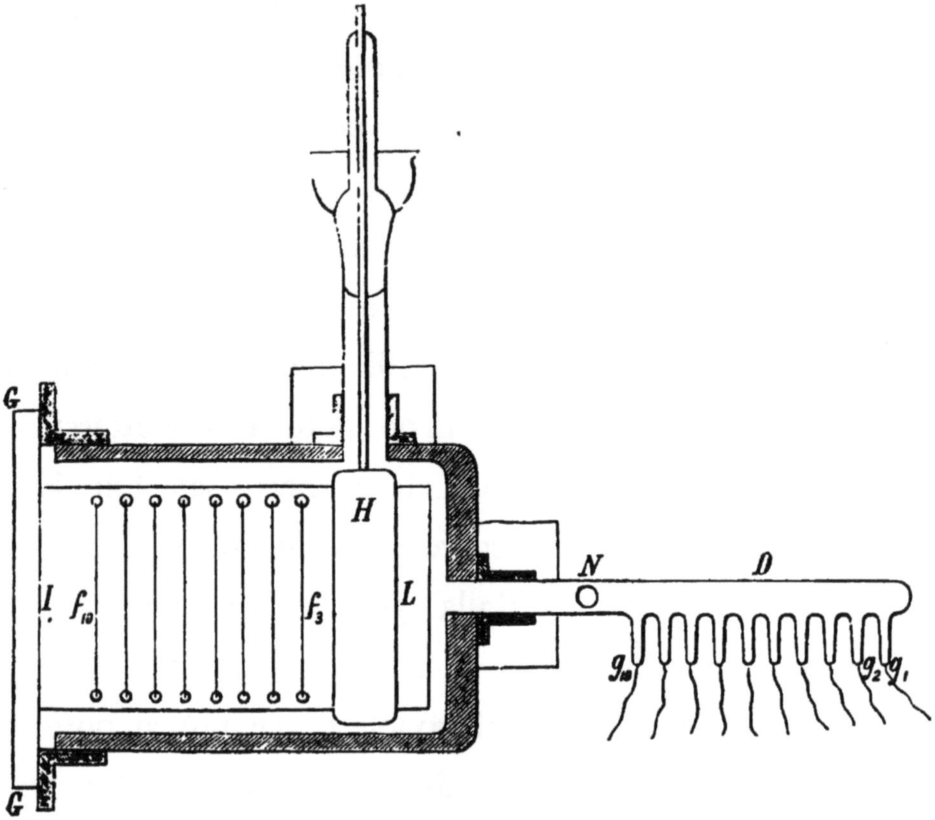

Fig. 26.

I L lastra metallica comunicante col suolo; g_1, g_2, ... g_{10}, fili saldati nel tubo di vetro *D* e comunicanti coi fili f_1, f_2, ... f_{10}; *N* tubo di comunicazione dell'apparecchio colla macchina che serve ad estrarne l'aria.

Misurando successivamente coll'elettrometro la carica acquistata in un tempo determinato e costante da ciascuno dei dieci fili f_1, f_2, ... f_{10}, metallici, il Righi trovò che, quando il recipiente contiene aria alla pressione ordinaria l'elettricità è raccolta quasi esclusivamente da quella dei fili, sui quali terminano le linee di forza corrispondenti

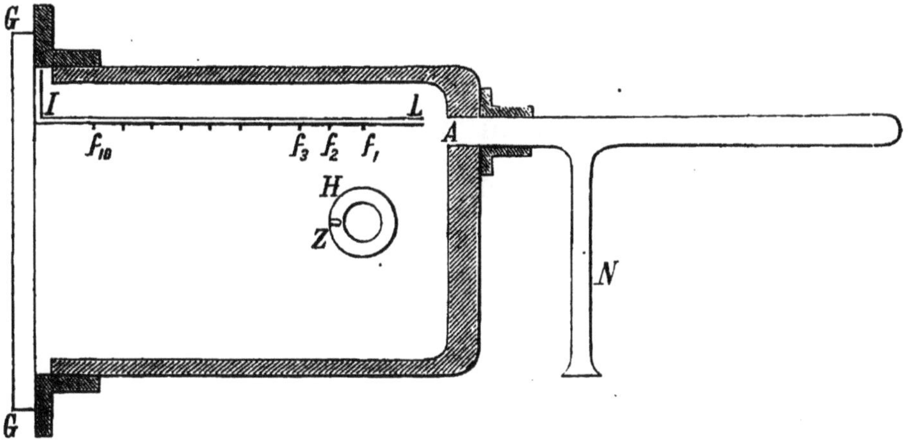

Fig. 27.

alla generatrice del cilindro dalla quale essa parte, mentre gli altri fili non ricevono che cariche piccolissime, e tanto più piccole quanto più sono lontani da quello. Ma se si ripetono le misure rarefacendo il gas di più in più, il risultato muta. Se la carica del cilindro non è assai forte, e la rarefazione non è spinta molto avanti, l'effetto di questa si riduce a quanto segue. Quello dei fili che è collegato alla generatrice dalle linee di forza, è sempre quello che riceve la carica maggiore, ma gli altri fili ne acquistano più che nel caso precedente. Nell'ipotesi di molecole gassose trasportanti cariche negative si può dire in certo modo che il fascio di cariche è divenuto più largo e diffuso, ciò che è la naturale conseguenza della rarefazione. Infatti, in causa di questa gli urti delle molecole in moto colle altre molecole gassose si fanno meno frequenti e si rendono perciò palesi le svariate direzioni del loro movimento. Con forti rarefazioni, il filo che riceve la massima carica non è più quello cui corrispondono le linee di forza, ma uno posto più lontano. Le linee percorse dalle cariche sono dunque meno incurvate che non le linee di forza, e tendono a divenire linee rette. Le esperienze lo dimostrano particolarmente bene quando, oltre che spingere la rarefazione all'estremo, si carica fortemente il cilindro, in modo che la velocità impressa ad ogni carica dalla forza elettrica divenga grandissima di fronte alla velocità che essa possiede nell'istante in cui parte dal cilindro elettrizzato.

— Sul conto della dispersione fotoelettrica, al Righi apparve conveniente considerare un *coefficiente*, che chiamò appunto *coefficiente di disper-*

sione fotoelettrica, e definì come il rapporto fra la quantità di elettricità che in un secondo abbandona l'unità di area del conduttore illuminato, e la densità elettrica, supposta costante sul condensatore (44).

Tal coefficiente apparve aumentare, progredendo nella rarefazione, dapprima rapidamente sino ad un massimo. Dopo, col crescere ancora della rarefazione, il coefficiente mostrò di diminuire. La pressione per la quale si manifestò un massimo risultò sensibilmente quella stessa per la quale è minima la resistenza opposta dal gas ad una scarica elettrica. Fissata la rarefazione, il coefficiente di dispersione fotoelettrica apparve crescere entro certi limiti al crescere della distanza fra il conduttore elettrizzato ed il conduttore che riceve la carica trasportata. In altre parole, la dispersione diviene più attiva allontanando i due conduttori, a partire da una distanza piccolissima e fino ad una certa distanza.

Il Righi nelle sue misure sul coefficiente di dispersione fotoelettrica notò anche che un campo magnetico influisce enormemente sulla convezione fotoelettrica in un gas rarefatto dal conduttore carico a quello che raccoglie parte della carica trasportata. La qual cosa, come vedremo fra breve, apparve in seguito naturale quando il fenomeno della convezione fu più nettamente chiarito.

Sorgeva naturalmente la questione di stabilire a che cosa si riducono le particelle che, abbandonando il corpo elettrizzato sotto l' azione della luce ultravioletta trasportano con loro le cariche negative. Per quanto Lenard e Wolf (45) avessero mostrata la alterazione della superficie del corpo carico colpito, e precisamente avessero posto in evidenza la polverizzazione dello strato superficiale, il Righi pensava che il trasporto fotoelettrico si operasse per mezzo delle molecole gassose. Tal modo di vedere venne condiviso e convalidato con opportune esperienze anche da Hoor (46), da Bichat e Blondlot (47), dal Buisson (48), finchè il Lenard precisò in maniera singolare la idea del Righi col porre in chiaro che il fenomeno della dispersione delle cariche negative per opera dei raggi ultravioletti va assimilato senz'altro a quello di una emissione di raggi catodici i quali restano tali se il fenomeno si compie nel vuoto mentre invece si uniscono ad atomi neutri trasformandosi nei cosidetti ioni negativi, quando l'esperienza è fatta in un gas ad alta pressione.

A proposito delle esperienze di dispersione del Righi, conviene ricordare come egli abbia utilizzato il fatto da lui messo il rilievo che le radiazioni ultraviolette riducono allo stesso potenziale due conduttori che sieno vicinissimi, per esempio una lastra metallica ed una rete di altro metallo parallela e vicinissima alla lastra, e pei vani della quale passino le radiazioni. La applicazione consiste nella misura delle differenze di potenziale di contatto. Basta difatti leggere la deviazione che si ha nell'elettrometro comunicante colla lastra (mentre la rete è in comunicazione col suolo permanentemente) allorchè, dopo aver messo un istante anche l'elettrometro in comunicazione colla terra, si fanno agire le radiazioni per un tempo sufficiente.

§ 16. **Misura del rapporto $\frac{e}{m}$ per le cariche negative disperse dai raggi ultravioletti.** — J. J. Thomson (49), con un metodo ingegnoso molto semplice, ha potuto determinare, anche per queste piccole cariche respinte da un corpo carico negativamente che venga colpito da raggi ultravioletti, il valore del rapporto $\frac{e}{m}$. A questo fine si valse dell'apparecchio rappresentato dalla figura 28. Una campana nella quale si fa il vuoto è chiusa nella sua parte inferiore da una lamina di quarzo EF trasparente ai raggi ultravioletti prodotti da un arco acceso fra due asticciuole di zinco. Questi

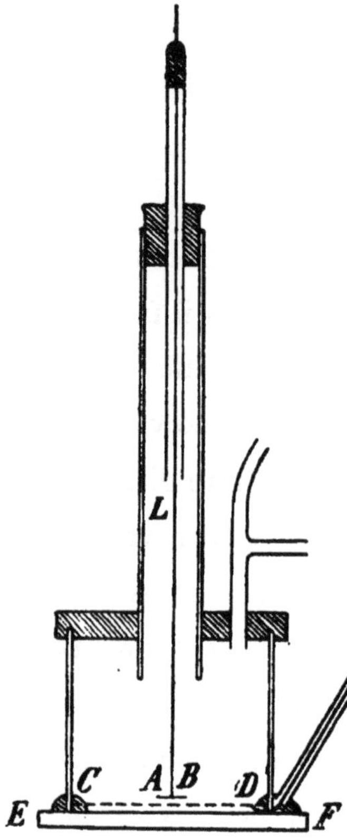

Fig. 28.

raggi traversano una tela metallica CD, accuratamente isolata e collegata ad un elettrometro, e poi vanno a colpire una lamina di zinco AB caricata negativamente mediante una batteria di accumulatori che crea un campo uniforme fra EF e CD. Le cariche negative emesse da AB vengono, seguendo le linee di forza del campo, a scaricare l'elettricità positiva di CD.

Ma la velocità di scarica è considerevolmente diminuita se si crea un campo magnetico H perpendicolare al piano della figura. Questo campo esercita, su ciascuna particella negativa di carica e, una forza che ha per effetto di incurvarne la traiettoria, così da trasformarla, nel campo X, in una cicloide di altezza MN rappresentata da

$$\frac{2\,X}{H^2}\,\frac{m}{e}.$$

Supponiamo che fra la lamina di zinco e la tela metallica esista una differenza di potenziale

$$(V - V_1)\,d = X,$$

e sia H l'intensità del campo magnetico. Nel vuoto, ove non interviene alcuna resistenza del mezzo, il moto di una particella carica staccatasi dalla lamina di zinco e proiettata verso la tela sarà espresso da:

$$m\,\frac{d^2x}{dt^2} = Xe - He\,\frac{dy}{dt}\,;\quad m\,\frac{d^2y}{dt^2} = He\,\frac{dx}{dt}\,;$$

i valori iniziali di x, y, $\frac{dx}{dt}$, $\frac{dy}{dt}$ essendo tutti nulli. In queste condizioni la soluzione di queste equazioni dà:

$$x = a\,(1 - \cos bt) \qquad y = a\,(bt - \operatorname{sen} bt),$$

nelle quali

$$a = \frac{X}{H^2} \cdot \frac{m}{e}\,;\; b = H\,\frac{e}{m}.$$

Si vede che x oscilla periodicamente secondo una legge sinussoidale fra i valori estremi 0 e $2a$, mentre che il valore di y è insieme periodico e crescente: il suo periodo è $\frac{2\,\pi}{b}$ ed il suo accrescimento per ogni periodo $2\,\pi\,a$. In altri termini, queste equazioni rappresentano una cicloide tracciata da un punto di un cerchio di raggio a che rotoli sulla lamina di zinco. L'altezza di tale cicloide è $2a$, e quindi è agevole comprendere che essa rappresenta la distanza critica fra tela metallica e lastra di zinco per la quale, data la incurvatura assunta dalla traiettoria delle particelle negative, queste non anderanno più a scaricare la tela CD (fig. 29).

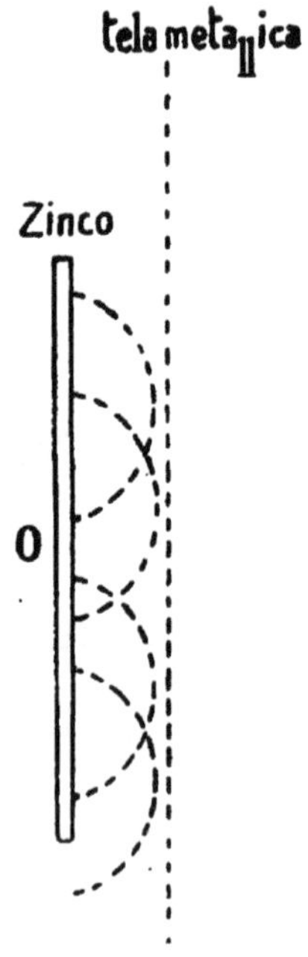

Fig. 29.

Potendosi raggiungere tale distanza critica l semplicemente dando ad X un valore pel quale la scarica di CD cessi di prodursi, e d' altra parte essendo così con essa noti X ed H, si può con facilità calcolare il rapporto $\frac{e}{m}$ dalla relazione:

$$l = \frac{2X}{H^2} \cdot \frac{m}{e}.$$

Con questo metodo, veramente ingegnoso, fu trovato dal Thomson come valore medio di $\frac{e}{m}$:

$$7,3 \cdot 10^6 \text{ (C. G. S. } em\text{)},$$

mentre che nel caso dei raggi catodici il Thomson stesso aveva trovato $5 . 10^6$, ed il Lenard $6,4 . 10^6$.

Il Thomson (50) ha anche studiata la dispersione operata in una atmosfera di idrogeno da un filamento di carbone carico negativamente, avendo Elster e Geitel (51) riconosciuto che questa dispersione a basse pressioni viene pure ridotta da un campo magnetico.

Dalle esperienze eseguite in proposito ne è risultato per $\frac{e}{m}$ il valore di $8,7 . 10^6$. Tal risultato fu ottenuto con un metodo simile a quello già descritto usato per le particelle disperse mediante i raggi ultravioletti. Per queste particelle anche il Lenard (52) misurò il rapporto $\frac{e}{m}$ operando la dispersione della elettricità in un ambiente a bassissima pressione. La disposizione usata dal Lenard è rappresentata dalla fig. 30.

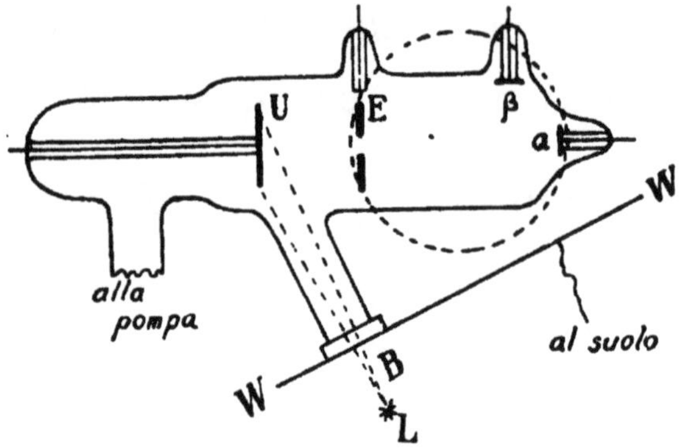

Fig. 30.

U è il catodo che vien colpito dai raggi ultravioletti uscenti da L e traversanti il tubo nella regione B di quarzo.

Le particelle negative si dirigono attraverso al foro dall' elettrodo E, e raggiungono l'elettrodo ausiliario α, soltanto se non risentono alcuna azione esteriore; l'elettrodo ausiliario β invece, se interviene un campo magnetico creato da una elettrocalamita la cui sezione è rappresentata dal cerchio punteggiato.

Colla nozione del raggio di curvatura della traiettoria pressochè circolare da E a β, e con quella del campo magnetico pressochè uniforme, una conveniente relazione permette agevolmente il calcolo di $\frac{e}{m}$.

§ 17. **Le particelle negative delle sostanze radioattive.** — È noto come certe sostanze dette radioattive, i sali di radio principalmente, emettano fra altre delle tenui particelle cariche di elettricità negativa. Orbene, il Becquerel e poi altri, (53) sperimentarono anche su di esse per modo da misurarne il rapporto $\frac{e}{m}$. Trovarono un valore oscillante intorno a 10^7.

Il metodo usato dal Becquerel fu quello della deviazione magnetica ed elettrica.

Anche altri, abbiamo detto, fecero misure, ma quelle del Kaufmann, che per brevità non possiamo riferire, meritano per molti riguardi particolare menzione.

Oltre che per la precisione del metodo e quindi per la attendibilità dei valori ottenuti (in media $\frac{e}{m} = 1{,}75 \cdot 10^7$), per la conclusione alla quale, in base a ricerche teoriche di Max

Abraham, il Kaufmann giunse sulla natura della massa delle particelle.

Egli (54) asserì che non soltanto i raggi del Becquerel, ma anche i raggi catodici, sono formati di particelle la cui massa è di natura puramente elettromagnetica. (V. Appendice).

§ 18. **Altre misure del rapporto $\frac{e}{m}$.** — La dispersione elettrica di una carica negativa sotto l' influenza della luce ultravioletta non è proprietà dei soli metalli. La qual cosa fu notata già da tempo dal Righi, che ottenne dispersione anche da dielettrici.

Il Reiger (55) ha recentemente fatte delle osservazioni e delle misure su isolanti di varia natura e di vario spessore, ed ha potuto confermare che la dispersione elettrica si produce sotto l'influenza della luce ultravioletta, sui corpi isolanti come sui metalli. I vari corpi mostrano però tale dispersione in misura diversa.

Ma sempre, la relazione fra la intensità della corrente di dispersione e il potenziale, è la stessa di quella che vale per le correnti osservate da Schweidler (56) coi metalli.

Abbassando la pressione, la dispersione si modifica come per i metalli. L' azione aumenta dapprima di intensità e poi diminuisce. Ad un certo punto si ha una vera e propria radiazione catodica. Per siffatta specie di raggi catodici ottenuti a bassa pressione, il Reiger ha operate le misure col metodo di caduta di potenziale e di deviazione magnetica indicato dal Lenard. I risultati ottenuti sono i seguenti per alcuni potenziali V:

V (*volt*)	$\frac{e}{m}$
8100	$1{,}03.10^7$
8900	$1{,}12.10^7$
9500	$1{,}11.10^7$
10000	$1{,}00.10^7$.

Il valore medio è $1{,}06.10^7$, uguale a quello trovato dal Lenard per la emissione dei metalli.

Per i noti raggi di strizione (57), ai quali il Reiger ha pure rivolto i suoi studi, le misure furono effettuate col metodo della deviazione elettrostatica e della deviazione magnetica in un tubo conveniente, munito di strozzatura. La pressione fu abbassata a 0.003 mm. di mercurio, mentre la corrente in esso lanciata veniva fornita da una macchina ad influenza a 20 dischi. I campi magnetici ed elettrostatici erano di intensità relativamente debole. Come risultato medio si ebbe il valore $1{,}32.10^7$.

— Abbiamo già avuto occasione di accennare a particelle catodiche dotate di debole velocità, quando ci riuscì opportuno notare alcune loro applicazioni.

Fu il Wehnelt (58) che indicò come alcuni ossidi metallici, e in particolare gli ossidi dei metalli alcalino terrosi, allo stato incandescente, emettono una grande quantità di particelle cariche negativamente tanto alla pressione atmosferica come nel vuoto.

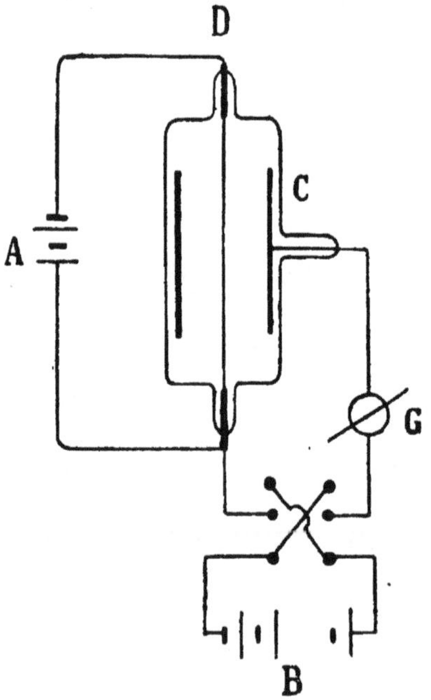

Fig. 31.

Un tubo di vetro (figura 31) nel quale esiste un vuoto moderato, contiene un cilindro di ottone C nell' asse del quale si trova un filo fine di platino D ricoperto di CaO. Questo filo può venir portato ad una temperatura elevata per il passaggio attraverso ad esso di una conveniente corrente. Quando si collega il filo D con uno dei poli, ed il cilindro C per l'intermediario di un galvanometro coll'altro polo di una sorgente elettrica B, la corrente non passa altro che se D è collegato al polo negativo. Ciò prova che gli ossidi incandescenti non emettono che particelle negative.

Si possono utilizzare, come già vedemmo, questi ossidi metallici quali catodi in tubi da scarica. Orbene, abbassando la temperatura del catodo od aumentando la intensità della corrente di scarica, si può realizzare la emissione di raggi catodici dotati della velocità che meglio aggrada. Usando questi ossidi come catodi si ha anche il vantaggio di ridurre la quantità di energia necessaria alla emissione delle particelle.

Il Wehnelt ha anche notato che i suoi tubi col catodo ricoperto da ossidi metallici — e la cosa apparisce chiara dalla esperienza che abbiamo indicata — funzionano egregiamente come valvole elettriche, in quanto il passaggio della corrente in senso inverso al normale esige una differenza di potenziale di parecchie migliaia di volt.

Gli ossidi di bario e di stronzio si distinguono dagli altri per un più grande potere di scarica. Gli ossidi di ferro e di metalli di forte densità, hanno, al contrario, un debole potere di scarica.

Per le lente particelle, così ottenute, sulla natura delle quali sembra necessario un ulteriore studio, si ottenne per $\frac{e}{m}$ un valore poco discorde da quelli ottenuti per le altre emissioni.

— La teoria del Lorentz vede la sorgente di emissione delle vibrazioni luminose in rotazioni di cariche negative contenute nell'atomo. Queste cariche graviterebbero sotto l'azione attrattiva di una carica positiva eguale in valore assoluto alla loro carica totale, ed in corrispondenza delle rotazioni loro si avrebbe la emissione di onde di periodo eguale alla durata di rivoluzione di una particella sulla propria orbita. Come sulla traiettoria dei raggi catodici si fa sentire l'azione di un campo magnetico, così siffatte orbite dovranno sentire l'azione di un forte campo magnetico e deformarsi con conseguente variazione di periodo per le onde emesse. Traiettorie ellittiche si decomporranno, e se la luce da esse propagata dava uno spettro con una riga determinata prima dell'azione di un campo magnetico, dopo, la riga stessa si decomporrà in altre corrispondenti a luci di diversa refrangibilità. (V. Appendice).

Questo, come ben si sa, costituisce il noto fenomeno di Zeeman. Dopo le prime esperienze che mostrarono allo Zeeman l'allargamento delle righe del sodio, il fenomeno venne a lungo e intensamente studiato. È stata considerata separatamente quasi ogni riga spettrale, e si è veduto come alcune vengano sdoppiate, altre triplicate, altre quadruplicate e così via. Una riga del mercurio si è risolta in 11 righe componenti. Si vede dunque che l'effetto non è insensibile, quantunque occorrano per rivelarlo mezzi potenti e precisi. Ed apparisce anche la esiguità materiale che deve caratterizzare le particelle rotanti nell' ipotesi che le onde luminose abbiano origine da siffatte circonvoluzioni. La teoria matematica dà modo di legare la nozione della quantità di materia associata alle piccole cariche negative colla grandezza dell' effetto Zeeman ottenuto. Dà maniera, in altri termini, di fare una determinazione del rapporto $\frac{e}{m}$ per le supposte particelle cariche. Lo Zeeman lo calcolò eguale a circa un millesimo del rapporto $\frac{e}{m}$ per l' atomo di idrogeno della elettrolisi, eguale cioè al valore 10^7 allora supposto per le particelle catodiche.

Misure più recenti hanno confermato tale valutazione e mostrato che il rapporto $\frac{e}{m}$ per le particelle in giuoco nel fenomeno dello Zeeman è praticamente identico al rapporto $\frac{e}{m}$ per le particelle catodiche. Una serie di determinazioni, alla quale si è annessa da tutti la migliore fiducia, dette

$1{,}6 \, . \, 10^7$ per la riga D_1 del sodio

$2{,}4 \, . \, 10^7$ per la riga ($\lambda = 0{,}48 \mu$) del cadmio

$1{,}86 \, . \, 10^7$ per una riga del mercurio.

§ 19. Da tutte le misure che furono fatte del rapporto $\frac{e}{m}$ per particelle cariche negativamente e costituenti, o i raggi catodici, o il flusso emanante per azione dei raggi ultravioletti da un corpo carico di elettricità negativa, o il flusso emanante da corpi incandescenti, o i raggi delle sostanze radioattive; risultarono valori che riassumiamo in un prospetto, e che si possono ritenere ben concordanti fra di loro, data la varietà di fenomeni che sono in giuoco, e data la varietà di metodi adoperati. Non sembra quindi illecito pensare che la natura e la costituzione delle particelle considerate sia uguale per i differenti casi di loro emissione.

Non sembra poi inutile pensare che, indipendentemente dalla precisione varia delle esperienze che a quei diversi valori hanno condotto, le condizioni nelle quali si propagano le particelle negative considerate sono diversissime. Difatti, nella maggior parte degli ultimi casi le particelle stesse si propagano non più nel vuoto, come nel caso dei raggi catodici, ma nei gas alla pressione ordinaria. Inoltre la velocità loro è generalmente molto più piccola. Nel caso dell' effetto fotoelettrico, per esempio, questa velocità non sarebbe superiore a 1000 chilometri per secondo.

Ora le esperienze sulla ionizzazione dei gas sembrano dimostrare che le particelle elettriche, particolarmente quando si muovono lentamente, possono esercitare un' azione sul gas e divenire dei centri di attrazione per le molecole neutre del gas che sarebbero allora trascinate con esse. Questa azione darebbe per tal modo un aumento di m, e produrrebbe conseguentemente una diminuzione del rapporto $\frac{e}{m}$.

SORGENTE DI PARTICELLE	OSSERVATORI	DATA	METODO DI DETERMINAZIONE	VALORE DI c/ In U. E. M.	In U.
Raggi catodici. . . .	Schuster. . . .	1890	Deviazione magnetica ed elettrostatica	$0,1 . 10^7$	30 .
Raggi catodici. . . .	J. J. Thomson	1897	Deviazione magnetica ed elettrostatica	$7,7 . 10^6$	231 .
Raggi catodici. . . .	J. J. Thomson	1897	Deviazione magnetica ed effetto termico	$1,17 . 10^7$	351 .
Raggi catodici. . . .	Kaufmann . .	1897-98	Deviazione magnetica e differenza di potenziale	$1,86 . 10^7$	558 .
Raggi catodici. . . .	Schuster. . . .	1898	Deviazione magnetica ed elettrostatica	$0,36 . 10^7$	108
Raggi di Lenard . .	Lenard	1898	Deviazione magnetica ed elettrostatica	$6,39 . 10^6$	191,7
Raggi di Lenard . .	Lenard	1898	Deviazione magnetica e ritardo in un campo elettrico.	$6,8 . 10^6$	204 .
Raggi catodici. . . .	W. Wien . . .	1898	Deviazione magnetica ed elettrostatica	$0,3 . 10^7$	90 .
Raggi catodici. . . .	Simon	1899	Deviazione magnetica e differenza di potenziale	$1,865 . 10^7$	559,5
Raggi catodici. . . .	Wiechert . . .	1899	Deviazione magnetica e velocità dei ioni	$1,01 . 10^7 - 1,55 . 10^7$	$303 . 10^{15}$ -
Metalli incandesc. .	J. J. Thomson		Ritardo di scarica per effetto di un campo magnetico	$8,7 . 10^6$	261 .
Luce ultravioletta. .	J. J. Thomson		Ritardo di scarica per effetto di un campo magnetico	$7,6 . 10^6$	228 .
Luce ultravioletta. .	Lenard		Deviazione magnetica e differenza di potenziale	$1,15 . 10^7$	345 .
Radium	Becquerel. . .		Deviazione magnetica ed elettrostatica	10^7 appross.	300 .
Raggi catodici. . . .	Seitz		Deviazione magnetica ed elettrostatica	$0,645 . 10^7$	193,5
Elettroliti incandesc.	A. Wehnelt .		Deviazione ma netica e differenza di		

§ 20. **L' atomo elettrico od elettrone.** — Un confronto a questo punto si impone.

Le leggi quantitative scoperte dal Faraday conducono a supporre che gli elettroliti sieno sede di una dissociazione che separa la molecola salina in atomi o radicali carichi di una quantità di elettricità proporzionale alle loro valenze, ogni valenza-grammo recando 96600 Coulombs o $96000.3.10^9$ unità elettro-statiche. Questa quantità di elettricità passando attraverso un voltametro sviluppa dunque un grammo di idrogeno che occupa 11160 centimetri cubici nelle condizioni normali. Se in queste condizioni, 1 *c. c.* del gas contiene M molecole o 2 M atomi, e se *e* è la carica trasportata dall' atomo di idrogeno nella elettrolisi, ne viene

$$96600 . 3 . 10^9 = 11160 . 2 \, Me$$

$$Me = 1{,}29 . 10^{10} \tag{1}$$

Se *m* è la massa di un atomo di idrogeno si ha:

$$1 = 11160 . 2 \, Mm,$$

da cui:

$$\frac{e}{m} = 96600 . 3 . 10^9 = 0{,}289 . 10^{15} \tag{2}$$

I valori (1) e (2) si desumono direttamente dall'esperienza. Comunque, se si considera il valore di $\frac{e}{m}$ per l'atomo o ione di idrogene nelle elettrolisi, si vede come esso sia da 663 a 1.937 volte più piccolo del corrispondente valore per le particelle negative da noi sinora considerate. Si può dire che sia in media mille volte più piccolo. Sarà assai più piccolo se invece di porre a confronto l'atomo d'idrogeno si pone a confronto l'atomo degli altri corpi semplici. Orbene, sorge la questione di stabilire se la relazione indicata fra il valore di $\frac{e}{m}$ per le particelle negative e per l'atomo elettrolitico di idrogeno corrisponde a ciò che sia la carica delle particelle negative mille volte più grande di quella dell'ione di idrogeno, o la massa loro mille volte più piccola.

Vedremo più avanti come venne risolto tale problema, ma intanto riteniamo per ferma la nozione, che l'esperienza ha dimostrata giusta la seconda ipotesi, e fissiamo per queste tenuissime particelle elettriche la denominazione di atomo elettrico o di elettrone.

§ 21. — **Velocità delle varie emissioni catodiche.** — Dopo il riassunto da noi fatto delle determinazioni relative al rapporto $\frac{e}{m}$, comprovanti nel complesso la identità di natura delle diverse emissioni catodiche, ci gioverà un breve riassunto delle determinazioni relative al valore della velocità delle singole particelle, che, come vedremo presto si mostrano dotate della medesima carica.

È stato visto in sostanza che la velocità varia entro limiti assai discosti. Essa raggiunge il suo valore massimo per i raggi deviabili del radio (59). Il Curie ha mostrato come essi abbiano un fortissimo potere di penetrazione e il Kaufmann ha ottenuto per essi delle velocità sorpassanti i nove decimi di quella della luce ($2,83 \cdot 10^{10}$). Poi vengono i raggi catodici la cui velocità può raggiungere il terzo della velocità della luce (10^{10}). In proposito noteremo che, ammesso il valore medio $5,6 \cdot 10^{17}$ per il rapporto della carica alla massa; la espressione a noi nota $\frac{e}{m} = \frac{v^2}{2\psi}$, ci dà

$$v = \sqrt{2\psi \cdot 5,6 \cdot 10^{17}}$$

dalla quale risulta che la velocità finale v è proporzionale alla radice quadrata della differenza di potenziale. Ora, un volta equivale ad $\frac{1}{3} \cdot 10^{-2}$ unità elettrostatiche; per cui se la differenza di potenziale è di n volta, si ha

$$v = \sqrt{\frac{2n}{3{,}10^2} 5.6 \cdot 10^{17}} \text{ ovvero } v = 10^8 \sqrt{0.37\, n}.$$

Per 3000 volta, si trova circa $v = 0{,}3 \cdot 10^{10}$; ossia il decimo della velocità della luce; per 14000 volta si ha $v = 0{,}7 \cdot 10^{10}$; per 30000 volta, $v = 1{,}05 \cdot 10^{10}$, ossia un poco più di un terzo della velocità della luce. E tutti i risultati sperimentali concordano sufficentemente bene con questi valori. Lo Stark (60) ha trovato con 36000 volta un valore ancora più elevato dell' ultimo qui indicato.

Per il caso della emissione negativa prodotta dai raggi ultravioletti si ottengono valori minimi. Il Lenard (61) ha dimostrato che essa continua a prodursi sino a che il metallo colpito abbia preso un potenziale positivo di circa 2 volta.

La velocità della emissione deve dunque essere, poichè due volta bastano per arrestarla,

$$v = \sqrt{2\psi \frac{e}{m}} = \sqrt{2 \cdot \frac{2}{300} \cdot 10^{17}} = 0,87 \cdot 10^{8};$$

una velocità cioè di 1000 chilometri al secondo.

Degne di particolare menzione, per l'appoggio che danno all'idea di una natura elettromagnetica della massa, sono le esperienze del Kaufmann sul valore relativo della velocità e del rapporto $\frac{e}{m}$ per i diversi raggi β emessi dalle sostanze radioattive. Da esse risulta che il valore di $\frac{e}{m}$ diminuisce rapidamente allorchè la velocità dei raggi si avvicina a quella della luce.

Capitolo II.

I raggi canale

§ 1. **Esperienze fondamentali, e caratteristiche principali dei raggi canale.** — Dopo una prima esperienza di Schuster (62) atta a provare che un corpo posto dinanzi al catodo proietta su di questo la sua ombra come se verso il catodo si dirigesse una radiazione luminosa, esperienze di Wiedemann e di Wehnelt (63) portarono a stabilire nettamente la esistenza di una radiazione diretta verso il catodo, ed alla quale fu data la denominazione di *afflusso catodico.*

Tale afflusso catodico potè venir bene studiato dal Goldstein (64) in un tubo contenente un catodo costituito da una reticella metallica o formato da un disco attraversato da piccoli canali. Esso passò oltre i vani della rete, brillando di luce varia al variare della natura del gas conuto nel tubo, e venne dal Goldstein stesso chiamato *radiazione canale*. Questi raggi canali destano la fluorescenza del vetro sul quale vengono a cadere, dando origine a colorazione varia col variare della natura del gas contenuto nel tubo. E producono effetti vari di luminescenza su sostanze opportune, e determinano anche azioni chimiche. Non impressionano le lastre fotografiche avvolte da un foglio di carta nera; la qual proprietà, come vedremo, serve a distinguerli da altre radiazioni che considereremo in seguito. E sono dotati di una discreta quantità di energia, rilevabile come azione termica, e secondo l'Evers (65) corrispondente all' 11,15 % della energia impiegata per la scarica.

Secondo esperienze di Wien (66) eseguite con disposizione analoga a quella che il Perrin usò per i raggi catodici, i raggi canale trasportano della elettricità positiva, e in conformità di questo fatto sono deviati da un campo magnetico e da un campo elettrico, come diremo fra breve.

Una esperienza analoga a quella fondamentale di Goldstein pei raggi canale fu eseguita dal Righi (67) colla scarica nell'aria alla pressione normale. Se una punta metallica viene mantenuta carica positivamente, e di fronte ad essa si colloca una finissima reticella di metallo, succederà che alcune delle particelle che la forza elettrica mette in moto dalla punta alla rete, arrivino presso i fori con tale velocità, da scostarsi abbastanza nel loro movimento dalle linee di forza, e da attraversare i fori stessi. Mediante un elettrometro si riesce difatti, quando si realizzi la esperienza, a riconoscere al di là della reticella, la presenza di ioni che l'hanno attraversata. Rimane però fra questa esperienza e quella dei raggi canale una differenza, e cioè che la velocità dei ioni in moto è nel primo caso molto più piccola che nel secondo, in relazione colla diversa pressione del gas. Perciò essi, dopo aver oltrepassate le piccole aperture della reticella, lentamente si diffondono nell'aria e non sono in grado di produrre ombre. Ma basta creare un altro campo elettrico fra la reticella ed un conduttore posto più oltre, di direzione eguale a quella del campo esistente fra la reticella e la punta, perchè quei ioni prendano a muoversi ordinatamente secondo le linee del nuovo campo, e possano dar luogo alla formazione di ombre elettriche. Il Righi operava colla disposizione rappresentata dalla fig. 32. Di fronte alla punta sta una reticella metallica comunicante

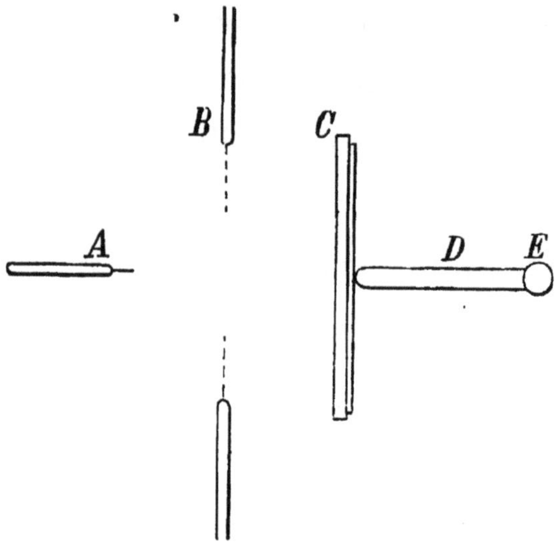

Fig. 32.

col suolo e più oltre una lastra di ebanite, parallela alla reticella e munita di armatura in contatto d' un conduttore terminante in sfera. Mentre la macchina elettrica mantiene la punta carica positivamente si fa scoccare una scintilla fra una piccola bottiglia di Leida caricata negativamente e la pallina con cui termina il conduttore comunicante coll'armatura dell'ebanite. Poi si proietta su di questa un miscuglio di polveri elettroscopiche. — Apparisce allora subito come sull'ebanite

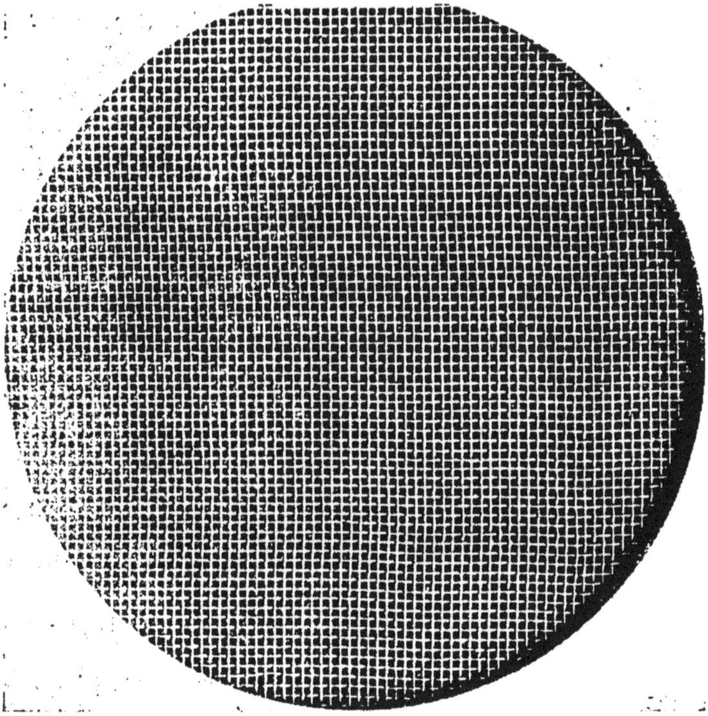

Fotografia della lastra di ebanite.

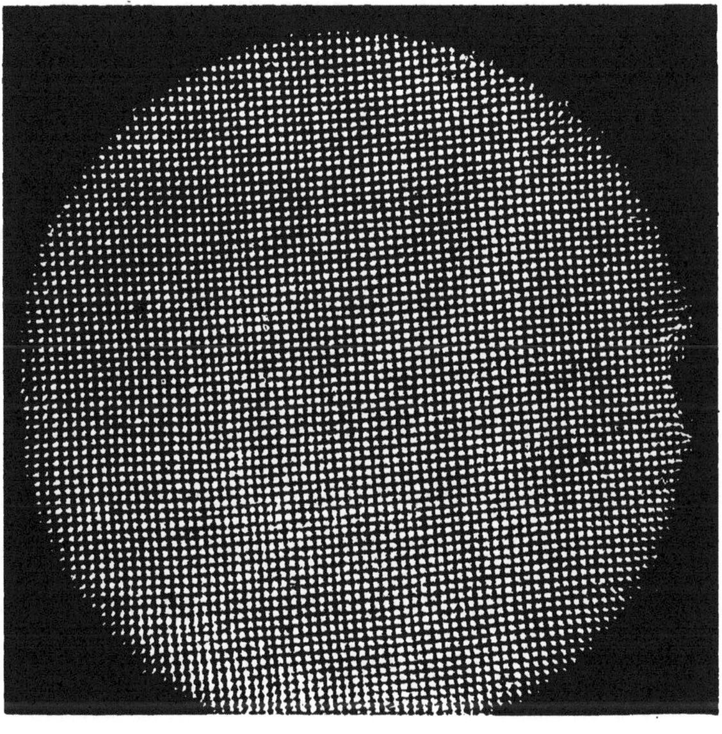

Fig. 33.

aderisca la polvere di zolfo, formandosi tanti piccoli quadrati che hanno eguale grandezza e direzione dei vani della reticella (fig. 33).

§ 2. **Deviazione elettrica e magnetica.** — La deviazione elettrica e magnetica che servì poi a misura del rapporto $\frac{e}{m}$ e della velocità pei raggi canale venne ottenuta dal Wien (68) con un dispositivo semplice che rappresenta la figura 34. Un disco forato di ferro B è ad un tempo, setto mediano di un tubo a vuoto AC, e base di un cilindro pure in ferro PBT che funge da catodo del tubo e che si trova in comunicazione col suolo. Anodo del tubo è A, cosicchè i raggi canale attraverso al foro di B vanno a suscitare la fluorescenza del vetro in C. La chiazza di fluorescenza si sposta secondo è previsto dalla teoria, se si crea un campo elettrico mediante le due lamine *a* e *b* o se si crea un campo magnetico mediante i poli S ed N. Per la prima deviazione bisogna assolutamente proteggere la sezione *n* del tubo

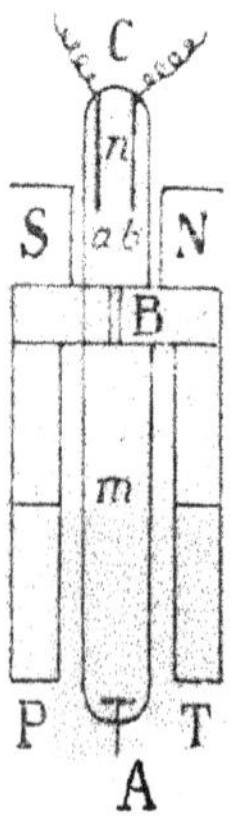

Fig. 34.

da azioni elettrostatiche possibili nella sezione *m*. Per la seconda deviazione bisogna proteggere la sezione *m* dalla azione dell' elettromagnete. I due intenti manifestamente si raggiungono col sistema in ferro PBT mantenuto in comunicazione col suolo.

Sul conto della deviazione magnetica dei raggi canale, va notato, per quanto sia da ritenere che la cosa meriti ancora conferma, come, secondo esperienze eseguite da H. Pellat (69) con un tubo opportuno, mentre un campo magnetico non troppo forte dà una deviazione normale dei raggi, coll' aumento del campo si ha una notevole diffusione della linea luminosa formata dai raggi deviati sino a che un ulteriore aumento del campo fa diminuire la diffusione ma inverte il senso della deviazione.

Se il fascio anodico viene assoggettato all' azione simultanea del campo elettrostatico e del campo magnetico, disposti questi campi normalmente l' uno all' altro ed entrambi normali al fascio, la macchia fluorescente si sposterà dalla posizione abituale se i raggi canale sono omogenei, si tradurrà in una linea continua o spezzata se eterogenei. La trattazione matematica del problema dice poi che in quest' ultimo caso la linea ha andamento rettilineo se è costante la velocità dei raggi canale, ha andamento parabolico se è costante invece il rapporto $\frac{e}{m}$. Orbene, la esperienza ha concluso per la costanza di v e per la variabilità di $\frac{e}{m}$.

Wien e altri dopo lui ammisero dapprima che la materia legata all' elettricità trasportata dai raggi canale fosse quella dello stesso catodo, e ritennero buon argomento di dimostrazione il fatto che di questa materia se ne forma un deposito sul vetro colpito dai raggi canale stessi. In realtà questo deposito è fenomeno secondario. Wehnelt ed O. Berg (70) hanno dimostrato che i raggi canale si formano all' anodo e non al catodo. E Wüllner (71) arrivò a conclusioni simili collo studio spettrale della luce di scarica. Ben presto poi si formò la convinzione che i supporti materiali delle cariche elettriche nei raggi del Goldstein fossero prodotti di dissociazione dell' atomo del gas; di quello dell' ossigeno, per esempio, nell' aria rarefatta. Ed ora senza il più piccolo dubbio si ritiene da tutti che i raggi canale siano costituiti dai residui atomici derivanti dalla sottrazione degli elettroni agli atomi.

La determinazione del rapporto $\frac{e}{m}$ ha condotto al risultato che esso è assai inferiore al corrispondente rapporto per le particelle catodiche e che di più varia colla natura del gas rarefatto contenuto nel tubo. Supponendo e eguale e di segno contrario al corrispondente dei corpuscoli catodici, risulta che la massa m dei raggi canale deve essere assai più grande che per gli elettroni. È dell' ordine di grandezza delle masse atomiche. Per i raggi più deviabili di un fascio di Goldstein il rapporto $\frac{e}{m}$ avrebbe il valore 9000 per l' idrogeno, e sarebbe di circa 700 per l' ossigeno (Wien). Ciò sembrerebbe dunque indicare che i corpuscoli positivi in moto nel fascio di Goldstein sarebbero i resti degli atomi del gas dopo l' uscita di elettroni negativi. Un secondo argomento in favore di questo modo di vedere si è che il rapporto $\frac{e}{m}$ così trovato, è dello stesso ordine di grandezza del rapporto fra la carica elettrica e la massa dei ioni nei fenomeni di elettrolisi. Difatti, se si designa con E la quantità di elettricità necessaria per liberare nell' elettrolisi dell' acqua una massa M_H di idrogeno ed una massa M_O di ossigeno, si ha (U.E.M.):

$$\frac{E}{M_H} = 9640 \qquad \frac{E}{M_O} = 1205.$$

Se ora noi designamo con e la carica portata per ione e per valenza (considerando questa carica come l' atomo di elettricità) e con m_h ed m_o le masse degli atomi di idrogeno e di ossigeno, avremo

$$\frac{e}{m_h} = 9640 \qquad \frac{e}{m_o} = 602.$$

Numeri che concordano bene colle esperienze di Wien. Va però notato che Wien studiò un fascio di raggi canale che si divideva in tre fascetti inegualmente deviati, per i quali i rapporti $\frac{e}{m}$ erano rispettivamente eguali al massimo a 10,1 a 1010 e a 36360; valore quest' ultimo dello stesso ordine di quello che si ha per l' atomo di idrogeno della elettrolisi (10^4). In altri casi si è avuto senz' altro un valore pressochè identico a quest' ultimo. Siccome tutto fa ritenere che la carica elementare sia invariabilmente la stessa in tutti i casi, ne risulta che nel fascio più deviato la massa deve essere dell' ordine di grandezza della massa atomica, ma che per gli altri essa sia molto più grande. Per queste considerazioni bisogna attribuire come supporto alle cariche positive non solamente i resti atomici dai quali sia uscita la carica negativa, ma in certi casi anche degli aggregati di atomi dei quali uno solo sarebbe, come si dice, elettricamente dissociato. Del qual modo di vedere avremo presto altre conferme numerose e giustificazioni teoriche. (V. Appendice).

Quanto alle *velocità* dei raggi canale sarebbero (anche pei raggi più deviabili dal campo magnetico) considerevolmente minori di quelle dei corpuscoli od elettroni negativi. Ciò risulta dalla formula

$$\psi\, e = \frac{1}{2}\, m\, v^2$$

nella quale $\frac{e}{m}$ è molto più piccolo. Per spiegare l'ineguale deviazione dei raggi di un fascio di Goldstein si è supposto che i raggi meno deviati fossero dovuti ad un'azione secondaria. Il nucleo elettrico positivo costituirebbe un centro di attrazione per le molecole allo stato neutro del gas rarefatto. Man mano che il centro si propaga (particolarmente se si propaga con lentezza) raggruppa attorno a sè per influenza un numero crescente di molecole allo stato neutro. Ne risulta che la massa m del sistema aumenta; per conseguenza, il rapporto $\frac{e}{m}$ e la velocità diminuiscono, altrettanto come avviene per l'azione deviatrice del campo magnetico.

§ 3. **Causa probabile della caduta di potenziale catodico**. — La caduta di potenziale catodico che si osserva in un tubo a vuoto è variabile colla natura del metallo che costituisce il catodo, come avemmo occasione di dire nel Cap. 1.° Orbene, C. Füchtbauer (72) ha indagato se la causa di tale variazione deve ricercarsi nella radiazione secondaria emessa con intensità diversa dai differenti catodi sotto l'azione dei raggi canale, raggiungendo i risultati favorevoli a tale opinione che qui brevemente riferiremo. Un primo apparecchio adoperato vien rappresentato dalla figura 35, e si riduce ad un tubo a vuoto il cui anodo è in *a* ed il cui catodo è in *k*. Dietro al catodo e sul tragitto dei raggi canale è posta la lamina metallica *p* della quale si vuol studiare la radiazione secondaria. A tal fine la lamina è posta nel centro di un arco di cerchio che porta alla sua periferia un certo numero di elettrodi ausiliari

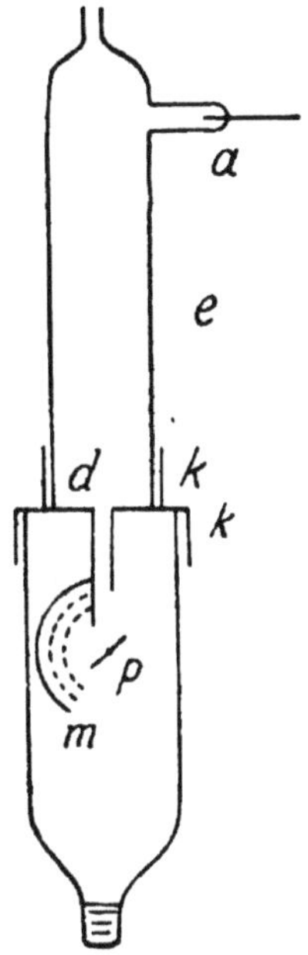

Fig. 35.

i quali si possono successivamente mettere in comunicazione con un polo del galvanometro che ha l'altro polo in *p*. La corrente osservata dà manifestamente una prova del potere riflettente della sostanza *p* per i raggi canale, così come del raggiamento secondario emesso dalla medesima sostanza. Con tensione opportuna, il galvanometro indica correnti circolanti in senso negativo fra la lamina *p* ed i ricevitori, appena che i raggi canale vengono a colpire la lamina. L'intensità può andare sino a 4.10 amp., ma il fenomeno non esiste che cogli elettrodi ricevitori situati davanti a *p*. Gli altri danno una corrente sensibilmente nulla. Non è stato possibile determinare una legge semplice di variazione del raggiamento secondario coll'incidenza, ma l'intensità diminuisce quando ci si allontana dalla normale, dapprima lentamente, poi più rapidamente senza che sia possibile distinguere un massimo nella direzione della riflessione ottica. L'alluminio dette raggi negativi più intensi del rame.

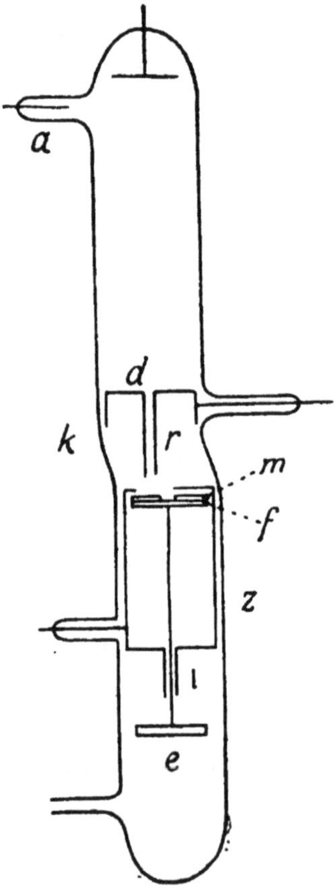

Fig. 36.

Esperienze più precise sono state fatte coll'apparecchio della figura 36. In esso un disco *m*, che può porsi in rotazione agendo dall'esterno sulla calamita *e*, si trova dentro ad un cilindro di Faraday *f*. Tal disco è munito di settori formati con metalli differenti ed in una regione è forato, cosicchè il cilindro del Faraday può ricevere i raggi canale sia direttamente, sia dopo che essi hanno colpito la superficie del metallo in istudio. La differenza delle letture al galvanometro dà la somma algebrica dei raggi secondarî e dei raggi canale riflessi.

In questa maniera è stato possibile arrivare ai seguenti risultati. Alle alte tensioni, e con vuoto molto pronunciato, tutti i metalli emettono un raggiamento secondario di grande intensità. L'ordine nel quale essi vengono disposti è quello stesso delle tensioni voltaiche. L'argento ed il rame si comportano sensibilmente nello stesso modo, il platino dà gli effetti più piccoli, lo zinco e sopratutto l'alluminio gli effetti più notevoli. Per quest'ultimo la radiazione secondaria è 4 volte più grande della radiazione primaria. Quando la tensione si abbassa da 31000 a 20000 volta si osserva poco cambiamento. A partire da 15000 volta gli effetti sono notevolmente diminuiti; e, per 4000 volta, lo zinco e l'alluminio danno soli ancora una corrente negativa, gli altri metalli danno una corrente positiva dovuta alla riflessione dei raggi canale. Si può constatare questa « riflessione » dei raggi canale anche alle alte tensioni applicando un campo magnetico. In presenza di questo campo anche alle tensioni più elevate, il rame, il platino e l'oro danno una corrente positiva (10 per 100 circa del raggiamento incidente). L'alluminio e lo zinco continuano a dare una corrente negativa, ma troppo debole, senza dubbio perchè il campo magnetico è insufficiente. Passando alle deboli tensioni (2500 a 580 volta) l'effetto di riflessione aumenta notevolmente per poi diminuire. L'esistenza di un massimo sembra abbastanza probabile, molto più se si pensa che i raggi canale di grandissima velocità sono troppo penetranti per essere riflessi, e quelli di velocità troppo debole perdono quasi tutta la loro energia nell'urto.

Va notato che subito dopo i lavori di Goldstein e di Wien sulla esistenza dei raggi canale, J. J. Thomson (73) nel suo libro sulla scarica elettrica nei gas rarefatti emise l'idea che siffatti raggi coi loro urti sul catodo fosser la causa della emissione dei raggi catodici.

Recentemente lo stesso Thomson (74) con un dispositivo speciale ha dimostrata la cosa sperimentalmente facendo cadere attraverso ad un catodo forato un fascio di raggi canale su una laminetta metallica. Questa laminetta diveniva sede di emissione di raggi catodici.

J. J. Thomson ha anche osservato che i raggi canale disaggregano una lamina metallica contro la quale vengano a cadere, poichè, dopo un lungo e continuo bombardamento della lamina stessa, ed in prossimità di questa, le pareti del tubo appariscono ricoperte da un deposito metallico. I sali di sodio colpiti dai raggi canale, pure secondo osservazioni di J. J. Thomson, emettono una luce gialla per la quale la riga D apparisce brillantissima. Tal fenomeno non si manifesta però col sodio metallico.

Questo fatto va messo in relazione col fenomeno della doppia luminescenza suscitata dai raggi canale sul vetro da essi colpito: fluorescenza verde propria del vetro, e strato luminoso rosso giallastro sulla superficie colpita presentante le righe D.

Fenomeno questo ultimo recentemente studiato da A. Rau (75) con esperienze tendenti a verificare la ipotesi di una luminescenza chimica. Tale ipotesi era stata intraveduta dopo le osservazioni del Wien secondo le quali, in una atmosfera di idrogeno, apparisce la sola flurescenza verde ed in una atmosfera di ossigeno apparisce soltanto la luminescenza del sodio.

Capitolo III.

I raggi del Röntgen

È noto il concetto di linea di forza introdotto dal Faraday per rappresentare le azioni nel campo elettrico. Con esso si escludeva l' antifilosofico principio dell' azione a distanza mantenuto a lungo nella scienza, forse più per opportunità di finzione matematica, che non per convinzione.

Mediante tale concetto delle linee di forza in stato di tensione, e con quello dei tubi di forza, appariva sufficientemente facile farsi una rappresentazione mentale dei processi che avvengono nel campo.

Il calcolo che fece Maxwell dell' ammontare delle tensioni e delle pressioni che sono in giuoco nelle linee di forza, lo portò a stabilire che gli effetti meccanici nel campo elettrostatico, potrebbero spiegarsi, supponendo che ogni tubo di forza di Faraday eserciti una tensione eguale alla intensità R della forza elettrica, e che, oltre a questa tensione, esista nel mezzo attraverso a cui passano i tubi una pressione idrostatica eguale a $\frac{1}{2}$ NR, se N rappresenta la densità dei tubi. Considerando l'effetto di queste tensioni e pressioni sull'unità di volume del mezzo nel campo elettrico, asserì che esse equivalgono ad una tensione $\frac{1}{2}$ NR secondo la direzione della forza elettrica, e ad una eguale pressione in ogni direzione normale a questa forza.

J. J. Thomson (76) considerando il caso in cui due lamine parallele AB, cariche preventivamente, l'una di elettricità negativa e l'altra di elettricità positiva, separate quindi da un campo a linee di forza per un buon tratto parallele, vengono poste in comunicazione fra di loro mediante un filo metallico quale vien rappresentato dalla figura 37, nota come i tubi di forza debbono essere tutti spinti a poco a poco verso EFG e scomparire, mentre lungo il filo EFG si forma una corrente, e tutt'intorno ad esso sorge un campo magnetico.

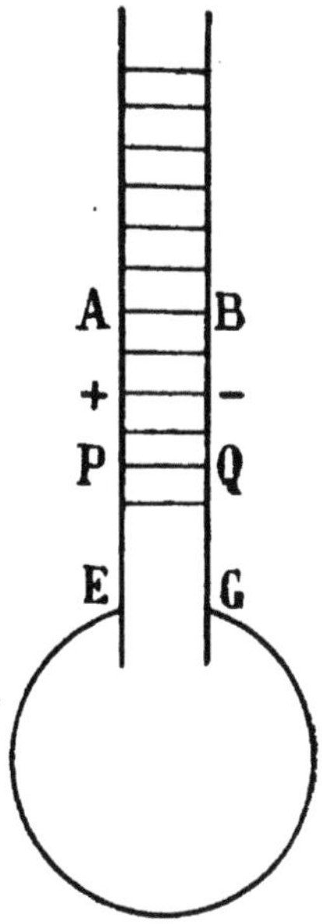

Fig. 87.

Da ciò l'ipotesi che vi sia un nesso fra il moto dei tubi di Faraday e la produzione di una forza magnetica. La quale ipotesi dà come conseguenza immediata il fatto, che una variazione nello spostamento elettrico in un dielettrico produce forza magnetica, solo se si pensi che lo spostamento elettrico è misurato dalla densità dei tubi di Faraday. Ed è in buon accordo coi fatti fondamentali della elettrologia.

La legge collegante la forza magnetica collo spostamento dei tubi di Faraday stabilisce che un tubo di Faraday moventesi con la velocità v in un punto M, produce in M una forza magnetica la cui intensità è $4 \pi v$ sen ω, e la cui direzione è normale al tubo ed anche alla direzione del suo moto, intendendo con ω l'angolo formato dal tubo di Faraday colla direzione secondo la quale esso si muove. Si produce dunque forza magnetica solo nel caso in cui si abbia moto del tubo normalmente alla propria direzione: il moto del tubo lungo la propria direzione non origina affatto forza magnetica.

Un moto di tubi di Faraday si ha ad esempio allorquando si muove una sfera carica. Se consideriamo il caso in cui la sfera si muova di moto uniforme e con velocità piccola rispetto a quella della luce, i tubi di Faraday avranno distribuzione uniforme e per direzione quella dei raggi (figura 38), come quando la sfera fosse in quiete.

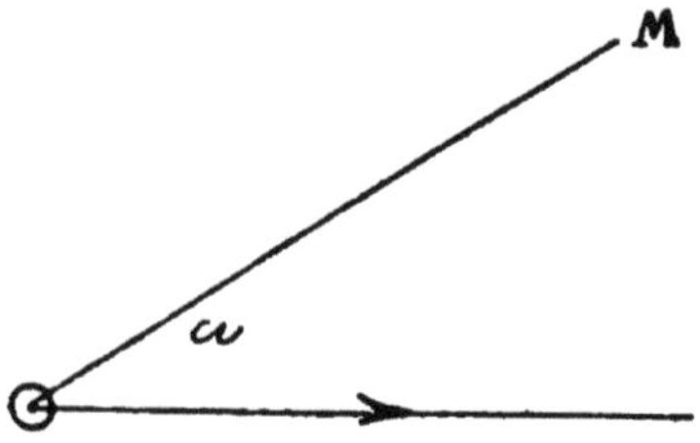

Fig. 38.

Se e è la carica della sfera di centro O, la densità dei tubi in M è $\frac{e}{4\pi \overline{OM}^2}$, e quindi, se si rappresenta OM con r, la forza magnetica in M avrà il valore $\frac{ev \ sen \ \omega}{r^2}$, ed avrà direzione simultaneamente normale ad OM ed alla traiettoria del centro della sfera. Cosicchè la carica elettrica in moto uniforme, sarà accompagnata dalla produzione di un campo magnetico, le cui linee di forza saranno circonferenze aventi i loro centri sulla traiettoria del centro della sfera e disposte coi loro piani normali a questa traiettoria.

Supponiamo ora che i tubi di Faraday accompagnanti la sfera carica non procedano più indisturbati, ma che, per il brusco arresto della sferetta o particella carica in movimento attorno alla quale essi stanno, ricevano una perturbazione ad un estremo. Tale perturbazione si propagherà lungo i tubi con una certa velocità, che sarà la velocità stessa della luce. Se τ è la durata dell' urto, si può vedere l' aspetto dei tubi di Faraday dopo un tempo t a partire dall' istante nel quale ebbe inizio il processo d' arresto della particella, descrivendo due sfere aventi il loro centro comune nel centro della particella carica, l' una di raggio Vt e l' altra $V(t - \tau)$. Per i tratti di tubi esteriori alla sfera esterna non si sarà ancora fatta sentire la perturbazione, e quindi tali tratti si troveranno nella posizione che avrebbero raggiunto se avessero proceduto oltre con la velocità che possedevano nell' istante in cui la particella fu urtata. Entro la sfera interna invece, i tubi, dopo aver subita la perturbazione, si saranno disposti nella loro posizione finale con

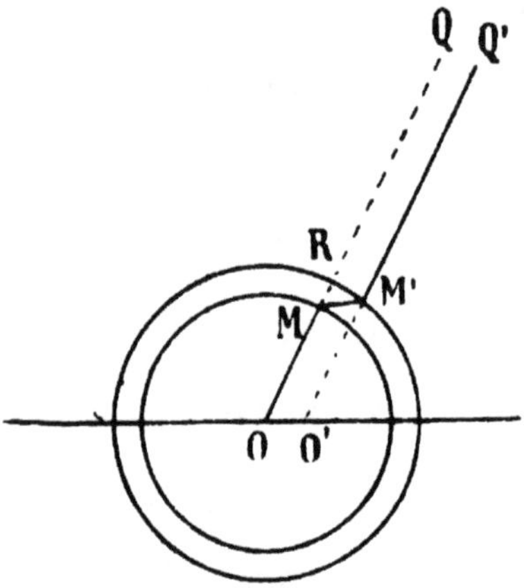

Fig. 39.

direzione eguale a quella posseduta nel momento dell' urto. Nella figura 39 si considera un solo tubo, il quale, come si vede, per conservare la sua continuità deve incurvarsi nello strato compreso dalle due sfere. Il tubo che prima dell' urto era radiale, ha ora nello strato interposto tra le sfere una componente tangenziale, la quale significa una forza elettrica tangenziale, e reca una modificazione nel campo elettrico della particella. Ammettendo che la distanza δ fra le due sfere sia tanta piccola che la parte di tubo fra queste compresa si possa riguardare come rettilinea; se θ e ρ sono le componenti tangenziale e radiale della forza elettrica, si ha:

$$\frac{\theta}{\rho} = \frac{M'R}{MR} = \frac{OO' \, sen \, \omega}{\delta},$$

ove ω rappresenta l'angolo di OM colla direzione del moto della particella. Ricordando che abbiamo indicato con t il tempo trascorso dal momento dell' arresto, ed indicando con v la velocità colla quale si muoveva la particella prima dell' urto, sarà :

$$\frac{\theta}{\rho} = \frac{vt \, sen \, \omega}{\delta}.$$

Ricordando che:

$$\rho = \frac{e}{r^2}, \text{ ed } r = Vt,$$

ove V è la velocità della luce, si ha:

$$\theta = \frac{ev}{V} \cdot \frac{sen \, \omega}{r \, \delta}.$$

I tubi tangenziali di Faraday procedenti con velocità V produrranno in M una forza magnetica la cui intensità sarà V θ o altrimenti $\frac{ev \, sen \, \omega}{r \, \delta}$. Tal forza sarà normale al piano del foglio ed in verso opposto alla forza magnetica esistente in M prima dell' arresto della particella. Un semplice confronto fra il valore $\frac{ev \, sen \, \omega}{r \, \delta}$ della nuova forza magnetica col valore preesistente $\frac{ev \, sen \, \omega}{r^2}$

mostra come l' intensità di questa sia ecceduta dalla intensità di quella nello stesso rapporto che intercede fra r e δ. Per cui si può dire che la pulsazione prodotta dall' arresto della particella è origine di forze elettriche e magnetiche intense, le quali diminuiscono in ragione inversa della distanza dalla particella elettrizzata, mentre le forze, prima che la particella fosse arrestata, diminuivano in ragione inversa del quadrato della distanza medesima (77).

Nel concetto che ci siamo fatti dei raggi catodici e nella nozione ben chiara della non penetrabilità loro attraverso al vetro del tubo Crookes, apparisce evidente che nella regione anticatodica del tubo stesso debba effettuarsi un brusco arresto delle particelle negative, e debbano manifestarsi quelle conseguenze che le precedenti brevi considerazioni ci hanno lasciato intravedere. Si deve avere dunque una pulsazione eterea propagantesi colla stessa velocità della luce.

Ora la esperienza ci dice che dalla regione del tubo colpito dai raggi catodici sorge una nuova speciale radiazione, alla quale si dette il nome di chi la mise per primo nettamente in evidenza, il Röntgen.

Ma i raggi di Röntgen non sorgono solamente sul vetro del tubo di Crookes. Essi sorgono in generale là dove particelle cariche vengono bruscamente arrestate nel loro moto.

Orbene il ragionamento preliminare da noi fatto prevedeva che in genere l dove particelle cariche avessero urtato contro ad un ostacolo, doveva sorgere una pulsazione eterea propagantesi colla velocità della luce. L'accordo di quelle considerazioni preliminari coi fatti, e la ben provata immaterialità dei raggi del Röntgen, ci portano a pensare col Thomson che questi raggi consistano appunto in siffatte pulsazioni.

Anche le recenti esperienze sulla polarizzazione dei raggi Röntgen (78) ed il risultato della misura fatta dal Marx della velocità di loro propagazione (79) per cui tale velocità risulta uguale a quella della luce, confortano in tale idea (V. Appendice).

Capitolo IV

La ionizzazione per opera dei raggi Röntgen

§ 1. **Esperienze fondamentali.** — Gli studi che man mano si facevano per rivelare le proprietà dei raggi Röntgen mostravano una evidente analogia di comportamento fra questi ed i raggi ultravioletti. Ragione per cui si pensò contemporaneamente da diversi fisici a ricercare nei raggi Röntgen la proprietà scaricatrice già osservata nelle radiazioni ultraviolette.

Thomson (80), Righi (81), Bergmann e Gerchun (82), Benoist e Hurmuzescu (83), Dufour (84), Lodge (85), Röntgen (86), si trovarono quasi contemporaneamente d'accordo nell'ammettere tale proprietà, quantunque su certune particolarità d'azione esistesse qualche discordanza fra i risultati delle loro esperienze.

La conclusione però dei lavori sperimentali relativi alla dispersione della elettricità per parte dei raggi Röntgen sembra questa, che fra l'azione di tali raggi e quella delle radiazioni ultraviolette, esiste una differenza essenziale. Mentre i raggi ultravioletti per provocare la scarica debbono colpire una superficie metallica caricata negativamente, i raggi Röntgen scaricano tanto i corpi che possiedono elettricità negativa come quelli carichi di elettricità positiva. Non solo, ma perchè tali raggi operino il loro effetto scaricatore è anche superfluo che essi colpiscano la superficie del corpo carico: basta che incontrino le linee di forza che al corpo fanno capo perchè tosto lungo tali linee si effettui il trasporto della elettricità. Ci sembra particolarmente istruttiva la esperienza seguente del Perrin (87).

Si realizza un condensatore piano A A′ le cui armature sono separate da un gas in riposo, da aria per esempio (figura 40). Una lastra ret-

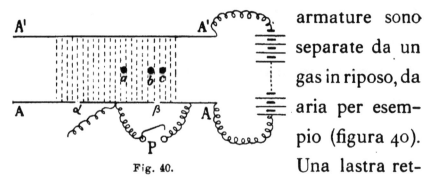

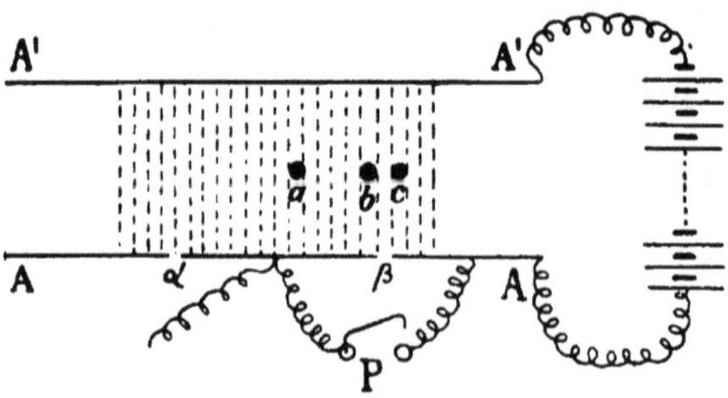

Fig. 40.

tangolare $\alpha\ \beta$ tagliata in una delle armature è collegata all' ago di un elettrometro. All' inizio dell' esperienza essa è collegata al resto dell' armatura A, che funziona come anello di guardia. A ed A' sono riunite fra loro attraverso ad una batteria di accumulatori che mantiene fra di esse una differenza di potenziale costante. Si interrompe allora la comunicazione fra A A e $\alpha\ \beta$, e si fa passare fra le armature un fascio di raggi di Röntgen, in guisa però che da essi le armature non vengano colpite. La scarica è rapida quando i raggi, supposti perpendicolari al piano della figura passano in *a*, resta sensibilmente la stessa quando passano in *b*, ma diventa bruscamente nulla quando passano in *c*, vale a dire appena i raggi non incontrano più linee di forza corrispondenti al disco $\alpha\ \beta$.

Nota - Si può evidentemente ricorrere al fatto messo in rilievo da questa interessante esperienza del Perrin, per procedere a misure di differenza di potenziale di contatto con metodo simile a quello già citato ed indicato dal Righi. (Vedi pag. 65, e Perrin C. R., 1906).

Ciò che va sino da ora notato si è il fatto che non interessa la preesistenza del campo all'azione dei raggi Röntgen. È proprio una modificazione che i raggi Röntgen determinano nel gas, modificazione la quale fa sì che, qualora il gas venga a lambire un corpo conduttore carico, fa da questo sfuggire la elettricità, obbligandola ad un percorso segnato dalle linee di forza del campo esteriore.

Uguale proprietà di agire sui gas spetta ai *raggi secondari*, cioè a quei raggi che sono emessi dai corpi colpiti dai raggi Röntgen: l'assorbimento della radiazione operata dal gas è più rapido pei raggi secondari che non per i primari.

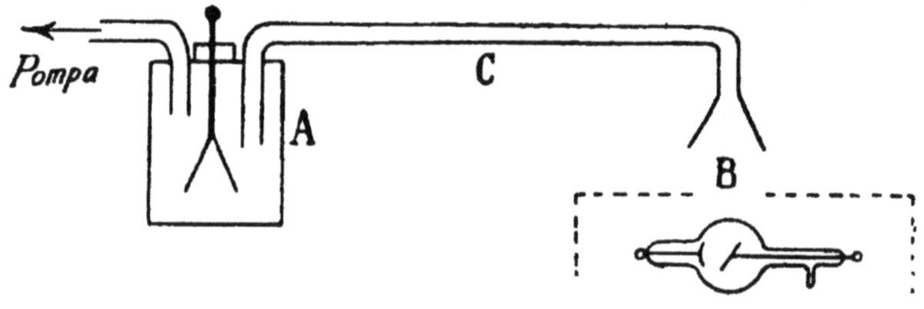

Fig. 41.

Se il gas che è stato modificato dai raggi Röntgen fluisce, la detta modificazione permane per qualche tempo in esso. A dimostrarlo vale la esperienza che vien rappresentata dalla figura 41, nella quale A rappresenta un elettroscopio contenuto in un recipiente, al quale adducono solamente l'estremità di una pompa aspirante e un estremo di un tubo che termina all'altro estremo con una apertura dilatata e sovrapposta ad una massa d'aria che si ionizza con un tubo di Röntgen. È superfluo dare al riguardo ulteriori indicazioni, tanto è evidente l'andamento della esperienza. Con questo stesso dispostivo della fig. 41 è agevole mettere in evidenza che tale modificazione prodotta dai raggi Röntgen può farsi, quando si voglia, scomparire, obbligando il gas ad attraversare stretti meati quali si hanno in un batuffolo di ovatta ovvero in un blocco di lana di vetro, o a passare entro lunghi e sottili tubi metallici, o a gorgogliare attraverso un liquido conduttore (che però non contenga sostanze radioattive). Si deve dunque concepire la modificazione come dovuta a un qualche cosa che sia mescolato col gas e che da questo possa separarsi con una semplice filtrazione. In ultima analisi la modificazione si traduce in ciò, che il gas diventa conduttore, e non sembra quindi fuor di luogo pensare che tale conducibilità si debba alla presenza di particelle elettrizzate libere di muoversi. Quel qualche cosa che la filtrazione può separare dal gas sarebbe dunque costituito da piccole cariche dei due segni, da ioni positivi e da ioni negativi. La miglior conferma di questa idea sta in ciò, che la modificazione prodotta dai raggi Röntgen, oltrechè per filtrazione, si può distruggere allorchè si faccia passare il gas fra due conduttori oppostamente elettrizzati: i due conduttori attraggono e trattengono i ioni aventi carica opposta alla loro, e così ne liberano il gas.

Già il Giese (88) nel 1882 durante le sue ricerche sulla conducibilità delle fiamme, aveva creduto naturale ammettere nei gas che si lasciano attraversare da scariche elettriche, una dissociazione delle molecole neutre in centri carichi, atomi o radicali, analoghi ai ioni degli elettroliti. E lo Schuster (89) ebbe la stessa idea per spiegare i fenomeni della scarica esplosiva nei gas rarefatti. Ma era opportuno chiedersi se il passaggio della elettricità si accompagna ad una decomposizione chimica nel gas come nell'elettrolita, e se per una medesima sostanza (H *Cl* od H I per es.) allo stato gassoso e allo stato di soluzione, la massa decomposta era la stessa per il passaggio di una medesima quantità di elettricità. Troppo lungo sarebbe riferir qui minutamente le esperienze varie che vennero eseguite a questo fine; alcune delle quali facevano rinverdire la speranza di potere dare ad antiche osservazioni di Perrot (90) una conferma e maggiori schiarimenti, per modo da raggiungere la possibilità di spiegare con identico meccanismo il passaggio della elettricità nei liquidi e nei gas; altre — le più convincenti — atte a mettere in rilievo una decomposizione chimica sì, ma non tale da permettere un ravvicinamento intimo fra i due veicoli, gassoso e liquido, della elettricità. Riterremo tuttavia come ben assodata la conclusione che da tutte le esperienze più serie scaturì, e che venne ben presto generalmente ammessa, come quella che via via andava d'accordo con nuovi fatti e con nuove esperienze. La conclusione è questa, che dall'esperienza risulta per i gas una decomposizione chimica insignificante per rapporto a quella che si osserva negli elettroliti. Se a ciò si aggiunge il fatto che la scarica esplosiva presenta nei gas monoatomici (vap. di Hg, argon, elio) i medesimi caratteri che negli altri gas, apparisce chiaro che non si può parlare pei gas di una dissociazione della molecola in atomi carichi: la dissociazione in centri carichi della molecola di un gas, qualunque sia il numero di atomi dai quali questa è costituita, va considerata nella maggior parte dei casi di natura differente da quella che si ha negli elettroliti. È quindi opportuno indagare i caratteri di questa dissociazione e dei ioni elettrici che ne risultano. Ma prima di prendere in esame i prodotti della ionizzazione, che può prodursi, come vedremo, mediante agenti varii, ci sembra ora utile soffermarci a considerare rapidamente ed in linea generale le principali caratteristiche della azione esercitata sui gas dai raggi Röntgen. Ciò servirà per fissare qualche nozione fondamentale atta a far comprender meglio tutto quanto riguarda l'argomento ampio della ionizzazione. Riferiamoci alla disposizione sperimentale rappresentata dalla metà sinistra della figura. Un tubo metallico T, (fig. 42) forato in F e quivi chiuso mediante una sottile lamina di alluminio, contiene una asticciuola metallica isolata A in comunicazione con una coppia di quadranti di un elettrometro E, che ha l'altra

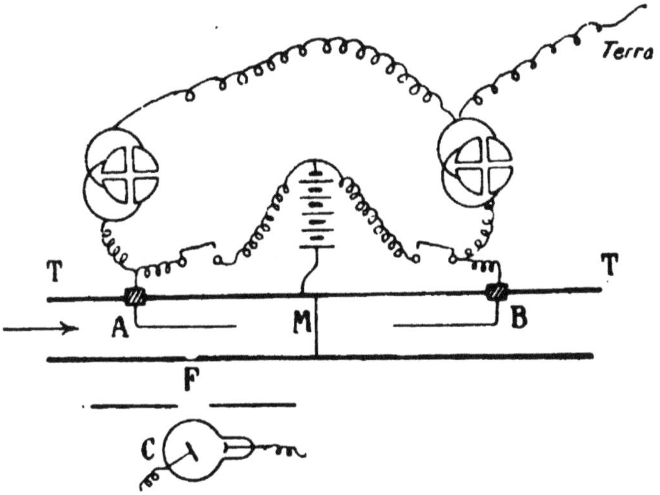

Fig. 42.

coppia al suolo, e l'ago carico. Si può creare un campo fra A e T per mezzo di una batteria di accumulatori aventi una forza elettromotrice V. I raggi di Röntgen provenienti dal tubo C passano attraverso F e agiscono sul gas fra A e T, di guisa che A raccoglie per secondo una quantità di elettricità Q, che l' elettrometro permette di misurare. Nello stesso tempo il tubo T raccoglie - Q. Orbene, se si fa funzionare in condizioni costanti il tubo C (il che avviene se esso è tenero) risulta che aumentando V, la carica che in un tempo fisso e determinato acquista il conduttore comunicante coll'elettrometro, aumenta dapprima, per raggiungere poi un valore limite che più non aumenta. Ciò vien mostrato dalla curva della figura 43. Da questo risultato apparisce evidente il

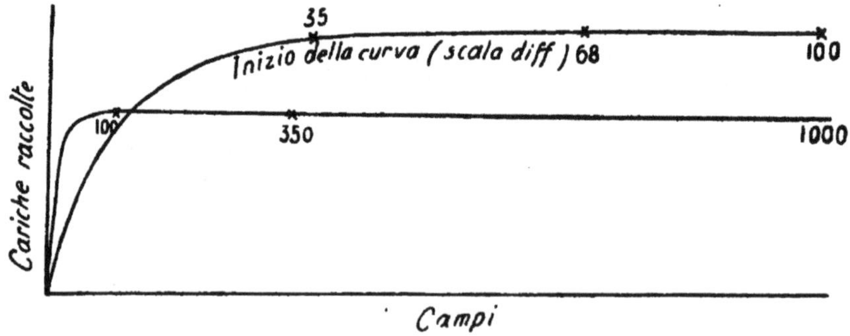

Fig. 43.

fatto che un determinato fascio di raggi non può produrre in un gas che una quantità limitata di ioni, e come necessaria conseguenza il fatto che questo gas, reso per tal modo conduttore, nel trasmettere la corrente elettrica non segue la legge di Ohm. Il che per converso è in perfetto accordo colla ipotesi ammessa della formazione di ioni. Quando la corrente ha raggiunto il valore massimo, detto di *saturazione*, tutti i ioni generati in un dato tempo sono impiegati a trasmettere la corrente nel tempo medesimo. Un aumento di potenziale e inutile per accrescere la corrente, in quanto non esistono più ioni disponibili.

Una maniera indiretta per provare il meccanismo ionico indicato è quello di eseguire una antica esperienza del Righi (91) dalla quale risulta che l' intensità della corrente traversante l' aria ionizzata interposta fra due dischi (entro certi limiti) cresce colla distanza fra i dischi. E ciò deve avvenire, perchè, aumentando la distanza fra i dischi, si aumenta nel tempo stesso il volume della massa d' aria che prende parte al fenomeno, si aumenta perciò nello stesso tempo il numero dei ioni, e la corrente di saturazione costituita dal loro moto deve pure aumentare.

È opportuno avvertire fin d' ora che se la differenza di potenziale fra i dischi considerati per mettere in rilievo la corrente di saturazione, raggiunge un valore elevato sufficiente, la corrente entra in un altra fase nella quale essa cresce rapidamente, come mostra la figura 44, desunta da esperienze di Schweidler e di Townsend (92). Gli è che in questo caso, come vedremo, entra in giuoco un' altra causa di ionizzazione.

La esperienza tendente a provare come con un determinato fascio di raggi non si possa ricavare da un gas che un limitato numero di ioni,

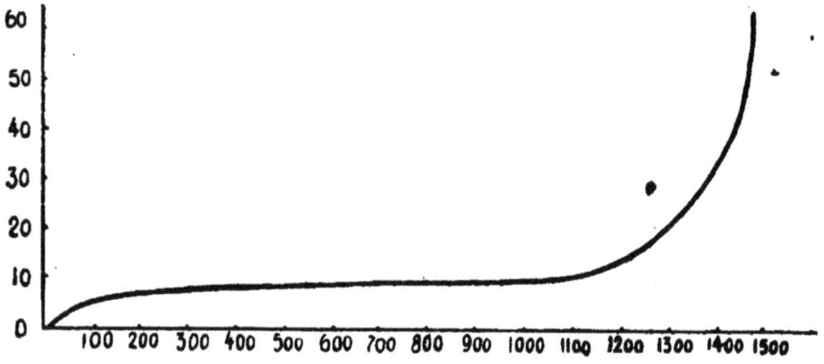

Fig. 44.

e quindi anche che i gas nel condurre la elettricità non seguono la legge di Ohm, può eseguirsi in maniera assai semplice e comoda col dispositivo di facile interpretazione rappresentato dalla fig. 45. Invece di lasciare il gas in riposo facciamo passare nel

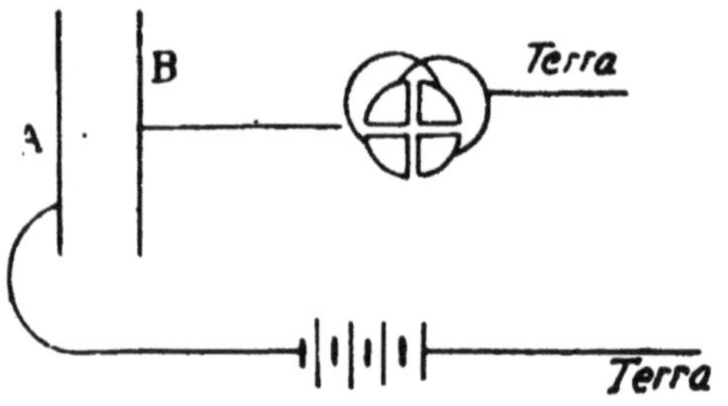

Fig. 45.

tubo T (fig. 38) una corrente gassosa nel senso indicato dalla freccia. Se V ha un valore molto elevato non ne risulterà alcuna modificazione sensibile della quantità Q raccolta da A; se al contrario V è sufficientemente debole, la stessa corrente gassosa produrrà una diminuzione di Q, tanto più notevole quante più piccolo sarà V. Ciò prova che le *piccole masse elettriche prodotte si spostano nel gas con una velocità finita tanto più grande quanto più il campo è intenso.*

Si ha dunque un moto di ioni con velocità determinata. Questo elemento caratteristico dei ioni, che considereremo più ampiamente in seguito, non ha in generale ugual valore pei ioni positivi e pei ioni negativi di un medesimo campo. Ciò fu messo in evidenza per la prima volta da I. Zeleny (93) col confronto fra la velocità acquisita dei ioni nel campo, e quella di una corrente gassosa parallela al campo. Egli si valeva del dispositivo seguente, rappresentato dalla fig. 46. Il gas circolante nel tubo T con una velocità nota U traversava una tela metallica isolata AB collegata ad un elettrometro. Fra AB ed una tela metallica parallela DE, si creava un campo X di intensità variabile, per mezzo di una batteria di accumulatori di forza elettromotrica V. Se il senso di questo campo era tale che i ioni positivi prodotti dai raggi di Röntgen del tubo C si spostavano verso AB, questi ioni prendevano *per rapporto al gas* una velocità d'insieme $K_1 X$, che componendosi con U, dava per loro velocità rispetto ad AB,

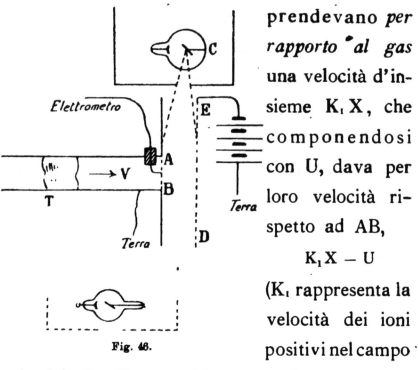

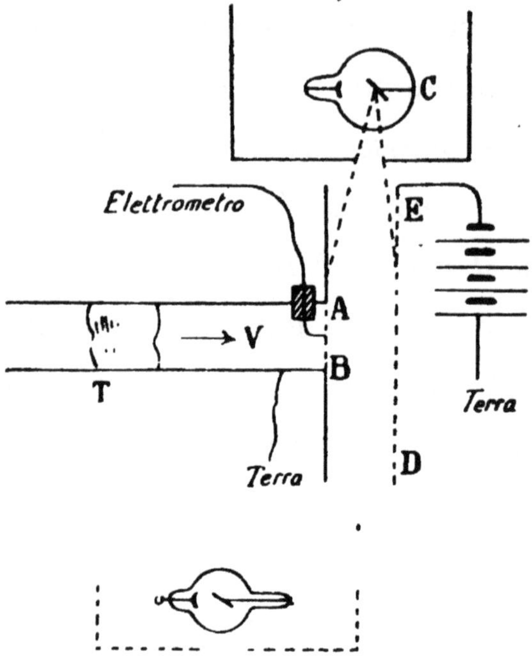

Fig. 46.

$$K_1 X - U$$

(K_1 rappresenta la velocità dei ioni positivi nel campo unitario). Se X era abbastanza debole perchè questa velocità risultante fosse negativa, i ioni si allontanavano da AB e questa tela non raccoglieva alcuna carica. Se si determinava, abbassando la differenza di potenziale V, il valore del campo X_1 per il quale AB cessava di raccogliere delle cariche, si aveva:

$$K_1 X_1 - U = o.$$

Invertendo il campo bisognava diminuire assai

più il valore X del campo, perchè la corrente gassosa si opponesse all' arrivo dei ioni negativi: occorreva raggiungere il valore X_2 tale che:

$$K_2X_2 - U = o.$$

(K_2 per i ioni negativi ha significato uguale a quello di K_1 rispetto ai ioni positivi). Ne risultava:

$$\frac{K_2}{K_1} = \frac{X_1}{X_2},$$

e quindi, oltre all'evidente dimostrazione del fatto che i ioni negativi si spostano nello stesso campo più velocemente dei positivi, un mezzo per constatare nettamente tale differenza di mobilità.

L' andamento delle cose per l' aria è rappresentato dalle due curve della fig. 47, dove le

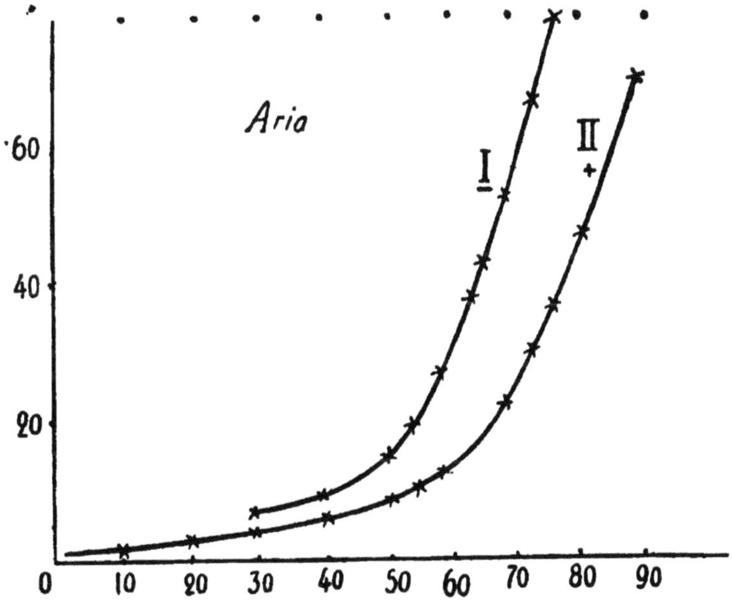

Fig. 47.

ordinate rappresentano la deviazione dell' elettrometro in un dato tempo e le ascisse la differenza di potenziale in volta fra le tele metalliche, La curva I riguarda i ioni negativi, e la II i ioni positivi. Zeleny ottenne per $\frac{K_2}{K_1}$ i valori che sono qui registrati:

Aria	1,24
Ossigeno	1,24
Azoto	1,23
Idrogeno	1,14
Gas carbonico	1,15
Acido carbonico	1,00
Ammoniaca	1,045
Acetilene	6,985
Ossido d' azoto	1,105,

Va notato però che in questa esperienza del Zeleny i gas non erano stati seccati in maniera speciale, e si è osservato che la umidità ha una forte azione nel ridurre la velocità dei ioni negativi, tanto che nell' aria satura di umidità, i due coefficienti, diversi nell' aria secca, hanno ugual valore. Neppure deve sorprendere il fatto che per l' acetilene i ioni negativi appariscono meno veloci dei positivi. La differenza è certamente inferiore al limite degli errori sperimentali.

Questa dissimetria per le due categorie di ioni è stata in seguito pienamente confermata da misure varie. Essa risulta d' altronde dimostrata da ciò che un conduttore posto in contatto con un gas ionizzato assume carica negativa.

Va tuttavia osservato sin d'ora che il metododi indagine del Zeleny, ora riferito, non può venir adoperato, per quanto a prima vista apparisca il contrario, alla determinazione dei coefficenti K in valore assoluto. Ciò in causa dei movimenti che produce nella corrente gassosa la presenza delle tele metalliche.

I metodi di misura escogitati per la determinazione dei coefficienti di mobilità dei ioni, verranno da noi esposti in altro capitolo.

§ 2. **I ioni come centri di condensazione del vapore acqueo.** — Il gas attraversato da raggi Röntgen si comporta, in presenza di vapor acqueo soprasaturo, in modo tale da metter fuori di dubbio la esistenza in esso di centri carichi di elettricità.

Si sa che, come risulta da uno studio di Lord Kelvin, il vapore, soprasaturo rispetto ad una superficie piana, può non esserlo più rispetto ad una goccia di raggio sufficientemente piccolo. E precisamente, in base appunto a tale studio, la tensione P' del vapore in equilibrio con una goccia sferica di raggio *r*, è superiore alla tensione massima P rispetto ad una superficie liquida piana, della quantità

$$P' - P = \frac{2\rho}{\sigma - \rho} \frac{A}{r},$$

ove σ rappresenta la densità del liquido, ρ quella del vapore ed A la tensione superficiale.

Ciò spiega anzi il fatto sperimentale ben certo, che l'aria può in molti casi mantenersi per un certo tratto di tempo soprasatura. Distendendo per esempio bruscamente dell'aria satura, che sia stata completamente purificata dal pulviscolo atmosferico per filtrazione attraverso ad un tappo d'ovatta, si osserva che la condensazione non si effettua in modo visibile che lentamente, e soltanto sulle pareti del recipiente. Orbene, perchè la condensazione avvenga in un gas privo di polvere, le goccioline dovranno essere inizialmente piccolissime, dell' ordine delle dimensioni molecolari, invisibili quindi, e non potranno accrescersi altro che se la soprasaturazione S $\left(=\frac{m_1}{m_2}\right.$, ove m_1 è la massa di vapore contenuto nell' unità di volume del gas soprasaturo, ed m_2 è la massa sufficiente per saturarla alla medesima temperatura) è grandissima.

C. T. R. Wilson (94) ha potuto provare come la condensazione del vapore acqueo possa determinarsi anche senza pulviscolo, colla azione dei raggi del Röntgen. Da ciò il pensiero, corroborato poi da una esauriente riprova sperimentale, che i raggi Röntgen determinano effettivamente la formazione di centri carichi di elettricità, di ioni, i quali terrebbero il posto delle particelle del pulviscolo nel fenomeno della condensazione. La qual cosa del resto appariva ben chiara da esperienze di R. von Helmoltz e Richarz (95) e del Lenard (96).

Ma seguiamo un po' da vicino le considerazioni e le osservazioni così bene ordinate, e per l'importanza loro esaurienti del Wilson, il quale, per produrre una soprasaturazione S ben determinata, si è valso della espansione brusca di un gas saturo di vapore acqueo alla temperatura ordinaria. Vale intanto, se la espansione è tanto brusca da poterla considerare come adiabatica, la relazione:

$$\frac{t_2}{t_1} = \left(\frac{V_2}{V_1}\right)^{\gamma - 1}$$

ove V_1, t_1, V_2, t_2, sono i volumi e le temperature assolute del gas prima e dopo la dilatazione, e γ è il rapporto dei due calori specifici. E se P_1 e P_2 sono le tensioni massime ordinarie al contatto di una superficie piana e corrispondenti a t_1 e t_2, sarà:

$$S = \frac{m_1}{m_2} = \frac{P_1\, V_1\, t_1}{P_2\, V_2\, t_{21}} = \frac{P_1}{P_2}\left(\frac{V_1}{V_2}\right)^{\gamma}.$$

Cosicchè dalla misura di t_1 e di $\frac{V_2}{V_1}$, si può passare al valore di t_2, di P_2 e di S.

Se nel gas soprasaturato dalla brusca espansione si possono produrre delle goccie, una parte della massa m_1 di vapor acqueo che contiene per unità di volume, si condenserà, e per effetto di questa condensazione il gas si riscalderà assumendo una temperatura t_3 superiore alla temperatura t_2 del gas stesso subito dopo la espansione. E quindi avremo:

$$m = m_1 - m_3$$

ove m rappresenta la massa condensata, ed m_3 la massa di vapor acqueo necessaria per unità di volume al fine di saturare il gas alla temperatura t_3.

m_3 e t_3 sono forniti della equazione calorimetrica

$$\lambda\ (m_1 - m_3) = c\ \rho\ (t_3 - t_2),$$

nella quale λ è il calore di vaporizzazione dell'acqua, c il calore specifico del gas sotto volume costante e ρ la sua densità.

L'apparecchio usato dal Wilson è rappresentato dalla figura 48.

Uno spazio A è in comunicazione con un tubo B attraversato nel fondo da un tubo C, e contiene una massa d'acqua sulla quale è

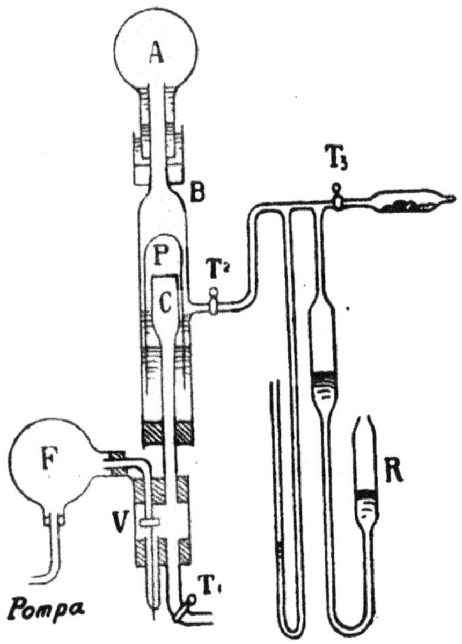

Fig. 48.

capovolta una provetta P, al cui rapido abbassamento dalla posizione sua più elevata, si deve la brusca espansione del gas contenuto in A, e quindi la soprasaturazione del vapore che nel gas è mantenuto dall' acqua situata in B.

L' abbassamento della provetta P si ottiene in maniera rapida col porne, mediante la rapida apertura della valvola V, l' interno in comunicazione con un recipiente F nel quale una pompa mantiene una buona rarefazione.

Per ricondurre la provetta nella sua posizione primitiva basta aprire la chiavetta T_1 in relazione coll' aria esterna.

Le chiavette T_2 e T_3 servono a introdurre il gas sul quale si vuole sperimentare.

Eseguite ripetute espansioni, dopo condensazioni di meno in meno abbondanti sul pulviscolo, si arriva alla completa liberazione del gas dal pulviscolo stesso, e allora non si produce più alcuna condensazione, a meno che la espansione non divenga superiore per l' aria a

$$\frac{V_2}{V_1} = 1,25.$$

Appena si è sorpassato questo limite apparisce un piccolo numero di goccioline e questo numero resta presso a poco costante sino a che

$$\frac{V_2}{V_1} = 1{,}31.$$

Da questo momento il numero delle goccie aumenta bruscamente e si forma una nebbia densissima e fine.

Se dopo ciò si opera la espansione brusca del gas attraversato per un poco da raggi di Röntgen, si ripetono i medesimi fatti, colla sola differenza di una più abbondante condensazione corrispondentemente ai due valori limite 1,25 ed 1,38 della espansione.

Se ne può dunque concludere che esiste normalmente nel gas un piccolo numero di centri che possono provocare la formazione di goccie in corrispondenza delle due dilatazioni limite indicate, e che il passaggio nel gas dei raggi di Röntgen provoca la formazione di centri analoghi dotati delle stesse proprietà, ma più numerosi. Siccome poi, disponendo in seno al gas che si ionizza due lamine metalliche parallele, e stabilendo fra esse un campo elettrico X, si nota un moto della nebbia, si deve concludere che i centri sono elettricamente carichi, e si riducono a quegli stessi ioni dei quali abbiamo sinora parlato. Le esperienze ora considerate danno una giustificazione piena dell' ipotesi della ionizzazione, in quanto permettono quasi di vedere le piccole individualità elettriche autrici di formazione delle goccie d' acqua. Esse di più permettono di pensare ad una dissimetria di costituzione per i ioni dei due segni. Abbiamo difatti veduto che si produce una condensazione abbondante di vapore nell' aria attraversata dai raggi di Röntgen allorquando la espansione raggiunge il valore 1,25 (S = 4), e che aumentando gradatamente la espansione, si ha di nuovo un brusco accrescimento del numero delle goccie quando la espansione passa pel valore 1,31 (S = 6). J. J. Thompson attribuì questo fatto ad una differenza fra i ioni positivi e negativi. Per espansioni comprese fra 1,25 ed 1,31 i ioni negativi soltanto servirebbero di nucleo per la condensazione, e al di là di 1,31 entrerebbero in azione anche i ioni positivi. C. T. R. Wilson mostrò sperimentalmente giusto tale concetto valendosi della seguente disposizione. Il recipiente contenente il gas ha la disposizione rappresentata dalla figura 49 e sostituisce il recipiente A dell'apparecchio ad espansione già descritto. Esso è diviso a metà da un tramezzo metallico sta-

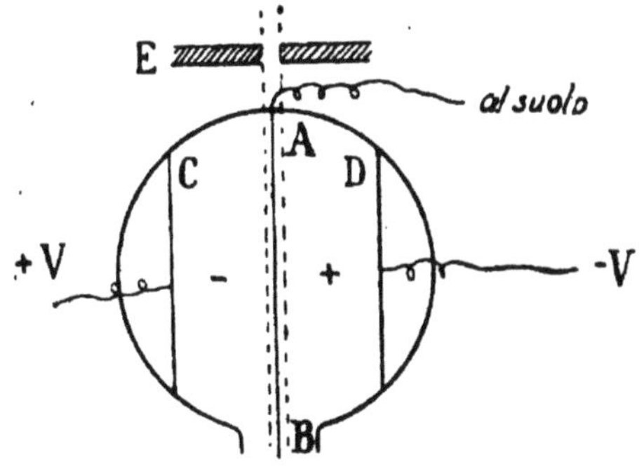

Fig. 49.

gnato A B. I raggi di Röntgen passanti attraverso ad una sottilissima lamina di alluminio ionizzano il gas da una parte e dall' altra di A B per uno strato di piccolissimo spessore, grazie allo schermo forato di piombo spesso E. Se le lamine C e D parallele ad A B, sono portate a potenziali eguali e contrari, i ioni negativi prodotti nella regione sinistra si sposteranno verso C, mentre che i ioni positivi, avendo una distanza piccolissima da attraversare, saranno raccolti quasi immediatamente da A B. Il gas a sinistra di A B non conterrà dunque sensibilmente se non ioni negativi. Al contrario, per simile ragione, il gas situato a destra di A B non conterrà quasi esclusivamente che ioni positivi. Orbene, producendo in queste condizioni e durante l'azione dei raggi di Röntgen una espansione eguale ad 1,25, si forma la nebbia soltanto nel lato sinistro sui ioni negativi, e perchè la condensazione divenga abbondante sul lato destro, bisogna raggiungere la dilatazione 1,31.

All'elemento differenziale costituito dal diverso valore per la mobilità, si aggiunge quindi per i ioni, questo del differente loro comportamento quali nuclei di condensazione del vapor acqueo. Ma è lecito vedere che i ioni delle due specie portano tuttavia la medesima carica, la qual cosa permette di concludere, se si tien presente la uguaglianza delle quantità di elettricità positiva e negativa liberata dalla ionizzazione, che la radiazione deve produrre un ugual numero di ioni dei due segni.

Per vedere la uguaglianza di carica per le due specie di ioni ci si può riferire ancora all'apparecchio rappresentato dalla fig. 49, istituendo il confronto del numero dei ioni colla semplice osservazione della velocità di caduta della nebbia formata nel medesimo tempo dalle due parti di A B. Se i ioni presenti sono in numero uguale, siccome la quantità d'acqua disponibile è uguale, le goccie formate dovranno essere eguali e dovranno cadere colla medesima velocità. La esperienza mostra appunto ciò; per cui, cariche positive e negative eguali in valore assoluto son portate da un ugual numero di ioni, e ciascuno di essi dovrà portare la medesima carica.

Le considerazioni fatte sinora ci hanno permesso di porre in rilievo la possibilità di ionizzare un gas ricorrendo all' azione dei raggi di Röntgen. Se, come si ritiene e come avemmo occasione di dire, tali raggi sono perturbazioni irregolari e violente dell'etere, si capisce come essi possano, investendo una molecola gassosa, dissociarla.

Sulla ionizzazione dei gas per opera dei raggi Röntgen influiscono la pressione, la natura e la temperatura dei gas medesimi. Il Perrin (97) mostrando che la corrente di saturazione attraverso ad un dato volume di gas è proporzionale alla pressione, potè mettere in evidenza che il numero dei ioni prodotti in un secondo in un centimetro cubo di un dato gas da raggi di data intensità, è proporzionale alla pressione. Tal numero varia, a parità di tutte le altre circostanze, colla natura del gas, secondo quanto indica il seguente prospetto:

Gas	Q			Gas	Q		
	Perrin	Rutherford	Thomson		Perrin	Rutherford	Thomson
H	0,026	0,5	0,33	CN	—	—	1,05
N	—	0,9	0,89	C_2H_2	—	—	1
O	—	1,2	1,1	H_2S	—	5	6
CO	1,34	1,2	1,4	SO_2	6	4	6,4
CO_2	—	—	0,86	HC*l*	8	11	8,9
NO	—	—	1,08	C*l*	—	18	17,4
N_2O	1,3	—	1,47	NH_3	0,17	—	1

Il numero corrispondente all'aria è stato preso come unità.

L'accordo che per diversi gas si manifesta ottimo fra i risultati dei diversi sperimentatori, non deve mascherare il disaccordo fortissimo che esiste fra le diverse determinazioni corrispondenti all' idrogeno. Ma la discordanza può dipendere dal fatto che i diversi sperimentatori non fecero uso di raggi ugualmente penetranti. Ora, come osserva il Thomson, è probabile che la ionizzazione relativa in due gas dipenda dalla specie di raggi usati per ionizzarli.

J. J. Thomson (98) ha notato che la ionizzazione dei gas è una proprietà addittiva. Così, se dall'ultima tabella ricaviamo i valori della ionizzazione per H, N, ecc., si trova

$$H = 0.165$$
$$N = 0.445$$
$$O = 0.55$$
$$C = 0.3$$
$$S = 5.3$$
$$Cl = 8,7$$

E se da questi valori, ammessa la proprietà addittiva, si calcola la ionizzazione per alcuni gas studiati direttamente, si trova

CO	$= 0.85$	C_2H_2	$= 0.93$
		H_2S	$= 5.63$
NO	$= 0.995$	HCl	$= 8.86$
N_2O	$= 1,44$	NH_3	$= 0.94$

Orbene, questi valori calcolati, sono in discreto accordo coi corrispondenti misurati.

Quando i raggi sono interamente assorbiti, il numero dei ioni sembra essere identicamente il medesimo qualunque sia la natura del gas. La qual cosa significa che il potere di ionizzazione e di assorbimento dei diversi gas sono in un rapporto costante.

Il Perrin (99) mostrò che se la pressione del gas si mantiene costante, la ionizzazione totale, almeno fra le temperature — 12° e + 145° C, è indipendente dalla temperatura. Siccome la densità del gas quando la pressione è costante varia inversamente colla temperatura assoluta, e siccome la ionizzazione di un gas è proporzionale alla densità, ne segue che la ionizzazione, per una determinata massa di gas è proporzionale alla temperatura assoluta.

I raggi di Röntgen cadendo su di un ostacolo solido subiscono una trasformazione. L'ostacolo colpito emette, come abbiamo notato, raggi di Röntgen meno penetranti insieme ai raggi catodici (almeno in un gas a bassissima pressione). Orbene la emissione complessiva, che si dice secondaria, è dotata ancora di potere ionizzante. Del pari i raggi terziari che si hanno quando i secondari colpiscono un ostacolo sono capaci di produrre ionizzazione.

Capitolo V.

Elementi caratteristici dei ioni

---

§ 1. La mobilità ed i metodi per misurarla. — Già avemmo occasione di accennare alla mobilità dei ioni, e di indicare il metodo di Zeleny atto a provare come esista una differenza fra le mobilità dei ioni positivi e dei ioni negativi. Ci conviene ora di ritornare sull'elemento mobilità, di grande interesse per lo studio delle proprietà dei ioni, così da considerarlo in una maniera più precisa e dettagliata. Se i ioni che si trovano in una atmosfera gassosa sono sollecitati da convenienti forze, si muovono, e si ammette che la velocità da loro acquistata in una certa direzione sia proporzionale alla forza che ne determina il moto in quella direzione. Cosicchè, se con v si rappresenta la velocità, e con F la forza agente, si ha, per un determinato ione:

$$v = m \, F,$$

m essendo una costante propria del ione e indipendente da F. Essa vien chiamata *mobilità o coefficiente di mobilità*. Qualora la forza sia di natura elettrica e si rappresenti con X, mentre con e si designi la massa elettrica del ione, dovrà scriversi:

$$v = m \, X \, e,$$

o più semplicemente:

$$v = k \, X,$$

ove k sta a rappresentare il coefficiente di mobilità che ne deriva al ione per effetto della forza elettrica, e che per questo si chiamerà *mobilità o coefficiente di mobilità elettrica*. Esso rappresenta la velocità acquistata dal ione in un campo elettrico unitario, ed è elemento al quale avemmo occasione di accennare nella pag. 128.

La velocità assunta dai ioni in un campo noto qualunque, si calcolerà agevolmente coll' ultima relazione qualora si conosca la mobilità. Per un medesimo campo — lo vedemmo già — il coefficente di mobilità ha valore differente nei due casi dell'ione positivo e dell'ione negativo. Lo si suole rappresentare pei due casi rispettivamente con K_1 e K_2.

Dopo che J. J. Thomson e Rutherford (100) posero nettamente il problema della mobilità dei ioni ed indicarono un metodo di misura della somma delle mobilità corrispondenti ai ioni positivi ed ai ioni negativi, furono escogitati numerosi metodi di misura delle mobilità, i quali condussero, sebbene basati su principi differenti, a valori oltremodo concordanti, e confermarono luminosamente quella dissimetria cui già facemmo allusione in riguardo alle due specie di ioni.

I vari metodi di misura si possono ricondurre ai tre gruppi seguenti:

1.° Metodi indiretti, basati principalmente sulla variazione col campo della corrente prodotta nel gas da una medesima radiazione.

2.° Il metodo delle correnti gassose, che confronta la velocità acquistata dai ioni nel campo a quella di una corrente gassosa parallela o perpendicolare al campo.

3.° I metodi diretti, che misurano il tempo impiegato dai ioni a percorrere uno spazio dato in un campo conosciuto.

§ 2. **Metodo del Rutherford.** — Con esso si determina il tempo impiegato dai ioni a percorrere una distanza *d* in un campo noto X. Il gas situato fra due lamine parallele A e B veniva ionizzato da un fascio di raggi di Röntgen passante solamente attraverso ad una metà dell'intervallo compreso fra le due lamine. Non esistendo dapprima alcun campo fra A e B il Rutherford lasciava passare i raggi per un certo tempo ed ammetteva che la sola porzione di gas attraversata dai raggi contenesse ioni. La lamina B era collegata con un elettrometro. Ad un certo momento un pendolo interrompeva il circuito primario del rocchetto applicato al tubo di Röntgen, stabiliva un campo X fra A e B, e, dopo un tempo *t* conosciuto, toglieva la comunicazione di B coll'elettrometro. Se si ammette che questo cominci a deviare soltanto quando i ioni provenienti dalla superfice limite della massa direttamente ionizzata hanno raggiunto B, il tempo da essi impiegato a percorrere la distanza d viene determinato modificando t, e cercando il momento nei quale deve essere tagliato il circuito dell'elettrometro perchè questo cessi di assumere una deviazione permanente. Allora è

$$K = \frac{d}{Xt}.$$

Questo metodo è legato a numerose cause di errore e ad incertezze, tanto che con esso il Rutherford non ha potuto mettere in evidenza la differenza di mobilità per i ioni dei due segni, ma giunse soltanto ad un valore medio di cm. 480, riferito all'unità elettrostatica.

§ 3. **Secondo metodo del Rutherford.** — Altro metodo diretto applicato dal Rutherford (101) al caso dei ioni negativi prodotti dal noto effetto fotoelettrico, e che del resto è applicabile soltanto nel caso in cui la causa ionizzante non produca che ioni di un solo segno, è il seguente.

Esso consiste nel creare il campo nel quale si muovono i ioni, con una differenza di potenziale alternativa $V = V_0 \, sen \, \omega \, t$, fra la lamina di zinco A B e la tela metallica parallela C D, che è traversata dalla luce ultravioletta ed è collegata ad un elettrometro. Durante il semi periodo per il quale A B si elettrizza negativamente, i ioni negativi che essa lamina emette percorrono un cammino

$$K_2 \frac{V_0}{d} \int_0^{\frac{\pi}{\omega}} sen \, \omega t \, dt = \frac{2K_2V_0}{\omega d};$$

e nel successivo semiperiodo essi ritornano indietro sino al loro punto di partenza. Per cui CD cesserà di venir raggiunto dai ioni, e quindi l'elettrometro cesserà di deviare, quando

$$d = \frac{2K_2V_0}{\omega d}.$$

Da questa relazione si ha:

$$K_2 = \frac{\omega d^2}{2V_0} = \frac{\pi d^2}{TV_0},$$

che permette agevolmente la determinazione desiderata.

§ 4. **Il metodo delle correnti gassose** consiste nel comporre la velocità di una corrente gassosa diretta secondo l'asse di un tubo cilindrico, colla velocità comunicata ai ioni da un campo normale all' asse del tubo.

Nell' asse d'un tubo metallico C di raggio r_2 si pongono due elettrodi cilindrici A e B isolati, aventi lo stesso diametro r_1 e lo stesso asse, e separati da un intervallo piccolissimo.

Prendiamo come coordinate di un punto situato nell' interno del tubo C: 1.° la sua distanza x dalla prima estremità dell' elettrodo A contata parallelamente all' asse del tubo; 2.° la sua distanza r dall' asse del tubo.

I due tubi A e C costituiscono un condensatore cilindrico. Supporremo che fra essi esista una differenza di potenziale V, e che il tubo C sia carico positivamente. Il tubo C sia traversato, nel senso della freccia, da una corrente regolare di gas preventivamente ionizzato. Un ione positivo di mobilità K, posto in un punto M sarà soggetto a due azioni differenti: 1.° l'azione di spostamento dovuto al gas che si muove con velocità in ogni punto parallela all' asse del tubo (fig. 50),

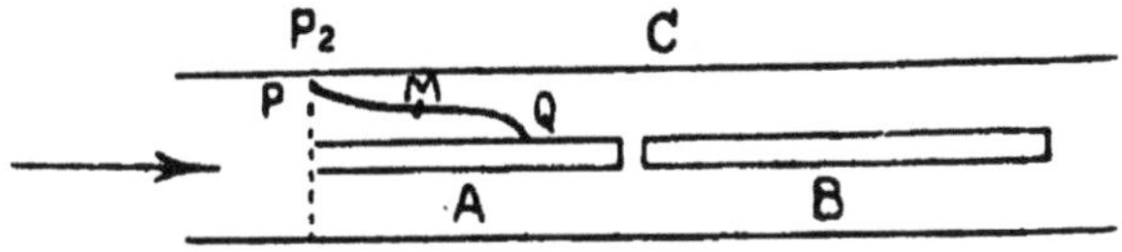

Fig. 50.

ed il cui valore in M rappresenteremo con u; 2.° l' azione del campo elettrico trasversale la cui espressione è:

$$X = \frac{V}{\log \frac{r_2}{r_1}} \cdot \frac{1}{r},$$

se si ammette che la presenza dei ioni nel gas non modifichi la distribuzione del campo.

La velocità comunicata ai ioni da esso campo è KX.

L' equazione differenziale della loro traiettoria sarà quindi:

$$\frac{dx}{dr} = \frac{u}{KX},$$

da cui:

$$x = \frac{\log \frac{r_2}{r_1}}{VK} \int_{r_1}^{r} urdr,$$

designando con x l' ascissa del ione nel momento in cui esso raggiunge in Q l' elettrodo A, se è partito da un punto P situato ad una distanza r dall' asse. In particolare, se l' ione è partito dal punto P la cui distanza dall' asse è r_2, esso raggiungerà l' elettrodo centrale in un punto la cui ascissa x_1 è data dalla formula:

$$x_1 = \frac{\log \frac{r_2}{r_1}}{VK} \int_{r_1}^{r_2} urdr.$$

Del pari, un ione partito da una distanza conveniente r_0 dall'asse, arriverà proprio alla estremità dell'elettrodo A (di lunghezza l), e si avrà fra r_0 ed l la relazione:

$$l = \frac{\log \frac{r_2}{r_1}}{\mathrm{VK}} \int_{r_1}^{r_0} u r dr.$$

Rappresentiamo con U la quantità di gas che passa attraverso al cilindro di raggio r, e con U_0 e U_1 i valori di U per $r = r_0$ e per $r = r_2$.

Tale quantità U, che si misura direttamente, ha del resto il valore:

$$\mathrm{V} = 2\pi \int_{r_1}^{r} u r dr,$$

e quindi si potrà scrivere:

$$x = \frac{\mathrm{U}}{2\mathrm{VK}\pi} \log \frac{r_2}{r_1}$$

$$l = \frac{\mathrm{U}_0}{2\mathrm{VK}\pi} \log \frac{r_2}{r_1}$$

$$x_1 = \frac{\mathrm{U}_1}{2\mathrm{VK}\pi} \log \frac{r_2}{r_1}.$$

Rappresentiamo con q la corrente raccolta dall'elettrodo A, e con Q la corrente massima che si potrebbe estrarre dal gas con un campo sufficientemente intenso. Se p_0 designa la densità supposta uniforme dalle cariche positive nel momento dell' ingresso del gas nel campo dell' elettrodo A, si avrà evidentemente:

$$q = p_0 U_0, \quad Q = p_0 U_1.$$

— I risultati sin qui ottenuti col ragionamento generale da noi fatto, sono stati applicati sperimentalmente in maniera diversa. Così Mac Clelland (102) per i gas delle fiamme e Bloch (103) per i ioni del fosforo, hanno, con lievi differenze l' uno rispetto all' altro, seguita questa via. Vediamo il procedimento di Mc. Clelland.

Il tubo C sia portato ad un potenziale molto elevato, e l'elettrodo B, collegato all' elettrometro, sia inizialmente al potenziale zero. L' elettrodo A sia dapprima collegato a C, poi si stabilisca fra esso ed il tubo C una differenza di potenziale progressivamente crescente V. L' elettrodo B raccoglie tutti i ioni sfuggiti all' elettrodo A, cosicchè la corrente da esso ricevuta, dapprima massima ed eguale a Q, diminuirà poi gradatamente prendendo un valore q' eguale in ogni istante a $Q - q$. In base alle ultime due relazioni scritte sarà:

$$\frac{q'}{Q} = 1 - \frac{q}{Q} = 1 - \frac{U_0}{U_1}.$$

Ma

$$U_0 = \frac{2VKl\pi}{\log \frac{r_2}{r_1}},$$

quindi

$$\frac{q'}{Q} = 1 - \frac{2\pi Kl}{U_1 \log \frac{r_2}{r_1}} V.$$

Deve così esistere fra la corrente i' raccolta in B e la differenza di potenziale esistente in A, una relazione lineare rappresentata graficamente da una retta. Se si determina l'intersezione di questa retta coll' asse dei potenziali, si otterrà il potenziale critico V_1 che si dovrebbe stabilire fra il tubo C e l' elettrodo A, perchè l' elettrodo B cessi di ricevere una carica. Sarà allora:

$$q' = 0,$$

e quindi:

$$K = \frac{U_1}{2\pi l V_1} \log \frac{r_2}{r_1},$$

relazione che permette di raggiungere il valore richiesto della mobilità.

§ 5. **Metodo di Zeleny.** — Per evitare qualche causa di imprecisione che il metodo di Mac Clelland manifesta anche ad una discussione superficiale, lo Zeleny produceva la ionizzazione in uno strato sottile perpendicolare all'asse del tubo e posto al livello dell'inizio dell'elettrodo A, collegato con B da una asticciuola di ebanite ed avente un potenziale prossimo a quello di B ed eguale a zero per la sua continua comunicazione col suolo. L'elettrodo B veniva collegato coll'elettrometro, che permetteva di studiare la variazione della corrente i' raccolta in B; mentre il tubo C veniva caricato a potenziali V progressivamente crescenti.

Relazioni note ci permettono di scrivere:

$$\frac{q}{Q} = \frac{U_0}{U_1}; \quad \frac{}{x_1} = \frac{U_0}{U_1},$$

e quindi:

$$\frac{l}{x_1} = \frac{q}{Q};$$

dalla quale eguaglianza risulta che la corrente raccolta da una porzione di elettrodo di lunghezza l è proporzionale alla lunghezza dell'elettrodo. Per l'elettrodo B di lunghezza l', sarà:

$$\frac{q'}{Q} = \frac{l'}{x_1}.$$

Questa relazione, sino a tanto che V rimane inferiore ad un certo limite per cui

$$\frac{U_1 \log \frac{r_2}{r_1}}{2\pi KV} = l + l',$$

trasformandosi nell' altra :

$$\frac{q'}{Q} = \frac{2\pi K l'}{U_1 \log \frac{r_2}{r_1}} V,$$

ci dice che la curva rappresentativa delle correnti raccolte al secondo elettrodo in funzione del potenziale V del tubo, è una retta ascendente passante per l' origine.

A partire dal momento in cui V sorpassa il valore limite indicato, l' estremità dell' elettrodo B non raccoglie più ioni, e per calcolare la corrente si hanno le formole:

$$q' = Q - q$$

$$\frac{q'}{Q} = 1 - \frac{q}{Q} = 1 - \frac{2\pi K l}{U_1 \log \frac{r_2}{r_1}} V.$$

Si vede agevolmente come quest' ultima equazione rappresenti una retta discendente che taglia l' asse dei potenziali nel punto $V = V_1$.

Questa intersezione permette di calcolare il coefficiente di mobilità mediante la relazione:

$$K = \frac{U_1}{2\pi l V_1} \log \frac{r_2}{r_1}.$$

§ 5. **Metodo di Bloch.** — È chiaro che se $l' < l$, sarà sempre $q' < q$; se $l = l'$, si avrà $q = q' = cost$, finchè il potenziale V è inferiore al noto valore limite e q' decrescerà progressivamente da q a zero oltre tal valore; se $l' > l$ si avrà $q' > q$ finchè V sarà inferiore al valore limite, e dopo, q' decrescerà, raggiungerà q per un certo valore del potenziale e poi diventerà inferiore a q. L' eguaglianza delle correnti si avrà in questo ultimo caso per $x_1 = 2l$.

Riferendoci all' ultima condizione di cose determinata dal fatto che $l' > l$, col crescere del potenziale, l' elettrodo B raccoglie correnti dapprima superiori a quelle che raccoglie A, poi eguali, poi inferiori. È facile vedere quale relazione fra il valore del potenziale del tubo e la mobilità deve essere soddisfatta perchè si abbia la condizione di equilibrio.

Supponiamo di fatti che si siano collegati i due elettrodi A e B alle due paia di quadranti dell'elettrometro, il cui ago è carico, e che si isolino simultaneamente. Se ammettiamo dapprima che i due sistemi isolati abbiano la medesima capacità, i loro potenziali varieranno come le cariche che ricevono, e l'elettrometro devierà in un senso o nell'altro. Si avrà equilibrio con un valore V_2 del potenziale quando $q = q'$ e allora:

$$K = \frac{U_1 \log \frac{r_2}{r_1}}{4\pi l V_2}.$$

Se le capacità C_1 e C_2 dei due sistemi isolati non sono eguali, l'equilibrio dell'elettrometro permetterà di concludere per la eguaglianza dell'accrescimento dei potenziali. Sarà allora:

$$\frac{q}{C_1} = \frac{q'}{C_2},$$

e quindi:

$$\frac{qC_2}{QC_1} = 1 - \frac{q}{Q},$$

da cui:

$$K = \frac{U_1 C_1 \log \frac{r_2}{r_1}}{2\pi l V_2 (C_1 + C_2)}.$$

§ 7. **Il metodo della inversione del campo del Langevin.** — Questo metodo sembra suscettibile di grande esattezza perchè non è accompagnato da sensibili cause di errore.

Supponiamo che in un condensatore piano si produca una ionizzazione ripartita in modo arbitrario ma sempre identico a se stesso.

Se dopo si stabilisce una differenza di potenziale fra le due armature, i ioni dei due segni si metteranno in moto verso di esse, e l'elettrometro, collegato coll'armatura negativa ad esempio, raccoglierà cariche positive progressivamente crescenti.

Ad un determinato momento si inverta bruscamente il campo: la carica positiva cessa allora di crescere, e, se si inverte il campo in momenti di più in più distanti da quello nel quale lo si stabilì, la carica positiva totale raccolta nelle successive esperienze varierà.

Vediamo un po' come si esplica questa variazione.

I raggi di Röntgen prodotti in maniera presso che istantanea traversino una lamina piana di alluminio C D. Essi ed i raggi secondari che producono su C D e su una lamina metallica parallela A B, ionizzano il gas compreso fra le lamine. Se X è il valore del campo esistente fra A B e C D, i ioni positivi si sposteranno nel mezzo del campo, verso A B per esempio, colla velocità k_1 X, e i ioni negativi in senso inverso colla velocità k_2 X.

Se si rappresenta con t il tempo decorso dal momento della ionizzazione al momento della inversione del campo, è ovvio che la quantità totale di elettricità raccolta da A B nel tempo t, supponendo che il senso iniziale del campo sia quello per cui verso A B si dirigano ioni positivi, si comporrà:

1.° Delle cariche portate dai ioni positivi raccolti da A B durante il tempo t. Se la ionizzazione è sufficentemente debole perchè il campo X non sia sensibilmente modificato dalla presenza di cariche di gas, tali ioni positivi son quelli che la ionizzazione ha creati in uno strato di spessore k_1 X t in vicinanza immediata di A B.

2.° Delle cariche recate dai ioni negativi ancora presenti nel campo al momento della inversione: tutti i ioni negativi si sono spostati verso C D della quantità k_2 X t e quelli che non sono stati raccolti da tal lamina sono compresi fra A_1 B_1 (piano corrispondenle alla distanza k_2 X t da A B) e C D.

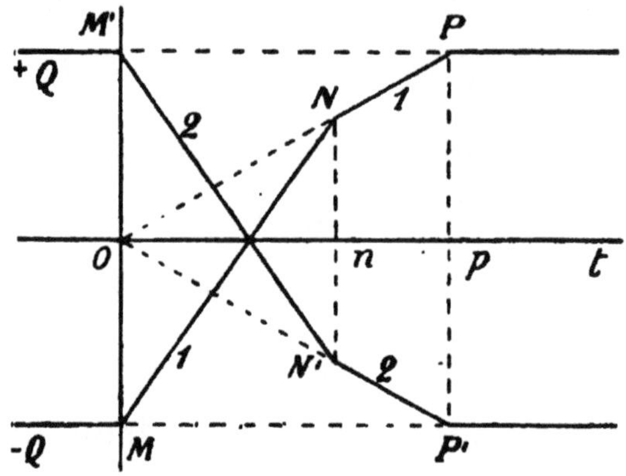

Fig. 51.

Nel momento dell' inversione essi invertono la direzione del loro moto e son raccolti da A B.

Orbene, facendo crescere gradatamente t, e costruendo per punti la curva rappresentativa della variazione della carica raccolta, si hanno curve simmetriche quali rappresenta la figura 51, nella quale è conside-

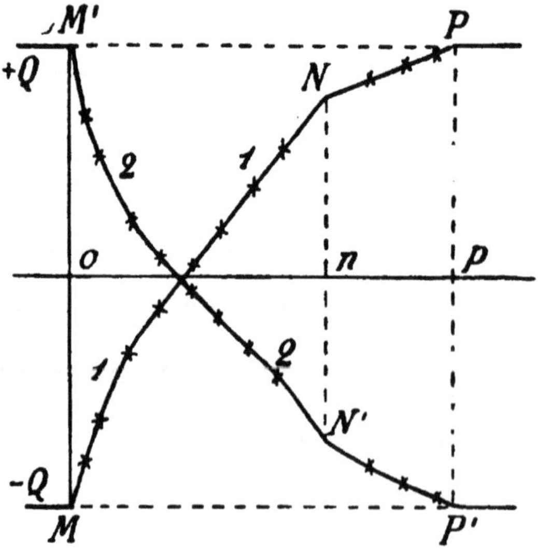

Fig. 52.

rato anche l'andamento dei fatti prima della ionizzazione oltre che il doppio senso del campo iniziale.

In verità, per il fatto della ricombinazione spontanea dei ioni, le curve della esperienza sono quelle che rappresenta la figura 52. Esse hanno però andamento molto simile alle altre della figura precedente, le quali si possono desumere teoricamente se si pensa che per un primo senso del campo debbono aversi due spezzature della retta iniziale; l'una in quanto la inversione avviene proprio quando tutti i ioni negativi più mobili sono scomparsi dal campo e quindi cessa una causa di diminuzione della carica raccolta, ma rimangono ancora ioni positivi; l'altra in P quando non vi saranno più ioni positivi.

Costruita la curva per punti, basta evidentemente determinare l'ascissa di N per avere il tempo T_1 che impiega un ione negativo a percorrere la distanza *d* delle due lamine, e l'ascissa di P per avere il tempo T_2 impiegato dai ioni positivi a percorrere la medesima distanza.

La linea simmetrica serve ad una utile verificazione dei risultati.

§ 8. **Relazione della mobilità colla pressione.** — Col secondo metodo di Rutherford, del quale avemmo occasione di parlare brevemente, si potè operare agevolmente con pressioni differenti per modo da studiare la variazione della mobilità colla pressione. Il gas usato fu l'aria, ed i valori ottenuti furono i seguenti:

Pressione in mm. di mercurio	K_2	$K_2 P$
765	430	$329 \cdot 10^3$
323	1008	325
162	2190	355
140	2340	328
95	3570	339
58	6090	353
34	10080	348

Dai quali apparisce sensibilmente una variazione della mobilità in ragione inversa della pressione. Anche il Langevin (104) ha misurato la mobilità nell'aria secca per pressioni comprese fra 7,5 e 143 cm. di mercurio. I risultati medi sono dati dalle curve della figura 53 nelle quali si sono rappresentate le pressioni lungo l'asse delle ascisse ed i prodotti $p k_1$ e $p k_2$ lungo l'asse delle ordinate.

I valori ottenuti, che raccogliamo più sotto in un prospetto, verificano bene per i ioni positivi la proporzionalità inversa della mobilità alla pressione,

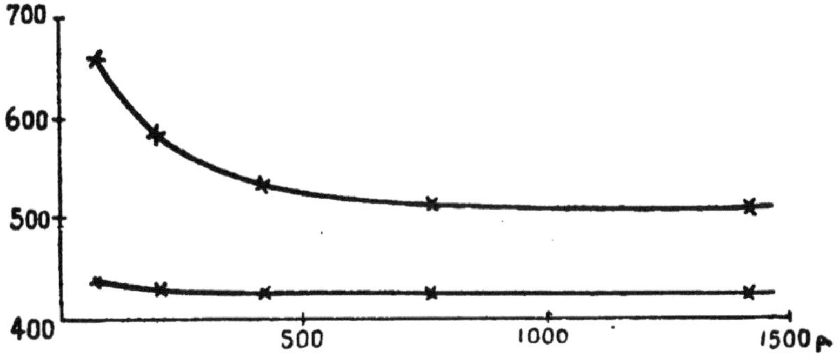

Fig. 53.

con una leggera tendenza all'aumento quando la pressione diminuisce. Tale aumento è però molto più marcato nel caso dei ioni negativi.

p	K_1	$\frac{pK_1}{76}$	p	K_2	$\frac{pK_2}{76}$
7,5	4430	437	7,5	6560	647
20,0	1634	430	20,0	2204	580
41,5	782	427	41,5	994	530
76,0	420	420	76,0	510	510
143,5	225	425	143,5	270	505

§ 9. **Equazione di diffusione.** — Considerando i ioni come molecole gassose ed estendendo ad essi la teoria cinetica dei gas, si giungerebbe agevolmente alla ordinaria equazione di diffusione:

$$v = D \frac{1}{N} \frac{\partial N}{\partial z}, \text{ con } D \frac{\lambda u}{3},$$

ove λ rappresenta il cammino medio dei ioni e u^2 il quadrato medio della loro velocità di agitazione termica.

§ 10. **Misura dei coefficienti di diffusione.** — La diffusione è una causa di diminuzione di conducibilità in un gas preventivamente ionizzato, qualora colla diffusione i ioni siano condotti a contatto delle pareti del vaso contenente il gas ionizzato stesso ed ivi si scarichino.

Supponiamo difatti che un gas contenuto in una sfera metallica sia stato ionizzato da raggi di Röntgen, e consideriamo ciò che avviene dopo la cessazione della causa ionizzante, astrazione che si faccia da una eventuale ricombinazione dei ioni per azione mutua. I ioni che per diffusione vanno a cadere contro alla parete interna della sfera, perdono la loro carica, di guisa che si può considerare il metallo come un corpo che assorbe completamente i ioni.

Diminuisce, in conseguenza di tale assorbimento, la conducibilità del gas, precisamente come diminuisce la umidità di un gas che si costringa a passare bolla a bolla attraverso ad acido solforico. Più il vapor acqueo si diffonde rapidamente attraverso al gas, più grande sarà in questo caso il numero delle molecole di acqua che verranno a contatto dell'acido circondante ciascuna bolla; così che, determinando sperimentalmente la quantità di umidità raccolta dall'acido si potrebbe dedurne il coefficiente di diffusione del vapor acqueo nel gas.

Se dunque una corrente di gas ionizzato passa attraverso ad un tubo metallico di diametro sufficientemente piccolo perchè la perdita di ioni dovuta alla diffusione verso la parete del tubo sia grande rispetto alla perdita per ricombinazione, la misura del rapporto R delle cariche di un segno dato, disponibili nel gas all'ingresso ed alla uscita del tubo, permetterà di calcolare il coefficiente di diffusione per i ioni di tale segno.

Il Townsend (105) ha seguìto per la determinazione del coefficiente di diffusione D dei ioni un metodo basato appunto su tale principio, e si è valso nel contempo di una espressione che lega il rapporto suindicato R al coefficiente incognito D, alla lunghezza z e al raggio a del tubo, nonchè al volume V del gas che lo traversa per ogni unità di tempo.

La espressione è:

$$R = 4\left(0{,}1952\, e^{-\frac{7{,}313\, D z}{2 a^2 V}} + 0{,}0243\, e^{\frac{44{,}56\, D z}{2 a^2 V}} + \ldots\right),$$

e fu desunta dal Townsend con considerazioni che ebbero come punto di partenza una equazione fondamentale della diffusione.

La disposizione sperimentale usata dal Townsend è rappresentata dalla figura 54. Il gas può

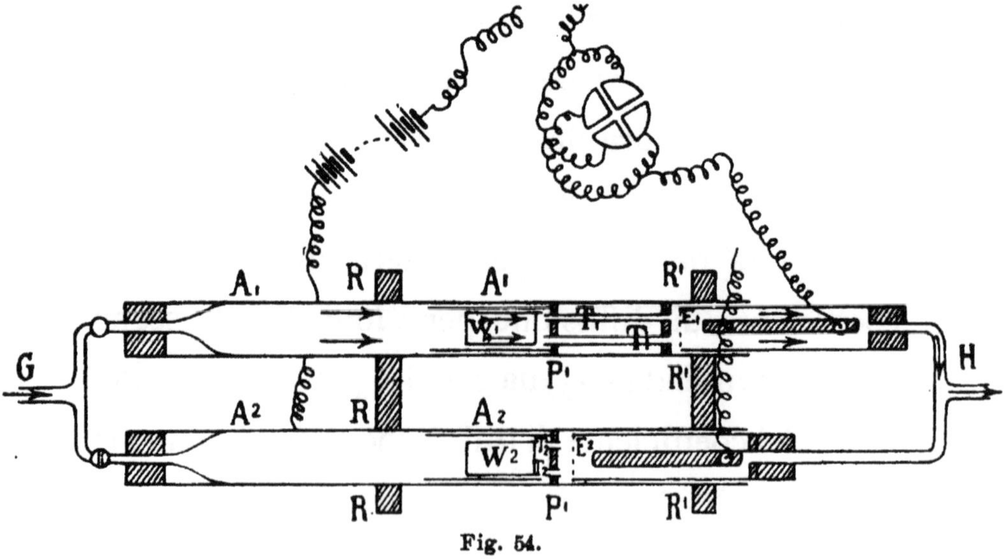

Fig. 54.

venir inviato alternativamente nei due larghi tubi di ottone A_1 ed A_2 che portano due finestre W_1 e W_2 chiuse da lamine sottili di alluminio, attraverso alle quali si possono fare arrivare i raggi Röntgen. Il gas ionizzato passa allora in un fascio T_1 o T_2 di tubi di ottone di piccolo diametro, nei quali si produce la perdita per diffusione; ma mentre i tubi T_1 sono lunghi 10 cm., i tubi T_2 sono lunghi un solo centimetro. Si usano i tubi T_2 unicamente per eliminare l'intervento di movimenti perturbatori, nel gas. Il gas arriva poi nel campo creato fra un cilindretto metallico E_1 od E_2 ed i tubi A_1 ed A_2; campo limitato da una tela metallica opportuna.

Se il campo è sufficientemente intenso, E raccoglie tutti i ioni di un segno determinato che traversano M, e se l'apparecchio è regolato per modo che W_1 e W_2 producano ionizzazioni identiche, il confronto della quantità di elettricità raccolta da E_1 e da E_2 permette di calcolare il coefficient diffusione dei ioni del segno considerato. Un'inversione del campo fa raccogliere da E i ioni dell'altro segno.

L'apparecchio ora descritto fu costruito per le misure in gas diversi dall'aria (ossigeno, idrogeno ed anidride carbonica).

Per l'aria, il Townsend si valse di un solo tubo col quale faceva coppie di determinazioni. La prima determinazione di ogni coppia veniva fatta coi

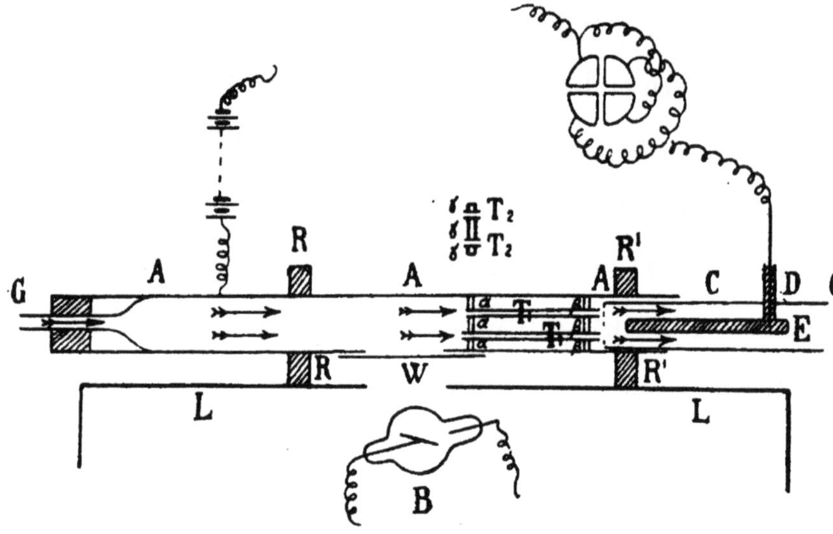

Fig. 55.

tubi T_1 sostenuti dai dischi α e β. La seconda veniva fatta coi tubetti più corti T_2 sostenuti dal disco γ.

La carica ai tubi A, in ogni caso, veniva data da una batteria di 40 accumulatori, un polo della quale si manteneva in comunicazione col suolo. La carica assunta dal conduttore E veniva misurata collegando il conduttore ad una delle paia di quadranti dell'elettrometro che aveva l'altro paio in comunicazione col suolo (fig. 55).

I risultati ottenuti dal Townsend, corretti dalle tenui perdite dovute alla ricombinazione, sono raccolti nel seguente prospetto:

Coefficienti di diffusione dei ioni nei gas secchi o saturi di vapor acqueo.

GAS	D_1 (ioni positivi)		D_2 (ioni negativi)		$\frac{D_1 + D_2}{2}$		$\frac{D_2}{D_1}$	
	secco	umido	secco	umido	secco	umido	secco	umido
Aria	0,028	0,032	0,043	0,035	0,0347	0,0335	1,54	1,09
Ossigeno . .	0,025	0,0288	0,0396	0,038	0,0323	0,0323	1,58	1,24
Anidr. carb.	0,023	0,0245	0,026	0,0255	0,0245	0,025	1,13	1,04
Idrogeno . .	0,123	0,128	0,190	0,142	0,156	0,135	1,54	1,11

Da questi risultati apparisce confermata la dissimetria fra i ioni dei due segni. Inoltre si vede come, se la velocità media di diffusione non è modificata che leggermente dall'umidità, non così del rapporto $\frac{D_2}{D_1}$.

§ 11. Relazione fra la carica del ione gassoso e quella del ione elettrolitico. — La forza che determina il moto dei ioni contenuti in un gas, dipende dalla distribuzione della pressione parziale spettante ai ioni medesimi. Se la pressione ha il valore p, la forza agente sui ioni nella unità di volume e nella direzione z è $\frac{\partial p}{\partial z}$, e quella agente su ciascuno degli N ioni contenuti nella unità di volume:

$$\frac{1}{N}\frac{\partial p}{\partial z}.$$

Poichè la velocità dei ioni sotto l'unità di forza è

$$\frac{A}{Xe},$$

se con A rappresentiamo la velocità che ha il ione di carica e assoggettato all'azione della forza elettrica X; la velocità dell'ione sotto l'influenza della forza $\frac{1}{N}\frac{\partial p}{\partial z}$ sarà:

$$\frac{1}{N}\frac{\partial p}{\partial z}\frac{A}{Xe}.$$

Cosicchè si potrà scrivere la eguaglianza:

$$D\frac{1}{N}\frac{\partial N}{\partial z} = \frac{1}{N}\frac{\partial p}{\partial z}\frac{A}{Xe},$$

ossia

$$D\frac{\partial N}{\partial z} = \frac{\partial p}{\partial z}\frac{A}{Xe};$$

dalla quale si ricava

$$DM = \frac{PA}{Xe},$$

se si rappresenta con M il numero di molecole contenute nel centimetro cubo di gas alla pressione atmosferica *p*, e se si tien conto del fatto che, comportandosi i ioni come un gas perfetto, la pressione *p* è in rapporto costante col numero N di ioni per unità di volume, rapporto uguale per tutti i gas alla stessa temperatura. Con 1 volt per centimetro si ha $X = \frac{1}{300}$ di unità elettrostatica. Equivalendo poi la pressione atmosferica *p* a 10^6 unità C G S, l'ultima espressione può scriversi.

$$Me = \frac{3.10^8 A}{D}.$$

Se si prendono i valori delle mobilità determinate dal Rutherford ed i valori medi dei coefficienti di diffusione ottenuti per i gas secchi dal Townsend, se ne deducono i seguenti valori del prodotto M*e*:

Aria	$1{,}35.\ 10^{10}$
Ossigeno	$1{,}25.\ 10^{10}$
Anidride carbonica	$1{,}30.\ 10^{10}$
Idrogeno	$1{,}00.\ 10^{10}$

Valori tutti assai bene concordanti fra loro perchè se ne possa assumere come valido rispetto a ciascuno dei gas la media

$$1,24 . 10^{10}.$$

Ma le esperienze di elettrolisi mostrano che una unità elettromagnetica di elettricità traversando un elettrolita libera $1,^{cmc} 23$ di idrogeno alla temperatura di $15°$ e sotto la pressione di 10^6 per centimetro quadrato. Se M sono le molecole in un cmc. di gas a questa temperatura ed a questa pressione, il numero di atomi di idrogeno in 1.23 cmc. è 2.46 N, per cui se e' è la carica dell'ione idrogeno nell'elettrolisi della soluzione, potremo scrivere:

$$2,46 \, M e' = 1 \text{ unità elettromagnetica}$$
$$= 3 . 10^{10} \text{ unità elettrostatiche}$$

e quindi:

$$M e' = 1,22 . 10^{10},$$

se la carica atomica è espressa in unità elettrostatiche.

Poichè M è una costante, ne concludiamo che *la carica del ione gassoso è uguale alla carica del ione elettrolitico.*

Più brevemente si può ragionar così.

L' ultima eguaglianza della pag. 174. può scriversi

$$\frac{K}{D} = \frac{M e'}{P} \frac{e}{e'}$$

rappresentando con e' la carica dell' atomo di idrogeno elettrolitico.

Ma

$$M e' = 1{,}23 . 10^{10},$$

alla temperatura di 15° per la quale K e D sono stati misurati.

Ne risulta

$$\frac{e}{e'} = \frac{1}{1{,}23 . 10^{4}} \frac{K}{D},$$

se la pressione atmosferica è la normale, cioè P ha il valore 10^6.

E sostituendo per K e per D i valori forniti dalle esperienze:

$$\frac{e}{e'} = 1{,}04 \text{ per i ioni positivi nell' aria}$$

$$\frac{e}{e'} = 1{,}05 \text{ per i ioni negativi.}$$

Valori, che tenuto conto del gradò di precisione si possono ritenere uguali all' unità. Per cui

$$e' = e.$$

Siffatta eguaglianza venne pure dimostrata da H. A. Wilson (106) col provare che la corrente di saturazione attraverso ad un vapore di sali metallici immesso ionizzato in un volume di aria a temperatura molto alta, era eguale a quella che, attraversando una soluzione acquosa del sale, avrebbe elettrolizzato in un secondo la stessa quantità di sale che, per ogni secondo, veniva costantemente immesso nell'aria calda.

§ 12. **Numero di Lochmidt**. — Colla conoscenza dell'uguaglianza in valore assoluto della carica del ione gassoso alla carica dell'elettrolitico di idrogeno, colla conoscenza di tal valore in $3{,}4 \cdot 10^{-10}$ unità elettrostatiche, e colla conoscenza certa di

$$M e = 1{,}23\ 10^{10}$$

nelle condizioni normali, se ne deduce

$$M = \frac{1{,}23 \cdot 10^{10}}{3{,}4 \cdot 10^{-10}} = 3{,}6 \cdot 10^{19};$$

valore del numero di molecole contenute in un centimetro cubo di gas nelle condizioni normali, assai bene in accordo con quello fornito dalla teorica cinetica dei gas.

— La eguaglianza di carica in valore assoluto di ciascuno dei ioni gassosi prodotti nei vari gas dai differenti agenti di ionizzazione, mostra in maniera molto evidente il fatto che la dissociazione delle molecole per il caso dei gas differisce marcatamente dalla dissociazione elettrolitica, in in quanto, contrariamente a quello che avviene per gli elettroliti, non si riscontra nei gas alcun ione elettricamente divalente o plurivalente.

— L'ultima relazione della pagina 174 può evidentemente scriversi:

$$\frac{K}{D} = \frac{M e}{P},$$

e per tal modo mostra che il rapporto $\frac{K}{D}$ è lo stesso per tutti i ioni e per tutti i gas alla medesima temperatura. $\frac{M}{P}$ è difatti, per una medesima temperatura, eguale per tutti i gas, ed e ha lo stesso valore per tutti i ioni. Ad una medesima temperatura vi è dunque proporzionalità fra i coefficienti di diffusione e la mobilità, la qual cosa apparisce bene in accordo coi risultati delle misure.

L' uguaglianza

$$\frac{K}{D} = \frac{M e}{P},$$

ammessa la estensione della teoria cinetica degli aeriformi allo studio delle proprietà dei ioni gassosi, può leggersi diversamente, solo che si ricordi il valore $\frac{\lambda' u}{3}$ di D e che si tenga conto del fatto che la teoria cinetica dà per la pressione P del gas il valore $\frac{1}{3}$ M m u^2.

Essa equivale difatti all' altra:

$$K = \frac{\lambda e}{m u}$$

che stabilisce una utile espressione del valore del coefficiente di mobilità.

J. J. Thomson troverebbe per altra via:

$$K = \frac{1}{2} \frac{\lambda e}{m u},$$

ma qualcuno ha osservato che siffatta relazione non sarebbe in buon accordo coi fatti.

E. Riecke la vorrebbe sostituita dall' altra:

$$K = \frac{3 m u}{2 e \lambda},$$

ed H. Mache dalla

$$K = \frac{2 e \lambda}{\pi m u}.$$

§ 13. **La ricombinazione dei ioni.** — La proprietà scaricatrice dei gas dovuta alla presenza in essi di ioni scompare a poco a poco per la ricombinazione reciproca dei ioni di segno opposto. Cosicchè, le proprietà di un gas ionizzato non dipendono solamente dalla mobilità, ma anche dalla facilità più o meno grande colla quale tale ricombinazione si effettua nella assenza di ogni campo.

Per questo fenomeno si presenta come probabile una legge analoga a quella di massa di Guldberg e Waage.

Sapendosi che nel caso dei ioni, ciascuno di essi sopporta sempre la medesima carica in valore assoluto qualunque sia il segno; la ricombinazione non farà intervenire che un ione positivo, e la velocità di ricombinazione dovrà essere proporzionale al prodotto delle concentrazioni o delle quantità di elettricità p ed n portate dai ioni positivi e negativi nell' unità di volume del gas (*).

(*) Dobbiamo fino da ora notare che certi autori invece di considerare le densità elettriche p ed n considerano il numero dei ioni contenuti nel centimetro cubo. In questo

Se la variazione di queste densità elettriche p ed n non è dovuta che alla ricombinazione, questa farà sparire per unità di tempo delle quantità eguali di elettricità positiva e negativa, e si avrà:

$$\frac{dp}{dt} = \frac{dn}{dt} = -\alpha p n,$$

ove α è il *coefficiente di ricombinazione;* costante la quale dipende dalle condizioni della ionizzazione e dalla temperatura.

Se, come nel caso in cui il gas non è assoggettato dopo la ionizzazione ad alcun campo elettrico, ogni elemento di volume ha una carica totale nulla, vale a dire contiene numeri eguali di ioni dei due segni, uguale quantità di elettricità positiva e negativa, la relazione ultima scritta diventa

$$\frac{dn}{dt} = -\alpha n^2.$$

caso il coefficiente di ricombinazione è αe, e rappresentando la carica di un ione.

Sembra che riconosciuta ormai la costanza del valore di e, convenga semplificare la cosa coll'evitare tal prodotto, ed assumere il coefficiente di ricombinazione come rappresentato da α, e definito coll'intervento delle densità anzichè del numero di ioni.

E sotto questa forma venne verificata sperimentalmente dal Rutherford, dal Townsend, da Mac Clung (107).

Un primo metodo di Rutherford per la verifica della legge indicata di ricombinazione è stato applicato nella maniera seguente dal Townsend per la determinazione del valore assoluto di α.

Supponiamo che il gas uniformemente ionizzato percorra con velocità constante un tubo cilindrico A, e sia n_1 la densità elettrica cubica delle cariche dei due segni nel momento in cui esso arriva in un certo punto a del tubo. A misura che sorpasserà il punto a, la densità n delle cariche diminuirà in seguito alla ricombinazione dei ioni di segni contrari, e in un punto b distante dal primo di un tratto d, avrà assunto il valore n_2 minore di n_1. La legge di diminuzione delle cariche viene rappresentata dall' ultima equazione scritta, alla quale può darsi la forma:

$$\frac{dn}{n^2} = -\alpha t,$$

che integrata dà:

$$\frac{1}{n_2} - \frac{1}{n_1} = \alpha T.$$

Questa relazione, quando siano noti T, n_1 ed n_2, permette il calcolo di α. T, che rappresenta il tempo messo dal gas a passare da *a* a *b*, si calcola facilmente se si conoscono le dimensioni del tubo lungo il quale si muove il gas e la velocità della corrente gassosa. I valori di n_1 ed n_2 si determinano agevolmente. Riferiamoci alla figura 55 dalla quale supporremo tolti i tubi stretti T_1, così da avere che il gas ionizzato in W traversi una regione di campo nullo, senza diffusione notevole verso le pareti, prima di raggiungere la tela metallica limitante il campo creato fra il tubo A e l'elettrodo E. Questo elettrodo raccoglie, se il suo potenziale è abbastanza differente da quello di A, la quasi totalità delle cariche di un segno, libere nel gas nel momento in cui esso traversa la rete. La deviazione dell'elettrometro collegato ad E dà la quantità I_1 raccolta da E nell'unità di tempo. Se la posizione del tubo mobile C corrisponde alla regione *a*, sarà (V rappresentando il volume di gas che passa nell'unità di tempo):

$$n_1 = \frac{I_1}{V}.$$

Dando al tubo C la posizione corrispondente alla regione *b*, sarà invece:

$$n_2 = \frac{I_2}{V}.$$

In luogo di un semplice sistema A, quale è rappresentato dalla figura 55, si può adoperare l'insieme dei due tubi A_1 ed A_2 della fig. 54. Vorrà dire che in questo caso si terrà conto della differenza di cammino che nei due tubi verrà percorso dal gas avente uguale ionizzazione iniziale, in W_1 e W_2. Per passare a valori assoluti va naturalmente campionato l'elettrometro.

Il Townsend ricavò dalle due prime esperienze fatte coi gas ionizzati da raggi Röntgen i seguenti valori:

Aria	3420
Ossigeno	3380
Anidride carbonica	3500
Idrogeno	3020

Un secondo metodo del Rutherford è stato opportunamente utilizzato da Mac Clung in attendibilissime misure del valore assoluto di α ed in una soddisfacente verifica della legge di ricombinazione.

Vediamone rapidamente il principio.

Chiamando q la carica totale dei ioni, positivi o negativi, prodotti per ogni secondo da un agente ionizzante in ogni centimetro cubo di gas, e supponendo che vi sia in ogni centimetro cubo di gas lo stesso numero di ioni positivi e negativi, dopo l'inizio della ionizzazione, il numero di ioni nel gas cresce costantemente fino a che uno stato di equilibrio venga raggiunto fra la perdita di ioni dovuta alla ricombinazione e l'acquisto. Se n_0 rappresenta la densità delle cariche nel gas, dovrà in questa condizione di regime aversi:

$$q = \alpha\, n_0^2.$$

Dalla quale:

$$\alpha = \frac{Q}{N^2} K,$$

Q ed N rappresentando gli integrali di volume di q ed n in un certo volume V, e k una costante dipendente soltanto dalle dimensioni del recipiente impiegato come camera di ionizzazione e determinato dalla distribuzione della ionizzazione. K diventa eguale a V se la ionizzazione è uniforme.

Basandosi su questa formula, Mac Clung determinò direttamente il valore di α. L' agente ionizzante era un fascio di raggi Röntgen che ionizzava il gas contenuto in un recipiente cilindrico di 20 cm. di lunghezza, nel quale si trovavano opportuni elettrodi costituiti da sottilissime foglie di alluminio tese su stretti anelli di zinco poggiati su blocchi di ebanite. Tali foglie erano in numero di dodici e separate da circa 2 cm. Sei, e precisamente le due estreme e quelle di ordine impari, si trovavano collegate fra loro e col filo terminale E. Le cinque altre erano collegate ad E'. Questa disposizione per-

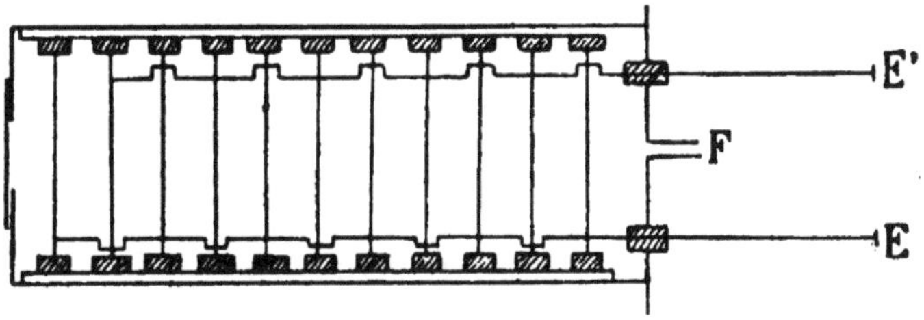

Fig. 56.

metteva di ionizzare un grande volume di gas e di ottenere, oltre che la corrente di saturazione con una differenza di potenziale non eccessiva, anche il vantaggio di un rapido raggiungimento degli elettrodi per parte dei ioni; condizione questa essenziale in quanto era necessario che tutti i ioni potessero raggiungere gli elettrodi prima di scomparire per ricombinazione. Per determinare Q si valutava la corrente di saturazione alla maniera solita, apprezzando con un elettrometro la velocità di carica di una capacità connessa in parallelo coll' elettrometro e con un gruppo di elettrodi. N si valutava lasciando che i raggi Röntgen ionizzassero il gas fino a che fosse raggiunto uno stato di regime, arrestando poi la ionizzazione col rompere il circuito primario del rocchetto d' induzione e notando con l' elettrometro la elevazione della differenza di potenziale ai limiti di una capacità nota.

Oltre che la valutazione di α, si potè ottenere la verifica della legge di ricombinazione, bastando per questo modificare la misura della densità delle cariche per modo da creare il campo un tempo t soltanto dopo la soppressione della radiazione. L' urto di un pendolo contro una prima leva L sopprime la radiazione coll' interrompere la corrente primaria del rocchetto d' induzione, poi l' urto contro una seconda leva L' posta a distanza variabile dalla prima, stabilisce il campo che permette di raccogliere i ioni presenti nel gas dopo un tempo t. Se n_2 è allora la densità

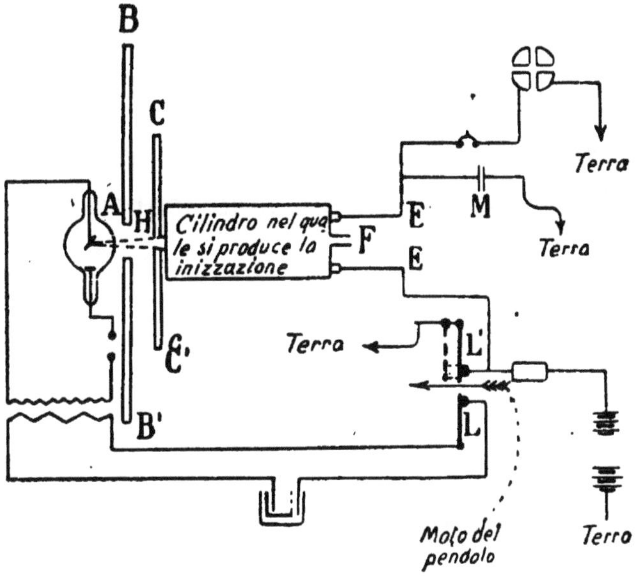

Fig. 57.

delle cariche portate dai ioni, ed n_1 la densità iniziale, deve valere, come ci è noto, la relazione:

$$\frac{1}{n_2} - \frac{1}{n_1} = \alpha t,$$

conseguenza immediata della legge di ricombinazione.

Orbene, secondo le esperienze di Mac Clung, la variazione di n_2 con t è conforme a quella voluta dalla suindicata formola, per l'aria e per pressioni comprese fra 0,125 e 3 atmosfere.

Mac Clung ha pure trovato che il coefficiente di ricombinazione dei ioni è indipendente dalla pressione, almeno nei limiti suindicati, e che per l'aria ha il valore 3384.

Il Langevin, non soddisfatto dei metodi usati dal Rutherford dal Townsend e da Mac Clung perchè non scevri da qualche causa d'errore, e d'altro lato desideroso di dare una dimostrazione della relazione:

$$\frac{dp}{dt} = \frac{dn}{dt} = -\alpha np,$$

nella sua forma più generale, ha creduto bene di eseguire determinazioni con un metodo suo, basato sul calcolo delle ricombinazioni mediante la considerazione delle attrazioni mutue dei ioni. La teoria che al riguardo costruisce e formula il Langevin, lo conduce alla relazione:

$$\alpha = 4\pi (K_1 + K_2) \varepsilon,$$

nella quale $(K_1 + K_2)$ è la somma della mobilità dei ioni misurabile direttamente, ed ε è il rapporto del numero delle ricombinazioni al numero delle collisioni fra ioni di segno contrario, o, in altre parole, la frazione del numero totale di collisioni che produce una ricombinazione.

Questo rapporto ε mostra un grande interesse in un gran numero di questioni.

La sua misura per il caso della ionizzazione mediante i raggi di Röntgen venne dal Langevin effettuata col metodo seguente:

Supponiamo che si produca fra due lamine parallele una ionizzazione istantanea per mezzo di una sola scarica di un tubo produttore di raggi Röntgen; e sia Q_0 la quantità di elettricità di ciascun segno liberata nel gas per unità di superficie delle lamine. È possibile misurare Q_0 creando fra le due lamine medesime, immediatamente dopo il passaggio della radiazione, un campo intensissimo che faccia passare nel gas la corrente di saturazione e trasporti tutte le cariche liberate sino alle lamine. Se, al contrario, si stabilisce nel gas un campo minore, insufficiente per produrre la saturazione, e tale che la densità elettrica superficiale su ciascuna lamina sia σ, la quantità di elettricità Q raccolta per unità di superficie sarà minore di Q_0, e dipenderà dalle mobilità e dal coefficiente di ricombinazione dei ioni. Ora il calcolo completo del rapporto $\frac{Q}{Q_0}$ è indipendente dalla distribuzione della ionizzazione nell'intervallo compreso fra le lamine, e conduce al notevole risultato che esso rapporto dipende soltanto da ε. La formola che stabilisce tale dipendenza è la seguente:

$$\frac{\varepsilon Q}{\sigma} = L\left(1 + \frac{\varepsilon Q_0}{\sigma}\right).$$

Essa fornisce una via comoda per la misura diretta di ε. Q_0, Q e σ si valuteranno con un elettrometro in valore relativo, poichè nella formola figurano solamente col loro rapporto.

Va tuttavia notato che la formola medesima, basata sulle leggi di mobilità e di ricombinazione, non è interamente attendibile altro che se si trascura la modificazione del campo prodotto dai ioni. E ciò potrà farsi se $\frac{Q_0}{\sigma}$ è abbastanza piccolo.

Se le leggi di mobilità e di ricombinazione sulle quali è basata la dimostrazione della formola

$$\frac{\varepsilon Q}{\sigma} = L\left(1 + \frac{\varepsilon Q_0}{\sigma}\right)$$

sono esatte, i valori di ε che se ne deducono debbono rimanere costanti, qualunque sieno le condizioni sperimentali, per un medesimo gas, nelle medesime condizioni di temperatura e di pressione. Inversamente, la verificazione sperimentale di questa costanza fornisce simultaneamente la dimostrazione delle due leggi.

La legge di ricombinazione apparisce poi dimostrata in maniera generale per p ed n disuguali se la ripartizioue della ionizzazione iniziale non è omogenea.

Orbene il Langevin ha fatto un grande numero di misure nell' aria secca sotto la pressione atmosferica, modificando nei limiti il più che era possibile estesi:

1.° L' intensità del campo variabile con σ,

2.° L' intensità della ionizzazione variabile con Q,

3.° La ripartizione della ionizzazione, e altri elementi ancora.

Egli ha trovato per ε un valore sempre sensibilmente costante, a patto che $\frac{Q}{\sigma}$ fosse sufficientemente piccolo.

Per cui si può ritenere che ne sia derivata la dimostrazione, oltre che della legge della mobilità, anche di quella della ricombinazione, e nella forma più generale.

Il Langevin ha di più studiata l'influenza della pressione sul valore di ε, ed ha constatato che questo diminuisce rapidamente colla pressione. Utilizzando i valori trovati per ε, ed i valori desunti per le mobilità K_1 e K_2, è risalito, mediante la formula

$$\alpha = 4\,\pi\,(K_1 + K_2)\,\varepsilon$$

al valore di α, ottenendo numeri in grande accordo con quelli raccolti dai precedenti sperimentatori. Ciò vien mostrato dal seguente prospetto:

			α		
	ε	$k_1 + k_2$	Langevin	Towsend	Mac Clung
Aria.	0.27	930	3200	3420	3384
Anidride carbonica	0.51	530	3400	3500	3492

Per ciò che riguarda l'aria, Mac Clung aveva trovato che il coefficiente di ricombinazione è indipendente dalla pressione. Il Langevin ha invece trovato che α decresce rapidamente colla pressione, giustificando tuttavia sul diagramma i risultati ottenuti dal Mac Clung per variazioni di pressione da 0 a 3 atmosfere. Recentemente Hendren che ha studiato su pressioni variabili da 10 a 150 mm. e ha trovato che α decresce colla pressione, ma non così rapidamente come aveva trovato Langevin (*).

§ 14. **Computo del numero di ioni.** — Si può valutare il numero dei ioni contenuto nella unità di volume del gas contando le gocce alle quali essi danno origine in un processo di condensazione.

E ciò con un metodo che serve insieme a dedurre quale è la carica dei centri elementari.

L'idea fondamentale in questo genere di misura, applicata per la prima volta dal Town-

(*) W. H. Bragg e R. D. Kleeman in un recente lavoro *(Phil. Mag. Apr. 1906)* considerano a lato della ordinaria ricombinazione generale una *ricombinazione speciale* dovuta alla attrazione degli elementi stessi della molecola dalla quale i ioni han tratto origine. Gli effetti di questa ricombinazione iniziale sarebbero proporzionali al numero di ioni positivi e negativi esistenti in ogni istante; non dipenderebbero dalla forma del recipiente; e sarebbero differenti da un gas all'altro.

send alle goccioline cariche che si producono in presenza di vapor acqueo semplicemente saturo in gas di recente preparati, consiste nel dedurre la massa di ciascuna gocciolina dalla velocità di caduta sotto l' azione della sola gravità, e nel dedurre poi la carica di ciascuna goccia determinando il rapporto di questa carica alla massa. Nota la massa o la carica si può facilmente passare al computo del numero di goccie.

Vediamo separatamente come si può valutare la massa dalla velocità di caduta, come si può valutare il rapporto della carica alla massa, e come finalmente si può stabilire il numero dei ioni col computo del numero delle gocce.

Giorgio Stokes sino dal 1894 aveva studiato teoricamente il moto in un fluido vischioso, di una sfera soggetta all' azione del semplice peso. Potè così dare una relazione collegante il raggio della sfera alla velocità limite e costante colla quale finisce per muoversi la sfera medesima che cada lentamente con un ritardo iniziale dovuto alla sola vischiosità del mezzo. E la relazione per il caso di una goccia di raggio r è la seguente:

$$C = \frac{2}{9} \frac{g r^2 \rho}{\xi},$$

ove ρ è l' eccesso di densità della sfera su quella del mezzo nel quale si muove, e ξ il coefficiente di vischiosità del mezzo (*).

Evidentemente, con questa relazione, se si misura la velocità di caduta C, nota che sia la vischiosità dell'aria, è possibile calcolare le dimensioni della goccia che cade e quindi la sua massa.

Colle condensazioni artificiali provocate su ioni, la velocità di caduta delle goccie si misura facilmente osservando lo spostamento del livello superiore della massa di goccioline.

Quanto al rapporto fra la carica e la massa, esso può determinarsi come fecero Townsend e J. J. Thomson, misurando o calcolando la massa totale di acqua costituente le goccie supposte tutte identiche, e la quantità totale di elettricità sopportata dai ioni che hanno servito come centri di

(*) Per una pressione di una atmosfera nell' aria si ha $\xi = 1{,}8 \cdot 10^{-4}$.

condensazione per la formazione delle goccie medesime. Con una espansione repentina che provochi la condensazione, mediante l'apparecchio di C. T. R. Wilson per esempio, si può difatti desumere, come già vedemmo, la quantità di vapor acqueo condensato; dal qual valore, conoscendo il volume di ogni singola goccia, si può calcolare il numero di queste e quindi il numero dei ioni. La carica totale poi, si può facilmente determinare con un metodo elettrico semplice, il quale può consistere nel disporre al disopra del gas ionizzato una lamina metallica che venga, nel momento della misura, con rapidità caricata positivamente ad un potenziale molto alto, mentre il fondo del recipiente A dell'apparecchio ad espansione sia posto in comunicazione con un elettrometro. È facile intendere come procederanno le cose. I risultati delle misure di J. J. Thomson sono i seguenti:

$e' = 6{,}5 .\ 10^{-10}$ per i gas ionizzati coi raggi di Röntgen
$e' = 3{,}1 .\ 10^{-10}$ per i gas ionizzati con corpi radioattivi.

H. A. Wilson ottenne più semplicemente il rapporto della carica alla massa; per mezzo del quale poi, nota la massa, potè valutare la carica confrontando la velocità di caduta di una goccia sotto l' azione della semplice gravità alla velocità sua in un campo elettrico verticale. Egli, valendosi della scoperta di C. T. R. Wilson, che il depositarsi di rugiada in aria umida su ioni negativi richiede minore soprasaturazione di quella corrispondente al caso di ioni positivi, scelse opportunamente la soprasaturazione per modo da ottenere condensazione soltanto sopra i ioni negativi, cosicchè ogni goccia riesciva carica negativamente. Collocò poi di fronte alla nube una lamina elettrizzata positivamente per modo che la forza elettrica X d' attrazione sulle gocce ad essa dovuta facesse esattamente equilibrio al peso delle goccie. Siccome allora il peso della goccia, che era noto, aveva il valore X *e*, misurando X passava al valore *e*.

Wilson ottenne per questo valore il numero

$$3{,}1 \cdot 10^{-10},$$

valore che coincide sensibilmente coi più attendibili trovati dai vari sperimentatori.

Quanto alla valutazione del numero dei ioni, dalle varie esperienze eseguite risulta che il numero dei ioni per centimetro cubo nelle condizioni sperimentali ordinarie, è sempre inferiore a 10^7 anche per le ionizzazioni più intense. Se si pensa che la teoria cinetica dei gas porta ad ammettere per il numero M un valore più grande di 10^{19}, se ne conclude che le molecole sono nelle condizioni ordinarie di pressione almeno 10^{12} volte più numerose dei ioni.

Da ciò segue che nel movimento generale di agitazione del gas ionizzato saranno molto più numerosi gli urti dei ioni colle molecole che non gli urti dei ioni fra loro.

Capitolo VI.

Gli altri processi di ionizzazione

---

§ 1. Ionizzazione per effetto termico, per urto e per opera dei corpi radioattivi. — Non soltanto i raggi Röntgen hanno la possibilità di ionizzare un gas, ma molti altri sono gli agenti di ionizzazione.

È noto che un corpo solido, o liquido incandescente emette corpuscoli elettrici.

Tale emissione studiata dapprima sistematicamente da Elster e Geitel (108) per i corpi solidi resi incandescenti dalla corrente elettrica, mediante l'apparecchio di facile interpretazione rappresentato dalla figura 58, dipende da varie circostanze, quali:

1.° la temperatura del corpo;

2.° la pressione del gas circostante;

3.° la natura del gas;

4.° la natura del corpo incandescente.

Essa venne perciò con cura esaminata partendo dalla condizione più semplice per cui intorno

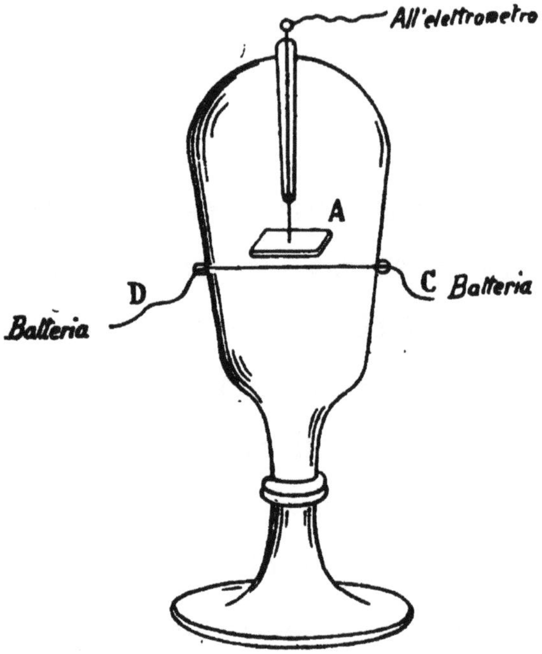

Fig. 58.

al corpo incandescente si abbia il vuoto; e le prime e più accurate ricerche su questo tema vennero eseguite dal Richardson (109) colla disposizione della figura 59.

Un filo metallico *A B* è teso in un tubo, dal quale si estrae l'aria, secondo l'asse di un cilindro metallico isolato *E F G H*.

Mantenendo con una corrente elettrica incandescente il filo *A B* per parecchi giorni, e togliendo, mediante una pompa a mercurio collegata col tubo, le traccie di gas a grado a grado sviluppate dal filo caldo e dalle pareti del tubo; basta mettere il filo in comunicazione con uno dei poli della pila, e il cilindro coll'altro polo,

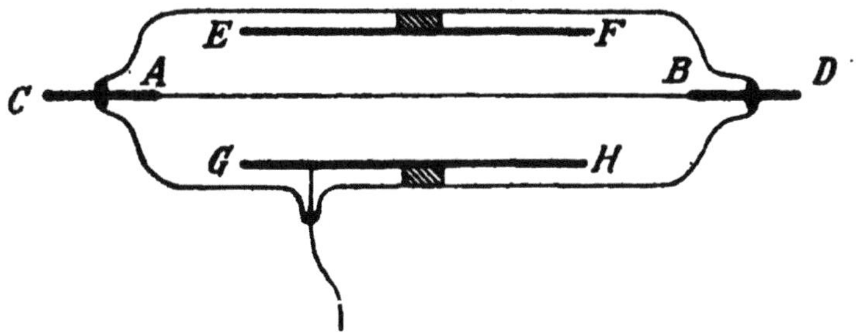

Fig. 59.

per osservare il passaggio di una corrente se il filo è negativo ed ha la temperatura del calor rosso. La corrente non obbedisce alla legge di Ohm e mostra che nel fenomeno interviene una corrente di saturazione, la cui intensità cresce colla temperatura del filo secondo la relazione

$$I = a\,T^{\frac{1}{2}}\,e^{-\frac{b}{T}},$$

nella quale *a* e *b* sono costanti ed *e* è la base dei logaritmi superiori.

Questa emissione, che si complica alquanto se ci si riferisce, non più al vuoto, ma ad una atmosfera a pressione sensibile, è causa forte di ionizzazione per il gas circostante.

Così è causa efficacissima di ionizzazione, e per tanti riguardi interessante, la emissione dei corpi radioattivi.

Noi non possiamo, dopo lo studio fatto per il caso tipico della ionizzazione dovuta ai raggi di Röntgen, intrattenerci a lungo sopra questa altra causa di ionizzazione. Ricorderemo soltanto come i corpi radioattivi emettano, quali proiettili, i ioni dei due segni (raggi α o positivi e raggi β o negativi) ed una radiazione (raggi γ) analoga ai raggi Röntgen. Questo semplice ricordo è sufficiente a richiamare l'affermazione che la ionizzazione determinata dalle sostanze radioattive è perfettamente analoga a quelle sino ad ora da noi considerate. Come elemento caratteristico va citato il fatto che la emissione del materiale radioattivo vario disseminato nel suolo è la causa principale della ionizzazione della libera atmosfera.

Altra causa di ionizzazione alla quale in realtà si riducono alcune di quelle già citate è l' urto colle molecole neutre di un gas, dei raggi catodici o dei raggi canale non solo, ma anche dei ioni. I risultati di Townsend e di Thomson mostrano difatti che gli stessi ioni, possono, in un campo elettrico potente possedere una energia cinetica sufficiente per ionizzare ugualmente per urto particelle neutre del gas. Ci limitiamo a ricordare che un ione positivo o negativo deve, per potere ionizzare mediante l' urto un atomo neutro, possedere almeno una energia cinetica eguale ad un valore minimo determinato.

E siccome questa viene espressa dal prodotto $\frac{1}{2} m v^2$, è ovvio che esiste un valore critico della velocità v, che rappresenta il minimo necessario affinchè il ione in moto possa determinare la ionizzazione.

La quale velocità critica sarà data dalla relazione

$$\frac{1}{2} m v^2 = e (V_1 - V_2),$$

se si ritien conto che la energia cinetica del ione

risulta generalmente e con buona approssimazione dalla trasformazione del lavoro elettrico $e(V_1 - V_2)$, compiuto mentre il ione colla carica e si trasporta dal punto di potenziale V_1 all'altro di potenziale V_2.

L'ultima relazione mostra come occorre una certa differenza di potenziale fra i punti estremi del percorso libero del ione perchè il ione raggiunga la velocità critica.

Ed in proposito osserviamo subito come a questa condizione si possa soddisfare in due modi:

O il campo elettrico non è molto intenso, e allora è necessario che il ione fra due collisioni consecutive abbia un libero percorso abbastanza lungo.

O il percorso del ione è breve, e allora occorre un campo etettrico molto intenso.

§ 2. **Casi speciali di ionizzazione**. — A lato dei processi di ionizzazione ordinaria esistono certi casi di ionizzazione, da alcuni detti straordinari, che meritano un breve cenno.

Townsend (110) studiò nel 1898 le proprietà elettriche di alcuni gas preparati di recente, ed in particolare maniera l' idrogeno e l' ossigeno che derivano dalla elettrolisi dell'acido solforico o della potassa. Egli pensò che la evidentissima e forte conducibilità elettrica di tali gas fosse dovuta alla esistenza di ioni, e trovò che in tal caso essi contengono sempre un eccesso considerevole di ioni di un certo segno. Così l' idrogeno proveniente dalla elettrolisi con elettrodi di platino dell' acido solforico diluito, contiene un grande eccesso di ioni positivi ed è dotato quindi di una carica positiva.

Tali gas sono inoltre carichi sempre di una nube spesso formata da goccioline di acqua acidulata od alcalina le quali verosimilmente avranno come centri dei ioni.

E la carica di siffatti centri, misurata con un metodo già a noi noto, risultò di 3.10^{-10} unità elettrostatiche; dello stesso ordine quindi ed in buon accordo con quella trovata per i ioni ordinari. Sotto questo punto di vista sembrerebbe dunque che nei gas della elettrolisi sieno dei ioni ordinari. Ma le altre ragioni che qui sotto enumereremo, fanno pensare che si tratti invece di ioni eccezionali diversi dagli ordinari.

1.°) Essi producono la condensazione del vapore acqueo semplicemente saturo, mentre che i ioni ordinari hanno bisogno di una sufficiente soprasaturazione.

2.°) Le mobilità loro per l'idrogeno e per l'ossigeno sono state misurate in $\frac{1}{300 \cdot 5,6}$ *cm.* e $\frac{1}{300 \cdot 15}$ *cm.* al secondo. Come ordine di grandezza esse sono dunque 1500 volte circa più piccole che per i ioni ordinari.

Lenard (111) ha mostrato che l'aria in prossimità delle cadute d'acqua si carica negativamente. Questa scoperta ha condotto Lord Kelvin (112) all'altra: l'aria che ha gorgogliato attraverso ad acqua pura o ad acqua contenente in dissoluzione varie sostanze, diventa conduttrice.

Orbene, quando si prepara un gas per elettrolisi o per via chimica in seno ad un liquido, il gas apparisce in bolle che sfuggono dopo aver traversato uno strato liquido più o meno alto. È quindi il caso di chiedersi se la conducibilità del gas è dovuta alla azione chimica che lo produce o al gorgoglio del gas già formato attraverso al liquido. In questo senso la conducibilità dei gas recentemente preparati è legata alla conducibilità dei gas che abbiano gorgogliato attraverso a liquidi. Ma sebbene tale questione sia stata a lungo studiata da varî, alcuni dei quali pensano ad una influenza preponderante del gorgoglio (113), altri ad una influenza preponderante dell'azione chimica (114), non è il caso che noi ci fermiamo più oltre su di essa.

Ioni si hanno pure facendo agire sull'aria comune i raggi di Schumann (115) e facendo cadere attraverso all'aria delle goccie d'acqua salata (116).

Ma una ionizzazione interessante è quella dovuta al fosforo, e di essa sarà bene dire qualche parola.

La ossidazione lenta del fosforo nell'aria umida è accompagnata da fosforescenza, da produzione di ozono, da formazione di una nube, di composizione ancora mal nota, ma contenente soprattutto degli ossidi e degli acidi del fosforo. Nell'aria secca si producono ancora gli stessi fenomeni, ma di molto attenuati. A tali fenomeni però se ne deve aggiungere un altro che più specialmente ci riguarda, e cioè che l'aria la quale ossida del fosforo diventa conduttrice della elettricità. La cosa è nota da lungo tempo e sembra che il primo a rilevarla sia stato il Matteucci (117). Senonchè la osservazione del fisico italiano rimase nell'oblio fino a quando il Naccari, Elster e Geitel, Shelford Bidwell non ripresero a studiarla e a porla meglio in evidenza (118).

In corrispondenza di questo risveglio di studî sull'aria circostante a fosforo, Helmoltz e Richarz facevano conoscere i risultati del loro importante lavoro sui getti di vapore. Come è noto, in questo lavoro ed in successivi, si attribuiva alla presenza di centri elettricamente carichi la condensazione abbondante che varie cause provocano nel getto di vapore. Era quindi naturale di cercare se in correlazione colla conducibilità elettrica si ha per l'aria circostante a fosforo una condensazione analoga (119).

E Barus (120) per primo pose in evidenza tal fatto, e Shelford Bidwell (121) completò meglio la osservazione.

La cosa sembrava condurre ad un ravvicinamento della conducibilità dell' aria prodotta dal fosforo a quella che viene provocata da altri agenti ionizzanti. Non possiamo seguire i varî studî che si fecero al riguardo, e che incontrarono gravi e multiple difficoltà (122). Diremo soltanto che un recente lavoro di E. Bloch (123) ha portato buona luce sulla interpretazione dei fatti invero assai complessi. In tal lavoro sono riferite le conclusioni di uno studio regolare sulla conducibilità dell' aria secca che è passata su del fosforo. I risultati principali sono i seguenti:

1.°) La corrente che si può far passare attraverso al gas non sorpassa un certo limite (corrente di saturazione); la qual cosa evidentemente conduce a far dipendere la conducibilità del gas da dei ioni. La mobilità di questi ioni è estremamente debole, e dello stesso ordine di quella degli altri ioni così detti eccezionali, la cui produzione dipende da altri fenomeni.

2.°) La emanazione del fosforo è capace di condensare il vapore acqueo semplicemente saturo. I centri carichi o ioni si confondono per gran parte colle polveri contenute nel gas.

Ma il Bloch ha estesa la categoria dei ioni eccezionali, studiando quelli che conferiscono conducibilità elettrica ai gas recentemente preparati per via chimica. La conducibilità elettrica di un gran numero di gas recentemente preparati è nota da lungo tempo e all' argomento sono legati i nomi di Lavoisier e Laplace, di Enright, di Townsend. Il Bloch ha studiato in particolare la mobilità ed i fenomeni di condensazione, fermandosi più specialmente sull' idrogeno preparato con zinco ed acido cloridrico, sull' anidride carbonica preparata con marmo ed acido cloridrico, sull'ossigeno preparato sia con decomposizione del clorato di potassio, sia con decomposizione del permanganato di potassio secco. Il risultato generale è il seguente, che le mobilità sono tutte debolissime e del medesimo ordine di quelle trovate per i ioni del fosforo, e che i ioni si confondono con particelle di pulviscolo cariche, le quali servono di nucleo alla condensazione del vapore acqueo semplicemente saturo.

I ioni, dei quali in questo paragrafo abbiamo minutamente riferite le fondamentali proprietà, vanno considerati come nettamente distinti dai ioni ordinari, ovvero hanno con questi un qualche legame?

La loro debole mobilità (inferiore ad $1/30$ di mm. per secondo in un campo di 1 volt-centimetro e generalmente compresa fra $1/100$ ed $1/300$ di mm.) e il loro potere di condensazione, sembrano condurre alla considerazione di due categorie di ioni nettamente distinte l'una dall'altra. Questo però per la temperatura ordinaria, giacchè colla elevazione di temperatura si ha un aumento di mobilità in virtù del quale può apparire evidente un ravvicinamento fra ioni ordinarî e ioni straordinarî. A tale proposito giova anzi notare che esiste un caso particolare di ionizzazione che sembra costituire un ponte di passaggio fra le due categorie di ioni.

Non sembra perciò fuori di luogo ritenere i varî ioni come sostanzialmente non diversi.

Il caso di passaggio è quello di un gas conduttore che costituisca o che sfugga da una fiamma.

Non sarà quindi inopportuna una breve sosta su questo argomento, anche perchè la questione della conducibilità delle fiamme e della ionizzazione del gas che le circonda è argomento di fortissimo interesse.

§ 3. **Conducibilità elettrica delle fiamme.** — Occupiamoci dapprima della fiamma in se stessa, e ricordiamo come la conducibilità sua sia nota da lungo tempo, e come anzi ad essa si sia spesso ricorso per operare la più completa scarica di un corpo elettrizzato.

È noto anche da tempo come le diverse parti di una fiamma possano apparire differentemente elettrizzate. Così nel caso ordinario della combustione del carbonio si trova lo strato esterno, più freddo, carico positivamente, e l'interno, più caldo, negativamente. Da ciò gli effetti di distensione e di separazione osservati su una fiamma posta in un campo elettrico intenso e spesso a torto attribuiti al vento elettrico. La parte interna è attratta verso il lato positivo del campo, e lo strato esterno verso il negativo. Ponendo le estremità dell'avvolgimento di un galvanometro sensibile una nella regione negativa e l'altra nella positiva, si ottiene una corrente. Questa corrente rinforza una corrente concordante che si procuri di far passare per la fiamma, e indebolisce una corrente opposta. Da ciò una differenza di conducibilità secondo il senso, per cui la conducibilità si dice unipolare. Questo fatto sembra in relazione con un'antica esperienza che Ermann (124) eseguiva ponendo i fili polari di una pila in una fiamma ad alcool mentre erano in comunicazione con elettroscopi. Se la fiamma comunicava col suolo mediante il suo sostegno, l'elettroscopio positivo cadeva a zero mentre si accresceva la divergenza nell'elettroscopio negativo. Appariva così che la fiamma conducesse meglio la elettricità positiva ed era detta perciò unipolare positiva. Isolando la fiamma dal suolo, gli elettroscopi conservavano la loro deviazione primitiva. Ermann notò che la maggior parte delle fiamme si comportavano in questa stessa maniera, eccezione fatta per quella del fosforo che appariva unipolare negativa, e quella dello zolfo che non conduceva.

Ma le proprietà elettriche della fiamma si manifestano anche diversamente a seconda della forma e della disposizione degli elettrodi. Hankel (125) constatò che se uno degli elettrodi è un filo e l'altro una lamina, la corrente è più intensa quando è diretta dal filo alla lamina. Simile proprietà è stata osservata nei gas caldi da Ed. Becquerel. La intensità della corrente aumenta colla temperatura e molto fortemente se si producono dei vapori salini alcalini nella fiamma.

Hittorf (126) fece a questo riguardo una notevole osservazione: una perla di carbonato di potassio arde successivamente al disotto dell'elettrodo positivo e dell'elettrodo negativo; la corrente è considerevolmente più intensa per la seconda posizione che per la prima. Con questa osservazione rimane bene assodato che la conducibilità di una fiamma, pura o no, dipende inegualmente dagli elettrodi, e che la conducibilità medesima è anche legata alla quantità più o meno grande di vapori salini in essa contenuti.

Recentemente il Davidson (127), partendo dalle varie nozioni già acquisite sopra l' influenza esercitata dalla costituzione degli elettrodi sulla conducibilità elettrica delle fiamme, ha eseguite esperienze numerose per indagare meglio come a tale conducibilità sia legata la temperatura e la costituzione degli elettrodi, studiando fiamme cariche di vapori salini, che vi determinano, come vedremo, un forte processo di ionizzazione.

Ne è risultato che più gli elettrodi, e particolarmente i catodi, sono legati intimamente colla sede della ionizzazione, più la intensità della corrente è elevata: la ionizzazione nella fiamma non dipende dalla temperatura degli elettrodi, ma dalla temperatura delle fiamme. Quando gli elettrodi sono ricoperti da sali metallici la elevazione dell' intensità della corrente non dipende dalla temperatura del metallo degli elettrodi, ma dalla temperatura del sale sulla loro superficie.

Arrhénius (128) studiò la conducibilità di una fiamma carica di vapori salini. Due elettrodi di platino, formanti condensatore, venivano introdotti nella fiamma di un becco Bunsen caricata di sale per vaporizzazione di una soluzione di nota concentrazione. Essi erano intercalati sul circuito di una corrente I data da una forza elettromotrice E. I valori di I osservati quando E variava fornivano la curva di conducibilità della fiamma salata:

$$I = f(E).$$

Orbene i risultati di Arrhénius furono i seguenti:

1.° La conducibilità non apparisce altro che se gli elettrodi sono incandescenti ed aumenta colla temperatura.

2.° Essa è debole per tutti gli acidi, l'acqua, i sali, salvo che per i sali alcalini ed alcalino-terrosi.

3.° È osservata la legge di Ohm per i valori di E più piccoli di 0,4 volt circa. Per valori maggiori, la corrente cresce meno rapidamente che la forza elettromotrice e tende molto lentamente verso un valore limite che corrisponde alla corrente di saturazione.

Tali risultati condussero Arrhénius a pensare che la fiamma attraversata da una corrente elettrica fosse sede di una dissociazione, e dette una teoria della dissociazione elettrolitica delle fiamme.

Wilson, Smithels e Dawson (129) trovarono che fra 0 volt e 8 volt la conducibilità C di una fiamma salata soddisfa alla formula

$$I - C = K \frac{C^2}{E^2}$$

ove I è la corrente limite. Questa formula, stabilita dal Thomson per i mezzi ionizzati dai raggi di Röntgen suppone implicitamente una dissociazione nel corpo della fiamma. Sembra tuttavia in contraddizione con quanto ulteriori osservazioni del Wilson (130) stabilirono per riguardo ad una localizzazione agli elettrodi della dissociazione del sale.

Wilson trovò anche che la legge di proporzionalità della variazione di conducibilità alla radice quadrata della concentrazione non può essere considerata che come legge approssimata, specialmente quando la corrente si avvicina alla saturazione. A concentrazione, a temperatura eguali e sotto una differenza eguale di potenziale, i metalli alcalini si distribuiscono, per la conducibilità data alla fiamma, nell' ordine dei loro pesi atomici, la conducibilità essendo tanto più grande quanto più elevato è il peso atomico.

Esperienze veramente importanti dello stesso Wilson (131) misero in rilievo il fatto che le leggi di Faraday per il passaggio della elettricità attraverso ai liquidi si applicano pure ai sali alcalini allo stato di vapore. La qual cosa dà conferma alla idea secondo la quale il passaggio della elettricità attraverso ai vapori salini si opera in una maniera del tutto analoga alla elettrolisi delle soluzioni saline. Ma vi ha di più. Diagrammi rappresentanti la variazione colla temperatura della corrente, in vapori, sotto una forza elettromotrice costante (840 volt) allorchè si polverizzi una soluzione di 1 gr. per litro, mostrano che in ogni caso la corrente cresce rapidamente sino ad un valore press' a poco costante, il quale, nel caso di K I, ad esempio, si mantiene per una grande variazione di temperatura. Verso 1200°, la corrente ricomincia a salire rapidamente e, per una temperatura superiore a 1300°, raggiunge bruscamente un valore presso a poco costante. Orbene, esso è la corrente massima che può trasportare la quantità di sale contenuta nel vapore soggetto alla esperienza. Tale corrente massima è precisamente quella che il sale stesso potrebbe condurre per via elettrolitica, se fosse cioè in soluzione acquosa.

Non vi ha chi non veda che le osservazioni sinora citate lasciano incerti sulla spiegazione che si deve dare alla conducibilità delle fiamme. La esperienza di Hittorf sembrerebbe contraddire la dissociazione di Arrhénius, la quale in ogni caso non offre che una interpretazione della legge relativa alla concentrazione. E la ionizzazione localizzata agli elettrodi non spiega nè la formula di Thomson nè la differenza di azione degli elettrodi.

Esperienze ordinate ed accurate del Moreau (132) portarono una certa chiarezza nella soluzione del problema. Egli pensò dapprima di stabilire se la conducibilità di una fiamma pura o carica di vapori salini risulta da una ionizzazione. A tal fine determinava un campo elettrico fra le armature di un condensatore piano in platino, collocato nella fiamma caldissima di un becco Bunsen, e notava al galvanometro la corrente per una differenza di potenziale V. Caricando la fiamma di vapori salini con polverizzazione di una soluzione di nota condensazione (processo Gouy, figura 60), osservava un aumento considerevole di conducibilità con un sale alcalino. Gli altri sali, compresi i sali ammoniacali, il vapor acqueo, le soluzioni acide non forniscono conducibilità regolare o superiore a quella di una fiamma pura.

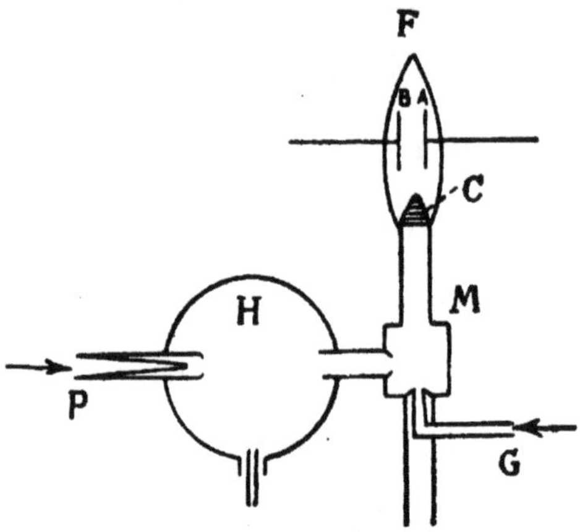

Fig. 60.

Per una fiamma di concentrazione fissa, la corrente I dovuta al vapore aumenta con V sino ad una corrente limite I_0 la cui intensità varia poco col radicale acido del sale e molto col metallo. L'ordine di conduzione decrescente è: cesio, rubidio, potassio, sodio, litio, tallio.

Per lo stesso vapore la corrente limite cresce sensibilmente come la radice quadrata della concentrazione della fiamma (Legge di Arrhénius).

La fig. 61 mostra alcune curve di conducibilità. Sull'asse delle ascisse sono contate le forze elettromotrici espresse in volt, e sull'asse delle ordinate le deviazioni galvanometriche I. Queste curve hanno lo stesso andamento: dapprima rettilinee

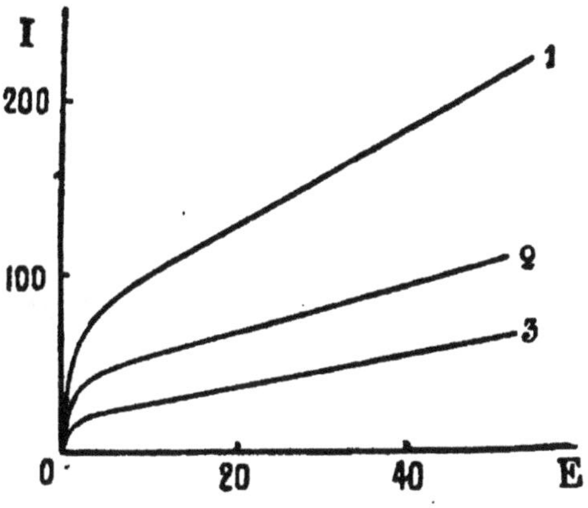

Fig. 61.

in prossimità dell'origine, si inflettono poscia lentamente verso l'asse delle ascisse. Esse mostrano che per le deboli forze elettromotrici la legge di Ohm è osservata dalla corrente la quale cresce poi più lentamente. È da notare che per un gas ionizzato dai raggi di Röntgen la seconda parte della curva è più inclinata sull'asse delle E. Tuttavia l'analogia delle curve di conducibilità di una fiamma con quelle di un gas ionizzato coi raggi di Röntgen è evidente, e conduce ad attribuire il fenomeno alla ionizzazione.

Avendo di più da esperienze varie potuto stabilire che la conducibilità di una fiamma va legata ad una ionizzazione della fiamma stessa per opera di una radiazione càtodica fornita dagli atomi metallici del sale che toccano l'elettrodo negativo per il caso della fiamma salata, o dagli atomi di idrogeno per il caso della fiamma pura; il Moreau passò alla misura della mobilità dei ioni positivi e dei ioni negativi.

Il procedimento usato è il seguente: Due fiamme A e B di eguali dimensioni bruciano l'una addossata all'altra toccandosi per buona parte della loro altezza S. Esse sono regolate per modo che le velocità verticali dei loro filetti gassosi sono eguali. A è pura e B è carica di vapori salini provenienti da una soluzione di nota concentrazione. Un condensatore piano in platino è posto nelle fiamme con una delle armature *a a'* in A, e l'altra *b* in B. Esso viene caricato ad una differenza di potenziale E, *b* essendo negativa. I ioni negativi si spostano da *b* verso *a* e penetrano nella fiamma pura, e siccome in questa non vi ha ionizzazione di sale, tutti i ioni che incontrano l'elettrodo *a a'* verranno dall'altra fiamma.

Siano $a\ c = d$; $a\ a' = h$.

ρ il numero di ioni negativi per unità di volume in S.

v velocità della corrente gassosa ascendente della fiamma pura.

V velocità dei ioni negativi per il campo X che corrisponde a E.

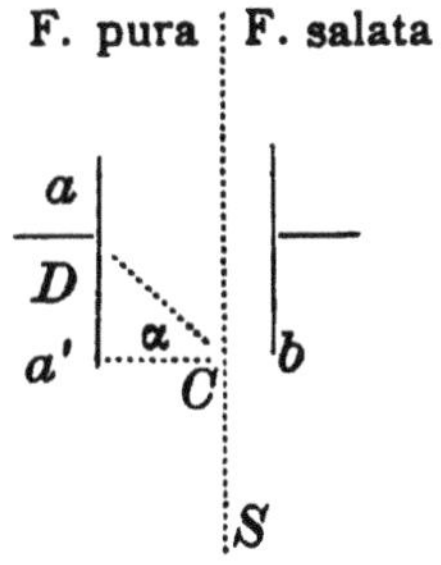

Fig. 62.

$$\frac{v}{V} = \text{tang}\ \alpha.$$

e carica di un ione.

Attraverso ad una superficie σ eguale a quella degli elettrodi e nella direzione CD uscirà per secondo dalla fiamma salata un numero di ioni negativi $\rho\ V\ \sigma$ la cui frazione

$$a\ a' - ac\ \text{tang}\ \alpha = 1 - \frac{d}{h}\ \text{tang}\ \alpha$$

incontrerà l'elettrodo a.

Per cui la corrente I attraverso alla fiamma sarà:

$$\begin{aligned} I &= \rho V \sigma\ e \left(1 - \frac{d}{h}\ \text{tang.}\ \alpha\right) \\ &= \rho \sigma\ e \left(V - \frac{d}{h} v\right) \\ &= \rho \sigma\ ke\ (X - X_0), \end{aligned}$$

se poniamo $X_0 = \dfrac{dv}{kh}$.

La corrente non esisterà che se $X > X_0$ e sarà proporzionale ad $X - X_0$.

X_0 rappresenta il campo minimo necessario a stabilire la corrente. Per avere K ci si vale del valore, che si determina, di X_0 e di v.

Le mobilità che il Moreau potè determinare con questo metodo risultarono molto superiori alle mobilità dei gas ionizzati coi raggi di Röntgen.

Ecco i risultati che egli ottenne:

1.° A concentrazione molecolare eguale, la mobilità K del ione negativo è indipendente dal radicale acido del sale. Varia col metallo in ragione inversa della radice quadrata del peso atomico di questo. Per lo stesso vapore aumenta notevolmente quando la concentrazione diminuisce.

Esempio:

		Concentrazione della soluzione vaporizzata				
		N	$\frac{1}{4}$ N	$\frac{1}{16}$ N	$\frac{1}{64}$ N	$\frac{1}{256}$ N
K in cm.	sali di potassio	660	785	995	1180	1320
	sali di sodio . .	800	1040	1280	„	„

1.° La mobilità del ione positivo è indipendente dalla concentrazione e dalla natura del sale. Essa è eguale ad 80 cm.

Per efficacia di rapido confronto ricordiamo che le mobilità nel caso dell' aria all' ordinaria temperatura ed alla pressione normale, ionizzato coi raggi di Röntgen sono rispettivamente rappresentate da

$$1^{cm}, 7 \text{ e } 1^{cm}, 4.$$

§ 4. **Fenomeno di Hall nelle fiamme salate.** — È noto che il Donnan (133) dette una teoria per spiegare il fenomeno di Hall negli elettroliti. Orbene, avendo il Marx dimostrato che esiste il fenomeno di Hall nelle fiamme cariche di vapori salini, G. Moreau ha estèso la teoria del Donnan al caso delle fiamme salate, giungendo ad una relazione fra il coefficiente $R = \frac{Z}{HX}$ (ove X è il campo elettrico primario e Z il campo elettrico trasversale dovuto al campo magnetico H) e la mobilità dei ioni.

La relazione è $R = K_2 - K_1$.

Essa deve considerarsi non del tutto rigorosa perchè nel dedurla si è ammesso che il numero di ioni negativi per unità di volume sia uguale al numero di ioni positivi, la qual cosa non avviene in generale per i gas ionizzati, e si sono di più trascurati i salti di pressione dei ioni intorno agli elettrodi secondari che misurano l'effetto di Hall. Ma risulta facile vedere che queste trascuratezze porteranno soltanto a calcolare per R un valore un po' superiore al reale.

Orbene, ecco i dati riferentisi al cloruro di potassio o di sodio:

1.° Cloruro di potassio:

	CONCENTRAZIONE							
	Fiamma pura	$\frac{N}{64}$	$\frac{N}{16}$	$\frac{N}{8}$	$\frac{N}{4}$	$\frac{N}{2}$	N	2
-10^6 R calc.	12,7	11	9	8,2	7	6,2	5,8	5,
-10^6 R osser.	10,2	non oss.	non oss.	8,24	5,4	4,26	non oss.	3,

2.° Cloruro di sodio (Conc. della soluz. 2 N):

$$-10^6 \text{ R calcolato} = 6,4$$

$$-10^6 \text{ R osservato} = 5,06.$$

Si può dunque ritenere che la teoria vada sufficientemente d'accordo coi dati d'esperienza, e quindi si può concludere che anche dalla questione della esistenza del fenomeno di Hall nelle fiàmme, si può trarre argomento per convalidare le nozioni acquisite intorno ai ioni delle fiamme stesse.

§ 5. **Conducibilità dei vapori salini.** — Siccome le proprietà conduttrici di un vapore salino non esigono per manifestarsi l'alta temperatura di una fiamma, era naturale che si pensasse a studiarle a temperatura non elevata. Ciò fece recentemente il Moreau giungendo a questi risultati i quali presentano una grande analogia con quelli delle fiamme:

A concentrazione costante per la soluzione, I aumenta col potenziale V sino al valor limite di saturazione I_0 e secondo la formola di Langevin

$$\frac{\gamma I}{V} = log. \left(1 + \frac{\gamma I_0}{V}\right),$$ ove γ è una costante.

La corrente limite I_0 dipende dal metallo e dal radicale acido del sale. Essa cresce come la radice quadrata della concentrazione della soluzione

Quanto alla mobilità dei ioni, determinata col metodo delle correnti gassose, si ebbero risultati diversi da quelli delle fiamme:

In una regione qualunque della corrente gassosa, le mobilità positive e negative sono eguali. Esse aumentano quando la concentrazione della soluzione diminuisce, presso a poco come la radice quadrata di questa concentrazione per i sali molto ionizzabili, e meno rapidamente per gli altri. Per la medesima soluzione, la mobilità diminuisce a misura che la corrente d'aria si raffredda. Esempi:

I

Mobilità osservate a 140.° K è espresso in *cm.*

Concentrazione	N.	$^1/_2$ N	$^1/_4$ N	$^1/_8$ N	$^1/_{16}$ N
K I	0,15	0,23	0,28	0,37	0,49
KOH	0,29	0,46	»	0,41	0,54

II

K C *l* ($^1/_2$ N); *x* distanza dall'origine della ionizzazione in *cm* ; *t* temperatura della corrente gassosa in *x*.

	10	20	31	42
t	165°	130°	96°	80°
K*cm*	0,32	0,24	0,135	0,073

Una variazione così rapida colla temperatura è stata osservata dal Clelland pei ioni uscenti da una fiamma a gas e aventi mobilità dello stesso ordine di grandezza. Il Moreau ha misurato per i ioni dei vapori salini anche il coefficiente α di ricombinazione ed ha trovato che esso è costante per una soluzione di concentrazione fissa nei limiti di temperatura d'osservazione (160° e 80°), e che varia in ragione inversa della radice quadrata della concentrazione della soluzione. Risultato questo concorde con la relazione esistente fra I e la concentrazione. I valori di α sono compresi fra 200 e 1800; essi sono inferiori al numero 3300 relativo ai raggi di Röntgen.

Quanto al coefficiente ε, è stato trovato che per una soluzione qualunque, e per qualunque concentrazione esso cresce da 0,60 a 0,90 allorchè ci si allontana dalla regione di ionizzazione. Questi numeri sono inferiori all'unità come esige la teoria e tendono verso l'unità a misura che le mobilità diminuiscono. Come possono farlo prevedere le mobilità dei ioni, essi sono dello stesso ordine del coefficiente ε per i gas uscenti da una fiamma.

Concludendo, sembra che si possa dire, che se la conducibilità di una fiamma pura trova la sua ragione di essere in un fenomeno di ionizzazione catodica; quella delle fiamme cariche di vapori salini è dovuta ad una dissociazione elettrolitica del vapore in esse contenuto e ad una ionizzazione catodica dovuta a corpuscoli che partono dalla regione prossima al catodo. Si tratterebbe dunque di un processo di ionizzazione in qualche maniera più complesso di quello che si nota per la ionizzazione ordinaria.

In una fiamma, la mobilità negativa dei ioni può essere 16 volte la mobilità positiva e 1200 volte quella degli altri gas.

Alle temperature poco elevate, le mobilità positive e negative sono eguali, dello stesso ordine di quelle dei gas uscenti da una fiamma pura, e più piccole dei ioni dei raggi di Röntgen.

La mobilità di un ione di vapore decresce rapidamente colla temperatura e secondo leggi differenti non ancora ben note per i ioni dei due segni. È probabile che discendendo sino alla temperatura ordinaria la mobilità stessa diventerebbe paragonabile a quella dei grossi ioni dovuti alla ossidazione del fosforo o prodotti nelle reazioni chimiche pei quali la mobilità stessa non sorpassa $^1/_{30}$ di millimetro.

§ 6. **Particelle catodiche e ioni negativi**. — È opportuno ripetere esplicitamente la relazione intercedente fra le particelle catodiche od elettroni, ed i ioni negativi che possono ottenersi con un processo qualunque di ionizzazione, ad esempio coll'intervento dei raggi di Röntgen.

Riferiamoci alle particelle catodiche di debole velocità, che si producono nel caso dell'effetto fotoelettrico, quando i raggi ultravioletti cadono su una superficie metallica non carica o dotata di una carica sufficientemente debole perchè il campo non comunichi alla emissione negativa una velocità notevolmente superiore a quella iniziale (10^8).

Nel gas circostante alla superficie metallica l'esperienza ha mostrato l'esistenza di cariche negative portate da ioni identici a quelli che si hanno colla ionizzazione per mezzo dei raggi di Röntgen. Difatti il Wilson (134) ha provato che la condensazione del vapore acqueo soprasaturo vi si produce con la dilatazione minima 1,25; Townsend (135) ha ottenuto per il coefficiente di diffusione delle cariche negative un valore sensibilmente uguale a quello trovato per i ioni negativi prodotti dai raggi di Rontgen; Rutherford (136) ha trovato uguale mobilità; ed infine J. J. Thomson, con una esperienza identica classica già da noi considerata, ha trovato per questi centri negativi la medesima carica $e = 10^7$.

Si deve dunque ritenere che la particella catodica è identica al centro carico dei ioni negativi e che essa porta una carica eguale a quella che trasporta l'atomo di idrogeno nell'elettrolisi. Quando, nel gas, questa particella si muove con una velocità sufficientemente debole, l'attrazione che essa subisce da parte delle molecole è sufficiente ad arrestarla e attorno ad essa si costituisce il ione negativo ordinario. La qual cosa del resto risulta in modo diverso da esperienze nettissime del Townsend le quali provano che coll'azione sui gas dei raggi di Röntgen e coll'intervento di un forte campo, si ha la produzione di centri negativi, i quali, se il campo è sufficientemente intenso da comunicar loro una velocità troppo grande perchè l'attrazione delle molecole possa arrestarli e perchè l'ione negativo così si formi, si comportano come veri raggi catodici di grande velocità. Come questi, essi producono la ionizzazione del gas mediante i loro urti colle molecole.

§ 7. **La massa degli elettroni e quella degli atomi materiali.** — Conoscendo il valore assoluto della carica e di un elettrone si può determinare il valore assoluto della massa. Per il caso dei raggi catodici si ha:

$$\frac{e}{m} = 1{,}865 \cdot 10^7 \qquad e = 10^{-20}$$

d'onde

$$m = 0{,}54 \cdot 10^{-27} \text{ (grammi massa)}$$

La conoscenza di e ci fornisce pure il valore assoluto della massa m_h dell'atomo d'idrogeno, e per conseguenza quello di tutti gli altri atomi Si ha difatti:

$$\frac{e}{m_h} = 964 \qquad e = 10^{-20}$$

d'onde $m_h = 1{,}04 \cdot 10^{-24}$ (grammi massa).

Si può anche determinare l'ordine di grandezza dell'elettrone negativo.

Supponendo la carica elettrica dell'elettrone ripartita su una sfera di raggio a, si ha, applicando una formula conveniente che lega m, alla carica e ed al raggio a

$$\left(m = \frac{2}{3}\frac{e^2}{a}, \text{ con } m = 0{,}54 . 10 - 27 \text{ ed } e = - 10^{-20}\right)$$

$$a = 0{,}8 . 10^{-13} \text{ cm.}$$

§ 8. **Definizione della ionizzazione.** — Raccogliendo le diverse nozioni acquisite possiamo dire che la ionizzazione consiste nella produzione all'interno del gas di un numero eguale di particelle materiali elettrizzate, le une positivamente, le altre negativamente.

Le prime corrispondono alla sottrazione ad un atomo o ad un gruppo atomico di un elettrone. Le altre all'addensamento intorno ad un elettrone di una piccola massa elettricamente neutra.

Le agglomerazioni così costituite, che si chiamano **ioni**, si muovono in ogni senso come le molecole del gas.

La ionizzazione può venir prodotta in diversi modi. I principali sono i seguenti: raggi di Röntgen, raggi del radio, raggi ultravioletti, corpi incandescenti ecc.

I ioni positivi e negativi prodotti in questi diversi casi godono tutti alla temperatura ed alla pressione ordinaria di proprietà analoghe.

Si spostano con una velocità finita sotto l' azione di un campo elettrico. Lo spostamento avviene lungo le linee di forza del campo (nei gas alla pressione ordinaria) e con una velocità che è data dal prodotto della mobilità per l' intensità del campo (K X).

Le mobilità dei ioni di ogni specie sono almeno dell' ordine di 1 cm. Esse hanno in generale maggior valore per i ioni negativi che per i ioni positivi.

Lo spostamento di insieme dei ioni, nel caso dell' assenza del campo, è dovuto unicamente alla diffusione. Si può definire un coefficiente di diffusione dei ioni in un gas, precisamente come si definisce il coefficiente di diffusione di un gas A in un gas B: il valore di tale coefficiente per la ionizzazione dell' aria dovuta ai raggi di Röntgen è di 0,028 per i ioni positivi, e di 0,043 pei ioni negativi.

Da ciò si deduce con considerazioni fondate sulla teoria cinetica, che la carica portata da un ione è la stessa di quella portata dall' atomo monovalente nella elettrolisi.

Si può pure definire in una maniera precisa un coefficiente di ricombinazione per i ioni e lo si può misurare. Per l' aria ionizzata coi raggi di Rontgen, la esperienza lo dà uguale a 3400.

Oltre a queste proprietà, i ioni possiedono la proprietà di condensare il vapor acqueo e sotto questo punto di vista si nota una qualche differenza nel comportamento dei ioni dei due segni. Da questa proprietà condensante dei ioni si è potuto desumere il valore assoluto della carica di un ione.

Capitolo VII.

Le scariche elettriche

---

§ 1. Lo studio sin qui fatto si è riferito ad un meccanismo di convezione elettrica operata dai gas ionizzati.

È un meccanismo tangibile quasi, e costituisce l'unico caso di convezione elettrica vera e propria che allo stato presente della scienza sia dato di considerare presso che certa. Si possono — e noi abbiamo veduto in qual modo — considerare nelle loro qualità e proprietà svariate gli elementi che operano il trasporto della elettricità. E là dove tale trasporto entra in giuoco nella maniera più semplice, perchè le singole individualità convettive in numero determinato non hanno altra missione se non quella di operare lo scambio di elettricità fra due conduttori carichi oppostamente ed affacciati, se ne possono quasi seguire minutamente le varie modalità.

Ma lo studio ampio, e, almeno apparentemente, per molti riguardi molteplice della conduzione dell' elettricità operata dai gas, ha lasciato campo alla supposizione che in tutti quei casi nei quali un passaggio di elettricità attraverso un gas si effettui, entri in giuoco un processo di convezione simile a quello del quale sino ad ora ci siamo occupati.

Crediamo di non uscire eccessivamente dal tema propostoci sfiorando siffatto argomento della interpretazione dei varî processi di conduzione elettrica mediante l' ipotesi di un trasporto ionico. E ciò faremo anche per concluderne, che se il meccanismo di convezione interviene in modo esclusivo o almeno precipuo in molti casi di conduzione elettrica, non è tuttavia ancora lecito considerarlo, come molti fanno, quale chiave perfetta di tutti i fenomeni di scarica elettrica attraverso i gas.

§ 2. **Correnti spontanee e correnti non spontanee.** — E innanzi tutto ci conviene notare, che mentre per i metalli, gli elettroliti ed i gas delle fiamme, si ha una conducibilità elettrica che per esistere non ha bisogno di alcuna causa esteriore; pei gas ordinari invece va fatta in riguardo alla conducibilità una distinzione capitale. La quale poggia sul fatto che la conducibilità dei gas sembra intimamente legata alla esistenza in essi di ioni, il cui ufficio, come in parte abbiamo veduto e come in parte vedremo in seguito, si manifesta per casi determinati ben chiaro ed esplicito.

Orbene i ioni che permettono il passaggio dell' elettricità fra conduttori a diverso potenziale, possono esistere in quanto sul gas che è attraversato dalla elettricità si è fatto intervenire un' azione esteriore, oppure possono esistere in quanto i conduttori hanno forti differenze di potenziale, causa essa stessa della ionizzazione del gas.

Nel primo caso, la corrente elettrica nel gas si potrà considerare come corrente *non spontanea*, mentre che nel secondo caso la corrente medesima apparisce come corrente *spontanea*.

Adotteremo queste denominazioni ora indicate per designare le due differenti specie di correnti.

Mentre per la corrente non spontanea il giuoco convettivo dei ioni sembra ormai cosa indiscutibile, per la corrente spontanea non si può dire altrettanto. Di più, mentre la corrente non spontanea può prodursi sotto una differenza potenziale debole, la corrente spontanea esige una differenza di potenziale la quale deve superare un certo valore minimo. In ogni caso i due generi di corrente obbediscono a leggi differenti.

§ 3. **La dispersione.** — Si può considerare come uno dei più semplici e dei più ordinari casi di corrente non spontanea, perchè si ammette che la presenza di ioni nel gas circostante al corpo carico si debba ad una causa esterna.

Essa si effettua quando un conduttore elettrizzato posto in un gas non può conservare indefinitivamente la propria carica, per quanto bene isolato. Si conoscono attualmente diverse sostanze solide e liquide capaci di dare un isolamento quasi perfetto, di guisa che questa ultima condizione può essere soddisfatta in una fortissima misura.

Ora, malgrado tutte le precauzioni, si constatano sempre delle perdite di elettricità dal corpo carico, e, di più, si riconosce in maniera non dubbia che esse si effettuano attraverso il gas circostante al conduttore.

Coulomb (137) le conosceva già, e ne aveva data una spiegazione che è arrivata si può dire sino ai nostri giorni. Secondo lui le molecole del gas sono attirate dal conduttore elettrizzato, caricate al suo contatto e poscia respinte come la sfera di un pendolino elettrico.

In seguito si attribuì spesso il medesimo ufficio alle polveri ed alle goccioline di acqua in sospensione nell'atmosfera.

Warburg (138) per primo, nel 1872, stabilì nettamente che la perdita non è aumentata dall'umidità dell'aria. Ma soltanto in questi ultimi anni si è giunti ad una conoscenza completa delle condizioni che più influiscono sulla dispersione. Noi la dobbiamo sopratutto ai lavori di Elster e Geitel e di Wilson. Numerose esperienze hanno permesso di concludere che la dispersione non è la stessa nei differenti gas, che è proporzionale alla pressione e che quindi nel vuoto sarebbe nulla. Essa cresce col volume dei vasi che contengono il corpo che la subisce, ed è più grande all' aria libera che in uno spazio chiuso. Quando non si opera all' aria libera, diminuisce e cessa anche completamente dopo un tempo che dipende dal volume dei vasi. Essa riprende un nuovo vigore quando si sostituisce all' aria confinata nell' apparecchio, aria nuova. Le polveri e l' umidità non soltanto favoriscono la dispersione, ma la diminuiscono notevolmente, come provano in maniera ben chiara le ricerche effettuate nell' aria libera da Elster e Geitel.

La dispersione non aumenta indefinitivamente colla differenza di potenziale fra il corpo elettrizzato e le pareti del vaso o l' atmosfera libera, ma raggiunge presto, a potenziale crescente, un valore massimo che non sorpassa più (a meno che non si aumenti il potenziale sino a provocare scintille, sino a trasformare cioè la corrente non spontanea in corrente spontanea). Tal valore si chiama *corrente di saturazione.* La conducibilità spontanea, che si manifesta colla dispersione e che pure è molto piccola, mostra quindi caratteri perfettamente corrispondenti a quelli che accompagnano la conducibilità elettrica di un gas ionizzato, della quale avemmo già occasione di parlare a lungo. Anzi, tale conducibilità spontanea può essere accentuata senza che per nulla perda i proprî caratteri, facendo intervenire qualche agente ionizzante energico. Orbene queste considerazioni debbono necessariamente condurre a ritenere che la stessa dispersione chiamata da noi spontanea sia conseguenza di una azione ionizzante manifestantesi nella libera atmosfera.

Le nuove scoperte di radioattività hanno grado grado condotto alla convinzione che la ionizzazione dell' atmosfera sia dovuta al materiale radioattivo largamente diffuso nel suolo e propagante la propria azione tutt' intorno. Basterebbe a convalidare tal modo di vedere la serie di lavori che hanno portato a considerare la radioattività quasi come una proprietà generale de corpi, e quelle numerose osservazioni di forte radioattività dell' aria proveniente dagli strati profondi dei suolo. Del resto ioni nel gas che è sede di un processo di dispersione elettrica da corpi carichi esistono senza dubbio perchè ormai si contano e si studiano nelle loro condizioni cinetiche.

Il fenomeno della dispersione della elettricità spiega certe modalità curiose di scarica che a prima vista sembrerebbero assai strane.

È nota la questione sollevata dal Jaumann e riguardante l'effetto di rapide variazioni del potenziale dei conduttori sul passaggio della scarica.

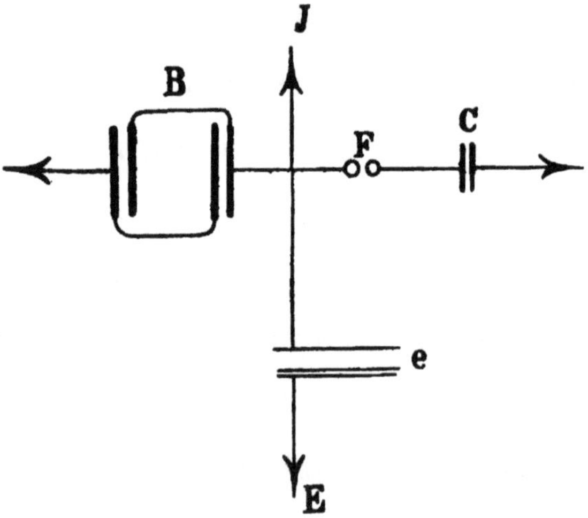

Fig. 68.

Avendo notato che la scarica di una buona batteria B si effettuava attraverso ad un filo J, in *e* fra due lamine, una delle quali (E) in comunicazione col suolo; per effluvio o per scintilla rispettivamente quando il filo non fosse in comunicazione col condensatore C (di capacità mille volte inferiore a quella di B), o fosse invece posto momentaneamente in comunicazione mediante una scarica in F; il Jaumann ne concluse che se V è la differenza di potenziale fra gli elettrodi, la condizione per la scarica è che $V \frac{dV}{dt}$ e non V abbia un valore determinato. Cosicchè se si può determinare fra due conduttori una rapidissima variazione per la differenza di potenziale, si può avere la scarica anche se la differenza di potenziale è inferiore al richiesto potenziale di scarica. Queste conclusioni furono ampiamente discusse. Risultato notevole al riguardo fu quello al quale condussero le esperienze di Swyngedauw, secondo le quali il fenomeno sarebbe dovuto ad un effetto secondario, che potrebbe farsi scomparire, evitando effluvi in altre regioni del circuito ed in genere tutte quelle azioni che in virtù del passaggio della elettricità nel circuito possono ritenersi capaci di ionizzare l' aria e di modificarne quindi le condizioni elettriche (139).

Lo scrivente (140) potè mettere in rilievo con una disposizione molto semplice, fatti che hanno qualche analogia, almeno lontana, con quello constatato dal Jaumann.

Facendo comunicare i due conduttori di una macchina di Holtz mossa da un motore e priva di condensatori, coi conduttori di uno spinterometro, per modo che il conduttore negativo comunichi con un disco, ed il positivo con una punta smussa in forma di semielissoide molto allungato, per una conveniente velocità di rotazione della macchina e per una piccola distanza fra punta e disco, si producono numerose e nutrite scintille rettilinee. Allontanando un poco gli elettrodi dello spinterometro, le scintille vengono sostituite da un effluvio molto luminoso nella regione dell' asse, e meno verso la periferia. Tale effluvio è di un bel colore violaceo. Allontanando ancora gli elettrodi, all' effluvio vien sostituita una scarica a scintille finissime ed ondeggianti. Con un ulteriore allontanamento degli elettrodi si ottiene un effluvio violaceo. All' effluvio succedono nuove scariche a scintilla ondeggianti se si allontanano ancora un poco gli elettrodi. Finalmente, per una maggiore distanza fra questi, si ha un fiocco violaceo emanante dalla punta ed un sistema di piccoli fiocchetti di un color violaceo più intenso lungo la periferia del disco.

Orbene i fatti in qualche modo analoghi a quelli del Jaumann riguardano la trasformazione per qualche tempo permanente, che si ottiene nell' aspetto della scarica, per una modificazione istantanea del valore del potenziale di uno dei conduttori. La variazione del potenziale veniva ottenuta; sia ponendo il conduttore, il cui potenziale doveva venir abbassato, in comunicazione con l' armatura interna di un condensatore, che aveva l' altra armatura in comunicazione con la terra; sia stabilendone la comunicazione diretta col suolo.

Riferendoci alle condizioni ordinarie, per cui si hanno le alternative descritte precedentemente, le cose procedono nel modo seguente. La comunicazione del disco col suolo porta alla formazione della scarica in filetto luminoso, quando si è alla distanza massima delle prime scariche ondeggianti, e precisamente nella regione limite fra queste scariche e il secondo effluvio.

Il contatto del conduttore a punta col suolo dà cessazione di effluvio finchè dura il contatto. Poi, cessato il contatto, si ha una serie di scariche rumorose e frequenti. Talvolta si ha la soppressione di ogni effetto di effluvio durante e dopo il contatto.

Se le condizioni atmosferiche sono favorevoli a che si abbia senz' altro nelle condizioni ordinarie una scarica a pennello fra punta e disco, basta porre in comunicazione col condensatore e col suolo il conduttore positivo per ottenere che tal pennello si trasformi in una scarica a scintille ondeggianti che dura qualche tempo, per trasformarsi poi spontaneamente di nuovo in pennello come mostra la figura 64.

Una bella trasformazione è quella delle figure 65 e 66. Gli elettrodi dello spinterometro erano stati posti a tale distanza da avere fra essi una scarica a scintille, quale è rappresentata dalla figura 65. Una istantanea comunicazione del conduttore negativo col suolo trasformò la scarica

Fig. 64.

in un pennello luminoso quale è rappresentato dalla figura 66.

La figura 67 mostra la trasformazione che si può ottenere ponendo in comunicazione momentanea con l'armatura interna di una buona batteria di bottiglie di Leida che ha l'altra ar-

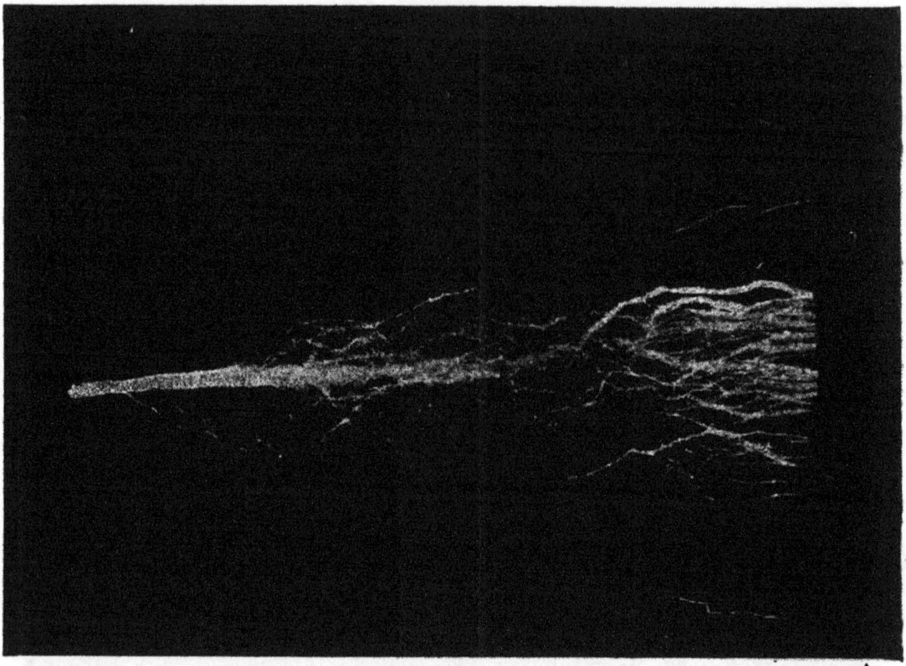

Fig. 65.

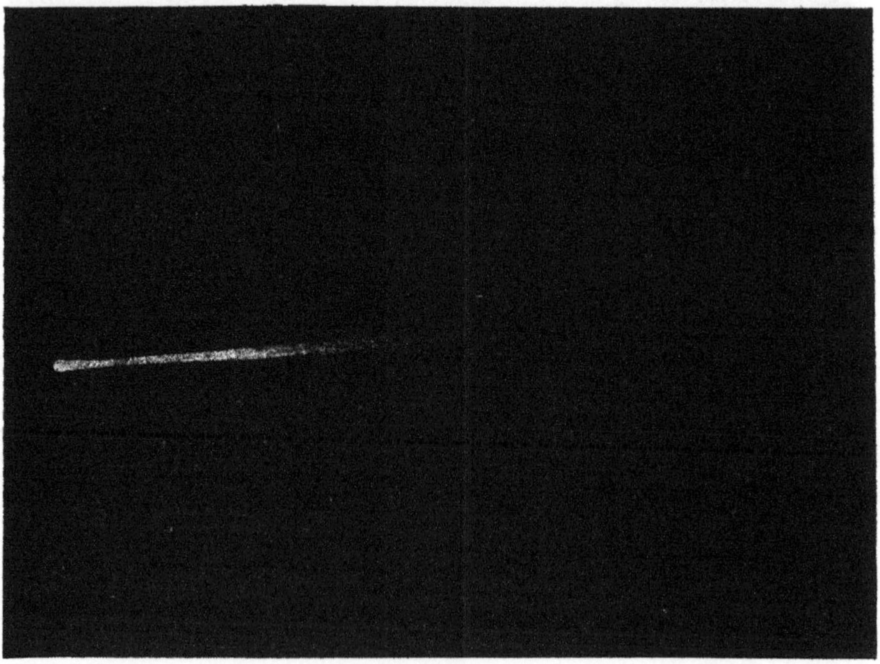

Fig. 66.

matura al suolo, il conduttore positivo, quando l' elettrodo positivo dello spinterometro è un disco ed il negativo una sfera. Prima della comunicazione si ha una scarica rappresentata dalla fi-

Fig. 67.

gura 67; dopo la comunicazione cessa ogni fenomeno di scarica a scintilla, ed il bordo del disco assume una luminosità violacea (fig. 68). La scarica a scintille non ricomincia se non avvicinando gli elettrodi o stabilendo una momentanea comunicazione del conduttore negativo con la batteria preventivamente scaricata.

La ragione dei fatti descritti in questo paragrafo, della permanenza cioè nella trasformazione dell' aspetto della scarica per l'abbassamento del potenziale di uno dei conduttori, sta forse in ciò, che rendendo, ad esempio, nullo il potenziale di uno dei conduttori, il potenziale dell' altro diviene quasi doppio, d' onde la modificazione osservata. Ma questo stato di cose non può durare, poichè la dispersione divenuta assai rapida dal conduttore isolato, riconduce i potenziali a poco a poco al valore primitivo. La modificazione prodotta col momentaneo contatto al suolo, durerà appunto finchè la dispersione non ha prodotto l' effetto descritto.

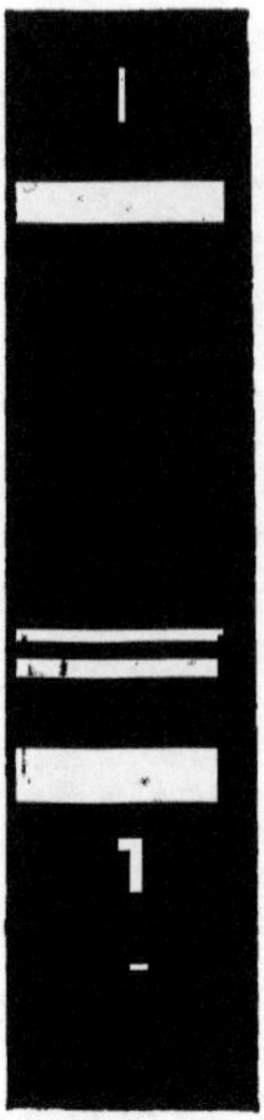

Fig. 68.

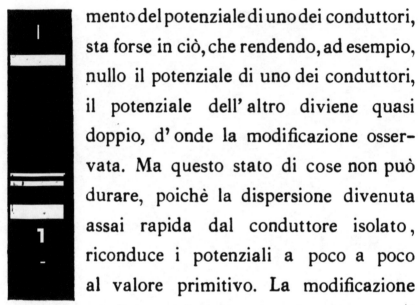

§ 4. **Correnti spontanee**. — Non conoscendosi nel momento presente correnti elettriche non spontanee che debbano ascriversi ad altro meccanismo diverso da quello già considerato nei precedenti paragrafi, passiamo allo studio delle correnti spontanee.

Dal caso della scarica in un gas rarefatto nel quale si producano i noti fenomeni della radiazione catodica, interpretabili, come già vedemmo assai ampiamente, con un movimento ionico ben definito, e sul quale ci sembrerebbe superfluo il fermarci ancora, passiamo ad un secondo aspetto della corrente spontanea, il quale si manifesta allorchè l' elettricità attraversa gas a pressioni dell' ordine del millimetro di mercurio.

Supponiamo che agli elettrodi di un tubo contenente un gas — aria per esempio — la cui pressione sia dell' ordine del millimetro di mercurio, si abbia una differenza di potenziale sufficiente per il passaggio della scarica.

Sul catodo si troverà allora uno strato luminoso di un color viola rossastro che si dice *il primo strato negativo.* Poi viene una regione oscura ben delimitata e di spessore non molto grande, alla quale si dà il nome di spazio oscuro del Crookes. Quindi il secondo strato negativo o bagliore di color violaceo, la cui tinta diminuisce gradatamente di intensità sino a che vien raggiunta una regione più estesa della prima ed alla quale fu dato il nome di spazio oscuro dal Faraday.

Al di là si presenta una massa luminosa rossastra che va sino all' anodo, che riceve il nome di luce positiva e che può essere continua ovvero divisa a strati o strie (fig. 75).

Alla forma tipica di scarica ora descritta principalmente ci riferiremo per considerare l'andamento del valore delle varie grandezze fisiche nelle varie regioni della scarica.

§ 5. **Come si repartisce lungo un tubo di Geissler la caduta totale di potenziale esistente fra gli elettrodi.** — Le ricerche datano da lungo tempo e fra le più antiche citeremo quelle di Warren de la Rue, di Schuster e del Crookes che condussero a risultati contraddittori. La ragione di questa contraddizione venne poi spiegata dal Righi che di più dimostrò l' addensamento di ioni all'anodo e in misura maggiore al catodo. Il Wilson (141) studiò sperimentalmente il problema con un tubo costituito come vien rappresentato dalla figura 69. Gli elettrodi A e B eran due dischi di alluminio collegati da una asticciuola di vetro e fissati a molle sopportanti rocchetti di ferro dolce, così che a tutto il sistema, mediante una calamita esteriore, si poteva dare la posizione voluta. In corrispondenza i due elettrodi parassiti E ed F

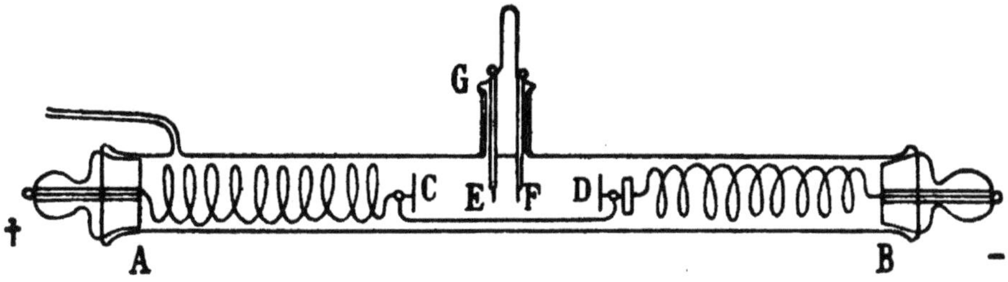

Fig. 69.

venivano ad occupare la regione voluta nello spazio sul quale si operava la scarica. La differenza di potenziale fra questi due elettrodi (dist. 1 mm.) si poteva misurare, e conseguentemente si veniva a conoscere il valore ad essa proporzionale del campo X esistente nella regione considerata.

Un sistema ingegnoso per valutare il campo nei diversi punti del tubo di scarica, è quello di J. J. Thomson, per cui un fascio catodico emanante da E, viene variamente deviato dai diversi valori del campo nelle varie regioni della scarica, che con artificio simile a quello del

Wilson si fanno passare di fronte alla linea del fascio catodico E F. La deviazione viene apprezzata mediante uno schermo fluorescente situato in F (fig. 70).

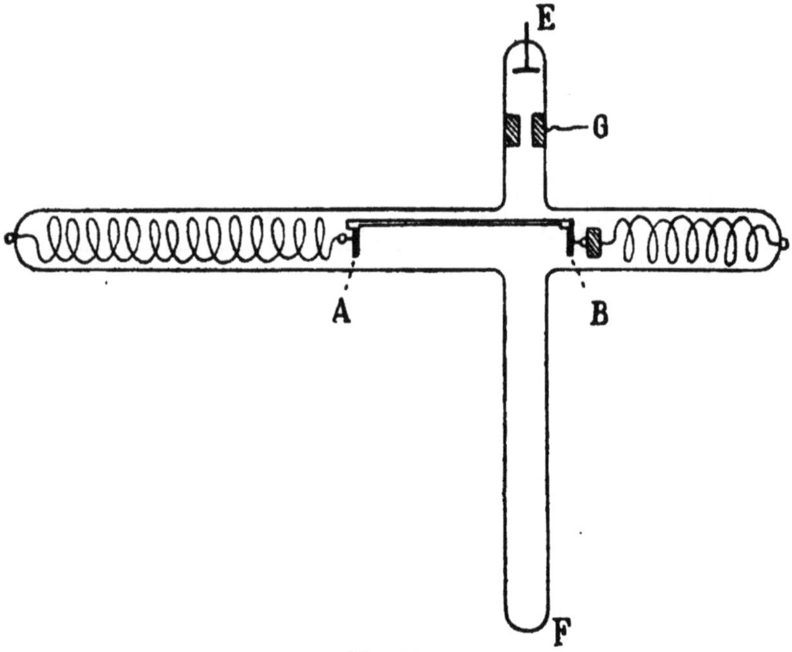

Fig. 70.

Dalla figura 71 che rappresenta l'andamento del potenziale (ordinate) in corrispondenza delle varie distanze dall'anodo (ascisse), e nella quale con tratto punteggiato sono state rappresentate le regioni di luminosità, apparisce assai bene come il campo sia intensissimo nello spazio oscuro di Crookes, pochissimo nell'aureola, e cresca rapidamente sino alla regione della colonna positiva, ove si mantiene sensibilmente costante se non vi sono stratificazioni.

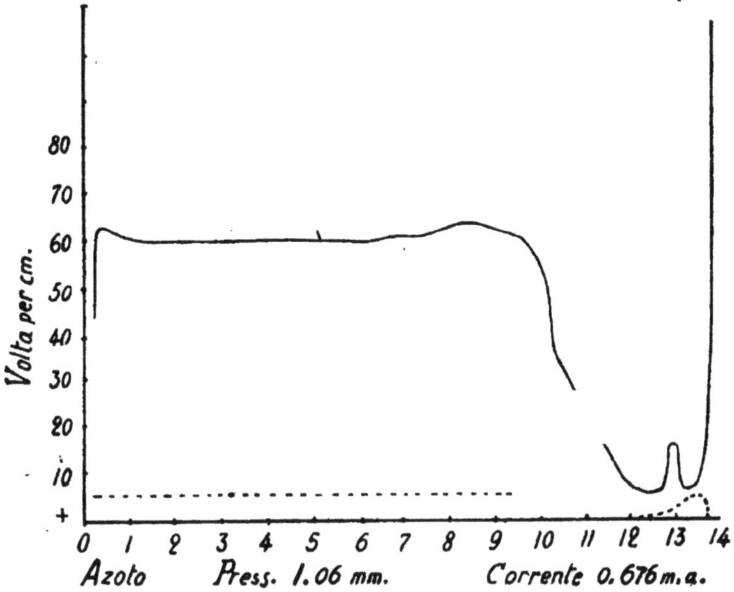

Fig. 71.

Là dove esistono stratificazioni si ha che la parte luminosa di uno strato corrisponde ad un massimo del campo e la parte oscura ad un minimo.

Va anche notato come in corrispondenza dell'anodo esista pure una variazione brusca di potenziale.

Se poi si tien presente che

$$-\frac{d^2V}{dx^2} = \frac{dX}{dx} = 4\pi\rho,$$

apparisce che nella colonna positiva ove il potenziale è costante, la densità elettrica ρ deve essere nulla, cosicchè se esistono ioni saranno in numero uguale i positivi ai negativi. Ove il campo cresce, la densità sarà positiva e dovranno dominare i ioni positivi. Ove il campo decresce avverrà invece l' opposto.

Tutto questo per quanto riguarda l'andamento relativo della caduta di potenziale nelle varie parti del tubo di scarica.

Per ciò che si riferisce alle singole regioni si possono riassumere le nozioni che si hanno nella maniera seguente.

La caduta di potenziale catodica totale, finchè la corrente è abbastanza debole perchè l'aureola non circondi interamente il catodo, è indipendente dalla intensità della corrente, è indipendente dalla pressione del gas e dalla materia degli elettrodi, eccezione fatta per gli elettrodi di magnesio e di alluminio ai quali corrisponde una caduta di potenziale più piccola. Portando il catodo alla temperatura del color rosso la caduta di potenziale catodica diminuisce notevolmente.

E variazioni considerevoli possono pure essere determinate da traccie di impurità contenute nel gas. Sembrerebbe che pel caso del vapor acqueo e dell'ammoniaca la caduta di potenziale catodica si potesse considerare quale una proprietà addittiva ed i corpi si dovessero ritenere dissociati in prossimità del catodo, senonchè con questi corpi la scarica apparisce discontinua, laddove per gli altri aeriformi sui quali vennero operate le misure di caduta di potenziale la scarica aveva sempre il carattere di continuità.

I risultati di misure siffatte si trovano raccolti nel seguente prospetto:

	Elettrodo di platino	elettrodo di allum.	
Aria	340 - 350	—	Warburg
Idrogeno	300 circa	—	Warburg
„	298	—	Capstick
„	—	168	Warburg
Ossigeno	369	—	Capstick
Azoto	230	—	Warburg
„	232	—	Capstick
„	—	207	Warburg
Vapore di Hg.	340	—	Warburg
Elio	226	—	Strutt
Vapor acqueo .	469	—	Capstick
Ammoniaca . .	582	—	Capstick

Apparisce evidente come tutti questi valori riportati oscillino, salvo il caso del vapor acqueo e dell' ammoniaca, intorno al valore di 300 volta, come la differenza di potenziale minimo per produrre una scintilla. Lo Strutt ha difatti trovato per alcuni dei corpi suindicati i valori

341	per l'aria
da 302 a 308	per l'idrogeno
251	per l'azoto
da 261 a 326	per l'elio.

Quanto allo spazio oscuro di Crookes si può notare che anche in esso si fa sentire parte della caduta di potenziale catodica. La sua estensione cresce col diminuire della pressione ma meno rapidamente del cammino medio di una molecola. J. J. Thomson rappresenta questa estensione d colla espressione

$$d = a + \frac{b}{p} = a + \beta\lambda$$

ove p è la pressione, λ il cammino medio di una molecola, ed a, b, β sono costanti specifiche del gas. Essa vale soltanto nel caso di tubi abbastanza larghi o di pressioni abbastanza elevate perchè l'influenza esercitata dalle pareti del tubo sullo spazio oscuro sia trascurabile. Da esperienze dell' Ebert son risultati i seguenti valori:

Aria

p (in mm.)	2.06	1.24	0.61	0.47	0.27	0.19
d (in mm.)	1.2	1.8	2.4	3.1	4.6	7.00

Idrogeno

p (in mm.)	3.05	2.04	1.37	0.95	0.72
d (in mm.)	1.5	2.0	2.8	4.0	5.0.

Lo spazio oscuro di Faraday nel quale, come abbiam veduto, il potenziale cresce rapidamente sino a far sentire la tendenza all' aumento anche sull' inizio della colonna positiva, apparisce tanto più esteso quanto più intensa è la corrente di scarica.

Nella colonna positiva non divisa a strie il campo è sensibilmente costante in tutta la sua estensione. Il gradiente del potenziale $X = -\frac{dV}{dx}$ è in generale tanto più piccolo quanto più gran e è il diametro del tubo. Esso cresce proporzionalmente all' intensità della corrente e linearmente colla pressione ($X = a + bp$).

Nella colonna positiva stratificata le variazioni di luminosità sono correlative a variazioni nelle intensità del campo; il gradiente del potenziale cresce e decresce nello stesso tempo colla luminosità. La distanza fra le strie cresce col diametro del tubo, ma non è mai superiore a tale diametro. Varia in ragione inversa colla pressione, più lentamente di questa e cambia poco colla natura del gas. La caduta di potenziale anodica, cioè la differenza di potenziale fra l'anodo e un punto preso a poca distanza da esso, è indipendente dalla intensità della corrente, cresce debolmente colla pressione e si trova più grande presso elettrodi di alluminio e di magnesio, elettrodi pei quali la caduta di potenziale catodica è minima. La caduta anodica più piccola in valore assoluto è d' altronde più brusca di quella anodica (142).

§ 6. **La temperatura lungo il tubo di scarica**. — Numerosissime furono le osservazioni e le esperienze tendenti a fissare l' andamento della temperatura lungo un tubo di scarica. Non vogliamo nè possiamo qui indicare le prime. Ci limitiamo ad accennare alle conclusioni di quelle che vennero fatte negli ultimi tempi.

Il lavoro più recente e più completo sull'argomento è quello del Wood, il quale volle conoscere non solo la elevazione media della temperatura in un tubo da scarica alimentato da 600 acumulatori, ma anche la temperatura nelle diverse regioni della scarica.

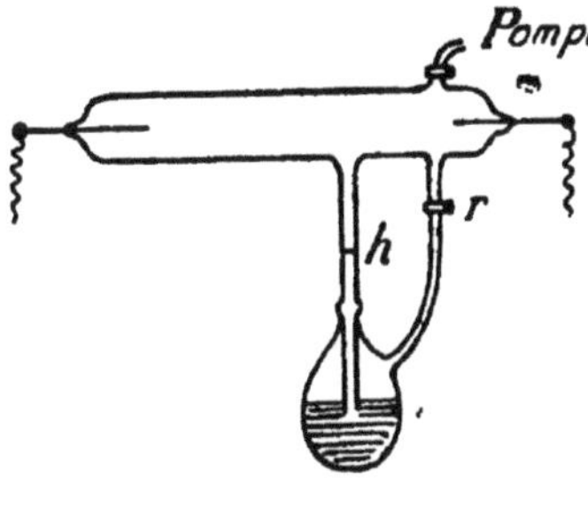

Fig. 72.

Le prime determinazioni sulla elevazione media di temperatura (19°7 circa) venivano fatte con un dispositivo rappresentato dalla fig. 72 e consistente nella applicazione al tubo di un manometro ad acido solforico.

Nelle ultime fasi della evacuazione, il rubinetto *r* veniva chiuso, cosicchè col funzionare della pompa si innalzava il liquido in *h*. La misura della temperatura si faceva aprendo *r* e valutando l'abbassamento di livello in *h*. Le determinazioni relative alla temperatura nelle diverse regioni del tubo venivano eseguite sia col bolometro fissato in posizioni determinate nel tubo, sia con una pinzetta termoelettrica spostabile nella maniera indicata dalla fig. 73.

I risultati ai quali il Wood potè giungere sono i seguenti:

Luce anodica non stratificata. — Esplorata col bolometro fisso mentre il tubo era in comunicazione colla pompa per modo da mantenere costante la pressione malgrado il riscaldamento con $p = 0.3$, l'intensità i ha variato da 1.5 a 3.6 milliampères e la temperatura t ha variato da 13° a 25°. Con $p = 3$, i ha variato da 1 a 4.6 milliampères e t ha aumentato da 23° a 73°.

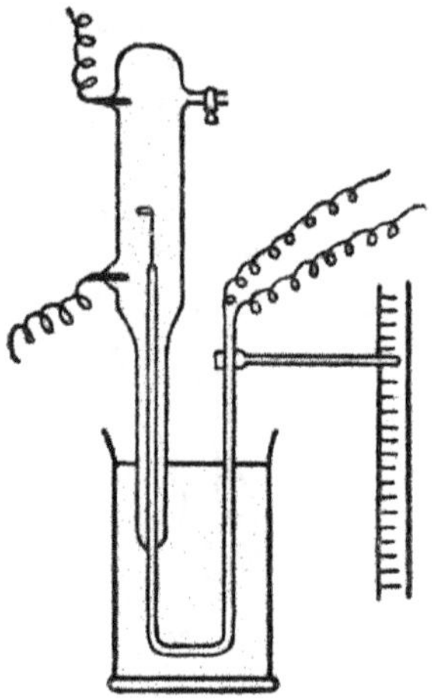

Fig. 73.

Spazio oscuro del Faraday. — La elevazione di temperatura apparve minore che in corrispondenza della luce anodica. Col bolometro spostabile si è osservato, che la temperatura si mantiene costante o presenta un leggero massimo nella regione mediana della luce positiva quando la luce stessa non è stratificata, e che se si mantiene costante la pressione il rapporto della elevazione di temperatura all'intensità della corrente è costante. Quando la colonna diventa stratificata il massimo persiste; in vicinanza della regione oscura del Faraday la temperatura che descresce passa per un minimo per risalire rapidamente in corrispondenza della luce negativa e l'accrescimento si mantiene sino al catodo. Studiando con attenzione le variazioni di temperatura lungo la stratificazione, è facile vedere come si abbiano variazioni periodiche nelle strie con massimi nelle regioni luminose. La fig. 74 mostra un caso in cui venne osservato spiccàtamente un massimo in mezzo alla colonna positiva ed un minimo in mezzo allo spazio oscuro del Faraday.

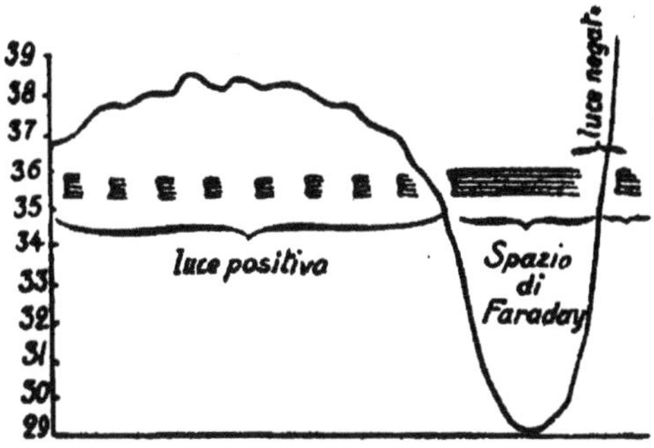

Fig. 74.

Le esperienze qui citate e per le quali vale il diagramma riportato sono relative all'aria; coll'idrogeno le elevazioni di temperatura sono nove volte più deboli, il che concorda sensibilmente coi calcoli del Warburg che porterebbero a dieci volte circa.

Un esame anche superficiale della fig. 74 mostra come la curva in essa tracciata sia analoga a quella che si riferisce alla intensità del campo. Si può dunque affermare che, almeno a titolo di approssimazione, nei tubi di Geissler *la più gran parte dell'energia spesa apparisce su luogo* (o in regioni molto vicine) *sotto forma di calore*. La luminosità sembra meno legata alla spesa di energia, perchè lo spazio oscuro del catodo nel quale vien consumata una discreta quantità di energia è tuttavia pochissimo luminoso (143).

§ 7. **Spiegazione della scarica nel tubo a gas rarefatto.** — Dopo il richiamo di queste nozioni sui caratteri della scarica nel tubo a gas rarefatto alla pressione dell'ordine del mm. di mercurio, possiamo indicare brevemente come tale scarica possa spiegarsi in qualche modo ricorrendo ad un processo di convezione ionica. Nozioni fondamentali sono le seguenti:

Che un ione positivo o negativo può, qualora abbia una energia cinetica eguale ad un valore minimo determinato, ionizzare per urto atomi o molecole neutre. .

Che i ioni della corrente spontanea ricevono dalla caduta di potenziale elettrico questa energia cinetica minima necessaria per la ionizzazione.

Che il valore della caduta di potenziale necessaria dipende dalla lunghezza del libero percorso dei ioni e deve essere al minimo sufficientemente elevata perchè la ionizzazione necessaria possa prodursi alla estremità del libero percorso

Che simultaneamente i ioni positivi e negativi producano nuovi ioni di velocità opposta che ricostituiscano ioni scomparsi per ricombinazione o per trasporto elettrico.

La caduta catodica e quella anodica si spiegano subito colla presenza nella prossimità degli elettrodi di ioni di segni opposti attirati verso di essi. Ve ne sono sempre presenti nell'aria. Sotto l'azione del campo, questi ioni si precipitano con velocità crescente verso gli elettrodi. Arriva il momento in cui la loro forza viva diventa sufficiente per ionizzare lo strato gassoso aderente all'elettrodo. Questo momento giunge prima per i ioni negativi che per i ioni positivi, data la maggior velocità dei primi rispetto ai secondi. Allora si produce senza dubbio quel rapido aumento di conducibilità già indicato per il caso in cui si sorpassi considerevolmente il valore del campo corrispondente alla corrente di saturazione.

Quando poi la differenza di potenziale fra gli elettrodi è tale che i ioni positivi arrivati in prossimità del catodo possano quivi ancora ionizzare per urto, partono allora anche dal catodo ioni negativi i quali raggiungendo l'anodo provocano ulteriore ionizzazione, e così via. I ioni negativi per la grande loro velocità ionizzano in misura cospicua il gas lungo il percorso, di guisa che ben presto il numero dei ioni e quindi l'intensità della corrente trasportata cresce con una fortissima rapidità. Ad un processo preparatorio, succede così la vera e propria scarica.

Seguiamo per chiarezza la massa di ioni negativi partenti dal catodo. Essa produce subito ionizzazione in prossimità dell' elettrodo, e il moto rapido non uniforme dei ioni che si formano, secondo ogni buona ragione essendo causa di luce, si ha il bagliore catodico nel luogo che è sede della ionizzazione. I ioni positivi si dirigono verso il catodo ed i negativi si aggiungono agli altri per dirigersi verso l'anodo, con grandissima velocità e possono per ciò traversare senza molte collisioni uno spazio notevole. È lo spazio oscuro del Crookes il cui spessore apparisce in rapporto col medio libero cammino dei ioni. Quando, sia rallentata sufficientemente la velocità, avverranno urti, e si avrà la ionizzazione abbondante e forte luminosità: siamo nella seconda luce negativa. I ioni positivi si dirigono verso il catodo. Per perdita di energia nell'urto i ioni negativi finiscono per non avere più velocità sufficiente per la ionizzazione: siamo nello spazio oscuro del Faraday. Qui il moto dei ioni si accelera a poco a poco sotto l' azione delle forze del campo ed essi possono quindi riacquistare l'energia atta alla ionizzazione. Ne nasce

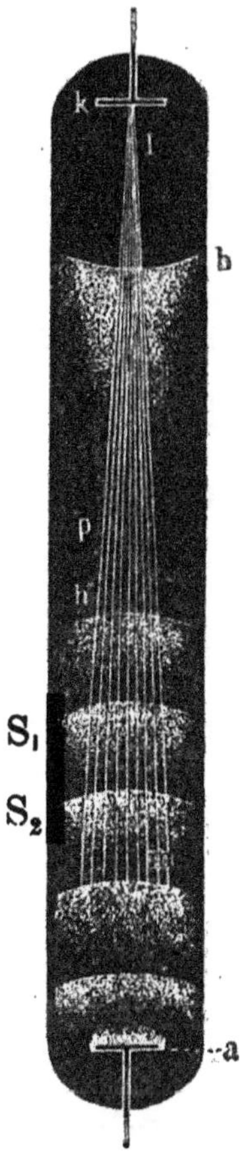

Fig. 75.

la regione luminosa costituente la colonna positiva.

Le variazioni del potenziale si spiegano pure con facilità. Esse sono dovute alla accumulazione delle cariche sia positive, sia negative, in certi punti.

La corrente I che traversa il tubo da *a* a *k* ha lo stesso valore attraverso a tutte le sezioni del tubo stesso, quando è stabilito il regime permanente della scarica.

Se S è la sezione, X il campo medio in tutta la sua estensione, N e P i numeri di ioni negativi presenti per unità di volume, si ha, se K_1 e K_2 sono le mobilità:

$$I = S\,e\,(K_2\,N + K_1\,P)\,X.$$

I essendo costante da un lato all'altro del tubo, il campo X è tanto meno intenso quanto più grandi sono N e P. Il campo deve essere debole nelle regioni fortemente ionizzate.

§ 8. **Le stratificazioni**. — Da lungo tempo è stato studiato il fenomeno della stratificazione della scarica al quale abbiamo già fatto allusione e per cui la colonna positiva nella scarica in un gas rarefatto apparisce discontinua e precisamente costituita da strati luminosi separati l' uno dall' altro con intervalli oscuri. Il colore degli strati varia ed anche lo spettro loro, colla intensità della corrente, ed in genere l' aspetto della stratificazione risente molto delle dimensioni del tubo, delle qualità e del grado di rarefazione del gas racchiuso.

Varie teorie furono emesse per spiegare l' nteressante fenomeno per la prima volta osserva o da Abria nel 1843. Grove lo attribuiva ad una interferenza fra scariche successive e di senso contrario quando le stratificazioni non si erano ottenute altro che colle scariche di un rocchetto, per quanto la idea, pur riferita a questo caso, male reggesse ad una critica anche leggera.

Gaugain, dal fatto che le stratificazioni si producono più facilmente con i gas combustibili, pensava, davvero con poco fondamento, se si riflette alla lunga permamenza delle stratificazioni, che si trattasse della combustione dei gas colle tracce d' aria rimaste nel tubo. Reitlinger faceva intervenire azioni chimiche, combinazioni e decombinazioni simultanee. De la Rive ricorreva ad un avvicendarsi di contrazioni e di espansioni della colonna gassosa che la scarica avrebbe determinate. Tutte idee vaghe, come ognuno comprende, le quali del resto trovavano facilmente delle giuste opposizioni (144).

Dalla considerazione di un intervento di ioni nel processo della scarica e riflettendo a ciò che i corpuscoli catodici sono agenti di dissociazione molto più efficaci dei ioni positivi, si può pensare col Thomson che questi corpuscoli, come esercitano un ufficio essenziale nella formazione della colonna positiva, lo esercitino pure nella produzione degli strati. Basta difatti, riferendoci al ragionamento che si fece per spiegare la formazione della colonna positiva, e alla stessa fig. 75 esplicativa, supporre che l' accrescimento progressivo del campo da C verso A divenga sufficiente in una regione S_1 perchè i corpuscoli prendano una grande velocità fra due urti successivi e divengano atti a ionizzare di nuovo le molecole e quindi a produrre luminosita nello strato S_1 con conseguente accrescimento di conducibilità, diminuzione del campo e oscurità fra S_1 ed S_2. Se ciò può ripetersi per un certo numero di volte prima che l'anodo sia raggiunto, si otterranno altrettanti strati.

§ 9. **Stratificazioni complesse e policrome.** — Come è noto, oltre alle stratificazioni ordinarie esistono stratificazioni complesse osservate già dal Crookes e da altri. Si tratta di gruppi successivi di strati con dimensioni e tinte che si riproducono con grande regolarità. Con un tubo ad idrogeno purificato e secco (press. 2 mm.), Crookes ha ottenuto stratificazioni tricolori azzurre, rosa e grigie. Questi strati sono limitati dal lato del catodo da superfici brillanti, piane o convesse, mentre che la luce decresce nel senso opposto. Aumentando la rarefazione, tutti gli strati azzurri passano a formare un unico disco azzurro, al di là del quale stanno poi alternativamente gli strati rosa e grigi.

§ 10. **Stratificazione per scissione.** — Lo scrivente (145) ebbe occasione di osservare, mediante la scarica provocata da un rocchetto Ruhmkorff in un tubo contenente ossido di carbonio e traccie di bromo alla pressione di 15 mm., stratificazioni costituite da masse luminose di qualche estensione, separate l' una dall' altra da sensibili ed uguali intervalli, e comprendenti ciascuna per proprio conto una striatura di carattere più definito e ben diverso dalla stratificazione principale. Per giunta la stratificazione complessa ora descritta si produceva in una maniera tutta speciale, che per analogia colla locuzione usata dagli istologi per la riproduzione cellulare, dovrebbe dirsi *stratificazione per scissione*. La fig. 76 rappresenta l' aspetto della scarica dopo qualche tempo che funziona il tubo, perchè inizialmente non si hanno ben percettibili le striature interne, e le grosse masse luminose non sono tanto numerose. E qui sta la singolarità del modo di formazione della stratificazione.

Fig. 76.

Dapprima, collegando direttamente agli estremi del secondario del rocchetto gli elettrodi del tubo, si ha una diffusa luminosità di un color verde oliva. A poco a poco però si forma una chiazza luminosa centrale separata dalle aureole che circondano gli elettrodi (fig. 77[a]). Essa ha la forma di 8 ed è dotata di contorno sfumato Dopo qualche tempo questa massa luminosa attenua la propria luminosità in corrispondenza della sua regione mediana, si assottiglia (fig. 77[b]) e finisce per spezzarsi dando origine a due masse simili alla progenitrice che si discostano tosto l' una dall' altra fig. 77[c]). Queste, ciascuna per proprio conto, non sempre simultaneamente però, vanno soggette allo stesso fenomeno di scissione, cosicchè il tubo finisce per riempirsi di chiazze luminescenti separate l' una dall' altra da un intervallo oscuro. Si ha una vera e propria

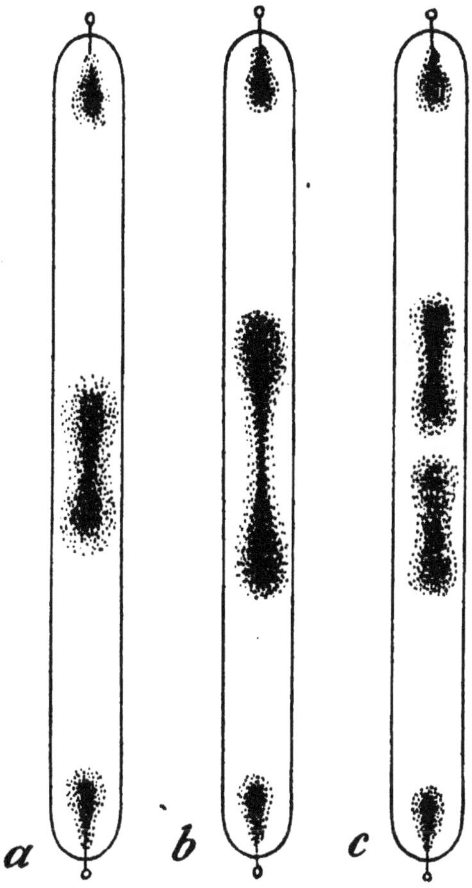

Fig. 77.

stratificazione con strati luminosi assai estesi. Ciascuno di questi strati ha poi per proprio conto la striatura intestina della quale già facemmo parola,

Fig. 78.

e che trovasi rappresentata dalla fig. 78. È soltanto quando il numero delle masse luminescenti è superiore a due o tre che tale striatura intestina si rende nettamente visibile. Questa è la ragione per la quale non venne rappresentata nelle figure 77[a, b, c], ma solamente nella fig. 76.

Pare allo scrivente che di questo particolar genere di stratificazione la teoria ionica, che pur si adatta a spiegare le comuni stratificazioni, non si mostri ancora disposta a fornire una soddisfacente spiegazione.

§ 11. **La scarica globulare**. — Una forma singolare di scarica attraverso a gas rarefatti è quella ottenuta dal Righi (146) e da lui chiamata globulare per l'analogia evidente che essa mostra colla folgore globulare. Come è noto, si tratta di ciò, che con condizioni particolari di resistenza nel circuito di scarica e con una conveniente rarefazione del gas interposto fra gli elettrodi, si può avere con una conveniente sorgente di energia (batteria da 16 a 108 grandi bottiglie di Leida), una scarica la quale si manifesta con una luminosità che sorge dall' elettrodo positivo e si sposta verso l' altro elettrodo.

Anche questo fenomeno della scarica globulare non può certamente interpretarsi agevolmente colla teoria ionica. E se il fenomeno messo in rilievo dal Righi mal può interpretarsi, tanto meno lo possono certe manifestazioni singolari di scarica dallo scrivente osservate (147). Esse si riducono ad un moto regolare e relativamente lento di quelle masse luminescenti a striatura intestina descritte nel paragrafo precedente; moto prodotto col semplice artifizio di interporre fra un estremo del secondario ed un elettrodo del tubo uno spinterometro. Ma la distanza fra i conduttori di questo non è indifferente per ottenere un movimento continuo, facilmente e comodamente osservabile, per cui si stacchi da un elettrodo del tubo (quello in comunicazione diretta collo spinterometro) ripetutamente e regolarmente una massa luminosa che vada ad aggiungersi alle altre già esistenti, mentre l' ultima delle serie di queste venga assorbita dall' altro elettrodo. È anche naturale che per notare una apprezzabile escursione delle masse in moto conviene che le masse preesistenti siano poco numerose. Del resto si è già detto come queste masse si riproducono per scissione da un' unica centrale, e quindi è lecito far intervenire l' azione dello spinterometro quando, ad esempio, nel tubo si trovano soltanto due o tre masse luminescenti. L' andamento delle esperienze fa senz' altro sorgere l' idea che esse rappresentino un qualche cosa di intermedio fra quelle che attestano un moto progressivo dello stratificazioni e quelle del Righi. Ma con tutta probabilità si è di fronte a fatti di natura differente così dalle ordinarie stratificazioni come dal fenomeno pel quale il Righi potè riprodurre artificialmente la scarica globulare.

L' uso di altri tubi, dette allo scrivente risultati complessi. Masse luminose in moto da un elettrodo all' altro senza intervento dello spinterometro.

Scissione di queste masse durante il loro moto. Formazione talvolta di due masse fisse in prossimità degli elettrodi e moto di altre masse nell'intervallo fra esse compreso. Fissità di due o tre masse in una metà del tubo e spostamento di altre nell'altra metà.

§ 12. **Variazioni nell'aspetto della scarica in un gas col crescere progressivo della pressione.** — Se si procedesse oltre nell'aumento di pressione, l'aspetto tipico già descritto, per la scarica in un gas rarefatto apparirebbe di meno in meno evidente perchè prenderebbe di più in più sviluppo la regione positiva della scarica e la parte negativa assumerebbe tal piccola estensione da rendere difficile la percezione delle varie regioni sue. Specialmente lo spazio oscuro di Crookes subisce una diminuzione, perchè col crescere del numero delle molecole diminuisce il cammino libero medio dei ioni. Tanto diminuisce, che mentre ad 1 mm. di pressione lo spessore dello spazio non sorpassa i 2 mm., alle pressioni prossime a 760 mm. cade a valori dell'ordine del μ. Non lo si distinguerà più nelle condizioni ordinarie e quasi l'intera scarica si ridurrà alla colonna positiva. I vari stadi sono rappresentati nel senso delle pressioni decrescenti dai quattro disegni (C, C', C'', C''') della figura 79. Il meccanismo delle scariche si mantiene tuttavia identico a quello che colla ipotesi ionica abbiamo studiato.

Alla pressione atmosferica la scarica assume forme speciali che meritano un accenno particolare. Fermiamoci alla scarica operata dalle punte. Esiste un potenziale minimo al disotto del quale non si ha uscita di elettricità da una punta. Esso varia, assai meno di quanto non avrebbe potuto credersi, colla sottigliezza della punta dipende dalla natura del gas circostante, dal segno della carica e dalla pressione. Il potenziale minimo è sempre minore su una punta negativa che su una positiva ed in condizioni identiche la corrente delle prime è più forte. L'umidità e le polveri diminuiscono la corrente della punta invece di favorirla come si credette un tempo. È agevole applicare a questo particolare modo di scarica la teoria ionica e concluderne che dovendo il fenomeno aver carattere stabile si deve avere ionizzazione in prossimità della

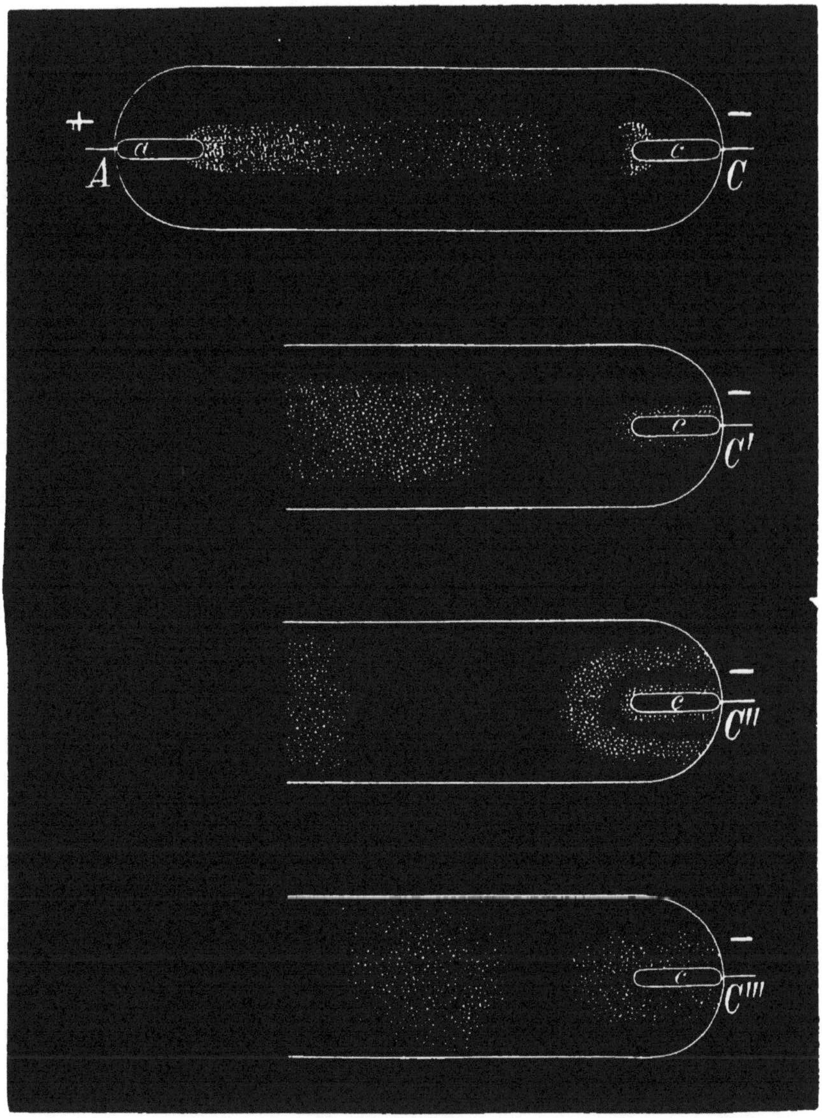

Fig. 79.

punta. La forza elettromotrice minima è necessaria per imprimere una velocità minima ai ioni che partono dalla punta. Ed è evidente la ragione per cui la forza elettromotrice minima deve essere superiore per il caso della elettricità positiva. Il moto dei ioni determina uno spostamento d'aria e con ciò il vento elettrico. La ionizzazione non producendosi intensa che in prossimità della punta, intorno a questa soltanto si ha luce. Si può ottenere luce anche in un secondo elettrodo costituito da un disco assai grande posto di fronte alla punta. Tal luminosità è dovuta alla ionizzazione sul secondo conduttore medesimo. Si vede facilmente come, in questo caso, la costituzione della scarica sia presso a poco la stessa che nei tubi di Geissler.

Con una simile disposizione per gli elettrodi, fissa la distanza fra essi, col far crescere gradatamente l'intensità della corrente elettrica si possono a grado a grado realizzare gli altri noti aspetti della scarica, i quali, senza difficoltà, estendendo ragionamenti già fatti, possono spiegarsi col meccanismo ionico.

§ 13. **La scintilla** è la forma di scarica alla pressione ordinaria che è stata oggetto del maggiore numero di lavori tanto quale scintilla di induzione quanto come scarica di origine elettrostatica, per le sue notevoli proprietà. Tuttavia essa non è forma stabile di scarica: va considerata come una delle note forme stabili di brevissima durata producentesi allorquando, raggiunto che sia il potenziale necessario per la forma stabile, la sorgente non è sufficiente a mantenere la corrente necessaria per la stabilità.

Essa possiederà forse tutte le parti distinte della scarica normale (strato ionizzante sui due elettrodi e colonna positiva lungo la quale i ioni negativi ionizzano coll'urto), e le diverse fasi vi si succederanno con grande rapidità se la durata totale del fenomeno è tanto piccola come è noto.

Anche per la scintilla si invoca un meccanismo ionico, che per le distanze esplosive non troppo piccole alle quali si notano comportamenti singolari, può da molti ritenersi abbastanza soddisfacente.

Abbiamo detto che la teoria ionica ammette come base fondamentale sua la esistenza di ioni liberi nel gas, ove si manifesta il processo di scarica. Questi ioni per effetto del campo ne generano altri in numero via via crescente mentre si compiono delle ricombinazioni in numero tanto più grande quanto più il campo nel quale si muovono i ioni è debole. Il rapporto del numero delle ricombinazioni al numero delle collisioni fra ioni di segno contrario resta sempre inferiore all'unità, avvicinandosi tuttavia tanto più quanto minore è la mobilità dei ioni.

Grazie a questa proprietà dei ioni si stabilisce un equilibrio fra il valore del campo ed il numero dei nuovi ioni prodotti. Ma prima che si raggiunga questo equilibrio la corrente di scarica passa per uno stato variabile. Il campo elettrico creato dalla differenza di potenziale fra gli elettrodi fa muovere i ioni esistenti nel gas che li separa; questi ioni creano nuovi ioni e così di seguito fino al momento nel quale il loro numero diventa abbastanza grande per produrre la scarica brusca. Ogni scarica deve dunque essere preceduta da un *ritardo* che corrisponde all'intervallo di tempo durante il quale la corrente passa dal valor zero ad un massimo determinato dalla intensità del campo e dalla legge di ricombinazione dei ioni di segni contrari.

Esiste realmenie questo ritardo?

Il Warburg (148) lo avrebbe constatato, ed esperienze indirette di vari sperimentatori conforterebbero a pensare che esiste.

Il Righi ad esempio pensò da tempo che la scintilla non fosse altro che la fase finale di un processo durante il quale i ioni (*) acquistano

(*) Egli, a dir vero, parlava sulle prime di particelle elettrizzate, perchè le sue ricerche sperimentali riguardanti fenomeni elettrici e pubblicate dal 1872, gli furono per gran parte suggerite da certe idee teoriche sulla natura di tali fenomeni, molto simili a quelle, oggi accettate dalla maggior parte dei fisici, che condussero alla teoria della ionizzazione e degli elettroni.

Allora l'ipotesi ionica non esisteva, e quella costituente la base teorica ispiratrice delle ricerche del Righi differiva dalla prima in ciò, che mentre ora si parla del moto di ioni generati dalle note cause ionizzatrici, nell'ipotesi del Righi si parlava del movimento di molecole gassose le quali erano elettrizzate sia pel loro contatto con corpi carichi, sia in seguito al loro urto con altre molecole già cariche di elettricità.

moti di più in più rapidi da un elettrodo all'altro per azioni della forza elettrica. L'urto dei ioni esistenti contro le molecole gassose produce nuovi ioni, cosicchè il loro numero aumenta con crescente rapidità, finchè si giunga alla fase finale in cui la violenza degli urti è tale da dar luogo allo svolgimento della luce.

Pare naturale difatti ammettere secondo tal modo di vedere che una maggior densità elettrica sugli elettrodi, e quindi una maggiore intensità in una parte del campo elettrico, debba rendere più rapido ed efficace un eventuale processo preparatorio della scintilla.

Orbene il Righi (149) aveva in proposito istituite esperienze comprovanti che la differenza di potenziale necessaria alla scarica dipende, a parità di altre circostanze, dalla densità dell'elettricità sulla superficie degli elettrodi, nel senso che, se a parità delle altre circostanze si cresce tale densità, il potenziale di scarica diminuisce.

La esistenza del processo preparatorio, che secondo il Warburg potrebbe durare parecchi minuti, potrebbe ritenersi convalidata dal fatto che la durata del ritardo diminuisce sino a ridursi presso che nulla se il gas interposto fra gli elettrodi si ionizzi preventivamente.

Si raggiunge bene l' intento col fare cadere un fascio di raggi ultravioletti sul catodo.

Non dobbiamo tuttavia nascondere che certuni, come il Bouty ed il Semenow, credono di doverlo escludere. A favore della assenza di tale ritardo si invocano anche alcune osservazioni spettroscopiche del Feddersen e di Schuster ed Hemsalech. Ma crediamo che tal negazione debba essere convalidata da argomenti più convincenti, precisamente come le esperienze del Warburg non vanno considerate tali da tranquillizzare su quanto concerne le cause sperimentali di errore.

Se si concludesse per la mancanza del ritardo, la teoria ionica presenterebbe senza dubbio un lato manchevole.

Del resto abbiam già detto come molte particolarità di scarica essa al momento presente non sappia ancora spiegare.

A quest' ultima categoria di fatti possono forse ascriversi quelle particolarità di scarica osservate dallo scrivente, e citate in un precedente paragrafo. Per ottenerle ben chiare sembrò opportuno adoprare, di preferenza, come elettrodo positivo una punta di zinco, e come elettrodo negativo un disco di carbone. Ma si ottengono anche alternative spiccate e abbastanza singolari con elettrodi di altre forme che non siano quelle ora descritte, raggiungendo anzi una estesa varietà di fenomeni.

Le alternative descritte per il caso in cui si adoperino come elettrodi una punta ed un disco sono quelle che si producono nella maggioranza dei casi. Va tuttavia notato che esse vengono a volte sostituite da una semplice alternativa, per cui si passa dalle scintille rettilinee all'effluvio violaceo, da questo alle scintille ondeggianti e dalle scintille ondeggianti al fiocco emanante dalla punta

Le condizioni per cui alla doppia alternativa si sostituisce la semplice non si possono facilmente desumere. Come pure appariscono ben poco definibili le cause del fatto per cui talvolta, fra gli stessi elettrodi capaci di dare la doppia e la semplice alternativa, si hanno per una piccola distanza, scintille rettilinee; poi, per quelle distanze cui, nella semplice alternativa, corrisponderebbe l' effluvio, nessun fenomeno luminoso; finalmente, per distanze maggiori, scintille ondeggianti; ed in ultimo, per distanze ancor più grandi, il fiocco alla punta ed i fiocchetti al disco.

§ 14. **L'arco elettrico.** — A lato della scarica esplosiva ordinaria dobbiamo ricordare una forma di conduzione elettrica che presenta come essenziale il fatto singolare e noto della emissione dei corpuscoli catodici della superficie dei corpi incandescenti.

Essa potrebbe considerarsi come derivante dalla forma semplice di scarica dalla punta, successivamente attraverso alle altre forme indicate, per aumento graduale della intensità elettrica. In tale caso si deve notare come colla produzione dell' arco scompaia la caduta di potenziale catodico e si stabilisca una caduta molto più debole: quella dell' arco.

La differenza di potenziale totale nell' arco diminuisce colla distanza degli elettrodi e coll' aumento della intensità. Dipende pure dalla natura degli elettrodi, per modo che mentre col carbone non scende oltre i 40 volta, coi metalli è minore.

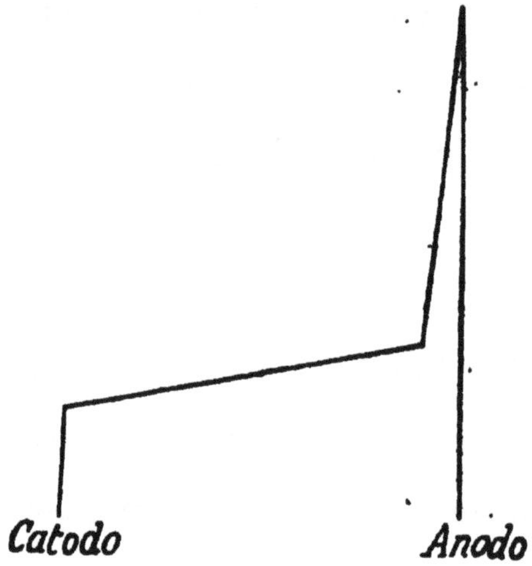

Fig. 80.

Essa si ripartisce fra gli elettrodi generalmente come mostra la curva della figura 80, simile a quella che indica l'andamento del potenziale fra gli elettrodi posti in una fiamma; si hanno due brusche cadute di potenziale in prossimità degli elettrodi e una variazione lenta nell'intervallo. La caduta più forte è quella corrispondente all'anodo; tanto che Luggin (150) con una corrente di 15 ampères, la trovava di 33,7 volta, mentre al catodo era di 8,7 volta solamente.

Il meccanismo di formazione e di mantenimento apparisce legato alla emissione catodica della quale si è parlato, e che permette di dire come l'arco produce esso stesso i ioni positivi e negativi che gli servono di veicolo.

A parte la formazione iniziale di ioni dei due segni dovuta alla corrente che riscalda i carboni dapprima portati a contatto, o ad una scintilla che si faccia scoccare fra i carboni, sin da principio discosti, mediante l'intervento di una forza elettromotrice superiore a quella dell'arco; i ioni negativi sono emessi dal catodo per effetto della elevata temperatura alla quale questo è condotto dai ioni positivi che lo urtano.

Ed i ioni positivi si formano nella massa gassosa o di vapore per l'urto contro di essa dei corpuscoli catodici.

Naturalmente, perchè questa ionizzazione per urto possa prodursi, i corpuscoli negativi debbono possedere un minimo di energia cinetica che acquistano in seguito alla differenza di potenziale esistente agli estremi del libero percorso. La caduta di potenziale lungo il cammino seguito dall'arco elettrico deve dunque corrispondere alla natura chimica ed alla densità del gas ed essere superiore ad un certo minimo. Inoltre, se questi due fattori restano costanti, essa non può sorpassare questo minimo, poichè, una volta che si abbia la ionizzazione per urto, un aumento della intensità della corrente non porta alcun aumento di caduta di potenziale, bensì un aumento del numero di ioni.

§ 15. **Conclusione.** — L'idea secondo la quale la conduzione della elettricità attraverso i gas si effettuerebbe per una vera e propria convezione quale è quella da noi studiata nei primi capitoli di questo lavoro, si mostra veramente geniale e sembra applicarsi nelle linee generali alla maggioranza degli aspetti di scarica.

Qualche particolarità ed alcuni fatti sfuggono tuttavia alla interpretazione col meccanismo convettivo.

Non è però fuor di luogo ritenere che quando tali particolarità di scarica e tali fatti saranno meglio noti, e quando la teoria ionica avrà potuto meglio evolversi, sarà lecito asserire che il passaggio della elettricità attraverso i gas, argomento di tanti studi e fonte di tante notizie fondamentali per la scienza, debba ascriversi alla semplice convezione operata dai ioni.

APPENDICE

Sulla luminescenza catodica

(§ 1 del I Cap. — pag. 3)

A proposito della luminescenza presentata da un grande numero di corpi sotto l'azione dei raggi catodici e recentemente studiata dal Pochettino vanno ricordate alcune esperienze degne di qualche rilievo relative alla luminescenza dei cristalli.

Le principali caratteristiche di questa luminescenza sono le seguenti:

1.° Essa è variabilissima da una specie cristallina all'altra, ma è sensibilmente costante per differenti campioni della medesima specie.

2.° Essa varia per le differenti faccie e le diverse forme di un medesimo cristallo.

3.° Presenta una polarizzazione parziale, talvolta quasi totale, in un piano che dipende dalla orientazione cristallografica della faccia studiata.

Certi corpi tuttavia non presentano traccie di polarizzazione. Così il topazio, la tormalina, l'olivina, l'andalusite.

Un fatto notevole è presentato dal diossido, le cui faccie (100) danno una fluorescenza giallo-aranciata, poco intensa, debolmente polarizzata parallelamente al piano (001), mentre che le faccie (010) danno una fluorescenza scarlatta vivissima nettamente polarizzata nel piano perpendicolare.

Si tratta di un interessante esempio di dicroismo sotto l'azione dei raggi catodici.

II.

Sui raggi magnetocatodici

La modificazione che un campo magnetico fa subire alla traiettoria di un fascio di raggi catodici è stata sommariamente indicata per il caso di un campo uniforme.

Indipendentemente dall' incurvamento semplice o complesso che si produce per un fascio di raggi catodici in seguito all' azione di un campo magnetico uniforme o non uniforme, un campo magnetico opportuno può far intervenire un fatto diverso intravvisto dal Plücker, nettamente segnalato dal Birkeland e dal Broca, attentamente e lungamente studiato dal Fortin e dal Villard. Plücker aveva osservato che in un campo magnetico intenso i raggi negativi di un tubo di

Geissler si dispongono secondo un tubo limitato da linee di forza ed avente per base il catodo

Birkeland confermò tale osservazione e di più notò come il fascio, disposto secondo le linee di forza, terminava ad una certa distanza dal catodo senza causa apparente.

Villard ha notato che in un tubo di Crookes, a catodo piano o concavo quasi addossato alle pareti, nel quale si produce notevole emissione di raggi catodici dal centro del catodo medesimo sulla faccia libera, si ha col collocare il tubo in un campo magnetico, dapprima avvolgimento dei raggi in spire tanto più serrate quanto più intenso è il campo, e poi, bruscamente, modificazione completa dell' aspetto dei raggi: apparisce cioè un largo fascio di raggi raffigurante un tubo di forza col catodo per base, e le due facce del catodo emettono fasci identici.

Altre esperienze mostrano come l' azione del campo magnetico si esplichi anche altrimenti. Ad una azione direttiva sulla scarica elettrica aggiunge quello di modificarne profondamente il regime abbassando il potenziale esplosivo e cambiando completamente il regime dell' emissione.

I raggi che, in seguito all'intervento del conveniente campo magnetico, si dispongono secondo tubi di forza, fatti passare con opportuno dispositivo sperimentale fra due lamine parallele determinanti un campo elettrostatico, subiscono una deviazione perpendicolare alle linee di forza elettrica. Raccolti in un cilindro di Faraday gli indicati raggi non lo caricano, mentre che, come è noto, i raggi catodici ordinari lo caricano negativamente.

Per ricordare il modo particolare di loro produzione, il Villard chiamò tali raggi *magnetocacatodici.*

Sono essi diversi dai raggi catodici, o sono piuttosto un modo particolare di essere di questi raggi?

Il Fortin propose una teoria secondo la quale essi sarebbero raggi catodici ordinari di velocità abbastanza debole perchè il loro avvolgimento ad elica non sia visibile.

Tal teoria giova a spiegare qualche fatto, ma non tutti. Il Villard tuttavia, che in materia ha grande competenza, non la rigetta, e si limita a notare i punti che per ora non vengono da essa chiariti.

Primo di tutti il passaggio discontinuo da un fatto all' altro. Raggi avvolti in cilindro stretto caricano un cilindro di Faraday; poi, bruscamente, per un tenue inalzamento del valore del campo, si modifica l' aspetto del fascio e cessa la carica del cilindro. E ciò senza che si modifichi sensibilmente il potenziale di scarica o il grado di rarefazione del tubo.

Altro fatto che non trova nulla di analogo nel caso dei raggi catodici ordinari è la estensione crescente che col crescere del campo magnetico acquista il fascio magnetocatodico.

Il Villard a queste anomalie singolari aggiunge però la considerazione della seguente notevole relazione fra raggi catodici e magnetocatodici:

Quando un raggio catodico è situato in un campo magnetico intenso, tutti i suoi punti emettono raggi magnetocatodici nei quali esso finisce per risolversi completamente.

III.

Sull' assorbimento dei raggi catodici

(§ 14 del Cap. I — pag. 54)

Le esperienze del Lenard relative all' influenza dei mezzi gassosi sulla propagazione dei raggi catodici hanno condotto alla seguente conclusione: *l'assorbimento dei raggi catodici non dipende che dalla massa totale da essi traversata.* L' idrogeno soltanto si scosta da questo andamento.

Da esperienze del Kaufmann nelle quali si teneva conto della variazione del coefficiente di assorbimento oltre che colla pressione anche col potenziale di scarica, è risultata la seguente altra legge: *per ogni gas il rapporto* $\frac{aV}{p}$ *è sensibilmente una costante.*

Lenard ha ritrovato questa legge per raggi catodici emessi sotto la influenza della luce ultravioletta. Ma ha fatto vedere che alle basse tensioni essa non si applica più: quando la velocità di emissione diminuisce molto, il coefficiente di assorbimento cresce dapprima rapidamente, poi sembra tendere verso un limite caratteristico di ogni gas. Anche in questo caso l'idrogeno fa eccezione.

Le irregolarità di assorbimento alle deboli tensioni dipendono da cause differenti. Prima di tutto va notato che certamente la diffusione esercita una azione di più in più grande a misura che la velocità diminuisce, tanto che al disotto di 100 volta l'indebolimento dei raggi deve esser dovuto più alla diffusione che all'assorbimento. In secondo luogo i fenomeni si complicano per la produzione di raggi secondarii (ionizzazione dovuta agli urti).

Pare che al disopra di 500 volta la ionizzazione secondaria sia sorpassata dalla diffusione, che raggiunga un massimo fra 300 e 500 volta e che diminuisca di nuovo quando la velocità dei raggi primari è grandissima.

I raggi β dei corpi radioattivi si comportano nella stessa maniera.

Quanto all' assorbimento dei raggi catodici e dei raggi β per parte di corpi solidi si hanno esperienze del Lenard, di Strutt, di Seitz, di Leithauser ecc. dalle quali è risultata una conferma della legge del Lenard.

Il Seitz ha di più potuto mettere in evidenza, giacchè in questo caso dei corpi solidi è possibile una più precisa applicazione dei metodi elettrometrici, che il coefficiente di assorbimento a masse uguali è *una funzione crescente del peso atomico*. È stata studiata anche la relazione fra il potenziale di scarica e il coefficiente di assorbimento. Essa viene espressa dalla legge che il coefficiente diminuisce rapidamente colla velocità, e spiega la penetrazione grandissima di certi raggi β insieme a quelle debolissime di certi raggi del Lenard.

Sul conto della influenza esercitata sulla velocità dei raggi catodici dal mezzo solido che essi abbiano traversato, Leithausen e Des Coudres hanno dimostrato che un fascio omogeneo di raggi catodici, dopo aver traversata una sostanza solida si trasforma in un fascio non omogeneo suscettibile di essere disteso in uno spettro. I raggi più rapidi di questo spettro sono ancora più lenti dei raggi incidenti e trasportano la maggior parte della energia incidente. È probabile, che, come pensa J. J. Thomson, si tratti non di veri raggi trasmessi, ma di raggi secondari suscitati dall' urto dei raggi catodici contro il corpo.

IV.

Sulla natura elettromagnetica della massa

(§ 17 del Cap. I — pag. 72)

I ragionamenti atti a fornire una prima idea del modo di considerare una natura elettromagnetica per la massa degli elettroni sono di tale importanza che crediamo utile riferirli qui almeno in modo sommario.

Consideriamo un corpo carico, ad esempio sferico, lontano da ogni altro. Tutt'intorno ad esso l'etere sarà deformato per modo che si abbiano tensioni lungo le linee di forza radiali e pressioni in direzioni a queste perpendicolari.

Se il piccolo corpo, che supporremo un semplice elettrone, si muove, cambierà di posto nell'etere lo stato speciale di deformazione, al quale più sopra si è accennato, e si produrrà un campo magnetico come già von Geitler (151) constatò direttamente per i corpuscoli catodici. Le linee di forza di tale campo son cerchi con centro sulla traiettoria e giacenti in piani a questa perpendicolari.

La propagazione della deformazione dell'etere in conseguenza del moto di un elettrone, importa la spesa di una quantità di energia, differenza fra l'energia totale del campo elettromagnetico accompagnante il corpuscolo in moto, e l'energia puramente elettrostatica dello stesso corpo in riposo rispetto all'etere.

Tale energia fu calcolata da vari con ipotesi preliminari più o meno soddisfacenti intorno al campo elettromagnetico dell'elettrone o supponendo a questo un volume finito ed una forma determinata. Si raggiunsero per tal modo espressioni varie le quali sono fra loro concordanti solo pel caso in cui il rapporto ρ fra la velocità v dell'elettrone e la velocità V della luce sia piccolissimo.

In tal caso si ha come espressione della energia

$$\frac{e^2}{3a}\;\rho^2$$

$$= \frac{e^2}{3aV^2}\;v^2.$$

Siamo qui di fronte ad una espressione che ha la stessa forma di quella dell' energia cinetica ordinaria con un coefficiente di inerzia

$$m = \frac{2e^2}{3aV^2},$$

equivalente a

$$m = \frac{2e^2}{3a},$$

se la carica è espressa in unità elettromagnetiche.

In proposito notiamo come la formula usata nella pag. 236 sia precisamente quest' ultima. In essa difatti sostituimmo ad e il valore 10^{-20} (e non — 10^{-20} come per errore fu stampato), che è la carica espressa in unità elettromagnetiche delle particelle catodiche di massa $0{,}54.10^{-27}$ (e non 0, 54.10 — 27 come per errore fu stampato).

Per il caso generale di una velocità qualunque e di un moto uniforme e rettilineo per l' elettrone si è da vari autori calcolato il valore dell' energia coll' aiuto di particolari ipotesi come già dicemmo.

La più semplice consiste nell' ammettere che le forze elettrica e magnetica dovute ad una carica puntiforme in moto valgano anche per una piccola sfera.

L'espressione esatta della energia quale è stata calcolata dal Righi (152) in base a questa ipotesi è la seguente

$$E = \frac{e^2}{8a} \left\{ 3 + \frac{(1 + 2\rho^2) \operatorname{Arc\,sen} \rho}{\rho \sqrt{1 - \rho^2}} \right\},$$

dalla quale si passa al valore della massa m eguagliando la forza viva $\frac{1}{2} . mv^2$ ad E diminuito della energia elettrostatica $\frac{e^2}{2a}$.

Si trova allora

$$m = \frac{e^2}{4aV^2} \frac{1}{\rho^2} \left\{ \frac{(1 + 2\rho^2) \operatorname{Arc\,sen} a}{\rho \sqrt{1 - \rho^2}} - 1 \right\},$$

oppure, introducendo la massa apparente m_0 corrispondente alle piccole velocità:

$$\frac{m}{m_0} = \frac{3}{8\rho^2} \left\{ \frac{(1 + 2\rho^2) \operatorname{Arc\,sen} \rho}{\rho \sqrt{1 - \rho^2}} - 1 \right\}.$$

E sviluppando in serie

$$m = m_0 \left(1 + \frac{7}{10} \rho^2 + \ldots \right) = m_0 \left(1 + \frac{7}{10} - \frac{v^2}{V^2} + \ldots \right).$$

Va avvertito che furono dati risultati diversi dal precedente, e quindi non corretti. Così, ad esempio J. J. Thomson diede per la massa dell'elettrone una espressione equivalente alla seguente che si otterrebbe eguagliando ad $\frac{1}{2} mv^2$ la sola parte dell'energia che dipende dalla forza magnetica:

$$m = \frac{e^2}{8a\rho^2V^2} + \frac{e^2}{4aV^2} - \frac{e^2 (2 - 4\rho^2) \text{ Arc sen } \rho}{8\rho^3 aV^2 \sqrt{1 - \rho^2}}$$

Siccome però l'ipotesi menzionata non sodisfa, vi fu chi ricorse per il calcolo della energia ad altre ipotesi, e precisamente chi considerò l'elettrone come una particolare distribuzione di elettricità in uno spazio di forma speciale. Così Abraham, Bucherer, Searle ed altri.

Tuttavia non si può dissimulare, diremo col Righi, che tali ricerche, per quanto intrinsecamente ammirabili non riescono a soddisfare completamente chi, considerando l'elettrone quale entità fondamentale, caratterizzato e definito da quelle modificazioni speciali dell'etere che costituiscono il campo elettromagnetico lo prende a base di una teoria fisica generale. Infatti quando secondo l'odierna tendenza si adotta un tale concetto, una distribuzione di elettricità in un corpo altro non è che una distribuzione di elettroni, e il dire quantità di elettricità equivale a dire determinato numero di elettroni; ma non si sa più qual significato si possa allora attribuire ad espressioni come le seguenti: carica elettrica d'un elemento di volume di un elettrone, oppure: distribuzione dell'elettricità in un elettrone etc.

Il Righi ha data una nuova espressione dell'energia calcolandola in base all'ipotesi più accettabile che le tensioni nell'etere non possano oltrepassare un certo valore massimo come se avesse un limite di elasticità:

Essa, integrata e sviluppata in serie secondo le potenze di ρ^2, diviene

$$E = \dot{E}_0 \left(1 + \frac{2}{3}\rho^2 + \frac{11}{40}\rho^4 + \frac{53}{280}\rho^6 + \frac{19}{128}\rho^8 + \ldots\right)$$

dove E_0 è il valore di E per $\rho = o$.

Per la massa risulta:

$$m = \frac{2E_0}{V}\left(\frac{2}{3} + \frac{11}{40}\rho^2 + \frac{53}{280}\rho^4 + \frac{19}{128}\rho^6 + \ldots\right),$$

ovvero, facendo intervenire la massa apparente m_0 per le piccole velocità:

$$m = m_0\left(1 + \frac{33}{80}\rho^2 + \frac{159}{560}\rho^4 + \frac{57}{256}\rho^6 + \ldots\right).$$

La convenienza di ammettere una massa di origine elettromagnetica in una carica in moto risulta dalla seguente considerazione.

Riflettiamo difatti a ciò che, se si vuole aumentare o diminuire la velocità di un corpuscolo carico, si trova una opposizione per parte del corpuscolo medesimo, perchè aumento o diminuzione di velocità voglion dire variazioni del campo magnetico atte a far sorgere forze elettriche in opposizione alla variazione di moto.

Or non è questa la prova più bella della simulazione per parte di un corpuscolo, della proprietà caratteristica della materia, l'inerzia?

Del resto la stessa conclusione si raggiunge pensando che la forza elettromotrice di autoinduzione determinata con una qualunque variazione della corrente elettrica in un conduttore, può considerarsi come una opposizione alla variazione medesima, come la manifestazione di una particolare inerzia.

Assimilando la corrente elettrica ad un flusso di elettroni, la variazione della corrente si traduce per un determinato conduttore alla variazione della velocità degli elettroni che la costituiscono.

Si può quindi anche per questa via concludere che ogni elettrone oppone a qualsiasi variazione del suo moto una particolare inerzia paragonabile alla comune inerzia della materia.

Senonchè va avvertito come la teoria indichi che questa massa apparente, che può chiamarsi massa elettromagnetica, a differenza della massa ordinaria, che per un determinato corpo deve ritenersi invariabile, cresce colla velocità dell' elettrone.

Il Kaufmann colle esperienze già citate nel testo, ottenne i risultati che indica questo prospetto, nella cui prima linea figurano i valori ottenuti dal Simon per i raggi catodici:

v	$\frac{e}{m}$
$0,7 \cdot 10^{10}$	$5,6 \cdot 10^{17}$
2,36 . »	3,93 . »
0,48 .	3.51 .
2,59 .	2,92 .
2,72 .	2,31 .
2,83 . »	1,89 .

Ora appunto è manifesta la diminuzione del rapporto $\frac{e}{m}$ in corrispondenza di un aumento della velocità (che nella citata espressione, come si vede, raggiunse i $\frac{9}{10}$ di quella della luce), e ciò in accordo coll'aumento di massa indicato dalla teoria.

J. J. Thomson ammettendo che tutta la massa dell'elettrone sia di origine elettromagnetica; ha calcolato il rapporto R fra questa massa apparente per una determinata velocità assai grande ed il valore della stessa massa quale si ottiene per una piccola velocità, massa indipendente dalla velocità medesima.

Ora il risultato, corrispondentemente a velocità prossima a quella della luce, è risultato, come mostra il seguente prospetto, in discreto accordo col valore R_1 dello stesso rapporto dedotto dalle citate misure del Kaufmann:

V	R	R_1
2,36 . 10^{10}	1,5	1,65
2,48 . »	1,66	1,83
2,59 .	2,0	2,04
2,72 .	2,42	2,43
2,83 .	3,1	3,09

Ma i calcoli del Thomson in accordo coi risultati del Kaufmann coll' approssimazione del dieci per cento, sono basati su quella formola della quale più sopra abbiamo parlato e che non va accettata.

A parte che — come osserva il Righi — l' accordo constatato dal Thomson può essere fortuito, e che la precisione raggiunta dal Kaufmann nelle ultime sue misure esige una approssimazione assai maggiore. In ogni caso resterebbe a dimostrare che la massa apparente di un elettrone che si muova come nelle esperienze del Kaufmann debba essere la medesima di quando si muove con moto rettilineo ed uniforme come suppone il Thomson per fare i suoi calcoli.

M. Abraham ha confrontato la variazione sperimentale del rapporto $\frac{e}{m}$ e quella che fornisce la ipotesi, secondo la quale tutta la inerzia dell' elettrone sarebbe di origine elettromagnetica.

Dal calcolo più o meno accettabile per l' ipotesi sulla quale è basato, che egli fa, apparisce che la massa non è la stessa per una medesima velocità secondo che l'accelerazione è parallela o perpendicolare alla direzione della velocità.

Nessun fatto sperimentale permette ancora di verificare la indicata dissimetria della massa degli elettroni, che se mai non si manifesterebbe nettamente che alle velocità prossime a quelle della luce; ma le esperienze del Kaufmann permettono di prendere in considerazione la variazione della massa trasversale colla velocità, giacchè in esse, eseguite coi raggi β del radio, le due forze elettrostatica ed elettromagnetica sono perpendicolari alla direzione del movimento del corpuscolo.

Orbene la variazione espressa dalla relazione di Abraham, che dà il valore della massa trasversale, concorderebbe, entro i limiti di precisione consentiti dalle esperienze, con quella ottenuta dal Kaufmann.

Apparisce da tutto quanto siamo andati sin qui dicendo ragionevole ammettere che almeno gli elettroni non abbiano altra inerzia che quella proveniente dalla loro carica elettrica; e par quasi naturale estendere tal concetto della inerzia a tutta la materia, concependo questa come agglomerato di elettroni.

Per qual motivo difatti fare intervenire per due fenomeni tanto affini, quali l'inerzia della materia e quella degli elettroni, due spiegazioni completamente distinte delle quali l'una ha una qualche conferma sperimentale e l'altra rimarrebbe sconosciuta?

La costituzione elettronica della materia sarebbe in accordo coll'assorbimento dei raggi catodici, in ragione della densità dei vari corpi.

Del resto essa apparisce atta a spiegare un numero ogni giorno più crescente di fatti e fa sperare non lontana la sintesi scientifica che da essa si attende semplice e feconda.

— A proposito di questo argomento non ci sembra fuor di luogo ripetere la seguente nota di V. Fischer (153).

Se si scrive la legge di Newton sotto la forma

$$F = \frac{1}{\varepsilon} \frac{m_1 m_2}{r^2},$$

e se si pone

si ricava dal valore noto di γ $(66{,}8 . 10^{-9})$

$$\varepsilon = 1{,}5 \cdot 10^{7}.$$

Se d' altra parte si pone una equazione analoga per la legge delle attrazioni elettriche, si ha per definizione del sistema di misure elettrostatiche C. G. S.

$$\varepsilon' = 1.$$

Ne segue che considerando la massa elettrica e la massa materiale come grandezze omogenee, si è condotti a concludere che l' unità di misura della prima è $1{,}5 \cdot 10^{7}$ volte più grande di quella della seconda. Orbene, questo numero concorda in maniera notevole colla media dei valori di $\frac{e}{m}$.

V.

Sulla teoria del Lorentz e sul fenomeno di Zeeman

È noto come il Faraday fu primo a pensare che i fenomeni elettrici e magnetici consistano essenzialmente in modificazioni dell' etere, che si rivela a noi unicamente come sede di quei campi elettrico e magnetico, la cui creazione implica per unità di volume una spesa di energia proporzionale al quadrato della loro intensità.

Dopo Faraday, Maxwell precisò la nozione di questi campi, mostrando come essi siano legati vicendevolmente per modo, che la variazione dell' uno porta alla creazione dell' altro, secondo esprimono le note equazioni traducibili nei segmenti enunciati.

1.° La forza elettromotrice lungo un circuito chiuso tracciato nell' etere, integrale curvilineo del campo elettrico lungo questo circuito, è uguale alla derivata per rapporto al tempo del flusso di induzione magnetica attraverso una superficie qualunque limitata dal circuito.

2.° La forza magnetomotrice lungo un circuito chiuso tracciato nell' etere, integrale curvilineo del campo magnetico lungo questo circuito, è uguale alla derivata per rapporto al tempo del flusso di induzione elettrica attraverso una superficie qualunque limitata dal circuito.

Dall' ipotesi della mutua generazione dei due campi, il Maxwell deduceva la propagazione nell' etere delle onde elettromagnetiche con una velocità eguale al rapporto delle unità di massa elettrica nei sistemi elettromagnetico ed elettrostatico, vale a dire con una velocità eguale a quella della luce. E fondava una teoria elettromagnetica dei fenomeni ottici, che se dapprima fu considerata un sogno del grande matematico, si mostrò poi al lume della esperienza una vera divinazione.

Si sa difatti che dopo i lavori sulle onde elettriche di Hertz, di Righi e di altri distinti fisici, nessuno poteva più mettere in dubbio un meccanismo ondulatorio dell' etere quale se lo era raffigurato Maxwell; nessuno poteva mettere in dubbio che l' etere, veicolo della luce, fosse qualche cosa di differente dall' etere veicolo delle perturbazioni elettromagnetiche.

Doveva essere un' unica cosa l' etere elettromagnetico e quell' etere luminoso che in quanto trasmette a noi la luce del sole e delle stelle può dirsi anche interplanetare. Ma con mire tanto lontane, il secolo scorso doveva perdere di vista la nozione della materia e delle cariche elettriche ad essa legate.

Tutto, nel concetto comune degli studiosi, fenomeni elettrici e luminosi, aveva sede principale nell' etere. E per nulla, lungamente, si pensò alla struttura intima delle cariche elettriche, a ciò che avviene nell' interno di un corpo elettrizzato o in un conduttore traversato dalla corrente.

Furono i fenomeni di elettrolisi, che, per buona parte, illuminarono su questo punto, ma per buona parte fu anche la manchevolezza di qualche relazione fondamentale della teoria di Maxwell. Principalmente fu la difficoltà di verificare sperimentalmente quella relazione, in virtù della quale il potere induttore specifico di un corpo deve essere eguale al quadrato del suo indice di rifrazione assoluta.

Lorentz, che già nel 1880, per colmare quest' ultima lacuna della teoria del Maxwell, aveva proposto di attribuire ad ogni molecola vibrazioni elettriche di periodo particolare, dicendo che « in ogni particella possono trovarsi diversi punti materiali carichi di elettricità, fra i quali tuttavia uno solo sarebbe mobile con una carica *e* ed una massa *m* », pubblicò nel 1892 una grande memoria sulla teoria elettromagnetica del Maxwell, nella quale precisò l' ipotesi delle particelle mobili cariche, e modificò per conseguenza gli sviluppi matematici del grande fisico inglese.

Per l' etere libero le equazioni del Maxwell erano conservate. Nell' interno dei corpi l' etere interatomico rimaneva del pari inalterato; ma i fenomeni ottici ed elettrici vi apparivano influenzati dalle cariche elettriche mobili aventi un periodo proprio di vibrazione dipendente dalla loro massa.

Erano dunque le cariche elettriche elementari gli elementi di comunicazione fra materia ed etere.

Ma, come anche ora si pensa, soltanto quando la carica è in vibrazione, durante i momenti di variazione di velocità o di direzione la carica in moto apparve suscettibile di agire nell'etere e di produrvi delle onde.

Dai calcoli del Lorentz risultava che per un valore sufficiente della massa delle particelle vibranti, l'indice di rifrazione sarà tanto più grande quanto più piccola sarà la durata delle vibrazioni, e ciò metteva in accordo anche colla ben nota influenza della massa considerata in tutte le moderne teorie della dispersione.

Non solo. La teoria del Lorentz col mostrare una dipendenza di K dalle lunghezze d'onda, fece scomparire le contraddizioni relative alla nota eguaglianza $n^2 = K$.

Ma ciò che maggiormentte dette valore al concetto del Lorentz per modo che esso finì per trovare il consenso generale degli studiosi, fu la dimostrazione sperimentale di una azione del campo magnetico sul periodo vibratorio luminoso che la teoria del Lorentz prevedeva.

È facile intendere come secondo le idee del Lorentz un campo magnetico deve agire sulla emissione luminosa.

Essendo questa determinata da vibrazioni di cariche elettriche, possiamo per semplicità riferirci dapprima al caso di una vibrazione circolare.

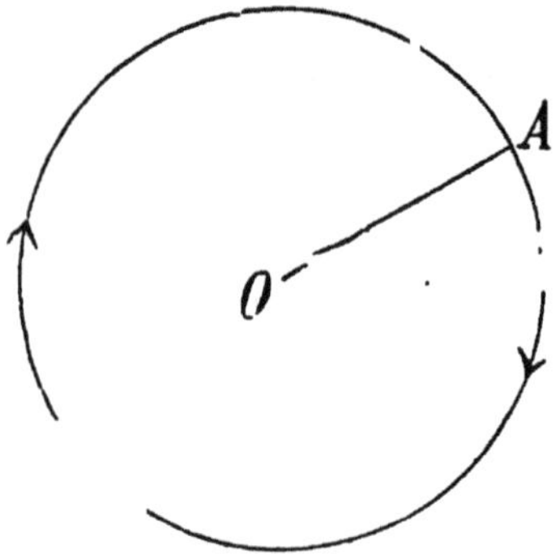

Fig. 81.

Un campo magnetico perpendicolare, per esempio, al piano di questa vibrazione, e quindi diretto secondo la direzione di propagazione della luce, eserciterà la medesima azione che eserciterebbe su un breve tratto di corrente diretta come la velocità della particella vibrante e quindi in direzione radiale, cosí da modificare il valore della forza che mantiene la particella nella sua orbita.

Ciò porta naturalmente ad una variazione del periodo vibratorio, e modificazione del periodo vibratorio vorrà dire spostamento della riga spettrale corrispondente alla luce influenzata dal campo.

Sia difatti a lo spostamento dalla posizione di equilibrio subito dalla particella vibrante, soggetta così ad una forza proporzionale allo spostamento, che tende a portarla alla posizione primitiva. Sarà tal forza

$$\varphi = k\, a,$$

ove k designa una costante. E la durata di oscillazione avrà, secondo le leggi semplici della meccanica, il valore:

$$T = 2\,\pi \sqrt{\frac{m}{a}}$$

corrispondente alla espressione:

$$n = \sqrt{\frac{k}{m}}$$

nella quale n rappresenta la frequenza, cioè il numero di oscillazioni nel tempo 2π. Frequenza delle oscillazioni della particella, e frequenza anche della radiazione prodotta dalle variazioni di velocità della particella medesima.

Se ora supponìamo — sempre riferendoci al caso più sopra considerato — che intervenga il campo magnetico diretto normalmente al piano della vibrazione circolare della particella, si avrà, in più della forza φ diretta verso il centro della traiettoria circolare, una seconda forza

$$F = evH,$$

ovvero, essendo

$$v = \frac{2\pi a}{T} = na,$$

$$F = enHa$$

Questa forza ha direzione concordante od opposta a quella di φ, e ciò a seconda della direzione del movimento e della forza magnetica H nonchè del segno della carica e.

Essendo in realtà la F piccolissima rispetto a φ si può dire che coll' intervento del campo il coefficiente k subisce la piccola variazione

$$dk = enH.$$

Corrispondentemente, per la frequenza

$$n = \sqrt{\frac{k}{m}}$$

si avrà la variazione

$$dn = \frac{1}{2} H \frac{e}{m},$$

che può prodursi nell' uno o nell' altro senso.

Ed è ovvio che se la durata delle oscillazioni è aumentata per una delle direzioni del moto, sarà diminuita per la direzione opposta.

Per il caso generale in cui, come è noto, le vibrazioni luminose sono ellittiche, basta pensare come esse si possano ritenere risultanti da due vibrazioni circolari inverse dalle quali quella che ha ugual senso di girazione dell' ellisse ha diametro eguale alla semisomma degli assi dell' ellisse. L' altra ha un diametro uguale alla semi differenza degli assi medesimi. (fig. 82).

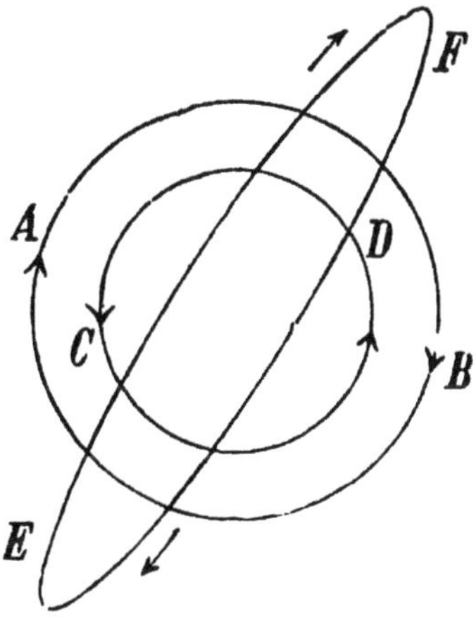

Fig. 82.

Se si riferisce la vibrazione ellittica ai suoi assi, essa può rappresentarsi mediante le componenti

$$x = a \; sen \; \varphi, \; y = cos \; \theta$$

Una delle vibrazioni circolari equivalenti, quella destrogira come la ellisse sarà:

$$x = \frac{a+b}{2}\ sen\ \varphi,\ y = \frac{a+b}{2}\ cos\ \theta$$

e l' altra, levogira:

$$x = \frac{a-b}{2}\ sen\ \varphi,\ y = -\frac{a+b}{2}\ cos\ \theta$$

Ebbene, è chiaro che, agendo il campo magnetico sulle vibrazioni delle particelle, delle due vibrazioni circolari dalle quali può ritenersi formata la vibrazione ellittica, poichè esse hanno sensi opposti di girazione, una sarà accelerata e l' altra ritardata, e quindi non daranno più una unica riga nello spettro, ma due nuove righe poste una da una parte e l' altra dall' altra della unica riga primitiva. (figura 83).

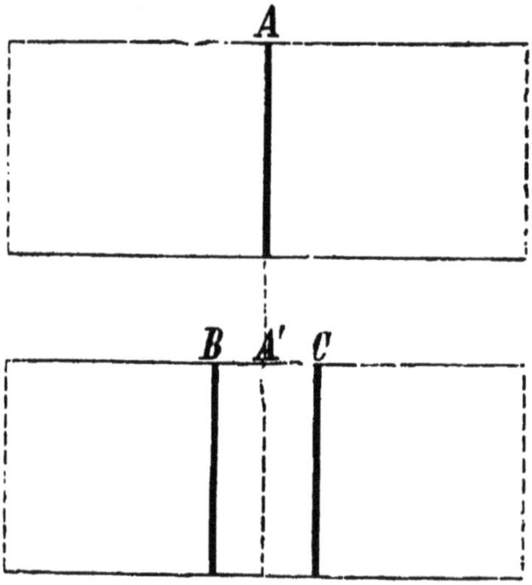

Fig. 88.

Questo nel caso della osservazione nella direzione stessa del campo magnetico.

Si dimostrerebbe in modo relativamente semplice che se la osservazione si compia in direzione normale a quella del campo (fig. 84) risultano:

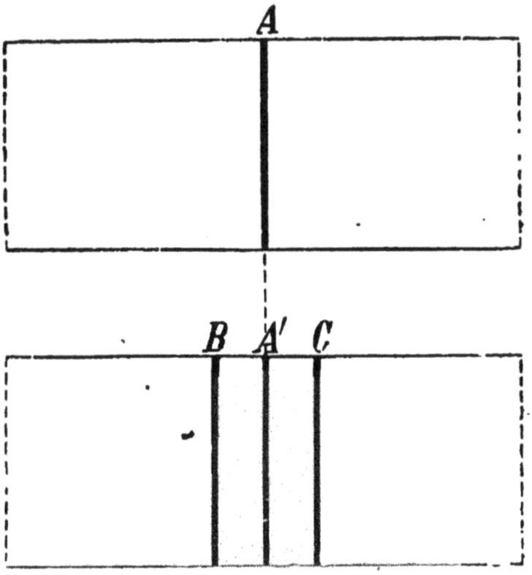

Fig. 84.

Una riga centrale A' dovuta a vibrazioni rettilinee parallele al campo magnetico.

Due righe B, C a vibrazioni rettilinee perpendicolari alla forza magnetica.

Il Righi (154), pensando alla probabilità dell'esistenza del fenomeno pel caso della luce emessa in qualunque direzione, studiò il fenomeno nel caso più generale, quello cioè di un raggio luminoso comunque inclinato sulla direzione della forza magnetica. A tal fine ha ammesso quanto viene ammesso per render conto del fenomeno pel caso particolare dell'emissione secondo le linee di forza, e cioè che il periodo vibratorio $\frac{1}{N}$ di una vibrazione circolare perpendicolare alle linee di forza subisca un aumento e divenga $\frac{1}{N-n}$, oppure subisca una diminuzione e divenga $\frac{1}{N+n}$, secondo che il moto della particella si fa in senso contrario o nello stesso senso della corrente generatrice del campo. Ammette inoltre, che una vibrazione rettilinea parallela alla direzione della forza magnetica non subisca alterazione alcuna.

Sieno

$$x = a \text{ sen } (\theta - \alpha), \; y = b \text{ sen } (\theta - \beta), \; z = c \text{ sen } (\theta - \gamma)$$

ove

$$\theta = \frac{2\pi t}{T},$$

le componenti della vibrazione di una particella O riferite ad un sistema di tre assi ortogonali: uno, Oz, nella direzione di propagazione; un altro, Ox, nel piano (meridiano) di Oz e della direzione Ov del campo; ed il terzo, Oy, perpendicolare a questo piano.

Le quantità a, b, c, α, β, γ, soddisferanno alle note condizioni:

$$
(1)\quad \begin{cases} M(a^2) = M(b^2) = M(c^2) \\ M[ab\cos(\alpha - \beta)] = 0 \\ M[ab\cos(\alpha - \beta)] = 0 \\ M[ac\cos(\alpha - \beta)] = 0, \text{ etc.} \end{cases}
$$

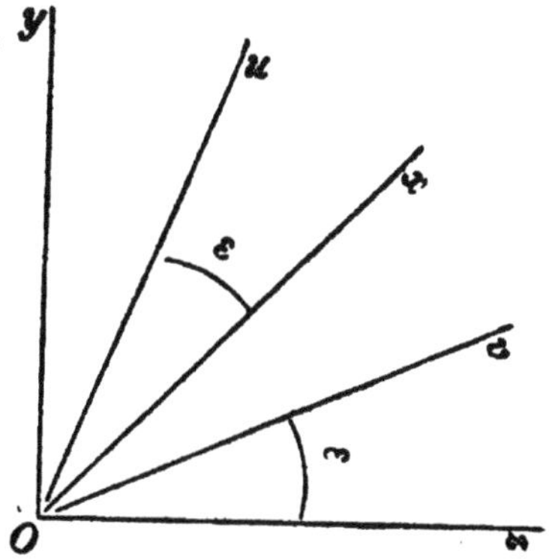

Fig. 85.

ove coi simboli $M(a^2)$, $M[ab\cos(\alpha - \beta)]$.... si rappresentano i valori medi delle quantità a^2, $ab\cos(\alpha - \beta)$.... durante un intervallo di tempo, che pur essendo piccolo in valore assoluto, sia assai grande rispetto al periodo delle vibrazioni.

Riferendo la vibrazione al nuovo sistema di assi Ov, Oz ed Ou, si avranno le componenti:

$$
\begin{aligned}
u &= a\cos\varepsilon \,\text{sen}(\theta - \alpha) - c\,\text{sen}\,\varepsilon\,\text{sen}(\theta - \gamma) \\
y &= b\,\text{sen}(\theta - \beta) \\
v &= a\,\text{sen}\,\varepsilon\,\text{sen}(\theta - \alpha) + c\cos\varepsilon\,\text{sen}(\theta - \gamma).
\end{aligned}
$$

Ed osservando che u ed y possono decomporsi rispettivamente in

$$
\begin{aligned}
u_d &= \frac{a}{2}\cos\varepsilon\,\text{sen}(\theta - \alpha) - \frac{b}{2}\cos(\theta - \beta) - \\
&\qquad - \frac{c}{2}\,\text{sen}\,\varepsilon\,\text{sen}(\theta - \gamma) \\
u_s &= \frac{a}{2}\cos\varepsilon\cos(\theta - \alpha) + \frac{b}{2}\cos(\theta - \beta) - \\
&\qquad - \frac{c}{2}\,\text{sen}\,\varepsilon\,\text{sen}(\theta - \gamma)
\end{aligned}
$$

ed in

$$y_d = \frac{a}{2} \cos \varepsilon \cos (\theta - \alpha) + \frac{b}{2} \operatorname{sen} (\theta - \beta) - $$
$$ - \frac{c}{2} \operatorname{sen} \varepsilon \cos (\theta - \gamma)$$

e

$$y_s = - \frac{a}{2} \cos \varepsilon \cos (\theta - \alpha) + \frac{b}{2} \operatorname{sen} (\theta - \beta) + $$
$$ + \frac{c}{2} \operatorname{sen} \varepsilon \cos (\theta - \gamma);$$

ne risulta — pel fatto che u_d ed y_d costituiscono assieme una vibrazione circolare destrogira (per chi guardi da v verso O), ed u_s ed y_s una vibrazione circolare legovira — la decomposizione della vibrazione naturale in una vibrazione rettilinea v diretta secondo le linee di forza del campo ed in due vibrazioni circolari giacenti in un piano normale al campo, destrogira l'una (u_d y_d), levogira l'altra (u_s y_s).

Quando esiste il campo magnetico, il numero delle vibrazioni delle due ultime componenti varia da N ad N + n per una, e da N ad N — n per l'altra. E precisamente, supponendo destrogiro il campo, aumenta il numero delle vibrazioni della ($u_d y_d$), e diminuisce quello della ($u_s y_s$). Tenendo conto di ciò e rappresentando con U_d Y_d U_s Y_s V gli elementi corrispondenti ad u_d, y_d, u_s, y_s, v; la vibrazione nello spazio della particella, quando esista il campo magnetico, si decomporrà secondo gli assi primitivi O_x, O_y, O_z, nelle tre componenti:

$$(2)\quad \begin{cases} X = (U_d + V_s) \cos \varepsilon + V \operatorname{sen} \varepsilon \\ Y = Y_d + Y_s \\ Z = -(U_d + U_s) \operatorname{sen} \varepsilon + V \cos \varepsilon \end{cases}$$

l' ultima delle quali non ha effetto sulla propagazione della luce secondo $O\zeta$. Ponendo

$$(3)\qquad X_d = U_d \cos \varepsilon,\ X_s = U_s \cos \varepsilon,\ X_r = V \operatorname{sen} \varepsilon,$$

si trova:

$$X_r = \operatorname{sen} \varepsilon \left[a \operatorname{sen} \varepsilon \operatorname{sen} (\theta - \alpha) + c \cos \varepsilon \operatorname{sen} (\theta - \gamma)\right]$$

$$\begin{cases} X_d = \left[\dfrac{a}{2} \cos \varepsilon \operatorname{sen} (\theta + \omega - \alpha) - \dfrac{b}{2} \cos (\theta + \omega - \beta) - \right. \\ \qquad\qquad \left. - \dfrac{c}{2} \operatorname{sen} \varepsilon \operatorname{sen} (\theta + \omega - \gamma)\right] \cos \varepsilon \\ Y_d = \dfrac{a}{2} \cos \varepsilon \cos (\theta + \omega - \alpha) + \dfrac{b}{2} \operatorname{sen} (\theta + \omega - \beta) - \\ \qquad\qquad - \dfrac{c}{2} \operatorname{sen} \varepsilon \cos (\theta + \omega - \gamma) \end{cases}$$

$$\begin{cases} X_s = \left[\frac{a}{2}\cos\varepsilon \operatorname{sen}(\theta-\omega-\alpha)+\frac{b}{2}\operatorname{sen}(\theta-\omega-\beta)-\right. \\ \qquad\qquad \left.-\frac{c}{2}\operatorname{sen}\varepsilon\operatorname{sen}(\theta-\omega-\gamma)\right]\cos\varepsilon \\ Y_r = -\frac{a}{2}\cos\varepsilon\cos(\theta=\omega-\alpha)+\frac{b}{2}\operatorname{sen}(\theta-\omega-\beta)+ \\ \qquad\qquad +\frac{c}{2}\operatorname{sen}\varepsilon\cos(\theta-\omega-\gamma) \end{cases}$$

ove

$$\omega = 2\pi n t.$$

Ne risulta da ciò che la luce emessa nel campo magnetico si compone: della vibrazione X_r — polarizzata rettilineamente e giacente sul piano meridiano — avente il numero primitivo N di vibrazioni; della vibrazione ($X_d Y_d$) — ellittica destrogira coll' asse minore nel piano meridiano e col rapporto degli assi eguali a cos ε — avente $N + n$ vibrazioni al secondo; ed infine della ($X_s Y_s$) — ellittica levogira cogli stessi caratteri della precedente — avente $N - n$ vibrazioni al secondo.

Le intensità di queste vibrazioni componenti sono espresse in virtù delle (1), dalle:

$$I_r = \frac{1}{2} I \operatorname{sen}^2 \varepsilon$$

$$I_d = I_s = \frac{1}{4} I (1 + \cos^2 \varepsilon),$$

ove I è l' intensità M $(a^2) + M(b^2) = 2M(a^2)$ della luce emessa in assenza del campo.

Tenendo conto delle (3); si può dire:

Le tre vibrazioni che emette la particella luminosa posta nel campo magnetico, in luogo dell' unica vibrazione che essa emetteva quando non esisteva il campo, si ottengono proiettando sul piano perpendicolare alla direzione di propagazione (piano d' onda) le tre vibrazioni v, (u_d, y_d), (u_s, y_s), *equivalenti alla vibrazione naturale della particella, dopo avere però cambiato rispettivamente da* N *in* N + n *ed* N — n *i numeri di vibrazioni delle due ultime.* Cosicchè, per azione del campo magnetico, una riga di emissione si trasforma in tre altre, la intermedia delle quali occupa il posto primitivo, e costituite da luce polarizzata nella maniera più sopra definita. Solo quando $\varepsilon = 0$, cioè nel caso dell'emissione secondo la direzione delle linee di forza sparisce la riga centrale.

Da questa teoria il Righi deduce poi — ciò che aveva dimostrato altrimenti — che l' effetto prodotto dal campo magnetico è identico a quello che si ottiene componendo colla vibrazione propria della particella vibrante una rotazione intorno alla direzione del campo, nel senso della corrente magnetizzante e colla velocità di *n* giri al secondo.

Quindi si esamina come gradatamente il fenomeno si modifichi passando dal caso in cui $\varepsilon = 90°$ al caso in cui si ha $\varepsilon = 0°$. Per $\varepsilon = 90°$ la riga centrale ha intensità $\frac{1}{2} I$ ed è dovuta a vibrazioni contenute in un piano parallelo alle linee di forza, mentre le righe laterali di intensità $\frac{1}{4} I$ sono dovute a vibrazioni rettilinee perpendicolari alla direzione del campo.

Se ε diviene minore di 90°, le vibrazioni della riga mediana divengono rettilinee e parallele alle linee di forza, mentre l'intensità della luce nella stessa riga va gradatamente diminuendo. Intanto la luce nelle righe laterali diviene luce a polarizzazione elittica, coll'asse maggiore perpendicolare al piano meridiano e con intensità, che al diminuire di ε va crescendo. Di più il senso di girazione della vibrazione elittica, in quella delle righe che rispetto alla riga centrale è spostata verso il violetto, coincide col senso della corrente magnetizzante.

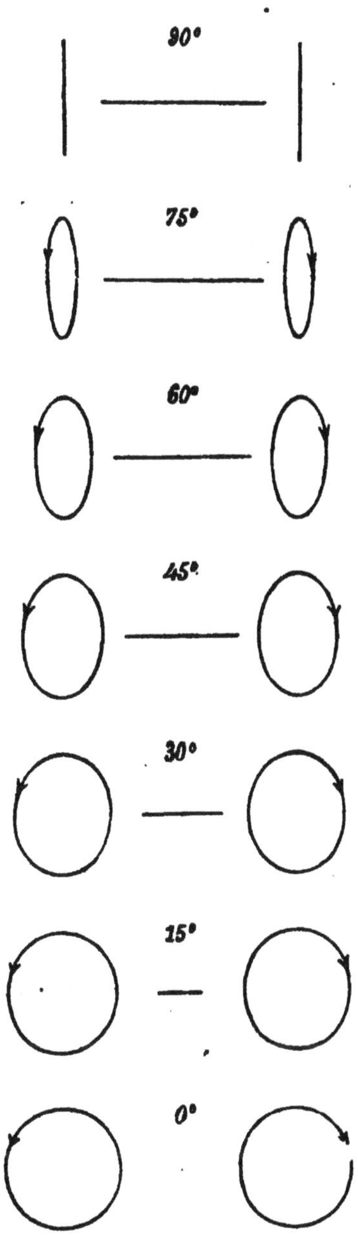

Fig. 86.

Allorchè ε è tale che tang $\varepsilon = \sqrt{2}$, cioè $\varepsilon = 54^\circ 44''$ circa, le tre righe assumono intensità uguali. Se ε diminuisce ancora, la riga centrale diviene meno intensa delle righe laterali, ed anzi finisce collo sparire per $\varepsilon = 0$. In quest' ultimo caso le due vibrazioni ellittiche proprie delle righe laterali divengono, per $\varepsilon = O$, vibrazioni circolari di senso opposto.

Il Righi verificò sperimentalmente le deduzioni dalla sua teoria, e facendo uso di una elettrocalamita Faraday a pezzi polari conici, e di un reticolo concavo del Rowland, ha potuto ottenerla completa, sia rispetto all'andamento generale del fenomeno, sia rispetto al valore dell'intensità relativa delle tre righe ed al valore del rapporto fra gli assi delle vibrazioni ellittiche delle due righe laterali. Come sorgente luminosa ha adoperato le scintille elettriche che scoccavano fra fili di cadmio, di zinco o di magnesio per effetto di due bottiglie di Leida caricate da un grande rocchetto di induzione congiunto ad un interruttore elettrolitico.

La fig. 86 mostra la forma delle vibrazioni nelle tre righe corrispondenti pel cadmio al caso della fig. 81, e l'ampiezza relativa delle vibrazioni per diversi valori dell'angolo compreso fra la direzione della luce e quello delle linee di forza del campo magnetico.

VI

Sui raggi canale.

È noto come dalle esperienze degli ultimi tempi sembri risultare una natura differente per gli spettri di righe e di bande, per modo che pare non si possano trasformare l' uno nell' altro con variazione continua: le particelle luminose sarebbero differenti nell' un caso e nell' altro.

Lo Stark suppone che lo spettro di righe sia emesso dai ioni positivi, e quello di bande dai sistemi elettrone-residuo positivo in via di riformare un atomo neutro.

Se, davvero, come del resto vi sono buone ragioni per ritenerlo, lo spettro di righe di un elemento è dovuto agli atomi di questi elementi caricati positivamente, i raggi canale che secondo

Wien sono atomi o gruppi atomici carichi positivamente, debbono presentare almeno in parte gli spettri di righe del gas da essi attraversato.

Di più, in causa della loro forte velocità, le particelle dei raggi canale debbono presentare l' effetto Döppler: la lunghezza d' onda della luce che essi emettono deve variare secondo che la osservazione venga fatta parallelamente o normalmente alla direzione del movimento.

Lo spostamento relativo delle righe viene definito dalla relazione $\frac{\lambda_n - \lambda_p}{\lambda_n} = \frac{v}{V}$

E la velocità v delle particelle, se si suppone dovuta tutta alla caduta di potenziale catodico V_0, è data da

$$v = \sqrt{\frac{2e}{m} V_0}$$

La misura dell' effetto Döppler e della caduta di potenziale V_0 permette quindi di trovare due valori di v che debbono coincidere se son giuste le premesse del ragionamento.

Operando con un sistema spettrofotografico su tubi ad idrogeno e ad azoto, lo Stark ottenne una conferma quantitativa delle vedute che precedono. I due valori di V trovati coll'idrogeno sono 5.10^7 e 6.10^7.

Aumentando la caduta di potenziale catodica si aumenta l'effetto Döppler, ma mai questo effetto si manifesta nello spettro di bande che accompagna sempre lo spettro di righe. Questo spettro di bande non è dunque dovuto a ioni liberi positivi moventisi con una grandissima velocità. Per lo Stark, come abbiam detto, lo spettro di bande accompagna la ricombinazione dei ioni.

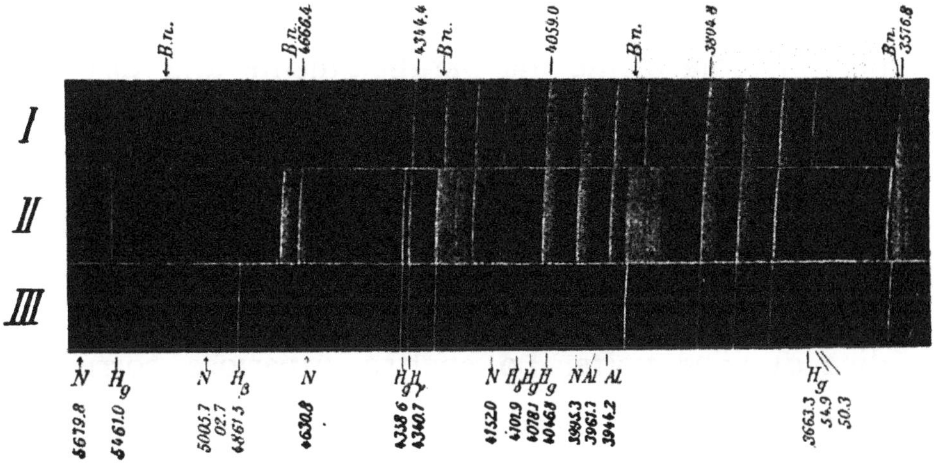

Fig. 87.

J. Stark e W. Hermann hanno anche studiati gli spettri dei raggi nell' azoto e nell' idrogeno in relazione colla caduta di potenziale catodica, ed han veduto come essi sieno spettri dì righe tanto più intensi quanto più alta è tale caduta.

Il gruppo I, II e III rappresenta tre spettri sovrapposti ottenuti coll' azoto. Lo spettro superiore corrisponde alla colonna positiva non stratificata, lo spettro medio al bagliore negativo e lo spettro inferiore è quello dei raggi canale sotto una caduta di potenziale di 1300 volta. Lo spettro IV è pure dei raggi canale, ma corrisponde ad una caduta di potenziale di 3500-4000 volta. Di più per esso la osservazione non è stata fatta perpendicolarmente ma parallelamente alla direzione dei raggi canale, e si è potuto vedere in certe righe (p. es. 3995,3) l'allargamento dovuto all'effetto Döppler. Il gruppo V e VI corrisponde all' idrogeno e ad una caduta di potenziale catodica di 1500 volta. Lo spettro superiore corrisponde ancora al bagliore negativo e l' inferiore ai raggi canale.

Si vede che lo spettro dei raggi canale comprende lo spettro di righe dell' azoto, ma a vero dire poco intense, mescolato ad alcune righe del mercurio, dell' alluminio e dell' idrogeno, dovuto alle impurità.

Per la analogia dei raggi α delle sostanze radioattive coi raggi canale, è opportuno ravvi-

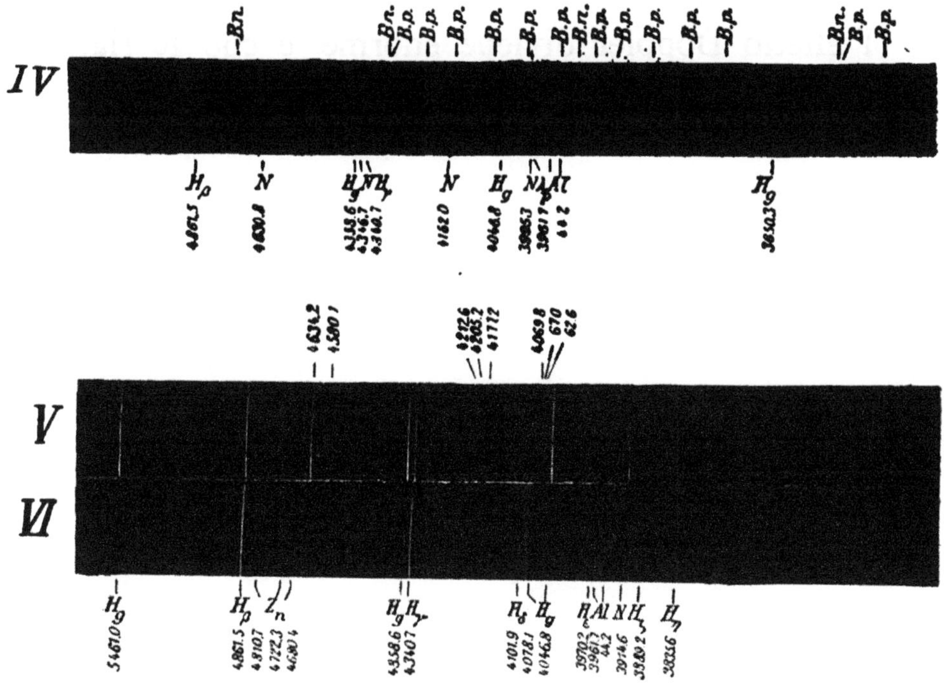

Fig. 88.

cinare i risultati precedentemente indicati colle osservazioni di sir William e Lady Haggins, di Crookes e Down, Himstedt e Meyer, Walter e Pohl, Marckwald e Hermann sulla luminescenza dei gas che circondano le sostanze radioattive.

E naturale che in questo caso si osservi lo spettro caratteristico del gas che circonda la sostanza. Se tale spettro è apparso fin qui sopratutto come uno spettro di bande, è senza dubbio perchè col radio i raggi sono animati da velocità tali che l' effetto Döppler diviene enorme e che le righe diventano fortemente diffuse.

VII.

Sulla polarizzazione e sulla velocità di propagazione dei raggi del Röntgen.

(Cap. III — pag. 113).

La *polarizzazione* dei raggi Röntgen fu pel passato più volte asserita in considerazione della maniera particolare colla quale si producono, mediante l'urto obliquo dei raggi catodici sull'anticatodo; ma esperienze al riguardo non ne furono fatte che in tempi relativamente recenti dal Barkla. Questi dedusse che i raggi del Röntgen dovevano essere polarizzati almeno parzialmente, dal fatto che la emissione dei raggi secondari da essi provocata aveva luogo con intensità massima in una certa direzione normale a quella dei raggi primari, e con intensità minima in un'altra direzione pure perpendicolare a quella dei primari e nello stesso tempo alla direzione della emissione massima. In seguito Haga riprese le esperienze e ne concluse che pel fatto che i raggi secondari prodotti da raggi di Röntgen diretti sulla superficie laterale di un cono di carbone nella direzione dell'asse di questo, esercitavano uguale azione sulle varie generatrici di una pellicola fotografica disposta a superficie cilindrica intorno all'asse del cono, i raggi primari non possono ritenersi polarizzati.

Facendo invece arrivare sul cono di carbone i raggi secondari prodotti dai raggi Röntgen inviati su una lamina di carbone ad 85°, il signor Haga notò due massimi dell'azione fotografica in un certo piano passante per l'asse del tubo e due minimi in un piano a questo perpendicolare.

Risultando da ciò manifesta una differenza nella intensità dei raggi terziari emessi in varie direzioni, Haga concluse per una polarizzazione almeno parziale dei raggi secondari, i quali, per conseguenza, dovrebbero propagarsi mediante onde trasversali dell'etere. E ne concluse anche che ugual meccanismo di propagazione deve aversi per i raggi primari dato il grande parallelismo fra raggi primari e raggi secondari.

Ma, forse, il migliore argomento sperimentale in favore della trasversalità delle supposte perturbazioni eteree, essenza e mezzo di propagazione dei raggi Röntgen, è quello per cui questi raggi risultano dotati di una velocità uguale a quella della luce.

Molti tentativi erano stati fatti per la misura della *velocità di propagazione dei raggi Röntgen*, ma il più noto, quello del Blondlot, considerato a lungo come degno della migliore attendibilità, fu dallo stesso autore disautorato.

Rimaneva così aperta di nuovo la questione, a risolvere la quale si accinse or son tre anni E. Marx.

Il metodo del quale egli fece uso ricorda quello che usò nel 1839 Fizeau per la misura della velocità di propagazione della luce.

Un opportuno tubo di Röntgen è disposto in un conveniente circuito atto a farlo traversare da scariche elettriche oscillatorie, cosicchè una lamina metallica, che nell'interno del tubo è posta di fronte ad uno degli elettrodi, emette raggi Röntgen ad intervalli regolari; quando cioè l'elettrodo opposto funziona da catodo. Questi raggi del Röntgen sono ricevuti da un elettrodo E contenuto in un recipiente rarefatto e assoggettato alle stesse scariche oscillatorie che agiscono nel tubo di Röntgen. Di fronte a tale elettrodo sta un conduttore C disposto in opportuna relazione con un elettrometro, così da verificare se riceve o no cariche elettriche negative disperse dall'elettrodo medesimo. Siccome tale dispersione sarà provocata da raggi Röntgen che lo raggiungono quando esso sia dalla scarica oscillatoria portato alla fase negativa, e non avverrà quando l'elettrodo E sia in corrispondenza della fase positiva, è facile vedere come in due modi si possa passare a valutare il tempo impiegato dai raggi Röntgen a percorrere un determinato spazio e a stabilire conseguentemente il valore della velocità di propagazione dei raggi medesimi.

Supponiamo difatti che, per una determinata differenza di fase fra catodo del tubo di Röntgen ed elettrodo E, si abbia, in conseguenza di un conveniente spostamento del tubo, la massima emissione di elettroni per parte di E. Si avvicini allora o si allontani il tubo da E sino ad ottenere che la emissione di elettroni si annulli. È chiaro che in corrispondenza della nuova posizione i raggi prodotti dal tubo vanno a colpire E in fase positiva. Lo spostamento effettuato rappresenta quindi lo spazio percorso dai raggi del Röntgen nel tempo di un noto semiperiodo delle oscillazioni elettriche adoperate.

Ad elementi simili, capaci di fornire il valore della velocità dei raggi di Röntgen, si può anche giungere ripristinando l'effetto massimo di emissione elettronica col variare la differenza di fase fra E e il catodo del tubo.

Nell'un modo come nell'altro si trova con un errore probabile che non supera il mezzo per cento, che la velocità di propagazione dei raggi Röntgen è uguale a quella della luce.

BIBLIOGRAFIA

(1) PLUCKER — *Pogg. Ann.*, 107, p. 77; 1859 — 116, p. 45; 1862.

(2) HITTORF — *Pogg. Ann.*, 136, p. 8; 1869.

(3) GOLDSTEIN — *Monat. der Berlin. Akad.*, p. 284; 1876.

(4) CROOKES — *Phil. Trans.*, Part. I, p. 135; Part. II, p. 577; 1859.

(5) RIGHI — *Memorie dell' Accademia delle Scienze dell' Istituto di Bologna;* Serie IV, tomo II (1881) e tomo III (1882).

(6) RIGHI — *Rendiconti della R. Acc. dei Lincei;* 2 marzo 1800.

(7) PERRIN — *C. R.;* CXXI, p. 1130; 1895.

(8) THOMSON — *Proc. of the Cambridge Phil. Soc.;* IX, p. 243, 1897.

(9) *Monatsber. der Akad. d. Wiss. zu Berlin*, 1876, p. 279. *Eine neue Form elektrische Abstossung;* Berlin, Spinger (1880).

Phil. Transact.; p. II; 1889, p. 648.

Ann. de chimie et de physique; 7.ª serie, t. XI, p. 503; (1887).

Acc. dei Lincei; t. VI, p. 183; (1897), primo semestre.

(10) W. KAUFMANN ed E. ASCHKINASS — *Wied Ann.;* LXII, p. 588: 1897.

(11) A. WEHNELT — *Phys. Zeits.;* 1.° ottobre, 1905.

(12) J. PERRIN — cit. dal VILLARD: *Rayons cath.* Coll. Scientia.

(13) PRECHT — *Wied. Ann.;* t. LXI, p. 330; 1897.
J. A. FLEMING — *Electrician;* XXXVIII, p. 302, 1897; *Eclair. électr.;* X, p. 179.
BIRKELAND — *Arch. de Genève;* 1896.

(14) VILLARD — *Rayons Cathodiques;* Coll. Scientia, p. 59.

(15) WIEDEMANN e WEHNELT — *Wied Ann.;* LXIV, p. 606; 1897.
Eclair. Electr.; XVI, p. 130.

(16) WEHNELT — *Phys. Zeitschr.;* 1.° novembre 1905.

(17) PERRIN — *Ray cath. et Ray. de Röntgen;* (Thèse), Garthier-Villar, 1897.

(18) KAUFMANN — *Wied. Ann.;* t. LXI, pp. 544-552; 1897.

(19) J. J. THOMSON — *Phil. Mag.;* t. XLIV, 1897; p. 293, e *Cond. of electr. through gases;* p. 91.
LENARD — *Wied. Ann.;* XLIV, p. 279; 1898.

(20) THOMSON — *Proc. Camb. Phil. Soc.;* t. IX, 1897.

(21) H. A. WILSON — *Proc. Camb. Phil. Soc.;* XI, p. 179; 1901.

(22) SCHUSTER — *Proc. Roy. Soc.;* XLVII, p. 526.
KAUFMANN — *Wied. Ann.;* v. 61, p. 544; v. 62, p. 596, 1897; 65, p. 431, 1898.

(23) SIMON — *Wied. Ann.;* LXIX, p. 589: 1899.

(24) DES COUDRES — *Verhandl. d. physikal. Gesellsch. zu Berlin,* XIV, p. 86; 1895.

(25) WIECHERT — *Wied. Ann.;* LXIX, p. 739.

(26) W. Seitz — *Drude 's Ann.;* VIII, p. 233.

(27) Goldstein — *Monatsber. Berl. Akad.,* 1880; p. 87.

(28) Ebert e Wiedemann — *Wied. Ann.;* XLVI, 159, 1892. Crookes — l. c.

(29) Crookes cit. da G. C. Schmidt — *Die Kathodenstrahlen;* p. 38 — Braunschweig, 1904.

(30) Hertz v. O. Lehmann — *Die elektrischen Lichterscheinungen;* p. 543; Halle, 1898.

(31) Lenard — *Wied. Ann,;* II, p. 225, 1894; LII, p. 23, 1894; LVI, p. 255, 1895; LXIII, p. 253, 1897.

(32) Lenard — *Wied. Ann.;* XLIV, p. 279; 1898.

(33) Mac Clelland — *Proc. of Roy. Soc.;* LXI, p. 227.

(34) Wien — *Wied. Ann.;* LXV (1898), *J. de Phys.;* VII, p. 561.

(35) Lenard — *Wied. Ann.;* LXV, (1898), p. 504.

(36) Hertz — *Wied. Ann.;* t. XXXI, p. 983: 1887.

(37) Hallwachs — *Wied. Ann.;* t. XXXIII, p. 303; 1888, e t. XXXIV, p. 731, 1888.

(38) Righi — *Rend. Acc. Lincei;* t. IV, p. 185, 498, 578; 1888.

(39) Stoletow — *C. R.;* t. CVI, p. 1194, 1888; e t. CVII, p 91, 1888.

(40) Schuster — *Proc. Roy. Soc.;* XXXVII, p. 317, 1884: XLII, p. 371, 1887.
Arrhénius — *Wied. Ann.;* XXXII, p. 445; 1887.

(41) Richarz — *Sitzber. d. Niederrhein Gesellsch. Bonn.;* 1890.

(42) Wiedemann e Ebert — *Wied. Ann.;* XXXIII, p. 209.

(43) Righi — *Memorie dell' Acc. delle Scienze dell' Istituto di Bologna;* aprile, 1890.

(44) RIGHI — l. c.; p. 104.

(45) LENARD e WOLF — *Wied. Ann.;* t. XXXVII, p. 443; 1889.

(46) HOOR — *Exner's Rep,;* XXV, p. 91.

(47) BICHAT e BLONDLOT — *C. R.;* 1888 e 1900.

(48) BUISSON — *C. R.;* 14 maggio 1900.

(49) J. J. THOMSON — *Phil. Mag.;* (5) XLVIII, 1899; p. 547.

(50) J. J. THOMSON — l. c.

(51) ELSTER e GEITEL — *Wied. Ann.;* t. XXVI, 1885, p. 1; t. XXXVIII, 1899, p. 27.

(52) LENARD — *Drude's Ann.;* II, p. 359; 1900.

(53) H. BECQUEREL — *C. R.;* CXXX, p. 809; 1900.

(54) ABRAHAM — *Drud. Ann.;* X, 106, 1903.
W. KAUFMANN — *Nach. d. Gesellsch. d. Wissen. zu Göttingen,* 1901, Heft 2.

(55) REIGER — *Drudes Annalen;* ottobre 1905, p. 935.

(56) SCHWEIDLER — *Sitz. d. k. Akad. d. Wissen. zu Wien,* 108, II, p. 273; 1899.

(57) GOLDSTEIN — *Wied. Ann.;* 11, p. 832; 1880.
WIEDEMANN e SCHMIDT — *Wied. Ann.;* 66, p. 314; 1898.

(58) WEHNELT — *Ann. der Phys.;* 1904, p. 425.
Phys. Zeitschr.; 20 ottobre 1904.
Phil. Mag.; luglio 1905.

(59) KAUFMANN — l. c.

(60) STARK — *Wied. Ann.;* 1902.

(61) LENARD — *Wied. Ann.;* LXIV, p. 279; 1898.

(62) SCHUSTER — *Proc. Roy. Soc.;* XLVII, p. 557; 1890.

(63) WEHNELT — *Wied. Ann.;* LXVII, p. 423; 1897.

(64) GOLDSTEIN — *Ber. Akad. Wiss.;* Berlin, luglio, 1881.
Wied. Ann.; LXIV, p. 38; 1898.

(65) EVERS — *Wied. Ann.;* LXIX, 167, 1899.

(66) WIEN — *Wied. Ann.;* LXV, 440, 1898.
Drud Ann.; V, 421, 1901; VIII, 245, IX, 660, 1902.

(67) RIGHI — *Il moto dei ioni nelle scariche elettriche.*

(68) WIEN — l. c.

(69) PELLAT — *C. R.;* CXLI, p. 1008.

(70) WEHNELT — *Wied. Ann.;* 1897-1899.

(71) E. WÜLLNER — *Ann.* 1898.

(72) C. FÜCHTBAUER — *Phys. Zeitschr.;* 1906, n. 5.

(73) J. J. THOMSON — *Conduction of electricity through gases;* p. 522.

(74) J. J. THOMSON — *Proc. of Cambr. Phil. Soc.;* XIII, p IV, genn. 1906.

(75) A. RAU — *Phys. Zeitschr.;* dicembre 1905.

(76) J. J. THOMSON — *Elettricità e materia;* Trad. italiana di G. Faè.

(77) J. J. THOMSON — *ivi.*

(78) BARKLA — *Phil. Trans. of the Roy. Soc. of London;* ser. A, vol. 204, p. 467.
HAGA — *Proc. Acad. Ams.;* agosto 1906.

(79) MARX — *Ann. der Phys.;* XX, p. 677; 1906.

(80) THOMSON — *Camb. Univ. Reporter;* feb. 4; 1896.

(81) RIGHI — *R. Acc. Lincei;* p. 143; 1896.

(82) BERGMANN e GERCHUN — *C. R.;* CXXII, 378.

(83) BENOIST e HURMUZESCU — *C. R.*; CXXII, 779.

(84) DUFOUR — *Arch. de Sciences Physiques et Naturelles*, 10 febbr. 1896.

(85) LODGE — *Electrician*, n.° 925, 6 febbr. 1896, p. 491.

(86) RÖNTGEN — *Eine neue Art von Strahlen,* II Mitteilung.

(87) PERRIN — *Ann. de Chim. et de Phys.;* 7.ª serie, t. XI, p. 496, 1897.

(88) W. GIESE — *Wied. Ann.;* XVII, p. 1, 236, 519; 1882.

(89) SCHUSTER — *Proc. Roy. Soc.;* XXXVII, p. 317; 1884.

(90) PERROT — *Ann. de Chim. et de Phys.;* (361), p. 161; 1861.

J. J. THOMSON — *La déch. électr. dans les gaz.;* Ed. franc., p. 12.

G. WIEDEMANN e G. C. SCHMIDT — *Wied. Ann.;* t. LXI; 1897, p. 737.

(91) RIGHI — *R. Acc. delle Scienze di Bologna;* V, t. VI, p. 252 (1896).

(92) SCHWEIDLER — *Wien. Bericht.;* CVIII, p. 273; 1899.
J. J. THOMSON — *Phil. Mag.;* VI, 1, p. 198; 1901.

(93) J. ZELENY — *Phil. Mag.;* (5), XLVI, p. 120; 1898.

(94) C. T. R. WILSON, *Phil. Trans.;* t. CLXXXIX, 1897, p. 265; t. CXCII, 1899, p. 403; t. CXCIII, 1900, p. 289.

(95) R. von HELMOLTZ e RICHARZ — *Wied. Ann.;* t. XL, 1890, p. 161.

(96) LENARD — *Ann. der Phys.;* t. I, 1900, p. 486; t III, 1900, p. 298.

(97) PERRIN — *Ann. de Chim. et de Phys.;* (7). XI, p. 496, 1897.

RUTHERFORD — *Phil. Mag.;* v. 43, p. 241; 1897.

(98) J. J. THOMSON — *Proc. Camb. Phil. Soc.;* X, p. 10; 1900

(99) PERRIN — *Ann. de Chimie et de Phys..* (7), XI, p. 696; 1897.

(100) J. J. THOMSON e RUTHERFORD — *Phil. Mag.;* XLIII, 1896, p. 392.

(101) RUTHERFORD — *Proc. Camb. Phil. Soc.;* t. IX; 1898, p. 410.

(102) MAC CLELLAND — *Phil. Mag.;* XLVI, 5.ª serie, 1898, p. 29.

(103) BLOCH — *J. de Phys.;* 4.ª serie, t. III, 1904, p. 755, e 913.

(104) LANGEVIN — *Thèse de Doctorat;* 1902.

(105) TOWNSEND — *Phil. Trans.;* CXCIII, A. 1899, p. 129.

(106) H. A. WILSON — cit. da J. J. THOMSON.

(107) E. RUTHERFORD — *Phil. Mag.;* 5.ª serie, t. XLIV, 1897, p. 429.
J. J. TOWNSEND — *Phil. Trans.;* t. CXCIII, 1899, p. 129.

(108) ELSTER e GEITEL — *Wied. Ann.;* XVI, p. 193, 1882; XIX, p. 588, 1883; XXII, p. 123, 1884; XXVI, p. 1, 1885; XXXI, p. 109, 1887; XXXVII, p. 315, 1889; *Wien. Bericht.* XCVII, p. 1175, 1889.

(109) O. W. RICHARDSON — *Proc. Camb. Phil. Soc.;* XI, p. 286; 1902.

(110) *Proc. of Cambr. Phil. Soc.;* vol. IX, p. 5; *Phil. Mag.;* (45), 1868, p. 125.

(111) LENARD — *Wied. Ann.;* t. XLVI, 1892, p. 584.

(112) LORD KELVIN — *Proc. Roy. Soc.;* t. LVII, 1895, p. 335 e J. J. THOMSON, *Cond gases.*

(113) KÖSTERS — *Wied. Ann.;* t. LXIX, 1899, p. 12 e J. J. THOMSON — *Cond. gases.*

(114) BLOCH — *C. R.*, dic. 1902, *Société Franç. de Phys.*, febb. 1903; *C. R.*, dic. 1903. *Société Franç. de Phys.*, febb. 1904.

(115) LENARD — *Ann. de Phys.;* t. I, p. 486; t. III, 1900, p. 298.

(116) KAEHLER — *Ann. der Phys.:* N. F., t. XII, 1903, p. 1119.

(117) citato da J. J. THOMSON.

(118) NACCARI — *Atti di Torino,* t. XXV, 1890, p. 252-257; *Nuov. Cim.;* (3), t. XXVII, 1890, p. 228-233; *J. de Phys.* (2), t. IX, 1890, p. 540.

ELSTER e GEITEL — *Ann. de Phys.;* XXXIX, 1890, p. 321.

SHELFORD BIDWELL — *Nature,* t. LV, 1896, p. 6.

(119) HELMOLTZ e RICHARZ — *Wied. Ann.;* t. XL, 1890, p. 161.

(120) E. BARUS — *American Meteorological Journal,* maggio 1893.

(121) SHELFORD BIDWELL — *Nature;* t. XLIX, 1893, p. 212.

(122) BARUS, G. C. SCHMIDT, J. J. THOMSON, HARMS — *ivi.*

(123) BLOCH — *Thèse de doctorat;* Paris, juin 1904.

(124) ERMANN — *Ann. Gilbert;* 1806.

(125) HANKEL — *Wied. Ann.;* 1859.

(126) HITTORF — *Wied. Ann.;* 1869.

(127) DAVIDSON — *Physikalische Zeitschrift;* 15 febb. 1906.

(128) ARRHÉNIUS — *Wied. Ann.*; 1891.

(129) WILSON, SMITHELS e DAWSON — *Phis. Trans.;* A. 1899.

(130) Wilson — *Phis. Trans.;* A. 142. p. 429; 1899.

(131) H. A. Wilson — *Phil. Mag.;* t. IV, 1902, p. 207-214.

(132) Moreau — *Ann. de Chimie et de Phys.;* 1904.

(133) Donnau — *Phil. Mag.;* 1898.

(134) C. T. R. Wilson — *Phil. Trans.;* t. CXCIII, 1900, p. 289.

(135) Townsend — *Phil. Trans.;* A, t. CVC; 1901.

(136) Rutherford — *Proc. Camb. Phil. Soc;* t. IX, 1898, p 410.

J. J. Thomson — *Phil. Mag.;* 5.ª serie, t. XLVIII, 1899, p. 547.

(137) Coulomb — *Mém. de l'Acad. des Sciences;* 1785, p. 612.

(138) Warburg — *Pogg. Ann.;* CXLV, p. 578; 1872.
Hittorf — *Wied. Ann.;* VII, p. 595; 1879.
Nahrvold — *Wied. Ann.;* V, p. 460, 1878; XXXI, p. 448, 1887.
Narr — *Wied. Ann.;* V, p. 145, 1878; VIII, p. 266, 1879; XI, p. 155, 1880; XVI, p, 558, 1882; XXII, p. 550, 1884: XLIV, p. 133, 1892.
Boys — *Phil. Mag.;* XXVIII, p. 14, 1889.
Linss — *Meteorol. Zeitschr.;* IV, p. 352, 1887; *Elektr. Zeitschr.;* I, 11, p. 506, 1890.
Elster e Geitel — *Drudes Ann.;* II, p. 425; 1900.
Geitel — *Phys. Zeitschr.;* II, p. 116; 1900.
Wilson — *Proc. Cambr. Phil. Soc.;* XI, p. 32, 1900; *Proc. Roy. Soc.;* LXVIII, p. 151, 1901.
Rutherford e Allen — *Phys. Zeitschr.;* III, p. 225: 1902.
Crookes — *Proc. Roy. Soc.;* XXVII, p. 347; 1879.
Wilson — *Proc. Roy. Soc.;* LXIX, p. 277; 1901.
Elster e Geitel — *Phys. Zeitschr.;* II, p. 560; 1901.

(139) I. J. Thomson — *Cond. of Electr. through gases;* p. 350.
Jaumann — *Wied. Ann.;* LV, p. 656, 1895; *Wien. Sitz.;* XCVII, p. 765, 1888.
Swyngedauw — *Thèse: Contr. à l' Etude des déch.;* 1897.
Johnson — *Drude's Ann.;* III, p. 460, 1900; V, p. 121, 1901.

(140) Amaduzzi — *Atti della Associazione elettrotecnica italiana.* Seduta generale annuale, 1904.

(141) H. Wilson — *Phil. Mag.;* XLIX, 505.

(142) J. J. Thomson — *Cond. electr. thr. gases;* p. 434.
H. Wilson — l. c. e *Proc. Camb. Phil. Soc.;* XI; 1902.
Warburg — *Wied. Ann.;* 1887 e 1890. XXXI e XL.
Hittorf — *Wied, Ann.;* 1884, XXI.
Capstick — *Proc. Roy. Soc.;* LXIII, 1898, p. 356.
Strutt — *Phil. Trans.;* CXCIII, 1900, p 377.
Ebert — *Wied. Ann.;* LXIX, 1899.
Skinner — *Phil. Mag.;* L. 1900. *Wied. Ann.* v. 68, 1899.

(143) E. Wiedemann — *Wied. Ann.;* VI, 298; 1879, X, 202, 1880.
Hittorf — *Wied. Ann.;* XXI, 128; 1884.
Wood — *Wied. Ann.;* LIX. p. 238; 1896.

(144) Abria — *Ann. de Phys. et de Chimie;* VII. 478, 1843.
Grove — *Ann. de Phys. et de Chimie;* XXXVII, 376, 1853.
Gaugain — *C. R.;* XLI, p. 152; 1855.

(145) Crookes — *Revue gén. des Sciences;* 30 marzo 1891.
Amaduzzi — *Nuovo Cimento;* Tomo X, dic. 1905.

(146) Righi — *Memorie della R. Accademia delle Scienze di Bologna;* 23 gennaio 1891;
26 aprile 1891;
19 maggio 1895.
Rend. dei Lincei; 10 aprile 1891.

(147) Amaduzzi — *Nuovo Cimento;* Serie V, Tomo X, 1905.

(148) Warburg — *Sitz. Akad. der Wissenschaften*; Berlin, XII p. 223; 1886.

Wied. Ann.; LIX, p. 1; 1896. LXII, p. 385; 1897.

(149) Righi — *Mem. della R. Acc. di Bologna*; 11 maggio 1876;

Nuovo Cimento; serie 2.ª, XVI.

(150) Luggin — *Centralblatt für Elektrotechnick*; X, p. 567, 1888.

(151) Geitler — *Ann. de Phys.*, V, 1901, p. 924; VII, 1902, 935.

(152) Righi — *Nuovo Cimento,* 1906, pag 247.

(153) Fischer — *Phys. Zeitschr.*, 15 febbr. 1905.

(154) Righi — *Memorie dell'Accad. di Bologna,* 17 dic. 1899.

INDICE

Lightning Source UK Ltd.
Milton Keynes UK
UKHW011613160119
335572UK00012B/1153/P

9 780656 804863

16 11 8 5.6 4 2.8 1.8

CONSEIL REGIONAL
BASSE-NORMANDIE

CAISSE DES DÉPÔTS ET CONSIGNATIONS
DIRECTION REGIONALE DE BASSE-NORMANDIE

Ministère
Culture
Francophonie

Direction régionale des affaires culturelles Basse-Normandie

ODACC
Calvados
Office Départemental d'Action Culturelle du Calvados

Visite aux armées: Tourismes de guerre

Back to the Front: Tourisms of War

Executive Director/Directeur de publication:
Pierre Aguiton, Président du F.R.A.C.
Basse-Normandie
Publication Director/Responsable de la Publication:
Sylvie Zavatta, Directrice du F.R.A.C.
Basse-Normandie

Edited by/Conçu et réalisé par:
Elizabeth Diller and/et Ricardo Scofidio
Graphic Conception/Conception graphique:
Brendan Cotter and Heather Champ
Book Design/Projet artistique: Champ & Cotter,
in collaboration with/avec la collaboration de
Diller + Scofidio
Special Project/Projet spécial, pp. 302-321:
Diller + Scofidio, with/avec Paul Lewis; assisted
by/assisté de Calvert Wright

Volume created on the occasion of the exhibition/
Livre édité à l'occasion de l'exposition:
SuitCase Studies: The Production of a National Past/
La production d'un passé national by/par:
Diller + Scofidio, with/avec Victor Wong,
Abbaye-aux-Dames, Caen,
January 14 - March 27, 1994/
14 janvier - 27 mars, 1994

Organisation: Fonds Régional d'Art Contemporain de
Basse-Normandie, avec le concours du Conseil Régional
de Basse-Normandie, de la Direction Régionale de la
Caisse des dépôts et consignations en Basse-
Normandie, de la Direction Régionale des Affaires
Culturelles de Basse-Normandie et de l'Office
Départmental d'Action Culturelle du Calvados.

Commissaire/Curator: Sylvie Zavatta, Directrice du
F.R.A.C. Basse-Normandie

Conçu et réalisé par/Edited by

Diller + Scofidio

Jean-Louis Déotte

Thomas Keenan

Frédéric Migayrou

Lynne Tillman

Georges Van den Abbeele

Visite aux armées: Tourismes de guerre

Back to the Front: Tourisms of War

F.R.A.C. Basse-Normandie

Printed in France by/Imprimé en France par
l'Imprimerie Alençonnaise

Published by/Publié par F.R.A.C. Basse-Normandie

Distribution in/en Europe and the/et aux U.S.A.
by/par Princeton Architectural Press, New York
Distribution in/en France by/par le F.R.A.C.
Basse-Normandie

Library of Congress Calatog Card Number: 93-43548

ISBN 2-9505940-0-X

Table des matières

Table of Contents

SYLVIE ZAVATTA
Directrice du F.R.A.C. de Basse-Normandie

LE PASSÉ RECOMPOSÉ ou LA CRÉATION D'UN ESPACE HISTORIQUE

THE PAST PERFECT(ED) or THE CREATION OF AN HISTORICAL SPACE

6 juin 1944 (jour J, D Day): Face à face impitoyable, affrontement pour la reconquête d'un territoire: les forces alliées pour la liberté s'opposent aux forces du mal, celles de toutes les abominations, de toutes les cruautés.

Janvier 1994: Je suis là, en lieu et place de l'ancien occupant. Comme lui je scrute l'horizon, un horizon calme, vide à présent. Le temps est passé. Mon regard n'est en rien comparable à celui du soldat contemplant dans la terreur "l'œil morne du néant."[1] A cela il n'a rien à dire, rien à ajouter, toute parole est une "hérésie" du silence.

Les traces réelles du conflit ne me donnent pas grand chose à voir non plus de l'intensité du drame humain. Les plages du débarquement me semblent identiques à ce qu'elles pouvaient être bien avant l'événement: des plages ordinaires vouées aux baignades insouciantes de nos villégiatures. Pages blanches maintenant où mon regard s'absente alors que résonnent les cris étouffés, le vacarme et le fracas des canons dans mon imagination.

Plus loin, la concentration blanche de petites croix identiques m'émeut indiciblement et me fascine esthétiquement: points d'exclamation pour chacune des stupeurs anonymes, pour chacun des souffles interrompus.

June 6, 1944 (D-Day): A merciless confrontation for the re-conquest of a territory: the Allies, fighting for freedom, opposed to the Forces of Evil, the Axis, the embodiment of utter abomination and cruelty.

January 1994: I am here, in the very place where a former occupant once stood. Like him, I scan the horizon, a calm horizon now empty of threat. Time has passed. My gaze has nothing in common with that of the soldier, that gaze contemplating in terror "the dull eye of nothingness."[1] There is nothing to add to this, nothing to say: words are a "heresy" of silence.

The real traces of the battle do not offer me much to see, and nothing of that intense human drama. To me, this beach seems what it easily could have been before the event—an ordinary beach dedicated to the carefree recreation of vacationers. Now these shores are blank. They are white pages which my eyes scan, while muffled cries and the roar and crash of guns echo in my imagination.

Further off, a white cluster of small identical crosses moves me unspeakably and intrigues me aesthetically: exclamation marks for each and every death, for each last gasp.

And then, all of a sudden, invading the silence: "They're coming." A horde of tourists invades the territory. What have they come searching for? What moves them?

Et puis soudain, envahissant le silence: "Ils arrivent". Des cohortes de touristes occupent le territoire. Que viennent-ils chercher? Par quoi sont-ils mus?

Un paysage recréé

Il faut que le temps passe, disaient les contemporains du drame à Paul Virilio, lorsque de 1958 à 1965, archéologue précoce, il photographiait les bunkers de la côte Atlantique. A cette époque encore: "ces bâtiments concentraient la haine des badauds comme ils avaient (auparavant) concentré la crainte de la mort pour ceux qui les utilisaient dans le danger."[2]

Autre temps, autres points de vue.

Aujourd'hui les bunkers, les vestiges qui jonchent les plages du débarquement ne se prêtent pas seulement à une analyse archéologique. Ensemble: blockhaus, musées, cimetières constituent les jalons d'un autre territoire, d'une autre **géographie**, celle du **TOURISME**.

Le tourisme est un phénomène de masse typique de notre 20ème siècle. Il s'agit même du plus important mouvement de foule depuis la seconde guerre mondiale. Cela explique la raison pour laquelle il fait l'objet d'études approfondies de la part des économistes et des aménageurs du territoire. Constituant un enjeu

A recreated landscape

"Time must pass," those who lived through the drama told Paul Virilio—who came as a precocious archaeologist to photograph the bunkers along the Atlantic coast between the years of 1958 and 1965. At that time, he wrote, the bunkers "concentrated the hatred of gawkers, just as they had (previously) concentrated the fear of death for those using them as protection against the invasion."[2]

Other times—other points of view.

These days, the bunkers and other vestiges of the struggle that are strewn across the beach lend themselves not only to the study of the archaeologist. Together: blockhäuser, museums, cemeteries now mark out the landmarks of another territory, and another **geography**—the geography of **TOURISM**.

Tourism is a mass phenomenon of the twentieth century, entailing a greater movement of people than the Second World War. This explains why tourism is an object of in-depth study for economists and land-planners alike: it represents an essential set of economic stakes which no region can afford to overlook. Tourism is a much coveted and much promoted activity—in 1990, 429,000,000 people took vacations abroad, spending altogether more than $249,000,000,000.[3] The tourist industry is intent not only on implementing marketing strategies designed to increase the numbers of visitors to a

économique essentiel qu'aucune région ne saurait négliger, le tourisme est un secteur convoité et une activité suscitée (429 millions de personnes sont parties en vacances à l'étranger et ont dépensé plus de 249 milliards de dollars en 1990).[3] L'industrie touristique s'attache donc non seulement à mettre en œuvre des stratégies marketing susceptibles d'inciter à la fréquentation du territoire mais elle aménage également ce territoire afin qu'il soit conforme à la demande du plus grand nombre. C'est donc à juste titre que J.-R. Pitte écrit à propos du paysage: "le paysage est une réalité culturelle car il est non seulement le résultat du labeur humain, mais aussi objet d'observation, voire de consommation.... Ce phénomène de ricochet est capital dans les paysages touristiques qui sont avidement regardés mais aussi profondément aménagés pour être mieux regardés."[4]

Lié à la guerre, le tourisme suscite naturellement des interrogations spécifiques. Il n'y a rien en commun entre les motivations du touriste balnéaire et celles du touriste fréquentant les lieux de belligérance et l'on peut même qualifier ce dernier tourisme de paradoxale puisque c'est sur le temps de leurs loisirs que des foules entières composées de millions d'individus viennent voir, se souvenir, se rendre compte ou conjurer l'horreur... le plus souvent pour continuer à ne rien en savoir.

Nul doute que le psychologue sera passionné par le comportement de cette

region, but also on planning and developing those regions in such a way that they meet the demands of the greatest number of people. So it is with justification that J-R. Pitte writes: "The landscape is a cultural reality because it is not only the outcome of human labor, but also an object of observation, and even consumption... This ricochet phenomenon is paramount in tourist landscapes which are avidly looked at but also extensively developed so as to be better looked at."[4]

When tourism is associated with war, it naturally raises particular questions. The tourist on seaside holiday is a different creature than the tourist who seeks out battle sites. The latter group is something of a paradox, those millions of people who are willing to devote their leisure time to come and see, remember, or conjure up, something they may know little or nothing about.

Psychologists will undoubtedly take a keen interest in this crowd. And, like Freud, who described the constitutive mechanisms of Army and Religion, they will be able to see in this mass of tourists an artificial assembly of people compelled not by a spiritual guide—be it commander-in-chief or Christ—but by a "leader" who might "have, as a substitute, an idea, an abstraction,"[5] namely "Culture," the culture—by and through which our national identity is formed, and which naturally participates, in the Barthean sense,[6] in the construction of our mythologies.

foule et tel Freud qui décrivait les mécanismes constitutifs de l'Armée et de la Religion, il pourra voir dans cette masse de touristes, le rassemblement artificiel d'individus fascinés non plus par un guide spirituel que serait, là le commandant en chef, ici le Christ, mais par un "meneur" qui pourrait "avoir pour substitut une idée, une abstraction,"[5] à savoir ici la "Culture," celle par laquelle et au travers de laquelle se constitue notre identité nationale et qui participe naturellement à la constitution de nos mythologies au sens où l'entendait Barthes.[6]

Un passé recomposé

Car, au **paysage recomposé** répond en écho une **histoire réinventée**. Il ne s'agit nullement ici d'une quelconque falsification du passé mais d'un aménagement de l'histoire comme conséquence de l'aménagement du territoire et de la (re)création de lieux de mémoire. Les plages, les bunkers, les cimetières, les musées sont aujourd'hui des monuments investis d'une incontestable valeur de remémoration patriotique et historique. Ils ont pour vocation d'empêcher "quasi définitivement qu'un moment ne sombre dans le passé" et de "le garder toujours présent et vivant dans la conscience des générations futures."[7] Leur fonction première est donc de lutter contre l'amnésie.

Aujourd'hui il est indéniable que la vocation de ces "lieux de mémoire"

Past perfect(ed)

For to the **past perfect(ed) landscape** there responds the echo of a **reinvented history.** There is absolutely no question here of any falsification of the past, but rather of the re-management of history, as a consequence of territorial planning and the (re)creation of places of memory. Today, the beaches, bunkers, cemeteries, and museums are all monuments invested with an undeniable aura of patriotic and historical significance. Their vocation, allegedly, is to prevent "almost once and for all a given moment from sinking into the past" and to "keep it ever-present and alive in the minds of future generations."[7] Their prime function is thus to combat amnesia.

These days, however, it is undeniable that the vocation of these "memorial places" is no longer perceived as being purely commemorative. Studies reveal that visitors to Basse-Normandie tend to be, for the most part, from Europe, in the broadest sense of the term, meaning that their numbers include not only nationals from the countries which lost the war (Germany, Italy), but people from the eastern European countries as well. Furthermore, the great majority of visitors were not alive during the Second World War, but, as whole, consider the invasion that occurred a defining moment in a shared history, a common culture.

Thus it is, in effect, both through these memorial places, in the sense intended

n'est plus perçue comme purement commémorative. Les études menées sur les motivations des visiteurs en Basse-Normandie tendent à prouver qu'ils proviennent pour la plupart de l'Europe au sens large, comprenant non seulement des ressortissants des pays vaincus (Allemagne, Italie) mais aussi ceux des pays de l'Europe de l'Est. Il s'agit, qui plus est, d'un public qui n'a pas, dans sa grande majorité, connu les événements ni même l'époque, mais qui considère dans son ensemble que cette page de l'histoire constitue la base d'une histoire commune, d'une culture commune.

C'est en effet au travers de ces lieux de mémoire au sens où l'entend l'historien Pierre Nora[8] mais aussi au travers des "non lieux" selon la terminologie de Marc Augé, anthropologue de la modernité qui définit ainsi: "les grands espaces de la communication, de la circulation, de l'information,"[9] (les panneaux de signalisation installés sur le territoire participent également de ces non lieux), que se constitue au présent notre passé, un passé toujours mouvant dont le présent pourrait indéfiniment user à son gré.[10]

Dans ce passé recomposé, sur ce territoire aménagé, "*scopoboulimique*" à demi aveugle, le touriste mitraille. Il tente de saisir l'insaisissable et au retour de son voyage il n'aura de cesse, à l'instar du soldat dont il aura pu admirer l'héroïsme, de proclamer dans un geste ostentatoire (photo à l'appui): **j'y étais. Le Touriste fait signe...**

by the historian Pierre Nora,[8] and through "non-places," to borrow the terminology of Marc Augé, an anthropologist of modernity, who accordingly defines "the great spaces of communication, circulation, and information,"[9] (signposts installed on the territory are also part of these non-places), that our past has been constituted in the present—an ever shifting past that the present may use indefinitely, as it sees fit.[10]

In this perfect(ed) past, in this laid out territory, the half-blind and "*scopobulimic*" tourist takes snapshots. He tries to grasp the impalpable—and back home, with an ostentatious gesture (backed up by photos), he can endlessly proclaim, just like the soldier whose heroism he could have admired: **I was there. The Tourist signals...**

Diller + Scofidio: War tourism re-visited

In this book, that the **F.R.A.C. Basse-Normandie** (Fonds Régional d'Art Contemporain) devotes to their exhibition at the Abbaye-aux-Dames in Caen, the American architects **Diller + Scofidio** set out to broaden the discussion of the relationship between tourism and war. In turn, taking possession of the territory, of the geography of tourism, they transform it into a field of investigation and propose an analysis that makes evident the role of rituals and institutions in the fabrication of our past, and in the ever-evolving construction of "our national narratives."

Diller + Scofidio: Le tourisme de guerre revisité

Dans ce livre que leur consacre le **F.R.A.C. Basse-Normandie**, à l'occasion de leur exposition à l'abbaye-aux-Dames de Caen, les architectes américains **Diller + Scofidio** se proposent de mener plus avant la réflexion sur les relations qu'entretiennent le tourisme et la guerre. Prenant à leur tour possession du territoire, de la géographie du tourisme, ils le transforment en champs d'investigation afin d'en proposer une analyse qui mettra en évidence le rôle des rituels et des institutions dans la fabrication de notre passé, dans la constitution toujours évolutive de "nos récits nationaux."

Architectes atypiques, **Diller + Scofidio** ne considèrent pas la production architecturale comme un moyen de perpétuer, de consolider la société ou de la faire évoluer vers une utopie, mais comme un outil de lecture de ce qui existe, de ce qui est "inscrit ou pré-inscrit."[11] Leur démarche est descriptive certes, mais elle vise à démonter les mécanismes qui régissent nos pensées et nos comportements.

SuitCase Studies: la production d'un passé national, l'installation présentée à Caen du 14 janvier au 27 mars 1994, illustre parfaitement ce propos. Réalisée aux Etats-Unis en 1991, elle posait de façon pertinente la question de la fabrication de l'aura et de l'authenticité s'agissant des sites historiques américains (lits d'hommes

Diller + Scofidio are atypical architects; they do not regard architectural production as a means of perpetuating and consolidating society, of an evolution towards utopia. Rather, they see it as a tool for reading and interpreting what exists, and what is "recorded or pre-recorded."[11] Their approach is no doubt descriptive but it is aimed at dismantling the mechanisms that govern our thinking and our behavior.

SuitCase Studies: the Production of a National Past, the installation on view in Caen from January 14 to March 27, 1994, offers a perfect illustration of their purpose. The piece, produced in the United States in 1991, pertinently questioned the fabrication of the aura and authenticity of two kinds of American tourist sites (beds of famous people and battle-fields). Furthermore, the project examined the gaze, as well as the discourse and images that construct the meaning of memorial places in the public imagination.

By taking as an object of inquiry the beaches where the D-Day landings took place in Basse-Normandie, **Diller + Scofidio** here show that these multiple discourses and representations have the special quality of revealing the correspondences between tourism and war, between tourist and soldier. This demonstration materializes in an original work presented in this book, where, in a variety of media, including drawing, photography and writing, they study the way in which different "points of view" (military reports, tourist guides, maps, films, literature, video war-games...) posit their own version of the

célèbres et champs de bataille). Elle constituait de plus une réflexion sur le regard (car que (re-)garde le touriste de l'authentique et de ses représentations?) et sur les discours, les images renforçant l'impact des lieux de mémoire dans l'imaginaire du public.

En prenant pour objet les plages du débarquement en Basse-Normandie **Diller + Scofidio** montrent que ces multiples discours, ces multiples représentations ont la particularité d'être révélateurs des analogies existant entre Tourisme et Guerre, entre touriste et soldat. Cette démonstration se matérialise par une oeuvre originale présentée dans cet ouvrage où ils étudient également au travers d'une production hybride constituée de dessins, photos et textes, la manière dont différents "points de vue" (rapports militaires, guides touristiques, systèmes cartographiques, cinéma, littérature, jeu vidéo-guerrier...) proposent chacun leur propre version de la vérité sur les événements.

Enfin d'autres auteurs dans cet ouvrage viennent enrichir la réflexion de **Diller + Scofidio** et compléter de façon pertinente le panorama que l'on a voulu dresser des différents regards sur le tourisme et la guerre:

Ainsi **Jean-Louis Déotte** montre que le "tourisme ne s'alimente plus seulement de l'évènement guerrier, [qu'] il n'est plus seulement la forme contemporaine de la conquête mais [qu'] il devient un objectif militaire essentiel" dans les conflits actuels.

truth about the event.

Other authors have also contributed to the book, helping to broaden the research of Diller + Scofidio, and offering new perspectives on the relationship between tourism and war:

Jean-Louis Déotte shows that "tourism thus no longer feeds solely on the wartime event... [that] it is no longer a soft, contemporary form of conquest and worldwide westernization, [that] Tourism, rather, becomes an essential military objective" in present-day wars.

Thomas Keenan interrogates the hyper-mediatization of these same wars "as proof of the birth of new strategic requirements, cultural and media-oriented alike, for military strategies."

Frédéric Migayrou takes as his basic line of inquiry "a territorial application, the landings and the mechanics behind them, so as to enhance, in negative relief, an impossible psychology of combat, one that arises from a procedural complexity leading the body to a radical exposure, ultimately entailing its total destruction."

Georges Van den Abbeele envisages "Militarism and Tourism as transcultural forms of invasion in competition with each other."

Thomas Keenan s'interroge pour sa part sur l'hyper-médiatisation de ces mêmes conflits "comme preuve de la naissance de nouveaux besoins stratégiques culturels et médiatiques pour les stratégies militaires."

Frédéric Migayrou quant à lui, prend comme base de réflexion "une pratique territoriale, celle du débarquement et de son ingénierie, afin de faire valoir en négatif une impossible psychologie du combat, née d'une complexité de procédures amenant le corps à une exposition radicale, celle de sa destruction totale."

Georges Van den Abbeele envisage "Militarisme et Tourisme comme des formes d'invasion transculturelles en compétition l'une avec l'autre."

Lynne Tillman enfin, nous propose une Nouvelle: "**Vivre sa perte**" ou l'histoire de la visite de Madame Réalisme aux vestiges du conflit et aux cimetières américains.

Ce livre n'aurait pu voir le jour sans la "mobilisation" enthousiaste de ces auteurs ni leur profond intérêt pour le travail de **Diller + Scofidio**, c'est pourquoi je tiens à leur exprimer toute ma reconnaissance. Je remercie enfin **Diller + Scofidio** eux-mêmes de la qualité de leur "engagement" et de leur réflexion.

Lynne Tillman, finally, offers us a novella: "**Lust for Loss**," or the tale of Madame Realism's visit to the vestiges of the battle and to the American cemeteries.

This book could never have seen the light of day without the enthusiastic "mobilization" of these authors and their far-reaching interest in the work of **Diller + Scofidio.** I therefore insist on expressing to them my profound gratitude. I also thank **Diller + Scofidio** themselves for the quality of their "engagement" and their thinking.

Notes

1. A. Cohen, *Belle du Seigneur*, Paris, Ed. Gallimard, 1968.
2. P. Virilio, *Bunker Archéologie*, Paris, Ed. du Demi-Cercle, 1991, p. 13.
3. Sources citées par Lozato-Giotart, in *Géographie du Tourisme*, Paris, Ed. Masson, 1993, p. 11.
4. J.-R. Pitte, *Histoire du paysage français*, Paris, Ed. Tallendier, Tome I, 1983, pp. 23-24.
5. S. Freud, *Essais de Psychanalyse*, Paris, Ed. Payot, 1981, p. 161.
6. Voir l'analyse de Roland Barthes sur le "Guide Bleu," in *Mythologies*, Paris, Ed. du Seuil, 1957, pp. 121-125.
7. A. Riegl, *Le culte moderne des monuments*, Paris, Ed. du Seuil, 1984, p. 85.
8. Voir *Les Lieux de Mémoires*, sous la direction de Pierre Nora, Paris, Ed. Gallimard, 1984-1993.
9. M. Augé, entretien in *Magazine Littéraire* n° 307, février 1993, p. 33.
10. Voir les différents aménagements qu'ont pu subir les monuments historiques au cours du temps et ceci en fonction de l'idéologie dominante, (pour exemple les théories et les méthodes de Viollet-Le-Duc au 19ème siècle).
11. Diller + Scofidio, in présentation de leur exposition au Magasin, Grenoble, février-avril 1993.

Notes

1. A. Cohen, *Belle du Seigneur*, Gallimard, Paris, 1968.
2. Paul Virilio, *Bunker Archéologie*, Demi-Cercle, Paris, 1991, p. 13.
3. Sources quoted by Lozato-Giotart in *Geographie du Tourisme*, Masson, Paris, 1993, p. 11.
4. J.-R. Pitte, *Histoire du Paysage Français*, Tallendier, Paris, Vol. I, 1983, pp. 23-24.
5. S. Freud, *Essais de Psychanalyse*, Payot, Paris, 1981, p. 161.
6. Cf. Roland Barthes' analysis of the "Blue Guide" series in *Mythologies*, Seuil, Paris, 1957, pp. 121-125.
7. A. Riegl, Le culte moderne des monuments, Seuil, Paris, 1984, p. 85.
8. Cf. *Les Lieux de Mémoires*, edited by Pierre Nora, Gallimard, Paris, 1984-1993.
9. M. Augé, interview in *Magazine Littéraire,* n° 307, February 1993, p. 33.
10. Cf. the different planning and developments undergone by historic monuments through the ages, in relation to the predominant ideology of the day (for example, the theories and methods of Viollet-le-Duc in the 19th century).
11. Diller + Scofidio, in the introduction to their exhibition at the Magasin, Grenoble, February-April, 1993.

INTRODUCTION

"The Old English word **travel** was originally the same as *travail* meaning trouble, work, or torment which in turn comes from the Latin *tripalium*, a three-staked instrument of torture."[1] Travel is thus linked, etymologically, to aggression.

Tourism and war appear to be polar extremes of cultural activity—the paradigm of international accord at one end and discord at the other. The two practices, however, often intersect: tourism of war, war on tourism, tourism as war, war targeting tourism, tourism under war, war as tourism are but a few of their interesting couplings.

The symbiosis between tourism and war is nowhere more evident than in the national economy of Israel. Not only is the Gross National Product largely dependent on a tourist industry which must survive in a permanent state of war, but Israel's national defense is directly dependent on tourism's revenue. In short—war

ACTION? YOU SAID IT! RIGHT NOW! TRAVEL? SURE! CHINA, JAPAN HAWAII, PHILIPPINES, GUAM, WEST INDIES. ADVENTURE? OH MAN!

-1914, U.S. Marine Corp Recruiting Publicity Bureau

HERE IS YOUR OPPORTUNITY YOUNG MAN. TRAVEL. THE OPPORTUNITY OF A LIFETIME. YOU HAVE STUDIED, READ, AND THOUGHT ABOUT FOREIGN COUNTRIES. NOW IS YOUR CHANCE TO SEE THEM. NOW IS THE TIME.

-1917, U.S. Army Recruiting Publicity Bureau

THOSE AMERICAN TOURISTS. ENLIST AS ONE OF THE 50,000 MEN FOR OVERSEAS SERVICE. PERSONALLY CONDUCTED TOURS FOR SOLDIER SIGHTSEERS.

-1919 Army Recruitment Advertisement, Collier's Weekly

"En vieil anglais, le mot **travel** a le même sens que le mot *travail*, signifiant ennuis, travail ou tourment, et qui vient du latin *tripalium*, instrument de torture à trois pointes".[1] Le voyage est donc lié, étymologiquement, à l'agression.

Tourisme et guerre apparaissent comme deux pôles opposés de l'activité culturelle - paradigme de l'accord international d'un côté et du désaccord international de l'autre. Pourtant, ces deux activités se croisent souvent: tourisme de guerre, guerre au tourisme, le tourisme en tant que guerre, la guerre prenant le tourisme comme cible, le tourisme en temps de guerre, la guerre en tant que tourisme ne sont que quelques exemples parmi d'autres de leurs forts intéressants accouplements.

La politique économique d'Israël est le meilleur exemple de symbiose entre tourisme et guerre. Non seulement le Produit National Brut de ce pays dépend largement d'une industrie du tourisme qui doit survivre en état de guerre permanent, mais son budget de la Défense dépend directement des revenus provenant du tourisme. En un mot, la guerre

ACTION? TU L'AS DIT! MAINTENANT! VOYAGER? BIEN SUR, CHINE, JAPON, HAWAI, PHILIPPINES, GUAM, ANTILLES. AVENTURE? ET COMMENT!

- 1914, Bureau de recrutement de la Marine américaine

VOILA TA CHANCE, JEUNE HOMME. VOYAGE. LA CHANCE DE TA VIE. TU AS ÉTUDIÉ, LU ET PENSÉ À CES PAYS ÉTRANGERS. VOILA TA CHANCE DE LES VOIR. MAINTENANT OU JAMAIS.

- 1917, Bureau de recrutement de l'Armée américaine

CES TOURISTES AMÉRICAINS. SOIS UN DE CES 50 000 HOMMES QUI EFFECTUENT LEUR SERVICE À L'ÉTRANGER. VISITES GUIDÉES PRIVÉES POUR LES TOURISTES-SOLDATS.

- 1919 Publicité pour l'armée, Collier's Weekly

THE NAVY, IT'S A CHANCE TO TRAVEL AROUND THE WORLD AND SEE PLACES MOST PEOPLE ONLY READ ABOUT.

- 1993, U.S. Navy Recruitment, television advertisement

fueled by tourism within war. During the war in the Gulf, civilian sites in Israel inadvertently became the military target of Iraqi retaliation against the U.S., upsetting the tourism/war equilibrium. After the war, Israel billed the U.S. $200 million in reparations for direct war damages from Iraqi Scud attacks and an additional $400 million in lost revenues from tourism. Simultaneously, the ruins of Kuwait almost immediately began to draw tourist attention.

Tourism and war, it seems, intersect continuously in the news, but their association is not a recent phenomenon. Contemporary tourism evolved from heroic travel of the past, the roots of which are undoubtedly entangled with those of the earliest territorial conflict: after all, mobility has always been a key strategy of war. Soldiers were among the first travelers to penetrate and weaken territorial borders—not only through force, but through the dissemination of language and custom. Today, travel is no longer simply a provision of war: it has become a fringe benefit, even an incentive. Since the First World War, the lure of travel has been built directly into the seductive language of military recruitment. Advertisements for the armed forces promise military

alimentée par le tourisme à l'intérieur de la guerre. Lors de la Guerre du Golfe, des sites civils israéliens furent, par inadvertance, pris comme cibles militaires par la riposte irakienne aux Etats-Unis et perturbèrent cet équilibre tourisme-guerre. Après la guerre, Israel factura aux Etats-Unis 200 millions de dollars les dégâts occasionnés directement par les attaques des Scuds irakiens et 400 millions de dollars le manque à gagner enregistré par le tourisme. Au même moment, les ruines du Koweit éveillaient presque instantanément l'attention des touristes.

Le tourisme et la guerre, semble-t-il, se croisent constamment dans les infos, mais leur association n'est pas un phénomène récent. Le tourisme moderne est issu des voyages héroïques d'autrefois dont les racines s'entremêlent indiscutablement avec celles des conflits territoriaux les plus anciens: après tout, la mobilité a toujours été une stratégie déterminante de la guerre. Les soldats furent les premiers voyageurs à franchir et affaiblir les frontières territoriales, non seulement par les armes, mais aussi par la diffusion de la langue et des coutumes. Mais, aujourd'hui, le voyage ne fait plus simplement partie de la guerre. Il est devenu un avantage complémentaire, voire une incitation. Depuis la Première Guerre Mondiale

LA MARINE, VOILÀ L'OCCASION DE FAIRE LE TOUR DU MONDE ET DE VOIR TOUS CES ENDROITS QUE LA PLUPART DES GENS NE CONNAISSENT QUE PAR LES LIVRES.

- 1993 Publicité télévisée pour la Marine américaine

service as a way to "See the World,"[2] an opportunity otherwise available solely to the leisure class.

While the culture-seeking soldier takes on characteristics of the tourist, the tourist is becoming progressively more militant—equipped for the vicissitudes of contemporary travel with high-tech travel gear, no-miss itineraries, health regimens and defensive training manuals. It's not unusual to find travel guidebooks advising tourists on *daily security planning,* particularly in politically unstable parts of the world: "In public spaces, such as a restaurant, sit where you cannot be seen from the outside and try to sit on the far side of a column, a wall, or other structure—away from the entrance. You want to be inconspicuous, out of the line of fire and protected from any bomb blast. The same precautions should be taken at hotels, at clubs, and even sitting on the deck of a yacht in the harbor."[3]

le leurre du voyage a été introduit directement dans le discours de séduction du recrutement militaire. Les publicités pour les forces armées présentent le service militaire comme un moyen de "voir du pays,"[2] une chance sinon réservée aux seules classes aisées.

Tandis que le soldat qui part à la recherche de la culture endosse les habits du touriste, le touriste, quant à lui, devient peu à peu plus militant; pour affronter les vicissitudes du voyage moderne il s'équipe d'une panoplie de voyage high-tech, d'itinéraires qui lui permettent de ne rien laisser de côté, de régimes alimentaires et de manuels d'auto-défense. Il n'est pas rare de trouver des guides de voyage conseillant aux touristes des *plans de sécurité quotidienne*, surtout pour les pays politiquement instables: "dans les lieux publics, tels que les restaurants, asseyez-vous là où vous ne pourrez pas être vu de l'extérieur et tâchez de vous installer du côté protégé des pilliers, murs ou autre structure, loin de l'entrée. Tâchez de passer inaperçu et de vous placer hors de la

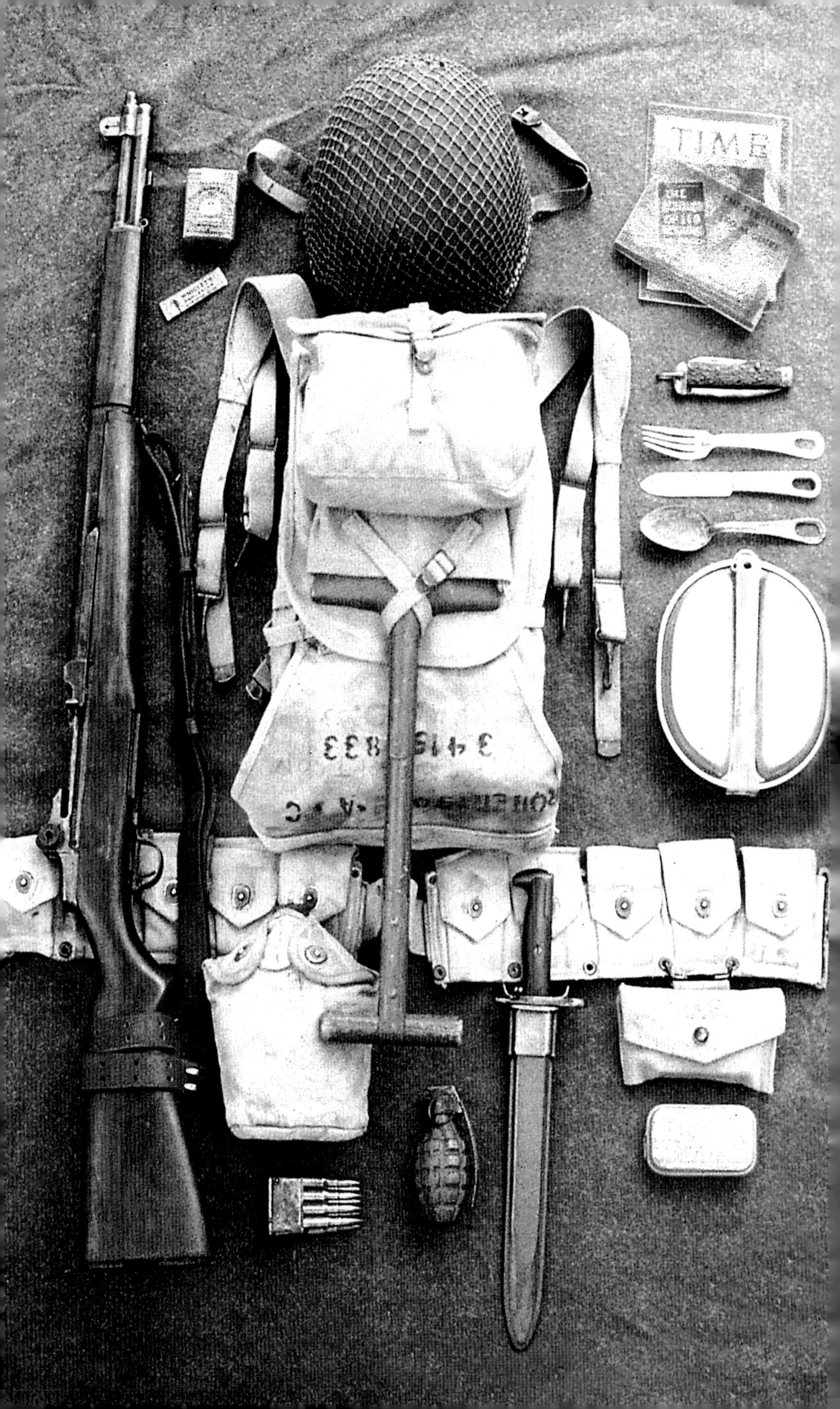
TIME

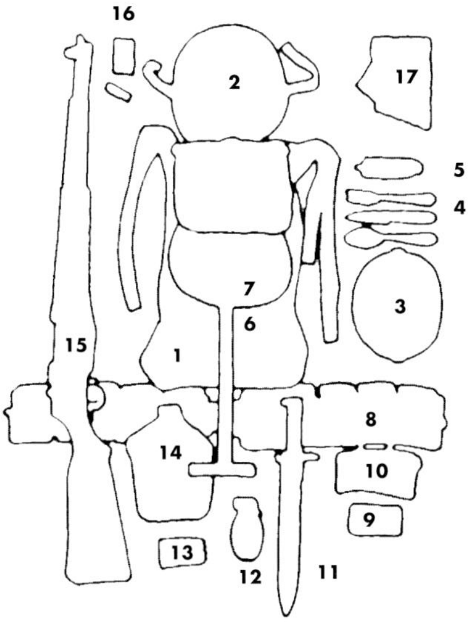

1. canvas haversack
2. steel M1 helmet with camouflage netting
3. mess kit
4. cutlery
5. pocket knife
6. spade
7. spade cover
8. M36 cartridge belt for Garand magazines
9. first aid kit
10. first aid pouch
11. M43 bayonet in sheath
12. MK2A1 defensive grenade
13. magazine 8 .30 calibre cartridges
14. M42 canteen in M10 holder
15. Garand 30 M1 semi-automatic carbine .30 calibre
16. personals
17. reading material

"The mutual image of the enemy is always similar, no matter who the enemies are, and they always mirror each other. That is, each side attributes the same virtues to itself and the same vices to the enemy. "We" are trustworthy, peace loving, honorable, and humanitarian; 'They' are treacherous, warlike and cruel... because of the belief that what is bad for the enemy is good for us, any efforts towards peace are seen as weak or naive on 'Our' part, and cunning and treacherous on 'Theirs.'"[4]

The advice, in short, is to go unnoticed. Camouflage can be as tactical for the tourist as it is for the soldier. This is all the more difficult, however, in that the tourist and the soldier alike are "marked" bodies, unable to blend into the crowd. They are ***foreign bodies***, like diverse strains of biological invaders in a resistant organism—facing anything from xenophobic suspicion to outright contempt. Even the body of the allied soldier is met with dubious welcome. These excluded figures—the tourist and the soldier—assume a similar representational role on foreign soil: they are both living symbols of another nationalism. Each one is seen as a performative body, measured against the image of its national stereotype.

Much of the scorn for tourists in host countries is born of the fear of cultural consumption—he quiet violence of domination. Nevertheless, tourism is defined by socio-economists as "the world's ***peace*** industry."[5] According to anthropologist Valene Smith, "Contemporary tourism accounts for the single largest ***peaceful*** movement of people across cultural

ligne de tir et protégé de toute explosion de bombe. Prenez les mêmes précautions dans les hôtels, les clubs et même lorsque vous vous asseyez sur le pont d'un bateau ancré dans un port."[3]

Le conseil, en fait, est de ne pas se faire remarquer. Le camouflage peut se révéler aussi tactique pour le touriste que pour le soldat. Ce qui est d'autant plus difficile, néanmoins, du fait que le touriste comme le soldat sont des corps "marqués," incapables de disparaître dans la foule. Ce sont des ***corps étrangers*** semblables aux diverses tensions que créent des envahisseurs biologiques dans un organisme en bonne santé—ils doivent tout affronter, du soupçon xénophobe au franc mépris. Même le corps du soldat allié est accueilli de manière équivoque. Ces exclus—le touriste et le soldat—assument un même rôle de représentant en sol étranger: tous deux sont les symboles vivants d'un autre nationalisme. Chacun est considéré comme corps actif et jugé à l'aune de son stéréotype national.

"L'image mutuelle de l'ennemi est toujours la même, quelque soit l'ennemi, et ils se reflètent l'un l'autre. C'est-à-dire que chaque côté s'attribue les mêmes vertus et attribue à l'ennemi les mêmes vices. 'Nous' méritons votre confiance, aimons la paix, sommes honorables et humains; 'Ils' sont traîtres, belliqueux et cruels... du fait de cette croyance que ce qui est mauvais pour l'ennemi est bon pour nous, tout effort de paix est considéré comme faiblesse ou naïveté de 'Notre' part et comme ruse et traîtrise de la 'Leur.'"[4]

Dans les pays qui les accueilllent, une large part du mépris pour les touristes vient de la peur de la consommation culturelle, la violence tranquille de la domination. Néanmoins, le tourisme est défini comme "l'industrie de ***paix*** mondiale."[5] Selon

aries in the history of the world."[6] The fact that tourism is defined as non-war through this negative logic confirms that international tourism can rarely be thought of if not through war.

War is also a tourist destination. One of tourism's most popular attractions is, in fact, the battlefield on which war has been waged. Solemn sites of war seem incongruous with the tourist's presumed desire to indulge in carefree pleasures and amusements. But these sites appeal to another touristic desire—a desire for the extreme, which is bound together with a fascination for heroism. The battlefield is a site of high drama, encoded with ideology and consecrated by bloodshed. Battlefields are strong attractions insofar as they directly feed the tourist's desire for "aura," a quality deemed absent in the mediated world but considered retrievable in sites of the cultural past.

Hawaii's most visited atrraction is not the Mauna Loa volcano nor the statue of Kamehameha the Great. Rather, it is the USS Arizona - the sunken hull of a battleship in Pearl Harbor. The ship took a direct hit and sunk in less than nine minutes, killing 1,177 of her crew. The attack thrust the U.S. into World War II. Today the battleship, sitting some forty feet beneath the surface, can be seen through eight feet of water. With mast protruding from the water, the ship oozes a gallon or two of oil each day.

A location where a soldier died for a cause will undoubtedly be visited by others. There are few battle sites that remain unmarked, unmonumented, or free from evaluation in guidebooks. As war ensures tourism, it also needs

l'anthropologue Valene Smith, "le tourisme moderne est, dans l'histoire de l'humanité, le seul mouvement de masse ***pacifique*** par dessus les frontières culturelles.[6] Dans cette logique négative, le tourisme se trouve défini comme non-guerre, ce qui confirme le fait que le tourisme international ne peut que très rarement être pensé autrement qu'à travers la guerre.

La guerre est aussi une destination touristique. Le champ de bataille, sur lequel une guerre s'est déroulée, est en fait une des attractions touristiques les plus populaires. Par rapport au désir présumé du touriste de se laisser aller à des plaisirs et des divertissements insouciants, les sites solennels de la guerre peuvent sembler incongrus. Mais ces sites font appel à un autre désir touristique, celui de l'extrême qui est lui-même lié à la fascination pour l'héroïsme. Le champ de bataille est un haut lieu dramatique, idéologiquement codé et sacralisé par le sang versé. Les champs de bataille attirent fortement, car ils nourissent directement le désir d'"aura" du touriste, cette qualité jugée absente du monde médiatisé, mais qu'il pense pouvoir retrouver dans les sites du passé culturel.

Le lieu le plus visité de Hawaï n'est ni le volcan Mauna Lao ni la statue de Kamehameha le Grand, mais l'USS Arizona, coque immergée d'un navire coulé lors de l'attaque de Pearl Harbor. Le bateau fut touché de plein fouet et coula en moins de neuf minutes, emportant avec lui 1 177 membres d'équipages. Cette attaque entraina les Etats-Unis dans la Seconde Guerre Mondiale. Aujourd'hui, il repose par douze mètres de fond, et on peut l'apercevoir environ trois mètres sous la surface. Son mat émerge encore et de ses soutes s'échappent environ huit litres de pétrole par jour.

Le lieu où un soldat est tombé pour une cause sera sûrement visité par

1. expandable "Roundtrip" carry-on bag
2. five day clothing supply
3. sun cap
4. 100% anti-UV sunglasses
5. collapsible dual voltage blow dryer
6. foreign phrase book
7. reading material
8. guide book
9. fanny pack holding
   8 Language Translator
   money pouch
10. toiletry/cosmetic kit
11. motion sickness tablets
12. SPF 15 sunblock
13. shampoo
14. multipurpose vitamins
15. pain killer, 200 mg
16. lubricated condoms
17. grooming supplies
18. anti-acid diversion safe
19. electric shaver case
20. dual voltage electric shaver
21. slumber mask
22. 220-115 volt electricity converter
23. Sony Handycam
24. Handycam replacement batteries
25. video tapes
26. 35 mm point and shoot camera
27. 35 mm Kodachrome
28. collapsible umbrella
29. airline tickets
30. foreign currency
31. passport
32. maps
33. credit cards
34. travel journal
35. travel alarm clock
36. traveller's checks

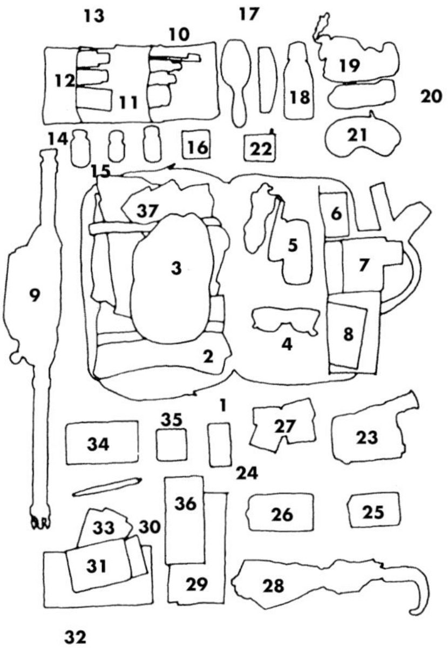

#1 BESTSELLER
Normandy
Cotentin
PASSPORT
caen
SONY

tourism's continuous commemoration and, commemoration needs spatial fixity. A sign in an grassy field reads, "Custer fell here." The notion of "here" is a compelling issue in a site where *here* is no different from *there*. But an empty site need only be designated by a marker to become auratic for the tourist. When national narratives are written directly onto material soil, that surface carries the image of validity. It is a surface where, unlike the negotiable surface of paper, meaning appears absolute. Yet, the soil alone is mute without the paper that is needed to name it, explain it, and validate it for the tourist—the elaborate system of texts and artifacts which help to authenticate the "authentic." When history is re-produced by the mechanisms of tourism, in the guise of commemoration, then tourism itself becomes a political agent of a nationalism that can, sometimes, in fact, protract war.

With the generous support of Sylvie Zavatta and the F.R.A.C. Basse-Normandie, we have assembled the responses of a diverse group of contributors to the theme of *tourism and war*. It is not by accident that this book-event has been generated by an institution situated in Basse Normandie—12 kilometers from the D-Day beaches and that its public exposure corresponds with the fifti-

d'autres. Peu de champs de bataille demeurent vierges, libres de monuments ou d'évaluations dans un guide. Tout comme la guerre assure le tourisme, elle a aussi besoin de la commémoration continue du tourisme et cette commémoration a besoin à son tour de se fixer dans l'espace. Un panneau au milieu d'un champ herbeux, se lit: "C'est ici que tomba Custer." L'idée d'"ici" est une question difficile, étant donné qu'*ici* ne diffère en rien de *là*. Mais il suffit qu'un site vide soit marqué par un panneau pour qu'il s'enveloppe d'une aura aux yeux du touriste. Lorsque les récits nationaux se trouvent ainsi directement inscrits sur un sol matériel, cette surface porte d'emblée l'image de la validité. C'est une surface où le sens prend une connotation d'absolu, contrairement à la surface négociable d'une feuille de papier. Et pourtant, le sol lui-même est muet, sans le papier dont il a besoin pour être nommé, expliqué et validé pour le touriste—ce système complexe de textes et d'artefacts qui aident à authentifier l'"authentique." Lorsque l'histoire est re-produite par les mécanismes du tourisme, déguisée en commémoration, alors le tourisme lui-même devient un agent politique d'un nationalisme qui, parfois, peut en fait entraîner la guerre.

Grâce au vif soutien de Sylvie Zavatta et du F.R.A.C. Basse-Normandie, nous avons obtenu la contribution d'un groupe de collaborateurs divers sur le thème du *tourisme*

eth anniversary of the momentous Landings. This staged coincidence has not only helped to ignite the project, but it will serve to put the arguments advanced by it into sharper relief. The authors Jean-Louis Déotte, Thomas Keenan, Frédéric Migayrou, Lynne Tillman, and Georges Van Den Abbeele have each produced original texts in which the event of D-Day is but one strand of the complex weave between war and tourism. Of course, the 76-kilometer stretch of beach that constitutes the D-Day landing sites is a parcel of (theoretical) real estate which, since his investigation, *Bunker Archéologie,* rightly belongs to Paul Virilio. As temporary squatters on this territory, we hope to further the discussion he initiated 20 years ago about the D-Day landing sites and the broader issues that these sites engender.

et de la guerre. Ce n'est pas un hasard si, à l'origine de ce livre-événement, on trouve une institution située en Basse Normandie, à soixante-seize kilomètres des plages du jour-J, et si sa présentation au public coïncide avec le cinquantenaire des débarquements. Cette coïncidente mise en scène n'a pas simplement favorisé le lancement de ce projet, elle servira à faire ressortir les arguments avancés. Les auteurs, Jean-Louis Déotte, Thomas Keenan, Frédéric Migayrou, Lynne Tillman et Georges Van Den Abbeele, ont chacun écrit un texte original au sein duquel l'événement du Jour-J n'est qu'un des nombreux fils qui se tissent entre la guerre et le tourisme. Bien évidemment, les quatre-vingt-cinq kilomètres de plages qui constituent le site du débarquement du Jour-J sont une parcelle de propriété (théorique) appartenant en droit à Paul Virilio depuis son enquête, *Bunker Archéologie.* Squatters temporaires de ce territoire, nous espérons avoir mené plus avant la discussion qu'il a entamée il y a vingt ans sur ces sites et les implications plus profondes que ceux-ci engendrent.

Notes

1. Daniel Boorstin, *The Image*, Atheneum, 1967.
2. Slogan, U.S. Navy Recruiting Command, 1993.
3. Peter Savage, *The Safe Travel Book*, Lexington Books, 1993.
4. "Tourism-The World's Peace Industry" by Louis D'Amore. *Journal of Travel Research*, Vol. 27, 1988.
5. Ibid.
6. Valene Smith, *Host and Guests: The Anthropology of Tourism*, University of Pennsylvania Press, 1977.

Notes

1. Daniel Boorstin, *The Image*, Athaneum, 1967.
2. Slogan, Service du Recrutement de la Marine américaine, 1993.
3. Peter Savage, *The Safe Travel Book*, Lexington Books, 1993.
4. "Tourism - The World's Peace Industry," par Louis D'Amore. *Journal of Travel Research*, Vol. 27, 1988.
5. Ibid.
6. Valene Smith, *Hosts and Guests : The Anthology of Tourism*, University of Pennsylvania Press, 1977.

DILLER + SCOFIDIO

SUIT CASE STUDIES: THE PRODUCTION OF A NATIONAL PAST

SUIT CASE STUDIES: LA PRODUCTION D'UN PASSÉ NATIONAL

1. McClane, the tenacious travel agent of *Total Recall*[1] (Rekal, Incorporated) offers his clients an alternative to the hellishness of contemporary tourism—the jet lag, crowds, crooked taxi drivers, lost luggage, pickpockets, currency exchange, and air traffic delays. His sales pitch to prospective client Doug Quail: "With Recall Incorporated, you can buy the memory of your ideal trip, cheaper, safer and better than the real thing. What's more, the package offers options to travel in alternate identities. We call it the ego trip." In Philip Dick's post-touristic vision, the Recall client will emerge from sedation, implanted with extra-factual memories of a travel adventure, free from vagueness, omissions, ellipses, and distortions and with tangible evidence such as souvenirs, ticket stubs, a stamped passport, and proof of immunization.

Considering a more immediate scenario, can the unlimited freedom of movement granted by tele-technology

Jet Lag: Case 1

Greg Luganis, a 1979 finalist on the United States Olympic Diving Team, reported on NBC that the reason he had struck his head on the 10-meter platform during a reverse dive at the Olympic trials in Moscow was that his acrobatic skills and precision timing had been dramatically affected by jet lag.

Jet Lag: Case 2

In a death-bed interview, former Sectretary of State John Dulles admitted that he felt his decision on the controversial Aswan Dam in Egypt was one of the greatest mistakes of his life, and that he might have taken a more conciliatory stance with the Egyptians had he not been suffering from jet lag.[2]

Jet Lag: Case 3

Sarah Krachnov, the American grandmother cited by Virilio as a great contemporary heroine, flew back and forth across the Atlantic 167 times with her grandson, averting the pursuit of the boy's father and psychiatrists who were seeking to institutionalize him. After a six-month chase, she died of jet lag.

1 . McCLane, l'agent de voyage tenace de *Total Recall*[1] (Rekal, Incorporated) propose à ses clients une alternative à l'enfer du tourisme moderne—décalage horaire, foules, chauffeurs de taxis voleurs, bagages perdus, pickpockets, bureaux de change et retards dans les vols. Son argument de vente au client potentiel Doug Quail: "Avec Recall Incorporated, vous pouvez acheter le souvenir de votre voyage idéal, moins cher, sans risque et plus vrai que nature. De plus, le prix comprend la possibilité de voyager sous diverses identités. Nous l'appelons le voyage de l'ego." Dans le monde post-touristique de Philip K. Dick, le client de l'agence Rekal émergera de sa sédation, la tête pleine de souvenirs, implants extra-réels d'un périple aventureux, libéré de tout flou, oubli, ellipse ou distorsion et muni de preuves tangibles telles que souvenirs, bouts de tickets, passeport tamponné et certificat de vaccination.

Décalage horaire: Valise 1

Greg Lunaris, finaliste de l'équipe olympique de plongée des Etats-Unis en 1979, raconta à la télévision que la raison pour laquelle il s'était heurté la tête sur le plongeoir des 10 mètres lors d'un plongeon arrière pendant les essais olympiques de Moscou, était que ses qualités acrobatiques et sa précision calculée à le seconde près avaient été gravement affectées par le décalage horaire.

Décalage horaire: Valise 2

Interviewé sur son lit de mort, l'ancien Secrétaire d'Etat John Dulles admit que la décision qu'il avait prise concernant le grave problème du barrage d'Assouan Egypte était une des plus grandes erreurs de sa vie et qu'il aurait sans doute été plus conciliant avec les Egyptiens s'il n'avait pas alors souffert du décalage horaire.[2]

Décalage horaire: Valise 3

Sarah Krachnov, la grand-mère américaine citée par Virilio comme héroïne moderne, effectua 167 aller-retour au-dessus de l'Atlantique avec son petit-fils pour échapper au père de l'enfant et à ses psychiatres qui cherchaient à l'institutionaliser. Au bout de six mois de poursuite, elle mourut de décalage horaire.

$$T_{ij} = \frac{GP_iA_j}{D_{ij}}$$

T_{ij} = *some measure of tourist travel between origin $_i$ and destination $_j$*
G = *proportionality constant*
P_i = *measure of population size, wealth or propensity to travel at origin $_i$*
A_j = *attractiveness or capacity of destination $_j$*
D_{ij} = *distance between $_i$ and $_j$*

- Equation used in market analysis to forecast the attraction of tourist sights, based on Newton's Law of Gravitation

render conventional travel obsolete? Perhaps United Airline's recent offer to redeem frequent-flyer miles for flight-simulator time symbolically confirms that threat. Remote control in hand, one can already tour the world without the expenditure of movement: the fixed no-option itineraries of commercial travel videos and Travel Television Network guarantee the exotic every time and at no risk.

Despite the fluid mobility afforded by tele-technologies and the futility of mobility in a progressively homogenized world, international tourism continues to be one of the fastest growth industries. It has been argued that the reason conventional travel remains so highly valued is precisely to counteract the effects of the technological world. One of the characteristics of modernity, according to Jonathan Culler, is the belief that authenticity has somehow been lost, and that it can be recuperated in other cultures and in the past.[3]

Quail's innoculation

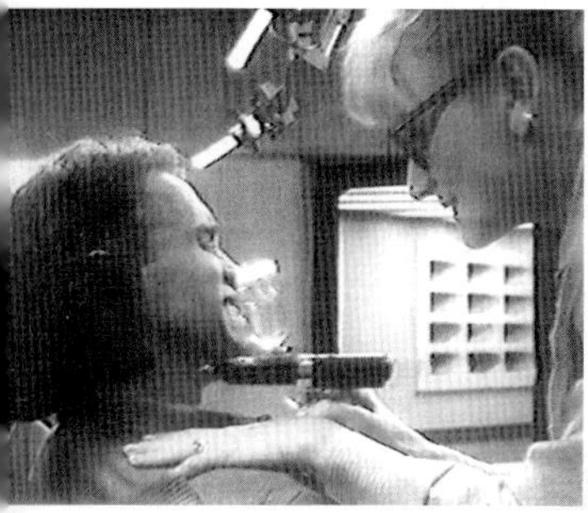

La piqure de Quail

The tourist certainly yearns for the authentic—and

Mais regardons plus près de nous. La liberté de mouvement illimitée qu'offre la télé-technologie peut-elle rendre obsolète le voyage traditionnel? L'offre récente faite par United Airlines d'offrir à ceux qui voyagent souvent sur ses lignes des heures de vol simulé, et non plus des kilomètres sur les lignes régulières, confirme symboliquement cette menace. Télécommande en main, on peut déjà parcourir le monde entier sans effectuer le moindre mouvement: les itinéraires pré-établis, sans aucune liberté de choix, des vidéos de voyages commerciales et Travel Television Network garantissent l'exotique à coup sûr et sans risque.

Malgré la fluide mobilité offerte par les telé-technologies et la futilité de la mobilité dans un monde qui s'homogénéise peu à peu, le tourisme demeure une des industries qui se développe le plus vite. On a dit que si le tourisme traditionnel demeure aussi prisé, c'est précisément parce qu'il contrarie les effets du monde technologique. Une des caractéristiques de la modernité, selon Jonathan Culler, est la croyance que l'authenticité a en quelque sorte

$$T_{ij} = \frac{GP_iA_j}{D_{ij}}$$

T_{ij} = *quantité de voyages touristiques entre le point de départ i et la destination j*
G = *constante de proportionnalité*
P_i = *mesure du nombre, de la richesse ou de la tendance à voyager de la population au point de départ i*
A_j = *attrait ou potentiel de la destination j*
D_{ij} = *distance entre i et j*

- équation fondée sur la loi de la gravitation de Newton et utilisée dans les analyses de marché pour prévoir l'attrait des sites touristiques

tourism fuels that desire. In sights of the national past, for example, travel promotions lure tourists with the temptation to "stand on the ***very*** spot the general fell," "witness the ***actual*** sights, sounds, and smells of the clashing troops," "see the ***original*** manuscript later drafted into law," "observe the ***genuine*** skills the early settlers used in making soap," etc. In the rhetoric of authenticity, italicized adjectives certify the real.

American tourism produces the *authentic* past with a fictive latitude in which literature, mythology and popular fantasy are blended together into the interpretation process called ***heritage***. The tourist agrees to these flexible terms with no sense of loss. Considering the touristic gaze, "things are never expected to be real, rather, things are read as signs of themselves, idealized and often frustrated...hence, the structural role of disappointment within the touristic experience."[5]

At Plymouth Rock, the landing spot of the Pilgrims, the tourist can "visit the past as it comes to life." Not only is the staff drilled through an intense training regimen to impersonate famous pilgrims and

"Aloha, welcome to paradise. I'm James Farentino. In the next half hour, I'll be your guide to some of Hawaii's most luxurious beaches, hottest nightspots and a few secret hideaways even the natives don't know about. So pour yourself a cool tropical drink, sit back in your favorite easy chair and let's make some travel memories."[4]

"Aloha, bienvenu au paradis. Je m'appelle James Farantino. Pendant la demi-heure qui suit, je serai votre guide à travers certaines des îles les plus luxurieuses, les lieux de vie nocturne les plus endiablés et certains des coins les plus secrets d'Hawaï, ceux que même les habitants ne connaissent pas. Versez-vous donc une fraiche boisson tropicale, installez-vous dans votre fauteuil favori et fabriquons-nous des souvenirs de voyages."[4]

été perdue et qu'on peut la retrouver dans d'autres cultures et dans le passé.[3]

Le touriste est avide d'authentique—et le tourisme nourrit ce désir. Sur les sites liés à l'Histoire, par exemple, la publicité attire les touristes en leur offrant la tentation de "poser les pieds sur ***le lieu même*** où tomba le général," "de voir, d'entendre et sentir ***pour de vrai*** le choc des troupes," "de voir le manuscrit ***original*** d'un texte plus tard transformé en loi," "d'admirer la ***véritable*** adresse des pionniers fabriquant du savon," etc. Dans la rhétorique de l'authenticité, les adjectifs en italique valent certificat de réalité.

Le tourisme américain fabrique le passé *authentique* avec une liberté fictive dans laquelle mythologie, littérature et imaginaire populaire se trouvent mélangés dans le processus d'interprétation appelé ***patrimoine***. Le touriste accepte ces termes flexibles sans avoir l'impression de perdre quoi que ce soit. Observant le regard vide du touriste, "on ne s'attend jamais à ce que les choses soient réelles. Elles sont plutôt vues comme des signes d'elles-mêmes, idéalisées et souvent frustrées...d'où la fonction structurelle

perform daily routines, they also speak the Elizabethan language of Shakespeare. Authenticity is brought to you in exacting detail—even to the reproduction of lost breeds of livestock.

The construction of the sanitized past is called ***living history***. It is a past in which the tourist can go back in time as a passive observer without any effect on the outcome of the future—a classic dilemma of science-fiction time travel. In the *space* of the re-enactment of *time*, the tourist unproblematically accepts the role of voyeur within a virtual world of cowboys, pioneers, and pilgrims—a world safeguarded from the vicissitudes of daily life in the past.

In Greenfield Village, Michigan, not only is time *re-played* but geography is *re-placed*. The costumed village residents re-enact turn-of-the-century daily life on a 250-acre site composed entirely of transplanted historic buildings. The houses and other small structures have been plucked from their foundations, from sites all over the United States and positioned side by side to configure streets which in turn configure a 19th century village. This improbable neighborhood juxtaposes such notable attractions as the courthouse where Abraham Lincoln

The proprietors at Plymouth Rock have used *back-breeding* to re-create animals appropriate to the period.

Les propriétaires, à Plymouth Rock, ont utilisé la sélection à l'envers, le *back-breeding*, pour recréer des races d'animaux anciennes.

de la déception dans l'expérience touristique."[5]

A Plymouth Rock, lieu où débarquèrent les Pères Fondateurs, le touriste peut "visiter le passé ramené à la vie." Non seulement le personnel apprend, grâce à un entraînement intense, à jouer le rôle de colons célèbres et à accomplir des tâches quotidiennes, mais il parle la langue élizabéthaine de Shakespeare. L'authenticité nous est proposée jusque dans le moindre détail—jusque dans la reproduction de races de bétail disparues.

La construction du passé aseptisé est appelée ***histoire vivante***. C'est un passé dans lequel le touriste peut remonter le temps en observateur passif sans que cela ait le moindre effet sur l'avenir du futur—dilemme classique du voyage dans le temps en science-fiction. Dans l'*espace* où est re-joué le *temps*, le touriste accepte sans aucune difficulté le rôle de voyeur dans un monde virtuel de cowboys, de pionniers et de pélerins—un monde protégé des vicissitudes de la vie quotidienne d'autrefois.

A Greenfield Village, Michigan, non seulement le temps est *re-joué*, mais la géographie est *re-placée*. Les habitants du village, en costumes d'époque, remettent en scène la vie quotidienne du début du siècle sur un site de cent hectares entièrement composé de bâtiments historiques importés. Les maisons et les autres petites bâtisses ont été extraites

practiced law, Thomas Edison's laboratory, Henry Ford's birth house, the house in which Noah Webster compiled his first dictionary, and the Wright brothers' house.

Bypassing the limitations of chronological time and contiguous space, touristic time is reversible and touristic space is elastic. Consequently, correspondences between time and space—between histories and geographies—become negotiable. The town of Havasu, Arizona, purchased the London Bridge for $7.5 million. The 1825 bridge was dismantled stone by stone, transported from England and reassembled on the dry, relentless desert landscape of the Mojave. Once re-built, the town retroactively constructed a natural obstacle for the bridge to cross. A mile-long channel was excavated beneath it and flooded. *"Today,"* the travel literature reads, *"the bridge, with its granite scoured clean of London grime and its bright flags snapping in the breeze, is more at home on the desert than it was on the Thames."*

If a sight cannot be transplanted it can be replicated. The Parthenon, built of reinforced concrete in Nashville, the "Athens of the South," represents, arguably, the most historic of historic sites,

de leurs fondations, à travers tout les Etats-Unis, et placées côte à côte pour former des rues qui, à leur tour, forment un village du 19ème siècle. Ce quartier improbable fait se côtoyer des lieux célèbres tels que le tribunal où exerçait Abraham Lincoln, le laboratoire de Thomas Edison, la maison natale de Henry Ford, la maison où Noah Webster écrivit le premier dictionnaire et la maison des frères Wright.

Contournant les limites du temps chronologique et de l'espace contigu, le temps touristique est réversible et l'espace touristique est élastique. Par conséquent, les rapports entre le temps et l'espace—entre les histoires et les géographies—deviennent négociables. La ville de Havasu, Arizona, a acheté le pont de Londres pour 7,5 million de dollars. Ce pont, construit en 1825, fut démonté pierre par pierre, transporté depuis l'Angleterre et remonté dans le désert sec et implacable du Mojave. Une fois reconstruit, la ville a construit, après coup, un obstacle naturel que le pont traverse. Un canal d'un kilomètre et demi a été creusé en-dessous du pont et mis en eau. "*Aujourd'hui,*" dit le texte des brochures, "*le pont, avec son granit débarassé de la suie de Londres, et ses drapeaux brillants qui claquent au vent, se sent plus chez lui dans le désert que sur la Tamise.*"

Lorsque le site ne peut être transplanté, il peut être copié. Le Parthénon de

the ultimate attraction for a culture longing for a past. *"This full-scale replica,"* the travel brochure advertises, *"is more complete than the original: plaster casts of the Elgin Marbles, supplemented by sculptures posing as described in Pausanias'* Periegesis, *supply the east pediment's missing figures."* The replica is only altered outside the portico, where the builders dispensed with the steep rise up to the actual Acropolis because it was feared that *"the effort needed to climb the hill might discourage visitors."* Instead, a ten-foot mound serves to give it *"a commanding presence."* Replication, like reenactment, allows tourism to perfect the very thing after which it is modeled.

The exchange between replica and original is particularly resonant in Alamo Village, the family recreation center built around a set for the 1959 movie *The Alamo*. The copy is just 100 miles from the actual site where defenders, rebelling against the repressions of Mexico's dictator Santa Ana, died to the last man. *"Like the battle,"* reads the travel advertisement, *"the movie set had as much blood as any Texan could wish, particularly behind the scenes between the leading men, John Wayne, Richard Widmark and Lawrence Harvey."* In the context of America's compact history, the auratic place

béton construit à Nashville, l' "Athènes du Sud," représente, de manière contestable, le plus historique des sites historiques, l'attraction ultime pour une culture avide de passé. "*Cette réplique grandeur nature,*" annonce le dépliant touristique, "*est plus complète que l'original: des moulages en plâtre des marbres d'Elgin, reproduisant les sculptures décrites dans* le Periegesis *de Pausanias, forment les figures manquantes du fronton est.*" La réplique ne diffère qu'au-delà du portique, là où les constructeurs se sont dispensés de la rude montée vers la vraie Acropole, de peur que "*l'effort nécessaire pour gravir la colline ne décourage les visiteurs.*" A sa place, un monticule de trois mètres de haut lui confère sa "position dominante." Copier, comme réinterpréter, permet au tourisme de perfectionner l'objet-même dont il est issu.

L'inversion entre réplique et original est particulièrement frappante au village d'Alamo, le centre d'attraction familial créé à partir du décor du film de 1959, *El Alamo*. La copie se trouve à peine à 150 kilomètres du site même où les défenseurs, luttant contre la répression du dictateur Santa Ana, moururent jusqu'au dernier. "*Comme la bataille,*" dit la brochure, "*le décor du film fut aspergé d'autant de sang qu'il en faut pour satisfaire tout Texan, surtout en arrière-plan des scènes entre les acteurs principaux John Wayne, Richard Widmark et Lawrence Harvey.*" Dans le temps bref des Etats Unis, les sites empreints de l'aura des bains

of bloodshed of American heroes in battle and the auratic place of bad blood between their Hollywood counterparts share the status of the commemorative.

The substitution of originals with facsimiles presents no anxiety for the tourist so long as the expected narrative is sustained. One of the most visited sites in Kentucky is the Lincoln family farm where Abraham Lincoln's log cabin is enshrined within a neo-classical granite memorial building. Though Lincoln did not actually live in the reproduction log cabin, it nevertheless represents his humble roots, as do other clones sprinkled around the country.

The tourist's reluctance to take seriously the pretenses of traditional ethical historiography permits tourism broad latitudes in the production of authenticity. Presuming that all histories are constructs anyway, what is at stake in rethinking authenticity is the question, whose authenticity? It is not the *authentic* but rather *authentication*, that needs to be interrogated, that is, "the practices by which limits and discriminations are set, and the

de sang des héros américains tombés dans des batailles et les lieux "auratiques" des querelles de sang de leurs contreparties hollywoodiennes partagent le même statut commémoratif.

La substitution d'originaux par des facsimilés n'angoisse nullement le touriste pourvu que le récit auquel il s'attend soit maintenu. Un des sites les plus visités du Kentucky est la ferme familiale où la cabane de rondins d'Abraham Lincoln est enchassée dans un bâtiment commémoratif néo-classique en granit. Bien que Lincoln n'ait jamais vécu dans cette reproduction de la cabane de rondins, elle représente néanmoins ses racines modestes, tout comme d'autres clones disséminés à travers le pays.

Le manque d'empressement du touriste lorsqu'il s'agit de prendre au sérieux les prétentions de l'historiographie éthique traditionnelle laisse les coudées franches au tourisme dans sa fabrication de l'authenticité. Présumant que toutes les histoires sont, de toute façon, des constructions de l'esprit, la question qui se pose lorsqu'on repense l'authenticité est celle de l'authenticité de qui? Ce n'est pas l'authentique mais plutôt

relativized systems of value which enable them."[6]

The home (of the public figure), one of tourism's most 'auratic' attractions, foregrounds this play of authenticity/authentication best. It performs a double role of representation—housing the resident's artifacts of self-representation as well as those added later, by others, for their representational merit in the production of the narrative about that figure. Every prosaic detail offered before the voyeuristic gaze of the tourist is, in fact, a museological artifact, curatorially managed and nuanced for display.

A battle of authentication was played out over Lyndon Johnson's boyhood home. After the president's death, historians sought to reclaim this already vital tourist attraction, to rectify the deliberate distortions made by Johnson. His wife, Lady Bird, won the legal battle to save her husband's self-representation from "official history," arguing that Johnson's "autobiographical" home was more significant to keep on public view than a factual reconstruction.

The tourist, attracted by the home of the luminary—typically, by their humble beginnings or flamboy-

Lincoln 'birthplace cabin' in its granite memorial carapace.

La "cabane natale" de Lincoln, dans son écrin de granit.

l'*authentification*, qui a besoin d'être étudiée de près, c'est-à-dire "les pratiques par lesquelles limites et distinctions sont mises en place, et les systèmes de valeurs relativisés qui les permettent."[6]

La maison (du personnage célèbre), une des attractions les plus "auratiques" du tourisme, est la meilleure illustration de ce jeu authentique/authentification. La maison joue un double rôle de représentation—abritant les artefacts d'auto-représentation de l'habitant tout comme ceux ajoutés plus tard, par d'autres, pour leur valeur représentative dans la fabrication du récit sur ce personnage. Chaque détail prosaïque offert aux yeux du touriste-voyeur est en fait un artefact de musée, placé de manière muséologique et nuancée pour l'exposition.

La maison où Lyndon Johnson passa son enfance fut l'objet d'une bataille d'authentification. Après la mort du président, les historiens pensèrent réclamer cette attraction touristique déjà vitale pour rectifier les distorsions volontaires faites par Johnson. Sa femme, Lady Bird, gagna sa bataille juridique pour préserver l'auto-représentation de son mari contre "l'histoire officielle," arguant qu'il valait mieux offrir aux yeux du public la maison "autobiographique" de Johnson qu'une reconstruction réaliste.

Le touriste est fasciné par la maison des célébrités—par leurs humbles début ou

ant ends, trades homes. Ironically, travel is a mechanism of escape from the home. According to Freud, "A great part of the pleasure of travel lies in the fulfillment of early wishes to escape the family and especially the father." Being sick of home may lead to travel which may, in turn, lead to homesickness, which will surely lead back home. This circular structure is the basis of travel. Tourism interrupts this circuit by eliminating the menace of the unfamiliar: that which produces homesickness. It domesticates the space of travel—the space between departure from home and return to it. The comfort of familiarity is the guarantee of chain hotels and restaurants. *"You'll feel right at home"* is the reassuring advertising slogan of Caravan Tours. If video technology offers the traveler infinite destinations in total inertia, the paradox of *going without leaving,* then tourism reverses the logic—a sophisticated technology with invisible hardware which offers the traveler the continuity of home with uninterrupted mobility, the paradox of *leaving without going.*

A devout fan retieved a toenail clipping, possibly Elvis', from a shag rug near the Jungle Room at Graceland.

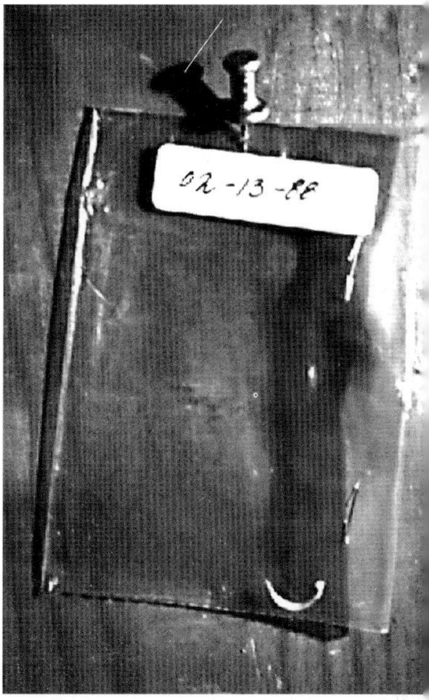

Un fan récupéra une coupure d'ongle, peut-être d'Elvis, sur un tapis près de la Jungle Room à Graceland.

par leurs fins flamboyantes. Il échange une maison contre une autre. Selon Freud, "une grande part du plaisir qu'on ressent à voyager réside dans la réalisation de désirs précoces d'échapper à la famille et plus particulièrement au père." L'étouffement familial au point que le foyer vous rende malade peut pousser à voyager, ce qui, à son tour, peut engendrer le mal du pays qui vous ramènera à coup sûr au foyer. Cette structure circulaire est le fondement du voyage. Le tourisme l'interrompt en éliminant la menace de l'inhabituel, ce qui produit le mal du pays. Il domestique le voyage dans l'espace—l'espace entre le moment où on quitte la maison et celui où on y revient. Le confort du décor familier est la garantie offerte par les chaînes d'hôtels et de restaurants. "*Vous vous y sentirez comme chez vous*" est le slogan publicitaire rassurant de Caravan Tours. Si la technologie de la vidéo permet au voyageur de partir vers un nombre infini de destinations, en état de totale inertie, paradoxe qui consiste à *aller quelque part sans partir*, alors le tourisme renverse cette logique—une technologie sophistiquée au hardware invisible offre au voyageur la continuité de la maison sans l'interruption engendrée par la mobilité, le paradoxe de *partir sans aller quelque part*.

Howard Hughes was the quintessential traveller through inertia. Each of his apartments around the world was a facsimile of the other, furnished identically, with the same TV dinner in the freezer and a copy of the movie *Ice Station Zebra* that he watched in an endless loop.

Home also stands for homeland. The brochure of a Euro-simulation theme park reads, *"Why leave home to go to Europe, when you can get* ***it all*** *at Busch Gardens?"* For the anxiety-driven advertising campaigns of the recession, home's nationalistic overtones are meant to keep tourist dollars on domestic soil.

The theme of home is repeated throughout tourism; however, the *actual* home of the traveler is the only certainty in touristic geography, a fixed point of reference. It is the site in which the trip itself must be authenticated. The tourist's accountability resides in the snapshot or videotape—portable evidence of the sight having been seen.

Asked why he prefers to take snapshots of insignificant details in mundane hotel rooms over scenic attractions, the Japanese tourist of Jim Jarmush's *Mystery Train* responds that he'll always remember the memorable things, it's the unmemorable which need to be documented.

The hotel rooms and the airports
are the things I'll forget.

Lorsqu'on lui demande pourquoi il préfère prendre des photos de détails insignifiants dans les hôtels mondains plutôt que de photographier des lieux touristiques, le touriste japonais du *Mystery Train* de Jarmush explique qu'il se rappellera toujours des choses mémorables, et que c'est l'immémorable qui doit être saisi.

The camera, the ultimate authenticating agent, is but one point in the nexus between tourism and vision. Tourism is dominated by *sight*; the *sightseer* travels to *see sights*. As tourism domesticates space, it also domesticates vision. Attractions can be understood as optical devices which frame the *sight* within a safe, purified visual domain while displacing the *unsightly* into a blind

Maison veut parfois dire patrie. La brochure d'un parc à thème d'Euro-simulation annonce, "*Pourquoi quitter votre maison pour aller en Europe lorsque vous pouvez l'avoir* **toute entière** *à Busch Gardens?*" Dans les campagnes publicitaires angoissées de cette époque de récession économique, la connotation nationaliste de la maison a pour but d'empêcher les dollars des touristes de quitter le territoire national.

On retrouve le thème de la maison à travers tout le tourisme; cependant la *vraie* maison du voyageur est la seule certitude de la géographie touristique, un point de référence. C'est le lieu où le voyage doit être authentifié. La responsabilité du touriste réside dans l'instantané ou la vidéocassette—la preuve portative de la vue ayant été vue.

La caméra, ultime agent de l'authentification, n'est qu'un point dans la connexion entre tourisme et vision. Le tourisme est dominé par la *vue*; le *passionné de vues* voyage pour *voir des vues*. Au fur et à mesure que le tourisme domestique l'espace, il domestique en même temps la vision. Les attractions peuvent être considérées comme des mécanismes optiques qui

Howards Hughes était la quintessence du voyageur par inertie. Chacun de ses appartements à travers le monde était une copie de l'autre: même mobilier, même plateau télé dans le congélateur et même copie du film *Ice Station Zebra* programmée en boucle.

zone. The institution of tourism is accountable for this optical domain to the consenting tourist who supplies the believing eye. This unspoken contract was recently foregrounded when a judge awarded damages to a couple who sued their travel agent claiming that their trip abroad had been ruined by the sight of a group of severely handicapped people eating in their hotel dining room.

Scopic control operates at a grand scale in sites of nature, "nature" being a favorite tourist attraction. Roads through national parks, for example, are optically engineered to obscure industrial blight and ghetto from view. The continuity of the scenic is only punctuated by ***photo opportunities***, the "official" set of views. A photo opportunity can be thought of as a prescribed location in which the sight corresponds with its expected image and is thus offered to the affirmative camera of the tourist.

Often, a sight must struggle to resemble its expected image. In Niagara Falls, for example, engineers are fiercely negotiating hydroelectric demands while combating the natural effects of erosion to the receding waterfall in order to preserve the grandeur of the postcard image. Here, the postcard has become the fixed referent after which the

encadrent la *vue* dans un domaine visuel sûr et purifié en déplaçant ce qui *offusque la vue* vers une zone aveugle. L'institution du tourisme est responsable de ce domaine optique devant le touriste consentant qui y prête un œil crédule. Ce contrat tacite a récemment été illustré lorsqu'un juge a accordé des dommages et intérêts à un couple qui attaquait en justice leur agent de voyage, estimant que leur voyage à l'étranger avait été totalement gâché par la vision d'un groupe d'handicapés profonds prenant leur repas dans la salle-à-manger de leur hôtel.

Le contrôle scopique opère à grande échelle dans les sites naturels, la "nature" étant une des attractions favorites des touristes. Les routes qui sillonnent les parcs naturels, par exemple, sont étudiées à l'aide de la technique optique pour dissimuler aux regards horreurs et ghettos de l'industrie. La continuité du panoramique n'est ponctuée que d'***occasions de clichés'***, la série 'officielle' de vues. Une occasion de cliché peut être considérée comme un lieu prescrit où la vue correspond à l'image qu'on attend d'elle et s'offre ainsi à l'appareil photo affirmatif du touriste.

Un site doit souvent lutter pour ressembler à l'image qu'on se fait de lui. Aux Chutes du Niagara, par exemple, les ingénieurs négocient fermement la demande de puis-

mutable sight models itself. *"Fortunately, peak power demands coincide with the slower tourist season so that more water can be diverted from the river to the hydroelectric plant without risking complaints from valued tourists,"* explains the annual economic report from the Chamber of Commerce.

Niagara Falls is an early example of the commodification of vision by tourism. Prior to 1885, independent entrepreneurs built tall barriers to obscure the Falls from view and charged the public a fee to see the cataracts through peepholes. In a step toward the democratization of nature, the federal government secured unrestricted viewing of the Falls by establishing the first state park. With this gesture, the waterfall was returned to the free gaze of the public. Concomitantly, the commodification of the Falls dilated to encompass associated amusements and support functions which have since come to define the economy of the region.

For a local economy whose survival is largely based on the preservation of an image, the plight of Niagara Falls demonstrates the inextricability of a tourist sight from the network of representations which it produces and which produce it. Affirming the play of supplements—such as

sance hydroélectrique tout en combattant les effets naturels de l'érosion qui font reculer les chutes pour préserver la grandeur de l'image carte postale. Ici, la carte postale est devenue la référence figée d'après laquelle le site en mouvement se modèle. *"Heureusement, les demandes maximales d'électricité coïncident avec la basse saison touristique de telle sorte qu'il est possible de dévier l'eau des chutes vers l'usine hydroélectrique sans risquer les reproches des touristes indispensables,"* explique le rapport annuel de la Chambre du Commerce.

Les Chutes du Niagara sont un exemple déjà ancien de l'aménagement de la vue par le tourisme. Avant 1885, des entrepreneurs privés avaient construit de hauts murs pour interdire la vue des Chutes et faisaient payer le public pour voir les cataractes à travers des trous dans le mur. Dans un élan de démocratisation de la nature, le gouvernement fédéral imposa le libre accès à la vue en créant le premier parc national. Grâce à ce geste, les chutes revinrent au libre regard du public. Parallèlement, cet aménagement des Chutes s'étendit pour accueillir des divertissements et pour y inclure des fonctions qui en sont venues à déterminer l'économie de la région.

Pour une économie locale dont la survie dépend essentiellement de la préservation d'une image, la situation des Chutes du Niagara illustre l'impossibilité d'extraire une

sign inevitably attracts attention to itself as it attracts attention to the sight. But it is also what comes to fill a deficiency intrinsic to the sight (for without the marker, the sight cannot attract attention to itself, cannot be *seen* and therefore, cannot be a *sight*). A chain of supplementarity is established in the inevitable proliferation of markers as each marker stands for the other, indecidably (sic) replacing it and adding to it."[7]

The touristic construction puts into motion an exchange of references between a sight and its indispensable components—the postcard, the plaque, the marker, the brochure, the guided tour, the souvenir, the snapshot, and further, the replica, the reenactment, etc. Given the extensive production of contemporary tourism, a tourist sight can be considered to be only ***one*** among its many representations, thus eliminating the "dialectics of authenticity"[8] altogether.

2. *SuitCase Studies: the Production of a National Past* is a traveling installation sponsored by and first exhibited at the Walker Art Center in Minneapolis, Minnesota, and subsequently installed at the List Center for the Visual Arts in Cambridge, Massachusetts and the

vue touristique du réseau de représentations qu'elle produit et qui la produisent. Soutenant la théorie des suppléments—tels que panneaux indicateurs et signalétiques sur les lieux touristiques—Georges Van Den Abbeele déclare, "Le panneau attire inévitablement l'attention sur lui autant que sur la vue. Mais il est aussi ce qui vient combler un vide intrinsèque à la vue (car, sans le panneau, la vue ne peut attirer l'attention sur elle, ne peut être *vue* et donc être une *vue*). Une chaine de complémentarité est ainsi établie dans l'inévitable prolifération de panneaux, chaque panneau prenant la place d' un autre, le remplaçant de manière indécisive (sic) et s'y ajoutant."[7]

La construction touristique met en branle un échange de références entre une vue et ses composants indispensables—la carte postale, le panneau, la brochure, la visite guidée, le souvenir, l'instantané, la réplique, la mise en scène, etc. Vu la production croissante issue du tourisme moderne, une vue touristique peut être considérée comme n'étant qu'***une*** de ses nombreuses représentations, ce qui élimine totalement la "dialectique de l'authenticité."[8]

2. *SuitCase Studies: la production d'un passé national* est une exposition itinérante sponsorisée par le Walker Art Center de Minneapolis, Minnesota, lieu où elle

at the List Center for the Visual Arts in Cambridge, Massachusetts and the Wexner Center for the Arts in Columbus, Ohio. The show's mobility parallels its theme—*travel.* Concerned primarily with travel to the American past, the project examines the spatial and temporal devices used in the production and sustenance of national narratives by the institution of tourism.

The installation travels in fifty identical Samsonite suitcases. In addition to transporting *the contents of the exhibition,* the suitcases double as display cases for *the exhibition of their contents.* Each suitcase is a case study of a single tourist attraction in one of the fifty states in the U.S. Using official and unofficial representations, both pictorial and textual, two dimensional and three, the attractions are each analyzed and synthesized into new narratives.

The fifty attractions were selected from only two types of tourist sights: ***beds*** and ***battlefields***—two sites of conflict. Among tourist attractions, the bed (of the public figure) and the battlefield most strongly feed the tourist's yearning for authenticity while playing most subtly in the production of "aura." The vacated bed of the popular figure and the vacated landscape of the soldier are both imbued with "presence," a presence, however, which

airport x-ray

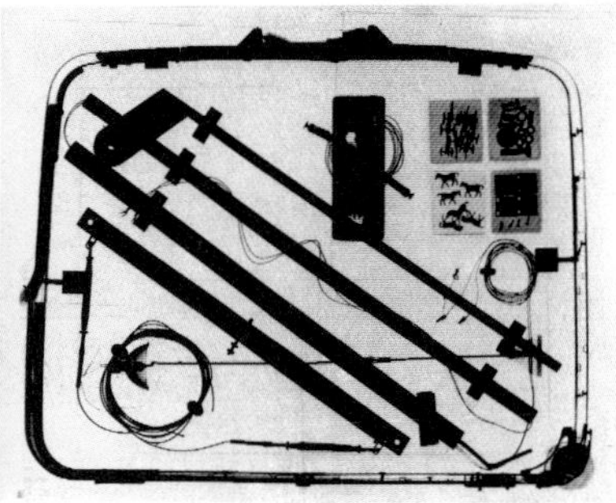

radiographie dans un aéroport

fut présentée pour la première fois. Elle fut ensuite installée au List Center for the Visual Arts de Cambridge, Massachusetts et au Wexner Center for the Arts de Columbus, Ohio. La mobilité de l'exposition fonctionne en parallèle avec son thème, *le voyage.* Abordant essentiellement le voyage dans le passé américain, le projet examine les procédés spatiaux et temporels utilisés par l'institution du tourisme pour produire et alimenter les récits nationaux.

L'installation voyage dans cinquante valises Samsonite identiques. Transportant non seulement *le contenu de l'exposition*, les valises jouent également le rôle de vitrines pour *l'exposition de leur contenu.* Chaque valise est une étude de cas d'une seule attraction touristique située dans un des cinquante états américains. Utilisant représentations officielles ou officieuses, en images comme en textes, en deux ou trois dimensions, les attractions sont chacune analysées et synthétisées en de nouveaux récits.

Nous n'avons retenu, pour notre choix des cinquante attractions, que deux types de sites touristiques: ***les lits*** et ***les champs de bataille***—deux lieux de conflits. Parmi les attractions touristiques, le lit (du personnage célèbre) et le champ de bataille sont celles qui alimentent le plus le désir ardent d'authenticité du touriste tout en jouant le plus subtilement dans la fabrication de l'"aura." Le lit vidé du personnage célèbre, comme le

accepts the substitution of immediacy with a system of representations.

Domestic attractions dramatize the hyper-prosaic. Upon entering the home of another, the tourist is relegated to zones of circulation. Permitted only to peer through door frames, the tourist-cum-voyeur is privileged to an enshrinement of the ordinary. Each artifact placed inside the sanitized field of vision is a marker that plays a precise narrative role in the re-production of that public figure. Among the domestic scenes offered to view, the bedroom offers the ultimate titillation, the bed being the most private site of the body's inscription onto the domestic field.

The battlefield, an otherwise undifferentiated terrain, becomes an ideologically encoded landscape through the commemorative function of the "marker." As a marker inscribes war onto material soil, ***it*** becomes the sight. Without the marker, a battlefield might be indistinguishable from a golf course or a beach. Guided by a system of markers and maps, the tourist/strategist reenacts the battle by tracing the tragic space of conflict by foot or by car.

Each case study begins with the irreducible representation of its sight—*the postcard.* The postcard is a complex artifact in which image and text are reversible, in which public and personal collapse. It is "an instrument

paysage vidé du soldat, sont tous deux empreints de "présence," néanmoins, d'une présence qui accepte la substitution de l'immédiateté par un système de représentations.

Les attractions domestiques mettent en scène l'hyper-prosaïque. Lorsqu'il pénétre dans la demeure d'autrui, le touriste se trouve relégué dans certaines zones de circulation. Ayant seulement le droit de jeter un œil à travers l'ouverture des portes, le touriste-voyeur se voit offert le privilège d'admirer un enchâssement de l'ordinaire. Chaque artefact placé dans le champ de vision aseptisé est un signal qui joue un rôle narratif précis dans la re-production de cette personnalité publique. Parmi les scènes domestiques données à voir, la chambre à coucher offre l'ultime titillation, le lit étant le lieu le plus intime de l'inscription du corps dans le domaine domestique.

Le champ de bataille, par ailleurs terrain semblable à tout autre, devient un paysage idéologiquement codé grâce à la fonction commémorative du "panneau." Lorsqu'un panneau inscrit la guerre sur un sol matériel, ***il*** devient le site. Sans panneau indicateur, on ne distingue pas un champ de bataille d'un terrain de golf ou d'une plage. Guidé par un système de panneaux et de cartes, le touriste-stratège se rejoue la bataille en retraçant l'espace tragique du conflit à pieds ou en voiture.

Chaque étude de cas commence par la représentation minimale de sa vue, *la carte postale.* La carte postale est un artefact complexe dans lequel l'image et le texte de-

for converting the public event into a private appropriation which is ultimately surrendered to the public in a gesture that represents distance, appropriated."[9] The fifty postcards are cantilevered from the suitcase hinges—on edge, at eye level. The front and back surfaces of the cards are thus obscured from view. The postcard faces are revealed virtually, by mirror plates, set flush with the upper and lower lids of the open suitcases. The mirrors visually *delaminate* the postcard into its discreet text and image. The tourist's personal account, reflected above, floats before an "adjusted" official text of the sight. The postcard image, reflected below, floats before a system of reconfigured maps, drawings, and models that combine information selectively included or eliminated from the official narrative.

What I prefer about postcards is that one does not know which is the front and which is the back, here or there, near or far, the Plato or the Socrates, recto or verso.

Derrida

There are three ordering systems at play. First, the suitcases are arranged alphabetically, by state. Then, geographically: the upper lid of each case is pulled open by a cord anchored to its corresponding location on the map which surfaces

Superma

viennent réversibles, où les notions de public et de personnel disparaissent. C'est "un instrument qui permet de convertir l'événement public en appropriation privée qui, à son tour, sera finalement soumise au public dans un geste qui représente la distance, appropriée."[9] Les cinquante cartes postales sont suspendues en porte-à-faux au-dessus des charnières des valises—sur leur champ, à niveau d'œil. Le recto comme le verso de chaque carte sont ainsi invisibles. La surface des cartes postales est révélée, de manière virtuelle, par des miroirs placés dans l'alignement des couvercles inférieurs et supérieurs des valises ouvertes. Les miroirs articulent visuellement les deux plans de la carte postale, texte d'un côté, image de l'autre. Le récit personnel du touriste, qui se reflète au-dessus, flotte devant un texte officiel "ajusté" sur le site. L'image de la carte postale, reflétée en-dessous, flotte devant un système de cartes, de maquettes et de dessins remodelés qui allie information incluse ou éliminée, de manière sélective, du récit officiel.

Ce que je préfère, dans la carte postale, c'est qu'on ne sait pas ce qui est devant ou ce qui est derrière, ici ou là, près ou loin, le Platon ou le Socrate, recto ou verso.

Derrida

Trois principes de classement sont utilisés. D'abord, les valises sont classées par ordre alphabétique, par état. Elles sont ensuite classées géographiquement: le couvercle de

rket, Niagara Falls, Ranch, Weekend, A-OK, Drugstores, Cowboy, Hot Dog, Sn

r, Jazz, Grand Canyon, Cola, Bar-B-Que, Pop, On the Rocks, Rodeo, Chewin

franglais, Travel Poster/Affiche pour des voyages

the "inverted base" from which the Samsonite field is suspended. Each sight is also ranked economically, in order of profit from tourism.

Tourism is an easy an object of derision by critics with a deep anxiety about cultural "debasement." In the general contempt for tourism, the complex codes that govern it are typically dismissed. *SuitCase Studies: the Production of a National Past* looks at tourism affirmatively—as a tacit pact of semi-fiction between sightseers and sightmakers which results in a highly structured yet delirious free play of space-time which thwarts simple, binary distinctions between the real and the counterfeit, ultimately, exposing history as a shifting construct.

The exhibition operates with the understanding that the target and the weapon can be the same: a "gentle" critique of tourism from within, for the installation accepts its own role as tourist attraction, and the museum as an institution working in complicity with the institution of tourism.

g Gum

chaque valise s'ouvre à l'aide d'un câble fixé à un point indiquant son emplacement sur la carte qui recouvre la "base inversée" à partir de laquelle est suspendu le champ de Samsonite. Enfin, chaque site est également classé d'un point de vue économique, selon sa rentabilité touristique.

Le tourisme est un objet de dérision facile pour les critiques qui s'inquiètent de la "dégradation" culturelle. Ceux qui méprisent le tourisme en bloc oublient, de manière caractéristique, les codes complexes qui le gouvernent. *SuitCase Studies: la production d'un passé national* envisage le tourisme sous un angle positif—comme un pacte tacite de semi-fiction entre celui qui visite et celui qui fabrique le lieu de visite, dont le résultat est un libre jeu espace-temps, hautement structuré et délirant à la fois, qui déjoue les distinctions simples, binaires, entre le vrai et la contrefaçon et, en fin de compte, présente l'histoire comme une construction mouvante.

L'exposition fonctionne sur le principe que la cible et l'arme peuvent être une seule et même chose: c'est une critique "aimable," "douce," du tourisme, vu de l'intérieur. L'installation assume son propre rôle d'attraction touristique, et le musée comme institution travaillant de manière complice avec celle du tourisme.

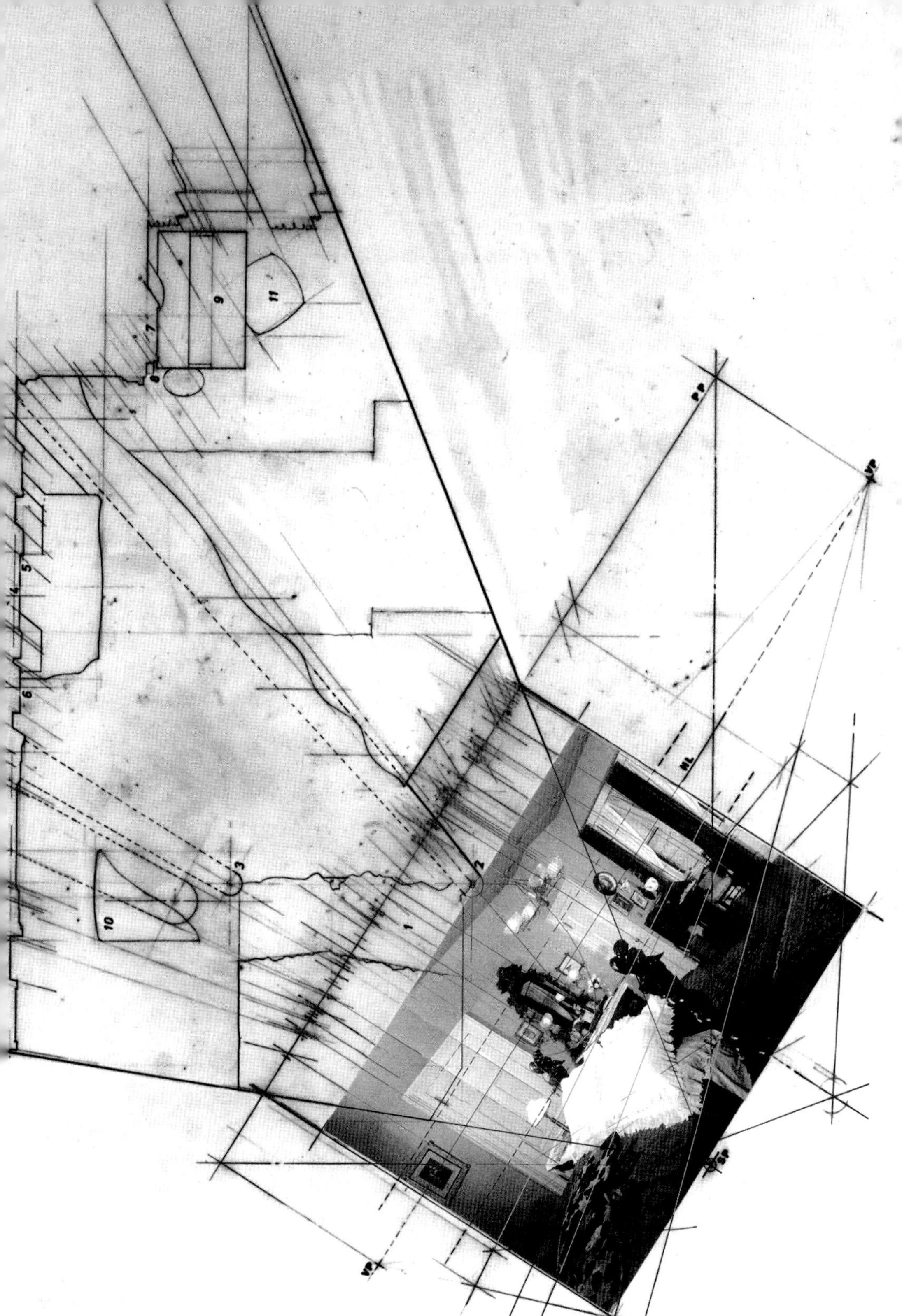

1
2
3
4
5
6
7
8
9
10
11
VP
VP
PP
HL
SP

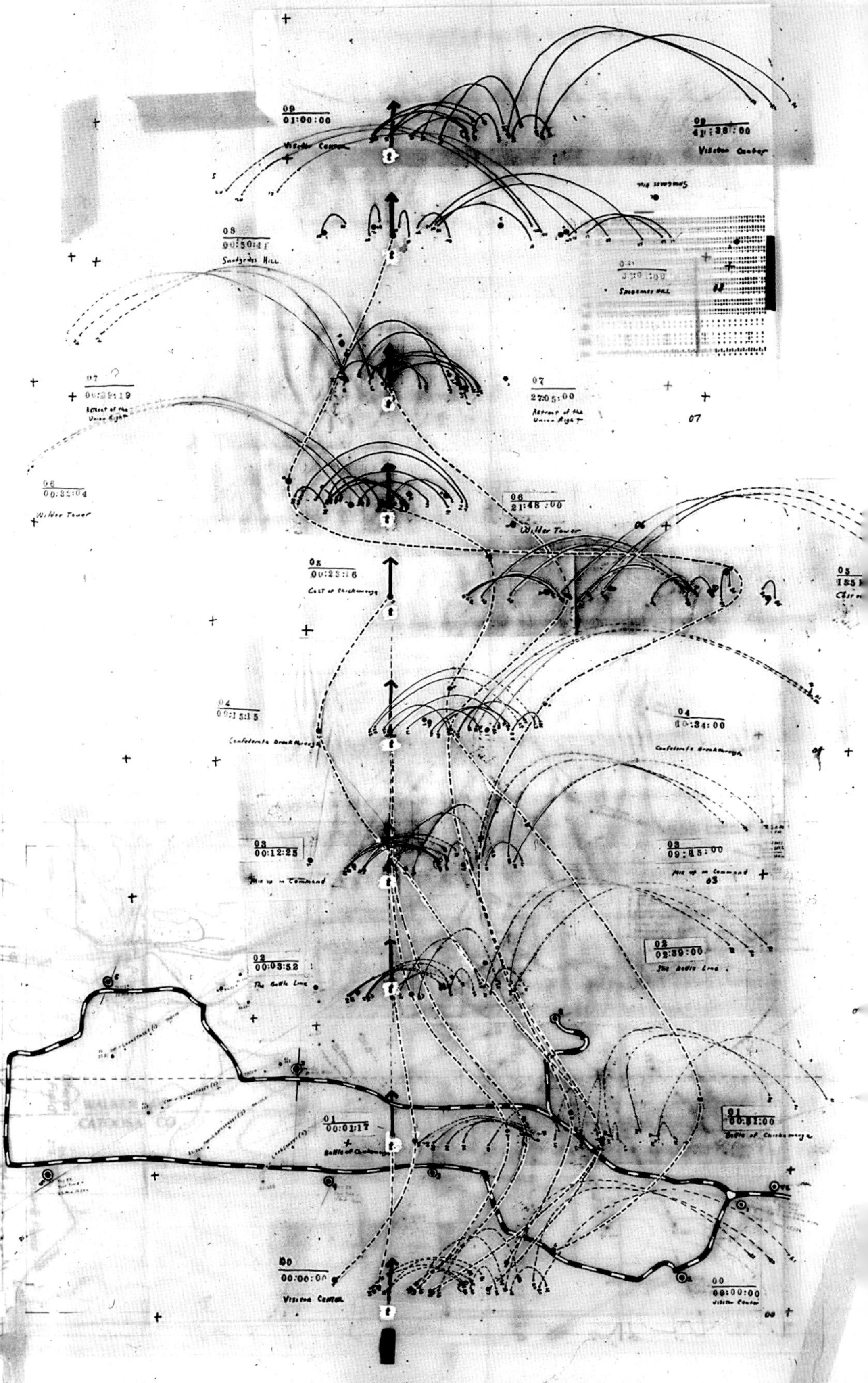

09
01:00:00
Visitor Center
Visitor Center
08
00:50:41
Snodgrass Hill
07
00:29:19
Retreat of the Union Right
07
27:05:00
Retreat of the Union Right
06
Wilder Tower
06
21:48:00
Wilder Tower
05
00:23:16
Cost of Chickamauga
04
00:13:15
Confederate Breakthrough
04
00:34:00
Confederate Breakthrough
03
00:12:25
Mix up in Command
03
Mix up in Command
02
00:03:52
The Battle Line
02
02:39:00
The Battle Line
01
00:01:17
Battle of Chickamauga
01
Battle of Chickamauga
00
00:00:00
Visitor Center
00
00:00:00
Visitor Center

analytic drawing for Case Study 12: The space confirmed in the postcard of Mark Twain's bedroom is the space resulting along the axis of vision through the door frame. The room is defined as only that which does not fall into the optical shadow zone produced by the door frame or cast by any object within the scopic field.

analytic drawing for Case Study 23: At the Chickamauga National Military Park, the major points of interest on the battlefield can be seen on a 7-mile automobile tour. (The Battle of Chickamauga was one of the hardest fought battles of the Civil War, where Federals broke the siege and forced Confederates to withdraw into Georgia.) An interpolation of the strategic logic of the battle—the force and direction of the moving troops derived from military maps, the logic of the topographical features, and the logic of the auto tour—produces a new narrative of the battle, reconfigured through the car windshield. Each of the *section projectories*, a cross between a projection and trajectory, plots the temporal progression of the battle at eight intervals, corresponding to the eight points of interest along the auto tour.

Battle time: 41 hours, 38 minutes
Auto-tour time: 1 hour
B: General Bragg (Confederate)
L: General Longstreet (Confederate)
R: General Rosencrans (Union)

dessin analytique de l'étude de cas 12: L'espace confirmé/confiné dans la carte postale de la chambre de Mark Twain est l'espace visible dans l'axe de la porte. La chambre est ainsi définie comme étant ce qui ne tombe pas dans la zone obscurcie par l'encadrement de la porte ou par tout autre objet placé dans le champ de vision scopique.

dessin analytique de l'étude de cas 23: Au Chicamauga National Park, les principaux sites du champ de bataille peuvent être atteints en suivant un circuit automobile long de 10 kilomètres. Une interpolation de la logique stratégique de la bataille—la force et la direction des troupes en mouvement déduites à partir des cartes militaires, la logique des caractéristiques topographiques et la logique du circuit automobile—produit un nouveau récit de la bataille, recomposé à travers le parebrise de la voiture. Chacune des *projectoires de coupe*, mélange de *projection* et de *trajectoire*, fixe la progression temporelle de la bataille à huit intervalles correspondant au huit sites le long du circuit automobile.

Temps de la bataille: 41 heures, 38 minutes
Temps nécessaire au circuit automobile: 1 heure
B: Général Bragg (Armée Confédérée)
L: Général Longstreet (Armée Confédérée)
R: Général Rosencrans (Armée de l'Union)

Situé environ 150 kilomètres au sud de Monterey, San Simeon n'a jamais été facile d'accès.
Located about 95 miles south of Monterey, San Simeon has never been easy to reach. But it is
Mais le lieu mérite vraiment le voyage. Venez à **SAN SIMEON** vous baigner dans les lumières
*well worth the trip. Come to **SAN SIMEON** to bask in the glow of a wonderland which once*
d'un pays de cocagne qui, à une époque, attirait un flot continu de célébrités venant s'ébattre
attracted a steady stream of celebrities who romped in its movie-set splendor. Bus tours bring
dans la splendeur de ses décors de cinéma. Des bus déversent plus d'un million de visiteurs par
over one million visitors annually to enjoy the Hearst San Simeon State Monument, the estate of
an qui viennent découvrir le Hearst San Simeon State Monument, la demeure d'un des hommes
one of America's wealthiest men, William Randolph Hearst. The term "conspicuous consump-
les plus riches des Etats-Unis, William Randolph Hearst. Le terme "consommation ostentatoire"
tion" could have been invented to describe his estate, a grandiose complex of palatial dwellings
aurait pu être inventé pour décrire son domaine, un ensemble grandiose de palaces dont, à ce
about which George Bernard Shaw is said to have commented, "This is probably the way God
qu'on raconte, George Bernard Shaw aurait dit, "C'est sans doute ainsi que Dieu aurait fait s'Il
would have done it if he had had the money." Covering every inch of wall and floor space,
avait eu l'argent." Sur chaque centimètre de chaque mur et de chaque sol, dans chaque niche,
wedged into every crevice, you will find a little piece of history, including a thirty-six bell carillon
vous découvrirez un petit morceau d'histoire, entre autres, un carillon de 36 cloches fabriqué en

CALIFORNIA $36,900,000,000*

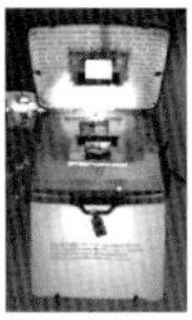

01

121° 11.3'W

35° 38.7'N

En vieil anglais, le mot '**travel**' a le même sens que le mot *travail*, signifiant
*The old English word '**travel**' was originally the same word as* travail *(meaning*
ennuis, *travail* ou *tourment*, qui vient du latin *tripalium* (instrument de torture
trouble, work, *or* torment*) which in its turn comes from the popular Latin*
à trois pointes).
tripalium *(a three-staked instrument of torture).*

Daniel Boorstin

* Yearly income from Tourist Industry (1990)/Revenus annuels produits par l'industrie du Tourisme (1990)

Suivez Brickell Avenue en direction du sud jusqu'à la Federal Highway. Tournez à gauche, dans le célèbre quartier de Coconut Grove, sur South Miami Avenue. Tapi au coeur d'une forêt d'arbustes tropicaux vous découvrirez le **MUSEE VIZCAYA** et ses **JARDINS**. Plongez dans la splendeur européenne de cette fausse villa vénitienne construite face à la Biscayne Bay. Ici, plus de soixante dix pièces regorgent d'antiquités rarissimes pillées dans les demeures de la bourgeoisie européenne. Dehors, 4 hectares de jardins luxuriants ressemblant à s'y méprendre à leurs modèles européens, un théatre de verdure, un labyrinthe et une haie de jasmin vous attendent. Lézardez dans la splendeur de la richesse illimitée. Tel est le lieu, digne d'un empereur, que James Deering, héritier d'International Harvester, s'est offert. Explorez la folie de Deering, cet univers de décadence européenne importée, implanté au milieu de la grossière jungle commerciale née de l'esprit d'entreprise américain et de la végétation locale de Floride.

Follow Brickell Avenue south to Federal Highway. Make a left into famous Coconut Grove on South Miami Avenue. Buried within a forest of tropical shrubbery, you will come upon the ***VIZCAYA MUSEUM*** *and* ***GARDENS****. Bask in the European splendor of this mock-Venetian villa facing Biscayne Bay. Here, you will find over seventy rooms stuffed with rare antiques plundered from the homes of the European bourgeoisie. Step outside into 10 acres of lush formal gardens that closely resemble the European originals, replete with a theater garden, a maze and jasmine hedge. Bask in the splendor of unlimited wealth. Such was the setting, fit for an emperor, that International Harvester heir James Deering created for himself. Explore Deering's fantasy of imported European decadence set down in the crass commercial jungle created by American entrepreneurship and native Floridian plant life. Have a picnic by the water's*

80°17.6'W

25°42.3'N

02

FLORIDA $24,300,000,000

Socrate répondit, à un homme qui prétendait être rentré au pays les mains vides, "C'est bien fait pour vous; vous avez voyagé avec vous-même."

Socrates said, to a man who claimed that he had returned home with nothing, "It serves you right; you traveled by yourself."

Sénèque / Seneca

Ce Site Historique National se trouve au 28 East 20th Street. On y accède par le métro IRT ou BMT, sta-
This National Historic Site is located at 28 East 20th Street, and can be reached via the IRT and the
tions 23ème et 14ème rues. Des visites guidées sont organisées à travers les salles d'époque de la **MAI-**
BMT subway stops at 23rd and 14th Streets. Tours are conducted through the period rooms of the
SON NATALE DE THEODORE ROOSEVELT. Cette copie conforme de la maison où naquit Roosevelt
***THEODORE ROOSEVELT BIRTHPLACE**. This exact replica of the house in which Roosevelt was born*
est celle où Teddy, encouragé par son père, "devait se façonner un corps," et le jeune garçon se mit au
is where Teddy was instructed by his father "to make his body," and the boy set to work lifting weights
travail dans son propre gymnase, soulevant des haltères et bourrant de coups de poing un punching
and pounding a punching-bag in his personal gymnasium. At this house you can feel the man that was to
ball. Ici, vous pourrez mieux saisir la personnalité de l'homme qui devait devenir le 26ème président des
become the 26th president of the United States. His hunting trophies, stuffed by his own hands, formed
Etas-Unis. Ses trophées de chasse, empaillés de ses propres mains, faisaient partie du premier "Musée
part of the first Roosevelt Museum of Natural History. The original birthplace was demolished in 1916,
Roosevelt d'Histoire Naturelle." La maison natale véritable fut démolie en 1916, mais, après sa mort en
but after Roosevelt died in 1919, the Woman's Roosevelt Memorial Association purchased the site and
1919, la Woman's Roosevelt Memorial Association acquit le site et reconstruisit la maison. Celle-ci,
rebuilt the house. The house, a typical New York brownstone, features a replica of the room in which the
brownstone typique de New York, contient une copie de la chambre où naquit le président et la chambre

74° 00' W

40° 42.5' N

La nation américaine est sans doute, de toutes les nations, celle que l'idée du
Possibly no nation has been as uneasy in its view of travel as America. The one
voyage met le plus mal à l'aise. Seul et unique pays occidental à toujours
Western country that has always held expatriation to be something of a misde-
avoir considéré l'expatriation comme une sorte de délit, si ce n'est comme
meanor, if not an actual offense to patriotism or a form of social betrayal, it has
une véritable atteinte au patriotisme ou une forme de trahison sociale, il ne
never freed itself from the sense of guilt apparently rooted in a society which origi
s'est jamais libéré de ce sentiment de culpabilité apparamment enraciné dans
nated in deracination and grew into its modern dimensions through incessant
cette société issue du déracinement et qui s'est forgée, pour devenir ce
migration and restlessness.
qu'elle est aujourd'hui, dans le tumulte et les migrations.

Morton Dauwen Zabell

Vous souvenez-vous d'El Alamo? Venez voir le plus célèbre mausolée du Texas, au coeur de San
Remember the Alamo? Come see Texas' most famous shrine in the heart of San Antonio, known as the
Antonio, aussi connu sous le nom de "Berceau de la Liberté du Texas." Après le vrai, à environ 150 kilo-
"Cradle of Texas Liberty." After the real thing, approximately 100 miles west, visit the replica ***ALAMO***
mètres à l'ouest, visitez la réplique du **VILLAGE D'EL ALAMO**, parc d'attraction familial construit autour
VILLAGE*. It is a family recreation center built around a movie set for* The Alamo, *filmed in 1959. This is*
des décors réalisés pour le film *El Alamo* tourné en 1959. C'est ici que le Colonel Travis traça une ligne
the site where Colonel Travis drew a line on the ground and dared his men to cross it in freedom's
sur le sol et défia ses hommes de la traverser au nom de la liberté. Luttant contre la répression du dicta-
cause. Rebelling against the repressions of Mexico's dictator Santa Ana, every single defender of the
teur mexicain Santa Ana, les défenseurs du fort moururent jusqu'au dernier. Le film était aussi plein de
Alamo perished. The film had as much blood and thunder as any Texan could wish, particularly, behind
sang et de fureur qu'un Texan peut le souhaiter, surtout en arrière-plan des scènes entre les acteurs prin-
the scenes between the leading men, John Wayne, Richard Widmark and Lawrence Harvey. The set
cipaux, John Wayne, Richard Widmark et Lawrence Harvey. Les décors furent parmi les plus grands et
was one of the largest and most detailed ever constructed in the U.S. It overlooks a complete replica
les plus complets jamais construits aux Etat-Unis. Ils surplombent une réplique complète d'un village de la
frontier village of the 1800s with a cantina restaurant, trading post, Indian store, authentic stage depot,
frontière des années 1800, avec sa cantina, son trading post, sa boutique indienne, son authentique

100° 24.7'W

20° 19'N

Sexe, plage et montagnes.... Tout est repris par la simulation. Les paysages
Sex, beaches and mountains.... Everything is destined to reappear as simulation.
par la photographie.... Les choses semblent n'exister que par cette destina-
Landscapes as photographs.... Things seem only to exist by virtue of a strange destiny.
tion étrange. On peut se demander si le monde lui-même n'existe qu'en
You wonder whether the world itself isn't destined to serve as advertising copy in some
fonction de la publicité qui peut en être faite dans un autre monde....
other world.... When the only physical beauty is created by plastic surgery, the only
Lorsque la seule beauté est celle créée par la chirurgie esthétique des corps,
urban beauty by landscape surgery....
le seule beauté urbaine celle créée par la chirurgie des espaces verts....

Jean Baudrillard

$17,300,000,000

04 

TEXAS

Visitez un des plus importants sites historiques des Etats-Unis. Vous le trouverez à environ un
Visit one of the most important historic sites in America. You can find it a little more than half a
kilomètre au nord-ouest de Charleston, au 43 Monument Square, à Boston, Massachussetts.
mile northeast of Charleston, at 43 Monument Square, in Boston, Massachusetts. Visible
Visible de partout dans la région de Boston, Breed's Hill fut le site d'une sanglante bataille de
throughout the Boston area, Breed's Hill was the site of a bitter Revolutionary War battle.
la Guerre d'Indépendance. Aujourd'hui, les visiteurs peuvent parcourir le site de cette bataille
Today, visitors can tour that battle as commemorated at the ***BUNKER HILL MONUMENT****,*
commémorée dans le **BUNKER HILL MONUMENT**, situé sur une colline proche (plus haute
located on a neighboring hill (some 58 feet taller) where almost no action took place. Imagine
d'environ 19 mètres) et qui ne vit pratiquement aucun combat. Imaginez le carnage—les soldats
the carnage—British soldiers advancing without the benefit of artillery cover (their cannon balls
britanniques, avançant sans aucune couverture d'artillerie (leurs boulets de canons n'étaient
were of an incorrect diameter) marched to within 50 feet of the hill before the Americans fired
pas du bon diamètre), étaient parvenus jusqu'à environ 15 mètres de la colline lorsque les
their cannons at point-blank range. The first volley wiped out three companies of redcoats; all
américains firent feu sur eux à bout portant avec leurs canons. La première salve balaya trois
told, 366 soldiers died in the battle. Some 290 punishing steps lead to the top of the soaring
compagnies de Redcoats. Au total, 366 soldats périrent dans la bataille. Quelques 290 mar-

MASSACHUSETTS $12,900,000,000

05

71° 03.5'W

42° 21.7'N

Le choix d'un lieu, d'un événement, d'un personnage, d'une relique, d'un
The selection from the history of events, characters, relics, monuments or place
monument ou d'un site historiques, tout comme le conditionnement et la
associations, and the packaging and presentation of such a selection to the con-
présentation de ce choix au consommateur, n'a rien à voir avec l'"authenti-
sumer has no direct relationship to "authenticity." Mythology, literature, folk
cité." La mythologie, la littérature, la mémoire et l'imaginaire populaires
memory and popular fantasy can also be fed into the interpretation process called
peuvent aussi intervenir dans le processus d'interprétation nommé "patri-
"heritage." Heritage is thus a contemporary created salable experience, produced by
moine." Le patrimoine est donc une expérience commercialisable, de créa-
the interpretation of history.
tion contemporaine, produite par l'interprétation de l'histoire.

Gregory Ashworth

De l'Interstate 95 (ici le New Jersey Turnpike), prendre direction Trenton puis la Route 29 à 12 kilomètres
From Interstate 95 (to the New Jersey Turnpike) take the turn to Trenton and then take Route 29 eight
au nord-ouest de Trenton. Un parc de 340 hectares, le **WASHINGTON CROSSING STATE PARK**, abrite
*miles northwest of Trenton. An 841-acre park, **THE WASHINGTON CROSSING STATE PARK**, pre-*
une partie de la berge de la rivière Delaware où Washington et 2 400 hommes débarquèrent après avoir
serves a section of the Delaware River shoreline where Washington and 2,400 men landed after cross-
traversé, la nuit de Noël, la rivière Delaware qui charriait des blocs de glaces, pour attaquer les Anglais à
ing the ice-clogged Delaware River on Christmas night, 1776, to attack the British at Trenton. Historical
Trenton. Des repères ont été placés le long de Continental Lane, depuis le début de la route jusqu'à
markers have been placed along Continental Lane, from the beginning of the route all the way to
Trenton. La victoire de Washington remonta le moral des troupes alors très bas. L'événement changea le
Trenton. Washington's victory bolstered sagging morale, which was at an all-time low. The event
cours de la Révolution américaine. Le site est aujourd'hui un lieu de détente de 200 hectares qui com-
changed the course of the American Revolution. The site is now a 500-acre recreational area, including
prend 13 bâtiments historiques et le lieu même où Washington et ses hommes embarquèrent est repéré
13 historic buildings and the actual embarkation point marked by a fieldstone monument. From this
par une pierre couchée. De ce repère, tous les jours de Noël, une bande de passionnés d'histoire rejoue
marker, every Christmas Day, a band of uniformed history buffs reenact the crossing in replicas of the
cette traversée dans des copies de ces bateaux Durham à fond plat que Washington et ses hommes util-

74°53.6'W

40°18.7'N

06

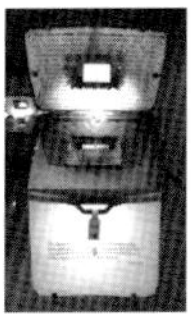

NEW JERSEY $11,400,000,000

La distinction entre touriste et théoricien est encore plus difficile à soutenir
The distinction between tourist and theorist is all the more difficult to sustain if
si l'on se souvient du sens étymologique du mot "théorie" qui vient du grec
one remembers that the first definition of the word "theory" sighted by the O.E.D.
theoria et veut dire, d'après le dictionnaire d'Oxford, "quelque chose de vu,
is a "sight," a "spectacle" from the Greek "theoria."
un spectacle."

Gilles Deleuze

Prenez l'Interstate 80 jusqu'à La Salle, puis les Routes 51 et 52 jusqu'à Dixon. La maison se trouve 8 patés de maisons au sud de Rock River, au 816 S. Hennepin Avenue, parking possible dans le terrain adjacent. Les bus peuvent déposer leurs passagers devant la **REAGAN BOYHOOD HOME**. Découvrez les débuts modestes du jeune Ronald en contemplant la chambre qu'il partageait avec son frère ainé. Le 6 novembre 1920, la famille Reagan emménagea dans cette maison de Dixon. Ronald avait 9 ans et son frère Neil, 11. Ronald Reagan profita des nombreux équipements publics offerts par une des plus vieilles villes situées au bord d'une rivière de l'Illinois: la Bibliothèque Publique de Dixon, la YMCA, la First Christian Church et les myriades d'activités offertes par la vie scolaire malgré les faibles finances de la famille Reagan. Les activités de la famille débordaient la maison pour inclure la grange et la cour. Les frères Reagan élevaient des lapins dans la grange et "Dutch" et "Moon", comme on les appelaient alors,

*Take Interstate 80 to La Salle, then Routes 51 & 52 to Dixon; the house is 8 blocks south of the Rock River at 816 S. Hennepin Avenue; parking is available in the adjacent lot. Buses may unload visitors in front of **THE REAGAN BOYHOOD HOME**. Consider the humble beginnings of young Ronald as you look at the bedroom he shared with his older brother. The Reagan family moved to this house in Dixon November 6th, 1920, when Ronald was 9 and his brother Neil, 11. Ronald Reagan took advantage of the many community resources within one of the oldest riverside towns in Illinois; the Dixon Public Library, the YMCA, the First Christian Church and the myriad of activities provided by school life, despite the financial limitations of the Reagan family. The family activities at home extended beyond the house to both the barn and the yard. The Reagan brothers raised rabbits in the barn and both "Dutch" and*

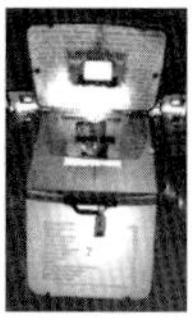

89°29.2'W

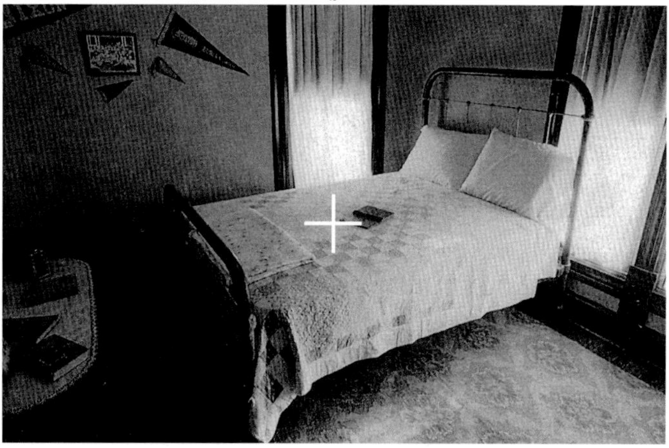

41°50.1'N

Centres d'intérêts / *Interesting Activities*	% voyageurs / *% travelers*
découvrir le paysage/*experience the scenery*	44
visiter des villes/*visit cities*	42
visiter des lieux historiques/*visit historical places*	34
voir l'"Ouest Sauvage"/*see the "wild west"*	32
faire des achats/*make purchases*	31
se reposer/*take a restful vacation*	24
profiter de la vie nocturne/*enjoy the nightlife*	22
visiter des musées/*visit museums*	22
jouer (au casino...)/*gamble*	21
apprendre à mieux connaître les américains/*get to know the American people*	21
visiter les Montagnes Rocheuses/*visit the Rocky Mountains*	20
passer du temps sur les plages/*spend time on beaches*	18
assister à des événements sportifs/*go to sports events*	9

Enquête démographique sur les centres d'intérêts des voyageurs japonais comptant se rendre aux Etats-Unis / Demographic survey of activities that interest Japanese travelers planning a trip to the U.S.

À vingt minutes seulement du Detroit Metro Airport et du Detroit City Airport, et à trois kilomètres de la

Just twenty minutes from Detroit Metro Airport and Detroit City Airport and two miles from the Amtrak

station de l'Amtrak. Les routes principales I-94, I-96, I-75 et M-39 vous emmèneront au **GREENFIELD**

*station. Major highways I-94, I-96, I-75 and M-39 will take you to **GREENFIELD VILLAGE**. "American*

VILLAGE. "L'histoire américaine prend vie" au Greenwich Village. Effectuez un voyage dans le temps, du

history comes to life" at Greenfield Village. Tour a time-lapse panorama from birch canoe to airplane,

canoë de bouleau à l'avion, de la boutique de l'artisan à l'usine. C'est ici, dans son Dearborn natal, dans

from craft shop to brick factory. Here in his native Dearborn, Henry Ford mass-produced his American

un complexe de 100 hectares d'histoire vivante, que Henry Ford produisit à la chaine son rêve américain.

dream in a 254-acre complex of living history. With money and determination he strove for the real thing,

Avec argent et obstination, il rechercha continuellement "the real thing," l'"authentique," la relique pas la

the relic, not the replica. The chair in which Lincoln was shot, the courthouse in which Lincoln practiced

réplique. La chaise sur laquelle Lincoln fut tué, le tribunal où Lincoln exerçait la loi, la maison où Webster

law, the house in which Webster compiled his dictionary, and the laboratory Thomas Edison established

rédigea son dictionnaire et le laboratoire de Thomas Edison provenant de Menlo Park, sont tous là. La

in Menlo Park, N.J. are all here. From Dayton, Ohio, came the Wright Brothers' shop. But it is the birth-

boutique des frères Wright a été rapportée de Dayton, Ohio. Mais c'est le lieu de naissance de Henry

place of Henry Ford which takes pride of place. It is in this typical Midwestern farmhouse, with small

Ford qui l'emporte. C'est dans cette ferme typique du Midwest, avec ses petites pièces et son mobilier

83° 10.9'W

42° 19.4'N

$8,900,000,000

08

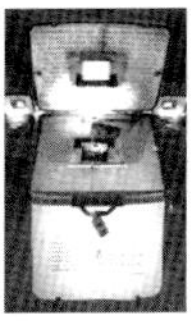

MICHIGAN

...Nous voyageons de plus en plus, non pour voir, mais pour prendre des

...We go more and more, not to see at all, but only to take pictures. Like the rest

photos. Voyager, comme toutes nos autres expériences, devient une tau-

of our experiences, travel becomes tautology. The more strenuously and self-con-

tologie. Plus nous nous acharnons et nous appliquons à élargir le champ de

sciously we work at enlarging our experience, the more pervasive the tautology

nos expériences, plus la tautologie devient omniprésente. Que nous recher-

becomes. Whether we seek models of greatness, or experience elsewhere on the earth,

chions des modèles de grandeur, ou que nous fassions l'expérience d'autres

we look into a mirror instead of out of a window, and we see only ourselves.

lieux sur Terre, nous contemplons un miroir au lieu de regarder à travers

une fenêtre, et nous ne voyons que nous-mêmes.

Daniel Boorstin

Le champ de bataille est situé au sud-ouest de la Pennsylvanie, sur la Route 40, à 17 kilomètres à l'est

The battlefield is located in southwestern Pennsylvania along Route 40, 11 miles east of Uniontown. The

d'Uniontown. La bataille de Gettysburg fut la plus sanglante de la Guerre de Sécession, le tournant qui

battle for Gettysburg was the bloodiest encounter of the Civil War, the turning point that foreshadowed

laissa présager de la chute de l'armée du Sud. Dans le **GETTYSBURG NATIONAL HISTORIC PARK**,

the southern army's eventual decline. In ***GETTYSBURG NATIONAL HISTORIC PARK****, there are more*

sur plus de 2 400 hectares, le visiteur pourra imaginer sans difficulté, à l'aide des 1 400 repères, statues

than 6000 acres, with some 1,400 markers, statues and monuments that offer the imaginative visitor the

et monuments, ce qui s'y est réellement passé. Résultat d'une collision accidentelle des troupes, cette

opportunity to ponder what really happened. The result of an accidental collision of forces, the victory

victoire fit 51 000 victimes... la bataille la plus sanglante jamais menée sur le sol américain et tout aussi

came with a price of 51,000 casualties...the bloodiest battle ever fought on American soil and as grimly

dévastatrice en son temps que l'explosion de la bombe atomique aujourd'hui. Le Centre d'accueil et d'in-

devastating in its time as the dropping of the atom bomb has been in ours. The Visitor Center has a 750-

formation présente, sur une carte électrique de presque 100 m^2, les mouvements de troupes à l'aide de

square foot Electric Map that graphically demonstrates the troop movements with more than 600 colored

plus de 600 signaux lumineux de couleur. (Entrée $2,00). Des tours d'observation offrent une vue

lights. (admission fee $2.00). Observation towers make it possible to get an overview of the entire battle-

d'ensemble du champ de bataille. Le circuit automobile de 29 kilomètres retrace les trois jours de com-

C'est la peur qui donne au voyage sa valeur. Elle brise une sorte de structure

What gives value to travel is fear. It breaks down a kind of internal structure ...

interne en nous... dépouillés de toutes nos béquilles, privés de nos masques

stripped of all our crutches, deprived of our masks... we are completely on the surface

... on se retrouve entièrement en surface de soi-même.

of ourselves.

Albert Camus

Sortez de Chattanooga par la Route 27. Le centre d'accueil et d'information est situé juste au sud du
From Chattanooga, take Route 27 south. The Visitors Center is just south of Fort Oglethorpe. In one of
Fort Oglethorpe. Lors d'une des plus féroces batailles de la Guerre de Sécession, les Fédérés
the hardest-fought battles of the Civil War, Federals broke the seige and forced the Confederates to
brisèrent le siège et forcèrent les Confédérés à se retirer de la Géorgie. Dans le **CHICKAMAUGA**
withdraw into Georgia. At the ***CHICKAMAUGA NATIONAL MILITARY PARK****, the major points of inter-*
NATIONAL MILITARY PARK, on accède aux principaux sites intéressants du champ de bataille en
est on the battlefield can be reached by following the 7-mile auto tour. Some 1,400 historical monuments
empruntant en voiture un circuit de 12 kilomètres. Quelques 1 400 monuments et repères historiques
and markers memorialize the men who fought and fell in these encounters, and indicate points of inter-
honorent la mémoire des hommes qui combattirent et tombèrent lors de ces combats et indiquent les
est. Metal tablets, blue for Union and red for Confederate, are positioned so that visitors view the field
lieux intéressants. Des tablettes de métal, bleues pour les soldats de l'Union et rouges pour ceux des
much like soldiers positioned here in 1863 would have viewed it. From observation towers it is possible
Etats confédérés, sont placées de telle sorte que les visiteurs puissent contempler le champ de bataille
to comprehend the grand strategy of the campaign over a front that extended 150 miles, and to follow
à travers les yeux des soldats qui se trouvaient là en 1863. Du haut de tours d'observation, on com-
the tactical details of the actual battles. This is one of the nation's best monumented military parks. Don't
prend la grandiose stratégie de cette offensive sur un front de plus de deux cents kilomètres de long et

85° 17.6'W

35°52.4'N

10

$8,600,000,000

GEORGIA

Le tourisme en tant que pratique institutionnelle assure l'allégeance du
Tourism is an institutional practice which assures the tourist's allegiance to the
touriste à l'état par un agir où s'effacent discrètement par l'alibi du "loisir"
state through an activity which discreetly effaces whatever grievances, discontent or
n'importe quel grief, mécontentement ou aliénation que le touriste aurait
alienation that the tourist might have felt in regards to society. The tourist enslaves
ressentis par rapport à la société d'où il provient. Le touriste s'asservit au
himself at the very moment he believes himself to have attained the greatest liberty.
moment même qu'il croit avoir atteint le maximum de liberté.

Georges Van den Abbeele

De Waikiki, prenez le Boulevard Ala Moana en direction de l'Aéroport International de Honolulu. Arrivé
From Waikiki, take Ala Moana Boulevard, toward Honolulu International Airport. At Puuloa Road, get on
sur Puuloa Road, prenez la H1, l'auroroute surélevée. Quittez-la à la sortie "Stadium" et suivez les pan-
H1, the elevated freeway. Leave the freeway at the the Stadium exit, and follow the signs to the ***USS***
neaux jusqu'au **USS ARIZONA MEMORIAL NATIONAL MONUMENT**. La coque de l'*Arizona* repose,
ARIZONA MEMORIAL NATIONAL MONUMENT. *The hull of the* Arizona *lies undisturbed directly where*
intacte, à l'endroit même où le navire coula. Le 7 décembre 1941, jour où les japonais bombardèrent
it sank. December 7, 1941, the day the Japanese bombed Pearl Harbor, sinking the USS Arizona *and*
Pearl Harbour, coulant l'USS *Arizona* et tuant 1 177 membres d'équipage, restera dans les mémoires "le
killing 1,177 of her crew, remains in our memories as "the day that will live in infamy." The battleship took
jour de l'infamie." Le cuirassé fut frappé de plein fouet et coula en moins de neuf minutes. L'attaque
a direct hit and sank in less than nine minutes. The attack thrust the U.S. into World War II. In the rush to
entraîna les Etats-Unis dans la Seconde Guerre Mondiale. Dans sa hâte de se remettre de l'attaque et
recoup from the attack and prepare for war, the Navy excercised its option to leave the men in the
de se préparer à la guerre, la marine exerça son droit d'abandonner les hommes coincés dans la coque
sunken ship buried at sea. They remain entombed in its hull. With its mast protruding from the water, the
immergée. Ils y sont toujours enterrés. Avec son mât qui ressort de l'eau, le bateau perd quatre ou cinq
ship oozes a gallon or two of oil each day. This monument is Hawaii's most visited attraction. There is no
litres de carburant chaque jour. Ce monument est le site le plus visité de Hawaï. L'entrée est gratuite.

HAWAII $6,600,000,000

11

Le mot vacance lui-même vient du latin **vacare**, 'laisser (sa maison)
The very word vacation comes from the Latin ***vacare****, 'to leave (one's house) empty,'*
vide,' et prouve bien qu'il est impossible de réellement passer des
and emphasizes the fact that we cannot properly vacation at home.
vacances chez soi.

Valene Smith

Suivez l'Interstate 15 jusqu'au centre ville de Las Vegas puis jusqu'au centre commercial de Liberace
Take Interstate 15 to downtown Las Vegas, then to the Liberace Plaza shopping center on East
Plaza sur East Tropicana Avenue. Les 600 m² du centre abritent une partie de l'impressionante collection
Tropicana Avenue. Within 5,000 square feet is part of the awesome collection of the ***LIBERACE***
du **LIBERACE MUSEUM**. Pianos sertis de caillou du Rhin et de miroirs, le plus gros caillou du Rhin du
MUSEUM*. Here are pianos studded with rhinestones and mirror tiles, the world's largest Rhinestone*
monde (115 000 carats) et ses costumes favoris créés à partir de mannequins Liberace. Et ces voitures,
(weighing 115,000 karats) Liberace mannequins wearing his favorite costumes. And those cars, oh
oh ces voitures! Liberace les adorait tant et les voilà, y compris une Rolls-Royce aux couleurs patriotiques
those cars. Liberace loved 'em so, and here they are, including a patriotically painted Rolls Royce and a
et une Bradley GT scintillante ornée de candélabres. Tour à tour appelé M. Showmanship, Le Candelabra
glittery Bradley GT sports car with candelabra detailing. Known variously as Mr. Showmanship, the
Kid, le Gourou du Strass, M. Sourires, le Roi des Diamants et M. Boxoffice, Liberace fut sans aucun
Candelabra Kid, Guru of Glitter; Mr. Smiles, The King of Diamonds, and Mr. Box Office, Liberace was
doute possible le présentateur le plus chéri des américains et un collectionneur étonnant. "Mon nouveau
undoubtedly America's most beloved entertainer and a remarkable collector. "My new museum will have
musée accueillera plusieurs magasins élégants qui vendront des objets qui me sont associés. Des mer-
several elegant shops, selling the things with which I'm associated. From fabulous fur creations from my
veilleuses créations de mon fourreur et des bijoux sur-mesure jusqu'aux objets de cristal en provenance

115°08.8'W

36°10.3'N

12

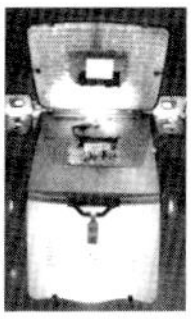

NEVADA $6,500,000,000

La Formule Anti Jet-Lag aide votre corps à s'adapter aux nouveaux fuseaux
Anti-Jet-Lag Formula helps your body adjust to new time zones. Contains amino acids
horaires. Contient des amino-acides et des vitamines. Doses pour 2 ou 12
and vitamins. Two or twelve-day supply: $5.95. Inflatable Neck Pillow/Great for
jours: $5.95. Coussin gonflable pour la nuque. Idéal pour l'avion et le train,
planes and trains, has washable cover: $9.95. Packtowel weighs less than 2oz. but
housse lavable: $9.95. La serviette comprimée pèse moins de 60 grammes,
absorbs 10 times its weight in liquids. Quick drying too.
mais absorbe 10 fois son poids. Et sèche très vite.

Guide touristique/Tourist Guide

Quittez l'Interstate 80 et prenez la Route 36 jusqu'à Asheville, Caroline du Nord. Là, au 48 Spruce
Take route 36 from Interstate 80 to Asheville, North Carolina and there at 48 Spruce St. is the house that
Street, se trouve la maison qui a rendu célèbre le livre et le nom de l'enfant qui y vécu. Voici la **THOMAS**
made the book, and the name, of its child occupant. This is the ***THOMAS WOLFE BOYHOOD HOME,***
WOLFE BOYHOOD HOME, pas celle de celui qui écrivit le livre bientôt porté à l'écran *Le Bûcher des*
not the one who wrote the book soon to be the film, Bonfire of the Vanities, *but the author of* Look
Vanités, mais l'auteur de *L'Ange Exilé*, roman qui lui valu la célébrité mais aussi, dans sa ville natale, l'in-
Homeward, Angel. *It bought him literary fame and, in his home town, it brought him infamy. Based on*
famie. Fondé sur des souvenirs de son enfance chaotique et riche d'émotions, son premier roman, et
recollections of his chaotic childhood in this house and filled with emotional intensity, his first and best-
son plus célèbre, fut publié en 1929. Les habitants d'Asheville, qu'il avait trop bien décrit, le trouvèrent
known novel was published in 1929. The locals of Asheville, whom he had described all too well, found it
"tout à fait indécent" et le firent interdire dans la bibliothèque municipale. La maison achetée par sa
"quite shocking" and had it banned from the local library. The furnished house bought by his mother
mère, Julia, fonctionnait comme pension. Tom n'appréciait guère le dévouement de sa mère pour les
Julia, operated as a boardinghouse. Tom resented his mother's devotion to the motley characters who
personnages bigarés qui arrivaient et repartaient, le privant de son intimité. La maison elle-même n'a
moved in and out, depriving him of his privacy. The house itself is undistinguished. However, for Wolfe's
rien de particulier. Toutefois, pour les admirateurs de Wolfe, elle évoque un monde bien à part. C'est

NORTH CAROLINA $6,200,000,000

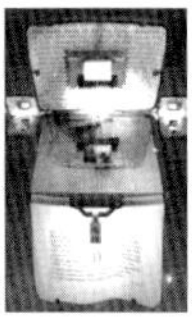

13

82°33.5'W

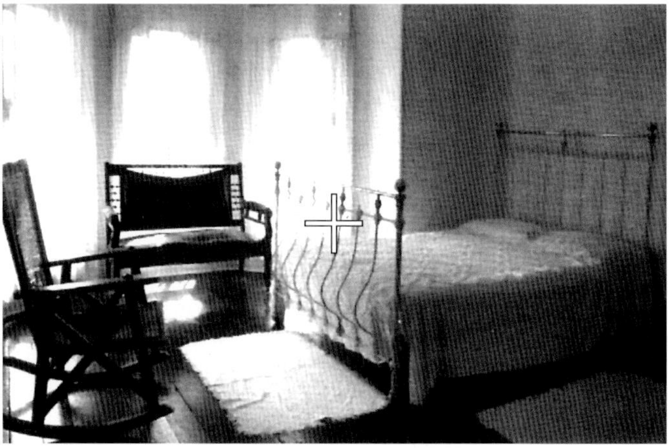

35°37.3'N

Premièrement, pour conftituer des Collections bizarres comme les
First, To make curious Collections as Natural Philoferphers, Virtuofos, or
Philofophes de la Nature, les Virtuofes ou les Antiquaires. Deuxièmement,
Antiquarians. Secondly, to improve in Painting, Statuary, Architecture, and
pour approfondir fa connaissance de la Peinture, de l'art Ftatuaire, de
Mufic. Thirdly, To obtain the Reputation of being Men of Vertu, and of elegant
l'Architecture et de la Mufique. Troisièmement, pour acquérir la
Tafte. Fourthly, To acquire foreign Airs, and adorn their dear Perfons with fine
Réputation d'être des Hommes de Vertu et de bon Goût. Quatrièmement,
Cloaths and new Fafhions, and their Converfations with new Phrafes. Or, Fifthly,
pour acquérir des Allures étrangères et orner leurs chères Perfonnes de
To rub off local prejudices and to acquire that enlarged and impartial View of Men
belles Etoffes et de nouvelles Modes et leur Converfation de nouvelles
and thing, which no fingle country can afford.—Thefe, I say, are the principal
Phrafes. Ou, cinquièmement, pour abandonner les préjudifes locaux et
inducements for modern traveling....
acquérir cette vision élargie et impartiale des Hommes et des choses que ne

peut offrir un feul pays—Voila, pour moi, les principales raisons de voyager

aujourd'hui....

J. Gaihard

Pour atteindre le 151 South Granada Avenue, au coeur du Tucson Convention Centre Complex, à Tucson, Arizona. Coincé à Tucson et marre de la Convention? Pourquoi ne pas découvrir un peu de la couleur locale et visiter la **MAISON JOHN C. FREMONT**. Même si Fremont, cinquième gouverneur de l'Arizona, n'y a peut-être jamais vécu, vous ne vous douterez de rien à la vue de cette reconstitution méticuleuse. Vous découvrirez une maison de style Sonora classique avec ses murs épais en adobe et son patio à l'arrière où la famille toute entière se réunissait pour cuisiner lors des fêtes. La maison est construite autour d'une allée d'accès centrale qui reliait la route au corral situé derrière la maison. L'architecture ne vous intéresse pas? Et bien, vous êtes-vous déjà demandé comment les habitants des constructions en adobe avaient résolu le problème des insectes et de la poussière qui leur tombaient dessus et gachaient leur vie sexuelle? On raconte que Fremont inventa la couverture de coton tendue au-

*To get to 151 South Granada Avenue, in the center of the Tucson Convention Center Complex, in Tucson, Arizona. Are you stuck in Tucson and bored with the Convention? Why not take in some of the local color and tour the **JOHN C. FREMONT HOUSE MUSEUM**. Although Fremont, Arizona's fifth governor, may never have lived here, you would never know it from the meticulous restoration. You will discover a classic Sonoran house with thick adobe walls and a patio in the rear where the entire family cooked on festive occasions. The house is built around a central entryway which connected the roadway with the corral in the rear of the house. Not interested in the architecture? Well, did you ever wonder how the adobe hut dwellers dealt with the problem of keeping bugs and dirt from falling onto their beds and ruining their sex lives? Folklore has it that Fremont invented the cotton manta spread across the ceiling*

110° 58.1'W

32° 13'N

$5,600,000,000

14

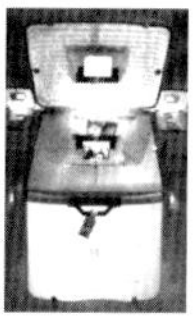

ARIZONA

$$T_{ij} = \frac{GP_iA_j}{D_{ij}}$$

T_{ij} = mesure du voyage touristique entre le point de départ **i** et la destination **j**
*some measure of tourist travel between origin **i** and destination **j***

G = constante de proportionnalité
proportionality constant

P_i = mesure du nombre, de la richesse ou du désir de voyager de la population au point de départ **i**
*measure of the population size, wealth, or propensity to travel at origin **i***

A_j = attrait ou potentiel de la destination **j**
*attractiveness or capacity of destination **j***

D_{ij} = distance entre **i** et **j**
*distance between **i** and **j***

formule fondée sur la Loi de la Gravitation de Newton et utilisée pour prévoir le tourisme / formula used to forecast tourism based on Newton's Law of Gravitation

Le champ de bataille est situé au croisement des routes 34 et 65 près de Sharpsburg. Le centre d'ac-
The battlefield is located at the intersection of routes 34 and 65 near Sharpsburg. The Visitor Center is
cueil et d'information se trouve sur la route 65. Le **ANTIETAM BATTLEFIELD NATIONAL MONUMENT**
*off Route 65. The **ANTIETAM BATTLEFIELD NATIONAL MONUMENT** commemorates the climax of*
porte en lui la violence de la première invasion du Nord par les Confédérés. Les troupes de l'Union for-
the first Confederate invasion of the North. The Union Army forced Lee's Army to abandon its foray into
cèrent l'armée de Lee à abandonner son incursion en Maryland. En douze heures de combat, 23 000
Maryland. In twelve hours of fighting, 23,000 men were killed or wounded, the bloodiest one day battle in
hommes furent tués ou blessés. La plus sanglante bataille d'un jour de l'histoire américaine. Suivez en
American history. An auto tour leads through 8.5 miles of roadside exhibits. The Visitor Center presents
voiture le circuit de14 kilomètres jalonné de repères. Le centre d'accueil et d'information propose un film
a movie on the battle, and has displays of uniforms, swords, and medical equipment that have been
de la bataille et expose des uniformes, des épées et des équipements médicaux trouvés sur le champ
found on the battlefield. For an excellent overview of the grounds, climb the observation tower at the cor-
de bataille. Pour une parfaite vue d'ensemble du champ de bataille, grimpez en haut de la tour d'obser-
ner of Bloody Lane. At the dawn of the day of the battle, Union forces opened fire on Farmer Miller's
vation, au coin de Bloody Lane. A l'aube du jour de la bataille, les forces de l'Union ouvrirent le feu sur le
cornfield. The field changed hands 15 times before the battle was over. You can stand on the high
champ de maïs du fermier Miller. Le champ changea de mains quinze fois pendant la bataille. Vous pou-

77° 44.5'W

39° 25'N

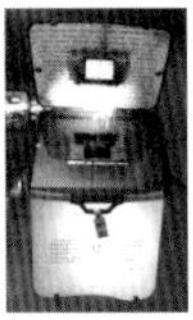

17

MARYLAND $5,200,000,000

...Certaines métaphores spatiales sont tout autant géographiques et
...Certain spatial metaphors are equally geographical and strategic, which is only
stratégiques, ce qui n'est que naturel puisque la géographie a grandi dans
natural since geography grew up in the shadow of the military. The region of the
l'ombre du militaire. La région du géographe est la région militaire (de
geographers is the military region (from regere*, to command) a province is a con-*
regere, diriger); une province est un territoire conquis (de *vincere*). Champ
quered territory (from vincere*). Field evokes the battlefield....*
fait penser au champ de bataille...,,

Michel Foucault

Pour vous instruire en famille, visitez le Centre d'Information situé à l'intersection de Truman Road et de
For an educational experience for the whole family, visit the Information Center at the intersection of
Main Street, Independance, Missouri. "Fais-leur en voir de toutes les couleurs, Harry!" tels sont les mots
Truman Road and Main Street, Independence, Missouri. "Give 'em hell, Harry!" Such are the words
immortalisés sur la tombe de Harry S. Truman, qui repose avec son épouse Bess, dans le **HARRY S.**
immortalized on the tombstone of Harry S. Truman, buried with his wife Bess, at the ***HARRY S.***
TRUMAN HISTORIC SITE. Ce site, qui abrite également le lieu de naissance de Truman, comprend une
TRUMAN HISTORIC SITE*. The site, which also includes the Truman Birthplace, comprises a small,*
petite maison blanche de six pièces, un fumoir en plein air et un puit creusé à la main. Avec son mobilier
white six-room house, an outdoor smokehouse and a hand-dug well. With its homey furniture, book-
simple, son bureau aux murs recouverts de livres et son décor chaleureux, la maison n'a pas changé
lined study, and cozy arrangements, the house looks as it did when the Trumans lived there. Little
depuis l'époque où Truman revêtait son fedora et enfilait son pardessus pimpants pour sa promenade
has changed since the days when Truman donned his dapper fedora and overcoat for his morning
matinale, rituel quotidien qui le rendit célèbre. Son chapeau et son pardessus sont toujours accrochés au
walk—the daily stroll for which he was famous. Indeed his hat and coat still hang in the front hall
porte-manteau de l'entrée, rappel des années où le Président était si heureux de vivre ici. Revivez ces
rack, recalling the years when the President was so happily at home here. Relive those halcyon days
jours de bonheur paisible où Truman (et McCarthy) luttait contre la "menace communiste," ordonnait le

94° 25'W

39° 05.6'N

18

MISSOURI $5,000,000,000

Le concept même du "voyage" est une domestication dans la mesure où il
The very concept of "the voyage" is a domestication, in that it demarcates one's
circonscrit l'itinéraire poursuivi telle la diégèse tripartite aristotélicienne par
traveling like an Aristotelian plot, into a beginning, a middle and an end. In the
le début, le milieu, et la fin. Pour le touriste, le début et la fin s'avèrent être
case of the tourist, the beginning and the end are the same place, home. It is in
la même, à savoir le domicile du touriste que est à la fois point de départ et
relation to this home or domus *then, that everything which falls into the middle*
point de retour; et c'est ainsi à partir de ce domicile ou *domus* que tout ce
can be domesticated.
qui arrive dans l'intermédiaire du parcours peut être domestiqué.

Georges Van den Abbeele

Dans les collines et les vallées boisées de la Southern Kettle Moraine State Forest, sur les 230 hectares
In the wooded hills and hollows of Southern Kettle Moraine State Forest, on 576 acres surrounded by
entourés de prairies de hautes terres, vous découvrirez **OLD WORLD WISCONSIN**. Imaginez un peu, à
*prairie uplands, you will find **OLD WORLD WISCONSIN**. Imagine, just 35 miles south of downtown*
56 kilomètres à peine au sud du centre-ville de Milwaukee, existe un lieu qui vit encore au 19ème siècle et
Milwaukee, there is a place where it's still the 19th century, and European settlers are just beginning to
où les colons européens sont en train de dompter la frontière. Un lieu où bat le coeur de l'histoire et où
tame the frontier. A place where history lives and you can experience it as it happens all over again.
vous pouvez le sentir chaque fois qu'elle s'anime. Des douzaines de bâtiments construits par des pion-
Dozens of buildings constructed by 19th and early 20th century pioneers have been gathered here from
niers au 19ème et au début du 20ème ont été regroupés ici en provenance des quatre coins de l'Etat pour
all corners of the state to form an impressive series of working farms and a country village. You can find
former une impressionnante série de fermes et un village campagnard. Vous y trouverez une cabane de
a one room Norwegian log cabin built in 1841, three German farms of the 19th century, a seven-building
rondins norvégienne ne comportant qu'une pièce construite en 1841, trois fermes allemandes du 19ème
Finnish dairy, and Danish farmsteads. The crossroads village offers a glimpse at the growth of rural com-
siècle, sept bâtiments constituant une laiterie finnoise et des fermes danoises. Le village, situé à la
munities that sprung up as commercial and social centers surrounding the farms. You can talk to authen-
croisée des chemins, permet de comprendre la croissance des communautés rurales telle qu'elles sor-

Mais les vrais voyageurs sont ceux-là seuls qui partent/pour partir.
But true voyagers are only those who leave/to leave.

Charles Baudelaire

Pour visiter Fort Jackson, il faut vous rendre à l'embouchure du Mississippi, à 120 kilomètres au sud-
To visit Fort Jackson, you have to approach the mouth of the Mississippi River, 75 miles southeast of
ouest de La Nouvelle Orléans, près de Triumph, Louisiane. Les passionnés de la Guerre de Sécession
New Orleans, near Triumph, Louisiana. Civil War buffs can stand in the gunwells of ***FORT JACKSON***
pourront descendre dans les puits des canons de **FORT JACKSON** et s'imaginer apercevoir le Hartford,
and imagine sighting the Hartford, David Farragut's flagship, as it sailed up the Mississippi. Tour this
navire amiral de David Farragut, remontant le Mississippi à la voile. Parcourez cette imposante forteresse
massive Civil War fortress, which was manned by over 1,400 Confederate soldiers during the Battle of
de la Guerre de Sécession qui fut occupée par plus de 1 400 soldats confédérés au cours de la bataille
New Orleans, fought in early 1862, for control of the South's largest city and port. As Farragut
de La Nouvelle Orléans, au début de l'année 1862, bataille livrée pour s'emparer de la plus grande ville et
approached with a 46-vessel naval squadron, Confederate forces chained together a raft of logs to block
du plus grand port du Sud. Tandis que Farragut approchait avec son escadre forte de 46 navires, les
the River next to the Fort. Iron-clad Confederate gunboats stood ready to challenge any vessel that man-
Confédérés assemblèrent un radeau de bois à l'aide de chaines pour bloquer la rivière près du fort.
aged to make it through. Reported one of the gunners, "My youthful imagination of Hell did not equal the
Des canonières se tinrent prêtes à affronter tout bateau réussissant à passer le barrage. Selon un des
scene at that moment." The battle which ensued is re-enacted twice each year by sailors and soldiers in
artilleurs, "l'image enfantine que je me faisais de l'enfer n'avait rien à voir avec ce que je vis alors." Le

89°30'W

29°20.4'N

20

LOUISIANA $4,400,000,000

Voyager rend les hommes plus sages, mais aussi plus malheureux. Lorsqu'un
Traveling makes men wiser, but less happy. When men of sober age travel, they
homme d'âge adulte voyage, il récolte un savoir dont il pourra faire bénéfi-
gather knowledge which they may apply usefully for their country; but they are
cier son pays; mais il devient à jamais sujet aux souvenirs teintés de regrets;
subject ever after to recollections mixed with regret; their affections are weakened
ses goûts s'émoussent de s'étendre sur tant d'objets; et il acquiert de nou-
by being extended over more objects; and they learn new habits which cannot be
velles habitudes qui ne pourront être reconnues de retour chez lui.
gratified when they return home.

Thomas Jefferson

Pour vous amuser et vous instruire en famille, venez visiter la maison Jefferson, sur la champêtre Route
For a fun and educational outing for the family, see Jefferson's house, located on rural Route 53, two
53, à trois kilomètres de Charlottesville, 165 kilomètres au sud-ouest de Washington D. C.. Vous êtes-
miles southeast of Charlottesville, 102 miles southwest of Washington, D.C. Ever wonder where the
vous jamais demandé où la Déclaration d'Indépendance avait réellement été écrite? Promenez-vous
Declaration of Independence was actually written? Tour Thomas Jefferson's remarkable estate, ***MONTI-***
dans **MONTICELLO**, l'extraordinaire domaine de Jefferson, et découvrez par vous-même le lieu de nais-
CELLO*, and experience the birthplace of democracy first-hand. A man of mythical proportions, Jefferson*
sance de la démocratie. Homme mythique, Jefferson était un horticulteur accompli, un expert des ma-
was an accomplished horticulturist, an expert on venereal disease (he was his own patient), an amateur
ladies vénériennes (il fut son propre patient), un joueur de cello amateur et un des premiers architectes
cellist and one of the first American architects to compensate for a paucity of talent by turning to the 16th
américains à compenser son manque de talent en s'aidant des manuels italiens du 16ème siècle de
century Italian patternbooks of Andrea Palladio. Monticello stands as a monument to his "genius."
Andrea Palladio. Monticello est un monument à son "génie". Sa réputation d'inventeur rivalise avec celle
Jefferson's reputation for inventiveness rivals Rube Goldberg's. You will discover a silent butler (dumb
de Rube Goldberg. Vous découvrirez un majordome silencieux (un monte-plat) qui montait le vin du cel-
waiter) which carried wine from the cellar and a clock whose weights dropped to indicate the days of the
lier et une horloge dont les poids tombaient pour indiquer les jours de la semaine. Empruntez le passage

78° 30.4'W

38° 02.3'N

C'est sous forme de reconstitutions des activités quotidiennes que le passé se
The past appears to best advantage in renovated relics of everyday activities: grist
présente sous son meilleur jour: les moulins à blé des reconstitutions histo-
mills at historic reconstructions always function, printshops unfailingly turn out
riques fonctionnent toujours, les imprimeries produisent infailliblement des
facsimile broadsides, medieval herb gardens seem invariably fruitful; nothing needs
fac-similés, les jardins de simples médiévaux semblent éternellement
to be fixed, raked, or painted: there is no dung, no puddles, no weeds. Nature's
productifs; rien n'a besoin d'être réparé, ratissé, peint: aucun crottin,
normal vicissitudes and mankind's customary tribulations seldom afflict life in the
aucune flaque, aucune mauvaise herbe. Les vicissitudes normales de la nature
past as we portray it. In the sanitized American past not even slaves are wretched:
et des tribulations coutumières de l'humanité n'affectent que très rarement
porch columns and chimneys raise the restored slave quarters to the standards of
la vie au temps jadis telle que nous la représentons. Dans l'histoire hyper-
overseers' dwellings. "The only thing that holds us back," complains a promoter "is
hygienisée américaine, les esclaves eux-mêmes n'ont pas l'air misérable: por-
some of those old relics who live in town."
tiques, colonnes et cheminées élèvent le quartier des esclaves restauré au
niveau des logements des contremaîtres. "La seule chose qui nous retient," se
plaint un promoteur, "c'est certaines de ces vieilles reliques qui vivent en
ville."

David Lowenthal

Des bateaux gérés par un concessionnaire du Service des Parcs Nationaux partent de la City Marina sur Lockwood Drive, juste au sud de l'U.S. 17 à Charleston. Les coups de feu tirés sur cette forteresse pentagonale bâtie sur une île isolée au milieu du port de Charleston, le **FORT SUMTER NATIONAL MONUMENT**, furent les étincelles fatales qui déclenchèrent la Guerre de Sécession. A 04h30, le 12 avril 1861, un obus de mortier s'éleva au-dessus de la ville de Charleston, Caroline du Sud, décrivit un arc de feu dans le ciel, s'immobilisa un instant, puis explosa juste au-dessus des murs de Fort Sumter. Quelques instants plus tard quarante-deux autres canons se joignirent à lui et des éclairs trouèrent le ciel sombre de grandes courbes paraboliques. La Guerre de sécession, le conflit armé le plus sanglant et le plus diversifié de l'histoire de l'Amérique, avait débutée. A la fin, étayé de sacs de sable et de balle de coton ainsi que des restes de sa propre maçonnerie, Fort Sumter était plus solide que jamais. Malgré quelques

Boats operated by a National Park Service concession leave from the City Marina on Lockwood Drive, just south of U.S. 17 in Charleston. The shots fired on this isolated, five-sided fortress island in Charleston harbor, ***FORT SUMTER NATIONAL MONUMENT****, were the fateful sparks that ignited the Civil War. At 4:30 a.m. on April 12, 1861, a single mortar shell rose above the city of Charleston, South Carolina. It zoomed upward in a fiery arc, hung momentarily, then burst directly over the walls of Fort Sumter. Moments later, forty-two other guns joined in and streaks of light flashed in great parabolic curves across the dark sky. The Civil War, America's bloodiest and most diverse armed conflict, had begun. In the end, buttressed with sand and cotton as well as its own fallen masonry, Fort Sumter was stronger than ever. Despite a few modern installations, the island still conjures up the atmosphere of this*

79° 55.8'W

32° 45.8'N

Pour un américain, le paysage des années 80 semble envahi par une sorte de patrimoine "rampant"—centres commerciaux mansardés et à colombages, briques apparentes et décor en billot de boucher dans les zones historiques, villages historiques, préservation du patrimoine; "nous autres modernes avons tellement consacré les ressources de nos sciences à la taxidermie qu'il n'est pratiquement rien aujourd'hui qui ne soit considérablement plus animé mort que vivant."

To the American, the landscape of the 1980s seems saturated with "creeping" heritage - mansarded and half-timbered shopping plazas, exposed brick and butcher-block decor in historic precincts, heritage villages, historic preservation; "we moderns have so devoted the resources of our science to taxidermy that there is now virtually nothing that is not considerably more lively after death than it was before."

David Lowenthal citant / quoting Dennis

$4,300,000,000

22

SOUTH CAROLINA

En sortant de Lexington, Kentucky, suivez la Blue Glass Parkway sur 45 kilomètres en direction du sud-
Drive 35 miles southwest from Lexington Kentucky on the Blue Grass Parkway to Route 68, approxi-
ouest jusqu'à la Route 68, à environ 5 kilomètres à l'ouest de Perryville. Là, dans l'ombre champêtre,
mately 3 miles west of Perryville. There, blanketed in pastoral obscurity, you may tour the ***PERRYVILLE***
promenez-vous dans le **PERRYVILLE BATTLEFIELD STATE SHRINE**, site d'une des batailles les plus
BATTLEFIELD STATE SHRINE*, site of one of the bloodiest battles of the Civil War, fought ferociously*
sanglantes de la Guerre de Sécession, combat féroce pour le contrôle du Kentucky. En 1862, malgré le
for control of Kentucky. Although in 1862 the town of Perryville itself was of little significance, Lincoln
peu d'importance de la ville de Perryville, Lincoln, à ce qu'on dit, se fit la remarque que si Dieu était de
reportedly remarked that although he hoped God was on his side, there could be no question about
son côté, comme il l'espérait, il ne pouvait subsister le moindre doute sur l'alliance du Kentucky. Sur les
Kentucky's allegiance. Still standing on the 98 acres of actual battlefield are the Confederate comman-
40 hectares du site, seuls demeurent les quartiers généraux de l'armée des Etats Confédérés, la Bottom
ders' headquarters, the Bottom House, which was the scene of some of the worst fighting, and a ceme-
House, scène de certains des pires combats et un cimetière en haut d'une butte où plus de quatre cent
tery atop a knoll where over four hundred Confederate casualties are buried. As you walk through the
Confédérés sont enterrrés. En vous promenant dans le parc, vous découvrirez un certain nombre de
park, you will come upon a number of markers and monuments which stand in memorial to the nearly
panneaux et de monuments qui célèbrent la mémoire des 3 400 Rebelles et des 4 200 Yankees qui

Le Vacancier H-M1 est supposé avoir un niveau de réussite (ligne verticale
The holidaymaker H-M1 is assumed to have a level of attainment (vertical line
a'a) et un niveau de conscience (ligne horizontale b'b). Les vacances situées à
a'a) and level of awareness (horizontal line b'b). H-M1's attainable opportunity
gauche de la ligne a'a constituent l'ensemble des possibilités accessibles à H-
set is all holidays to the left of line a'a. Similarly, all holidays above line b'b rep-
M1. De même, toutes les vacances situées au-dessus de la ligne b'b représen-
resent H-M1's perceived set. The realizable set is therefore the area bounded with-
tent l'ensemble des vacances perçues par H-M1. L'ensemble des vacances
in b'Ca' and the x and y axes. H-M1 is therefore aware of opportunities H14,
accessibles est donc la zone comprise entre b'Ca' et les axes x et y. H-M1
H15, H24, and H25, falling outside the attainable set, they are not realizable.
est donc conscient que les possibilités H14, H15, H24 et H25, situées hors
In the same way opportunities H41, H42, H51 and H52 can be attained but as
du lot des possibilités accessibles, ne sont pas réalisables. De la même façon,
H-M1 is unaware of them they too cannot be realized.
les possibilités H41, H42, H51 et H52 peuvent être atteintes mais, comme

H-M1 n'en est pas conscient, elles non plus ne peuvent être réalisées.

Matrice comportementale du vacancier / The holidaymaker's behavioral matrix

Quittez Montgomery par le nord en empruntant la I-85 et tournez en direction du nord sur la Route 49 (à

From Montgomery, take I-85 North and turn north on Rt. 49 (left) through Dadeville, Alabama where you

gauche) à travers Dadeville, Alabama où vous trouverez le **HORSESHOE BEND NATIONAL MILITARY**

can find the ***HORSESHOE BEND NATIONAL MILITARY PARK****, which will be on your right. On a nar-*

PARK, sur votre droite. Sur une étroite péninsule formée par un méandre de la rivière Tallapoosa en

row peninsula formed by a horseshoe-shaped bend in the Tallapoosa River, visit the site of the last

forme de fer à cheval, visitez le site de la dernière grande bataille de la Guerre contre les Indiens Creek.

major battle of the Creek Indian War. Take a three mile drive through the battlefield (now a pleasing

Parcourez en voiture les cinq kilomètres du champ de bataille (aujourd'hui une prairie riante) jalonnés

meadow) which includes stops at the Cotton Patch Hill, the Island, Gun Hill, from which Andrew Jackson

d'arrêts à Cotton Patch Hill, Island, Gun Hill d'où Andrew Jackson fit tirer soixante-dix coups de canon, et

fired seventy cannon rounds, and the site of Tohepka's village where some 350 Creek women and chil-

qui mène au site du village de Tohepka où quelques 350 femmes et enfants Creek furent fait prisonniers.

dren were taken prisoner. "We shot them like dogs" was Davy Crockett's description of the battle in

"On les a tirés comme des lapins," furent les mots de Davy Crockett après cette bataille où plus de 200

which over 200 Creeks were killed. See the place where Andrew Jackson and 3,500 Tennessee fron-

Creeks furent tués. Visitez l'endroit où Andrew Jackson et 3 500 broussards du Tennessee livrèrent une

tiersmen fought one of the fiercest battles in the history of the American Indian Wars, a victory which

des plus féroces bataille de l'histoire des Guerres Indiennes, une victoire qui coûta aux Creeks le contrôle

85° 45'W

32° 57.1'N

ALABAMA $3,600,000,000

24

Ce que je préfère, dans la carte postale, c'est qu'on ne sait pas ce qui est

What I prefer about postcards, is that one does not know what is the front or what

devant ou ce qui est derrière, ici ou là, près ou loin, le Platon ou le Socrate,

is the back, here or there, near or far, the Plato or the Socrates, recto or verso.

recto ou verso.

Jacques Derrida

Empruntez l'Interstate 94 jusqu'à Sauk Center, la ville qui entretint longtemps une relation d'amour et
Take Interstate 94 to Sauk Center, the town with the love/hate relationship for its famous and now
de haine pour son célèbre, et maintenant favori, enfant. Ici, au 812 Sinclair Lewis Avenue, se trouve la
favorite native son. Here at 812 Sinclair Lewis Avenue is the ***SINCLAIR LEWIS BOYHOOD HOME****, the*
SINCLAIR LEWIS BOYHOOD HOME, la maison qui fut, de 1889 à 1903, celle du premier Prix Nobel
home from 1889 to 1903 of America's first Nobel Prize winner in literature. Yet in 1920 he scandalised
de littérature américain. Et pourtant, en 1920, il scandalisa la ville où il avait grandit en en faisant une
the town in which he grew up, satirizing it in his first and phenomenally popular novel, Main Street. *The*
satire dans son premier, et extraordinairement populaire, roman, *Main Street.* L'homme qui se
man who recalls his boyhood as a "good time, a good place, a good preparation for life," was known as
souvient de son enfance comme d'"un bon moment, un bon endroit, une bonne préparation à la vie,"
the gawky redhead, a bookworm with few friends and a disruptive element at school. Harry Sinclair
était connu comme le rouquin déguingandé, le rat de bibliothèques qui avait peu d'amis et perturbait la
Lewis eventually found favor again with the town, and they have now preserved his boyhood home and
classe. Harry Sinclair Lewis a finalement retrouvé grâce aux yeux de sa ville et cette dernière a remis
established the Sinclair Lewis Interpretative Center. Of special interest in the house are Lewis' bedroom,
en valeur sa maison natale et créé le Sinclair Lewis Interpretative Center. Remarquez plus parti-
which he shared with two older brothers, and a facsimile of the Nobel Prize Certificate. A tour will help
culièrement dans la maison la chambre que Lewis partageait avec ses deux frères ainés et le facsimi-

$3,600,000,000

25

MINNESOTA

94°57.1'W

45°44'N

Les voyageurs peuvent être classés selon des segments psychographiques
Travelers can be categorized according to psychographic segments distributed along
répartis sur une gamme qui s'étend, à un pôle, du psychocentrique (les
a spectrum extending, at one pole, from the "psychocentric" (inhibited, nonadven-
voyageurs inhibés, non aventureux), jusqu'à l'"allocentrique" qui exige
turous travelers) to the "allocentric" traveler demanding change and adventure.
changement et aventure. Le gros des voyageurs se situe dans la zone inter-
The bulk of travelers fit into the intermediate area, the "mid-centric." There are
médiaire, le "mi-centrique." Le voyage de loisir répond à cinq motivations
five basic motivations for leisure travel, with the following distribution: Life is too
de base, qui se répartissent comme suit: La vie est trop courte 35%, Rendre
short 35%, Adds interest to life 30%, the Need to unwind 29%, Ego support 4%,
la vie plus intéressante 30%, Besoin de se détendre 29%, Bon pour l'ego
Sense of self-discovery 4%.
4%, Sentiment de découverte de soi 4%.

Enquête démographique, S. Plog / demographic survey, S. Plog

Environ trente kilomètres au sud de Rosalia, un affleurement de 1204 mètres de haut des Monts Selkirk,
About twenty miles south of Rosalia, a 3,612 foot outcrop of the Selkirk Mountains was called Pyramid
qui portait le nom de Pyramid Peak sur les premières cartes de la région, porte aujourd'hui le nom du
Peak on early maps of the region but was later renamed after Colonel Steptoe. See the ***STEPTOE***
Colonel Steptoe. Découvrez le **STEPTOE BATTLEFIELD AND MONUMENT**. Le colonel Steptoe partit
BATTLEFIELD AND MONUMENT*. Colonel Steptoe set forth from Walla Walla with a detachment of*
de Walla Walla à la tête d'un détachement de cavalerie peu armé pour montrer aux Indiens que l'Armée
lightly-armed cavalry to show the local Indians that the U.S. Army was a serious force in the area. A
des Etats-Unis était puissante dans la région. Un important groupe d'indiens, craignant que les soldats
large group of Indians, fearing further incursion on their land, prevented the soldiers from crossing the
ne s'aventurent plus loin sur leur territoire, les empêchèrent de traverser la rivière Spokane et les obli-
Spokane River and forced them to retreat. The troops, taking a defensive position on the broad butte,
gèrent à battre en retraite. Les soldats, en position de défense sur la vaste butte, tinrent jusqu'à la
held out until nightfall, buried their dead and slipped away. Perhaps the most significant achievement
tombée de la nuit, enterrèrent leurs morts et s'échappèrent. L'élément le plus frappant de cette cam-
stemming from the campaign was to have the Colonel's name pass into the vocabulary of geology as a
pagne fut peut-être que c'est depuis celle-ci que le nom de ce Colonel est passé dans le vocabulaire
term for that particular type of butte: a steptoe is an island of rock surrounded by a flow of lava. You
géologique pour désigner ce type de butte: un steptoe est une île rocheuse entourée d'un flot de lave.

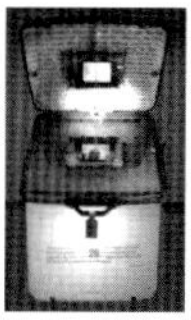

117° 22.1'W

47° 14.3'N

Voyager, c'est disparaître, partir en solitaire le long d'une ligne de géo-
Travel is a vanishing act, a solitary trip down a pinched line of geography to
graphie étroite vers l'oubli. Mais un livre de voyage est tout le contraire,
oblivion. But a travel book is the opposite, the loner bouncing back bigger than
le solitaire rebondissant plus grand que la vie pour raconter l'histoire de
life to tell the story of his experiment with space.
son expérience avec l'espace.

Paul Theroux

Suivez la Route 4 jusqu'à Beatrice, Nebraska et vous découvrirez, niché sur une petite route de cam-
Take Route 4 to Beatrice, Nebraska and you will find, tucked away on a country road, a place which hon-
pagne, un lieu qui célèbre la mémoire des milliers de gens qui acquérirent des terres vierges et purent
ors the thousands of people who acquired free land and a fresh start under the Homestead Act which
ainsi prendre un nouveau départ grâce au Homestead Act qu'Abraham Lincoln signa en 1862. Le **HOME-**
Abraham Lincoln signed into law in 1862. ***THE HOMESTEAD NATIONAL MONUMENT*** *captures the*
STEAD NATIONAL MONUMENT conserve la tranquillité primitive à laquelle furent confrontés nos braves
primeval quiet that confronted our brave pioneers on the Great Plains. What tales those broad floor-
pionniers lorsqu'ils atteignirent la Prairie. Quelles histoires passionnantes pourraient raconter les larges par-
boards and ponderous old beams could tell in the home of Daniel Freeman, a Civil War soldier who was
quets et les vieilles poutres massives de la maison de Daniel Freeman, ce soldat de la Guerre de
among the first to stake a claim to a tract in the fertile rolling prairie. From the simple furnishings you can
Sécession qui fut parmi les premiers à jalonner une concession sur l'ondoyante prairie fertile. Les
sense the hardships and joys that faced the honest and productive men and women who tamed the fron-
meubles simples disent les épreuves et les joies qui attendaient ces hommes et ces femmes honnêtes
tier. Though none of the Freeman structure actually remains, another cabin, one typical of the frontier,
qui ne rechignaient pas à la tache et domptèrent la frontière. Bien qu'il ne reste rien du bâtiment construit
was relocated to the site from a nearby homestead. Leading to it, a well-maintained 1 1/2 mile path that
par Freeman, une autre cabane provenant d'un domaine proche, et caractéristique des constructions de

96° 44.7' W

40° 15.9' N

Dans les décors touristiques, entre l'avant et l'arrière, existe une série d'es-
In tourist settings, between front and back, there is a series of special spaces
paces spéciaux conçus pour accueillir les touristes et pour conforter leur
designed to accomodate tourists and to support their beliefs in the authenticity of
croyance en l'authenticité de leurs expériences.
their experiences.

Dean MacCannell

Parcourez environ 15 kilomètres depuis le centre-ville de Memphis. Prenez l'I-55 en direction du sud

Travel approximately 10 miles from downtown Memphis. Take I-55 South to Exit 5B (Hwy 51

jusqu'à la sortie 5B (Highway 51 South-a.k.a. Elvis Presley Blvd) et continuez sur un kilomètre et demi,

South-a.k.a. Elvis Presley Blvd.) and continue one mile south. Parking is on the west side of

toujours en direction du sud. Venez visitez **GRACELAND**. Venez écouter la musique, partager les rêves

*Elvis Presley Blvd. Visit **GRACELAND**. Come feel the music, share the dreams, and experi-*

et découvrir le monde d'Elvis Presley. Graceland est presque aussi inoubliable que l'homme qui l'a créée.

ence the private world of Elvis Presley. Graceland is almost as unforgettable as the man who

La demeure d'Elvis à Memphis a été transformée en une sorte de mausolée. Devant, juste après la

made it famous. Elvis' Memphis residence has been transformed into something of a mau-

Cadillac rose qu'Elvis offrit à sa mère, se trouve la tombe où les fidèles viennent déposer des fleurs et

soleum. Outside, past the pink Cadillac Elvis gave to his mother, is the gravestone where the

rendre un dernier hommage à leur idole. La "Jungle Room," recouverte de moquette à poil long de toutes

faithful come to leave flowers and pay their final respects. The "Jungle Room" features colorful

les couleurs, est meublée de meubles de bois sculpté du Pacifique Sud. Pour quelques dollars de plus,

shag carpeting and carved wooden furniture from the South Pacific. For an extra couple of dol-

vous pourrez grimper à bord du "Lisa Marie," l'avion personnel, "la garçonnière dans le ciel" d'Elvis, qui

lars you can climb aboard the "Lisa Marie" jet, Elvis' luxurious "penthouse in the sky," named

porte le nom de sa fille. Remarquez les boucles de ceintures plaquées-or qui ornent tous les fauteuils.

90° 03.4' W

35° 07.5' N

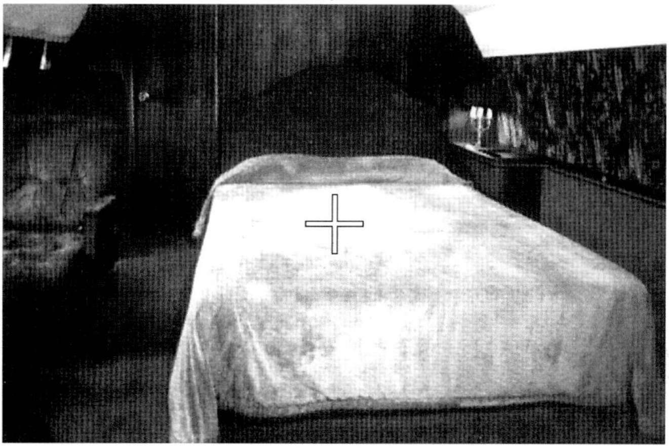

TENNESSEE $3,300,000,000

28

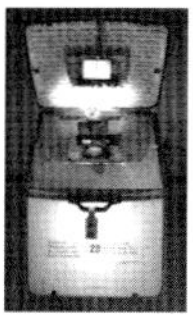

Supermarket, Niagara Falls, Ranch, Weekend, A-OK, Drugstores, Cowboy, Hot Dog, Musicals, Jeep, Snack Bar, Jazz, Grand Canyon, Cola, Bar-B-Que, Pop, On the Rocks, Rodeo, Chewing Gum.

franglais, Affiche pour des voyages/franglais, Travel Poster

Quel président américain peu connu mourut dans cette demeure d'inspiration italienne située dans le

Located in the heart of Indianapolis' famous Northside Historic District, this Italianate home is the death-

coeur du célèbre Northside Historic District d'Indianapolis? Où aller à Indianapolis la veille des 500 miles

place of what little-known American President? Where to go in Indianapolis on the day before the

d'Indianapolis? La réponse à ces deux questions est: la **MAISON DU PRESIDENT BENJAMIN HARRI-**

*Indianapolis 500? The answer to both questions is the **PRESIDENT BENJAMIN HARRISON HOME** at*

SON, au 1230 Delaware Street. Né dans l'Ohio en 1833, Harrison emménagea à Indianapolis en 1875.

1230 Delaware Street. Born in Ohio in 1833, Harrison moved to Indianapolis in 1875. The house cap-

La maison reflète la personnalité d'un homme dont certains de ses contemporains affirmaient qu'ils

tures the personality of a man whom some of his contemporaries said was possibly the coldest human

n'avaient jamais rencontré homme plus froid mais également meilleur orateur. Pressentant peut-être la

being they had ever met, yet also the most dynamic speaker. Perhaps presciently recognizing his poten-

possibilité qu'il soit oublié par les manuels d'histoire, Harrison se fit construire une demeure sur-dimen-

tial for being overlooked within the history books, Harrison constructed an extravagantly over-scaled

sionnée qui abrite au second étage une salle de bal où l'on peut voir aujourd'hui une grande collection

mansion which includes a full ballroom on the third floor where you can now review the vast collection of

de souvenirs liés à Harrison. Pour mieux connaître l'homme, visitez la chambre à coucher présidentielle.

Harrison memorabilia. For an intimate feeling for Harrison, the man, visit the Presidential bedroom.

Remarquez la démesure du lit de bois sculpté, les fenêtres dignes d'un palace et la

86° 09.3'W

39° 46.2'N

Une bonne part du plaisir qu'on tire à voyager réside dans la satisfaction de

A great part of the pleasure of travel lies in the fulfillment of early wishes to

désirs précoces d'échapper à la famille et plus particulièrement au père.

escape the family and especially the father.

Sigmund Freud

A 3 kilomètres à l'ouest et au nord de Cheyenne sur la SH-47 et la SH-47A, vous trouverez le site d'un des
Located two miles west and north of Cheyenne on SH-47 and SH-47A is the site of one of Custer's more
événements les plus heureux de la vie de Custer dans sa guerre contre les Indiens des Plaines.
fortunate episodes in the war with the Indians in the Great Plains. Now the ***WASHITA BATTLEFIELD****, it*
Aujourd'hui connu sous le nom de **WASHITA BATTLEFIELD**, on l'appelle aussi "le premier combat de
is known, variously, as "Custer's First Stand" or as his "dress rehearsal for disaster." The peaceful bab-
Custer" ou son "avant-première pour un désastre." Le ruisseau babillant et calme ne révèle rien de la ter-
bling brook belies the terror that reigned in the camp of Chief Black Kettle's Cheyenne here in the middle
reur qui régnait dans le camp des Cheyennes du Chef Black Kettle au milieu de cette nuit de la fin
of the night in late November, 1868. This raid on the sleeping Cheyenne Indians made Custer's reputa-
novembre 1868. Ce raid sur les Cheyennes endormis établit la réputation de Custer au sein de l'armée en
tion in the Indian-fighting Army and among the Cheyenne. After a forced marched with the Seventh
lutte contre les Indiens et parmi les Cheyennes. Après une marche forcée avec le 7ème de Cavalerie à
Cavalry through a blizzard, Custer had the regimental band play during the charge. He may have
travers un blizzard, Custer donna l'assaut et fit jouer l'orchestre du régiment pendant toute la durée de la
learned the wrong lesson for the future. As in the Battle of Little Big Horn, eight years later, he disregard-
charge. C'est peut-être là qu'il a retenu la mauvaise leçon pour l'avenir. Comme pour la bataille de Little
ed the warnings of his scouts and risked attacking superior forces. Custer's troops killed 150 men,
Big Horn, huit ans plus tard, il ne tint pas compte des avertissements de ses scouts et se risqua à atta-

... Elle permet de comprendre qu'il existe une constante de l'imagination et
...It suggests that there is a constant in the average American imagination and taste,
du goût américain moyens, pour qui le passé doit être conservé et célébré
for which the past must be preserved and celebrated in full-scale authentic copy; a phi-
sous forme de copie absolue, format réel, à l'échelle 1/1: une philosophie de
losophy of immortality as duplication.
l'immortalité avec duplicata.

Umberto Eco

30 OKLAHOMA $2,900,000,000

À Oregon City, dans Mcloughlin Park, entre Seventh et Eighth Streets, moins de quatre rues à l'est de la
In Oregon City, in Mcloughlin Park, between Seventh and Eighth Streets, less than four blocks east of
Route 99, vous trouverez le **MCLOUGHLIN HOUSE NATIONAL HISTORIC SITE**. Cette belle maison
Route 99, you will find the ***MCLOUGHLIN HOUSE NATIONAL HISTORIC SITE****. Memorialized in this*
blanche est le mémorial du puissant baron de la fourrure connu sous le nom de Père de l'Oregon.
handsome white home is the powerful fur baron known as the Father of Oregon. Tall, white-maned and
Grand, la tête ornée d'une superbe crinière blanche et très digne, John Mcloughlin fut de la race de ces
dignified, John McLoughlin was one of the breed of powerful fur company managers who populated the
puissants directeurs de sociétés de commerce des peaux et fourrures qui peuplèrent les Territoires du
Northwest when the region was still the province of Indians and fur traders. The home was restored to its
Nord-ouest lorsque la région n'était encore que le territoire des Indiens et des trappeurs. La maison fut
simple splendor to honor the life and accomplishments of this key figure who was essential in the devel-
restaurée et retrouva sa simple splendeur en l'honneur de la vie et des exploits de ce personnage qui fut
opment of the areas that ultimately became Oregon, Washington, Idaho, Montana and Wyoming. As a
essentiel au développement des régions qui devaient devenir l'Oregon, le Washington, l'Idaho, le
reference to the hospitality the family extended, the McLoughlin home was known locally as "the house
Montana et le Wyoming. L'hospitalité offerte par la famille valu à la maison Mcloughlin le nom de "mai-
of many beds." Upstairs, you can see the actual bed of this charismatic entrepreneur who helped to
son des nombreux lits." A l'étage, vous pourrez voir le vrai lit de cet entrepreneur charismatique qui

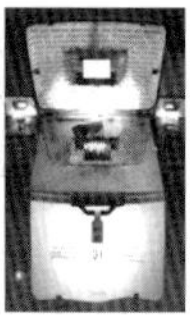

122°35.9'W

45°21.4'N

Le Guide Bleu ignore l'existence de toute vue, à l'exception du pittoresque.
The Blue Guide hardly knows the existence of scenery except under the guise of
Le pittoresque se découvre chaque fois que le relief varie.
the picturesque. The picturesque is found any time the ground is uneven.

Roland Barthes

Au 77 Forest Street, dans un quartier dix-neuvième de Hartford, vous pourrez retrouver 'L'Age d'Or'. Pour
Located on 77 Forest Street in a nineteenth-century Hartford neighborhood, you can step back into the
expliquer sa décision de vivre à Hartford, Twain disait: "les Puritains sont très stricts, et ils ne veulent pas
"The Gilded Age." In explaining his choice to live in Hartford, Twain said, "Puritans are mighty straight-
que je fume dans le salon, mais le Tout-Puissant ne fait pas mieux comme gens." En entrant dans la **MAI-**
laced—they won't let me smoke in the parlor, but the Almighty don't make any better people." In the
SON MARK TWAIN, cette demeure victorienne surchargée qui rappelle les beaux jours d'une enclave lit-
***MARK TWAIN HOUSE**, you can almost smell his burning cigar when you enter his ornate Victorian*
téraire autrefois célèbre, c'est tout juste si vous ne sentirez pas l'odeur de son cigare. Pendant les dix-
mansion which recalls the heyday of a once celebrated literary enclave. During the seventeen years that
sept ans qu'il vécut ici, Mark Twain écrivit *Le Prince et le Mendiant*, *La Vie sur le Mississippi* et *les*
Twain lived here, he wrote The Prince and the Pauper, Life on the Mississippi, *and* The Adventures of
Aventures de Huckleberry Finn. Mark Twain aimait tellement les cheminées, qu'il en posssédait dix-huit
Huckleberry Finn. *Mark Twain so loved fireplaces that he had eighteen of them, one with a window set*
dont une avec une fenêtre directement au-dessus pour pouvoir voir les flammes et les flocons de neige
directly over it so that he could see flames and snowflakes at the same time. On the second floor you
en même temps. Au premier étage, vous pourrez voir le lit que Mark Twain acheta à Venise. Il l'appelait
will find the bed that Twain purchased in Venice. He called it "the most comfortable bedstead that ever
"le châlit le plus confortable qui ait jamais existé, avec assez de place pour une famille et suffisamment d'

72°40.5'W

41°46'N

32 CONNECTICUT $2,500,000,000

Il existe une réaction contre l'uniformité grandissante dans les lieux touris-
There is a reaction against the increasing uniformity which is manifesting itself at
tiques où, quel que soit le pays, le même touriste loge dans le même hotel,
tourist destinations, where regardless of country, the tourist stays in identical
vit la même vie, loue la même voiture et regarde les mêmes films américains
hotels, lives identical lives, hires identical cars and watches identical American
à la télévision. Et pourtant ce même touriste est le premier à se plaindre si
films on the television. Yet the same tourist is the first to complain if his own lan-
personne ne parle sa langue, s'il ne retrouve pas les normes de conforts aux-
guage is not spoken, the standards of comfort to which he is accustomed at home
quelles il est habitué chez lui ou si la nourriture locale nuit à sa digestion.
are not met or if the native diet is alien to his digestion.

Valene Smith

Voyagez dans le passé de notre pays. Le lieu: près du croisement des Routes 9 et 31 à Hillsborough,
Travel into our country's past. The location is near the junction of Routes 9 and 31 in Hillsborough, New
New Hampshire. Où Franklin Pierce, un des rares présidents américains à ne pas avoir été reconduit à
Hampshire. As one of the few American Presidents not to be renominated by his party, where did
la tête de son parti, se retira-t-il après son échec aux élections? La réponse: sur le domaine familial,
Franklin Pierce go when he was turned out of office? The answer—he returned to the family homestead
dans la campagne du New Hampshire. Le **FRANKLIN PIERCE HOMESTEAD** est une belle maison à
*in rural New Hampshire. The **FRANKLIN PIERCE HOMESTEAD** is a handsome clapboard house where*
murs de planches à clin où les parents de Pierce l'avaient emmené, encore bébé, en 1804. La maison
Pierce's parents brought him as a baby in 1804. Typical of the houses of the well-to-do, the Pierce home
des Pierce, à l'image de celles des gens aisés, a été restaurée d'une manière encore plus grandiose
has been restored in an even grander fashion (befitting a President), with a formal ballroom, French
(comme il sied à un président): salle de bal, papier peint français représentant la Baie de Naples et
scenic wallpaper depicting the Bay of Naples, and particularly handsome pedimented doorways. To step
portes à fronton particulièrement belles. Pénétrer dans ce domaine, c'est retrouver les moments
into the Homestead is to return to the happy times before Pierce was banished from the White House, a
heureux, ceux précédant son éviction de la Maison Blanche, époque d'une jeunesse riche de prom-
youthful period which promised great things to come: New Hampshire's favorite son—in the White
esses: l'enfant chéri du New Hampshire à la Maison Blanche. Enfin, découvrez la frustration que Pierce

71° 33.7'W

43° 12'N

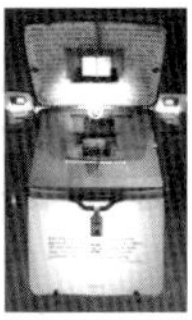

33

NEW HAMPSHIRE $2,200,000,000

Sarah Krachnov, héroïne des temps modernes, est cette grand-mère améri-
Sarah Krachnov, a modern heroine, is the American grandmother who flew back
caine qui survola l'Atlantique 167 fois aller-retour sans jamais quitter l'avion
and forth across the Atlantic 167 times without ever leaving the plane or the hotel
ou la chambre d'hôtel pour défendre son petit-fils contre les psychiatres. Au
room, in an effort to defend her grandson from the psychiatrists. After six months,
bout de six mois, elle mourut de décalage horaire.
she died of jet lag.

d'après / paraphrased from Paul Virilio

Remontez le temps en famille. De Fort Smith sur l'Interstate-40, prenez la Route 71 jusqu'à Rodgers. Le
Take the family back in time. From Fort Smith on Interstate 40 take Route 71 to Rodgers. The site is just
site se trouve juste trois kilomètres au nord-est sur la Route 62. **PEA RIDGE NATIONAL MILITARY**
two miles northeast on Route 62. The most important Civil War battle site west of the Mississippi, ***PEA***
PARK, le plus important champ de bataille de la Guerre de Sécession à l'ouest du Mississippi, a peu
RIDGE NATIONAL MILITARY PARK*, has changed little since the Civil War when Confederate forces,*
changé depuis la Guerre de Sécession, lorsque les troupes confédérées comprenant 1 000 indiens
including 1000 Cherokee Indians, failed to take control of Missouri. Now, a loop road runs throughout the
Cherokee échouèrent dans leur tentative de s'emparer du Missouri. Un circuit en boucle traverse le parc
park. Twelve numbered markers along the seven-mile self-guided auto-tour on an excellent paved road,
de part en part. Douze repères numérotés, jalonnant l'excellente route goudronnée que vous emprunterez
indicate the scenes of the struggle, including Pea Ridge. The ridge overlooks the battlefield. The 4,300-
munis d'un guide, précisent l'emplacement des combats, y compris Pea Ridge. La crête surplombe le
acre park preserves the ground on which the battle was fought. Beginning your tour at the Visitor Center,
champ de bataille. Les 1 720 hectares de parc protègent le champ de bataille. Pour commencer votre vi-
where you'll see a slide program that depicts the famous battle. The museum displays guns, cannons,
site, vous pourrez regarder au centre d'accueil et d'information un diaporama décrivant la célèbre bataille.
cannon balls, and bullets from the battle. One of the battlefield's most interesting sights is the recon-
Vous trouverez dans le musée des fusils, des canons, des boulets de canon et des balles de cette

94°06.9'W

36°27.3'N

34

ARKANSAS $2,000,000,000

Etre Américain, c'est vivre à côté de choses créées par l'homme, la plupart
To be an American is to live next to man-made things, most of which are no older
pas plus vieilles que vous. Ainsi, l'impression que le monde est né à peu près
than you are. Thus, the impression that the world began about the time you did
en même temps que vous renforce l'illusion que votre maîtrise de l'existence
reinforces the illusion that your mastery over existence is potentially without lim-
est potentiellement illimitée, presque infinie.
its, almost infinite.

Stuart Miller

Sortez d'Iowa City par la I-80 et suivez-la jusqu'à West Branch. Le centre d'accueil et d'information se
From Iowa City, take I-80 east to West Branch. The Visitor Center is on Parkside Drive and Main Street.
trouve à l'angle de Parkside Drive et de Main Street. A une époque où le personnage du Président est
In an age where the figure of the President has become larger than life, learn more about the humble
devenu plus grand que nature, découvrez les humbles origines du président le plus modeste de notre
beginnings of this century's most modest President. Visit the restored ***BIRTHPLACE AND HOME OF***
siècle. Visitez la **BIRTHPLACE AND HOME OF HERBERT HOOVER**, 31ème président des Etats-Unis.
HERBERT HOOVER*, the 31st President of the U.S. See the simple two-room house which is preserved*
Visitez la simple maison de deux-pièces conservée dans ce parc historique de West Branch, Iowa. Se
in this historic park in West Branch, Iowa. A stroll through this 186-acre site, with its green lawns, shade
promener à l'ombre de ces arbres, dans ce site de 75 hectares, avec ses pelouses vertes, ses barrières
trees, white picket fences, and colorful flowerbeds is like stepping back into a late 19th century farm
blanches et ses parterres de fleurs colorés, c'est se retrouver dans une communauté paysanne de la fin
community. Guides often wear clothing from the 1870's. Some dress in the traditional, unadorned
du 19ème siècle. Les guides sont souvent habillés comme dans les années 1870. Certains portent le très
Quaker garb to remind visitors of the Hoovers, a very devout Quaker family. The Visitor Center displays
sobre costume traditionnel des Quakers pour rappeler aux visiteurs la ferveur religieuse de la famille
models of the Hoover birthplace and the blacksmith shop. Outside, you will find a 76-acre park of
Hoover. Le centre d'accueil et d'information présente des maquettes du lieu de naissance de Hoover et

91° 20.4'W

41° 39.9'N

IOWA $2,000,000,000

On ne peut penser le voyage comme entité isolée, car il résiste inéluctable-
Travel cannot be thought of in isolation, for it inevitably resists any confining
ment aux confins que comporte toute définition (définir, du latin
definition (to define from "definire"—the setting up of boundaries, enclosures)
définire—établir des bornes, des frontières, clôturer) puisque pour penser
since it can only be thought of as a crossing of boundaries. Discourse on travel
le voyage il faut le penser justement comme ce qui dépasse des frontières,
can only produce a meta or theoretical discourse, that must talk about its defini-
aussi minimes qu'elles soient. Tout discours sur le voyage ne peut produire
tion of travel as the narrative of defining, and the circuitous trajectory around
qu'un metadiscours, un discours théorique, qui doit parler de sa définition
the periphery that plants the boundary markers prior to any possible recognition
du voyage comme récit de dé-finition, comme trajet périphérique qui mar-
of the place of enclosure.
que les bornes avant toute reconnaissance possible de l'espace circonscrit.

Georges Van den Abbeele

Venez découvrir la splendeur rustique au milieu des collines ondoyantes et des clochers d'églises, entre
You'll find rustic splendor planted amongst the rolling hills and church spires between Caribou and Fort
Caribou et Fort Kent, sur la Route 161, dans le Maine. "Valkommen!" Les premiers colons de la **NOU-**
*Kent on Maine's Route 161. "Valkommen!" The original settlers of **NEW SWEDEN**, this bit of transplant-*
VELLE SUEDE, ce morceau de Scandinavie transplanté, furent sélectionnés pour devenir les "Enfants
ed Scandinavia, were hand-picked to become "Children of the Woods." Here you will find history is
des Bois." Vous verrez qu'ici l'histoire est douce au toucher et le Musée la garde bien vivante en augmen-
warm-to-the-touch and the Museum keeps it quiveringly alive in an ever-growing collection of artifacts,
tant sans cesse sa collection d'objets artisanaux, de tableaux, de meubles et d'outillage. Dans le sous-sol
pictures, furnishings and equipment. In the Museum basement, vehicles—from baby carriages to
du Musée, toutes sortes de véhicules, des poussettes aux luges, sont prêts à partir. Au rez-de-chaussée,
sleighs—are ready to roll. On the first floor, the table is set in a room designed to resemble the interior of
la table est mise dans une pièce reproduisant l'intérieur d'une cabane de colons. A l'étage, le podium
a settler's cabin. Upstairs, the podium awaits the preacher and the organist has a choice of two fine
attend le prêcheur et l'organiste peut choisir entre deux beaux instruments. Ecoutez les bruits du 19ème
instruments. Hear the sounds of the 19th century. Visitors to the Museum building (a replica of an 1870
siècle. Les visiteurs du bâtiment du musée (réplique d'un bâtiment de 1870 détruit par un incendie) trou-
building destroyed by fire) are likely to find Swedish snacks, and welcomers in costumes representing
veront sans doute des casse-croûte suédois et un personnel accueillant vêtu de costumes représentant

68°08.4'W

46°56.5'N

$2,000,000,000

36

MAINE

Je rêve de vacances idéales où je me repose totalement en faisant ce que j'ai
I have a fantasy about an ideal vacation in which I become completely rested by
entendu appeler une cure de sommeil pendant laquelle l'individu est main-
taking, what I've read of, as a sleep cure—during which, an individual is kept
tenu endormi avec des médicaments pendant un temps relativement long
asleep with drugs for an extended period of time (two weeks or so). That appeals to
(deux semaines environ). Cette idée me plaît comme façon de me reposer
me as a way to get really rested.
vraiment.

enquête sur le voyage, femme de 43 ans / travel survey, 43 year old woman

L'accès des véhicules se fait au nord, par la Stallion Gate, sur la Highway 380, à partir de 09h00. Les
Vehicles may enter from the north through Stallion Gate, Highway 380, beginning at 9 a.m. Bomb enthu-
passionnés de la bombe peuvent effectuer un "pélerinage de la puissance" sur le site de la première
siasts can take a "pilgrimage to power," to the site of the first detonation of the atomic bomb, ***THE***
explosion de la bombe atomique, le **TRINITY SITE**. La bombe explosa à 05h 29' 45", Heure des
TRINITY SITE*, where the bomb exploded at 5:29:45 a.m. Mountain War Time on July 16, 1945. The 19*
Montagnes Rocheuses pendant la Guerre, le 16 juillet 1945. L'explosion, d'une puissance de 19 kilo-
kiloton explosion not only led to a quick end to the war in the Pacific, but also ushered the world into the
tonnes, ne mit pas seulement fin rapidement à la guerre du Pacifique mais fit entrer le monde dans l'âge
atomic age. In 1975, the 51,500-acre area was declared a National Historic Landmark. No amount of
atomique. En 1975, ces 20 600 hectares furent déclarés National Historic Landmark. Aucune quantité
nuclear energy could warm the chill produced by standing at the center of the shallow crater, the bull's
d'énergie nucléaire ne pourra réchauffer le frisson que vous ressentirez en vous tenant au centre du pro-
eye, Ground Zero. In deciding whether to visit the site, keep in mind that the radiation levels are only 10
fond cratère, au centre de la cible, Ground Zero. Pour décider de visiter ou non le site, n'oubliez pas que
times greater than the region's natural background radiation. A one-hour visit to the inner, fenced area of
les niveaux de radiation ne sont que 10 fois supérieurs à ceux émis naturellement par la région. Une vi-
Ground Zero will result in a whole body exposure of one-half to one milliroentgen. But do not take the
site d'une heure à l'intérieur de la zone grillagée de Ground Zero équivaut à une exposition à un demi à

106°36'W

33°46.2'N

On récupère 30 à 50% de fois plus vite d'un voyage vers l'ouest que d'un
Recovery from a westbound trip is in fact from 30% to 50% swifter than from an
voyage vers l'est. Bien que personne ne sache réellement pourquoi un vol
eastbound one. Although no one is quite certain why east to west flights cause less
d'est en ouest provoque moins de perturbation du rythme circadien que le
circadian rhythm disruption than west to east flights, it is surmised that "gaining"
vol d'ouest en est, on pense que le corps accepte plus facilement de "gagner"
time, rather than "losing" time, is easier for the human body to handle.
du temps que d'en "perdre."

Dr. Charles Ehret

Lieu: Dans les rudes Montagnes Rocheuses du nord de l'Utah, au 67 East South Temple Street, à Salt

Location: The rugged Rocky Mountains of northern Utah at 67 East South Temple Street, Salt Lake City,

Lake City, Utah. Curieux de connaître le lieu où Brigham Young conçut tant de Mormons? Visitez la

Utah. Curious about the site where Brigham Young conceived so many Mormons? Take a tour through

BRIGHAM YOUNG'S BEEHIVE AND LION HOUSE, les anciennes demeures du prolifique Brigham

***BRIGHAM YOUNG'S BEEHIVE HOUSE AND LION HOUSE**, the former residences of the prolific*

Young (un polygame profondément religieux) et de ses 27 épouses et 56 enfants. Voyez de vous-

Brigham Young (a deeply religious polygamist) and his 27 wives and 56 children. See why George

même pourquoi George Bernard Shaw appelait Young "le Moïse américain qui entraîna sa famille à tra-

Bernard Shaw called Young an "American Moses who led his family through the wilderness into an

vers un pays sauvage vers une terre non promise." Dans la Beehive House, vous pourrez jeter un oeil

unpromised land." In the Beehive House, you can peek into the bedroom that Young shared solely with

dans la chambre à coucher que Young partageait avec son épouse "favorite" et voir le poële Lady Frankin

his "senior" wife and see the Lady Frankin stove which often burned deep into the night. A room for a

qui brûlait si souvent tard dans la nuit. Une chambre pour un couple aux goûts simples (mais aux appétits

couple of simple tastes (but prodigious appetites), the furnishings are modest: a well-worn bed surround-

prodigieux). Le mobilier est modeste: un lit bien usé entouré de plusieurs candélabres de bronze (pour

ed by several brass candlesticks (for proper night-time visibility) and an unusual bedside mirror. Next

bien y voir la nuit) et un miroir peu commun à côté du lit. A côté, visitez la Lion House, maison supplé-

111° 52.9'W

40° 45.3'N

38

$2,000,000,000

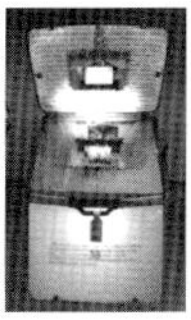

UTAH

... parce que les consommateurs ne veulent pas s'exciter seulement sur la

... because the consumers want to be thrilled, not only by the guarantee of the

garantie du Bien, mais également sur le frisson du Mal... pour qu'en péné-

Good, but also the shudder of the Bad... thus, on entering his cathedrals of icon-

trant dans les cathédrales du réconfort iconique, le visiteur ne sache pas si

ic reassurance, the visitor will remain uncertain whether his final destiny is hell

son destin est l'enfer ou le paradis....

or heaven....

Umberto Eco

Pour visiter la maison d'un des plus grands héros des Etats-Unis, quittez la Route 15 près d'Abilene, au
To visit the home of one of America's greatest heroes, turn off Route 15, near Abilene, Kansas at the
Kansas, à l'intersection de South Buckeye Street et Fourth Street. Ecoutez ce que disaient il y a peu de
intersection of South Buckeye and Fourth Streets. Listen to what recent visitors to the ***EISENHOWER***
temps, des visiteurs en sortant de l'**EINSENHOWER CENTER**: "Merci pour cette merveilleuse leçon
CENTER *are saying: "Thank you for a wonderful experience in history. Fabulous." — Bridgeton, N.J.,*
d'histoire. Génial." — Bridgeton, New Jersey. "Encore plus passionnant que tout ce que je m'imaginais.
"Enjoyed it more than I could have ever imagined. Almost a religious experience." — Springfield, Ohio,
Une expérience quasi religieuse." — Springfield, Ohio. "C'est la plus merveilleuse de toutes les
"This is the most wonderful of all the President's places." — Orlando, Florida. More than 4,000,000 peo-
demeures présidentielles." — Orlando, Floride. Plus de 4 000 000 de personnes ont visité la modeste
ple have visited the modest home of Ike. Come to see for yourself the life story and illustrious career of
demeure d'Ike. Venez découvrir de vos propres yeux la vie et l'illustre carrière d'un de nos héros mili-
one of our most popular military and political figures. An austere white frame structure, furnished as it
taires et politiques le plus populaire. Cette austère maison blanche, meublée comme en 1946, reflète
was in 1946, the house reflects the frugal, pious atmosphere in which President Dwight D. Eisenhower
l'atmosphère modeste et pieuse dans laquelle le Président Dwight D. Eisenhower parvint à l'âge adulte.
rose to manhood. Kneel at Eisenhower's bed and read the words of his inaugural prayer, embroidered
Agenouillez-vous devant le lit d'Eisenhower et lisez le texte de sa prière inaugurale brodée sur la robe de

97° 12.9'W

38°55.1'N

Pour que vos vacances restent des vacances.
Don't forget to pack your peace of mind.

publicité, American Express Traveler's Cheques /
advertisement, American Express Traveler's Checks

Découvrez l'histoire des Etats-Unis et célébrez les luttes de notre passé. Situé sur l'U. S. Route 340 à
Visit American history and commemorate the struggles of our nation's past. Located on U.S. Route 340
Harper's Ferry, West Virginia, Harper's Ferry est à 96 kilomètres au nord-ouest de Washington D. C. Au
is Harper's Ferry, West Virgina, 60 miles northwest of Washington, D.C. At the confluence of the
confluent des rivières Potomac et Shenandoah, le **HARPER'S FERRY NATIONAL HISTORIC PARK**
*Potomac and Shenandoah Rivers, the **HARPER'S FERRY NATIONAL HISTORIC PARK** commemo-*
commémore une très importante bataille de la Guerre de Sécession. En 1862, le Général Stonewall
rates the site of a major Civil War battle. In 1862, Confederate General Stonewall Jackson captured the
Jackson, à la tête de l'Armée confédérée, s'empara de la garnison de l'Union (faisant quelques 12 500
Union garrison (taking some 12,500 prisoners), only to lose it two years later to Union General Philip
prisonniers), uniquement pour la reperdre deux ans plus tard au profit du Général Philip Sheridan de l'ar-
Sheridan. By the end of the war, only about 200 of the town's original 3,000 people remained. Recall
mée de l'Union. A la fin de la guerre, il ne restait qu'environ 200 des 3 000 habitants originaires de la
those difficult days in the park's Living History program. Imagine yourself as a Confederate foot soldier,
ville. Revivez ces jours difficiles grâce au programme d'Histoire Vivante du Parc. Imaginez-vous simple
while the staff (in Civil War uniforms and period dress) re-enact life during the military occupation.
seconde classe dans l'infanterie confédérée tandis que le personnel (en uniformes de la Guerre de
Interactive tableaus investigate such themes as abolitionist John Brown's raid, an ill-fated attack on a
Sécession et en habits de l'époque) fait revivre l'époque de l'occupation militaire. Des tableaux interactifs

77° 44.3'W

39° 19.5'N

40

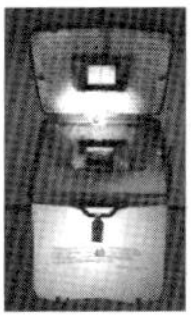

WEST VIRGINIA $1,600,000,000

Bienvenue à la vérité sur le voyage... les faits qui rendent les rêves réalité...
Welcome to the truth in travel... facts that make the dream come true... you'll dis-
découvrez comment faire vos courses avec Lady Di... comment faire du surf
cover how to shop where Lady Di shops... to surf where Mick Jagger surfs... vaca-
avec Mick Jagger... passez vos vacances là où les célébrités se cachent.
tion where the famous go to hide.

publicité / advertisement, The New York Times

L'entrée et le centre d'accueil et d'information se trouvent sur Clay St., (Rt 80), à 400 mètres de l'I-20.
The entrance and Visitor Center are on Clay St., (Rt. 80), within one-quarter mile of I-20. This beautifully
Superbe parc paysagé surplombant l'ancien chenal du Mississippi, le **VICKSBURG NATIONAL MILI-**
*landscaped park, overlooking the former channel of the Mississippi River, the **VICKSBURG NATIONAL***
TARY PARK est un des champs de bataille le plus couvert de monuments du monde entier: plus de
***MILITARY PARK,** is one of the most heavily monumented battlefields in all the world, over 1,300 pieces*
1300 en tout. On a calculé qu'il faudrait environ trois semaines, à raison de huit heures par jour, pour
in all. It has been estimated that if you were to read every word on every marker and monument, it would
lire chaque mot de chacun de ses repères et monuments. Un parcours en voiture des 25 kilomètres
take about three weeks of eight-hour days. A sixteen-mile interpretive auto-tour of the Confederate
de terrassements en remblai de l'armée Confédérée et des travaux de siège des troupes du Nord
earthwork defenses and Northern siege works tells the story of the tightening noose of Union troops
vous contera l'histoire du mouvement de tenaille effectué autour de Vicksburg en 1863 par les troupes
around Vicksburg in 1863. During the tour, you will see metal markers painted either blue or red. The
de l'Union. Au cours de votre visite, vous trouverez des plaques métalliques peintes en bleu ou en
blue markers denote positions held by Union forces, the red, positions held by the Confederates. In sum-
rouge. Les repères bleus marquent les positions tenues par les forces de l'Union, les rouges, celles
mer, a Living History program with soldiers in uniform simulates a Confederate battery. There are rifle
tenues par les Confédérés. En été, un programme d'Histoire vivante, avec soldats en uniformes,

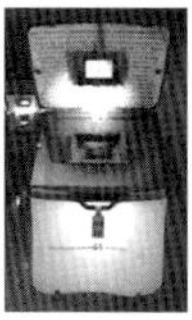

Trois choses affaiblissent: la peur, le péché et le voyage.
Three things are weakening; fear, sin and travel.

Talmud

De l'Interstate 84, prendre la Route 95 pour rejoindre le centre d'accueil et d'information à Spaulding.
From Interstate 84, take Route 95 to reach the Visitor Center at Spaulding. Here, pick up a map which
Procurez-vous là la carte des vingt-six autres sites liés à l'histoire des Indiens Nez Percés. Autour de
shows where you can find 26 other sites related to Nez Percé Indian history. Located around Spaulding
Spaulding et près de Lewiston se trouve la zone des 20 000 kilomètres qui comprend le **NEZ PERCE**
and near Lewiston is the 12,000-mile area that comprises the ***NEZ PERCÉ NATIONAL PARK,*** *which*
NATIONAL PARK, lieu où est conservée la culture de la nation Nez Percé et d'un de leurs plus grands
preserves the culture of the Nez Percé Nation and one of their greatest leaders, Chief Joseph. Linked by
chefs, Chief Joseph. Reliés par un circuit qu'on emprunte en voiture, les sites, disséminés à travers la
an auto-tour route, the sites which are scattered across the landscape recall the heritage of these
région, font revivre le passé de ces Indiens et le choc des cultures qui modifia à jamais leur mode de vie.
Indians and the clash of cultures that forever altered their way of life. The first engagement of the Nez
Le premier combat de la Guerre des Nez Percés de 1877 eut lieu au champ de bataille de White Bird,
Percé War of 1877 took place at White Bird Battlefield, a grassy, deeply ravined slope which the Nez
une pente recouverte d'herbe et profondément ravinée que les Nez Percés, menés par leurs chefs
Percé, led by Chief Joseph and White Bird, used to out-maneuver the cavalry force sent to round them
Joseph et White Bird, utilisèrent pour déjouer la manoeuvre de la cavalerie envoyée pour les rassembler.
up. Pick up a pamphlet from the Visitor Center and tour the Nation Park Museum to see one of the best
Prenez une brochure au centre d'accueil et d'information et parcourez le Nation Park Museum pour voir

116°49.1'W

46°26.7'N

42

IDAHO $1,200,000,000

Vous voulez skier en haut des cimes
Would you like to ski the top of a mountain,
mais vous êtes enseveli sous le travail?
but you're snowed under with work?
Vous rêvez de vacances au fond de l'océan
Do you dream of a vacation at the bottom of the ocean,
mais vous ne pouvez laisser filer les factures?
but you can't float the bill?
Vous avez toujours voulu escalader les montagnes de Mars,
Have you always wanted to climb the mountains of Mars,
mais aujourd'hui vous êtes trop haut dans le rouge?
but now you're over the hill?
Alors venez nous voir à Rekal incorporated; venez acheter moins cher, avec
Then come to Rekal incorporated where you can buy the memory of your ideal
moins de risques et plus vrai que nature, le souvenir de vos vacances idéales.
vacation cheaper, safer and better than the real thing.
Ne laissez pas la vie vous passer sous le nez, appelez Rekal—pour le sou-
So don't let life pass you by, call Rekal—for the memory of a lifetime.
venir de votre vie.

Total Recall

Prenez la Route 4 en direction du sud, puis la Route 100 jusqu'à Plymouth Union, et enfin la Route 100A
Drive south on Route 4, take Route 100 to Plymouth Union, and then take Route 100A to the Plymouth
jusqu'au Quartier Historique de Plymouth Notch qui s'est révélé un des sites les plus populaires et les
Notch Historic District, to see what has proven to be one of the most popular and rewarding of Vermont's
plus agréables de tous les sites historiques du Vermont. La **MAISON NATALE DE CALVIN COOLIDGE**
historic sites. ***THE CALVIN COOLIDGE BIRTHPLACE*** *has been restored to its appearance in 1872. It*
a retrouvé son allure de 1872. Ouverte le 4 juillet 1976, 100 ans jour pour jour après la naissance de
was opened on July 4th, 1972, 100 years to the day after the birth of Calvin Coolidge. The house had
Calvin Coolidge, la maison a été restaurée à partir de photos d'époque, une aide inestimable pour ses
been restored using early photographs, an invaluable aid for the former owners Mr. and Mrs. Herman
anciens propriétaires, M. et Mme Herman Pelkey. La maison natale a été restaurée par le Département
Pelkey. The Birthplace was restored by the Division of Historic Preservation. The furnishings have been
de protection des sites historiques. Les meubles ont été donnés par la famille Coolidge et nombre de
donated by the Coolidge family and many are those actually used by the President's parents in the birth-
ceux-ci sont effectivement ceux utilisés par les parents du président dans sa maison natale et par
place and by other members of the Coolidge family at the time of Calvin's birth. The unpretentious village
d'autres membres de la famille Coolidge au moment de la naissance de Calvin. Le modeste petit village
of Plymouth Notch was his beloved home where he returned time and time again. Six generations of
de Plymouth Notch était son lieu favori et il y retournait de temps en temps. Six générations de Coolidge

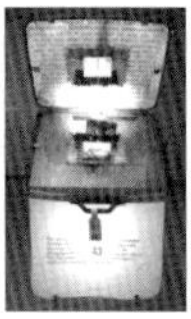

72° 24.5'W

43° 24.4'N

L'appareil photo est peut être le dernier agent de colonisation, qui cons-
The camera may be the final agent of colonization that constructs the rest of the
truit le reste du monde et ses peuples comme le pittoresque à saisir et
world and its peoples as the picturesque to be captured and possessed by the pho-
posséder par le photographe/touriste... et cependant il ou elle en fait par-
tographer/tourist... yet he or she is also part of it: the view also constructs and
tie: la vue construit et possède autant celui ou celle qui regarde qu'elle est
possesses the viewer just as much as it is constructed by him or her.
construite par lui ou elle.

Fiske

Vous pouvez revivre le passé! Loin des sentiers battus, dans la petite ville de Little Compton, au nord-
You can relive the past! It's located far off the beaten path in the small town called Little Compton in
ouest de l'Etat de Rhode Island, à la sortie de la Route 534. Où pouvez-vous emmener vos beaux-
northeastern Rhode Island, off Route 534. Looking for a place to go with the in-laws who have been
parents qui sont déja allé partout et ont tout vu? La **WILBOR HOUSE, BARN AND QUAKER MEETING**
*everywhere and seen all? The **WILBOR HOUSE, BARN, AND QUAKER MEETING HOUSE** in*
HOUSE de Compton offre un aperçu de la vie simple. Samuel Wilbor fut le premier homme blanc à s'in-
Compton offers a taste of the simple life. Samuel Wilbor was the first white man to settle in the state of
staller dans l'Etat de Rhode Island et la Little Compton Historical Society entretient son souvenir à l'in-
Rhode Island and the Little Compton Historical Society has immortalized his memory within the restora-
térieur de sa maison familiale restaurée. La maison originale, construite par Sam Wilbor en 1687, ne pos-
tion of his family home. The original house, built by Sam Wilbor in 1687, had only two rooms, with the
sédait que deux pièces, la cuisine en bas, la chambre en haut. Murs épais aux poteaux d'angles visibles,
kitchen below and the bedroom above. These rooms have heavy walls with exposed corner posts, low,
plafonds bas et nus et petites fenêtres. Comparez l'esthétique de ces modestes pièces aux multiples élé-
unplastered ceilings and tiny windows. Contrast the aesthetic spirit of these simple rooms with the multi-
ments ajoutés par huit générations successives de Wilbor. Revivez l'histoire de cette famille, de l'austérité
ple additions built by eight succeeding generations of Wilbor fathers and sons. Relive the family history
digne d'une forteresse des "premiers colons blancs" à la douceur des belles fermes de la

71° 10.2'W

41° 30'N

44

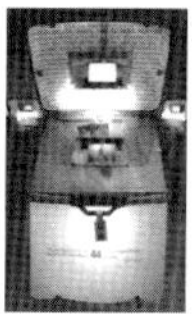

RHODE ISLAND $1,100,000,000

La figure clef dans l'allégorie des premiers temps est le corps, la figure clef
The key figure in the early allegory is the corpse, the key figure in that later alle-
dans l'allégorie plus récente est le 'souvenir.'
gory is the 'souvenir.'

Walter Benjamin

Pour sortir en famille, prenez l'Interstate 90 à partir du site de la bataille de Little Big Horn, lieu du dernier
For a family outing, take Interstate 90 from the Battle of Little Bighorn site, the place of Custer's Last
combat de Custer, jusqu'à une autre célèbre victoire des indiens Sioux. A environ six kilomètres au nord-
Stand, to another classic Sioux Indian victory. Situated about four miles northeast of Story, is the
est de Story, vous trouverez le **FETTERMAN BATTLE MONUMENT**. En roulant sur la voie rapide, vous
***FETTERMAN BATTLE MONUMENT**. As you travel along the highway, a large stone monument stands*
apercevrez un grand monument en pierre dressé sur une colline surplombant la route. Il marque l'endroit
on a hill overlooking the road. It marks the spot where eighty one men from Fort Phil Kearney died in
où quatre-vingt-un hommes du Fort Phil Kearney furent tués en 1866. La Cavalerie US avait pour ordre
1866. The U.S. Cavalry had been ordered to act with restraint, not to be drawn into a conflict with the
d'agir avec retenue, de ne pas se laisser entraîner dans un combat avec les indiens. Le capitaine William
Indians. Captain William J. Fetterman disobeyed strict orders to "avoid engaging or pursuing Indians at
J. Fetterman désobéit à ces ordres d'"éviter coûte que coûte tout engagement avec les Indiens et de les
any expense." He fell for one of the oldest Indian strategies: Crazy Horse, then a young warrior, with a
poursuivre." Il tomba dans un des plus anciens pièges indiens. Crazy Horse, alors jeune guerrier, avec
small group of other warriors, acted as decoys, drawing the soldiers out of the fort to rescue a woodcut-
un petit groupe d'autres guerriers, servirent de leurre, et attirèrent les soldats hors du fort pour secourir
ting detail under attack. Fetterman chased the decoys into an ambush where an army of warriors waited.
une corvée de bois alors attaquée. Fetterman les poursuivit jusque dans une embuscade où l'attendait

106° 47.3'W

44° 34.2'N

Vous vous sentirez chez vous.
You'll feel right at home.

publicité / advertisement, Caravan Tours

Sur la Route 18, tournez en direction de Pine Ridge, aujourd'hui situé au milieu de vastes étendues de
From Route 18, take the turn to Pine Ridge, now in wheat lands. It is a quiet, mysterious place full of
blé. C'est un lieu tranquille et mystérieux qui raconte une histoire horrible. Le Big Foot Massacre
foreboding and with a terrible story to tell. The Big Foot Massacre Monument now stands tall on the plain
Monument se dresse aujourd'hui sur la plaine du **WOUNDED KNEE BATTLEFIELD**, signalant le lieu de
*of the **WOUNDED KNEE BATTLEFIELD**, marking the tragic site. "My lands are where my people fell,"*
cette tragédie. "Mon pays est celui où repose mon peuple," a dit le guerrier Crazy Horse. Tourné vers le
said the warrior Crazy Horse. Pointing towards this battlefield, he is immortalized in a mountain sculp-
champ de bataille, il est immortalisé dans une sculpture creusée à même la montagne. Ici eut lieu le
ture. This was the last major conflict of the 19th century Plains Indian Wars. The U.S. government's
dernier grand combat de la guerre contre les Indiens des Plaines menée au19ème siècle. Les efforts du
effort to settle the Indians forcibly on reservations was in its last stages, and many Indians, having had
gouvernement américain pour fixer de force les indiens sur des réserves touchait à sa fin et nombre
their hunting lands taken away and their social and religious lives disrupted, desperately tried to regain
d'Indiens, qui s'étaient vu voler leurs terrains de chasse et avaient vus leur vie religieuse et sociale per-
their vanishing world. They embraced a messianic cult which foretold a victorious future for the Indians.
turbée, tentèrent désespérément de reconquérir leur monde qui disparraissait. Ils adoptèrent un culte
The principal ritual was the trance-like Ghost Dance. As the U.S. Cavalry was disarming a group of
messianique qui leur prédisait un futur victorieux et dont le rituel principal était la Ghost Dance, sorte de

102° 21.9'W

43° 08.4'N

SOUTH DAKOTA 46 $666,000,000

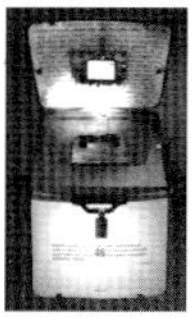

Pour saisir le fonctionnement de la ville, les femmes ont tendance à utiliser
Females tend to use landmarks and districts in order to obtain the feel of the city,
plutôt les repères et les quartiers tandis que les mâles utilisent le système des
while males utilize the street system and the angles between points to organize
rues et les angles entre points pour s'organiser dans l'espace.
themselves spatially.

Pearce

Situé dans la Brandywine Valley, sur la Route 52, Winterthur se trouve à 9 kilomètres au nord-ouest de
Located in the Brandywine Valley on Route 52, Winterthur is six miles northwest of Wilmington,
Wilmington, Delaware et à 45 kilomètres au sud-ouest de Philadelphie. Lorsqu'on parle d'antiquités
Delaware and 30 miles southwest of Philadelphia. When the topic is American antique furniture, whose
américaines, quelle collection vient tout de suite à l'esprit? Celle de Henry Francis Dupont à **WIN-**
collection comes to mind first? Henry Francis Dupont's collection at ***WINTERTHUR****, with more than*
TERTHUR, connue dans le monde entier, comportant plus de 89 000 pièces de mobilier, céramiques, tis-
89,000 examples of furniture, ceramics, textiles, metals, paintings and prints is world-renowned. Wander
sus, métaux, peintures et gravures. Promenez-vous dans la splendeur domestique de cet excentrique
in the domestic splendor of this eccentric heir to a chemical fortune. Dupont inherited Winterthur in 1926
héritier d'une fortune de l'industrie chimique. Dupont hérita de Winterthur en 1926 et commença à acheter
and began buying rooms of old houses. He added a wing to his mansion to accomodate twenty-three
des pièces entières de vieilles maisons. Il fit ajouter une aile à son manoir pour accueillir vingt-trois pièces
period rooms and their furnishings. Formerly his private residence, the nine-story house now has nearly
d'époque et leur mobilier. La maison de 8 étages, à l'origine sa résidence privée, abrite aujourd'hui près
two hundred period rooms, all purchased or salvaged from actual houses from Georgia to New
de deux cent pièces d'époque, toutes achetées ou sauvées de la démolition dans des maisons construi-
Hampshire. Discover the Readbourne parlor, with paneling taken from a 1733 house on Maryland's
tes de la Géorgie au New hampshire. Découvrez le salon Readbourne et ses panneaux provenant d'une

DELAWARE $520,000,000

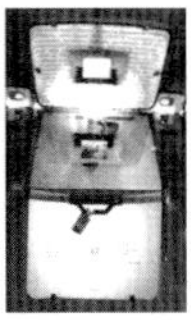

47

75°31'W

39°45.2'N

Sur les souvenirs... la "sacralisation du point de vue" est le procédé touris-
On souvenirs... "sight sacralization" is the touristic process of simplifying some pre-
tique qui consiste à simplifier une présupposée identité nationale et à la
sumed national identity and reducing it to a handy bit of portable, salable shorthand.
réduire à un bout de sténo, portable et vendable.

Dean MacCannel

Le Centre d'accueil et d'information est situé au106 rue Metlakatla et la Maison de l'Evêque Russe se
The Visitor Center is located at 106 Metlakatla Street and the Russian Bishop's House is located at
trouve à l'angle des rues Lincoln et Monastery. En avez-vous assez des blagues sur les oléoducs et les
Lincoln and Monastery Streets. Are you bored with pipeline jokes and dog sleds? Follow the natives to
chiens de traîneaux? Faites comme les gens du coin, venez au "Paris du Pacifique" et au **SITKA HIS-**
*the "Paris of the Pacific," and nearby **SITKA HISTORIC NATIONAL PARK**. Tour the 106-acre park*
TORIC NATIONAL PARK tout proche. Parcourez ces 42 hectares où les Indiens Tinglit menèrent leur
where the Tlingit Indians made their last stand against the Russian invaders. In the Tlingit language,
dernier combat contre l'envahisseur russe. En langue Tinglit, Sitka signifie "en ce lieu." Tenez-vous "en ce
Sitka means "in this place." Stand "in this place" and on the spot of the two bloodiest battles of Alaskan
lieu," sur le site des deux plus sanglantes batailles de l'histoire de l'Alaska. Les Indiens gagnèrent la pre-
history. The Indians won the first round, but the Russians, using the brutal force of cannons, won the
mière manche, mais les Russes, utilisant la force brutale des canons, remportèrent la seconde. Du fort
second encounter. Nothing remains of the fort that the Indians built for themselves but the outline,
construit par les Indiens, il ne reste rien si ce n'est la délimitation de son emplacement par des poteaux,
marked by posts, while the surroundings remain unchanged. Imagine the horror of the Indians shivering
mais les alentours n'ont pas changé. Imaginez l'horreur des indiens, frissonnant de froid et de peur, regar-
with cold and fear as they watched the advance of their colonial enemies burning and looting what
dant leurs ennemis, leurs colonisateurs, avancer, brûlant et pillant ce qui restait de leur village et de leur

135°20'W

57°03'N

De même que le signe est ce qui attire notre attention sur le spectacle du
The sign inevitably attracts attention to itself as it attracts attention to the
site touristique, par une démarche identique et inéluctable, il doit aussi
sight. But it is also what comes to fill a deficiency intrinsic to the sight, for
attirer notre attention sur lui-même en tant que signe. D'autre part, le
without the marker, the sight cannot attract attention to itself, cannot be seen
signe est aussi ce qui vient remplir une carence intrinsèque au site (car sans
and thereby cannot be a sight, as each marker stands for the other, indecidably
marque, le site ne peut se faire remarquer, ne peut être vu, et donc ne peut
replacing it and adding to it. A chain of supplementarity is established in the
être spectacularisé en site). Comme chaque marque du site touristique ren-
inevitable proliferation of markers.
voie à une autre, la remplaçant et/ou s'ajoutant à elle de façon indécidable,

une chaîne de supplémentarité s'établit dans la prolifération inéluctable de

marques.

Georges Van den Abbeele

... vous emmène sur le légendaire champ de bataille de Custer, sur la Réserve des Indiens Crow. L'I-90 (U.S. 87) passe à un kilomètre et demi. Le 26 juin 1876, sur les falaises situées à un peu plus de six kilomètres au nord de Reno Hill dans le **BATTLE OF LITTLE BIG HORN PARK**, Custer et cinq compagnies de la Septième Cavalerie, 210 hommes en tout, gisaient morts. Moins de cent des deux mille guerriers Sioux et Cheyenne périrent. Selon un des observateurs, "la bataille de Little Big Horn prit environ le temps qu'il faut à un homme blanc pour dinner." En 1877, les corps des officiers furent exhumés et renvoyés vers l'est pour y être enterrés. Quatre ans plus tard, les corps des hommes furent regroupés et enterrés dans une tombe collective en-dessous de Last Stand Hill. Enfin, en 1980, les pieux de bois marquant le lieu où chaque homme était tombé, furent remplacés par des pierres tombales de marbre et un monument de granit fut érigé sur lequel sont gravées, en sioux et en anglais, les paroles suivantes:

... leads you into the legendary Custer Battlefield. It lies within the Crow Indian Reservation. The I-90 (U.S. 87) passes 1 mile to the west. On June 26th, 1876, on the bluffs four miles north of Reno Hill, at the ***BATTLE OF LITTLE BIGHORN PARK****, Custer and five companies of the Seventh Cavalry, 210 men in all, lay dead. Fewer than one hundred of the 2,000 Sioux and Cheyenne warriors perished. According to one observer, "The Battle of Little Bighorn took about as long as it takes for a white man to eat his dinner." In 1877, the bodies of the officers were exhumed and shipped east for reinterment. Four years later, the remains of the foot soldiers were collected and reburied in a mass grave below Last Stand Hill. Finally, in 1890, the wooden stakes, marking the original locations where men fell, were replaced by marble headstones and a granite monument, enscribed with the words in Sioux and English, "Know the*

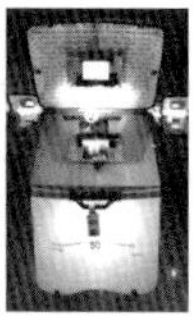

MONTANA 49 $500,000,000

Le tourisme moderne est le seul mouvement de masse pacifique par dessus les frontières culturelles dans l'histoire de l'humanité.

Modern tourism accounts for the single largest peaceful movement of people across cultural boundaries in the history of the world.

Valene Smith

Prenez la Route 1806 à six kilomètres au sud de Mandan. Dans un Etat largement oublié des touristes,
Take route 1806 four miles south of Mandan. In a state largely forgotten by tourists, you will find a great
vous pourrez découvrir un lieu étonnant: la demeure d'un héros tragique de l'histoire américaine, la **MAI-**
draw; the home of a tragic hero of American history: ***THE CUSTER HOME****. Here is a frontier home*
SON CUSTER. Voici une maison typique des constructions de la frontière où un effort particulier fut fait
where a real effort was made to provide luxury not normally associated with the frontier. Imagine the
pour offrir un luxe inhabituel pour cette époque et cette région. Imaginez la maison telle que Mme Custer
house as Mrs. General Custer walked into it for the first time in 1874, completely lit up, and the regimen-
la découvrit en y entrant pour la première fois en 1874, totalement illuminée, l'orchestre du régiment
tal band playing "Home Sweet Home," to be followed by the Custer's favorite, "Garry Owen." The house,
jouant "Home Sweet Home" puis la chanson favorite de Custer, "Gary Owen." La maison, construite en
built in 1873, was burnt to the ground that winter. The rebuilt house was dismantled in 1891 but a replica
1873, brûla l'hiver suivant. La maison reconstruite à sa place fut démontée en 1891, mais une copie a
has now been constructed, filled with furnishings reminiscent of the period, based on photographs taken
aujourd'hui été bâtie et meublée comme à l'époque à partir de photos de la maison originale. Elle est
of the original house. It stands on its original site facing the parade ground. Here, in his library, which
placée sur son site original, en face du terrain de parade. C'est ici, dans sa bibliothèque, que Custer
consisted of classics and biographies of generals, Custer wrote his War Memoirs. General Custer spent
écrivit ses Mémoires de Guerre. Le Général Custer passa sa dernière nuit dans ce lit le 16 mai 1875,

100° 53.7'W

46° 49.6'N

NORTH DAKOTA $11,400,000

50

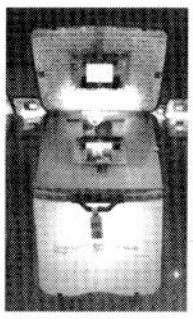

Le monde est un livre: celui qui reste chez lui ne lit qu'une page.
The world is a book: he who stays at home reads only one page.

St Augustin

Notes

1. The movie *Total Recall* was based on the short story "We Can Remember it for You Wholesale," by Philip K. Dick. Rekal Incorporated is the name of the travel agency in the story.
2. Dr. Charles Ehret and Lynne Waller Scanlon, *Overcoming Jet Lag*, Berkeley Books, 1983.
3. *Hawaii*, Video Traveller Collection, International Video Network.
4. Liberally paraphrasing Jonathan Culler, "Semiotics of Tourism," *The American Journal of Semiotics*, n° 1/2, 1981.
5. Liberally paraphrasing John Frow discussing Jonathan Culler and Catherine Schmidt, "Tourism and the Semiotics of Nostalgia," *October* n° 57, Summer 1991, p. 131, The MIT Press.
6. Ibid.
7. Georges Van den Abbeele, "Sightseers: The Tourist as Theorist," *Diacritics*, Vol. 12, December 1980.
8. The central issue of Dean MacCannell in *The Tourist: A Theory of the New Leisure Class*, Schocken Books, 1989, was precisely the reciprocity between the authentic and the inauthentic.
9. Paraphrasing Susan Stewart, *On Longing: Narratives of the Miniature, the Gigantic, the Souvenir, the Collection*, Johns Hopkins University Press, 1984.

Notes

1. Adapté de la nouvelle de Philip K. Dick, "De mémoire d'Homme," Livre de Poche n° 3816, *La Grande Anthologie de la Science-Fiction*, 1984; et Recueil: *Total Recall*, 10-18, n° 2214, Domaine Etranger.
2. Dr. Charles Ehret et Lynne Waller Scanlon, *Surmonter le décalage horaire*, Chotard, 1985.
3. *Hawaii*, Video Traveller Collection, International Video Network.
4. Adaptation libre de Jonatahan Culler, "Sémiotique du Tourisme," *The American Journal of Semiotics*, n° 1/2, 1981.
5. Adaptation libre de John Frow discutant de Jonathan Culler et Catherine Schmidt, "Tourism and the Semiotics of Nostalgia" (Tourisme et Sémiotique de la Nostalgie"), *October* n° 57, Eté 1991, p. 131, The MIT Press.
6. Ibid.
7. Georges Van den Abbeele, "Sightseers: the Tourist as Theorist" (Passionnés de paysages: le Touriste comme Théoricien), *Diacritics*, Vol. 12, décembre 1980.
8. Le problème essentiel de Dean MacCannel dans *The Tourist: A Theory of the New Leisure Class*, Schocken Books, 1989, était précisément celui de la réciprocité entre l'authentique et l'inauthentique.
9. Paraphrase de Susan Stewart, *On Longing: Narratives of the Miniature, the Gigantic, the Souvenir, the Collection*, Johns Hopkins University Press, 1984.

JEAN-LOUIS DÉOTTE

UN MONDE SANS HORIZON

A WORLD WITH NO HORIZON

Quand le premier acte d'une guerre "post-moderne" commence par la destruction d'un site prestigieux—appartenant au patrimoine mondial comme Dubrovnik—ou quand un des plus grands musées du monde—les Offices—est touché par un attentat, c'est qu'un nouveau rapport du tourisme et de la guerre s'instaure. Le tourisme ne s'alimente plus seulement de l'événement guerrier—Verdun, les plages du Débarquement—il n'est plus seulement la forme contemporaine, *soft*, de la conquête et de l'occidentalisation du monde, il devient un objectif militaire essentiel. *Le tourisme de guerre convole avec la guerre au tourisme.*

Mais n'était-ce point le cas dès Verdun, à la fois cité impériale et lieu où se précipitait la foule mondaine, invitée par Pétain lui-même, au moment crucial de la bataille, afin de "vivre" en direct l'assaut et de s'y faire voir (Proust)?

Les choses seraient simples si les musées ou les villes patrimoniales ne faisaient que partie de la richesse d'une nation, même sous la forme symbolique. Il y aurait encore plus de raison de les détruire car ce serait attenter au sens lui-même, surtout dans sa forme capitalistique la plus élaborée, celle de la valeur, du signe-valeur (Baudrillard). Mais un musée n'est jamais seulement le lieu où se capitalise une telle valeur, il est le lieu d'une opération beaucoup plus complexe, où le sens se transmue en *ruine* .

When the first act of a "post-modern" war opens with the destruction of a prestigious site, belonging to the world's heritage, like Dubrovnik, or when one of the great museums of the world, the Uffizi, is the target of a terrorist bombing, a new relationship between war and tourism is established. Tourism thus no longer feeds solely on the warring event—Verdun, or the D-Day beaches. It is no longer a *soft*, contemporary form of conquest and worldwide westernization. Tourism, rather, becomes an essential military objective. *The tourism of war teams up with the war on tourism.*

But has not this been so since Verdun, at once an imperial walled city and a place, thronged by the worldly crowd who were personally invited by Petain at a crucial juncture in the battle, to "experience" live the assault, to see and to be seen (Proust)?

Things would be straightforward if museums and historic cities were, even in their symbolic form, only part of a nation's wealth. There would be even more reason for destroying them, because that would be an attack on meaning itself, in its most elaborate capitalist form—that of value, of sign-value (Baudrillard). But a museum is never just a place where such values are capitalized. It is the site of a much more complex operation, where meaning is transmuted into *ruin*.

The desire to make a ruin disappear (any picture hanging in a museum or the most beautiful of historic cites is necessarily a ruin), the desire to obliterate it and turn

Vouloir faire disparaître une ruine (ce qu'est nécessairement tout tableau suspendu dans un musée, ou la plus belle des villes patrimoniales), l'effacer, la transformer en *cendre*, nous installe au cœur de la politique post-moderne de la disparition et de l'évanouissement de ce qui, du temps des modernes, avait pris la figure de la subjectivité, de la représentation, de l'horizon du monde.

1. Si l'on reprend les traités de perspective et les traités de peinture, dont le premier pour l'époque moderne fut le *Della Pittura* d'Alberti, il est évident que, suivant l'ordre méthodologique et constructif, le tracé de l'horizon précède le positionnement du point de fuite. Point de fuite appelé aussi chez Viator *point du sujet*. L'on sait aussi que si les artisans grecs travaillant pour les Romains élaborèrent les premiers un plan du tableau immatériel, transparent, ils ne conçurent pas l'espace ainsi représenté *systématiquement*. Ils ne cherchaient pas à faire se conjoindre les lignes constructives (ou lignes de fuite) en un seul point valant pour l'infini de ces lignes (Panofsky). Et ainsi ils n'eurent pas besoin d'une ligne constructive horizontale, mais plutôt d'une verticale, d'un axe, servant ainsi d'épine dorsale à ce que les spécialistes appellent une structure en *arête de poisson*.

Ce qui implique philosophiquement qu'entre les Anciens et les Modernes, le partage est entre le privilège de la verticalité et celui de l'horizontalité. Et que les

it into *ashes*, places us at the hub of postmodern politics, at the disappearance and vanishment of that which, in modern times, had taken the shape of subjectivity, of representation, of the world's horizon.

1. If we reconsider the treatises on perspective and painting, starting in the modern epoch with Alberti's *Della Pittura*, it is clear that following a methodological and constructive order, the placement of the horizon line precedes the positioning of the vanishing point—also called *subject point* by Viator. We also know that although the Greek craftsmen working for the Romans were the first to elaborate the material, transparent picture plane, they did not conceive of the space thus represented in a *systematic way*. They did not attempt to make the constructive lines (or vanishing lines) converge at a single point that would would stand for their infiniteness (Panofsky). So they did not need a horizontal constructive line, but rather a vertical one, an axis, thus serving as a backbone for what experts call a *herring-bone structure*.

This would imply, philosophically, that between the Ancients and the Moderns, the division comes between the preference for verticality and one for horizontality. It also implies that the Ancients were unable to deduce the existence of a subject as a new site of truth (Hegel on Descartes), starting from this geometric point that is valid for all the straight lines of the ground plane, ideally extended to infinity.

Anciens ne purent déduire l'existence d'un sujet comme site nouveau de la vérité (Hegel à propos de Descartes) à partir de ce point géométrique valant pour toutes les droites du plan de base, idéalement prolongées à l'infini. L'Antiquité n'aurait pas fait de *projet* n'ayant pas eu d'*horizon*, comme elle ignora le *sujet* de la philosophie et l'*infini*.

Le sujet moderne de la peinture de représentation a donc immédiatement un horizon pour l'action. Puisque dans la peinture du Quattrocento (si l'on suit Alberti), immédiatement après avoir fictivement ouvert et circonscrit la vitre du tableau (ce cadre carré qui découpe la vue à venir), la ligne d'horizon doit être tracée. Et cela, parallèlement à la ligne de base, deux tiers au-dessus. Or, c'est sur cette ligne que sera choisi, arbitrairement, le point du sujet. Le sujet, en son point, au fond du tableau, ne tient donc qu'à un fil, sur lequel il peut d'ailleurs bouger. Ce sujet, encore tout à fait abstrait, surgit à l'*intérieur* du tableau. Cette peinture de représentation privilégiera toujours l'*inclusion* et l'*immanence* contre l'exclusion et la transcendance médiévales.

Le point du sujet une fois choisi, les lignes de fuite peuvent être dessinées. Et, en quelque sorte par projection symétrique de ce point du sujet hors du tableau, la position idéale du spectateur pourra être déterminée. Le point du sujet, intérieur,

Antiquity would not have made any *projects* contingent on a *horizon* line, just as it had ignored the *subject* of philosophy and *infinity*.

But, the modern subject of representational painting straightaway has a horizon for action. Since in Quattrocento painting (if we go along with Alberti), the horizon line must be drawn immediately after the window of the picture—that square frame that outlines the forthcoming view—has been fictitiously opened and circumscribed. The horizon line is drawn parallel to the ground line, two-thirds above. The subject point is arbitrarily selected along this line. The subject, at its point, at the back of the picture, is thus held just by a thread, along which it could move. This subject, still altogether abstract, emerges within the picture. This representational painting will always favor inclusion and immanence over mediaeval exclusion and transcendence.

Once the subject point has been chosen, the vanishing lines may be drawn. And the ideal position of the spectator could be determined, in a sense, by symmetrical projection outside the picture from this subject point. The internal subject point thus precedes the establishment of the external point of view, or what is commonly called the subject (spectator). The central consequence of this construction is that the subject point is always already there, within the drawing or the picture. It thus precedes any view. Therefore, it is not the viewing of this picture by an external subject that subjectivizes it.

précède donc l'établissement du point de vue extérieur, ou de ce qu'on appelle communément le sujet (spectateur). La conséquence centrale de cette construction est que le (point du) sujet est toujours déjà-là, à l'intérieur du dessin ou du tableau, précédant donc toute vue. Ce n'est donc pas la vision de ce tableau par un sujet extérieur qui le subjectiviserait. Car celui qui voit ne subjectivise la vue qu'en découvrant qu'il avait déjà sa place—comme sujet—à l'intérieur du tableau. Bref, celui qui voit ne devient sujet, au sens des *Méditations* cartésiennes comme de toute la tradition philosophique moderne, que comme *effet d'un dispositif* qui fit époque: la perspective. Dispositif de projection dont Brunelleschi fit connaître quelques uns des aspects spéculatifs les plus remarquables.[1] Voir, comme spectateur, le point de fuite, c'est se retrouver dans le tableau déjà en position de maîtrise, *a priori* .

Ce qui nous importe ici c'est la série des décisions méthodologiques et ontologiques: décider que dorénavant le monde peut être *donné dans une vue* (ce n'est plus le Texte), qu'un quadrilatère dessiné sur un mur peut avoir la quasi-substance d'une vitre à travers laquelle on apercevrait ce monde, inscrire sur cette vitre les *traces* de cette chose qui pourrait être là-bas (donc l'objectiver), tracer la ligne d'horizon sur laquelle on placera le point du sujet, projeter vers l'"extérieur" le point

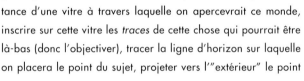

The viewer subjectivizes the view only by discovering that he already had his place—as subject—within the picture. In other words, the viewer becomes subject, in the sense of the Cartesian *Meditations* and of the whole modern philosophical tradition, only as an *effect of an apparatus* that marked a whole age: perspective—a projection apparatus that Brunelleschi publicized in some of its most speculative aspects.[1] Looking at the vanishing point, as a spectator, is to find oneself within the picture, in a masterful position, *a priori*.

What matters here is the series of methodological and ontological decisions: to decide that, henceforth, the world can be *put forth [given] in a view* (it is no longer the Text), that a quadrilateral drawn on a wall may have the quasi-substance of a glass window through which one might perceive this world; to inscribe on this window the *traces* of this thing that might be over there (thus rendering it objective); to draw the horizon line on which the subject point will be placed; to project "outward" the symmetrically obtained point of view; to obtain thereby the distance points, rounding off the rationalization of the space thus represented.

Our hypothesis consists of thinking that this methodological series that has a professional application also has an ontological value. It has a value in the deduction of

de vue obtenu symétriquement, obtenir à partir de là les points de distance, pour achever la rationalisation de l'espace ainsi représenté.

Notre hypothèse consiste donc à penser que cette série méthodologique, de pratique professionnelle, a une valeur ontologique. Celle d'une déduction des conditions de possibilité de la subjectivité, non seulement philosophique, mais aussi anthropologique et donc aussi bien, politique, juridique, psychologique, économique, etc. Donc que les peintres et les architectes ont eu en ce domaine une préséance absolue sur les physiciens, les géomètres, les philosophes.

Si le sujet a toujours, depuis lors, un horizon (pour sa volonté par exemple: il ne pourrait faire de projets sans horizon du projet, etc.), c'est que l'horizon est sa condition de possibilité. Et comme l'indique le grec *horizein*, sa borne. La borne (la finitude?) précède ce qu'elle borne. A savoir l'expérience du champ qui lui est ainsi ouvert de ce *point de vue-là*. L'expérience du sujet moderne tendra donc à être exclusivement horizontale, rabattant la transcendance des dieux sur l'immanence de ce qui se projette comme traces pour un sujet sur un écran transparent. Donc, ce qu'on appelle l'humanisme qui est une forme première de l'immanentisme.

Comme le montre la série des perspecteurs portables, du portillon de

subjectivity's conditions of possibility, a value that is not only philosophical but also anthropological and therefore political, legal, psychological, economical, etc. Our hypothesis would suggest that, in this domain, painters and architects have had an absolute precedence over physicists, surveyors, philosophers.

If, henceforth, the subject always has a horizon (for his will, for example: he would not be able to make plans without a horizon for the project, etc.), this is because the horizon is his condition of possibility, and, as the Greek *horizein* suggests, his limits. The limit (finitude?) precedes what it limits, namely, the experience of the field thus opened up from that *point of view*. The experience of the modern subject thus tends to be exclusively horizontal, collapsing the transcendence of the gods onto the immanence of what is projected for the subject as traces on a transparent screen. This is what we call humanism, a primary form of immanentism.

As we see in a series of portable perspectographs, from Dürer and his wicket-gate to Greenaway (*The Draughtsman's Contract*), the projective device always includes the telemetric sight. The target is nothing other than the *thing* over there, projecting itself as an *object* onto the orthonormal window of the perspectograph, by leaving points—traces the draughtsman must join together. There is no substantial difference between the eye behind the viewfinder and the target which is over there, but rather an

Dürer à celui de Greenaway (*Meurtre dans un jardin anglais*, ou plutôt selon le titre anglais *le Contrat du dessinateur*), le dispositif de projection inclut toujours le viseur télémètrique. La cible n'étant rien d'autre que la *chose* là-bas venant se projeter comme *objet* sur la vitre orthonormée du perspecteur. En y laissant des points, qui sont autant de traces que le dessinateur doit relier. Il n'y a pas de différence de substance entre l'œil derrière le viseur et la cible qui est là-bas en face, mais une réversibilité toujours possible. Ainsi dans le combat moderne, le viseur et le visé appartiennent donc nécessairement à la sphère de la subjectivité. L'objet visé par *ego* est un *alter ego*, la relation entre les deux est immédiatement inter-subjective. L'intersubjectivité n'est évidemment pas une donnée immédiate, mais une conséquence du dispositif projectif. Elle n'est donc pas à démontrer philosophiquement à partir de cet acquis indubitable que serait *ego cogito* (contrairement à Descartes et à Husserl).

Les ennemis modernes, avant de s'affronter, se visent et se transforment ainsi en sujets-objets les uns pour les autres. Ce n'est donc pas la supposée commune appartenance à l'humanité qui rend possible la fraternisation, comme à Verdun dès 1916. Inutile ici de supposer un sentiment de l'humain toujours déjà présent. Ce sentiment est la conséquence d'une certaine détermination, époquale,

ever possible reversibility. Accordingly, in modern combat, the aimer and the aimed-at belong necessarily to the sphere of subjectivity. The object aimed at by *ego* is an *alter ego*. The relation between the two is immediately intersubjective. The intersubjectivity is obviously not an immediate given, but a consequence of the projective apparatus. Therefore, intersubjectivity is not to be philosophically demonstrated on the basis of that indubitable fact, *ego cogito* (contrary to Descartes and Husserl).

Before modern enemies engage in battle, they aim at one another and thus turn into subjects-objects for each other. So it is not the supposed common membership in the human race that renders fraternization possible, as at Verdun in 1916. There is no point here in presupposing a human sentiment that is innate. This sentiment is the consequence of a certain determination, of the times, of the surface of inscription—here it has the traits of the perspectival apparatus. The figure of the enemy is thus subordinate to the mental and technical apparatus by which it is conceived and perceived, by what Cassirer called a *symbolic form*.

2. *A contrario*, in their interminable wars, Amerindian communities regarded the other not as human (a category or being they each reserved themselves), but as as a category beyond humanity, either phantom or animal (*nit*, to borrow Levi-Strauss's term). The only being that was similar (hence human) was one who bore upon itself

de la surface d'inscription, ici sous les traits du dispositif perspectif. La figure de l'ennemi est donc sous la dépendance du dispositif technique et mental grâce auquel il est conçu et perçu, par ce que Cassirer appelait une *forme symbolique*.

2. *A contrario* dans leurs guerres interminables, les communautés amérindiennes considéraient l'autre, non comme humain (attribut qu'elles se réservaient chacune dans son unicité), mais comme existant hors humanité, fantôme ou animal (*œuf de poux*, selon l'expression de Lévi-Strauss). N'était semblable (donc humain) que ce qui portait sur soi les mêmes traits d'écriture sur les corps, les mêmes scarifications, les mêmes découpes. Un autre vocabulaire de scarifications, d'autres tracés sur les corps, ne rendaient pas semblables (la formule: "tous sont humains parce que tous sont écrits, même si les signes diffèrent," n'aurait pas été de mise, étant plutôt chrétienne). L'identification des tracés d'une autre tribu ne la faisant pas entrer dans le cercle de l'humanité restreinte. Ce type d'écriture—car il s'agit bien d'une écriture, d'un système différentiel de marques et d'entailles, d'incisions comme d'excisions—rabattait l'universel du lisible et donc du sens sur la singularité communautaire. L'écriture ne donnait pas accès à l'universel du sens, étant totalement territorialisée, idiomatique, absolument non-vocalisable, donc illisible au sens strict, tant la marque ou la lettre encageait singulièrement le sens,

the same strokes of script on the body, the same scarifications, and the same slashes. Another vocabulary of scarifications or other markings on the body, did not make them alike (the formula, "They're all human because they're all written, even if the signs differ," would not have been acceptable, being rather Christian.) The identification of the markings of another tribe did not introduce that tribe into the tight circle of humankind. This type of writing—for what is involved is undoubtedly writing, a differential system of marks and notches, incisions and excisions—collapsed the universality of readability and therefore of meaning to communal singularity. Writing did not offer access to the universality of meaning, since it was completely territorialized, idiomatic, utterly non-vocalizable, and thus illegible in the strict sense of the word, so much so that the trace or the letter singularly imprisoned meaning, as in Michaux. It is by some optical illusion that we think we can read these strokes, by giving them a status of graphic "symbols," open, indefinitely, to commentary. Their graphemes were not interchangeable but profoundly repetitive, invariable, and untranslatable from one graphic system to the next.

We cannot show here how the progressive vocalization of these marks brought about a deterritorialization, a universalization of meaning, nor how a space was freed up, or rather produced; how a space ceased to be for writing, and became a space

comme chez Michaux. C'est par une illusion d'optique que nous croyons pouvoir lire ces traits, en leur donnant un statut de "symboles" graphiques, ouverts au commentaire, indéfiniment. Leurs graphèmes n'étaient pas commutables, mais profondément répétitifs, invariables, intraduisibles d'un système graphique à l'autre.

Nous ne pouvons pas montrer ici comment la vocalisation progressive de ces marques entraîna une déterritorialisation, une universalisation du sens, ni comment se libéra—ou plutôt fut produit, un espace—qui cessant d'être pour l'écriture, devint pour la vue. Une vue qui n'était plus celle de la lecture. Paradoxalement, pour nous qui renvoyons systématiquement les sauvages du côté de l'oralité (Debray), leur expérience était celle d'un corps—la Terre—totalement recouvert de lettres (de graphèmes, d'entailles, de dessins, etc.).

Les sauvages n'avaient donc pas d'horizon, le monde (la Terre, les corps, les calebasses) ne leur étant pas donné à voir, mais à lire, selon une expérience toujours renouvelée de parcours de lecture, accessoirement d'écriture, parce que les étoiles ont toujours été déjà-là, dans le ciel, comme un livre ouvert. C'est ce premier texte - le ciel - qui a fait le premier lecteur, et non un scripteur s'autorisant de lui-même à s'inventer par l'écriture, sur la paroi rocheuse d'une grotte.

for sight—a sight which was no longer that of reading. Paradoxically, while we systematically refer to "savages" in terms of orality (Debray), their experience was that of a body—the Earth—totally covered with letters (graphemes, notches, drawings etc.).

"Savages" thus had no horizon, for the world (the Earth, bodies, calabashes) were not there to be seen, but to be read, in accordance with an ever renewed experience of a course of reading, and, in an accessory sense, of writing, because the stars have always been there, in the firmament, like an open book. It is this very first text—the sky—which created the very first reader, and not some scribe authorizing himself to invent himself by writing, on the rocky wall of a cave.

3. To walk the D-Day beaches, to adopt the perspective of the attacker from the sea, for whom the horizon line is one of ridges, some more fortified than others, or to adopt the stance of a defender of the Atlantic wall, holed up in his pillbox, as at Longues-sur-Mer, protected by a simple slab of concrete resting on four elegant steel uprights, is to experience, despite appearances, the reversibility of the points of view.

If such are the points of view, it is because enemies share in common the same definition of space, the same geometric plane. This makes it possible to compare

3. Parcourir les plages du Débarquement, en se donnant la perspective de l'assaillant marin, pour lequel la ligne d'horizon est une ligne de crêtes, plus ou moins fortifiées, ou en défenseur du mur de l'Atlantique embusqué dans sa casemate de commandement de tir comme à Longues-sur-Mer, protégé par une simple dalle de béton reposant sur quatre élégants poteaux d'acier, c'est faire malgré les apparences, l'expérience de la réversibilité des points de vue.

Si les points de vue sont tels, c'est que les ennemis ont en commun la même définition de l'espace, le même géométral, lequel rendant possible la comparaison de tous les points de vue, institue de fait un monde commun, une même objectivité, une même techno-rationalité, pourtant entre les plus incomparables (les Nazis et les Alliés).

Paradoxalement donc, même si les lignes de l'assaut horizontal s'opposent, délimitant provisoirement l'espace de la bataille, c'est cette réalité de la limite visible de la Terre qui à la fois partage les ennemis et les conjoint dans la même appartenance à la sphère de la subjectivité.

Ils ne peuvent avoir la même ligne (même dans l'expérience "idéale" du front où la ligne de crête sépare les deux tranchées), mais de ce qu'ils en ont chacun une, ils appartiennent au même monde de l'affrontement techno-scientifique, dont le

all points of view, and as such institute a common world, a common objectivity, a common techno-rationality, even among the most incomparable (the Nazis and the Allies).

Paradoxically, even if the lines of the horizontal assault are opposed, temporarily delimiting the space of the battle, it is this reality of the visible limit of the Earth which at once divides and links the enemies in their common membership in the sphere of subjectivity.

They cannot have the same line (even in the "ideal" experience of the front, where a ridge line separates the two trenches), but as much as they each have a line, they belong to the same world of techno-scientific confrontation, the substratum of which, here, is sight. So it is not confrontation that draws together, creating a common site, as would the living caesura that is always engendered by difference (Hölderlin). The modern space of confrontation, which presupposes something public (*res publica*) is quite republican (and this is already quite clear in the public square of the Italian city-states of the Renaissance and specifically in their depictions in painting), even if the confrontation is between parliamentary democracies and a totalitarian regime. Furthermore, these basic socio-political divergences did not prevent the establishment of battle museums, which, as soon as they were built to exhibit the ruins of battle, could not avoid making the enemies alike, i.e., into the same metaphysical substance.

substrat ici est la vue. Ce n'est donc pas l'affrontement qui rapprocherait, créant un site commun comme le ferait la vivante césure qui toujours génère de la différence (Hölderlin). L'espace moderne de l'affrontement supposant une chose publique (*res publica*), est bien républicain (et cela est bien évident déjà pour la place publique des cités-Etats italiennes de la Renaissance et précisément de leurs représentations en peinture) même si, comme ici, se sont affrontés des démocraties parlementaires et un totalitarisme. D'ailleurs ces divergences socio-politiques fondamentales n'empêchèrent pas l'institution de musées de la bataille, qui ne purent, dès qu'ils eurent à en exposer les ruines, éviter de rendre les ennemis semblables, c'est-à-dire de même substance métaphysique. Le Musée est d'essence républicaine.

L'idéal étant dans le musée de Caen, du fait d'un film, de montrer la mobilisation totale de toutes les forces, de chaque côté de la Manche, mobilisation sans laquelle ces deux lignes d'horizon n'auraient pu être concrétisées comme limites du feu. La volonté n'étant rien sans l'horizon de son exercice.

Que le Musée d'Arromanches, situé au centre de l'ancienne zone de combat, attire plus un public mêlé d'anciens combattants des deux camps, suivi de l'inévitable arrière-garde des touristes de guerre, ou que le Musée de Caen fascine plus les vainqueurs et leurs descendants, venant y chercher une ligne d'horizon

The Museum is essentially republican .

The ideal sought in the museum in Caen is to show, by means of a film, the total mobilization of all the forces on both sides of the Channel—a mobilization without which these two horizon lines could not have been rendered concrete as the visible limits of the firing range. For the will is nothing without the horizon of its exercise.

Whether the Arromanches Museum, set in the former combat zone, tends to attract a mixed public of veterans from both camps, followed by the inevitable rear-guard of war tourists, or the Caen Museum holds more fascination for the victors and their offspring, coming here in search of a paradoxically universal horizon line, and in order to do so transform themselves like a post-Shoah sense of history (Peace), both remain in a state of common horizontality, the eruption of which is coextensive with that of Modern Times (Heidegger: *What is a Thing?*).

4. In the end, and in time, the Arromanches Museum will become, like the memorial in the battle-field at Douaumont, a museum for peace. For it is a fact that contemporary battles, in which warring masses are pitted against one another in the utmost anonymity, are in fact places which host the collapse of all the values for which the combatants were meant to be fighting. As Patocka wrote about the "experience" of the front in the Great War, heroes in the battlefield cannot be but unknown, and soldiers permanent-

paradoxalement universelle et, pour ce faire, se transformant comme sens de l'histoire après la Shoah (la Paix), les uns et les autres restent dans l'horizontalité commune dont l'irruption est co-extensive à celle des Temps modernes (Heidegger: *Qu'est-ce qu'une chose?*).

4. A la limite, le Musée d'Arromanches deviendra avec le temps, comme le Mémorial du champ de bataille de Douaumont, un musée pour la paix, tant il est vrai que les batailles contemporaines, qui voient s'affronter des masses guerrières dans l'anonymat le plus total, sont plutôt des lieux d'effondrement de toutes les valeurs pour lesquelles les combattants étaient censés se battre. Les héros n'y peuvent être qu'inconnus, les soldats définitivement *ébranlés,* comme l'écrit Patocka à propos de l'"expérience" du front de la Grande Guerre, ne survivant que dans un état fraternel de suspension, par delà la ruine des valeurs du droit universel ou du sang et du sol. La bataille contemporaine n'est plus le lieu d'une expérience (et cela probablement depuis Stendhal), sinon d'une expérience de l'effondrement de l'expérience subjective, dans laquelle s'évanouit toute ligne d'horizon.

5. Un héros ne peut plus y inscrire sa trace (cela devient même la chose la plus dangereuse qui soit de laisser une trace pour le satellite d'observation, une odeur pour le chien de combat, un écho pour le radar nocturne, une luminescence

ly *altered*, surviving only in a fraternal state of suspension, beyond the ruined values of universal law, or blood, or soil. The contemporary battle is no longer the site of an experience (probably since Stendhal), but that of the collapse of subjective experience, in which all horizon lines vanish.

5. A hero can no longer etch his own trace on the battlefield (this even becomes the most dangerous thing of all, leaving a trace for a reconnaissance satellite to pick up, a smell for the combat dog, an echo for night radar, a gleam or a hint of heat for the infra-red sensor).

In the 1930s, Brecht advised the inhabitants of "the country with no proletarians:" "Leave no traces." He wasn't criticizing the appropriation of others, of bodies, of things etc.; rather, he was calling for the necessary break with the old surface of inscription—the modern one, in effect—which is overly cluttered and obsessively saturated (the extraordinary extension of the patrimonial field).

When the *unknown hero* is relieved of his age-old destination, he becomes a historical figure of mobilization for the masses, so as to give them form (the masses being a sort of quasi-matter). He no longer has any horizon, but something in a sense quite other than projective, a vanishing line (Deleuze), or better still, an area line (Deligny).

Our modern war tourists are nostalgics for the horizon line, whereas the

ou un spectre de chaleur pour le capteur infrarouge).

Brecht conseillait aux habitants du "pays sans prolétaire," dans les années trente: "Ne laisse pas de traces," critiquant par là non pas l'appropriation des autres, des corps, des choses, etc, mais réclamant la nécessaire rupture avec l'ancienne surface d'inscription—la moderne en fait—trop surencombrée, obsessionnellement saturée (l'extraordinaire extension du champ patrimonial).

Le *héros inconnu,* délesté de son ancienne destination: devenir une figure historique de la mobilisation pour la masse, afin de lui donner forme (la masse étant semblable à une quasi-matière), ce héros n'a plus d'horizon, mais en un tout autre sens que projectif, une ligne de fuite (Deleuze), ou mieux une ligne d'aire (Deligny).

Nos modernes touristes de guerre sont donc des nostalgiques de la ligne d'horizon, alors que l'expérience du combattant fut plutôt celle du devenir-animal, voire du devenir-minéral. Ils tentent de reconstituer une certaine normalité, celle qui se nourrit de la dialectique des deux horizons antagonistes, parce qu'ils espèrent dans le *retour du sens,* là précisément où il fit le plus défaut.

Mais une autre analyse serait possible, l'attente nos-

experience of the warrior was rather one of becoming-animal, or even of becoming-mineral. These tourists try to reconstruct a certain normalcy, which is nurtured by the dialectics of the two antagonistic horizons, because they are hoping for a *return of meaning,* precisely where it was most lacking.

But another analysis might be possible: the nostalgic expectation of the resurrection of meaning or of the horizon line might be mixed with an admiration for a place (the battle-field) where this meaning and this horizon have been sacrificed. After Bataille, this could be taken as an expulsion and destruction which ennoble the sacrificial victim, or after Patocka, as *metanoïa*, a philosophical conversion *beyond sense*, not into psychiatry's insanity, but rather toward the limit of reality, of fact, of datum, towards that which lends them meaning.

These tourists might be in quest of what is most authentic (without being able to attain it): the trace of the socio-political values which have collapsed in this place while active nihilism has triumphed over every endeavor, giving rise to an unrecognizable community, a community without community or negative community, defined by Nancy as the difference or division of voices. A community which does not work, which is made up of singular elements, catching glimpses of one another, or rather catching

talgique en la résurrection du sens ou de la ligne d'horizon pourrait être mêlée à une admiration pour un lieu (le champ de bataille) où ce sens et cet horizon ont été sacrifiés. Ce qui peut s'entendre à la suite de Bataille, comme expulsion et destruction qui ennoblissent le sacrifié, ou de Patocka, comme *métanoïa*, comme conversion philosophique en un *fors le sens* qui n'est pas celui du *forcené* de la psychiatrie, mais celui d'un passage à la limite quant au réel, au fait, au donné, vers ce qui leur donne sens.

Ces touristes rechercheraient le plus authentique (sans pouvoir le rejoindre): la trace de ce qu'en ce lieu, là où les valeurs socio-politiques ont été suspendues, le nihilisme actif a triomphé sur toute oeuvre, donnant lieu à une communauté inavouable, communauté sans communauté ou communauté négative, que Nancy définit par la différence ou le partage des voix. Communauté qui n'œuvre pas, constituée de singularités qui s'entr'aperçoivent ou plutôt s'entre-voisent, dans un espace qui n'existait pas avant elles, mais qu'elles contribuent à définir, sans horizon parce que scandé de mille manières.

Il est évident qu'aucune muséographie n'est actuellement capable de procurer un tel déplacement. Au contraire la muséographie assure, par le biais de ces dispositifs pédagogiques, en oeuvrant, que le sens n'a pas été ébranlé. Et, comme

sight of one another, in a space which does not exist prior to them, but is defined with their help, without any horizon because it is articulated in a thousand ways.

It is clear that no museography is currently capable of managing, much less elucidating this sort of shift. On the contrary, by means of educational devices, the endeavors of museography strive to reassure that meaning has not been unsettled, just as they claim, in the Peronne Memorial, for example, that the experience of the front was indeed like that of earlier wars, because the private correspondence of the soldiers sounds the same.

It matters little that, a few years later, when Freud dealt with case after case of "war neurosis," he upset his economic doctrine of the psychic apparatus by introducing the notion, running counter to nature, of the death-drive, suggesting thereby the power of the repetitive, or even of the eternal return, against the horizon of the project. Nor does it matter that in his *Being and Time*, Heidegger would elaborate the concept of a being-for-death, or Benjamin, that of an end to narrative and consequently to experience in *The Narrator* and in *Experience and Poverty*.

If pseudo-continuities are thus postulated, it is because history, for the Museum, is always a dream, and because only critical awakening (Benjamin) brings about historical discontinuities and breaks. The French also have excellent reasons for

au Mémorial de Péronne, que l'expérience du front était bien de même nature que celle des guerres antérieures, puisque la correspondance privée des soldats conserverait le même contenu avant et après l'assaut.

Peu importe que Freud, quelques années plus tard, prenant en compte les nombreux cas de "névrose de guerre," bouleversait sa doctrine économique de l'appareil psychique en introduisant la notion, contre-nature, de pulsion de mort, suggérant par là la puissance du répétitif, voire de l'éternel retour, contre l'horizon du projet. Ni que Heidegger, dans *Etre et Temps,* élaborerait la conception d'un être pour la mort, ou Benjamin, celle d'une fin du récit entraînant celle de l'expérience, dans *le Narrateur* ou *Expérience et Pauvreté.*

Si l'on postule ainsi de pseudo-continuités, c'est que l'histoire pour le Musée est toujours rêveuse et que seul le réveil critique (Benjamin) s'ouvre aux discontinuités, aux ruptures historiques. Et les Français ont aussi d'excellentes raisons de se pencher sur la longue durée (Ah! la beauté de la longue durée des climats) plutôt que sur certains ressurgissements pénibles pour la mémoire nationale. L'amnésie passive, douceâtre, y deviendrait bien une thérapeutique recommandée par Renan lui-même (*Qu'est-ce qu'une nation?*).

6. Les musées de bataille de masse sont donc des institutions où le

leaning towards the *longue durée* (Ah! the beauty of the *longue durée* of climates) rather than toward certain resurfacings that are painful for the national memory. Soft and sweet, passive amnesia might well become a therapy recommended by Renan in person (*What is a Nation?*).

6. So museums of mass war are institutions in which the tourist comes to appropriate the built remains and the traces (by using all the devices put at his disposal by this new version of the war industry called the cultural industry), while ironically, the soldier, if he were not a novice, would do anything to ensure his disappearance, leaving no trace.

Leaving no trace should be understood in still another way. Not thinking possible to leave any, because any trace would be inauthentic and misleading, this brings up a misunderstanding. It has to do with the truth of battle, the authenticity of that experience and the relation between the two. As with any contemporary event, the response to it admits no Pirandellian "to each his own truth," which remains very much in the perspectival mode (even in the Nietzschean sense).

Not that the points of view of both parties cannot be compared, but if some of them might still have a point of view—or the fiction of an over-view for a well-informed general staff—others were no longer in the position of having one. Here a break must be

touriste vient s'approprier de l'oeuvre, de la trace (en utilisant tout le matériel mis à sa disposition par cette nouvelle mouture de l'industrie de guerre qu'on appelle l'industrie culturelle), alors que le combattant, s'il n'était pas un novice, devait tout faire pour s'évanouir et disparaître, sans laisser de traces.

Ne pas laisser de trace doit s'entendre encore d'une autre manière. Ne pas croire pouvoir en laisser, parce qu'elles seraient fallacieuses, inauthentiques. Ici, un malentendu doit être levé. Celui portant sur la question de la vérité de la bataille, sur l'authenticité de l'expérience et de sa relation. Comme pour tout événement contemporain, la réponse n'admet pas un pirandellien "à chacun sa vérité," qui reste très perspectiviste (même au sens de Nietzsche).

Non pas que les points de vue des uns et des autres ne puissent seulement pas être comparés, mais que si certains pouvaient avoir encore un point de vue—ou la fiction d'un point de vue de surplomb pour l'état major le mieux averti—d'autres n'étaient plus du tout dans la possibilité d'en avoir un. Ici, il faut rompre avec toute la problématique du point de vue, de l'horizon, du projet, de la perspective, du monde commun comme géométral où tous les points de vue sont en définitive comparables. Là, il faut sortir de la modernité, de la représentation.

La différence n'est donc pas entre un point de vue borné du soldat, sous-

made with the whole problematic involving points of view, horizons, projects, perspective, the common world as a geometric plane, where all points of view are once and for all comparable. Here we must take leave of modernity and representation.

So the difference does not lie between an ill-informed soldier's restricted—because tightly territorialized—point of view and a panoramic overview, which is fictitiously, totally, informed about all the elements of the battle. In fact, for the actor, the soldier, the bursts of warring events eradicate each and every time any desire to grasp a subject for thought, so much does the psychic surface. Consciousness under fire has to be constantly protected against assaults from without, thereby becoming a simple, but absolutely vital excitement-proof screen.

The combatant is in the situation of Baudelaire's modern man: no longer able to produce a narrative of what he has lived through because he is unable to transform what has happened to him into traces that can be interiorized and thereafter remembered. In other words: unable to think.

The truth of the event is obviously not in communiqués from staff headquarters either, nor in a historiography familiar with only these archives, but more likely in a *nocturnal* literature whose point of departure is the recognition of the impossibility of witnessing a lived experience, in spite or because of the apparent multiplicity of testimonies.

informé parce qu'étroitement territorialisé, et une vue panoramique, de surplomb, fictivement totalement informée des éléments de la bataille. Car en fait chez l'acteur, le soldat, les éclats d'événements guerriers anéantissaient à chaque fois toute vélléité de saisir une matière à penser, tant la surface psychique—la conscience subissant le feu—devait être constamment restaurée contre les assauts de l'extérieur, devenant par là-même un simple pare-excitations, absolument vital.

Le combattant fut dans la situation de l'homme moderne selon Baudelaire: ne plus pouvoir faire de récit de ce qu'il a vécu parce qu'il n'a pas pu transformer ce qui lui est arrivé en traces qu'on peut intérioriser, et, à partir de là, se remémorer. Bref, en un mot: penser.

La vérité de l'événement n'est évidemment pas non plus dans les communiqués d'état major, ou dans une historiographie qui ne connaît que ces archives. Mais alors, plus probablement, dans une littérature *nocturne* dont le point de départ est plutôt le constat de l'impossibilité de témoigner d'un vécu, malgré ou à cause pourtant de l'apparente multiplicité des témoignages. Ne peut-on ainsi considérer la multitude des témoignages *diurnes* écrits sur Verdun, dans la décennie qui suivit, comme autant de tentatives personnelles de reconstructions psychiques?

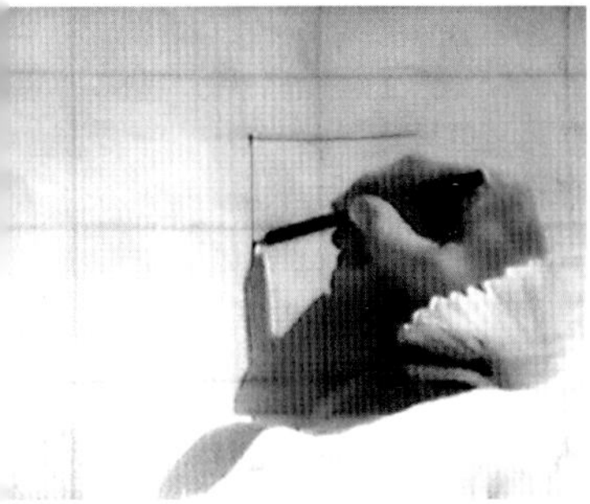

Can we not therefore consider the host of *diurnal* testimonies written about Verdun in the decade that followed as so many personal attempts at psychic reconstruction?

One must then mourn the *lived* experience, an experience which would lead to an extreme poverty of testimony, and even to silence. Silence alone authenticates the disaster of what is lived through. The trace alone (literary, pictorial or cinematographic) institutes **being** by supplementing the absence of the lived experience. This rapport with the trace is obviously not prohibited to the public, should it agree not to appropriate what would become an object of consumption, but rather to inhabit it, in the manner of the true collector who, according to Benjamin, ventures inside the things he acquires in order to grasp their enigma.

A rule for this literature, that we find in Duhamel on Verdun: "For anything that touches on Verdun in 1916, no, no, there is no poetry, no oblivion, no transfigurative indulgence of hell."

7. From "Leave no trace," via "Writing alone authentically institutes the trace of the event," a bundle of themes takes shape in which "There are events without trace" represents the most enigmatic strand.

If the horizon line is the condition enabling a subject to be pointed out, sub-

Il faut donc faire son deuil de l'expérience *vécue*, expérience qui conduirait plutôt à l'extrême pauvreté du témoignage, voire au silence. Seul le silence authentifie le désastre du vécu. Seule la trace (littéraire, picturale ou cinématographique) fait **être** en suppléant à l'absence du vécu. Ce rapport à la trace n'est évidemment pas interdit à un public, s'il consent à ne pas s'approprier ce qui deviendrait un objet de consommation, mais plutôt à y habiter, comme le fait le véritable collectionneur, d'après Walter Benjamin, qui pénètre les choses acquises pour en saisir l'énigme.

Une règle pour cette littérature, que l'on trouve chez G. Duhamel à propos de Verdun: "Pour tout ce qui touche à Verdun de l'année 16, non, non, il n'y a pas de poésie, pas d'oubli, pas d'indulgence transfigurative de l'enfer."

7. Du: "ne pas laisser de trace," en passant par le: "seule l'écriture institue authentiquement la trace de l'événement," un faisceau de thèmes se constitue où le: "il y a des événements sans trace," constitue le brin le plus énigmatique.

Si la ligne d'horizon est la condition pour qu'un sujet puisse être pointé, subjectivisant par là tout ce qui sera encadré par le dispositif perspectif, transformant la chose en objet, l'autre, l'ennemi, est toujours un autre moi-même. La guerre moderne lui reconnaît donc un statut juridique (Convention de Genève).

jectivizing everything that will be framed by the perspectival apparatus, transforming the thing into an object, then the other, the enemy, is always another "myself." Modern warfare thus acknowledges him a legal status (the Geneva Convention).

But from the moment when all rights are withdrawn from this other, when it is de-nationalized by instituting, as the Nazis did, a status of second-class citizen, to the point where all that was left to this citizen—in an altogether temporary sense—was his biological existence and his manpower (Arendt), then it could not be regarded as an enemy against whom one would wage war. For the *savage politics conducted in the very heart of modernity* (Lyotard), the horizon is no longer the ideal limit of a project. The Nazi empire of rootedness in blood and soil, strictly continental and incapable of fighting at sea, had no use for the horizon.

For the Nazis, Jews and Gypsies were not enemies in the strict sense of the word. Rather they were lice. As such, they were radically de-subjectivized and, it goes without saying, they were not dialecticized (as in Hegel between master and slave, or in Marx, between classes). This prompts a questioning of the thesis that holds Nazism as dependent on, if not fulfillment, of the modern metaphysics of the subject (Nancy, Lacoue-Labarthe). This re-intrusion of the savage into the modern is the mark of an epochal change in philosophy and anthropology alike: the *post-modern*, for lack of a better term.

Mais à partir du moment où l'on retire tous ses droits à cet autre, où on le dénationalise en instituant, comme le firent les nazis, un statut de citoyen de seconde zone, jusqu'à ne plus lui laisser—tout à fait provisoirement—que sa vie biologique et sa force de travail (Arendt), alors il ne peut être considéré comme un ennemi auquel on ferait la guerre. Pour cette *politique sauvage menée au coeur de la modernité* (Lyotard), l'horizon n'est plus la limite idéale d'un projet. L'empire nazi de l'enracinement dans le sol et le sang, strictement continental, incapable de se battre sur mer, n'avait que faire de l'horizon.

Les Juifs et les Tsiganes n'étaient pas des ennemis au sens strict pour les nazis, mais des poux. Radicalement désubjectivisés et évidemment pas dialectisés (comme chez Hegel entre le maître et l'esclave, ou chez Marx, entre les classes). Ce qui conduit à remettre en cause la thèse selon laquelle le nazisme serait sous la dépendance de la métaphysique moderne du sujet, voire son achèvement (Nancy, Lacoue-Labarthe). Cette réintrusion du sauvage dans le moderne serait plutôt la marque d'un changement d'époque pour la philosophie comme pour l'anthropologie. Le *post-moderne*, si l'on tient à ce terme.

L'enjeu concernerait toujours la trace: ne pas en laisser derrière soi, ne pas laisser de trace du crime, exterminer en faisant disparaître systématiquement,

What is invariably at stake is the trace, to leave none behind, to leave no trace of the crime, to exterminate by means of systematic disappearance, to destroy the common conditions of experience, to render the contemporary event unbelievable. All these points lead us to think that the real issue involves the emergence of a new surface of inscription, whose support is no longer the body nor the window that could be penetrated with a gaze, according to the random etymology of the word perspective: "penetrating reason." A new age whose act of birth is a mass murder by *programmed* extermination, by the politics of obliteration, and by the aesthetics of disappearance (Virilio).

8. A museum which attempts to record mass crime thereby ceases to be a museum of war. And tourism rightly enough, prefers to revisit the sites—the D-Day beaches—where, classically so to speak, meaning was brutally sacrificed or suspended. Because the politics of the obliterating traces (from extermination to the obliteration of the traces of extermination) was not a war. Neither the Jews nor the Gypsies were organized as armies (save for that last-ditch moment during the uprising in the Warsaw ghetto, or in the Resistance).

The politics of obliteration had nothing in common with the wars between savage communities; their function was probably to constantly regenerate difference between them, in such a way that no central State could federate them (Clastres, Abensour).

ruiner les conditions communes de l'expérience, rendre incrédible l'événement contemporain. Tous points qui laissent penser que la véritable question est celle de l'émergence d'une nouvelle surface d'inscription dont le support ne serait plus ni le corps, ni la vitre que l'on peut pénétrer d'un regard, selon l'étymologie aléatoire du mot perspective: "raison pénétrante." Une nouvelle époque dont le crime de masse serait l'acte de naissance, c'est-à-dire, par l'extermination *programmée*, une politique de l'effacement et une esthétique de la disparition (Virilio).

8. Un musée qui tente d'enregistrer le crime de masse, en cela n'est plus un musée de guerre et le tourisme ne s'y trompe pas, qui préfère rejoindre les lieux—les plages du Débarquement—où, classiquement pourrait-on dire, le sens a été brutalement sacrifié ou suspendu. Car la politique d'effacement des traces (de l'extermination à l'effacement des traces de l'extermination) n'a pas été une guerre. Ni les Juifs, ni les Tsiganes, ne s'étaient organisés en armée (sauf au moment ultime du soulèvement du Ghetto de Varsovie ou dans la Résistance).

Cette politique n'avait aucun point de commun avec les guerres des communautés sauvages, qui eurent probablement comme fonction de régénérer constamment de la différence entre elles, de telle manière qu'aucun Etat central ne puisse les fédérer (Clastres, Abensour).

At the Caen Memorial, when the film on the confrontation and its preparation (its effectiveness is akin to the "aesthetics of shock," to use Benjamin's expression), is boldly torn in the centre—the screen splits and lets images of peace come through the gap—it opens up a new space, which altogether blurs the imagery of war.

But this obliteration of confrontation is deceptive. Conflict is not dialectically surpassed by the restfulness of beaches finally restored to their previous calm. A new worldwide horizon line is not imposed (the "New World Order"). This peace which has no content—apart from the merchandise that invades this Memorial—is not merely threatened by ever reburgeoning peripheral wars but, under the spectral banner of "human rights," the clearly perceived interests of nations always re-emerge—a sort of postmodern gunboat politics.

Moreover, another division persists in the West, another (red) line—a bar that could not be confused with Hölderlin's caesura, nor with that primacy of difference which has permeated continental philosophy ever since. This is a fracture that separates a legitimized and legitimizing western tradition (from the pre-Socratics to modern science) and a hidden, repressed and even foreclosed tradition—the Jewish or Judaeo-Christian tradition in the strict sense of the term (Arendt). This bar is drawn horizontally only to satisfy the needs of museography. Perhaps it should be broken or zigzag-

Dès lors, le film du Mémorial de Caen sur l'affrontement et sa préparation (dont l'efficacité relève de l'"esthétique du choc" selon l'expression de Benjamin), quand il a l'audace de se déchirer en son centre, car l'écran se divise et laisse dans ce partage advenir des images de paix, ouvre un nouvel espace qui estompe complètement les images de guerre.

Mais cet effacement de l''affrontement est trompeur, le conflit n'est pas dépassé dialectiquement par le repos des plages enfin rendues à leur solitude originaire, une nouvelle ligne d'horizon, mondiale, ne s'impose pas (le "Nouvel Ordre Mondial"). Cette paix sans contenu—sauf celui de la marchandise qui envahit d'ailleurs ce Mémorial—n'est pas seulement menacée par des guerres périphériques toujours renaissantes. Sous les fantômatiques "droits de l'homme" ressurgissent toujours les intérêts bien compris des nations, une sorte de politique post-moderne de la cannonière.

Mais bien plus, un autre partage de l'Occident subsiste, une autre ligne (rouge), barre que nous ne pouvons confondre avec la césure hölderlinienne, ni avec ce primat de la différence qui traverse la philosophie continentale depuis lors. Fracture qui sépare une tradition occidentale légitimée et légitimante (des pré-

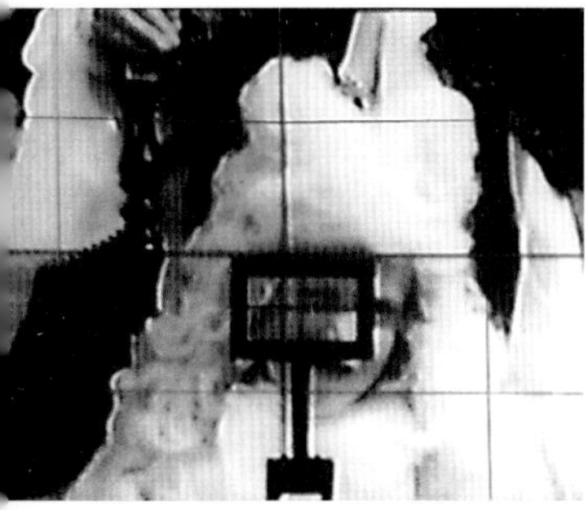

shaped, like the the bar of the project for the future wing dedicated to German Judaism in the Berlin History Museum?

But can the French politics of so-called "integration"—a republican *project* undermined by the "brown" *program* of radical exclusion—permit the elaboration of another philosophy of history that is ultimately unrepresentable?

Note

1. In particular, the exact symmetry in relation to the picture plane from the viewpoint and from the subject point, which are thus situated on the same straight line, and therefore strictly reversible.

socratiques jusqu'à la science moderne) et une tradition cachée, refoulée, voire forclose: la tradition juive ou judéo-chrétienne en un sens strict (Arendt). Cette barre n'est tracée horizontalement que pour satisfaire la muséographie. Peut-être devrait-elle être brisée ou en zig-zag comme celle du projet de la future aile consacrée au judaïsme allemand dans le Musée d'histoire de Berlin?

Mais la politique française dite d'"intégration"—ce *projet* républicain mis à mal par le *programme* brun d'exclusion radicale—peut-elle permettre d'élaborer une autre philosophie de l'histoire finalement irreprésentable?

Note

1. En particulier, l'exacte symétrie par rapport au plan du tableau du point de vue et du point du sujet, qui se trouvent donc sur une même droite et sont donc strictement réversibles.

THOMAS KEENAN

LIVE FROM...

EN DIRECT DE...

"Soldiers and journalists stay longer, but are regularly replaced."

In the summer of 1993, an independent media group in Sarajevo called Fama ("rumor") produced a guide book to the city that had become a proper name for siege.[1] The preface presented the guide as aimed at "taking visitors through the city and instructing them on how to survive"—how to stay alive, to live on, when home has become as alien as a foreign land. But who would visit? The guide described life in the city as if its inhabitants were already visitors. In a war on civilians, the roles of tourist and resident are somehow strangely reversed: the tourist, who wants to learn how to live like a native, is offered instead *as* an example of everyday survival for the inhabitants of the city. In the face of annihilation, of a military campaign in which the extraordinary terror of war for soldiers has become an ordinary fact of existence for civilians, daily life is transformed into an ordeal of survival, itself recorded and broadcast, even shot live, in accordance with the unnatural ebb and flow of international news rhythms. A guide book for a life beyond life, for a city of survivors, images, ghosts, a city still to come: "It is a chronicle of survival, a part of a future archive that shows the city of Sarajevo not as a victim, but as a place of experiment where wit can still achieve victory over terror."

"Les soldats et les journalistes restent plus longtemps, mais ils sont régulièrement remplacés."

Au cours de l'été 1993, un groupe de médias indépendants de Sarajevo appelé Fama ("rumeur") a édité un guide touristique de cette ville dont le nom était déjà devenu synonyme de siège.[1] Dans la préface, il est précisé que ce guide a pour but "d'accompagner le visiteur à travers la ville et de lui enseigner l'art de survivre"—comment rester en vie, comment continuer à vivre lorsque votre propre ville vous devient aussi étrangère qu'un pays inconnu. Mais qui en seraient les visiteurs? Le guide décrivait la vie en ville comme si ses habitants en étaient déjà les visiteurs. Dans le cas de guerres qui frappent les civils, les rôles de touriste et d'habitant se retrouvent étrangement inversés: le touriste, désireux d'apprendre à vivre comme un habitant du pays, se voit en fait présenté comme modèle de survie quotidienne aux habitants de la ville. Face à l'anéantissement, face à une opération militaire où la terreur extraordinaire de la guerre pour les soldats devient un élément ordinaire de la vie pour les civils, la vie quotidienne se transforme en épreuve de survie, enregistrée et diffusée, parfois même filmée en direct, au gré du flux et du reflux dénaturé des rythmes de l'actualité internationale. Un guide pour touristes pour une vie au-delà de la vie, pour une ville de survivants, d'images, de fantômes, pour une ville à venir: "c'est une chronique de la survie, un élément d'archives futures qui présente la

Who might use it at the moment? The section on Entertainment and Accommodations explains that "the only tourists in Sarajevo are foreign journalists and politicians. The latter group stays in the city only for a few hours and then runs away. Soldiers and journalists stay longer, but are regularly replaced."

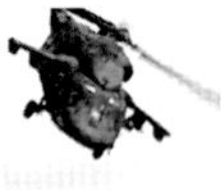

"The competition for publicity"

The landings on the beaches and fields of Normandy were marked by chaos and violence, which also means survival, and by journalists and photographers, responsible for survival of another sort. Too often, it seems, the battles were fought for the latter: that, at least, appears to have been the concern of General Omar Bradley who, one Army diary noted later, "had some definite words to say about divisions and commanders who appeared to be fighting the war for newspaper headlines alone. 'The competition for publicity,' he told General Collins, 'will have to cease.'"[2] But what would the battle for Normandy, the landings of D-Day, have been without this competition, this unseemly, even parasitic, desire to sacrifice lives and to survive for the sake of words

ville de Sarajevo non comme victime mais comme un lieu d'expérimentation où l'astuce peut encore triompher de la terreur." Qui donc pourrait s'en servir en ce moment? La partie consacrée aux divertissements et à l'hébergement explique que "les seuls touristes présents à Sarajevo sont des journalistes et des politiciens étrangers. Ces derniers ne restent en ville que quelques heures puis repartent en courant. Les soldats et les journalistes restent plus longtemps, mais ils sont remplacés régulièrement."

"La course à la publicité"

L'image qui demeure aujourd'hui des débarquements sur les plages et les champs de Normandie est une image de chaos et de violence, et donc de lutte pour la survie, associée à l'image de journalistes et de photographes responsables, quant à eux, d'un autre type de survie. Il semble que les batailles furent trop souvent livrées pour ces derniers; du moins tel semble avoir été, selon un compte-rendu ultérieur de l'armée, le problème du Général Omar Bradley lorsqu'il affirmait "avoir des choses bien précises à dire sur les compagnies et leurs commandants qui semblaient se battre uniquement pour faire la une des journaux. 'Cette course à la publicité doit cesser,' annoncait-il au Général

and images, for the sake of the blur and glare of publicity that ought to differentiate war, with its requisite organization of popular consent and memory, from merely private battles? What is it to fight not for a hill or a city but *for* a headline or a picture? It is nothing short of war itself: that struggle not only to kill and capture but to define, to determine a people and a nation, to mark, inscribe, represent, to redraw the boundaries... and to live on, to fight in the light of another day. This violence—of battle and of publicity—is irreducible.

D-Day would have been unthinkable, indeed it would not have been, without the newspaper headlines and newsreels that continually threatened to contaminate its tactical and strategic purity, to reduce its elaborate logistics to the status of some kind of prop for a vast photo opportunity. And yet it is not as if war can simply be criticized for, or rescued from, falling into some publicity trap; as Paul Virilio has argued, war *is* this logistics of perception. "The macro-cinematography of aerial reconnaissance, the cable television of panoramic radar, the use of slow or accelerated motion in analyzing the phases of an operation—all this converts the commander's plan into an animated cartoon or flow chart. In the Bayeux Tapestry, itself a model of a pre-cinematic march

Collins."[2] Mais qu'auraient été la Bataille de Normandie, les débarquements du jour-J, sans cette course, sans ce désir inconvenant, voire parasite, de sacrifier des vies et de survivre pour des mots et des images, pour l'éblouissement et l'éclat de la publicité? Cette même publicité dont le but devrait être de différencier la guerre (et son besoin inhérent d'organiser soutien et souvenir populaires) de simples batailles privées? Que signifie se battre non pour une colline ou une ville, mais *pour* la une d'un journal ou *pour* une photo? Rien d'autre que la guerre elle-même: la lutte non seulement pour tuer et capturer, mais aussi pour définir, pour déterminer un peuple et un pays, pour marquer, inscrire, représenter, redessiner les frontières... et pour continuer de vivre, pour combattre à la lumière d'un autre jour encore. Cette violence—du combat comme de la publicité—est irréductible.

Le jour-J aurait été impensable, en fait n'aurait pas été, sans les titres des journaux et les bandes d'actualités qui menaçaient constamment d'infecter sa pureté tactique et stratégique, de réduire sa logistique sophistiquée à celle de simple décor pour une occasion de cliché. Et ce n'est pas comme si on pouvait simplement critiquer la guerre de tomber dans quelque piège de la publicité, ou l'en empêcher; comme l'a dit Paul Virilio, la guerre *est* cette logistique de la perception. "Macro-cinématographie de la reconnaissance

past, the logistics of the Norman landing already prefigured *The Longest Day* of 6 June 1944."[3]

Among the fighting men of the invasion, who lived it with an often traumatic immediacy, there was also some unnerving sensation of distance, of an even touristic experience of spectatorship and of the foreign. Relaying the accounts of British soldiers who landed on the morning of June 6, Max Hastings reports on a private who "had been one of thousands of awed spectators of the airborne landing. He, and the others who had been compelled to swim the last yards to the beach, were now dug in around their anti-tank guns, seeking to dry their boots.... It was the first time that he and any other men had set foot on foreign soil. They found it very strange" (118). To have set those feet and boots on the ground in France, for the first time, was already to have survived, to have outlived not only so many others but also expectations, and to begin again, begin to see again, something strange. Others, who had fought and been wounded next to dying comrades in landing craft, had witnessed death and noise and disfiguration on an unprecedented scale and gathered later at quiet inland rendezvous points. There had been terror, writes Hastings, "Yet nothing

aérienne, télévision par câble des radars panoramiques, ralenti et accéléré de la photo-interprétation des phases d'opération, le dessein du chef de guerre n'est plus qu'un dessin animé, un organigramme. Et la Tapisserie de Bayeux est déjà un modèle de défilement pré-cinématographique d'une guerre, où la logistique du débarquement normand préfigurait celle du *Jour le plus long*, celle du 6 juin 1944."[3]

Parmi ceux qui vécurent cette invasion, parfois dans un immédiat traumatisant, certains ressentirent également une impression troublante de distance, même d'expérience touristique de spectateur, et de l'étranger. Rapportant les récits de soldats britanniques qui débarquèrent au matin du 6 juin, Max Hastings, parle d'un seconde classe qui "avait fait partie des milliers de spectateurs médusés du débarquement aéroporté. Avec d'autres, qui comme lui avaient dû effectuer à la nage les quelques derniers mètres pour atteindre la plage, ils s'étaient enterrés autour de leurs canons anti-char et essayaient de faire sécher leurs bottes. C'était la première fois qu'ils mettaient les pieds en terre étrangère. Ils trouvaient cela très étrange" (118). Avoir posé ces pieds et ces bottes sur le sol français, pour la première fois, c'était déja avoir survécu, avoir survécu non seulement à bien d'autres camarades, mais aussi à bien des espoirs, et recommencer, recommencer à voir, quelque chose d'étrange. D'autres, qui avaient combattu et avaient été blessés aux

could dampen the exhilaration of those who had survived, sitting as wondering sightseers on ground that over four long years had attained for them the alien and mysterious status of the dark side of the moon" (110-111). The sheer fact of survival was cause for wonder, and it rendered the territory attained by definition foreign and the experience of arriving there enigmatically excessive.

Two kinds of people can go to battlefields, soldiers and journalists. They share this experience of the foreign, of the strange, as one of an astonished stare, something to write down and preserve for the future. If the battle on those beaches would come to be called "the longest day," one of the mechanisms of its longevity was the light of another day, the flashbulbs of the photographers and the landing lights that guided the cameras and the paratroopers: the superficial shine of the very competition for publicity which could never be brought to a close.

"Central Asian proverb: 'Travel is a foretaste of hell'"

And so it can be—especially for wanderers smitten by places they ought to think twice

côtés de camarades mourant dans les péniches de débarquement, avaient vu la mort, le bruit et la défiguration à une échelle sans précédent et se retrouvèrent plus tard dans des lieux de rendez-vous calmes à l'intérieur des terres. Ils avaient vécu l'enfer, écrit Hastings, "et pourtant rien ne pouvait tempérer l'exaltation de ceux qui avaient survécu, et qui restaient assis comme des touristes ébahis sur un sol qui, au cours de quatre longues années, était devenu pour eux aussi étranger et mystérieux que la face cachée de la lune" (110-111). Le simple fait de survivre était un prodige et rendait, par définition, étranger le territoire atteint, et mystérieusement excessif le fait d'y parvenir.

Deux sortes de personnes peuvent se rendre sur les champs de bataille, les soldats et les journalistes. Ils partagent cette expérience de l'étranger, de l'étrange, celle d'un regard ébahi, de quelque chose à mettre par écrit et à conserver pour l'avenir. Si par la suite, ces combats furent connus sous le nom du "jour le plus long," l'un des mécanismes de leur pérennité fut la lumière d'un autre jour, celui des flashes des photographes et des balises lumineuses de débarquement qui guidaient les caméras et les parachutistes: l'éclat superficiel de cette course à la publicité que rien ne pouvait arrêter.

about: where quaint cultures run up against armored jeeps charging through city streets, where emergency travel kits had best include not just a bottle of Lomotil but also a bulletproof vest. The surprise is not that such dangers exist but that so many of the countries where they are commonplace want you to spend your vacation there. (Time Magazine)

"Tourisme de guerre [War tourism]" was what *Le Monde Diplomatique* called it.[4] "Holidays in Hell," headlined *Time* in the heat of mid-August 1992.[5] Both were reporting on, among other things, the plans of an Italian travel agent named Massimo Beyerle, who was quoted as offering his clients an "October War Zone" tour of the "edge zones of combat." For $25,000 apiece, "a dozen crazy people," as Beyerle put it, could spend two weeks in a war zone, accompanied by doctors and security forces, but without weapons of their own—only cameras. Already anticipating trips to Somalia and the former Soviet Union, Beyerle proposed the war tour as a peculiar sort of return, to places one had already seen through other eyes or other lenses: he planned to go

where the fighting has just ended, such as the south of Lebanon, Dubrovnik or Vukovar; as close as possible to the places shown on the television news, so

"Proverbe d'Asie Centrale: 'Le voyage est un avant-goût de l'enfer'"

Et ce peut être le cas—surtout pour les voyageurs épris de lieux dont ils devraient se méfier: ceux où des cultures folkloriques se heurtent à des jeeps blindées lancées à toute allure dans les rues des villes, où les trousses de secours ne devraient pas comporter uniquement une bouteille de Lomotil mais aussi un gilet pare-balles. Ce qui est surprenant, ce n'est pas tant que de tels dangers existent, mais qu'autant de pays où ces dangers sont monnaie courante vous invitent à venir en vacances chez eux. (Time Magazine)

"Tourisme de guerre," titrait *Le Monde Diplomatique*.[4] "Vacances en enfer," titrait *Time* dans la chaleur de la mi-août 1992.[5] Tous deux relataient, entre autre, les intentions d'un agent de voyage italien appelé Massimo Beyerle qui offrait à ses clients un circuit "Zone de Guerre en Octobre" des "terrains limitrophes des combats." Pour 150 000 francs chacun, "une douzaine de fous," comme les appelait Beyerle, pouvait passer quinze jours dans une zone de combats, accompagnée de docteurs et de forces de sécurité, mais sans armes—seulement leurs appareils photos et caméras. Prévoyant déjà des voyages en Somalie et dans l'ancienne Union Soviétique, Beyerle proposait ses circuits guerriers comme retour d'un autre type sur des lieux déjà vus à travers d'autres yeux et d'autres

that our clients can see and speak with the people, and see for themselves the damages caused by the war.

"As close as possible" implies a certain immediacy, and the tour guide was quick to certify this with the threatening imminence of violence: "dangerous situations cannot be ruled out." The touristic desire for presence, the desire to coincide with nothing less than history itself, at least spatially if not temporally, finds here its ultimate test and seal of authenticity, the possibility of death, but this chance seems to assume its full richness only against the background of a somewhat more quotidian experience of the same: the daily and nightly images of the television news.

Dangerous, and highly publicized, situations, indeed: a visit to Moscow or Mogadishu on October 3, 1993; the proposed D-Day of the tour, would have no doubt oversatisfied this demand. But those who died that day in those belico-touristic destinations died, themselves, before "the watchful eyes of live cameras," as one television critic said of the "raw and real" CNN coverage of the Moscow assault. "Real" because "it was real-time television and thus more seductive," even when what is "live" is nothing more

lentilles: il prévoyait d'aller

là où la guerre vient de s'achever, comme le sud du Liban, Dubrovnik ou Vukovar; le plus près possible des endroits que montrent les journaux télévisés pour que nos clients puissent voir et parler avec la population, et constater les dégats causés par la guerre.

"Le plus près possible" implique une certaine immédiateté, et notre agent de voyage garantissait immédiatement cet aspect en parlant de la proximité menaçante de la violence: "les situations de danger ne sont pas à exclure." Le désir de présence qu'éprouve le touriste, ce désir de participer à rien moins que l'histoire elle-même, du moins dans l'espace si ce n'est dans le temps, trouve ici son ultime épreuve et son cachet d'authenticité, l'éventualité de la mort, mais cette éventualité ne semble prendre toute sa valeur que sur fond d'une expérience quelque peu plus quotidienne de la même chose: les images diurnes et nocturnes des actualités télévisées.

Situations dangereuses et particulièrement bien médiatisées, en effet: une visite à Moscou ou Mogadiscio le 3 octobre 1993, jour-J du circuit, aurait sans nul doute plus que comblé cette demande. Mais ceux qui sont morts ce jour là, dans ces lieux de destinations bellico-touristiques, sont eux-mêmes morts devant "l'oeil attentif de caméras *live,*"

than "live calm," the waiting that guarantees the reality of the violence that is "seen as it occurred."[6] If the time is real, though, the reality remains at a distance, with the television "there" in place of its viewers, substituting or making up for their absence, and thus the television that should offer reality seems to provoke an even stronger desire for it. Television, especially what is called "live" television, has its signature in violence, weapons, and death, its relation to the reality of the real thing authenticated by the tracer fire, flames, blood and corpses of "real war." It ought to render tourism anachronistic, as it abolishes distance in the would-be immediacy of its live-and-direct "you are there." But apparently the signature of television requires the counter-signature of a visit: not simply to see, but to see for yourself, to see yourself seeing.

Indeed, the travel agent would have us believe that television, rather than supplanting tourism, gives it a new *raison d'être.* And Lisa Beyer concludes her *Time* article with the promise that, "done properly, this kind of [war] travel is no 'foretaste of hell.' It's the real thing." The image comes first, witness to the violence of war, and travel promises the chance to verify what has until now, in retrospect, remained only an image. There, at the site, the reality

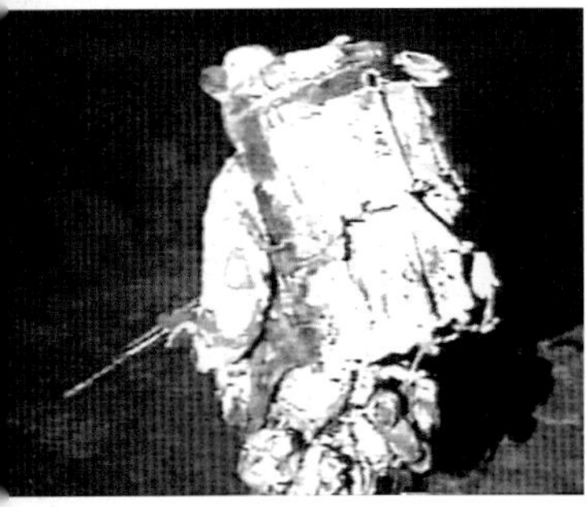

comme l'a dit un des critiques de télévision parlant de la couverture "crue et réelle" par CNN de l'assaut de Moscou. "Réelle," parce que "la télévision était en temps réel et donc plus séduisante," même si ce qui est "*live*" n'est rien d'autre que le "calme *live,*" l'attente qui garantie la réalité de la violence "vue au moment où elle se produit."[6] Si le temps est réel, la réalité demeure toutefois distanciée, la télévision prenant la place des spectateurs, se substituant à eux ou comblant leur absence, et la télévision, qui devrait présenter la réalité, semble engendrer un désir encore plus grand de celle-ci. La signature de la télévision, surtout de la télévision "*live,*" c'est la violence, les armes et la mort, et sa relation à la réalité des choses vraies se trouve authentifiée par les lueurs des balles traçantes, les flammes, le sang et les corps de la "vraie guerre." Abolissant la distance par la soi-disant immédiateté de son "vous y êtes" *live* et en direct, elle devrait rendre anachronique le tourisme. Mais il semble que la signature de la télévision ait besoin de la contre-signature de la visite: pas simplement pour voir, mais pour voir par soi-même, pour se voir en train de voir.

Effectivement, l'agent de voyage voudrait nous faire croire que la télévision, au lieu de supplanter le tourisme, lui confère une nouvelle raison d'être. Et Lisa Beyer de conclure son article pour *Time* par la promesse que, "pratiqué de manière correcte, ce

of the place can in its turn be recaptured in the snapshot or the camcorder. CNN, October 16: "The Russian White House, after facing a political crisis, is facing a new assault now: instead of soldiers with guns, this time it's tourists with cameras who are doing the shooting." In an unstable oscillation, the two discourses of presentation, of all that is teleported "live" and in "real-time" from elsewhere, displace each other in a contest without end: the longest day, and night, of the real. Under the banner of the Coke slogan—no distance, no lag, just the reality of the thing, yes, but with security—tourism and television articulate themselves around the reality test that is war... the war that, in the closing days of this century, cannot help but pass by way of the blinding light of the laser target designator and the glare of the video camera.

"We're tactical!"

It is said that one of the Navy SEALs who landed on the beach in Mogadishu shouted this phrase, over and over, to the CBS news correspondent and camera crew who met them there in the pre-dawn hours of December 9, 1992. While this may

type de tourisme [de guerre] n'est nullement un 'avant-goût de l'enfer.' C'est ça, c'est le *real thing.*" En premier vient l'image, témoin de la violence de la guerre, et le voyage offre l'occasion de vérifier ce qui jusqu'alors, rétrospectivement, n'était qu'une image. Là, sur place, la réalité du lieu peut à son tour être saisie une fois encore par un instantané ou par la vidéocaméra. CNN, 16 octobre: "La Maison Blanche Russe, après avoir affronté une crise politique, doit aujourd'hui faire face à un nouvel assaut: au lieu des soldats armés de fusils, ce sont cette fois des touristes armés d'appareils photo qui la visent." Pris dans un mouvement de balancier instable, les deux discours de présentation, de tout ce qui est téléporté "*live*" et en "temps réel" depuis ailleurs, se décalent l'un l'autre dans une compétition sans fin: le jour, et la nuit, les plus longs du réel. Sous la bannière du slogan de Coca-Cola— aucune distance, aucun décalage, juste la réalité de la chose, oui, mais sans danger—tourisme et télévision s'articulent autour de ce test de réalité qu'est la guerre... la guerre qui, au crépuscule de ce siècle, ne peut faire autrement que passer par la lumière aveuglante des indicateurs de cible laser et l'éclat des caméras vidéo.

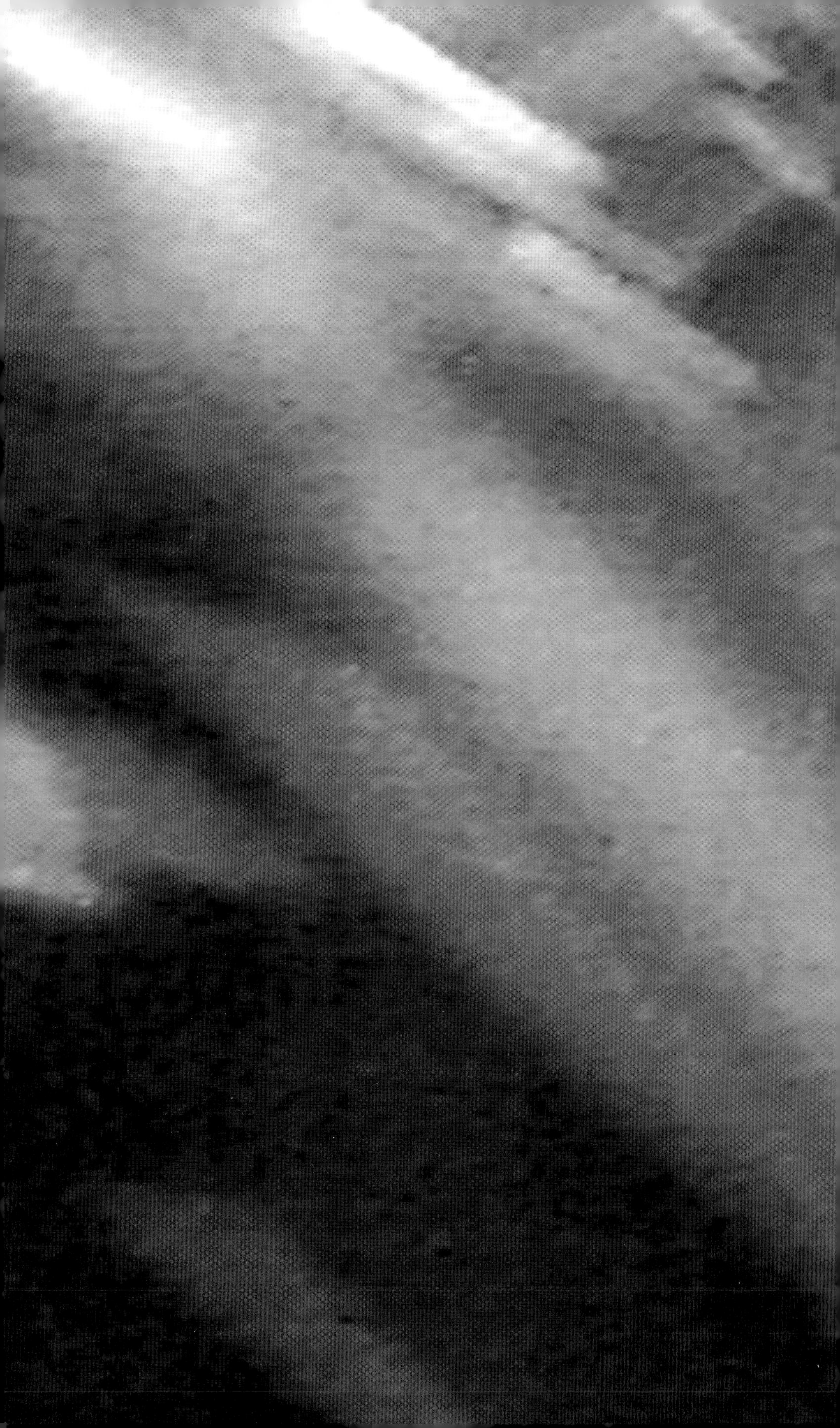

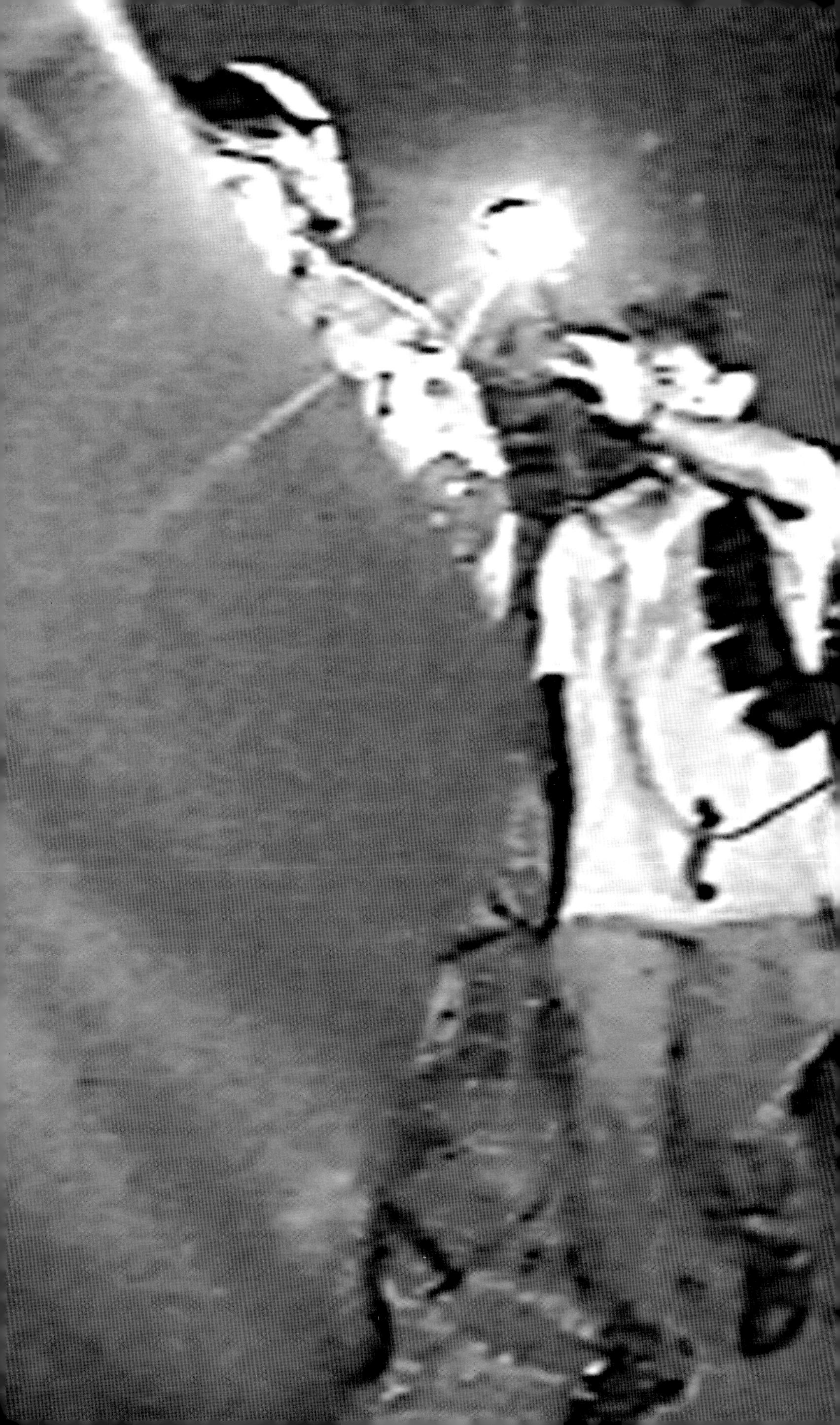

have been the functional equivalent of the phrase "no flash," uttered by another SEAL to an American news photographer who got as close as possible to the action, the identifying phrase "we're tactical" also allows us to propose a hypothesis about a new division of military labor: tactical troops, strategic cameras. *Armed Forces Journal International* reported, in January 1993, that the Operations Director of the US European Command had concluded "that comprehensive media coverage has changed the way the Services conduct operations."[7] Contemporary military strategy now counts on the presence of the cameras, the light of the flash, and the green glow of the night-scope as a fundamental component of armed operations: if that was still not entirely clear during the carefully managed war against Iraq, it became blindingly evident on the beach in Somalia. The U.S. military's Somalia strategy has from the start been oriented toward the production of images, and December's massive deployment of troops and weapons was a tactical dimension in that strategy.

If television has not succeeded in doing away with tourism, but rather has become a new sort of provocation for it, a stronger and stranger test of the reality that always calls for a visit, what happens when the reality of the war

"Nous sommes tactiques!"

On raconte qu'un des commandos SEAL de la Navy qui débarqua sur la plage de Mogadiscio répétait inlassablement cette phrase au correspondant et à l'équipe télévision de CBS qui les attendaient là aux premières heures du 9 décembre 1992. Si cette phrase pouvait être l'équivalent fonctionnel du "pas de flash!" jeté par un autre SEAL à un photographe américain qui tentait de s'approcher le plus près possible de l'action, cette phrase d'identification, "Nous sommes tactiques," nous permet également de formuler une hypothèse sur un nouveau partage des tâches militaires: troupes tactiques, caméras stratégiques. Dans l'*Armed Forces Journal International* de janvier 1993, le responsable des opérations de l'U.S. European Command concluait "que la couverture médiatique totale a modifié la façon dont les services mènent leurs opérations."[7] La stratégie militaire contemporaine compte maintenant sur la présence des caméras, sur la lumière des flashes et la lueur verte du viseur nocturne et en a fait des éléments fondamentaux des opérations armées: si cela n'était pas encore clairement perceptible lors de la guerre, parfaitement arrangée, contre l'Irak, cela l'est devenu, de manière frappante, sur la plage de Somalie. La stratégie de l'armée américaine en Somalie a été, dès le début, axée vers la production d'images, et le déploiement massif de troupes et d'armement de

that might be visited is itself structured like a tourist visit? And to the extent that television somehow induces the war, the structure folds in on itself vertiginously: television conducted as tourism, in war, or war conducted as tourism, on television. What would there be to see "for oneself" in the Mogadishu of Operation Restore Hope, city of ruin and survival in the image?

From its pretext in the predictable images of starvation and civil war, "technicals" and "khat," through the saturation coverage of the "live" landing and the periodic photo opportunities that culminated in President Bush's New Year's visit and the springtime return of the troops to President Clinton's White House, to the gradual disintegration of the United Nations mission in the summer and fall, the Somalia operation has been conceptualized, practiced, and evaluated—by all parties—strictly in terms of the publicity value of the images and headlines it might produce. Comprehensive media coverage has not just changed the conduct of military operations—images and publicity have become military operations themselves, and the military outcome of the operation cannot easily be distinguished from the images of that operation. The mission in Somalia is an imaging operation: the front page of the *Washington*

décembre était un élément tactique de cette stratégie.

Si la télévision n'a pas réussi à se débarasser du tourisme, mais est plutôt devenue une nouvelle sorte d'incitation à celui-ci, un test plus fort et plus étrange de la réalité qui appelle toujours une visite, que se passe-t-il lorsque la réalité de la guerre à laquelle on pourrait rendre visite se trouve elle-même organisée comme une visite touristique? Et, dans la mesure où la télévision induit en quelque sorte la guerre, la structure se replie sur elle-même de manière vertigineuse: la télévision menée comme du tourisme, dans la guerre, ou la guerre menée comme du tourisme, à la télévision. Qu'y aurait-il à voir "par soi-même" dans le Mogadiscio de l'Opération Rendre l'Espoir, ville de ruines et de survie dans l'image?

Du premier prétexte énoncé à travers des images prévisibles de famine et de guerre civile, de "véhicules techniques" et de "khat," à sa couverture pléthorique du débarquement "*live*" et aux occasions de clichés périodiques qui atteignirent leur point culminant lors de la visite du jour de l'an du Président Bush, puis du retour des troupes devant la Maison Blanche du Président Clinton jusqu'à la désintégration progressive de la mission de l'ONU en été et à l'automne, l'opération en Somalie a été conceptualisée, utilisée et évaluée—par tous les partis—strictement en termes de valeur publicitaire

Post called the landing "A Well-Publicized Military Operation," and the adjectives could not be differentiated from each other, nor from their noun.[8]

When the first six-man SEAL team "waded unopposed onto a muggy Indian Ocean beach under a full moon," the soldiers were met "not by armed Somalis but by an American news photographer, one of scores camped out on the beach near the Mogadishu airport." So reported Jane Perlez—who was there—the following morning on the front page of the *New York Times*, by which time the news was old.[9] The landing had been advertised on the front page of *USA Today* the previous morning—"Televised landing" said the teaser, and the story was headlined "Somalia landing airs live"—and some 600 members of the international press corps, including anchors from the four U.S. news networks, were already positioned in Mogadishu to transmit the unopposed operation in real time.[10] The first troops hit the beach just about 4:20 Eastern time, a little ahead of schedule ("NBC and CNN plan to air the scheduled troop landing live at 10 pm ET/7 pm PT," *USA Today* had written) but well timed for presentation of the ongoing operation live on the nightly news and throughout the evening. After all, it had been a long time since the marines had been able to

des images et des titres de journaux qu'elle pouvait fournir. La couverture médiatique totale n'a pas seulement modifié la conduite des opérations militaires: images et publicité sont devenues des opérations militaires à part entière et il est difficile de faire la différence entre le dénouement militaire de l'opération et les images de celle-ci. La mission en Somalie est une opération de mise en image: la première page du *Washington Post* qualifiait le débarquement d'"Opération Militaire Parfaitement Médiatisée" et il était impossible de différencier les adjectifs les uns des autres, ni de leur nom.[8]

Lorsque le premier commando SEAL de six hommes "parvint en pataugeant, sans rencontrer la moindre opposition, sur une plage chaude et humide de l'océan Indien sous la pleine lune," il fut accueilli "non par des Somaliens armés mais par un photographe de presse américain, un des nombreux photographes qui campaient sur la plage près de l'aéroport de Mogadiscio." C'est ce que rapportait le lendemain matin à la une du *New York Times*, Jane Perlez, présente sur place, alors qu'à ce moment-là, ces nouvelles étaient déjà vieilles.[9] Le débarquement avait déjà fait la une de *USA Today* le matin précédent—"Débarquement télévisé" disait l'accroche, et l'article était titré "Le Débarquement en Somalie en direct"—et quelques 600 membres de la presse internationale, y compris

land on a beach in a serious military operation, the opportunity having been notably denied them during the assault on Kuwait and Iraq. Michael Gordon of the *New York Times* reported merely the obvious on the day after the landing: that the cameras and lights were already on the beach because the Pentagon had told them to be there.

> *All week the Pentagon had encouraged press coverage of the Marine landing. Reporters were told when the landing would take place, and some network correspondents were quietly advised where the marines would arrive so that they could set up their cameras.... But having finally secured an elusive spotlight, the marines discovered that they had too much of a good thing.*[11]

The problem, though, was not the tactical disadvantage of night blindness, nor the ostensible possibility of betraying military positions, but the ruin of the pictures by the lights that were there to make them possible, the lights that were indeed something like the necessary condition of the invasion. If there was a military disadvantage posed by the interference of the lights, it was not that they would allow shots to be fired by Somalis or prevent the

les commentateurs pilotes des quatre chaînes d'actualités américaines, avaient déjà pris position à Mogadiscio pour transmettre en temps réel l'opération sans risque.[10] Les premiers soldats mirent pieds sur la plage à environ 16h20, heure de New York, légèrement en avance sur l'horaire ("NBC et CNN envisagent de retransmettre le débarquement prévu à 22h00, heure de New York/19h00, heure du Pacifique" écrivait *USA Today*) mais parfaitement synchrone pour présenter l'opération en direct au cours des journaux télévisés et pendant toute la soirée. Après tout, il y avait longtemps que les marines n'avaient pas débarqué sur une plage dans le cadre d'une opération militaire d'envergure, l'occasion leur ayant notamment été refusée lors de l'assaut mené contre le Kowaït et l'Irak. Le lendemain du débarquement, Michael Gordon du *New York Times* ne fit que rapporter ce que tout le monde savait déjà: à savoir que les caméras et les projecteurs étaient déjà sur place car le Pentagone leur avait demandé d'y être.

> *Tout au long de la semaine, le Pentagone avait encouragé la couverture médiatique du débarquement des Marines. On avait expliqué aux reporters quand aurait lieu le débarquement et certains correspondants avaient été discrètement avisés du lieu même de l'arrivée des Marines pour qu'ils puissent y installer leurs caméras à l'avance....*

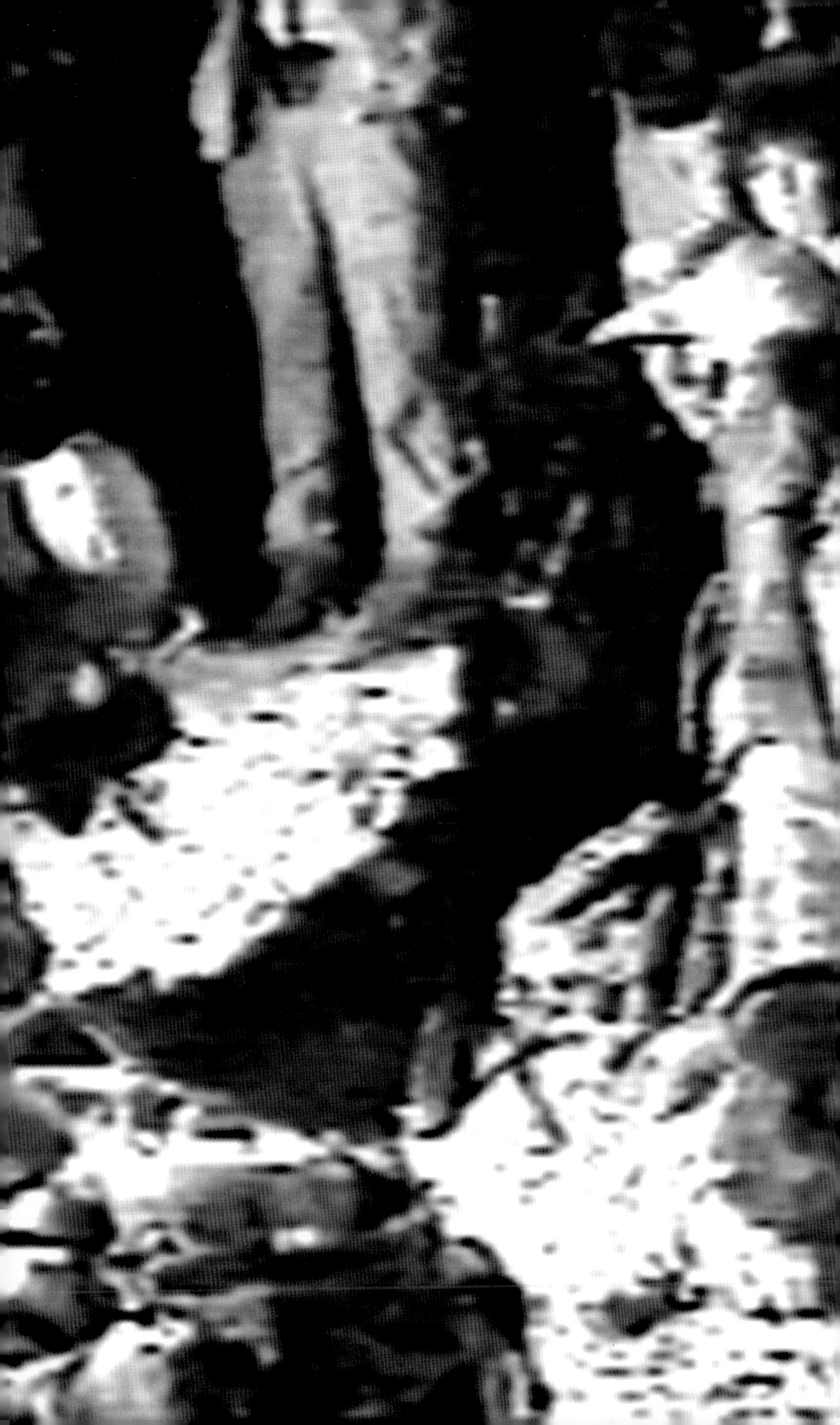

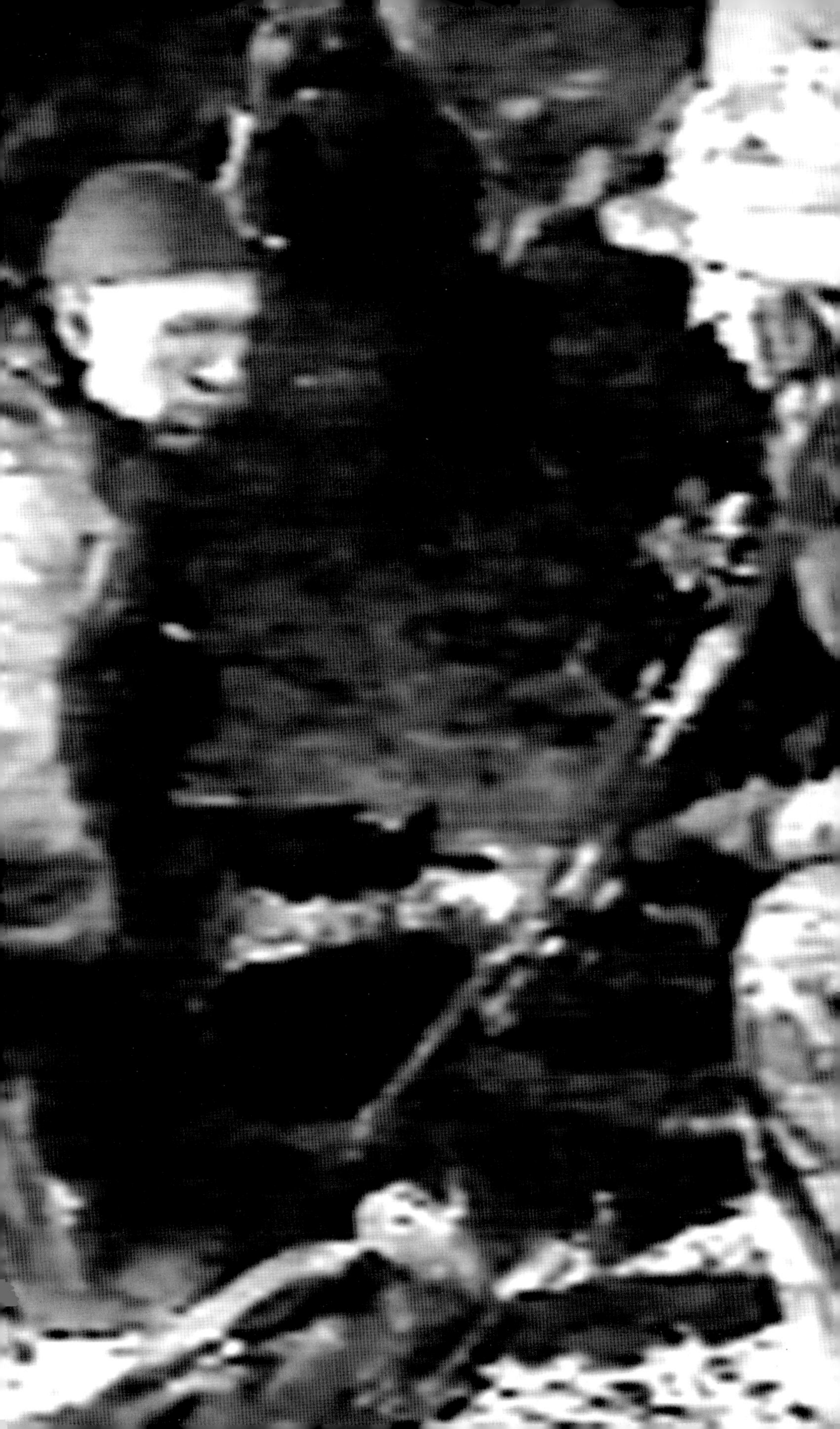

marines from shooting back. The landing was in no way compromised by the presence of the cameras: the marines arrived where the cameras were known to be, intentionally. But that does not mean that the invasion was "simply" a photo opportunity or a made-for-TV sham. The televised landing was a military operation precisely insofar as it was televised, and the tactical disadvantage was that the television disturbed the television. "Too much of a good thing" means too much light, means the intrusion into the scene of the condition of its own possibility. Glare, or what the *Times* also called "too bright a light," means the becoming public of the effort at publicity, the live coverage not of the landing, but of the live coverage.

So where did those marines land? On the beach in Mogadishu, or on TV and the front page? Who was visiting whom, exactly? Reporting that morning from the Mogadishu airport within (night-scope) sight of the landing beaches, CNN correspondent Christiane Amanpour narrated the goings-on as economically as follows: "it was a classic media event — lights flashing — people desperately trying to ask the marines some questions." The marines ("we're tactical!") appeared to be willing to have their pictures taken but were less

Mais s'étant finalement assuré une couverture discrète, les Marines découvrirent qu'ils en avaient trop fait.[11]

Le problème, cependant, n'était pas le désavantage tactique posé par l'"aveuglement nocturne," ni la possibilité tout à fait irréelle de révéler des positions militaires, mais plutôt que les lumières placées là pour faciliter les prises de vue ont gâché les images, ces lumières mêmes qui étaient en quelque sorte la condition sine qua non de l'invasion. Si désavantage militaire il y avait du fait de la gêne occasionnée par les projecteurs, ce n'était pas qu'ils faciliteraient le tir des Somaliens ou qu'ils empêcheraient les Marines de riposter. La présence des caméras n'a nullement nui au débarquement: les Marines débarquèrent là où on savait que les caméras seraient, de manière intentionnelle. Mais cela ne veut pas dire que l'invasion n'était "qu'"une occasion de cliché ou un coup monté pour la télé. Le débarquement télévisé était une opération militaire précisément parce qu'il était télévisé, et le désavantage tactique était que la télévision gênait la télévision. "Ils en avaient trop fait" signifie qu'il y avait trop de lumière, signifie l'intrusion sur la scène de la condition de sa propre possibilité. L'éclat, ou ce que le *Times* appella aussi "la lumière trop intense," signifie la révélation publique de l'effort de publicité, la couverture *live* non du débarquement mais de la couverture *live*.

enthusiastic about engaging in a dialogue on the beach. So a few minutes after the initial landing a Marine spokesman "came ashore," as he put it when asked, "in a rubber boat," in order to deal with the questions. Journalists interviewed Lt. Kirk Coker not so much about the landing as about the scene of the landing, and about what they were all doing there at the moment. Within a few more minutes CNN was playing the tape:

Question. *Sir, don't you think it's rather bizarre that all these journalists are standing out here during—*

Answer. *—Yes, it really was, and you guys really spoiled our nice little raid here. We wanted to come in without anybody knowing it—*

Q. *—Like it was a surprise we were here—*

A. *—Well, we pretty much knew that...*

Q. *So far everything's going well, sir?*

A. *Everything seems to be going well right now. We're not being shot at and I'm standing here talking to all of you.*[12]

No surprise to anyone, Operation Restore Hope was and remains a battle of images. The spoiled

Alors, où donc ces Marines ont-ils débarqué? Sur la plage de Mogadiscio ou sur les écrans de télévision et les unes des journaux? Qui rendait visite à qui? Parlant, ce matin-là, de l'aéroport de Mogadiscio, avec dans son champ de vision (nocturne) les plages du débarquement, la correspondante de CNN Christiane Amanpour relatait les allées et venues d'une manière très économe: "C'était un événement médiatique classique—les lumières éclatant de toutes parts—chacun cherchant par tous les moyens à poser des questions aux Marines." Les Marines ("Nous sommes tactiques") semblaient tout à fait prêts à se faire prendre en photo, mais beaucoup moins enthousiastes lorsqu'il s'agissait d'entamer un dialogue sur la plage. Du coup, quelques minutes après la première vague de débarquement, un porte-parole des Marines "rejoignit la plage", comme il l'affirma lui-même, "sur un petit bateau en caoutchouc" pour répondre aux questions. Les journalistes n'interrogèrent pas tant le Lieutenant Kirk Coker sur le débarquement lui-même que sur la scène du débarquement et sur ce qu'ils faisaient tous là à ce moment-là. Quelques minutes plus tard, CNN diffusait la bande:

Question: *Monsieur, ne trouvez-vous pas étonnant tous ces journalistes ici pendant que—*

Réponse: *—Si, c'était plutôt bizarre et vous autres avez*

pictures of the moonlight SEAL and MRU landings were replaced within hours by elegant hovercraft and helicopters, and later by food convoys, grateful children, the President of the United States, bountiful crops, more and more elegant landings on other beaches, weapons searches... and even Marines, in shorts and suntan lotion, relaxing on the very shores of their televised triumph.[13] That the famine had virtually ended by the time they arrived, that the other landings were tactically unnecessary, that the arms raids turned up few weapons, and that the political labor of national reconciliation was barely begun—these are important, but somehow almost irrelevant to what is most deeply significant about the operation: it had no depth. It was an operation on the surface, of the surface. One need not look behind or beneath the images it produced, as if they concealed some lurking geo-strategic ambition or agenda. The agenda, and the strategy, was the imagery: the transmission and archiving of a new image for a military-aesthetic complex recently deprived of the only enemy it could remember knowing. In this sense, the operation had little chance of going wrong. As long as armed confrontation was largely avoided—whether by negotiation or by the use of the overwhelming firepower (the so-called Powell

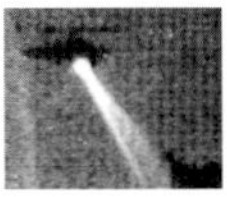

gâché notre joli petit raid. On voulait arriver sans que personne ne le sache—

Q: *—Comme si c'était une surprise que nous soyons là—*

R: *—Et bien, ça, on le savait déja plus ou moins...*

Q: *Jusqu'à présent, tout se passe bien?*

R: *Tout semble aller comme il faut en ce moment. On ne nous tire pas dessus et je suis là à vous parler.*[12]

Cela n'étonnera personne, l'Opération Rendre l'Espoir était et est encore aujourd'hui une bataille d'images. Les images ratées des débarquements SEAL et MRU au clair de lune furent remplacées par des heures d'élégants vols d'hovercrafts et d'hélicoptères puis, plus tard, par des convois alimentaires, des enfants reconnaissants, le Président des Etats-Unis, des récoltes abondantes, encore et encore d'élégants débarquements sur d'autres plages, des recherches d'armes... et même par des Marines, en short et recouverts de crème solaire, qui se reposaient sur les plages-mêmes de leur triomphe télévisé.[13] Que la famine ait déja été virtuellement enrayée au moment où ils arrivèrent, que les autres débarquements aient été tactiquement inutiles, que les recherches d'armes n'aient permis de découvrir que très peu d'armes et que le travail politique de réconciliation national soit à peine entamé, tout cela était important, mais pratiquement hors sujet par rapport à ce

doctrine) that guaranteed only Somali casualties—all publicity was good publicity, and with every news report it could be said again that the mission had been accomplished.

A battle waged for images and headlines: this is no longer a critique but a mission. Was it a war conducted like a tourist operation, or tourism conducted like a war? We should think twice before demanding that warriors reserve themselves for "real" fighting, or that they resist the lure of the lights. War and the television that still remains uneasily bound up in sightseeing are increasingly difficult to tell apart, and to oppose one in the name of the other will now rarely suffice.

What went wrong? It appears that someone forgot it was being done for television, or perhaps the military or the U.N. finally wanted to try out some different pictures. In May, American troops returned from Somalia, led by their commanding officer, were greeted on the lawn of the White House by President Clinton, and the operation that began with a photo opportunity was declared complete with another one. Decisive indicator of the transition from Operation Restore Hope to UNOSOM II: size of the Mogadishu

que l'opération avait de plus profond et significatif: elle était dénuée de toute profondeur. C'était une opération en surface, de surface. Nul besoin de regarder derrière ou sous les images qu'elle produisit, comme si elles dissimulaient quelque ambition ou "agenda" géostratégique à l'affût. L'agenda, et la stratégie, étaient les images: la transmission et l'archivage d'une nouvelle image pour un complexe militaro-esthétique récemment privé du seul ennemi dont il pouvait se souvenir. En ce sens, l'opération avait peu de chances de mal se passer. Tant que la confrontation armée était parfaitement évitée—que ce soit par des négociations ou par l'utilisation de l'écrasante puissance de feu (la soi-disant doctrine Powell) qui garantissait qu'il ne pourrait y avoir de victimes que somaliennes—toute publicité était bonne à prendre et, à chaque reportage, on pouvait répéter que la mission avait été accomplie.

Une bataille livrée pour les images et les unes des journaux: il ne s'agit plus là d'une critique, mais d'une mission. Etait-ce une guerre menée comme une opération touristique, ou du tourisme mené comme une guerre? Nous devrions réfléchir à deux fois avant de demander que les guerriers se réservent pour le "vrai" combat, ou qu'ils résistent à l'illusion des projecteurs. La guerre et la télévision, qui demeurent liées de manière inconfortable dans le tourisme, sont de plus en plus difficiles à différencier, et opposer

media operation. "Unlike his predecessor, Col. Fred Peck of the United States Marine Corps, who had a staff of 30, Major [David] Stockwell [chief military spokesman for UNOSOM, the United Nations Operation in Somalia] manages with an assistant who is not allowed to give out any information."[14] It was only when the mission strayed—not from its so-called humanitarian origins but from its publicity goals—into an at once overgunned and underdefended U.N. operation against the Somali National Alliance ("fugitive warlord Mohammed Farah Aidid"), which is to say, when the military began to pay more attention to shooting its weapons than to shooting pictures, that things got complicated. Most of the Western journalists had departed with the end of Operation Restore Hope, and soon hundreds of civilians were once again dying in Somalia, not from starvation but at the hands of the troops who were supposed to save them. The increasingly bloody exchanges between SNA forces and the U.N. brought the American reporters back in the middle of the summer—especially after the U.S. telegraphed its intentions to use high-tech gunships against Aidid, and then waited to use them until the television correspondents and their uplinks were in place—but the twin stories of the failure-to-capture and mounting-

l'une au nom de l'autre ne suffira plus vraiment dorénavant.

Qu'est-ce qui a mal tourné? Il semble que quelqu'un ait oublié que tout se faisait pour la télévision, ou peut-être l'armée ou les Nations-Unies ont-elles voulu finalement essayer d'autres images. En mai, les troupes américaines, de retour de Somalie, commandant en tête, furent accueillies sur la pelouse de la Maison Blanche par le Président Clinton et l'opération qui avait commencé par une occasion de cliché fut déclarée terminée par une autre. Indicateur décisif de la transition de l'Opération Rendre l'Espoir à l'opération ONUSOM: l'importance de l'opération média à Mogadiscio. "Contrairement à son prédécesseur, le Colonel Fred Peck de l'United States Marine Corps, qui disposait d'un staff de 30 personnes, le Major [David] Stockwell [porte-parole en chef de l'armée de l'ONUSOM] doit se débrouiller avec un seul assistant qui n'a pas le droit de divulguer la moindre information."[14] Ce n'est que lorsque la mission s'est éloignée, non pas de ses origines soi-disant humanitaires mais de ses buts publicitaires, et s'est embourbée dans une opération de l'ONU tout à la fois sur-armée et sous-défendue contre l'Alliance Nationale Somalienne "le chef de guerre en fuite Mohammed Farah Aidid," c'est-à-dire lorsque les militaires ont commencé à faire plus attention à viser avec leurs armes qu'avec leurs appareils photos que les choses ont commencé à se compliquer.

Somali-casualties could only last so long on television. The problem for the U.N. was not that the reporters had departed, but that they had set the threshold of the media agenda too high (wanted: Aidid) and then failed to provide adequate photo opportunities.

As the American television stars left once again, and the military was released to fight in less mediagenic ways, the pictures that remained became worse and worse: the UNOSOM media operation lost track of its own operation. The logic of the UN military tactics was no longer governed by the competition for publicity, and the image agenda was set in turn by the SNA. Finally, the State Department's Somalia policy coordinator was forced to concede that what he called, frankly and accurately, the "public relations war" had been lost, and indeed had "probably been won by Aidid."[15] The remaining reporters in Mogadishu were benefitting from, and documenting, the hard work of the SNA's media staff, especially after clashes between U.N. troops and Somalis accelerated in August.[16] Soon the U.N. briefer in Mogadishu was simply annotating the videotape everyone else had already seen—"I know you guys have it on tape," he was reported to say "softly" one day "as

La plupart des journalistes occidentaux étaient partis à la fin de l'Opération Rendre l'Espoir et, très rapidement, des centaines de civils commencèrent à mourir de nouveau en Somalie, non de famine mais des mains des troupes venues les sauver. Les échanges de plus en plus meurtriers entre les forces de l'ANS et l'ONU ramenèrent les reporters américains au milieu de l'été, surtout après que les Etats-Unis eurent télégraphié leur intention d'utiliser leurs vaisseaux de guerre high-tech contre Aidid, puis attendirent pour s'en servir que les correspondants des télévisions soient arrivés et leurs liaisons installées. Mais les deux sujets, l'échec de la capture et le nombre croissant de victimes somaliennes ne pouvaient durer qu'un temps à la télévision. Le problème, pour l'ONU, n'était pas le départ des journalistes mais le fait qu'elle avait placé la barre de l'agenda médiatique trop haut (Rechercher mort ou vif: Aidid) et avait ensuite été incapable de fournir d'occasions de cliché appropriées.

Quand les stars de la télévision américaine repartirent une fois encore et quand les militaires furent libres de combattre de manière beaucoup moins médiatique, les images qui restèrent devinrent de plus en plus mauvaises: l'opération médiatique de l'ONUSOM perdit le fil de ses propres opérations. La logique des tactiques militaires de l'ONU n'était plus dictée par la course à la publicité et l'agenda médiatique fut repris par

he approached the podium"[17]—and commenting on the benefits that the presence of television conferred on his opponents, and on their success "at 'spinning' events." "It was when CNN was reporting it live, or at least faster than we could keep up, that lent some imbalance of perspective, that led me to ask, 'Is this the Tet Offensive?'," Stockwell told a reporter.[18] And the U.N. staff and soldiers seemed to have lost that spirit of cooperation that had so marked their initial encounters with journalists. Who could have anticipated, not that U.S. troops would one day be firing on Somalis, but that they might shoot at photographers? Yet in fact CNN was reporting in mid-September that, during a raid on some headquarters of the fugitive warlord,

> *soldiers in helicopters lobbed stun grenades at three photographers and reporters. A military spokesman said the soldiers were trying to keep journalists away from the military operation to ensure their safety, but one of the photographers contends the soldiers wanted to stop him from photographing the way they were using their helicopter to clear people from the street.*[19]

There was a still photo, well lit indeed, to document it—strange snapshot from a war zone.

l'ANS. Finalement, le coordinateur de la politique somalienne du Département d'Etat fut obligé d'admettre que ce qu'il appelait, honnêtement et à juste titre, "la guerre des relations publiques" avait été perdue et avait "probablement été gagnée par Aidid."[15] Les reporters encore sur place à Mogadiscio profitaient, et relayaient, le dur travail du staff média de l'ANS, surtout après que les accrochages entre les troupes de l'ONU et les Somaliens se furent accélérés en août.[16] Peu de temps après, le chargé de presse de l'ONU à Mogadiscio se mit à simplement annoter la vidéocassette que tout le monde avait déjà vue—"Je sais que vous avez déjà tout sur bande," l'entendit-on dire "à mi-mot" un jour "en s'approchant du podium"[17]—et à commenter les bénéfices que tiraient ses adversaires de la présence de la télévision et de leurs succès "à 'retourner' les événements." "C'est lorsque CNN retransmettait en direct, ou du moins si vite qu'on avait du mal à suivre, qu'une perspective quelque peu trompeuse avait pu s'installer qui me fit me demander 'est-ce l'offensive du Têt?'," raconta Stockwell à un journaliste.[18] Et le staff des Nations-Unies semblait avoir perdu cet esprit de coopération qui avait tant marqué leurs premières rencontres avec les journalistes. Qui aurait pu prévoir, non pas que les troupes américaines puissent un jour tirer sur les Somaliens, mais qu'elles puissent tirer sur les photographes? Et pourtant, en fait, CNN rapportait à la mi-septembre qu'au

So in September, when the Pentagon, shaken by the pictures of dead American soldiers from Mogadishu, embarked on an effort to shift both strategy and image in Somalia, the turn consisted in de-emphasizing both General Aidid and the military efforts against him and in re-emphasizing a political process. *The New York Times'* sub-headline translated the renewed interest in politics as "war-lord's capture not deemed vital as U.S. seeks to shed the image of combatant," and the article went on to detail what "political pressure" meant exactly: "The United States wants the United Nations to present a brighter picture of the Somali peace-keeping mission, and is urging an overhaul of the United Nations' public affairs operation, [including...] daily press briefings in Mogadishu."[20] The suggestion, or the pressure, came too late to save the operation from the terrible pictures of October 3: not the images of the some 300 Somalis who died in the worst firefight in the country since its civil war (there do not seem to have been many pictures of them), but the video of dead Americans dragged through the streets of Mogadishu and of a living American in captivity. There was little reporting, of course, since there were no longer six hundred Western news people in Mogadishu but only six or eight, and the UNOSOM briefer waited hours to confirm

cours d'un raid sur quelque quartier général du chef de guerre en fuite,

> *les soldats dans les hélicoptères lâchèrent des grenades à ondes de choc sur trois photographes et journalistes. Un porte-parole de l'armée affirma que les soldats essayaient d'empêcher les reporters d'approcher du lieu de l'opération militaire pour leur propre sécurité, mais un des photographes prétend que les soldats voulaient l'empêcher de photographier la façon dont ils utilisaient leur hélicoptère pour dégager les gens des rues.*[19]

Il y avait une photo, parfaitement bien éclairée, pour le prouver—étrange instantané d'une zone de guerre.

Ainsi, en septembre, lorsque le Pentagone, choqué par les images de soldats américains tués à Mogadiscio, s'embarqua dans un nouvel effort pour modifier à la fois stratégie et image en Somalie, le tour consista à minimiser l'importance du général Aidid et des efforts militaires engagés contre lui et à réaccentuer le processus politique. Les sous-titres du *New York Times* traduisaient le renouveau de l'intérêt pour la politique au moment où "la capture du chef de guerre ne semble pas vitale tandis que les Etats-Unis tentent de se débarasser de l'image de combattant. Et l'article de détailler ce que signifiait exactement la "pression politique:" "Les Etats-Unis souhaitent que les Nations Unies

what the world had already seen on video—video shot not by Western reporters but by a Somali driver left behind with a Hi-8 camcorder, video relayed not by satellite but by military flight to Nairobi. The video was of such a graphic nature that in the end very little of it was seen on American television,[21] but what CNN aired was more than enough to intervene in the situation. Another performance, another surface, another military-television operation. A week later, American diplomats and thousands of new troops were on their way back to Mogadishu, and already the birds were up over the Indian Ocean. "We've just established satellite connection with Christiane in Mogadishu, and we'll get her thoughts live, in just a moment."[22] Led by the President's special assistant for media affairs, and amply provided with stories and photo opportunities, American television, with CNN in the front, was once again reporting... live from Mogadishu.[23]

"... the risks involved in visiting a country at war."

In October 1992, just as international concern with Somalia reached a peak, the *Lonely Planet* series of guidebooks published the sixth edition of its *Africa on a Shoestring*.[24] The article on Somalia—rare, as such, among

présentent sous un jour plus reluisant l'image de la mission de maintien de la paix en Somalie et poussent à une refonte de l'opération relations publiques des Nations-Unies, [y compris...] des briefings quotidiens avec la presse à Mogadiscio."[20] Cette suggestion, ou cette pression, arrivaient trop tard pour sauver l'opération des images terribles du 3 octobre: pas les images des quelques 300 Somaliens qui moururent au cours d'un des combats les plus meurtriers dans le pays depuis la guerre civile (il ne semble pas y avoir eu beaucoup de photos d'eux) mais la vidéo d'Américains morts traînés dans les rues de Mogadiscio et d'un Américain fait prisonnier. Il n'y eut que très peu de reportages, bien sûr, puisqu'il n'y avait plus six cent journalistes occidentaux à Mogadiscio, mais seulement six ou huit, et le rapporteur de l'ONUSOM attendit des heures avant de confirmer ce que le monde entier avait déja vu en vidéo, une vidéo filmée non par des reporters occidentaux, mais par un chauffeur somalien oublié sur place avec une caméravidéo 8mm, une vidéo relayée non par satellite, mais par un vol militaire à destination de Nairobi. La qualité choquante de la vidéo était telle qu'en fin de compte on n'en vit que très peu à la télévision américaine,[21] mais ce que retransmit CNN fut amplement suffisant pour inverser la situation. Autre performance, autre surface, autre opération armée-télévision. Une semaine plus tard, les diplomates américains et des milliers de

guides to Africa, and unusually alert in itself—advised as follows:

> *For many years following independence few travellers visited Somalia, largely because of the difficulty of getting visas and the lack of communications. With visas more freely available after the expulsion of the Russians some years ago, however, more and more travellers started to explore this remote part of Africa. It all fell apart again in late 1989 and throughout 1990 as a result of internecine strife, and conditions are now worse than they have ever been. It's now hard to visit this country without the feeling of being a "refugee tourist." You should also seriously consider the risks involved in visiting a country at war. (939)*

And the section on Mogadishu begins with this "Warning:"

> *As a result of the civil war, which is still raging, much of the city is in ruins and many of the sights, hotels and restaurants mentioned in this section may not exist anymore. (944)*

Allegory of ruin and survival, of the afterlife of tourism as of war. The traveller goes in search of history, but of history as ruin and its aftermath. The risk and the desire thus coincide: one seeks the inexistence of what remains, of what is

nouvelles troupes retournaient à Mogadiscio et déjà les oiseaux volaient au-dessus de l'océan Indien. "Nous venons d'entrer en liaison satellite avec Christiane à Mogadiscio et nous allons connaître ses pensées en direct dans un instant."[22] Menée par l'assistant personnel du Président pour la communication, et largement nourrie d'occasions de sujets et de clichés, la télévision américaine, CNN au premier rang, retransmettait à nouveau… en direct de Mogadiscio.[23]

"… les risques qui existent à visiter un pays en guerre."

En octobre 1992, au moment même où l'inquiétude de la communauté internationale atteignait son apogée, les guides *Lonely Planet* publiaient la sixième édition de leur guide *Africa on a Shoestring* (*"L'Afrique à peu de frais"*). L'article sur la Somalie—dont l'occurence est rare parmi les guides de l'Afrique, et, qui est inhabituellement vigilant—conseillait:

> *Pendant de nombreuses années après l'indépendance, peu de voyageurs ont visité la Somalie, principalement du fait de la difficulté qu'il y avait à obtenir un visa et du manque de moyens de communication. Toutefois, les visas devenant plus faciles à obtenir après l'expulsion des Russes il y a quelques années, de plus en plus de voyageurs se mirent*

no longer there but not altogether lost. But there will always be more than one allegory. Along with the soldiers and journalists, tourists of a special sort who stay longer and are regularly replaced, have come considerable quantities of cash and other commodities, as well as demands, and another kind of life. One reporter wrote of returning to the city:

> *I walked to the back of the hangar, where the bright sunlight gleamed off carcasses of junked MiG fighter jets, to find a lift to the Sahafi Hotel, the place where most of the foreign press stays in Mogadishu. The Sahafi—the word means "journalist" in Somal—didn't exist the last time I was here, in 1981. It didn't exist even last year, until the Marines landed. It is a product of the war and a monument to Somali entrepreneurship.*[25]

What was he coming back to, if not to another strange place of ruin, one that did not quite exist, now in a different sense?

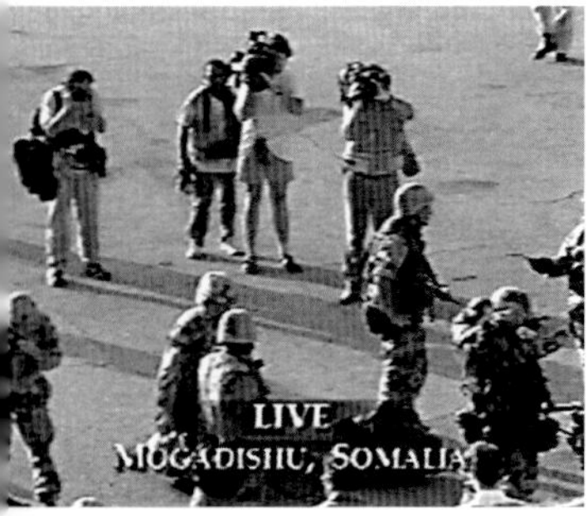

> *à explorer cette partie reculée de l'Afrique. Tout se détériora de nouveau à la fin de l'année 1989 et pendant toute l'année 1990 du fait de guerres intestines et aujourd'hui les conditions sont encore pires qu'elles ne l'ont jamais été. Il est aujourd'hui difficile de visiter ce pays sans avoir le sentiment d'être un "touriste réfugié." Vous devez également prendre sérieusement en considération les risques qui existent à visiter un pays en guerre. (939)*

Et la partie consacrée à Mogadiscio commence par cet "Avertissement":

> *Résultat de la guerre civile qui fait toujours rage, la majeure partie de la ville est en ruine et nombre des lieux touristiques et d'hôtels et restaurants mentionnés dans ce chapitre n'existe peut-être plus aujourd'hui. (944)*

Allégorie de la ruine et de la survie, de la vie après la mort du tourisme comme de la guerre. Le voyageur part à la recherche de l'histoire, mais de l'histoire en tant que ruine, et ses sequelles. Risque et désir coincident ainsi: on cherche l'inexistence de ce qui reste, de ce qui n'est plus là mais qui n'est pas entièrement perdu. Mais il y aura toujours plus d'une allégorie. Avec les soldats et les journalistes, touristes d'un genre particulier qui restent plus longtemps mais sont régulièrement remplacés, sont arrivées de larges quantités d'argent liquide et d'autres produits, ainsi que de nouvelles demandes, et un autre

Notes

1. Miroslav Prstojevic, "Let's Go Sarajevo! A Guide to Making Cogna—and Surviving," *The Washington Post*, August 15, 1993, p. G3.
2. Max Hastings, *Overlord: D-Day and the Battle for Normandy*, New York: Simon and Schuster, 1984, p. 162.
3. Paul Virilio, *Guerre et cinéma 1. Logistique de la perception*, nouvelle édition augmentée, Paris: Cahiers du Cinéma, 1991 [1984], pp. 135-6; *War and Cinema*, trans. Patrick Camiller, London and New York: Verso, 1989, pp. 79-80.
4. I[gnacio] R[amonet], "Tourisme de guerre," *Le Monde Diplomatique* 473, Août 1993, p. 9. The article refers to, and seems to be based on, Karmentxu Marín, "Estas vacaciones, a la guerra," *El Pais* (Madrid), 30 enero 1993, p. 52.
5. Lisa Beyer, "Holidays in Hell," *Time* 142, n° 8, August 23, 1993, pp. 50-51.
6. Tom Shales, "Waiting and Watching: CNN in Moscow," *The Washington Post*, 5 October 1993, p. C1.
7. Rear Admiral David E. Frost, paraphrased in John G. Roos, "Joint Task Forces: Mix 'n' Match Solutions to Crisis Response," *Armed Forces Journal International* 130, n° 6, January 1993, p. 36.
8. John Lancaster, "A Well-Publicized Military Operation," *The Washington Post*, 9 December 1992, p. A1.
9. Jane Perlez, "U.S. Forces Arrive in Somalia on Mission to Aid the Starving," *The New York Times*, December 9, 1992, p. A1.
10. Jessica Lee, "Somalia landing hours away," *USA Today*, December 8, 1992, p. 1A; Brian Donlon, "Somalia landing airs live," p. 3D.
11. Michael R. Gordon, "TV Army on the Beach Took U.S. by Surprise," *The New York Times*, December 10, 1992, p. A18.

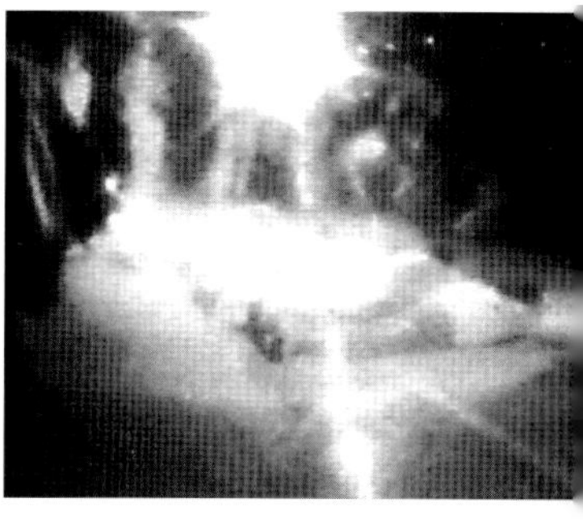

type de vie. Un reporter a écrit de son retour dans la ville:

> *J'ai marché jusque derrière le hangar, là où le soleil brillant se reflétait sur les carcasses des Migs abandonnés, pour faire du stop jusqu'à l'hotel Sahafi, là où descend presque toute la presse à Mogadiscio. Le Sahafi—le nom signifie "journaliste" en Somalien—n'existait pas la dernière fois que j'étais venu, en 1981. Il n'existait même pas l'année dernière, jusqu'à ce que les Marines débarquent. C'est un produit de la guerre et un monument à l'esprit d'entreprise Somalien.*[25]

Vers quoi revenait-il si ce n'est vers un autre, étrange, lieu de ruine, un lieu qui n'existait pas tout à fait, cette fois dans un sens différent?

Notes

1. Miroslav Prstojevic, "Let's Go Sarajevo! A Guide to Making Cognac -- and Surviving," *The Washington Post*, le 15 août 1993, p. G3.
2. Max Hastings, *Overlord: D-Day and the Battle for Normandy*, New York: Simon and Schuster, 1984, p. 162.
3. Paul Virilio, *Guerre et cinéma 1. Logistique de la perception*, nouvelle édition augmentée, Paris: Cahiers du Cinéma, 1991 [1984], pp. 135-6; *War and Cinema*, trans. Patrick Camiller, Londres et New York: Verso, 1989, pp. 79-80.
4. I[gnacio] R[amonet], "Tourisme de guerre," *Le Monde Diplomatique* 473, août 1993, p. 9. L'article se réfère à, et semble être basé sur, Karmentxu Marín, "Estas vacaciones, a la guerra," *El País* (Madrid), 30 janvier 1993, p. 52.
5. Lisa Beyer, "Holidays in Hell," *Time* 142, n° 8, le 23 août, 1993, pp. 50-51.

12. CNN, December 8, 1992.
13. Edward Pilkington, "Shots that shook the world," *The Guardian* (Manchester), October 11, 1993; Storer Rowley, "Somalia Press Invasion Becomes Part of the Story," *Africa News*, March 8-21, 1993, p. 4; Joshua Hammer, "Somalia: The GI Blues," *Newsweek*, March 15, 1993, p. 51; Jane Perlez, "Gunmen, $150 a Day," *The New York Times Magazine*, January 24, 1993, p. 54, and letter from Eric Ober, February 14, 1993, p. 10; James Barron, "Live, and in Great Numbers, It's Somalia Tonight with Tom, Ted and Dan," *The New York Times*, December 9, 1992, p. A17; Diana Jean Schemo, "U.S. Outfit Tries to Clean Out a Somali Town," *The New York Times*, January 31, 1993, p. 14; Jane Perlez, "Bush Sees Victims of Somali Famine," *The New York Times*, January 1, 1993, p. A1; Michael R. Gordon, "TV Army on the Beach Took U.S. by Surprise," *The New York Times*, December 10, 1992, p. A18; Tom Shales, "Television's Beachhead in Somalia," *The Washington Post*, December 9, 1992, p. C1.
14. Donatella Lorch, "Safety Concerns Limit the Ability of Reporters to Work in Somalia," *The New York Times*, October 7, 1993, p. A11.
15. David Shinn, quoted in Daniel Williams, "U.S. Troops To Remain in Somalia," The Washington Post, August 11, 1993, p. A1 and p. A16.
16. Keith B. Richburg, "U.S. Patrol Clashes with Somalis at Rally," *The Washington Post*, August 13, 1993, p. A27; in "Somalis Seek Trade for U.S. Captive," October 7, 1993, p. A39, Richburg quotes SNA Nairobi official Husein Dhimble apologizing for the July attack in Mogadishu on journalists: "'We made a mistake one time; we will not make it any more,' Dhimble said. He said the presence of journalists in Mogadishu 'is our voice to the world.'"
17. Michael Maren, "The Tale of the Tape," *The Village Voice*, August 24, 1993,p. 23.
18. Keith B. Richburg, "Aideed's Urban War, Propaganda Victories Echo Vietnam," *The Washington Post*, October 6, 1993, p. A12.
19. CNN, September 18, 1993, 5:15 PM. Howard Kurtz, "No American Journalists Reporting From the Scene," *The Washington Post*, October 6, 1993, p. A13, identifies the journalist as Peter Northall, a

6. Tom Shales, "Waiting and Watching: CNN in Moscow," *The Washington Post*, le 5 octobre 1993, p. C1.
7. Rear Admiral David E. Frost, paraphrasé dans John G. Roos, "Joint Task Forces: Mix n' Match Solutions to Crisis Response," *Armed Forces Journal International* 130, n° 6, janvier1993, p. 36.
8. John Lancaster, "A Well-Publicized Military Operation," *The Washington Post*, le 9 décembre 1992, p. A1.
9. Jane Perlez, "U.S. Forces Arrive in Somalia on Mission to Aid the Starving," *The New York Times*, le 9 décembre 1992, p. A1.
10. Jessica Lee, "Somalia landing hours away," *USA Today*, le 8 décembre 1992, p. 1A; Brian Donlon, "Somalia landing airs live," p. 3D.
11. Michael R. Gordon, "TV Army on the Beach Took U.S. by Surprise," *The New York Times*, le 10 décembre 1992, A18.
12. La chaîne CNN, le 8 décembre 1992.
13. Edward Pilkington, "Shots that shook the world," *The Guardian* (Manchester), le 11 octobre 1993; Storer Rowley, "Somalia Press Invasion Becomes Part of the Story," *Africa News*, le 8-21 mars 1993, p. 4; Joshua Hammer, "Somalia: The GI Blues," *Newsweek*, le 15 mars 1993, p. 51; Jane Perlez, "Gunmen, $150 a Day," *The New York Times Magazine*, le 24 janvier1993, p. 54, et lettre de Eric Ober, le 14 fevrier 1993, p. 10; James Barron, "Live, and in Force, It's Somalia with Brokaw," *The New York Times*, le 9 décembre 1992, p. A16; Diana Jean Schemo, "U.S. Outfit Tries to Clean Out a Somali Town," *The New York Times*, le 31 janvier 1993, p. 14; Jane Perlez, "Bush Sees Victims of Somali Famine," *The New York Times*, janvier 1 1993, p. A1; Michael R. Gordon, "TV Army on the Beach Took U.S. by Surprise," *The New York Times*, le 10 décembre 1992, p. A18; Tom Shales, "Television's Beachhead in Somalia," *The Washington Post*, le 9 décembre 1992, p. C1.
14. Donatella Lorch, "Safety Concerns Limit the Ability of Reporters to Work in Somalia," *The New York Times*, le 7 octobre 1993, p. A11.
15. David Shinn, cité en Daniel Williams, "U.S. Troops To Remain in Somalia," *The Washington Post*, le 11 août 1993, p. A1 et p. A16.
16. Keith B. Richburg, "U.S. Patrol Clashes with Somalis at Rally," *The Washington Post*, le 13 août 1993, p. A27; in "Somalis Seek Trade for U.S. Captive,' le 7 octobre 1993, p. A39, Richburg cite l'officiel Husein Dhimble de l'SNA

British photographer for Associated Press.

20. Elaine Sciolino, "Pentagon Changes Its Somalia Goals As Effort Falters," *The New York Times*, September 28, 1993, p. A1 and p. A17.

21. Richard Dowden, "TV gives Americans grim message from Mogadishu," *The Independent* (London), October 7, 1993.

22. CNN, October 10, 1993, 1:00 PM.

23. Douglas Jehl, "G.I.'s Pinned Down in Somalia, Not Able, for Most Part, to Patrol," *The New York Times*, October 13, 1993, p. A10, reports that the Pentagon-organized pool of reporters, including himself, was led back into Mogadishu by "a White House official, Jeff Eller, Mr. Clinton's special assistant for media affairs. Mr. Eller said this afternoon that he was dispatched to Somalia by David Gergen, the counselor to the President, and Mark Gearan, the communications director, as a symbol of a commitment by the White House to give reporters a clear picture of military operations."

24. Geoff Crowther et al., *Africa on a shoestring*, sixth edition, Berkeley, London, and Hawthorn, Vic., Australia: Lonely Planet Publications, 1992.

25. Michael Maren, "The Somalia Experiment," *The Village Voice*, September 28, 1993, p. 34.

Nairobi, s'excusant pour l'attaque sur les journalistes en Juillet: "'On a commis une erreur; on ne la recommettra pas.' Dhimble a dit. Il a dit que la présence des journalistes à Mogadishu 'est notre voix au monde.'"

17. Michael Maren, "The Tale of the Tape," *The Village Voice*, le 24 août 1993, p. 23.

18. Keith B. Richburg, "Aideed's Urban War, Propaganda Victories Echo Vietnam," *The Washington Post*, le 6 octobre 1993, p. A12.

19. La chaîne CNN, le 18 septembre 1993, 5:15 PM. Howard Kurtz, "No American Journalists Reporting From the Scene," *The Washington Post*, le 6 octobre 193, p. A13, identifie le journaliste comme Peter Northall, un photographe Anglais pour Associated Press.20. Elaine Sciolino, "Pentagon Changes Its Somalia Goals As Effort Falters," *The New York Times*, le 28 septembre 1993, p.A1 and p. A17.

21. Richard Dowden, "TV gives Americans grim message from Mogadishu," *The Independent* (Londres), le 7 october 1993.22. La chaîne CNN, le 10 octobre 1993, 1:00 PM.23. Douglas Jehl, "G.I.'s Pinned Down in Somalia, Not Able, for Most Part, to Patrol," *The New York Times*, le 13 octobre 1993, p. A10, écrit qu'un groupe de journalistes choisi par le Pentagone (duquel il faisait parti), a été redirigé jusqu'à Mogadiscio par "un officiel de la Maison Blanche, Jeff Eller, l'assistant spécial de Mr. Clinton pour les affaires des médias. Mr. Eller a dit cet aprés-midi qu'il était envoyé en Somalie par David Gergen, le conseiller du Président, et par Mark Gearan, le directeur des communications, comme un symbole de l'effort que la Maison Blanche entreprenait pour éclaircir les opérations militaires aux journalistes.'

24. Geoff Crowther, et al., *Africa on a shoestring*, sixième édition, Berkeley, Londres, et Hawthorn, Vic., Australie: Lonely Planet Publications, 1992.

25. Michael Maren, "The Somalia Experiment,"*The Village Voice*, le 28 septembre 1993, p. 34.

FRÉDÉRIC MIGAYROU

LE CORPS ÉTENDU: CHRONIQUE D'UN JOUR SANS HISTOIRE

THE EXTENDED BODY: CHRONICLE OF A DAY WITH NO HISTORY

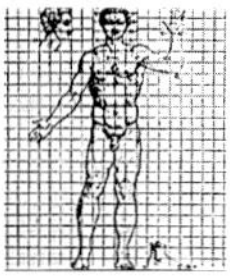

En arrivant sur Omaha Beach, chacun recherche les traces, les stigmates d'un combat dont on sait qu'il était impossible, les corps projetés à l'avant d'une infrangible ligne de feu. Mais la plage a retrouvé ses droits de villégiature populaire, le bord de mer morcelé d'enclos où cohabitent cabanes et caravanes. Outre l'épave de quelques bunkers, l'implantation de quelques monuments, il n'y a rien, et seul le parcours de l'ensemble des sites permet d'avoir un aperçu de ce qui a d'abord été l'événement d'un jour. Qu'en est-il de l'histoire du débarquement? De multiples publications ressassent à loisir le récit, l'avant et l'après, description infinie des matériels, du listing des opérations, des accidents liés au débarquement lui-même, à l'engagement sur le territoire. Mais finalement entre la pure description, presque mécanique, et l'effet littéraire qui tend à subjectiver l'événement en un récit à facettes, regard supposé des différents acteurs de la situation, rien n'est dit de cet objet où l'histoire semble se perdre, rien n'est dit de ce contact où le temps échappe à toute définition, où le

Le secteur d'Omaha mesurait six kilomètres. Et au bout de quatre heures de lutte, dès le premier assaut, trois mille morts et blessés jonchaient déjà cette étroite bande de sable et de galets qui s'étendait entre la mer et la côte. Un mort ou un blessé grave tous les deux mètres, sur six kilomètres de long.
Paul Carell, **Ils Arrivent, Sie Kommen**, Ed Laffont, 1965, p. 115.

Colleville-sur-Mer - 360 habitants. Gare à Saint Laurent, 1 kilomètre, poste à Vierville. Colleville est une petite station balnéaire naissante, appelée au plus bel avenir. Elle est située dans un délicieux vallon qui s'étend jusqu'à la mer.... La marée basse a découvert de grandes étendues de sable favorables à la pêche au lançon et au petit poisson. Colleville, c'est le petit trou pas cher par excellence, on y trouve encore des terrains pour bâtir bien situés.
Guide du Touriste dans le Calvados, 1913.

One arrives at Omaha Beach and one looks for the traces, the stigmata, of an impossible battle in which bodies were hurled into an uncrossable line of fire. But the beach has staked its claim to popular vacation culture: the seashore is now parceled out into small strips where cabanas and mobile homes abound. Except for the wrecked hulks of a few bunkers and the installation of the odd monument, there is nothing to suggest the significance of what occurred here in one momentous day. And what about the history of the Landings? A host of publications repetitively sift through the befores and the afters, with endless descriptions of military hardware, schedules of operations, incidents connected with the Landings and with the land battle. But in the end, between the pure, almost mechanical description, and the literary effect that tends to subjectivize the event into a multi-faceted narrative, assuming the points of view of the various players involved, nothing is said about this object in which history seems to vanish. Nor is anything said about this moment of contact in which time eludes all definition, and where

The Omaha sector was four miles long. And after four hours of fighting, the very first attack, three thousand dead and wounded already lay strewn along this narrow strip of sand and pebbles lying between the sea and the coast. Someone dead or seriously wounded every six feet, for four miles.
Paul Carell, **Ils Arrivent, Sie Kommen [They're Coming]**, Laffont, 1965, p. 115.

Colleville-sur-Mer – population—360. Railway station at St. Laurent, two-thirds of a mile away. Post office at Vierville. Colleville is a small burgeoning seaside resort, with a bright future ahead of it. It lies nestled in a charming valley which runs down to the sea.... As the tide ebbs it uncovers wide expanses of sand, ideal for fishing for sand eel and small fry. Colleville is the perfect little hideaway, reasonably priced. Here you can still find well-situated building lots.
Guide du Touriste dans le Calvados [Calvados Tourist Guide], 1913.

récit se heurte à ce point zéro, l'événement. Ici, plus qu'ailleurs, l'économie de la restitution historique se distribue en deux ordres, l'un archéologique où l'on n'en finit pas d'exhumer des restes, éléments rouillés, fragments maladroitement reconstitués de la muséographie spontanée, l'autre, historiciste où l'on reconstruit une fiction courte, abordable par le touriste, de ce qui doit se saisir comme un moment universel. Il n'y aurait d'autre choix que celui de la conservation ou du mémorial. Cette histoire, nourrie soit d'objets, soit de documents, élude toute question sur le temps, paradoxe pour un événement si délimité, si bien spécifié, elle efface ce qui juridiquement et politiquement établit le débarquement comme un fait d'histoire, la concentration de la décision politique sur une journée, sur une heure, jour J, D-Day, heure H, impossible chronique d'un temps qu'il faudrait allonger, augmenter qualitativement pour en faire un jour plus long, le jour le plus long. Le "jour J" reste un non-objet pour l'histoire parce qu'il n'y a plus d'adéquation entre la décision et l'événement. Le débarquement est bien sûr maîtrisable dans son développement, ses phases, mais il est partagé par ce moment vide, le point de contact, d'indétermination où des centaines d'hommes disparaissent dans un conflit où se noie toute idée de maîtrise, de contrôle territorial. L'ensemble du corps militaire a, comme un coup

the narrative collides with this zero point—the event. Here, more than elsewhere, the economy of historical restitution is distributed into two orders. The first is archaeological: an endless exhumation of remains, rusty bits and pieces, fragments clumsily put together in make-shift museum displays. The second is historicist: a short fiction, accessible to the tourist, is reconstructed about what should be grasped as a universal moment. There is apparently no choice other than that of conservation or that of the memorial. This history, nurtured both by objects and documents, sidesteps any question about time. For an event that is so clearly delimited and so well specified, that was literally, legally and politically defined in time, a single day and a single hour, D-Day, H-hour—this is the paradox of an event that must be continually extended and elaborated to turn it into a longer day: the longest day. D-Day remains a non-object for history because there is no longer any correspondence between the decision and the event. Of course, the Landings can be mastered in the way they unfolded, and in their phases, but they are nevertheless characterized by this empty moment, the point of contact and indeterminacy when hundreds of men vanished in a battle in which any idea of mastery and territorial control was thwarted. Like a throw of the dice, the military corps as a whole focused the decision entirely on a tactical order, in so far as it had

de dés, entièrement concentré la décision sur un ordre tactique faute d'avoir prise sur une gestion territoriale du conflit. Le débarquement s'est constitué comme un faire-événement dans sa préparation, énorme entreprise industrielle aussi bien du côté Allié que du côté allemand, sédimentation du temps en millions d'heures de travail, répétition à l'infini des tâches, apprentissage des procédures, minutieuse planification de l'opération articulée autour d'un moment abstrait, vide, l'heure-H, ce non-temps qui semble oblitérer l'Histoire. Ce qui reste récurrent à tout discours historique, c'est la mise en place d'une stratégie d'inscription, d'un système normatif qui permet d'organiser, de hiérarchiser, d'établir une téléologie, une orientation qui traverse tout le projet "Moderne," des logiques de codification et d'organisation du 17ème siècle à l'orientation pure du système Kantien. Le jour-J est un objet théorique parce qu'il révèle à l'œuvre les différentes stratégies d'historicisation, les degrés d'une restitution tendue autour d'une impossible vérité du fait, mais aussi parce qu'il est l'envers de la rationalisation extrême engendrée par le conflit, de la cristallisation totale des sociétés autour de l'effort de guerre. Le débarquement est le domaine ultime de cette inadéquation entre un espace et un temps entièrement quadrillés par les techniques de la guerre industrielle, et un corps qui à tout

no hold on any territorial management of the conflict. The Landings were organized like an event-making process: a colossal industrial undertaking by the Allies and the Germans alike, a sedimentation of time in millions of man-hours, an endless rehearsal of tasks, an apprenticeship in procedures, a meticulously planned operation articulated around one empty, abstract split second, D-Day, H-hour, that non-time that seems to obliterate history. Throughout all historical discourse is the introduction of a strategy of inscription, a normative system that helps to organize and hierarchize and to establish a teleology and an orientation that permeates the whole "Modern" project, from 17th century codification and organizational logics to the pure orientation of the Kantian system. D-Day is a theoretical object because it reveals the workings of the different strategies of historicization, and the degrees of a process of restoration around an impossible factual truth. It is also a theoretical object because it is the reverse of the extreme rationalization engendered by conflict, the reverse of the total crystallization of societies around the war effort. The Landings are the ultimate domain of this non-correspondence between a space and a time completely gridded by the techniques of industrial warfare, and a body which, at any given moment, sees its place and its positioning overlaid by a function and a learned technology of gestures, reproduced ad infinitum,

moment voit sa place, son positionnement recouvert par une fonction, une gestique apprise, reproduite à l'infini qui visait à regagner ou à défendre l'espace rationnel. Le "Landing" prend la forme d'une inscription impossible où le corps perd toute valeur incidente dans la maîtrise territoriale. Il y retrouve un abandon, une autonomie, une disponibilité où il devient une ressource, capacité à penser sa multidimensionnalité, corps étendu, point élémentaire d'une sortie de l'espace rationnel. Ce corps fugitif, qui échappe au cadre du conflit et n'est pas encore le corps inerte, le corps mort, s'organise dans la durée, première effraction contre la ratio, échappatoire à la mesure vitruvienne qui entretenait l'homogénéité entre le corps et l'espace géométrique. Le débarquement est un objet critique parce qu'il exacerbe le modèle technologique, crée la parfaite homogénéité d'un domaine géré sans extériorité par l'ingénierie. L'architecture, la mécanique, le génie, la balistique, les communications, les ressources humaines,

Apollinaire aboutit la figure du soldat, il la bascule dans le conflit jusqu'à effacer toute distance avec l'évènement, la guerre déploie le domaine du poétique, elle se matérialise comme une permanente reconduction du maintenant. Le poème devient alors un agencement d'éclats, multiplicités de "il y a", "simultanéités" pour reprendre les titres des textes. Apollinaire est blessé à la tête, son célèbre bandeau semble être l'enblème de ce corps augmenté, de cette capacité à penser le simultané, celui des tableaux de Robert Delaunay où se confondent différentes dimensions du temps, renoncement à la distance subjective des descriptions.

Tant d'explosifs sur le point VIF!

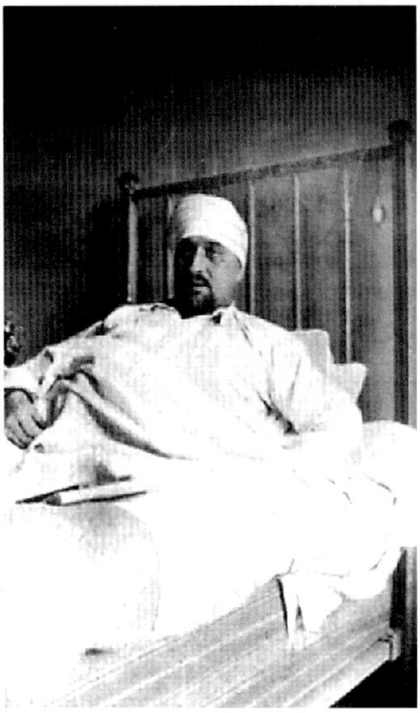

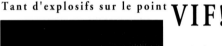

aimed at regaining or defending rational space. The Landings here take on the form of an impossible inscription whereby the body sheds all incidental value in the mastery of the territory. The body finds in it this abandonment, an autonomy and a vacancy which in turn becomes a resource, a capacity to conceive of its multi-dimensional nature: the extended body, the body prostrate, an elementary point of exit from rational space. This fugitive point, which avoids the framework of the conflict and is not yet the inert body, the dead body, is organized in duration, a first breach against ratio, a way out of Vitruvian measurement that maintained the homogeneity between the body and geometric space. The Landings are a critical object because they exacerbate the technological model; they create the perfect homogeneity of a domain managed without exteriority by engineering. Architecture, mechanics, engineering, ballistics, communications, human resources, anything that produces the social arena, is made use of in a paroxysm of destruction. This, of course, is the modern creed hurtling toward an apocalypse that longs to expunge this all too inert material: man. Yet, running counter to a whole tradition of thinking which embraces not only Heidegger but

tout ce qui produit le champ social est exploité dans un paroxysme de la destruction. C'est bien le credo moderne qui se retourne en une apocalypse qui voudrait évacuer ce matériau trop inerte, l'homme. Pourtant, contre toute une tradition de pensée où se rejoignent aussi bien M. Heidegger que le J. Habermas de *La technique comme science et idéologie,* ou bien J.-F. Lyotard, il semble que l'accomplissement symbolique du second conflit mondial, le 6 juin 1944, introduit une articulation différente entre le corps et les ordres ouverts par l'ingénierie, une articulation qui ne peut plus être pensée en termes de référentialité. Cet abandon, cette perte d'identité d'un corps maintenant sans référent est aussi l'avènement d'une autonomie, question inaugurale qui revient comme un écho pour nous, contemporains; comment penser la singularité du corps, comment penser, maintenant, le singulier. Il ne s'agit pas de redéfinir le statut d'une conscience, à partir d'une phénoménalité du conflit, récits d'auteurs comme H. Barbusse, B. Cendrars ou J. Dos Passos, mais bien plutôt de retrouver cette capacité à singulariser qui animait le Apollinaire de *Lueurs des tirs* ou de *Obus couleur de lune.* Les procédures du champ technologique sont un domaine a priori qu'il faut penser sans distance. Diller + Scofidio sont des architectes, et chacune de leurs réalisations se tient à cette définition d'un corps qui à tout

also the Habermas of *Technics as Science and Ideology*, and even Lyotard, it would seem that the symbolic achievement of the Second World War, on June 6 , 1944, introduced a different articulation between the body and the orders, designed by engineering, an articulation that can no longer be conceptualized in terms of referentiality. This abandonment, this loss of identity of a body now without referent, simultaneously marks the advent of an autonomy, an opening gambit, which returns like an echo for us, contemporaries; how to conceive of the singularity of the body, and how, now, to conceive of the singular. It is not a question of re-defining the status of a consciousness, based on a phenomenality of conflict, with narratives by authors such as Barbusse, Cendrars and Dos Passos, but rather one of rediscovering this capacity to singularize, which inspired the Apollinaire of *Lueurs des tirs* and *Obus couleur de lune*. The procedures of the technological field are an a priori domain that must be conceptualized without distance. Diller + Scofidio are architects, and their respective production abides by this definition of a body which, at any given moment, assumes the tension inherent

So many explosives at the LIVE point!

Apollinaire perfects the figure of the soldier. He tosses it into the conflict until all distance with the event is obliterated. War becomes the domain of the poetic. It takes shape like a permanent recurrence of the now. The poem then becomes an arrangement of splinters, multiplicities of "there is" and "simultaneities," to borrow the titles of the texts. Apollinaire received a wound to the head. His famous head-bandage seems to be the symbol of this augmented body, of the capacity to conceive of the simultaneous, as in Robert Delaunay's pictures, where different temporal dimensions merge, a renunciation of the subjective distance of descriptions.

moment se dispose dans la tension d'une relation au contexte. L'espace n'y est qu'une modalité parmi un ensemble complexe de déterminations. Avec *SuitCase Studies*, l'objet architectural, une valise, ramène à la mobilité toute tentative d'inscription. Des sites touristiques des cinquante états américains, champs de bataille ou lieux d'accueils d'un homme célèbre, surgissaient comme une iconographie à l'intérieur de cinquante valises ouvertes, allégorie de la fédération des Etats-Unis. L'inscription, la valorisation symbolique, l'historicisation d'un site pour le tourisme apparaissaient comme le double d'un accroissement de la mobilité, circulation de flux humains animés par la pulsion de voir. Chaque projet travaille ainsi une situation paradoxale, saturée par une perméabilité totale et simultanée à l'ensemble de l'ingénierie qui semble déterminer, séquencier, l'unité d'une réalisation architecturale ou urbaine, d'un usage social. Ici, la recherche de l'architecte ne se satisfait pas d'un domaine spatial en permanence recouvert par des logiques de gestion économique, symbolique, qui ne font de l'espace qu'une modalité presque minime de la conception, de la construction; elle doit intégrer toutes les dimensions de l'ingénierie contemporaine ainsi que l'archéologie des pratiques qui les accompagnent comme un matériau neuf, complexe, susceptible d'agencements qui outrepassent cette norme perpétuelle-

in any relationship to context. Space here is merely a modality among a complex set of determinations. With *SuitCase Studies*, the architectural object, a suitcase, brings every attempt at inscription back to mobility. Tourist sites in the fifty American states, battle-fields or famous beds, were set up like an iconography inside fifty open suitcases—an allegory of the federation of the United States. The inscription, a symbolic enhancement and historicization of a site for tourism, appeared as the duplication of the increase of mobility, a circulation of human flow driven by the impulse to see. Each project thus fashions a paradoxical situation, saturated by a total and simultaneous permeability to the entirety of the apparatus, which seems to determine and sequence the unity of the architectural or urban construction and social usage. Here, the architect's research is not satisfied with a spatial domain forever covered over by logical systems of symbolic and economic management which merely turn the space into a minimal modality of conception and construction. It must incorporate all the dimensions of contemporary engineering, as well as the archaeology of practices which go with them, like a new, complex material, prone to arrangements going beyond this norm, perpetually returned to a liaison between a normed body and a projective space. By shifting this question to Normandy, and by openly posing the problem of a link between

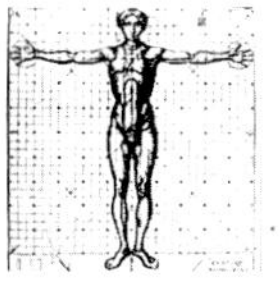

ment reconduite d'une correspondance entre un corps normé et un espace projectif. En déplaçant cette interrogation en Normandie, en posant ouvertement le problème d'une relation du tourisme à la guerre, Diller + Scofidio ne se cantonnent pas à un constat sociologique, ils confrontent des savoirs, des techniques, qui engagent tous une économie du corps et de l'espace, une économie complexe qui agrandit d'autant le territoire de l'architecte.

Archéologie des usages de la côte

La plage est une invention récente, une invention urbaine, toute droite issue des grands mouvements d'aménagement des villes du 19ème siècle. Les banques ayant investi dans des moyens de transport de masse nouveaux comme le chemin de fer ont pu créer de nouvelles destinations et ainsi générer le besoin totalement utopique d'une ville de loisir. Bien avant le club de vacances, ce microcosme au fonctionnement presque tribal, la villégiature a pris la forme d'un aménagement urbain sans précédent. Au bout de la ligne de chemin de fer, on a construit un hôtel, le "Grand Hôtel," puis un casino et un établissement de bain. Cette typologie se reproduit dans toutes les villes balnéaires, elle génère un nouveau produit commercial, les loisirs, entièrement surdéterminé par

tourism and war, Diller + Scofidio do not pigeon-hole themselves within a set sociological determination. Rather, they tackle areas of knowledge and techniques which address an economy of body and space, a complex economy which enlarges, all the more, the architect's territory.

Archaeology of usages of the coast

The beach is a recent invention, an urban invention, emerging directly out of the great town-planning and city-development movements of the 19th century. Banks had invested in new forms of mass transportation, the railway, for example. As a result they were in a position to create new destinations, and thus promote to the utterly utopian need for recreational towns, in time called resorts. Well before the advent of the holiday club, this social microcosm, with its almost tribal mechanisms, assumed the form of an unprecedented urban development. At the end of every railway line, a hotel—the Grand Hotel—followed by a casino, followed by a bathing establishment. This typology cropped up everywhere. It generated a new commercial product: leisure. This product was entirely overdetermined by the establishment of a different use of the body. The spa is thus a blueprint of rapid development, reproduced in accordance with the same criteria here,

l'instauration d'un usage différent du corps. Le site balnéaire est ainsi le schéma d'un aménagement rapide, reproduit selon les mêmes critères en de multiples endroits de la côte, schéma proche des logiques de développement de la colonisation. Comme l'indique Dominique Rouillard dans son ouvrage sur les sites balnéaires, un artiste est d'abord le découvreur de la contrée, fonde la cité selon un récit, récit littéraire d'une instauration qui doit nourrir le guide touristique, histoire modèle comme celle de Trouville qui se répétera tout au long du bord de mer. L'artiste, peintre ou écrivain, le fondateur, le spéculateur, renouent en permanence avec le récit d'origine, l'image d'une fondation de la cité se confondant avec le ressourcement attendu d'une proximité à l'élément naturel. La plage qui était pour les autochtones un domaine dangereux, soumis aux aléas climatiques, aux marées, devient un lieu social, policé, organisé. Le corps se conformera d'abord aux lois du traitement thérapeutique, simple contact avec l'eau, presque à l'aveugle, au sortir d'une cabine de bains sur roues qui permet d'éviter un contact trop direct avec cette lande indifférenciée. Le corps est recou-

La découverte de la côte prend toujours la forme d'un récit épique, une sorte d'épopée agrémentée et augmentée de nombreuses métaphores militaires. "Planter sa tente comme Boudin ou Monet, mais aussi établir une colonie, inventer un site, afin de maîtriser le littoral selon un plan d'urbanisme." La métaphore militaire fonctionne pour évoquer la position au combat des maisons en avancée, sur les flots, dans un vis-à-vis avec les éléments. Les "tentes des généraux," ou du simple tirailleur constituent la ligne de défense nouvelle de la côte... Le quartier général s'établit autour du casino, qui a pris dans sa forme première et provisoire celle d'une tente ou d'un abri en planches pour recevoir des "légions de baigneurs."
Dominique Rouillard, **Le Site Balnéaire**, Ed. Mardaga, 1984, p. 60.

there and everywhere along the coast, a blueprint akin to the logic of colonial development. As Dominique Rouillard points out in his book on spas, an artist first discovers the region or province, and in so doing, founds the city on the basis of a narrative. It is the literary narrative of a foundation that must nurture the tourist guide—a model history, like the history of Trouville, to be repeated all along the seashore. The artist (painter or writer), the founder and the speculator are forever re-engaging the original narrative, the image of the founding of the city merging with the expected revitalization obtained by the proximity to the natural elements. For local folk, the beach was a dangerous realm, where they were often at the mercy of changing weather and tides. Then with the advent of the spa, the beach became a social place for visitors from the city, civilized and organized, where the body would comply with the laws of therapeutic treatmen, simple contact with water, almost blindfolded, after emerging from the bathing hut on wheels, eliminating all direct contact with the undifferentiated sandy waste. The body is covered, clad, shod and bonnetted. The appropriation is gradual, and all the slower

The discovery of the coast invariably takes the form of an epic narrative, a sort of epopee decked out with and swollen by countless military metaphors. "Pitching your tent like Boudin or Monet, but also establishing a colony, inventing a site, in order to gain mastery of the coastline in terms of a town-planning project." The military metaphor helps to conjure up the combat position of the houses in the vanguard, on the waves, in a head-on situation with the elements. The "generals' tents" or the tent of the humble rifleman form the new coastal line of defense... The headquarters is installed around the casino, which, in its primary and provisional form, has assumed that of a tent or a shelter made of planks to accommodate "legions of bathers."
Dominique Rouillard, **Le Site Balnéaire [The Spa]**, Mardaga, 1984, p. 60.

vert, habillé, chausses et bonnets, l'appropriation est lente, d'autant plus lente qu'il s'agit d'inventer une nouvelle dimension physique. Le corps en villégiature n'est jamais le corps privé, la chair d'une nudité brute, c'est un corps déjà normé par des gestes et des usages, le bain se transmue en exercice de tout le corps, comme la danse, au casino, qui sera encensée pour ses vertus gymniques. Si le littoral ouvre une question d'origine, effet de bord qui pousse toute identité à la limite, frontière matérielle qu'il faudrait ou non transgresser, site d'une indétermination radicale, avec la rationalisation du territoire, la limite naturelle fait place à des frontières symboliques, politiques, qui transforment la question ontologique en une interrogation sociale. A peine créée, la plage se partage, se hérisse de tentes, de piquets, de cordes, de cabines, qui encadrent et défendent les usages sociaux. La plage n'est plus ouverte sur une expérience limite de l'élément, contact direct avec l'océan, elle est elle-même limitée, contingentée. Du bain à la maison de vacances, la pratique thérapeutique et ostentatoire définit les pratiques

Le nu se doit d'être vêtu, il l'est bien évidemment aux débuts de l'histoire balnéaire, engoncé dans des costumes de protection, il l'est tout aussi bien pour le nudiste ou le naturiste contemporain, modelé par les cosmétiques et la toilette, les régimes et le bronzage afin de trouver son caractère social. Le nu renvoie toujours à une origine perdue, un corps maintenant définitivement absent:

"Ce qu'on demande aujourd'hui, n'est-ce pas plutôt tout le contraire du nu, du simple et du vrai? Fortune et succès à ceux qui savent habiller les choses! Le meilleur tailleur est le roi du siècle, la feuille de vigne en est le symbole: lois, arts, politique, caleçon partout? Libertés menteuses, meubles plaqués, peinture à la détrempe, le public aime ça. Donnez-lui-en, fourrez-lui-en, gorgez cet imbécile!"

G.Flaubert, **Par les Champs et par les grèves,** Ed. Encres, Paris, 1983, p. 209.

because it entails the invention of a whole new physical dimension. The vacationing body is never a private body, the flesh is never crudely naked. It is a body already normed by gestures and customs. Bathing is turned into an exercise for the whole body, just like dancing, in the casino, is praised for its gymnastic virtues. The coast may open up an original question, a question of the borderline effect that pushes all identity to the limit, of the material boundary that may or may not be transgressed, the site of a radical indeterminacy, but with the rationalization of territory, the natural limit giving way to symbolic, political frontiers which transform the ontological into the social. No sooner is the beach created than it is split up. It bristles with awnings, ropes, and cabins which form a frame for, and uphold, social practices. The beach is no longer open to any borderline experience of the elements, to direct contact with the ocean. It is itself limited and rendered contingent. From bathing to the vacation home, ostentatious therapeutic practices define the body which will slowly sediment the way landscapes are structured, turn the coastline into

The nude has to be clad. It goes without saying that it was clad, at the outset of the history of spas and resorts; it was encumbered by protective garments. This holds true for the contemporary nudist or naturist, molded by cosmetics and grooming, diets and sun-tans, in order to discover his social character. The nude always refers back to a lost origin, a body that is now forever absent:

"Is not what is demanded today in fact the very opposite of the nude, the simple and the true? Fortune and success to those who know how to dress things up! The best tailor is king of the century, the fig-leaf being the symbol: laws, arts, politics, bloomers everywhere? Deceitful liberties, veneered furniture, distempered painting: the public likes that. Let them have it, stuff them it with it, gorge the idiot public!"

Flaubert, **Par les Champs et par les Grèves**, Encres, Paris, 1983, p. 209.

d'un corps qui va lentement sédimenter toute la structuration du paysage, qui va géométriser le littoral et définir des emplois du temps, des calendriers, des saisons. L'architecture balnéaire invente des programmes originaux de construction, où l'architecte s'impose comme médecin, oriente le bâti, ses ouvertures, en fonction des vertus curatives. La maison devient elle-même un corps vivant, double structurant de celui du curiste, berceau, carapace, elle est aussi ouverte, elle accompagne le rapport à l'extérieur, elle est une prothèse, un outil qui prolonge la relation du malade à l'élément marin. Ainsi toute la côte s'est pliée à ce plan d'urbanisme, mécaniquement orchestré par la spéculation, qui bien qu'encombré par un goût et une ornementation vilipendée par un Le Corbusier qui voulait préserver l'image désertique d'une plage linéaire, semble bien aboutir l'idée moderne d'une rationalisation du territoire. Cette configuration qui met à jour, dans les limites d'une histoire extrêmement courte, une disposition des savoirs et des techniques entièrement articulée sur une pratique du corps, répond directement à la préocuppation d'une archéologie. L'espace, les construc-

Le flux de l'expérience vécue fournit encore même si les "rivages," la "source," et l' "embouchure" (flux temporel auquel Descartes rattachait encore le cogito) sont repoussés à l'infini—la détermination apparemment assurée de l'intentionnalité.

Hans Dieter Bahr "Signes entre pierre et mer, sur quelques modes d'apparition du corps,' **Critique de la Raison phénoménologique**, Ed du Cerf, Paris 1990, p. 229.

something geometric, and define the way time, calendars and seasons are used. Spa architecture invents new programs, investing the architect with the authority of the physician, orienting buildings and their apertures on the basis of curative qualities. The house itself turns into a living body, a double structuring for the patient's body. As both cradle and carapace, it is also open; it accompanies the relationship to the exterior; it is a prosthesis—a tool that extends the relationship of the patient to the marine element. In this way the entire coast has succumbed to this town planning, mechanically orchestrated by speculation. Although it is encumbered by a taste and an ornamentation vilified by a Le Corbusier, whose intention was to preserve the desert-like image of a linear beach, it does seem to culminate in the modern idea of territorial rationalization. Within the limits of an extremely short history, this configuration reveals a disposition of know-how and techniques entirely determined by a usage of the body. As such, it responds directly to the concerns of an archaeology. Space, constructions, and development programs are not formulated for the body. Rather,

The flow of lived experience still provides, even if the "shores," the "source" and the "mouth" (the temporal flux with which Descartes still associated the cogito) are pushed to infinity—the apparently guaranteed determination of intentionality.

Hans Dieter Bahr, "Signes entre pierre et mer, quelques modes d'apparition du corps," **Critique de la Raison phénoménologique**, Editions du Cerf, Paris, 1990. p.229.

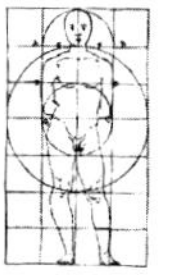

tions, les programmes d'aménagements ne sont pas élaborés pour le corps, mais inversement une extension de la notion de corps engage une réorganisation complète du dispositif conçu, après Michel Foucault, comme des lignes de savoir et de pouvoir, des "lignes de subjectivation." On croise ici le domaine qui constitue le préalable de toute recherche de Diller + Scofidio, un diagnostic qui tend à libérer l'espace de tout ce qu'on lui suppose d'objectif, de géométrique. Mais au-delà, cette première trame en recoupe une autre qui bien que radicalement différente, rejoint point par point la première. L'identification complète de la bande littorale que l'on peut suivre par exemple dans l'*Annuaire des plages* (1935), se reforme en un temps encore plus court avec la mise en place du plan Todt. Le dispositif est ici encore plus condensé, plus rapidement mis en oeuvre, en une accélération de la décision où le fondateur se confond avec la personnalité du dictateur. La découverte a laissé la

Un célèbre traité de rhétorique du 17ème siècle, les **Entretiens d'Ariste et d'Eugène** du Père Bouhours, débute par un longue digression sur la nature de l'océan, métaphore permanente de la passion et de l'imagination, de cette articulation nécessaire entre le cogito et la res extensa. Le rivage y trouve sa fonction poétique dans une relation affirmée au corps. "Il est vrai, reprit Eugène, que cette obéissance de la mer a quelque chose d'étonnant: car on dirait que quand elle est courroucée, elle va inonder toute la terre; cependant elle s'arrête tout court à son rivage, et ces montagnes d'eau qui menacent le monde d'un second déluge se brisent à un grain de sable."

A famous 17th century treatise on rhetoric, the **Discourses of Ariston and Eugenius** by Père Bouhours, starts off with a lengthy digression on the nature of the ocean, a permanent metaphor of passion and imagination, of that necessary articulation between the cogito and the res extensa. The shore here finds its poetic function in an affirmed relationship to the body. "It is true, Eugenius went on, that the obedience of the sea has something astonishing about it. For it seems that when the sea is angry, it might flood the entire land. But it stops short at its shore, and those mountainous waters that threaten the world with a second Flood break up on a grain of sand."

and conversely, an extension of the concept of body entails a complete re-organization of the device conceived, after Foucault, as lines of knowledge and capacity—of knowing (how-to) and power (being-able-to). In other words, "lines of subjectivization." Here we come across the prerequisite of any research by Diller + Scofidio: a diagnosis that tends to free space of anything objective and geometric it may contain. But over and above this, this first weft overlaps another which, though radically different, joins up with the first one again, point by point. The complete identification of the coastal strip that we can follow, for example, in the *Annuaire des plages [Beach Directory]* (1935), is reformed in an even shorter time span with the introduction of the Todt plan. Here, the device is even more condensed, and even more swiftly implemented, with a speeding-up of the decision whereby the founder is blurred with the personality of the dictator. Discovery has given way to conquest, but the colonial

place à la conquête, mais le discours colonisateur s'exacerbe renforçant à l'extrême l'idée d'une limite territoriale. La *Bunker Archéologie* de Paul Virilio reconstitue le champ de cette organisation complète de l'espace militaire. Le bunker y trouve la forme d'un accomplissement du modernisme, architecture sans fondation, navire porté par la fluidité du sol, unité brutaliste qui semble accomplir avec ironie le souhait corbuséen. La géométrisation de la côte est poussée au paroxysme comme le montre la quadrature du littoral définie aussi bien par les plans de feu des différentes batteries, que par la complexité du réseau radar et de communication. Le réseau est si dense qu'il semble autonome, totalement concentré sur la protection et la destruction, un mur virtuel qui suppose que l'espace se compose encore selon l'économie des partages et des frontières. Pourtant le corps est toujours la norme de cette organisation, un corps regard entièrement surdéterminé par la surveillance, la vue de l'autre à l'horizon, ou le pointage des instruments de tir. L'objet architectural qu'est le bunker apparaît non seulement comme un prolongement physique de l'œil, mais aussi un vêtement, une protection là où le péril naturel avait laissé la place à la violence industrielle: "Les blockhaus étaient anthropomorphes, leurs figures reprenaient celle des corps... L'identification de cette construction à l'occupant

discourse becomes exacerbated by reinforcing the extreme idea of a territorial limit. Paul Virilio's *Bunker Archéologie* reconstitutes the field of this complete organization of military space, identifying the bunker as the epitome of modernism—an architecture without foundation, a vessel carried by the fluidity of the ground, a brutalist unit which seems to satisfy the Corbusian wish, with irony. The geometrization of the coast is pushed to the limit, as shown by the quadrature of the littoral, defined as much by the artillery range of the different batteries as by the complexity of the radar and communications network. This network is so dense that it appears autonomous, totally focused on protection and destruction, a virtual wall which presupposes that space is still defined on the basis of the economy of divisions and boundaries. Yet the body is invariably the norm of this organization, a body totally reduced to the gaze, overdetermined by surveillance: the view of the other on the horizon, or the sighting of the guns. The architectural object represented by the bunker appears not only as a physical extension of the eye, but also as clothing, a protection precisely where natural peril gives way to industrial violence: "The Bunkers were anthropomorphic, their shapes borrowed from the shapes of bodies... This construction identified with the German occupier, as if he had lost his helmet and accessories, now scattered here and there along

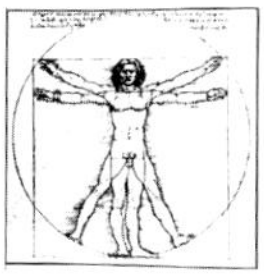

allemand comme si celui-ci avait oublié son casque, ses attributs, un peu partout le long de nos rivages...."

LA GUERRE EST DEVENUE UN COMBAT DE MATÉRIELS

La plage, à l'inverse, se veut le lieu ultime de cette rationalisation où devra s'étendre en une résille complexe, un maillage fin, un obstacle à toute présence des corps, une marge où la chair devrait se perdre, un non-lieu, impasse pour toute extension d'un corps humain. Cette plage a son inventeur, son artiste, Rommel, qui la projette en des dessins restés fameux. La géométrisation y est extrême et l'on est surpris d'y reconnaître les polyèdres et les croix qui, en des temps plus anciens, donnaient à l'homme une mesure. La plage, le rivage, réapparaissent en permanence comme une limite concrète de l'extension, la frontière d'un corps universel en une conception presque cartésienne, une extériorité contingentée par la technique, la mécanique, mais qui

Le rôle du dressage militaire vise à confronter les corps au danger tout en faisant disparaître le danger de l'affrontement. Il en est l'expérimentation dans une société où le conflit devient peu à peu la teneur de la relation politique et sociale. C'est, me semble t-il, un des rôles essentiels que l'armée remplit en même temps que son rôle purement militaire. Elle met en place un certain nombre de procédures qui ancrent la relation d'affrontement dans la sociabilité de telle sorte qu'elle ne soit pas dégradée par cette relation.
Alain Ehrenberg, **Le Corps militaire**, Ed. Aubier, p. 23.

LA MORT D'UN HOMME C'EST LE PRIX D'UN METRE DE TERRE FRANÇAISE

"Le soldat David Silva vit les hommes qui le précédaient se faire faucher l'un après l'autre en franchissant la rampe. Lorsque son tour arriva, il sauta dans l'eau jusqu'aux aisselles et, empêtré par son fourniment, resta pétrifié en voyant les balles gifler

the shoreline...." (Paul Virilio, *Bunker Archéologie*, Ed. C.C.I, p. 10). The beach, on the other hand, would be the ultimate place of this rationalization, where, in a complex lattice, a fine-mesh grid would be spread—an obstacle to any presence of bodies, a margin where the flesh would be lost, a place that is not a place, an impasse for any extension of a human body. This beach has its inventor, its artist, in Rommel, who projected it in a now famous series of drawings. They are extremely geometrical, and suprisingly, one can recognize the polyhedra and the crosses which, in bygone times, provided man with measurement. The beach and the shore re-appear on a permanent basis as a concrete limit of the extension or boundary of a universal body into an almost Cartesian conception, an exteriority rendered contingent by technology and mechanics, but which may, at any given moment,

WAR HAS TURNED INTO A BATTLE OF EQUIPMENT

The role of military training and discipline is aimed at confronting bodies with danger, while at the same making the danger of confrontation disappear. The experiment exists in a society where conflict is gradually becoming the tenor of political and social relationships. This, or so it seems to me, is one of the essential roles played by the army in tandem with its purely military role. It establishes a certain number of procedures which anchor the relationship of confrontation in sociability, in such a way that it is not degraded by this relationship.
Alain Ehrenberg, **Le Corps militaire**, Aubier, p. 23.

THE DEATH OF A MAN IS THE PRICE OF A METER OF FRENCH LAND

"The soldier David Silva saw the men ahead of him being mowed down one after the other as they clambered down the ramp. When it was his turn, he jumped into the water up to his armpits and, hampered by his equipment, stayed there as if petri-

la surface tout autour de lui.... De petits ilôts de blessés parsemaient la plage. En passant les soldats remarquèrent que ceux qui le pouvaient se tenaient assis, très droits, comme s'ils se croyaient désormais immunisés. Ils paraissaient tranquilles, calmes et silencieux, en apparence indifférents à tout ce qui les entouraient.... atterrés par la dévastation et la mort qui les entouraient. Les hommes restaient pétrifiés au bord de l'eau, paraissant en proie à une étrange léthargie.... Il restait là et 'jetait des galets dans l'eau en pleurant sans bruit, comme si son cœur allait éclater.'"
Cornelius Ryan, **Le jour le plus long**, Ed. R. Laffont, p. 193.

peut à tout moment induire un désordre immaîtrisable. L'instauration du sujet, du *subjectum*, la quête d'un fondement nouveau annule l'histoire, induit une infinie mise en ordre de l'étendue, une géométrisation permanente, qui nie le corps lui-même. Le rivage, la plage ne sont pas simplement porteurs d'une idée de la limite, de l'altérité, ils véhiculent toujours ce modèle d'un renforcement du sujet qui s'appuie sur le rejet d'un corps désordonné. La fonction balnéaire, cette médicalisation douce qui donne au corps un ordre, celui d'une pathologie permanente se poursuit encore aujourd'hui, vecteur d'un conditionnement spatial permanent, d'une architecture. Ce corps caché sous le vêtement de bain du 19ème siècle est le même que ce corps naturiste exalté par le nazisme, le même encore que nos corps contemporains, exposés sur toutes les plages du monde, ce corps qui n'est plus qu'une surface, une enveloppe. La côte, objet d'une planification systématique, a toujours reconduit ce credo d'une unité fonctionnaliste du corps de façon d'autant plus efficace qu'il était supposé être un corps de plaisir. Sur la plage, je vois coexister tous ces corps à chaque fois réinventés, le corps balnéaire d'une femme descendue d'une cabine

fied, watching the bullets lash the surface all around him.... The beach was strewn with small huddles of wounded men. As they passed by, the soldiers noticed that those who could stayed seated, bolt upright, as if they thought they were henceforth immunized. They seemed calm, at peace and quiet, apparently indifferent to everything going on around them. Dumbfounded by the devastation and death that surrounded them, the men remained petrified by the water's edge, as if prey to a strange lethargy.... He stayed there and 'tossed pebbles into the water, weeping silently, as if his heart was about to explode'."
Cornelius Ryan, **The Longest Day**, Laffont, Paris, p. 193.

induce an uncontrollable disorder. The establishment of the subject, the *subjectum*, and the quest for a new foundation, cancel history, and give rise to an infinite ordering of the extension—a permanent geometrization that negates the body itself. The shore and the beach are not simply the bearers of an idea of limitation and otherness. They invariably convey this model of a reinforcement of the subject, which is linked with the rejection of a disorderly body. The function of the spa, that mild medicalization which lends order to the body, the order of a permanent pathology—is still being entertained today, as the vector of a permanent spatial packaging, the vector of an architecture. This body hidden beneath its 19th century bathing costume is the same as the nudist's body exalted by Nazism; the same, too, as our contemporary bodies exposed on beaches in every corner of the globe: this body which is now no more than a surface, envelope, or wrapper. As the object of systematic planning, the coast has always accompanied the creed that holds the body to be a functionalist unit, and one that is all the more efficient because it is supposed to be a body of pleasure. On the beach, I see a co-existence of all these bodies re-invented endlessly

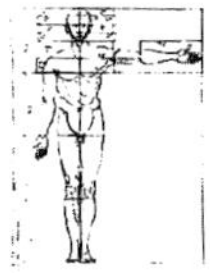

tirée par un cheval, le corps des familles des congés payés qui, en 1936, faisaient sous la tente l'expérience d'un nouveau nomadisme, le corps illusoirement originaire des premiers naturistes, le corps de ce soldat russe au sein de la crypte de béton du bunker, et tous semblent reconduire la norme d'un espace où la fonction ne permet jamais de penser le corps pour lui-même. Avec l'incroyable idée du débarquement, celle qui consistait à projeter des hommes dans un dispositif technique conçu pour leur immédiate destruction, proche de l'expérience des Kamikazes japonais sacrifiés dans leurs cercueils de fer, le corps désemparé semble réapparaître fugitivement comme disponible. Dans l'intrication de métal, sous le halo de feu, engoncés dans un invraisemblable équipement, ces soldats américains qui courageusement posaient un pied sur les plages normandes révélaient cette tragique continuité qui donne à l'espace la valeur d'unité que lui supposent toujours les architectes. Relire l'expérience impossible d'une telle fracture avec Diller + Scofidio, c'est accompagner cette pensée d'un espace où toute inscription est impossible, c'est inventer un espace qui ne suppose aucune inscription.

—the swimsuit-clad body of a woman emerging from a horse-drawn bathing-hut, the body of families on their paid holidays who, in 1936, under their tents and awnings, experienced a new kind of nomadism, the illusorily new body of the first nudists, the body of a Russian soldier deep inside his concrete crypt, the bunker. And they all seem to accompany the norm of a space where function never permits one to conceive of the body per se. With the incredible concept of the D-Day landings—the concept that thrust men into a technical apparatus conceived for their immediate destruction, like the Japanese Kamikaze pilots sacrificed in their metal coffins—the body in distress seems to re-appear fleetingly as utterly vacant. In the intrication or inter-meshing of metal, beneath the halo of fire, encumbered by extravagant equipment, those American soldiers who bravely set foot on the beaches of Normandy mark out that tragic continuity which lends space the value of unity that architects have invariably assigned it. To contemplate the fracture of this unity, with Diller + Scofidio, is to enter a space where all inscription is impossible, to invent a space that presupposes no inscription.

La guerre à la limite, l'indifférence du conflit

La seconde guerre mondiale est sans doute le dernier conflit territorial, entendons le dernier conflit où un Etat se déploie avec une politique expansionniste ouverte. La conquête du territoire suppose toujours un différentiel entre un espace abstrait, projeté et un espace réel maîtrisé. La gestion coloniale qui a toujours servi de modèle de construction du territoire semble maintenant achevée, au moment où aucune parcelle du territoire n'échappe plus au contrôle satellite. La mondialisation du conflit, l'unité d'une essence du monde accomplie par la gestion industrielle et économique de la guerre généralisée, c'est bien la nature de l'espace qui change, la maîtrise des sites ne se définissant plus par leur contrôle, architectures de la fortification issues avec Vauban d'un 17ème siècle qui pensait précisément en termes d'inscription et de fondation. Il n'est plus nécessaire d'insister sur cette mutation épistémologique, espace public, espace critique, qui implique tout pouvoir politique dans une gestion permanente du déplacement,

LES OBSTACLES DE PLAGE

Les pieux d'arrêts
la porte Maginot
les tétraèdres de bétons
"Tetrahydra"
les grilles belges
les hérissons tchèques
les éléments Cointet
Les pieux en bois avec mines et "ouvre-boîtes"
les chevaux de frise
les dents de dragon
les champs de mines
mines "casse-noisettes"
mines "huîtres" à dépression
les mines "assiettes"
les fils de fer barbelés
les asperges de Rommel

Inadequate war, the indifference of conflict

There can be no doubt that the Second World War was the final territorial conflict, meaning the last conflict in which a State will engage upon in an overtly expansionist policy. The conquest of territory always presupposes a differential between an abstract, projected space and a real, mastered space. Colonial management, which always served as the model of territorial construction, now seems over and done with, just at the moment when not a square inch of territory can elude satellite surveillance. The world-wide globalization of conflict—the unification of an essence of the world via the industrial and economic management of generalized warfare—is indeed a change in the nature of space, because mastery over sites is no longer defined by control, architectures of fortification which, since the days of Vauban in the 17th century, have been predicated on the concepts of inscription and foundation. There is no longer any need to emphasize this epistemological mutation, public place, critical space, which implicates any political power in an on-going management of shifting movement, a boundless growth of mobility and speed, to borrow a concept developed by Paul Virilio. Yet the interpretation which notes that the age-old front lines, the Maginot line, and the Atlantic Wall, turned out to be inop-

accroissement illimité de la mobilité et de la vitesse pour reprendre un schéma développé par Paul Virilio. Pourtant l'interprétation qui remarque que les anciennes lignes de front, ligne Maginot, Mur de l'Atlantique, se sont avérées inopérantes parce que la nature du pouvoir avait changé, n'interroge pas directement la relation entretenue par un pouvoir politique avec l'espace. L'articulation mise à jour se tient toujours à une gestion de l'espace politique, au mieux à une analyse de l'abstraction que suppose une telle géométrisation. Peut-on penser, peut-on induire une notion du politique qui ne formerait pas son unité d'un recours à l'inscription? La question ouvre précisément à un déplacement radical de la question moderne, elle induit une pensée de la singularité qui n'est pas celle d'une autonomie affirmée, qui n'est pas une pensée de la séparation. Le mur de l'Atlantique, tout comme le mur de Berlin, répond à une gestion territoriale impossible, non parce que la notion de frontière, de limite serait obsolète, dépassée, mais parce qu'elle est toujours mise en relation avec une unité qui lui est tout à la fois liée et extérieure. L'erreur consiste à toujours vouloir assimiler la limite de l'espace à l'espace, comme s'ils appartenaient au même ordre. La frontière, la bordure, la rive,

OBSTACLES ON THE BEACH

stakes
the Maginot gate
tetrahedral concrete blocks/ "Tetrahydra"
Belgian bars
Czech "hedgehog" spikes
Cointet devices
wooden stakes with mines and "can-openers"
wire entanglements
dragon's teeth
mine-fields
"nutcracker" mines
depression "oyster" mines
"platter" mines
barbed wire
Rommel's asparagus

erative because the nature of power had changed, is unable to interrogate directly the relationship between a particular political power and space. The articulation revealed always involves a management of political space, at best an analysis of the abstraction presupposed by this sort of geometrization. Is it possible to conceive of, or infer, a notion of politics that might constitute itself without a recourse to inscription? The question leads precisely to a radical shift of the modern question. It infers a conception of singularity which is not that of an affirmed autonomy, and which is not a conception of separation. Just like the Berlin Wall, the Atlantic Wall responds to an impossible territorial management, not because the concept of boundary and limit is obsolete and out of date, but because it is always linked with a unity which is simultaneously related and external to it. The error lies in always trying to assimilate the spatial limit to space, as if both belonged to the same order. Indeed, the frontier, the rim, and the shore all emerge as specific principles of the arrangement of a certain spatial order—an

apparaissent plutôt comme les principes spécifiques de la disposition d'un certain ordre spatial, principe renvoyant à un domaine logique tout différent de celui de l'espace. Comprendre la relation de l'appareil d'Etat à l'espace, en montrant que l'accélération des déplacements introduit un nouvel ordre politique ne suffit pas à résoudre cette économie permanente de la limite qui nourrit en permanence le gestion politique. Le débarquement élabore un site complexe, la frange littorale, où la proximité à la côte se divise entre deux lignes de partage, le rivage et l'horizon, qui créent une zone de mise en tension du regard, une orientation qui dessine, destine, toute intervention sur la bande côtière. L'analyse pour Paul Virilio porte principalement sur la mutation épistémologique de la relation du pouvoir au territoire, jusqu'à renverser toute territorialité en une définition de sa limite, où "le monde n'est plus qu'un littoral à la fois maritime et aérien." Alors se déploie une description de ce que peut être une architecture, un urbanisme de l'extrême, où le bunker ne vaut pas seulement comme fortification, mais déjà comme un élément autonome, pris par la fluidité, architecture monolithique qui s'érige comme un bloc sans fondation à la surface du sable. La limite, maintenue comme le principe d'une ultime spatialisation, le pouvoir ne s'exercerait plus que dans l'accélération permanente de la disposition,

CETTE LIGNE A ÉTÉ CONÇUE AFIN DE NEUTRALISER LE MAXIMUM D'ENNEMIS DÉBARQUÉS.

order that refers to a logical area which is altogether different from that of space. Even showing that the acceleration of shifts introduces a new political order, an understanding of the relationship of the State apparatus to space, is not enough to resolve this permanent economy of the limit that forever nurtures political management. The landings prepare a complex site, the coastal rim, where the proximity to the coast is split between two dividing lines, the seashore and the horizon, creating a zone of tension for the gaze, an orientation which delineates and designates any activity in the coastal strip. For Paul Virilio, the analysis involves, by and large, the epistemological mutation of the relationship of power to territory, to the point where all territoriality is capsized in a definition of its own limits, where "the world is no longer anything more than a coastline, at once maritime and aerial." A description thus unfolds of what an extreme form of architecture and town-planning may be, where the bunker serves not only as a fortification, but as an autonomous factor in the grip of fluidity—a monolithic architecture erected like a foundation-less block on a surface of sand. While the limit is retained, like the principle of some ultimate spatialization, power would no longer

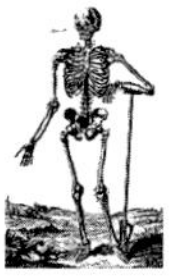

une présentation dans un cadre vide, une virtualité continuellement renouvelée, l'interface de l'écran-vidéo comme apothéose d'une dématérialisation. Mais ce qui semble reconduit, c'est précisément cette relation intriquée de l'inscription au principe de la disposition spatiale, qui préserve une structure de pensée qui définissait précisément l'espace comme le domaine a priori de toute inscription, ou mieux comme la forme, la sensibilité, forme pure de l'intuition sensible, condition de réception des phénomènes. Plus gravement, c'est aussi le modèle du schématisme, formant le cadre vide d'une pensée en tableau qui se perpétue, confusion d'une appréhension de la limite et d'une pensée du cadre qui partage l'intérieur et l'extérieur, qui ramène la notion d'espace objectif au principe d'une synthèse. La limite renverrait toujours à une logique intuitionnelle, intuition donatrice ou accès direct au supra-sensible, selon le sentiment du sublime, confrontation directe où la schème n'est plus moyen, mais révèle indirectement les moments de sa genèse. La limite, c'est ce mouvement d'auto-affectation constitutive, production qui redouble, qui replie la temporalité dans le sens interne. Toute la critique phénoménologique tentera d'évacuer

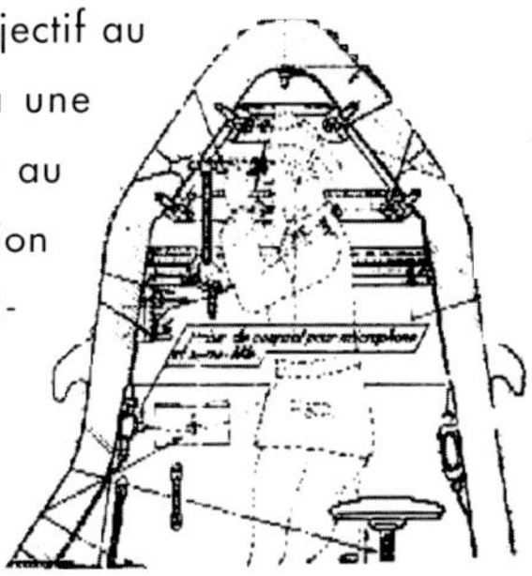

THIS LINE WAS DESIGNED TO NEUTRALIZE THE GREATEST NUMBER OF ENEMY TROOPS LANDING.

be wielded except in the permanent acceleration of the spatial construct, a presentation in an empty frame, a constantly renewed virtuality, the video-screen interface as apotheosis of a dematerialization. But it is precisely this intricate relationship between the inscription and the principle of the spatial disposition which preserves a structure of thought which actually defines space as the a priori domain of all inscription, or better still, as the form of sensibility, the pure form of perceptive intuition, a condition for the reception of phenomena. On a more sobering note, it is also the model of schematism, forming the empty frame of an imaged thought which is perpetuated, a blurring of an apprehension of the limit and a conception of the frame which divides the interior and the exterior, and which refers the notion of objective space back to the principle of a synthesis. The limit would always refer to an intuitional logic, a giving intuition or direct access to the suprasensitive, based on the sentiment of the sublime, a direct confrontation where the schema, no longer a means, indirectly reveals the moments of its genesis. The limit is this constitutive self-affecting movement, a production that redoubles and folds back temporality in the internal sense. The whole of phenomenological criticism will attempt to void the function of the schematism, that tool which crystallizes time in presence, in a perpetuation of the now; but it will always collide with that

phénoménologie du corps combattant où chaque moment serait jusqu'à l'absurde une donation. La démarcation, la limite doit inversement être pensée comme une unité a priori, non pas la destination, la finitude, mais le fini, le clos. La guerre ne peut plus ici se poser en terme d'opposition, d'altérité, la guerre retrouverait son statut nietzschéen, celui d'une inscription antécédent à tout ordre, où la limite reste irréfléchie. L'organique, le corps presque indéterminé, crispé dans une extase matérielle, échappe alors à toute géométrisation, il ne participe d'aucune phénoménalité, déborde ce corps morcelé, ce corps sans organe qui se fragmente sous les coups de la donation intuitive. Le débarquement excède le territoire, il n'est pas une reconquête, il achève la guerre ou plutôt l'amène à l'idée d'une indifférence, un conflit sans limites qui n'est plus l'illimité de la guerre à outrance, ou son envers terrifiant, Hiroshima.

Les corps impropres, théorie de l'homme mort

Comment lire cette idée du débordement, du débarquement, permanence de l'invasion, d'une

Aucun débarquement n'eu lieu à pied sec. Les hommes avançaient dans l'eau jusqu'aux genoux, jusqu'à mi-corps, jusqu'au cou, fouaillés par le vent, les éclats d'obus, les balles de mitrailleuses. Quelques groupes pataugèrent jusqu'à la plage, ou effrayés par ce qui leur paraissait leur solitude dans ce désert de sable, aveuglés, ils ne savaient que faire... Une demi-heure après l'heure-H, il n'y avait plus guère qu'un millier de survivants sur la plage, fantassins ou sapeurs, ils ne combattaient pas, ils luttaient seulement contre la mort, incapables de courir à l'assaut des points d'appui. Quelques-uns, même, rentrèrent dans l'eau qui les protégeaient quelque peu et la marée les ramena, comme des épaves, jusqu'au maigre abri que pouvaient leur offrir la digue ou la barrière de rochers.

Historia Magazine, le débarquement, le jour "J"
n° 66, 1969, p. 1889.

be conceived of as a unity a priori, not the destination, and the finitude, but the finite and the enclosed. Here, war can no longer be posited in terms of opposition and otherness, otherwise, war would reacquire its Nietzschean status, the status of an inscription anterior to any order, where the limit remains unconsidered. The organic, the almost indeterminate body, clenched in material ecstasy, then eludes all geometrization. It is not part of any phenomenality. It is not this parceled body, this organ-less body which shatters under the blows of intuitive donation. The landings go beyond the territory. They are not a re-conquest. They finish off the war, or rather they bring the war to the concept of an indifference—a boundless conflict which is no longer the boundlessness of war to the bitter end, to the death, or its terrifying verso, Hiroshima.

Improper Bodies: Theory of the dead man

How are we to read this idea of overspill, of landing, of ongoing invasion, of an appropriation of territory orchestrated by the unprecedented deployment of military technology? There is an historical, unavowed association between territorial mastery and mastery of bodies, and I don't mean the Foucaldian relationship which distinguishes among the various fields of an archaeology of power.

appropriation du territoire orchestrée par le déploiement sans précédent de la technologie militaire? Il y a une relation historique, jamais avouée entre la maîtrise du territoire et la maîtrise des corps, non pas la relation foucaldienne qui distinguerait les champs d'une archéologie du pouvoir, mais ici l'épuisement et l'accomplissement de la figure phénoménologique, celle qui encore distingue, partage le domaine d'une pré-spatialité, celle qui se donne la limite, le terme, la frontière comme la perpétuelle reconduction d'une finalité, d'une destination, d'un usage orienté de la dispensation du temps. Sur la plage, il n'y a finalement toujours eu que quelques corps, des corps qui toujours font une expérience primitive, corps malades qui devraient se ressourcer, corps de plaisir abandonnés, en démonstration, et un corps extrême, un corps unique, celui du soldat mort, corps stratégique, contraint, qui lui, devrait faire l'expérience de la fin, corps destiné, projeté vers sa propre finitude. J'ai repris tous les textes, tous ces livres aux couvertures accrocheuses qui retracent l'événement, le 6 juin 1944, qui sont comptables de la bonne restitution en des polémiques d'historiens où l'illusoire vérité de l'histoire s'est muée en stratégie d'une construction de la validité. De toute cette littérature, de ces milliers de pages, on ne peut curieusement extraire que quelques lignes sur le moment du débarquement, la description y semble

There was no such thing as a dry landing. The men pushed through the water up to their knees, waists and necks, lashed by the wind, shell bursts, and machine-gun fire. Some groups floundered their way ashore, where, terrified by their apparent aloneness in that sandy waste and blinded, they did not know what to do.... Half an hour after H-hour, there were barely a thousand survivors on the beach. Infantrymen or sappers, they were no longer fighting; they were simply struggling against death, unable to run and attack the bases of operations. Some of them even went back into the water, which protected them a little, and the tide dragged them, like so many wrecks, as far as the meager shelter offered by the breakwater or the stone jetty.

Historia Magazine, Le Débarquement, le jour "J", n° 66, 1969, p. 1889.

It is, rather, the obsolescence and fulfilment of the phenomenological figure which still makes distinctions in, and divides, the domain of a pre-spatiality; it accords itself the limit, the terminus, and the boundary as the perpetual reiteration of a finality, of a destination, and of an oriented practice of temporal dispensation. On the beach, in the final analysis, there have always been just a few bodies, bodies which always undergo a primordial experience, ailing bodies which need to build up their strength, abandoned bodies of pleasure on display, and an extreme, unique body, the body of the dead soldier, a strategic, constrained body which, for its part, must undergo the experience of the end, a doomed body projected towards its own finitude. I have reviewed all the articles and documents, and all the books with their eye-catching covers which retrace the occurrences of June 6, 1944, and which are accountable for its proper reinstatement within the polemics of historians, where the illusory truth of history has turned into a strategy for constructing validity. In this entire literature, running to thousands of pages, it is, oddly, impossible to extract more than a handful of lines

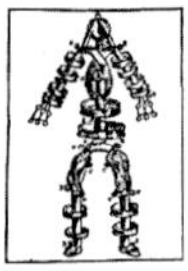

piégée, impossible, prise dans un chaos qui suspend le continuum temporel, annihile toute distance d'objectivation. Les technologies d'enregistrement s'y trouvent elles-aussi brouillées faute d'une conscience extérieure, photos floues presque synoptiques de Robert Capa, images syncopées de Samuel Fuller. "Atterrés," "pétrifiés," "en proie à une étrange léthargie," le vocabulaire dénote un suspend de toute action, de toute perception, un arrêt du temps, un suspend qui prend presque la forme d'une époque anthropologique. Ces corps plongés dans l'eau glacée, engoncés sous les uniformes, alourdis par l'équipement, semblent ramenés à l'expérience première de leur facticité, corps machine ou corps phénoménal toujours en écart d'un corps originaire. En termes husserliens, cette différence à soi que suppose le jugement, la détermination possible de soi s'offre entre les moments du moi phénoménologique et se confond avec le moi

A H+1 minute, la première vague d'assaut d'infanterie touchera terre.... Tout le monde sera en uniforme d'assaut à grande poches, l'arme à la main, le chargement sur le dos. Chaque homme portera en plus de son arme personnelle et de son matériel de spécialité: 1 masque à gaz, 5 grenades [les fusilliers et les coupeurs de barbelés auront, en outre, 4 grenades à fumée, 1 paquet de T.N.T avec fusées, 6 rations, (3 rations-K, 3 rations-D)]. Tous les vêtements seront imprégnés d'un produit anti-gaz. Les hommes de cette première vague porteront chacun deux ceintures de sauvetage. Les armes et le matériel seront également pourvus de ceintures de sauvetage.
Georges Blond, **Le débarquement 6 juin 1944**, Ed. A. Fayard, Paris, 1958, p. 216.

dealing with the actual moment of the Landings. In these lines, the language seems booby-trapped and stifled, caught up in a chaos which suspends the temporal continuum, and does away with any objectivizing distance. Recording technologies also turn out to be blurred and confused, for lack of an external consciousness, Robert Capa's out of focus, almost synoptic photos, Samuel Fuller's syncopated images. "Dumfounded," "petrified," "prey to a strange lethargy"—the vocabulary denotes a suspension of all action, all perception, a halt of time, a suspension which almost assumes the form of an anthropological epoch. These bodies immersed in freezing water, encumbered by their uniforms, weighed down by their equipment, seem to be brought back to the primary experience of their facticity—a machine-body or a phenomenal body, always separate from an original body. In Husserlian terms, this difference in self that is presupposed by judgement, the possible determination of self, is offered between the moments of the phenomenological ego and

At H + 1 minute, the first infantry assault wave will touch land.... Everybody will be in assault uniform with large pockets, weapon in hand, packs on backs. Each man will also carry, in addition to his personal weapon and his special equipment: 1 gas mask, 5 grenades [marines and barbed-wire cutters will also have 4 smoke grenades, 1 pack of TNT with fuses, 6 rations (3 K-rations, 3 D-rations)]. All clothing will be impregnated with an anti-gas product. The men in this first wave will each carry two life-belts. Weapons and equipment will also have lifebelts attached.
Georges Blond, **Le Débarquement 6 Juin 1944**, Ed. A. Fayard, Paris, 1958, p. 216.

primordial dans le flux de l'expérience vécue. C'est même ce sujet phénoménologique qui semble piégé,

CE G.I. N'A FAIT QUE QUELQUES PAS SUR LE SOL DE FRANCE

Chacun ne souhaitait plus que de parvenir au rivage, et ne voyait d'autre issue, pour échapper au tir, étroitement concentré sur les navires que de se jeter à l'eau et de gagner la côte à la nage. Mais leur équipement était trop lourd. Quelques-uns réussirent pourtant à se maintenir à flot. Beaucoup furent blessés et se noyèrent. Rares furent ceux qui atteignirent la rive. La situation y était également intenable, ils refluèrent vers la mer et s'y allongèrent à plat ventre ne laissant passer que les têtes. Puis ils avancèrent en rampant à mesure que la marée monta. Les défenses accessoires de l'ennemi leur tinrent lieu de couvert et ce fut sous leur protection qu'ils parvinrent à gagner le sable sec. Dans l'espace de dix minutes, la compagnie A se trouva décimée. Au bout de vingt minutes, elle n'était plus qu'une infime poignée d'individus obstinés à survivre et cherchant avant tout leur salut.

Journal de marche du 1er Bataillon du 116ème R.I., 6 Juin 1944.

le corps ramené à un point annulé (*Nullpunkt*) de l'espace, toute perception gelée au fracas des explosions, son sans détermination, accord vibrant d'une *Stimmung* indéfinie. Le soldat serait tenu à cet envers passif de toute synthèse, en deçà même du seuil de la passivité, matière sans étendue, immanence radicale de soi. Débarquer pour atteindre un illimité du corps, l'accomplissement d'une pensée de sa limite, de sa finitude ou même de son morcellement. Mais la guerre doit cacher ce qu'elle produit, seule la dimension stratégique de l'événement prime, la guerre doit rester impensable, elle sépare les causes et les effets, elle doit être conçue, percue, comme un accident, un accident permanent. Il a toujours fallu cacher le corps pris par les outils de la destruction militarisée. La blessure n'a plus la noblesse héroïque d'une rencontre physique

becomes merged with the primordial ego within the flux of lived experience. It is even this phenomenological subject which seems booby-trapped; the body seems brought back to a cancelled point (*Nullpunkt*) of space; and all perception seems frozen in the cacophony of explosions, indeterminate sound, the vibrating harmony of an undefined *Stimmung*. The soldier is bound to this passive reversal of all synthesis, even beyond the threshold of passivity, matter without extension, radical immanence of self. Landing to attain a boundlessness of the body, the fulfilment of a conception of its limit, its finitude, or even its piecedness. But war must conceal what it produces, and present just the strategic dimension of the primary event. War

THIS G.I. ONLY TOOK A FEW STEPS ON FRENCH SOIL

must remain unthinkable. It makes distinctions between causes and effects. It is always conceived of as an accident, an on-going accident. It has always been necessary to conceal the body in the grip of the tools of militarized destruction. Wounds no longer have the heroic nobility inherent in a physical clash between combatants. Wounds are now associated with the absence of assimilation between two materials—a coincidence where the flesh yields to the technological tool. As

des combattants, elle renvoie à l'inadéquation de deux matériaux, coïncidence où la chair doit céder devant l'outil technologique. Ainsi sont censurées toutes ces photographies de corps tordus par l'explosion, démembrés, calcinés, qui risquent de reconduire l'image de la perte d'identité du soldat. Ce corps outil, pièce mécanique hors d'usage ne doit pas perturber la propagande humaniste des armées. Il ne s'agit même plus de ce dernier corps humaniste broyé par la première guerre industrielle, corps des tranchées de 1914-18 sacrifiés par centaines de milliers, chair encore plongée dans une tourbe phénoménologique où la terre pouvait encore sembler être un principe de disposition. Avec

"Davis eut l'impression que tous les occupants étaient projetés en l 'air. Des cadavres et des membres épars retombèrent autour de l'épave en feu. 'J'ai vu les hommes, comme des points noirs, essayer de nager jusqu'à la nappe d'essence qui s'étalait sur la mer et comme nous nous demandions ce qu'il fallait faire, un torse sans tête traversa les airs et s'abattit près de nous avec un bruit flasque parfaitement écœurant.'"

Cornelius Ryan, **Le jour le plus long**, Ed. R. Laffont, Paris, 1963, p. 191.

L'invention d'un corps transcendantal traverse toute l'œuvre de Merleau-Ponty; elle n'arrive toutefois jamais à instaurer l'impropriété du corps pour lui-même ou plutôt une véritable pragmatique de ce corps transcendantal. Les activités de la vie quotidienne, la manipulations des objets deviennent autant de segments, toujours reconduits à une synthèse extérieure. *"Si je suis assis à ma table et que je veuille atteindre le téléphone, le mouvement de la main vers l'objet, le redressement du tronc, la contraction des muscles des jambes s'enveloppent l'un l'autre.... Ainsi la connexion des segments de notre corps et celle de notre expérience visuelle et de notre expérience tactile ne se réalisent pas de proche en proche par accumulation.... Je n'assemble pas les parties de mon corps une à une; cette traduction et cet assemblage sont faits une fois pour toute en moi: ils sont mon corps même."*

Maurice Merleau-Ponty, **Phénoménologie de la perception**, Ed. Tel, Gallimard, 1978, p. 74-75.

a result, censorship screens out all those photographs of bodies mangled by explosions, dismembered, charred—photographs which run the risk of renewing the image of the soldier's loss of identity. This body-tool, a de-commissioned mechanical part, must not undermine the humanist propaganda promoted by armies. What is involved is not even that last humanist body pulverized by the first industrial war— those bodies in the trenches of the First World War, sacrificed by the hundreds of thousands, flesh still immersed in a phenomenological turf where the earth could still seem to be a principle of disposition. With the Landings, the body is already a dynamic artifact of research and development; it must respond directly to the syncopes of the technological din or disappear. Destruction wrought on an industrial scale ticks off bodies by the million. Millions of corpses all lumped together into a mass of inert matter, rejects and cast-offs of a higher technological necessity. War to the death. War invents the appalling concept, the idea of a body which, for one and all, is permanently improper. Curiously enough, the soldier

All anybody wanted was to reach the shore, and nobody saw any other way out, to avoid the fire closely concentrated on the ships, but to leap into the water and swim ashore. But their equipment was too heavy. Some of them nevertheless managed to keep afloat. Many were wounded and drowned. Few reached the beach. There, the situation was just as untenable. The men turned back to the sea in droves and lay in it on their bellies, with just their heads showing. Then they advanced crawling as the tide rose. The enemy's accessory defenses gave them some cover and it was under their protection that they managed to reach the dry sand. In just ten minutes, A Company was decimated. After twenty minutes, all that remained was a tiny handful of dogged individuals, all looking, first and foremost, for a safe haven.

Log of the 1st battalion of the 116th I.R., 6 June 1944.

le débarquement, le corps est déjà un artéfact dynamique de l'ingénierie, il doit répondre immédiatement aux syncopes du fracas technologique ou disparaître. La destruction à l'échelle industrielle décompte les corps par millions, millions de carcasses confondues en un matériau inerte, rebut d'une nécessité technologique supérieure, la guerre à outrance. La guerre invente l'épouvantable concept, l'idée d'un corps, qui pour tous, soit définitivement impropre. Curieusement, le soldat qui débarque, noyé sous le feu et la mitraille a déjà intégré le principe de sa propre disparition, il avance à découvert et n'est pas protégé dans le cocon du bunker. Le corps du soldat est l'envers du corps manipulé, exterminé dans les camps de concentration, il est un corps absent, totalement transparent à l'ingénierie qui l'a formé, il est un corps mécanique, une pièce du dispositif. Le corps exterminé résiste, il fascine, il encombre, il reste immémorial, corps illimités des tahitiens de V. Segalen. Et c'est bien ce refus d'une inscription rationnelle de la temporalité que la machine d'extermination tenta d'erradiquer, affamant, broyant, consumant les corps par milliers. La chair, telle qu'elle était présentée par Husserl, n'offre même plus ce médium universel d'une donation des corps dans la nature propre, elle n'est pas plus le principe différenciant de la dispersion selon la lecture de J. Derrida dans *Geschlecht*. Oui la guerre a

caught up in the landings, drowned in fire and a hail of bullets, has already incorporated the principle of his own disappearance. He advances, exposed to enemy fire, and is not protected in the cocoon of the bunker. The body of the soldier is the reverse of the manipulated body, the body exterminated in the concentration camps. It is an absent body, one totally transparent to the engineering that made it. It is a mechanical body, a part of the device. The exterminated body resists; it intrigues; it encumbers; it remains immemorial—boundless bodies of Segalen's Tahitians. And it is, indeed, this refusal of a rational inscription of temporality that the extermination machine endeavored to eradicate, by starving, pulverizing, and consuming bodies in the thousands. Flesh, as presented by Husserl, no longer even offers that

The invention of a transcendental body permeated the whole of Merleau-Ponty's work. But it never quite manages to establish the impropriety of the body per se, or, rather, a veritable pragmatics of this transcendental body. The activities of everyday life and the manipulations of objects become so many segments, always referred back to an external synthesis. *"If I am sitting at my table and I want to pick up the telephone, the movement of my hand towards the object, the straightening of my back, the contraction of the muscles in my legs all envelop one another.... In this way, the connection of the segments of our body and the connection of our visual and tactile experience are not achieved step by step by accumulation.... I do not assemble the parts of my body one by one; this translation and this assemblage occur once and for all in me: they are my actual body."*
Maurice Merleau-Ponty, **Phénoménologie de la perception**, Gallimard, Paris, 1978, pp. 74-75.

"Davis had the impression that all the occupants were hurled into the air. Scattered corpses and limbs fell all around the blazing wreck. 'I saw men, like black dots, trying to swim to the gasoline slick that was spreading over the sea, and as we were wondering what we should do, a headless torso flew through the air and landed close to us with a dull thud that was totally sickening.'"
Cornelius Ryan, **The Longest Day**, Laffont, Paris, 1963, p. 191.

validé la notion d'une définitive impropriété du corps, sans essence, sans unité, un corps sans synthèse qui se multipliera en autant de segments, homéomorphie permanente de Muybridge ou Marey reprise par Duchamp, et qui s'étend maintenant à toutes les dimensions de l'activité humaine, dématérialisant le corps en autant de procédures et de fonctions. Qu'en est-il de ce corps raisonnable, si bien quantifié qu'il délimitait tout un champ scientifique de sa déraison? Qu'en est-il de ce premier factum, ce dernier substrat d'une raison extérieure qu'il fallait évacuer pour le pouvoir totalitaire? Le carcan de Damien, comme une enveloppe extérieure, forme négative qui redouble son écartèlement, le long supplice dont la description inaugure *Surveiller et Punir*, s'est étendu en une architecture infinie. Ces hommes couchés, ces hommes morts derrière les croix de métal qui constellaient les plages impose cette pragmatique d'un corps étendu. Penser l'immanence de ce corps "meta-physique," penser ce corps définitivement impropre, voilà ce qu'autorise l'intense moment du

Ces images sont des exemples des éléments soustraits à la vue du public tout au long de la guerre. Celle qui montre le corps d'un soldat américain, un bras sectionné près de lui provient d'un film, Deux Minutes et demi, *dont le titre se réfère à la fréquence avec laquelle un soldat américain était tué.... Les officiers censuraient toute photographie montrant des soldats américains perdant le contrôle d'eux mêmes, mais en de rares occasions ils laissaient paraître des images suggérant quelque chose de l'impact psychologique de la guerre.*
G.H. Roeder, **The Censured War**, Yale University Press, 1993, p. 36.

universal medium of a "gift" of bodies in nature proper. It is no longer the differentiating principle of dispersal, according to the reading of Derrida in *Geschlecht*. Yes, war has validated the notion of a permanent impropriety of the body, essence-less, unity-less, a body without synthesis which will be split up into so many segments, permanent homeomorphy of Muybridge or Marey, taken up by Duchamp, and which now extends into every dimension of human activity, dematerializing the body into as many procedures and functions. And what of this reasonable body, so well quantified that it delimited a whole scientific field with its unreason? What of that first factum, that last substratum of an exterior reason which had to be voided for totalitarian power? Damian's iron collar, like an outer envelope, a negative form which redoubles his quartering, and the long torture, the description of which launches *Discipline and Punish: Birth of the Prison*, has been extended into an infinite architecture. These prone men, these dead men behind the metal crosses scattered over

These images are examples of material kept out of public view for most of the war. The one showing the body of an American soldier with a severed arm nearby is a still from a film that took its title, Two and One-Half Minutes, *from the statistic of how often an American soldier was killed.... Officials censored all photographs showing American soldiers losing control of themselves, but on rare occasions they did release photographs suggesting something of the psychological impact of war.*
G. H. Roeder, **The Censured War**, Yale University Press, 1993, p. 36.

débarquement. "Nous sommes tous des soldats inconnus" disait P. Virilio dans un texte sur la société civile. Chaque corps doit intégrer cette continuité du discours de l'ingénierie, chaque pratique articule le corps sur des objets qui contingentent les pratiques, les ordonnent en des procédures répétitives. Le déplacement automobile, les nourritures préparées, le *safe sex*, le tourisme de masse, tout démontre que la logique de l'emploi du temps qui contingentait les corps est devenue une logique de constructions temporelles complexes où chacun doit se plier à la simultanéité du continuum technique. La mort de l'homme amenée par M. Foucault comme la limite d'un champ épistémologique doit aussi être comprise comme le terme de la mort, d'une mort toujours assimilée à la finitude de l'homme. Penser la mort, le terme de l'humain reconduit encore l'idée d'un terme, d'un temps chronique qui accompagnerait tout mouvement réflexif de la pensée, conscience de la mort, proximité à la fin qui désengageait le présent. Avec la seconde guerre mondiale, la mort devient éphémère, elle n'est permanente que d'un acte, aucune conscience ne la retient. Et si pourtant la mort s'historicise, c'est moins en monuments qu'en "mémorial" effaçant aussi bien la trace des corps que les temporalités liées traditionnellement à la mort. Le corps

the beaches, they dictate this pragmatics of an extended body. The conception of the immanence of this "meta-physical" body, together with the conception of this inevitably improper body is what authorizes the intense moment of the Landings. "We're all unknown soldiers," said Virilio in an essay about civil society. Each body must incorporate this continuity of the engineering discourse, each practice articulates the body around objects which establish practices, and arrange them in repetitive procedures. Travel by car, take-out food, safe sex, mass tourism, everything demonstrates that the logic behind the use of time, which used to allocate bodies has become a complex, temporal logic of constructions, in which everyone must comply with the simultaneity of the technical continuum. The death of man introduced by Foucault as the limit of an epistemological field must also be understood as the end of death, of a death invariably assimilated to the finitude of man. In conceiving of death, human terminality renews, yet again, the idea of a term, a chronic time that would accompany any reflexive movement of thought, awareness of death, a proximity to the end releasing the present. With the Second World War, death becomes ephemeral. It derives permanence only from an act. No consciousness retains it. And yet, if death becomes historicized, it is not so much in

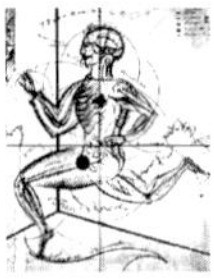

mort reste identique à lui-même et c'est bien cette identification, cette nature externe qui le laisse là, démantelé, morcelé. Mourir n'est plus penser sa fin, projeter la mort, mais bien, sans définition, être le fini.

Factualité de l'événement long

Y-a-t-il un maintenant du débarquement? Peut-on rassembler un ensemble disparate de moments qui pourraient induire une histoire du débarquement. Le point de référence est un moment historique qui se tient à la limite de toute objectivation. Il est "jour-J," "Heure-H," il est un temps séquencié en actions qui s'immobilisent sur une plage sans échappatoire. La plage du débarquement deviendrait la parabole d'un impossible objet phénoménologique, indescriptible, ineffable puisque incohérent aux visées des consciences,

Les troupes de défenses d'Omaha Beach Comprenaient 50% de non Allemands.... Les livrets de soldes seront de huits modèles différents, à savoir: 1°, pour les Russes, les Ukrainiens et les Ruthènes: livret russe; 2°, pour les Cosaques: livret cosaque; 3°, pour les Arméniens: livret arménien; 4°, pour les Azerbaidjanais: livret azerbaidjanais; 5°, pour les Géorgiens (y compris les Adschars, les Sud-Ossetans et les Abschars) livret géorgien; 6°, pour les Aidges, les Harbadines, les Karatjères, les Balkars, les Circassiens, les Nord-Ossetans, les Ingous, les Takiènes, les Dagastères (Kalmouks, Avares, Lakes, Dargines, etc.) livret nord-caucasien; 7°, pour les Turkènes, les Uzbeks, les Kazaks, les Kirghizes, les Karakalpaks, les Tadjiks; livret turkestan; 8°, pour les Tatars de la Volga (Tatars de Kazan), les Bachkirs, les Tchouvaches parlant le tatar, les Maris, les Merdvines, les Oudmounes: livret des Tatars de la Volga. G.Blond, **Le débarquement**, lib. A. Fayard, Paris, 1958, p. 175-76.

monuments as in "memorials," thus obliterating not only the trace of bodies but also the temporalities traditionally associated with death. The dead body remains identical to itself, and it is this identification, this extreme nature, which leaves it there, dismantled and parceled out. Dying is no longer conceiving one's end, projecting death, but rather, beyond definition, being the finite.

Factuality of the Long Event

Is there a "now" to the Landings? Is it possible to assemble a disparate set of moments which might infer a history of the Landings? The point of reference is an historical moment which involves the limit of all objectivization. It is D-Day, H-hour. It is a time sequenced in actions which become frozen on a beach with no escape route. The beach where the Landings occurred would become the parable of an impossible, indescribable, ineffable phenomenological

The defensive troops on Omaha Beach consisted of 50% non-Germans.... There were eight different kinds of pay-books, namely: 1. for Russians, Ukrainians and White Russians: Russian book; 2. for Cossacks: Cossack book; 3. for Armenians: Armenian book; 4. for Azerbaijanis: Azerbaijani book; 5. for Georgians (including Adshars, South Ossetians and Abshars): Georgian book; 6. for Aiges, Harbardins, Karatjers, Balkars, Circassians, North Ossetians, Ingush, Takians, Dagestanis (Kalmuks, Avars, Laks, Dargins etc.): North Caucasian book; 7: for Turkmen, Uzbeks, Kazaks, Kirghizis, Karakalpaks, Tadzhiks: Turkestan book; 8. for Volga Tatars (Kazan Tatars), Bachkirs, Tatar-speaking Chuvaks, Maris, Merdvins, Udmuns: Volga Tatar book.
G. Blond, **Le Débarquement**, A. Fayard, Paris, 1958, pp. 175-6.

basculées dans une phénoménalité irreprésentable. Le moment du débarquement pourrait s'ériger en objet phénoménologique absolu, référent ultime qui ne se manifeste jamais. Le débarquement serait un commencement, une ouverture du territoire, le début d'un temps inassignable. Inversement, cette absolue ponctualité du temps, cette singularité sans détermination pourrait être un non-temps, un "il y a" se refusant à toute synthèse. Afin d'éviter toute tentation d'une restitution, d'une reconstitution, d'un "Re-enactment," il n'y aurait d'autre échappatoire que de partager la compréhension de l'événement entre deux ordres, celui de la synthèse, ou celui de la discontinuité. Le fait du débarquement n'offre aucune prise à l'histoire. Il est possible de multiplier à l'infini les témoignages, les récits, de démontrer matériellement l'engagement des différentes parties, de découper l'action en séquences, d'identifier les moments selon un découpage arithmétique de l'action. Pourtant l'heure "H", ou "H+1" ne parle que du temps, il n'y a même pas un lieu, un personnage, un nom, l'objet référent est le temps lui-même, un temps inassignable à un présent, à un instant. Le jour-J est un événement sans témoin. Le touriste vient lui aussi observer les sites, mais un regard efface l'autre. Ce qui doit être vu ce sont les traces du conflit, le voir est

Omaha Beach avait été divisée dans le sens de la longueur en huit sections. Pour chaque section, le programme de l'assaut était prévu minute par minute de l'heure H-5 minutes jusqu'à H+225. A H+225 le débarquement devait avoir été réalisé et les premiers objectifs atteints.

object, ineffable by being incoherent for the glimpses of consciences, collapsed into a phenomenality that cannot be represented. The moment of the Landings might be established as an absolute phenomenological object, the ultimate referent which never shows itself. The Landings would be a beginning, an opening-up of territory, the start of a time that cannot be assigned. Conversely, this absolute topicality of time, this singularity without determination could be a non-time, a "there is" that rejects all synthesis. The better to avoid any temptation to enact a reinstatement, a reconstitution, or a "re-enactment," the only escape route would be to divide the comprehension of the event into two orders: synthesis and discontinuity. The fact of the landings offers no historical grasp. It is possible to bring on an infinite quantity of evidence and statements; it is possible to demonstrate, materially, the undertaking of the different parties; it is possible to cut the action up into sequences, to identify the moments on the basis of an arithmetical cutting of the action. But the H-hour or H+1, refers solely to time. There is not even a place, or a person, or a name. The referent object is time itself, a time that cannot be assigned to a present, to a split-second. D-Day is an unwitnessed event. The tourist comes to take a look at the sites, but one look obliterates the next. What must be seen are the traces of the conflict. Seeing is selective. It is compartmentalized, based on a reconsideration

sélectif, il se cantonne à une reprise des points de vue à partir du littoral, paradoxalement celui des soldats allemands, regard d'une attente, regards portés par la maîtrise du territoire. Le touriste vient se heurter à la restitution d'un moment qui n'est démonstratif que de sa temporalité. La tentation est grande de simuler, de jouer des rôles comme dans certains jeux, de vivre le moment historique comme aux travers tous ces "Sons et Lumières" qui ont envahis le domaine patrimonial. Comment historiciser ce qui semblait bien être un aboutissement de toutes les conceptions spéculatives de l'histoire. Le mur de l'Atlantique était lui-même un musée, un conservatoire des techniques et des objets de la guerre précédente, tourelles de chars réadaptés sur les bunkers, anciennes conceptions de la fortification, toute la syntaxe du génie militaire se ramassa sur les sites du débarquement, et ceci aussi bien du côté Allié, pour finalement ne ramener l'événement qu'au prévisionnel d'un minutage de l'action. Paul Virilio définit cet accomplissement de la gestion territoriale comme une *u-chronie* généralisée ou l'ingénierie se retourne sur sa propre gestion du temps. L'économie de la délimitation spatiale, de la séparation comme le mur de

C'ÉTAIT L'HEURE H

of the points of view from the coastline, paradoxically in relation to that of the German soldiers. An eye on expectation, eyes drawn by the mastery of the territory. The tourist comes and collides with the reinstatement of a moment demonstrative only by virtue of its temporality. There is a considerable temptation to simulate, to play parts as in certain games, and to live the historic moment through all these "Sound and Light" shows which have invaded the preserve of national heritage. How are we to historicize what indeed seemed to be a culmination of all the speculative conceptions of history? The Atlantic Wall was, itself, a museum, a conservatory of the techniques and objects of the previous war—tank turrets readapted to bunkers, age-old fortification designs, the whole syntax of military engineering, all gathered together in the sites of the landings, and just as much on the Allied side, finally referring the event solely to an estimation of the timing of the action. Paul Virilio defines this fulfilment of territorial management as a generalized *uchronia*, where the engineering resorts back to its own management of time. The economy of spatial delimitation, of separation like the Atlantic Wall, should give way to a vectorial model, "a vectorial policy," which

Omaha Beach was divided lengthwise into eight sections. For each section the assault program was planned minute by minute from H-5 minutes to H+225. At H+225 the landings were to have been completed and the initial objectives attained.

IT WAS H-HOUR

l'Atlantique, devrait laisser la place à un modèle vectoriel, "une politique vectorielle," qui reconduit la forme transcendantale de la limite, gestion contemporaine du pouvoir à l'ombre d'une crise économique permanente, proximité toujours reconduite de la récession ou du conflit local. Le débarquement serait l'objet muséographique le plus performant, un objet qui ne se résume qu'à une indéterminable temporalité susceptible de rassembler autour d'elle toutes les descriptions possibles. Le jour-J est le premier objet de la post-histoire, juste avant Hiroshima. Le volcan de Pompéi gelait une ville entière sous la lave, érigeait le moment, l'instant en objet historique absolu, ceci en une sculpturalité toujours reconduite de la ville entière, où le détail n'en finissait d'étendre sa matérialité. L'heure-H est l'objet lui-même, immatériel, et toute la stratégie consiste à déplacer le flux touristique des petits musées locaux encombrés de débris altérés, de l'encombrante archéologie d'objets industriels sans intérêt, vers le mémorial, monument d'une mémoire du non-temps, mémoire sans oubli d'un temps vide. La vacance du touriste doit recouper cette vacance de l'histoire. L'historique ne peut plus être que l'objet d'une économie, le calcul du temps où l'on peut main-

Le passé et l'avenir de l'économie de l'aménagement du temps, remplaçant l'avant et l'arrière de celle de l'aménagement de l'espace, avec l'instantanéité, le pouvoir se déplace vers un hypothétique centre du temps... dans un compromis temporel succédant à celui de l'histoire.
Paul Virilio, "L'engin exterminateur," in **Silex, Territoires de la terreur**, 1974, p. 23.

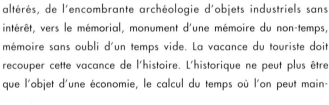

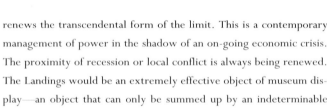

renews the transcendental form of the limit. This is a contemporary management of power in the shadow of an on-going economic crisis. The proximity of recession or local conflict is always being renewed. The Landings would be an extremely effective object of museum display—an object that can only be summed up by an indeterminable temporality capable of gathering about itself every possible description. D-Day is the first object of post-history, just before Hiroshima. The volcano at Pompeii petrified an entire city beneath its lava. It erected the moment, the instant, as an absolute historical object, and it did so in a constantly renewed sculptural version of the entire city, where details endlessly spread their materiality. H-hour is the immaterial object itself, and the whole strategy consists of shifting the tide of tourists from small local museums cluttered with damaged relics, and from the cumbersome archaeology of industrial objects of little or no interest, towards the memorial, monument to a memory of non-time, an unforgetful memory of an empty time. The tourist's vacation must recover this historical vacancy. The "historical" cannot be anything other than the object of an economy, the calculation of a time in which it is possible to hold the tourist in this state of

The past and the future of the economy of time-planning, replacing the front and back of the economy of space-planning, with instantaneousness, power shifts towards a hypothetical center of time... in a temporal compromise coming in the wake of the compromise of history.
Paul Virilio, "L'engin exterminateur," in **Silex, Territoires de la terreur**, 1974, p. 23.

tenir le touriste dans cet état de vacance, de disponibilité où l'on peut le retenir sur les sites. La guerre mondiale est la forme optimisée de l'objet touristique, elle est universelle, ses raisons sont internationales, sa technologie normalisée, elle accomplit les nationalismes, elle ramène l'archéologie au constat réaffirmé d'une disparition des corps, d'une finitude des hommes et des cultures. La guerre, le passé du conflit ne véhicule que la réaffirmation d'une ponctualité du maintenant, elle introduit l'objet historique absolu, le non-temps. Alors, il faudra faire durer ce jour très long, augmenter cette heure, cette minute, afin qu'ils tiennent à chaque instant, maintenant, tout un chacun sous le joug de la nécessité. Si toute conception contemporaine de l'histoire est une critique radicale du *telos* qui lie tout développement historique au déploiement d'une raison, la frayeur d'une autonomie permet négativement d'observer comment se reconduisent les tentatives d'un ancrage juridique de la finalité. Le statut kantien de la téléologie déplacé, la quête contemporaine semblerait s'organiser autour de l'ancrage d'une destination, la délégation de l'ultime unité téléologique rendue par le jugement réfléchissant. Derrière cette *Bestimmung*, c'est toute une pensée de l'orientation qui s'ordonne, tous ordres philosophiques confondus, pour sauver l'ultime

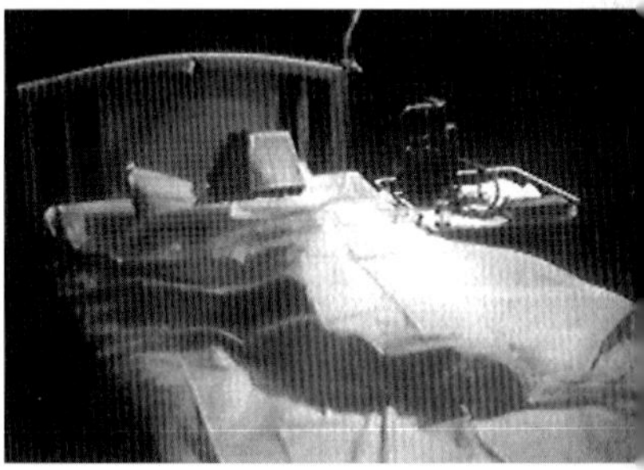

vacancy, of availability in which he can be retained on the sites. World war is the optimized form of the touristic object. It is universal. The grounds for it are international. Its technology is standardized. It fulfils nationalistic aspirations. It refers archaeology to the reaffirmed fact of a disappearance of the body, of a finitude of people and cultures. War and the conflictual past simply convey the re-affirmation of a topicality of the now. It introduces the absolute historical object—non-time. So what is needed is a drawing-out of this very long day, a magnification of this hour and minute, so that they cling to each instant, now, with each and every one under the yoke of necessity. If all contemporary conceptions of history are a radical criticism of the *telos* which links all historical development to the unfolding of a reason, the dread of an autonomy permits the negative observation of how attempts at making a judicial fixture of finality are renewed. The Kantian status of displaced teleology, and the contemporary quest, would seem to be organized around the fixture of a destination, the delegation of the ultimate teleological identity rendered by reflective judgement. Behind this *Bestimmung* there lurks a whole conception of ordered orientation, every conceivable sort of philosophy to save the ultimate fixture point, the

Il serait présomptueux, voire criminel, de la part d'un penseur ou d'un écrivain de se prétendre le témoin ou le garant de l'événement. Il faut entendre que ce qui fait témoignage n'est nullement l'entité, qu'elle soit qui s'affirme en charge de cette passibilité à l'événement, mais l'événement "lui-même." Ce qui mémorise ou retient n'est pas une capacité de l'esprit, pas même l'accessibilité à ce qui arrive. Mais dans l'événement la présence est insaisissable et indéniable d'un quelque chose qui est autre que l'esprit et qui, "de temps en temps," arrive....
Jean-François Lyotard, "Le temps aujourd'hui", **Critique**, n° 493-494, Tome XLIV, Ed. de Minuit, Paris, 1984, p. 576.

ancrage, la forme résorbée d'une pensée moderne. Les sanctions morales s'abattent, l'autonomie s'assimile au post-modernisme. La pensée devient distributive, l'histoire travaillant alors sans relâche à l'économie de son propre effacement. Tout le travail de l'historien, du philosophe serait ramené à la reconduction d'une vigilance, sentinelles d'un accord ou d'un dés-accord (*Stimmung*) renvoyés aux coups, aux échanges d'une sémantique non-référentielle. Il est trop réducteur de renvoyer dos à dos destination et non destination, d'imposer cette dernière téléologie, en assimilant autonomie et ce qu'historiquement la philosophie appelait le relativisme. De cette difficulté à penser le maintenant de tous les moments qui se retenaient sous le nom d'histoire, on ne peut simplement confondre la matière en un rébus, ce qui reste, un non-destiné absolu. Toute matière se préserve en une forme temporellement déterminée. Le débarquement doit être le sujet d'une chronique, un relevé permanent de tous les temps sédimentés dans la situation, la stimulation d'une capacité d'actualisation. La discontinuité de l'histoire est une immanence radicale.

re-absorbed form of a modern way of thinking. Moral sanctions come tumbling down, autonomy becomes assimilated into postmodernism. Thought becomes distributive, with history then working tirelessly at the economy of its own obliteration. The whole task of the historian and the philosopher is linked to the renewal of a vigilance, sentinels of an agreement or a dis-agreement (*Stimmung*) referred to the opportunities and exchanges of a non-referential semantics. It is too simplistic to juxtapose destination and non-destination back-to-back, and impose this latter teleology by assimilating autonomy and what, historically, philosophy used to call relativism. With regard to this difficulty of conceiving the now of all the moments retained under the name of history, one cannot simply confound the subject matter into a rebus, the remnants into a non-destined absolute. All subject matter is preserved in a temporally determined form. The Landings should be the subject of a chronicle, a permanent survey of all the times deposited in the situation—the stimulation of a capacity for up-dating. The discontinuity of history is a radical immanence.

It would be presumptuous, not to say criminal, on the part of the thinker or writer to claim to be the witness or guarantor of the event. It must be understood that what forms testimony is in no way the entity, whatever it may be, that declares itself in charge of this liability for the event, but the event "itself." What memorizes or retains is not a capacity of the mind, not even accessibility to what happens. But in the event, presence cannot be grasped and cannot deny something that is other than the mind and which, "from time to time" happens....
Jean-François Lyotard, "Le Temps aujourd'hui," **Critique**, n° 493-494, Vol. XVIV, Minuit, Paris, 1984, p. 576.

LYNNE TILLMAN
LUST FOR LOSS
VIVRE SA PERTE

What gives value to travel is fear.... This is the most obvious benefit of travel.

Albert Camus[1]

Though she didn't really like to travel, Madame Realism[2] often wanted to be someplace other than home. Travel caters to the uncanny, to impulse and serendipity, and Madame Realism took chances. She gambled away some of the time allotted to her in life, and defiantly, almost wantonly, acknowledged and nurtured a craving to wreck her own schedule and daily routine. I am my own homewrecker; it is one of my freedoms, she told herself.

To Madame Realism the self-inflicted habits of a typical day were no comfort. She disliked the idea of a typical day. Though habits afford a reliable sanity, Madame Realism resented her own customs. She even resisted them, as if they were the amorous advances of a former lover. Easy, but who needs it, she thought. I'd rather be sitting on a crowded train, next to smokers, living dangerously.

Tainted by wanderlust, resigned to a permanent tourism, Madame Realism plotted journeys she might take. She indulged a fantasy, like envisioning a movie she longed to see, then set it into motion, which was akin to that movie appearing on the screen. First there was a desired setting and then there

Ce qui fait le prix du voyage, c'est la peur.... C'est le plus clair apport du voyage.

Albert Camus[1]

Bien qu'elle n'aimât pas vraiment voyager, Madame Réalisme[2] avait souvent envie d'être ailleurs que chez elle. Les voyages ouvrent sur l'insolite, favorisent les impulsions, permettent les découvertes, et Madame Réalisme aimait prendre des risques. Elle perdait une partie du temps que la vie lui accordait, et avec un brin de provocation, comme à plaisir, elle donnait volontiers satisfaction à son besoin de mettre elle-même un grain de sable dans l'engrenage du quotidien. Je suis mon propre grain de sable; c'est un de mes moyens pour me sentir plus libre, se disait-elle.

Pour Madame Réalisme, nul réconfort dans la perspective d'une journée ordinaire réglée par les habitudes qu'on s'est imposé. L'idée d'un jour ordinaire lui faisait horreur. Si la force des habitudes procure une certain équilibre mental, Madame Réalisme supportait mal ses propres habitudes. Elle y résistait même, comme aux avances d'un ancien amant. Facile, mais en a-t-on besoin, pensait-elle. Je préférerais être assise dans un train bondé, à côté de fumeurs, vivre dangereusement en somme.

Marquée par un désir d'errance continuelle, se résignant à un perpétuel tourisme, Madame Réalisme combinait les voyages qu'elle pourrait entreprendre. Elle laissait libre cours à son imagination, imaginait un film qu'elle désirait voir, le mettait

was an outcome, a reality—a hotel, a museum, an avenue, a beach, a cafe—all of which she'd conjured before. After all, Madame Realism mused, when you're watching a movie, it's your reality.

But she suffered the pangs of most thrillseekers—she hated departures. After one particularly lugubrious leavetaking, she observed that train stations and airports were, like graveyards, watering holes for the sentimental. Or the mournful. She suspected that people who hung around might be waiting for no one or nothing but a good cry. There were always reasons to cry, she knew, but not as many places to cry as reasons.

I like it when I don't know where I am, or why, but it also terrifies me, she admitted to herself. Madame Realism was taking off, running away, going on a vacation or just roaming. Her destination was the coast of Normandy. She was curious about World War II—she was definitely a postwar character—and had, if not a valid reason to be there, a valid passport. With it and money, she could get out of town. But just as she was suspicious of the reasons for following a routine, she was suspicious of the reasons for disrupting it.

Unsettled by her own vagueness, Madame

ensuite en route, et c'était comme si ce film apparaissait sur l'écran. D'abord, il y avait un décor desiré, puis, sa conséquence, une réalité—un hôtel, un musée, une avenue, une plage, un café—toutes choses qu'elle avait évoquées auparavant. Après tout, rêva Madame Réalisme, lorsque quelqu'un regarde un film, c'est sa propre réalité.

Mais elle souffrait les affres de la plupart des amateurs d'émotions fortes—elle détestait les départs. Un jour de départ particulièrement lugubre, elle avait remarqué que les gares et les aéroports étaient, comme les cimetières, des oasis pour les sentimentaux. Ou les endeuillés. Elle se doutait que les gens qui traînaient là pouvaient bien n'attendre rien d'autre qu'une crise de larmes. Il y avait toujours des raisons de pleurer, elle le savait bien, mais pas autant d'endroits que de raisons pour pleurer.

J'aime ne pas savoir où je suis, ni pourquoi, mais cela m'effraie aussi, s'avoua-t-elle. Madame Réalisme se donnait congé, s'échappait, partait en vacances, allait à l'aventure. Destination: la côte normande. Elle voulait en savoir davantage sur la Deuxième Guerre Mondiale—à coup sûr, elle était un personnage d'après-guerre—et était en possession d'un passeport en cours de validité, à défaut d'avoir une raison valable pour s'y rendre. Avec passeport et argent, elle pouvait s'en aller. Mais si elle se méfiait

Realism threw a bottle of aspirin into a bag. She tossed in another pair of underpants, too. The black silk underpants were an afterthought, a last-minute decision. Maybe all my decisions are, she worried, then closed her suitcase. She hummed an ancient tune: "Pack up your troubles in your old kit bag..." And do something. But she couldn't remember the lyrics. And what is a kit bag? She hesitated and cast last-minute glances about the room.

Madame Realism couldn't know what lurked around the corner, at home or abroad. From reading travel books and maps, from studying histories of particular locations, she could plan a course of action. But actually she yearned to be out of control in a place where she didn't know a soul. It's better to be a cliché, a reprehensible image, than not to venture forth, not to take a risk, she contended as she walked out of her apartment. Madame Realism might be both Sancho Panza and Don Quixote. She might also be their horse.

After having been asked by an airline representative if anyone had packed for her, if she was carrying a gift from a stranger, if she had left her suitcase unattended, Madame Realism boarded the plane, settled into a seat, and nervously considered, as the jet shot into the sky, what a first-minute decision might be. A decision of the first order. A crucial, life and death decision,

des raisons qu'on pouvait avoir de se plier à une routine, elle se méfiait tout autant des raisons invoquées pour la briser.

Troublée par sa propre incertitude, Madame Réalisme jeta un tube d'aspirine dans un sac. Elle y glissa aussi une autre culotte. La culotte de soie noire était une décision de dernière minute, une pensée après coup. Peut-être que toutes mes décisions sont ainsi, se dit-elle avec inquiétude, puis ferma sa valise. Elle fredonna un ancien air: "Ramassez vos ennuis dans votre vieux barda...." Et faites quelque chose. Mais elle n'arrivait pas à se souvenir des paroles. Et qu'est-ce qu'un barda? Elle hésita et jeta un coup d'oeil de dernière minute dans la pièce.

Madame Réalisme ne pouvait savoir ce qui se cachait au coin de la rue, chez elle ou à l'étranger. En lisant des livres de voyages, en étudiant des cartes et l'histoire de tel ou tel endroit, elle pouvait arrêter un plan d'action. Mais en fait, elle brûlait de perdre le contrôle des événements dans un endroit où elle ne connaîtrait personne. Mieux vaut être un cliché, une image répréhensible que de ne pas s'aventurer, ne pas prendre de risque, se rassura-t-elle, en quittant son appartement. Madame Réalisme pourrait bien être à la fois Sancho Pansa et Don Quichotte. Elle pourrait aussi être leur cheval.

Après qu'un agent de la compagnie aérienne lui eût demandé si quelqu'un avait fait ses valises à sa place, si elle transportait un cadeau remis par un étranger ou si elle

which would certainly be made during war. That's why I'm going to Normandy, she concluded. To be alive in a place haunted by death and by great decisions. If that was true, if that was her motivation, Madame Realism felt even more peculiar and unreasonable.

What explains this mass mania/to leave Pennsylvania?

Noel Coward[3]

In a hotel not far from the beach, Madame Realism was standing on a small balcony. She was gazing out at the sea. Large, white cumulus clouds dotted the blue sky. The Channel changed from rough to smooth in a matter of hours. She found herself watching the rise and fall of the waves, the rush and reluctance of the tides, with fascination or dread. Or concern. Which characterization was most true she was not sure. Truth was so difficult to be told, small and big truths, she could never tell it completely. Much as she might try, she couldn't even adequately define the weird anguish she experienced at the sight of the placid stretch of beach that touched the sea. The five beaches of Operation Overlord—Juno, Omaha, Sword, Gold, Utah. She had memorized

avait laissé son bagage sans surveillance, Madame Réalisme embarqua à bord de l'avion, s'installa dans un siège et se demanda nerveusement, tandis que l'avion fendait le ciel, ce que pourrait être une décision de première minute. Une décision de premier ordre. Une décision cruciale de vie ou de mort, du genre de celle qui serait certainement prise durant une guerre. C'est pourquoi je vais en Normandie, en conclut-elle. Vivre dans un endroit hanté par la mort et par de grandes décisions. S'il en était vraiment ainsi, si telle était sa motivation, Madame Réalisme se sentait encore plus bizarre et déraisonnable.

Comment donc expliquer cette manie/de quitter ainsi la Pennsylvanie?

Noel Coward[3]

Dans un hôtel pas très éloigné de la plage, Madame Réalisme se tenait sur un petit balcon. Elle contemplait la mer. De grands cumulus blancs émaillaient le ciel bleu. La Manche passait en quelques heures de l'agitation au calme plat. Elle se surprit en train de regarder la montée et la chute des vagues, la ruée et l'hésitation de la marée, avec fascination ou effroi. Ou avec intérêt. Elle n'était pas sûre de savoir connaitre la définition la plus exacte. Il était si difficile de dire des vérités, les petites comme les grandes; elle ne

their wartime names. The code names intrigued her; codes always did.

The light blue water—maybe it was more green than blue—grew progressively darker as it left the shore. The sea was always mysterious, ever more so with depth. Unfathomable, she reminded herself, the way the past is as it becomes more distant and unreadable with every day, every day a day further away from the present or the past, depending upon the direction from which one is thinking. But is something that is regularly described as a mystery, like the ocean, like history, mysterious?

Puzzled, Madame Realism was never less contemporary than when she traveled. Each journey was the fulfillment of a desire, and desire is always an old story. Like everyone else's, Madame Realism's desires were born and bred in an intransigent past. Even if she imagined herself untethered as she flew away, she was tied. When she journeyed to an historic site especially, she kept a date with history. And when she trafficked in history, she was an antique. At least she became her age or recognized herself in an age.

Spread on the bed were histories and tourist brochures of the region. Military strategy appealed to her; secretly she would have liked to have been privy to the goings on in one of the D-Day war rooms. But there hadn't been

pouvait jamais les exprimer totalement. Elle avait beau essayer, elle n'arrivait pas à définir convenablement le bizarre sentiment d'angoisse qu'elle éprouvait à la vue de l'étendue tranquille de plage qui touchait la mer. Les cinq plages de l'Opération Overlord—Juno, Omaha, Sword, Gold, Utah. Elle avait mémorisé leurs noms de guerre. Leurs noms de code l'intriguaient, comme le faisaient toujours les codes.

Le bleu léger de l'eau—peut-être était-il plus vert que bleu—devenait progressivement plus sombre en s'éloignant du bord. La mer était toujours mystérieuse, et plus encore quand elle était profonde. Incompréhensible, se souvint-elle, comme l'est le passé à mesure qu'il devient plus distant et illisible avec chaque jour qui passe, chaque jour, un jour plus éloigné du présent ou du passé, selon le point de vue qu'on adopte pour réfléchir. Mais est-ce que quelque chose qu'on décrit régulièrement comme un mystére, l'océan ou l'histoire, est mystèrieux?

Déconcertée, Madame Réalisme n'était jamais moins actuelle que lorsqu'elle voyageait. Chaque voyage était l'accomplissement d'un désir. Et le désir est toujours une vieille histoire. Comme ceux de tout le monde, les désirs de Madame Réalisme prenaient naissance et grandissaient dans un passé intransigeant. Même si elle s'imaginait sans attache lorsqu'elle s'en allait, elle était liée. Spécialement, quand elle se rendait en un lieu historique, elle gardait un rendez-vous avec l'histoire. Et quand elle trafiquait avec

any women in them. I'd have to rent a war room of my own, she laughed, and then recollected, in a rapid series of images, the war movies she'd consumed all her life—*Waterloo Bridge, The Best Years of Our Lives, The Longest Day, The Dirty Dozen*. Celluloid women waited and worried about men. They were nurses, wives, secretaries. Sometimes they drove ambulances, sometimes they spied. They grieved, they loved. Madame Realism learned from a TV program that the first woman to land on the Normandy beachhead at Omaha was an American named Mabel Stover, of the Women's Army Corps. Mabel Stover, earnest and robust, appeared on the program, exhorting World War II veterans to contribute money to a U.S. memorial, a "Wall of Liberty." "Your name belongs on this wall," she exclaimed. "It's your wall. Go for it, guys and gals."

You receive unforgettable impressions of a world in which there is not a square centimeter of soil that has not been torn up by grenades and advertisements.

Karl Kraus[4]

Early the next morning, restless and sleepless, Madame Realism left the hotel and went for a walk on the beach. There was hardly anyone around. The sea was

l'histoire, elle était une antiquité. Au moins devenait-elle son âge, ou se reconnaissait-elle en un âge.

Etalées sur le lit, se trouvaient des brochures historiques et touristiques sur la région. La stratégie militaire l'intéressait; en son for intérieur, elle eût aimé avoir été dans le coup dans l'une des salles d'état-major du jour-J. Mais il n'y avait pas eu de femmes. Il me faudrait me payer ma propre salle d'état-major, se dit-elle en riant. Et elle se souvint, en une rapide succession d'images, les films de guerre qu'elle avait consommés durant toute sa vie—*Le Pont de Waterloo*, *Les meilleures années de notre vie*, *Le jour le plus long*, *Les douze salopards*. Les femmes sur pellicule attendaient et se faisaient du souci pour les hommes. Elles étaient infirmières, épouses, secrétaires. Parfois, elles conduisaient des ambulances, parfois elles souffraient, aimaient. Madame Réalisme savait, grâce à une émission de télé, que la première femme à atterrir sur la plage d'Omaha était une Américaine nommée Mabel Stover, du Corps auxiliaire féminin. Sérieuse et solide, Mabel Stover apparut dans l'émission exhortant les vétérans de la Deuxième Guerre mondiale à apporter leur contribution à un monument du souvenir américain, un "Mur de Liberté." "Votre nom appartient à ce mur." s'exclama-t-elle, "c'est votre mur. Allez-y, les gars et les filles."

choppy. With each barefoot step on the sand—the tide was out—Madame Realism concocted a battle story: Here a man had fallen. He broke his leg, he struggled, and a soldier he never saw before helped him, then he was shot. Both were shot, but both lived, somehow. Or, here someone died. But without pain, a bullet to the brain. Or, here a soldier was brave and sacrificed himself for another, but lived. They both lived. Or, here a man found cover and threw a grenade that knocked out an enemy position. Or, here someone was terrified, sick with fear, and could not go on.

At the phrase "sick with fear," Madame Realism kicked her foot in the sand and uncovered a cigarette butt. She wondered how long it had been buried. It was trivial to contemplate in a place like this, even absurd. But I can't always control what I think, she thought.

Madame Realism jarred herself with vivid images of thousands of soldiers rushing forward on the beach. She thought about the men who had been horribly seasick in the boats that carried them to shore. On D-Day, years ago, the weather was bad and the sea was rough. Madame Realism looked again at the water and toward the horizon. Imagine being sick to your guts and being part of the greatest armada in history, imagine being aware that you were

On retire une impression inoubliable d'un monde où pas un centimètre carré de terre n'a été épargné ni par les bombes ni par la publicité.

Karl Kraus[4]

Le lendemain matin de bonne heure, après une nuit agitée sans sommeil, Madame Réalisme quitta l'hôtel pour aller marcher sur la plage. Il n'y avait pratiquement personne. La mer était houleuse. A chaque pas de ses pieds nus dans le sable—c'était la marée basse—Madame Réalisme concoctait une histoire de bataille: ici, un homme était tombé. Il s'était cassé la jambe, il avait lutté, et un soldat qu'il n'avait jamais vu auparavant l'avait aidé, puis il avait été touché par un projectile. Tous les deux avaient été touchés, mais tous deux avaient survécu, de quelque façon. Ou bien, quelqu'un était mort. Mais sans souffrir, une balle dans le cerveau. Ou encore, ici un soldat avait été brave, il s'était sacrifié pour un autre, mais avait survécu. Tous deux avaient survécu. Ou, ici, un homme s'était mis à l'abri, et avait jeté une grenade qui avait détruit une position ennemie. Ou, ici, quelqu'un était terrifié et, malade de peur, ne pouvait continuer.

A la phrase, "malade de peur," Madame Réalisme tapa dans le sable avec son pied, faisant ressurgir un mégot de cigarette. Elle se demanda combien de temps il avait été enterré. C'était trivial, voire absurde, de s'arrêter sur ce genre de choses en un tel lieu. Mais je ne peux pas toujours contrôler ce que je pense, pensa-t-elle.

making history in the moment it was happening, imagine having the kind of anonymous enemy who is determined to kill you—or being a terrifying enemy yourself. In the next moment she scolded herself: If you're throwing up over the side of a boat or scared to death, you're not thinking about history. You're just trying to stay alive.

At the horizon the sea was severed from sky, or it met the sky and drew a line. As she did when she was a child, Madame Realism speculated about what she could not see, could never see, beyond that line, that severe border. She squinted her eyes and stood on her toes, hoping to see farther. It was impossible to know how far she actually saw. Still, she lingered and meditated upon the uncanny meeting of water and air, how it was and wasn't a meeting, how the touch of the air on the sea wasn't like the touch of a hand to a brow, or a mouth to a breast. It wasn't a touch at all. Just another pathetic fallacy. The sky doesn't kiss the sea. Jimi Hendrix must have been wildly in love or high when he wrote that line, "'Scuse me while I kiss the sky."

Madame Realism licked her lips and tasted the salt on them. She loved that. She always felt very much

Madame Réalisme se laissa bouleverser d'images vivantes de milliers de soldats se précipitant en avant sur la plage. Elle pensa aux soldats ayant eu un horrible mal de mer dans les bateaux qui les avaient débarqués sur le rivage. Au jour-J, il y a des années, le temps était mauvais et la mer démontée. Madame Réalisme regarda encore l'eau jusque vers l'horizon. Imaginez ce que cela pouvait être d'être malade à crever et de faire partie de la plus grande armada de l'histoire, de savoir que l'on faisait l'histoire au moment où elle se déroulait, d'avoir une sorte d'ennemi anonyme qui est déterminé à vous tuer—ou d'être soi-même un ennemi terrifiant. L'instant d'après, elle se reprocha cette pensée: quand on dégueule par-dessus bord ou qu'on crève de peur, on ne pense pas à l'histoire. On essaie simplement de rester en vie.

A l'horizon, la mer était coupée du ciel, ou plutôt, elle rencontrait le ciel et tirait une ligne. Comme elle le faisait étant enfant, Madame Réalisme se livra à toutes sortes de spéculations sur ce qu'elle ne pouvait voir, ne pourrait jamais voir au-delà de cette ligne, cette bordure implacable. Elle plissa les paupières et se dressa sur la pointe des pieds, dans l'espoir de voir plus loin. C'était impossible de savoir jusqu'où elle voyait réellement. Mais elle persista, méditant sur la rencontre étrange de l'eau et de l'air, dans quelle mesure c'était et ce n'était pas une rencontre, comment la brise sur la mer n'était

alive near the ocean. She breathed in deeply. It was strange to be alive, always, but stranger to feel invigorated and happy in a place where there had been a battle, a life and death struggle. Maybe it wasn't weird, she consoled herself. Maybe it's like wanting to have wild sex right after someone dies.

Life wants to live, a friend once told her. Especially, Madame Realism thought, digging her toes into the sand, in a place where it was sacrificed. Death wasn't defeated here, but victory transformed it. That was the hope anyway. Hope disconcerted Madame Realism. It was just the other side, the sweet side, of despair.

The soldiers landing, the planes dropping bombs, the guns shooting, the chaos, the soldiers scrambling for safety—she could envision it. But an awful gap split her comprehension in half, much like the sea was divided from the sky. It split then from now, actuality from memory, witnesses from visitors.

From time to time, Madame Realism forgot herself, but she was also conscious of being in the present. She was aware that time was passing as she reflected on time past. But even if she had not lived through it, the war lived through her. She was one of its beneficiaries; it was incontrovertible, and this was her war as much or even more than Vietnam.

pas comme la caresse d'une main sur un front, ou d'une bouche sur un sein. Ce n'était pas du tout une caresse. Simplement, un autre faux-semblant pathétique. Le ciel n'embrasse pas la mer. Jimi Hendrix devait être follement amoureux ou complètement défoncé quand il écrivit ce vers: "Excusez-moi pendant que j'embrasse le ciel."

Madame Réalisme se passa la langue sur les lèvres qui avaient un goût de sel. Elle aimait ça. Elle se sentait toujours revivre près de l'océan. Elle inspira profondément. C'était toujours curieux d'être en vie, et encore plus curieux de se sentir revigorée et heureuse en un endroit où il y avait eu une bataille, une lutte à la vie, à la mort. Peut-être n'était-ce pas si bizarre, se dit-elle pour se consoler. C'est peut-être comme une folle envie de faire l'amour tout de suite après la mort de quelqu'un.

La vie veut vivre, lui dit une fois un ami. Surtout, se dit Madame Réalisme, enfonçant la pointe des pieds dans le sable, en un endroit où elle fut sacrifiée. La mort ne fut pas vaincue ici, mais la victoire l'avait transformée. En tout cas, on pouvait l'espérer. L'espérance déconcertait Madame Réalisme. C'était simplement l'autre aspect, l'aspect tendre du désespoir.

Le débarquement des soldats, les avions larguant leurs bombes, les tirs dans tous les sens, le chaos, la ruée des soldats en quête d'un abri—tout cela, elle pouvait l'imaginer. Mais un terrible fossé coupait sa compréhension en deux, tout comme la mer

Of course, she told herself, it's odd to be here. The past doesn't exist as a file in a computer, easy to call up, manage and engage. We can't lose it, though we are, in a sense, lost to it or lost in it. But was WW II being lost every day? she wondered. Everything was changing and had changed. The former Yugoslavia, the former Soviet Union, a reunified Germany. She recalled Kohl and Reagan's bitter visit to Bitburg. Was the end of the Cold War a return to the beginning of the century and an undoing of both world wars? It wasn't cold now, but Madame Realism trembled. Once history holds your hand, it never lets go. But it has an anxious grip and takes you places you couldn't expect.

And the wall of old corpses./I love them./I love them like history.

Sylvia Plath [5]

Suddenly Madame Realism realized that there were many people around her, speaking many different languages. Tourists, just like her. She shrugged and marched on. I go looking for loss and I always find it, she muttered to herself, a little lonely in the crowd. She reached Omaha Beach and the enormous U.S. cemetery. The rows and rows of gravestones were rebukes

était coupée du ciel. Il séparait le passé du présent, l'actualité du souvenir, les témoins des visiteurs.

De temps en temps, Madame Réalisme s'oubliait, mais elle était aussi consciente d'être dans le présent. Elle se rendait compte que le temps passait, alors qu'elle réfléchissait au temps passé. Mais même si elle ne l'avait pas vécue, la guerre vivait à travers elle. Elle en était l'une des bénéficiaires; c'était indiscutable et c'était sa guerre, autant ou même plus que le Vietnam.

Bien sûr, se disait-elle, c'est curieux d'être ici. Le passé n'existe pas comme un document dans un ordinateur, que l'on sollicite et sur lequel on peut travailler facilement. On ne peut pas le perdre, même s'il nous a perdu ou si nous nous perdons en lui. Mais la Deuxième Guerre mondiale ne se perdait-elle pas un peu plus tous les jours?, se demanda-t-elle. Tout était en train de changer et avait changé. L'ex-Yougoslavie, l'ex-Union Soviétique, une Allemagne réunifiée. Elle se souvint de l'amère visite de Kohl et Reagan à Bitburg. La fin de la Guerre Froide était-elle un retour au début du siècle et le dénouement des deux guerres mondiales? Il ne faisait pas froid maintenant, mais Madame Réalisme frissonna. Une fois que l'histoire vous tient par la main, elle ne vous lâche jamais. Mais sa prise est nerveuse et elle vous emmène dans des lieux insoupçonnés.

to the living. That's precisely what entered her mind—rebukes to the living. She shook her head to dislodge the idea. Now, instead of rebuke, a substitute image, sense or sensation—all the graves were reassurances, and the cemetery was a gigantic savings bank with thousands of tombstonelike savings cards. Everyone who died had paid in to the system and those who visited were assured they'd received their money's worth. That's really crazy, she chastised herself. Over seven thousand U.S. soldiers were buried in this cemetery, and Madame Realism knew not a soul. But what if the tombstones were debts, claims against the living?

"I'd rather be here," the comedian W.C. Fields had carved onto his tombstone, "than in Philadelphia." Sacreligious to the end, Fields was outrageous in death. And surrounded by thousands of white tombstones, Madame Realism was overwhelmed by the outrageousness of death itself. But since she was only a visitor to it, death was eerily, gravely, reassuring. Madame Realism looked at the dumb blue sky and away from the aching slabs of marble. But when she reluctantly faced them again, they had become, for her, monuments that wanted to talk. They wanted to speak to her of small events of devotion, fearlessness, selflessness, sacrifice.

Et le mur de vieux cadavres/je les aime/je les aime comme l'histoire.

Sylvia Plath[5]

Soudain, Madame Réalisme s'aperçut qu'il y avait bien du monde autour d'elle, des gens parlant différentes langues. Des touristes, tout comme elle. Elle haussa les épaules et poursuivit sa marche. Je pars à la recherche d'une perte et je la trouve toujours, marmonna-t-elle, quelque peu isolée au milieu de la foule. Elle arriva à Omaha Beach, à l'immense cimetière américain. Les rangées et les rangées de pierres tombales adressaient comme un reproche aux vivants. C'est précisemént ce qui lui vint à l'esprit—reproche aux vivants. Elle secoua la tête pour se débarrasser de cette idée. Maintenant, au lieu d'un reproche, une image, une impression ou une sensation—toutes les tombes apparaissaient comme autant de réassurances et le cimetière comme une gigantesque caisse d'épargne avec des milliers de carnets d'épargne en forme de pierres tombales. Tous ceux qui étaient morts avaient apporté leur contribution au système et ceux qui venaient en visite étaient sûrs d'en avoir pour leur argent. C'est vraiment fou, se reprocha-t-elle. Plus de sept mille soldats américains se trouvaient enterrés dans ce cimetière, et Madame Réalisme ne connaissait pas une âme. Mais si les pierres tombales étaient des dettes, des créances sur les vivants?

"Je préfère être ici," avait fait graver le comédien W. C. Fields sur sa tombe,

Markers of absence, of consequence, of heartbreak, of loss, each was whispering, each had a story to tell and a silenced narrator. Madame Realism was astonished to be in a ghost story, spirited by dead men. But it was a common tale.

Everyone hopes the dead will speak. It's not an unusual fantasy, and perfect for this site, even site specific, in a way. Though maybe, Madame Realism contemplated, they choose to be silent. Maybe in life they didn't have much to say or didn't like talking. Maybe they had already been silenced. What if they don't want to start talking now? That was a more fearsome, terrible fantasy. In an instant, the tombstones stopped whispering.

More people joined her, to constitute, she guessed, a counterphobic movement, a civilian army fighting against everyday fears. During the Second World War, President Roosevelt had advised her nation: "There is nothing to fear but fear itself." War is hell, she intoned mutely, silent as a grave.

Haunted and ghosted, Madame Realism stared at the tombstones. The sun was shining on them, and they glared back at her. They glowered unhappily. And she had a curious desire. She wanted to sing a song, though she

"qu'à Philadelphie." Sacrilège jusqu'au bout, Fields était outrageant dans la mort. Entourée par des milliers de pierres tombales blanches, Madame Réalisme était accablée par le caractère outrageant de la mort elle-même. Mais comme elle ne faisait que rendre visite, la mort paraissait mystérieusement, gravement rassurante. Madame Réalisme regarda le ciel bleu silencieux, se détournant des lancinantes plaques de marbre. Mais lorsqu'elle y revint non sans réticence, c'était devenu des monuments qui voulaient parler. Lui parler de moments de dévouement, de courage, d'absence d'égoïsme, d'esprit de sacrifice.

Comme autant de jalons d'absence, d'irréversibilités, de déchirements, de pertes, chaque pierre murmurait quelque chose, chacune avait une histoire à raconter et un narrateur réduit au silence. Madame Réalisme était surprise d'être dans une histoire de fantômes, animée par des hommes morts. Mais c'était un conte ordinaire. Tout le monde espère que les morts vont parler. Ce n'est pas un fantasme extraordinaire, et il est parfait dans ce cadre, d'une spécificité topique, en quelque sorte.[6] Mais peut-être, conjectura Madame Réalisme, ont-ils choisi d'être silencieux. Peut-être que dans la vie, ils n'avaient pas grand'chose à dire ou qu'ils n'aimaient guère parler. Peut-être qu'ils avaient déjà été réduits au silence. Et s'ils ne voulaient pas se mettre maintenant à parler?

didn't have much of a voice. She wanted to sing a song and raise the dead. She wanted to dance with them. She wanted to undo death and damage. Even if it was a cliché, or she was, she gave herself to it. All desires are, after all, common, she reflected, and closed her eyes in ecstasy.

At last Madame Realism was spinning out of control in a place where she didn't know a soul. Maybe she was discovering what it meant to be transgressive. She wasn't sure, because that happened only when you couldn't know it. For a moment or two she dizzily abandoned herself to a god that was not a god, to a logic that was not logical. She imagined she'd lost something, if not someone. She had not lost herself, not so that she couldn't find herself again once she returned home. But she felt foolish or turned around, turned inside out or upside down. I'm just a fool to the past, she hummed off key, as the past warbled its siren song. And in a duet, and unrehearsed, Madame Realism answered its lusty call.

C'était une idée encore plus redoutable, plus terrible. En un instant, les pierres tombales cessèrent de murmurer.

Encore plus de gens se joignaient à elle, pour constituer, supposa-t-elle, un mouvement anti-phobique, une armée de civils combattant les peurs quotidiennes. Durant la Seconde Guerre mondiale, le Président Roosevelt avait déclaré à la nation: "Il n'y a à craindre que la crainte elle-même." La guerre, c'est l'enfer, entonna-t-elle aussi silencieusement qu'une tombe.

Possédée et hantée, Madame Réalisme regarda fixement les pierres tombales. Le soleil brillait sur elles, et elles lui retournèrent son regard. Elles la toisaient mécontentes. Et elle eut alors un curieux désir. Elle avait envie de chanter une chanson, bien qu'elle n'eût guère de voix. Elle voulait chanter une chanson et réveiller les morts. Elle voulait danser avec eux. Elle voulait défaire la mort et le mal. Même si c'était, ou si elle était, un cliché, elle s'y abandonna. Tous les désirs sont ordinaires, après tout, si l'on y réfléchit, et elle ferma les yeux en extase.

Enfin, Madame Réalisme perdait tout contrôle en un lieu où elle ne connaissait pas une âme. Peut-être était-elle en train de découvrir ce que cela signifiait d'être transgressive. Elle n'en était pas sûre, parce que cela n'arrivait que lorsque l'on ne s'en rendait pas compte. Pour un ou deux instants, elle s'abandonna étourdiment à un dieu qui n'en

Notes

1. Camus, Albert. *Notebooks 1935-1942.* Paragon House, New York. 1991, p. 13.
2. Lynne Tillman's "Madame Realism" is a continuing anti-character. Madame Realism first appeared in 1984 as an artist's book, *Madame Realism,* with drawings by Kiki Smith. Since 1986, Madame Realism texts have been published regularly in *Art in America,* as well as other journals and books. In 1992, Semiotext(e) Native Agents published *The Madame Realism Complex,* a collection of short fiction. Madame Realism does not exist, although some readers think they recognize her.
3. Coward, Noel. From *"The Wrong People."*
4. Kraus, Karl. "Promotional Trips to Hell," in *In These Great Times,* Carcanet, 1984, England, p. 93.
5. Plath, Sylvia. from "Letter in November," in *Ariel.* Harper & Row, New York. 1965, p. 46.

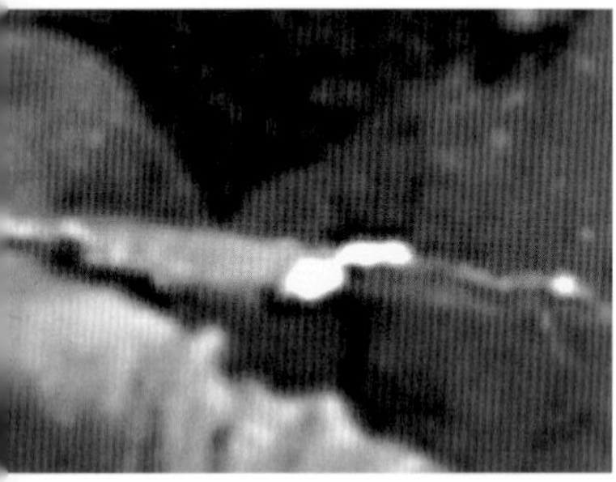

n'était pas un, à une logique qui n'en était pas une. Elle s'imagina qu'il lui manquait quelquechose, sinon quelqu'un. Elle ne s'était pas perdue, pas au point de ne pouvoir se retrouver une fois qu'elle serait rentrée chez elle. Mais elle se sentit insensée, sens dessus dessous, retournée, renversée. Je ne suis qu'un bouffon pour le passé, fredonna-t-elle, chantant faux, tandis que le passé roucoulait son chant de sirène. Et en un duo, et sans avoir répété, Madame Réalisme répondit à son appel lascif.

Notes

1. Albert Camus, *Carnets 1935-1937*, NRF/Gallimard, 1962, p. 26.
2. "Madame Réalisme" de Lynne Tillman est un anti-personnage que l'on retrouve tout au long de ses écrits. Madame Realism apparut en premier lieu en 1984, comme un livre d'artiste, avec des dessins de Kiki Smith. Depuis lors, des textes Madame Réalisme furent régulièrement publiés dans *Art in America*, ainsi que dans d'autres revues et livres. En 1992, Semiotext(e) Native Agents publièrent *The Madame Realism Complex*, un recueil de nouvelles. Madame Réalisme n'existe pas, même si certains lecteurs pensent l'avoir reconnue.
3. Noel Coward, *The Wrong People*.
4. Karl Kraus, "Promotional Trips to Hell", dans *In These Great Times*, Carcanet, G.-B., 1984, p. 93.
5. Sylvia Plath, "Letter in November" (11 novembre 1962), *The New Yorker*, 23 & 30 août 1993.
6. En anglais, *site-specific*: allusion à une pratique artistique qui s'est développée à la fin des années soixante et qui, en français, est connue sous le terme de 'travail in situ' (N. du T.).

GEORGES VAN DEN ABBEELE

ARMORED SIGHTS/SITES BLINDÉS

SITES BLINDÉS/ARMORED SIGHTS

She: *I've seen everything in Hiroshima.*

He: *No, you've seen nothing in Hiroshima.*

Marguerite Duras, ***Hiroshima mon amour***

"Arriving in an area completely shattered by bombardments, pass a smashed blockhouse on your left and climbing over the shell-holes, go on to the edge of the cliff from which there is a good view of the east coast of the Cotentin peninsula." So read the directions in the 1965 Normandy *Michelin Guide* to the Pointe du Hoc,[1] the scene of a daring but costly attack by U.S. Troops at the dawn of D-Day. Their goal was the seizure of a particularly dangerous German gun battery encased atop a steep cliff overlooking the English Channel. The U.S. Rangers, in an operation which "was not without recalling a medieval assault on the ramparts of a besieged castle,"[2] had to scale the 30 meter cliffside with the help of ropes, collapsible ladders, and rocket-launched grappling hooks. After extremely heavy casualties from German grenades and machine-gun fire, the Rangers reached the top and prepared to destroy the heavy coastal artillery Eisenhower feared would imperil the Allied invasion fleet and the troop landings at nearby Omaha Beach. Here is what happened: "When the ranger squads

Elle: *J'ai tout vu à Hiroshima.*

Lui: *Non, tu n'as rien vu à Hiroshima.*

Marguerite Duras, ***Hiroshima mon amour***

"En arrivant dans la zone bouleversée par les bombardements, on passe un blockhaus défoncé à gauche, et, en traversant des entonnoirs béants, on va jusqu'au bord de la falaise d'où se découvrent de belles vues sur la mer et le littoral jusqu'à la presqu'île du Cotentin." Ainsi se lisent les indications que donne en 1965 le *Guide Michelin (Normandie)* pour aller à la Pointe du Hoc,[1] scène d'une attaque audacieuse, mais très coûteuse, lancée à l'aube du jour-J par les Rangers américains contre une batterie allemande particulièrement dangereuse encastrée sur les hauteurs d'une falaise surplombant la Manche. Ceux-ci, dans un engagement qui "ne fut pas sans rappeler une attaque médiévale des remparts d'un château assiégé,"[2] devaient escalader cette falaise haute de 30m à l'aide de cordes, d'échelles démontables, et de grappins lancés par des fusées. Après avoir souffert de très graves pertes sous le feu des mitrailleuses et des grenades allemandes, les Rangers parvinrent au sommet et s'apprêtèrent à démolir cette lourde batterie côtière qui, selon Eisenhower, risquait de mettre en péril la flotte Alliée et les débarquements qui devaient avoir lieu à Omaha Beach, tout près de la Pointe du

reached the supposed cannon mountings, they were astounded to discover that the casings were empty and almost all the concrete abutments completely pulverized. Oddly, the huge guns were nowhere in sight."[3]

Two scenes, two perspectives on one place, but at two different times and from two different paths of approach, under conditions that could not be more different: war and peace, armed amphibious invasion and curiosity-seeking tourism by car. But what exactly is there to see at this or indeed at any other site of the Normandy landings—or for that matter at any other battlefield memorial? The *Michelin Guide,* with its clinical detachment, directs us through obvious signs of war-induced destruction to the liminal space of the cliff's edge, about which it has nothing to note but the lovely view of the coastline heading north. Absence lurks at the site's core, as what is thus given to the eyes is not the site but the sight of something else. This absence eerily mimics the mysterious absence of the German artillery, whose threat marked this rugged promontory as the site for a crucial military mission whose undertaking would ultimately designate this place as historical monument and tourist attraction. But what exactly is it that one sees at La Pointe du Hoc? The name of the place itself already seems to point to the riddle of its designation. One

Hoc. Voici ce qui s'est passé: "Lorsque les groupes de rangers atteignirent les emplacements supposés des canons, ils furent frappés de stupeur en découvrant des casemates vides et presque toutes les positions en béton complètement pulvérisées. Curieusement, les gros canons n'étaient nulle part en vue."[3]

Deux scènes, deux perspectives sur un seul lieu, mais à deux moments et suivant deux approches différentes, et dans des conditions on ne peut plus dissemblables: la guerre et la paix, l'invasion amphibie armée et le tourisme automobile des curieux. Or, qu'y a-t-il au juste à voir ici ou sur n'importe quel autre site des débarquements de Normandie—voire sur n'importe quel champ de bataille? Le *Guide Michelin*, avec cette distance clinique et froide qui le caractérise, nous guide, à travers des signes on ne peut plus évidents de la destruction apportée par la guerre, jusqu'à l'espace liminaire de la falaise dont il n'a rien à dire si ce n'est qu'il offre un "beau panorama" de la côte filant vers le nord. L'absence guette au sein même du site; ce qui se donne à voir n'est pas le site mais la vue de quelque chose d'autre. Cette absence reproduit étrangement celle, mystérieuse, des canons allemands qui firent de ce promontoire sauvage l'objectif d'une mission militaire vitale, mission qui elle-même allait transformer ce lieu en monument historique et en attraction touristique. Que voit-on exactement à La Pointe du Hoc? Le nom lui-même semble déjà indiquer

could, of course, allege a false or folk etymological rendering of this cape as "Point of the This," and from the Latin demonstrative pronoun *hoc* wax eloquent on the infinite regression or stuttering of a name that is but an index of a name that can only point to itself as deixis: this is the place that is the place of this, etc. But the more likely derivation from the Saxon *ho* or *hoe*, meaning a spur or headland, is not much better[4]: one still ends up with something that can only mean Headland Point or Spur Cape, or even, Point Point, not unlike another nearby promontory, also the site of a German gun battery and consequent invasion objective, that is called, this time with a name that is utterly and entirely French: La Pointe de la Percée. The point of the point here is not to engage in some deconstructive game at the expense of the memory of those lost in this perilous episode in the liberation of Europe from fascism. Instead, it is to discern in this place something like the old soldier's truism about the empty center of a battle, and to suggest something about the ungraspable quality of this place where the palpable trace of loss, death and destruction are simultaneously present and absent and yet must be a adumbrated if any war memorial is to retain some fidelity to what it both remembers and warns about, as memorial and monument (from *monere*, to warn + *mens*, mind).

l'énigme de sa désignation. On pourrait, bien sûr, alléguer une fausse étymologie, ou une étymologie populaire qui, en faisant la part du pronom latin démonstratif *hoc*, nous donnerait "La Pointe de 'Ceci,'" ce qui permettrait de longues dissertations sur le bégaiement ou la régression infinie d'un nom qui n'est que l'index d'un nom qui ne peut que s'indiquer en tant que deixis: ceci est le lieu qui est le lieu de ceci, et ainsi de suite. La dérivation pourtant plus vraisemblable à partir du saxon *ho* ou *hoe*, qui signifie promontoire ou éperon de terre, n'en dit pas plus[4]: on se retrouve toujours avec quelque chose qui ne peut que signifier Pointe du Promontoire ou Cap de l'Eperon, ou même Pointe de la Pointe, un peu comme pour cet autre promontoire voisin, site lui aussi d'une batterie allemande et par conséquent, autre objectif de l'invasion, appellé, cette fois avec un nom tout à fait français, La Pointe de la Percée. Il n'est pas ici question de faire le point sur cette pointe au nom d'une déconstruction aux dépens de la mémoire de ceux qui sont tombés lors de cet épisode périlleux de la libération de l'Europe et de la lutte contre le fascisme. Il s'agit au contraire de discerner quelque chose comme le poncif guerrier du vide au centre de la bataille, et ainsi de révéler quelque peu le caractère insaisissable de ce lieu où les traces tangibles de la perte, de la mort, et de la destruction sont à la fois présentes et absentes et doivent en même temps être esquissées pour que tout mémorial de guerre conserve quelque fidélité à ce

Battlefields are unlike most tourist attractions that offer themselves to the observer's eyes (and often touch) as a feast of aesthetic and sensual pleasures. Such attractions are to be seen, approached, and experienced from a certain point of view that is defined and re-defined on film, in postcards and in the guidebooks that serve as both memory aid for those who have been there and anticipatory publicity for those yet to go. The battlefield, on the other hand, does not so easily give itself up to be seen. Its monuments point to what is not there or what is no longer there. Steles and sculptures, like the cemeteries and burial grounds that invariably become part of what one visits at a battlefield, are only there because those who died there are no longer (there). But unlike a simple cemetery, the battlefield monument also points to another absence; that is, the *historical* distance from the event it marks. This double absence that is death and history is, of course, underscored by the strange calm and natural beauty of battleground parks, so obviously at odds with the hellish turmoil and horror they have been set aside to commemorate.

But while there is no single viewpoint which can construct the authentic visual reception of the battle site (in the way, for instance, that one organizes the correct view of Notre Dame or the Eiffel Tower), there are of course a

qu'il commémore et ce contre quoi il met en garde comme mémorial et monument (de *monere*, avertir + *mens*, esprit). Les champs de bataille ne sont pas des attractions touristiques comme les autres, qui s'offrent aux yeux (et éventuellement au toucher) de l'observateur comme lieux de plaisirs sensuels et esthétiques. Elles doivent être vues, abordées, vécues à partir d'un certain point de vue défini et re-défini en photographies, en cartes postales, et dans les guides touristiques qui servent à la fois d'aide-mémoire à ceux qui y sont déjà allés et de publicité anticipée pour ceux qui ne s'y sont pas encore rendus. Le champ de bataille, au contraire, ne se laisse pas voir si facilement. Ses monuments indiquent ce qui n'est pas là ou ce qui n'y est plus. Les stèles et les sculptures, comme les cimetières et les ossuaires qui font inévitablement partie de ce qu'on visite dans ces endroits, ne sont là que parce que ceux qui sont morts ne sont plus (là). Mais, à la différence d'un simple cimetière, le monument commémorant une bataille indique aussi cette autre absence, celle de la distance *historique* qui nous sépare de l'événement qu'il marque. Cette double absence, de la mort et de l'histoire, est renforcée par l'étrange tranquillité et la beauté naturelle des champs de bataille touristiques qui contrastent clairement avec le tumulte infernal et l'horreur qu'ils ont pour fonction de rappeler à tous.

Mais, s'il n'existe pas de point de vue unique qui permette d'organiser la vision

variety of ways of seeing a war site, the "best" or more comprehensive ones not surprisingly being those invested with the greatest military value by the armies who fought there. These positions are typically the high ground of hilltops, ridges or citadels, from which any and all available armaments can be rained down upon the enemy. Depending then on one's direction of approach, one will oversee Waterloo either from Napoleon's or Wellington's field of vision, and Gettysburg either from a Confederate or a Union perspective. But such symmetry is not so easily available in the case of the beaches of Normandy, and again the Pointe du Hoc proves instructive. What the *Michelin Guide* simply ignores or refuses to see, and what Boussel and Florentin in their ambitious *Guide des plages du débarquement* valiantly strive to correct by their historically researched reconstruction of the raid from the point of view of the incoming boats—an account whose narrative fiction is constantly disclosed by such abrupt interjections as "What a wild and frantic spectacle it was to see the men...climb up the cliffs"—is what a "naive" American tourist disingenuously reveals in a newspaper article predicting an "invasion of tourists" on the fiftieth anniversary of D-Day: "Pointe du Hoc was a critical German observation post and heavy gun battery a half-century ago. The concrete fortifications are well-

authentique d'un champ de bataille (à la manière, par exemple, dont on peut cadrer correctement Notre Dame ou la Tour Eiffel), il y a bien sûr nombre de manières de voir un site lié à la guerre, dont les meilleures, ou les plus "compréhensives," sont, de manière tout à fait logique, celles investies de la plus grande importance stratégique par les armées qui s'y sont affrontées. Ces positions sont, de manière caractéristique, le sommet des collines, des buttes, ou des citadelles, à partir desquelles on peut user de toute sorte d'armements pour attaquer l'ennemi en-dessous. Alors, selon l'angle d'approche, on contemplera Waterloo avec l'œil de Napoléon ou avec celui de Wellington, et Gettysburg du point de vue des Sudistes ou de celui des Nordistes. Mais cette symétrie n'est pas évidente dans le cas des plages de Normandie, et là encore c'est La Pointe du Hoc qui nous l'enseigne. Ce que le *Guide Michelin* omet tout simplement de dire ou refuse de voir, et ce que Boussel et Florentin, dans leur ambitieux *Guide des Plages du Débarquement*, s'efforcent vaillamment de corriger par leur reconstitution historique de l'attaque des Rangers vue des barges de débarquement qui s'avancent vers le littoral—un récit dont la fiction narrative est constamment dévoilée par des remarques telles que "Ce fut un spectacle sauvage et forcené de voir les hommes...escalader les falaises"—est précisément ce qu'un touriste américain "naïf" nous révèle dans un article annoncant la prochaine "invasion des touristes" à l'occasion

preserved and graffiti-free. I peered through the narrow slit of the observation post as the morning fog that shrouded the Channel burned off. I wondered about the reaction of the German soldiers as they first saw the awesome Allied invasion fleet."[5] If there is a potential scandal in the tour guides to the D-Day beaches, it is no doubt that the tourist's approach to the commemorated areas and guided tour thereof align his or her point of view with that of the occupying army. Perhaps it is the well-known inclement weather and rough seas of the Normandy coast that make a skydiving visit or a seaside cruise of the landing beaches inconvenient and unpopular,[6] but like it or not, a tourist to the area is plausibly replicating Rommel's tours of inspection, designed to ensure the impregnability of Hitler's so-called Atlantic Wall of the *Festung Europa.* And indeed, with the exception of the commemorative monuments, museums, cemeteries and enshrined debris of the invasion (Sherman tanks here and there, a parachute hanging from the church steeple at Sainte-Mère-Eglise, vestiges of the artificial harbors at Arromanches and Omaha Beach), what remain most massively evident today are still the principal elements of the Germans' Atlantic Wall, most notably in the bunkers and blockhouses of reinforced concrete built to withstand the heaviest of bombardments and, consequently, the weight of

du cinquantenaire du débarquement: "Il y a cinquante ans, la Pointe du Hoc fut un poste d'observation, et un emplacement de batterie lourde, vital pour les Allemands. Les fortifications en béton sont toujours bien préservées et sans graffiti. J'ai jeté un coup d'oeil à travers l'ouverture étroite du poste d'observation pendant que se levait la brume matinale qui enveloppait la Manche. Je me demandais quelle avait été la réaction des soldats allemands au moment où ils aperçurent la flotte imposante des Alliés."[5] S'il y a quelque chose de scandaleux dans les visites organisées des plages du débarquement, c'est nul doute dans le fait que le touriste aborde les lieux commémorés du point de vue de l'armée d'occupation. Peut-être les mers houleuses et le mauvais temps bien connus de Normandie rendent-ils la visite en parachute ou la croisière nautique le long des plages du débarquement incommodes et peu populaires,[6] mais, qu'on le veuille ou non, le touriste visitant ces plages effectue vraisemblablement les mêmes visites d'inspection que celles faites par Rommel pour rendre imprenable ce soi-disant Mur de l'Atlantique de la *Festung Europa*. Et en effet, à l'exception des monuments commémoratifs, des musées, des cimetières et des débris enchâssés de l'invasion (chars Sherman ça et là, le parachute qui flotte en haut du clocher de Sainte-Mère-Eglise, les vestiges des ports artificiels d'Arromanches et d'Omaha Beach), ce qui reste le plus visible aujourd'hui ce sont toujours les éléments principaux du Mur de

time. Perhaps this is the reason why Germans are more willing to visit here (rather than say, Stalingrad or El-Alamein for instance, or even Salerno or Bastogne), why their officials seek participation at commemorative services here, why their organizations maintain German cemeteries and memorabilia here—all this apparently, with little awareness from all parties of the disproportionately high numbers of Polish, Ukrainian, and Georgian conscripts forcibly stationed far from the Russian front to guard the Channel coast).[7] Strategically located in those places affording the best ocean views for murderously firing onto amphibious assailants, their military purpose now defunct, the German fortifications now provide the most efficient vistas for hurried visitors on a day trip from Bayeux or Caen, where the hotel accommodations are so much more ample than in the tiny fishing villages right along the coast.

Of course, invasions such as the D-Day operation are only "invasive" to the extent that they seize and appropriate a place occupied by the other and from which the other sees. In fact, many German blockhouses and bunkers have been marked with steles, plaques, and other inscriptions that celebrate their capture by Allied troops. In some cases, these strongholds were immediately requisitioned for use as headquarters for American units moving inland. And

l'Atlantique allemand, notamment dans les bunkers et les blockhaus construits de béton renforcé pour survivre aux bombardements les plus durs, et par conséquent, au poids du temps. C'est peut-être pour cette raison que les Allemands préfèrent visiter ces lieux (plutôt, par exemple, que Stalingrad ou El Alamein, ou même Salerne ou Bastogne), que leurs dirigeants politiques veulent assister aux cérémonies commémoratives et que leurs organisations s'acharnent à soigner les cimetières allemands et les souvenirs de leur présence—tout cela avec assez peu de reconnaissance de tous côtés pour le nombre très important de conscrits polonais, ukrainiens, géorgiens et autres qui furent postés loin du front russe pour garder les côtes de la Manche.[7] Stratégiquement situées dans des lieux offrant les meilleurs points de vue de la mer afin de diriger leur feu meurtrier vers leurs assaillants amphibiens, leurs fonctions militaires maintenant défuntes, les fortifications allemandes offrent aujourd'hui les panoramas les plus efficaces pour le visiteur pressé par les exigences d'un circuit d'une journée qui doit le ramener à Bayeux ou à Caen, où on trouve plus facilement à se loger que dans les petits villages de pêche à même la côte.

Bien sûr, des invasions telles que celle des Alliés en Normandie ne sont "envahissantes" que dans la mesure où elles s'emparent et s'approprient le lieu qu'occupe l'autre et d'où il regarde. En fait, nombre de blockhaus et de bunkers allemands portent

still later, some have become tourist attractions themselves in the form of museums. The Musée du débarquement at Utah Beach, for example, overlooking the English Channel, houses an impressive display of memorabilia, scale models, and documentary films. It is literally topped off by the inscribed silhouettes on its upper platform that indicate the exact position and names of the ships that would have been coming into full view of this casemate and its German defenders on the morning of June 6, 1944. An anti-aircraft gun placed here is surrounded by plaques commemorating French fighter pilots shot down on D-Day in the vicinity of Utah Beach, presumably by the very gun preserved on this spot![8]

What did they see, then, these German soldiers, as they peered out over the same waters we do today? Was it even possible to see the gigantic invasion fleet (whose tremendous yet well-documented quantities, like Rabelais's numbers, render its apprehension all but meaningless: 6,939 vessels, some 11,000 airplanes, a force of a quarter of a million troops to land within the first week alone)? One of the most telling reactions is that of Major Friedrich-August Von der Heydte, the commander of the German Sixth Parachute Regiment, who climbed a church steeple on D-Day to

View of the Allied Invasion Fleet from a German bunker

La flotte alliée vue d'un bunker allemand

stèles, plaques et inscriptions qui fêtent leur saisie par des troupes alliées. Dans certains cas, ces points forts furent immédiatement réquisitionnés pour servir de quartier général aux unités américaines qui progressaient vers l'intérieur. Et encore plus tard, on les transforma en attractions touristiques sous forme de musées, tel le Musée du débarquement à Utah Beach, qui abrite une collection impressionnante de souvenirs, maquettes et films documentaires et dont la plateforme qui le surmonte porte, inscrites sur sa facade, des silhouettes indiquant les noms et les positions exactes des navires qui se trouvaient devant cette casemate et ses défenseurs allemands le matin du 6 juin 1944. Le canon anti-aérien qui s'y trouve est entouré de plaques commémorant les pilotes français abattus le jour-J dans les environs d'Utah Beach, sans doute par le canon même conservé dans cet endroit![8]

Que voyaient-ils donc, ces soldats allemands, lorsqu'ils regardaient par-delà les mêmes eaux que nous aujourd'hui? Etait-il même possible de voir cette gigantesque flotte de guerre dont la quantité astronomique et néanmoins parfaitement répertoriée, comme les chiffres de Rabelais, rend insensée toute appréhension: 6 939 vaisseaux, quelques 11 000 avions, une force de débarquement d'un quart de million d'hommes dans la seule première semaine. Une des réactions les plus parlantes est sans doute celle

observe the situation. Here is what he saw, as summarized by an American army report: "The picture before him was, he said, overwhelming. He could see the Channel and the armada of Allied ships, covering the water to the horizon. He could see hundreds of small landing craft plying to the shore unloading men and tanks and equipment. Yet, for all that, he got no impression of a battle in progress. It was then about noon. The sun was shining. Except for a few rifle shots now and then it was singularly quiet. He could see no Allied troops. The whole scene reminded him of a summer's day on the Wannsee."[9] Readers of Herman Wouk's *War and Remembrance* will recognize in the Major's account the words of the fictional character Von Roon, who adds: "The 'Battle of France' indeed! These troops were preparing to destroy Germany, and they looked like picnickers."[10] Rather than some cataclysmic scene of horror and destruction, the greatest invasion in human history appears as a sublimely immense logistical exercise, carried out under conditions reminiscent of a Sunday outing. If the influx of tourists is invariably described by the metaphor of invasion, Von der Heydte's view of the invasion oddly evokes a mass arrival of holiday tourists, busy getting off their boats and unpacking their bags. No battle is witnessed by the German Major, utterly unaware as he watched this "peaceable" scene that

du Major Friedrich-August Von der Heydte, commandant le sixième régiment allemand de parachutistes, qui grimpa en haut d'un clocher le jour même du débarquement afin d'observer la situation. Voici ce qu'il vit, selon un rapport militaire américain: "Le spectacle devant lui, dit-il, était bouleversant. Il voyait la Manche et la flotte des vaisseaux alliés, qui couvraient toute la surface de la mer jusqu'à l'horizon. Il pouvait voir des centaines de péniches de débarquement qui se pressaient vers le littoral pour y déverser hommes, blindés et matériel. Malgré tout, il ne ressentait néanmoins aucune impression de bataille en cours. Il était alors environ midi. Le soleil brillait. A l'exception de quelques coups de fusils çà et là, tout était étrangement calme. Il ne voyait aucune troupe alliée. La scène toute entière lui rappelait un jour d'été sur le Wannsee."[9] Le lecteur du roman d'Herman Wouk, *War and Remembrance*, aura reconnu dans le récit du Major les paroles du personnage fictif de Von Roon, qui ajoute: "la 'Bataille de France,' la belle affaire! Ces troupes se préparaient à détruire l'Allemagne, et elles avaient l'air de pique-niqueurs."[10] Loin d'être une scène cataclysmique d'horreur et de destruction, la plus grande invasion de l'histoire de l'humanité a l'air d'un immense exercice logistique sublime, réalisé dans des conditions qui rappellent une promenade du dimanche. Si l'arrivée massive de touristes est presque invariablement décrite comme une métaphore de l'invasion, la vue de l'invasion que nous propose Von

his own troops were already all but cut off by the pincer movements of the American forces. The major saw no apocalyptic invasion, only the technology of *landing*, of *debarkation*, hence the justice of referring to the D-Day operation in those terms. Indeed, this may be the only military action known not by the place of its occurrence but by the banal designation of its operational process (the action of landing, hence its designation in French as "le débarquement") or by that of its commencement in time: D-Day simply refers to the calendar date at which an operation is scheduled to begin. The technological rather than the militaristic sublime of the event was likewise noted by Eisenhower himself, in a remark that oddly rejoins Von der Heydte's impressions though Eisenhower is describing the D-Day beaches not on D-Day, but two weeks later, in the aftermath of a violent sea storm that did more immediate damage to Allied operations—wrecking nearly a thousand vessels and destroying the artificial harbor the Americans had built at Omaha Beach—than any of the failed German counterattacks: "There was no sight in the war that so impressed me with the industrial might of America as the wreckage on the landing beaches. To any other nation disaster would have been almost decisive;

American debris on Utah Beach a year after D-Day

Débris américains à Utah Beach un an après le débarquement

der Heydte évoque de façon bizarre un débarquement de touristes, tous pressés de descendre du bateau et de défaire leurs valises. Le major n'est témoin d'aucune bataille. Du reste, il ignore totalement, au moment même où il contemple cette "paisible" scène, que ses propres troupes sont déjà pratiquement encerclées par la manœuvre en tenailles des forces américaines. Le major ne voyait aucune invasion apocalyptique, seulement la technologie du *débarquement*, d'où la justesse de donner ce nom aux événements du jour-J. Il s'agit peut-être de la seule action militaire qui soit connue, non par le lieu où elle s'est produite, mais par la désignation banale de son processus opérationnel (l'acte même de débarquer, d'où son nom en français, "le débarquement") ou bien par celle de son commencement temporel: pour les Anglais et les Américains, "D-Day" signifie simplement la date où doit commencer une action. Dans une remarque qui répond curieusement à celle de Von der Heydte, Eisenhower aussi a bien noté le sublime technologique (plutôt que militaire) de l'événement en décrivant les plages non le jour-J même, mais quinze jours plus tard, après une violente tempête en mer qui fit plus de dégâts aux opérations des Alliés—elle fit s'échouer environ mille vaisseaux et détruisit le port artificiel construits par les Américains à Omaha Beach—qu'aucune des contre-attaques manquées

but so great was America's productive capacity that the great storm occasioned little more than a ripple in the development of our build-up."[11] But this homage to American productivity is also a recognition of American wastefulness (Eisenhower revised Sherman's dictum that "war is hell" with the statement that war "is synonymous with waste"[12]). America's potential to play out an endless potlatch to win the war is testified to by what remains of its invasion arsenal on the beaches of Normandy: sunken ships and landing craft, beached tanks and armaments, helmets and other such gear that continued for years to be washed ashore. The ephemeral as well as excremental quality of what the tour books call the "vestiges" of the American presence in Normandy, structurally like the junk and discards of tourists, contrasts ironically with the hollow timelessness of the German bunkers. Yet these veritable monuments (in the guise of a warning) at the same time stand as testimony to the Nazi folly of refusing to see the horrific consequences of the new kind of *blitzkrieg* it had itself unleashed upon the world: namely, the eradication of the distinction between front and rear, soldier and civilian, armed might and industrial production. The new utter invasiveness of modern warfare, symbolized by airborne as well as amphibious assault carried out "on a grandiose scale"[13] during the D-Day landings, meant that no one

des Allemands: "Aucun spectacle de cette guerre n'a mieux démontré le pouvoir industriel de l'Amérique que celui des épaves sur les plages du débarquement. Ce désastre, pour toute autre nation, aurait été décisif; mais la capacité de production de l'Amérique était telle que ce grand orage ne laissa qu'un petit ondoiement dans le processus d'accumulation de nos forces."[11] Mais cet hommage au pouvoir de production américain est en même temps la reconnaissance de son incomparable faculté de gaspillage (Eisenhower corrigea ainsi la maxime du Général Sherman selon laquelle "la guerre c'est l'enfer" en affirmant que la guerre "est synonyme de gaspillage"[12]). La capacité américaine de jouer à un potlatch sans fin jusqu'à la victoire est visible dans ce qui reste de l'arsenal de l'invasion sur les plages de la Normandie: épaves de péniches et vaisseaux coulés, blindés et armements échoués sur la grève, casques de soldats et autres effets personnels que les vagues continuèrent de rapporter sur le rivage pendant des années. Le caractère éphémère autant qu'excrémentiel de ce que les guides touristiques appellent les "vestiges" de la présence américaine en Normandie, structurellement identiques à ce que les touristes laissent derrière eux, contraste de manière ironique avec l'intemporalité vide des bunkers allemands, vrais monuments (en guise d'avertissements) de cette folie nazie qui refusait de voir les conséquences affreuses du nouveau *blitzkrieg* qu'elle avait elle-même déchaîné dans le monde: à savoir, la perte soudaine et

could be safe anymore; there was no more frontline behind which refuge could be found. (At the time, the rhetoric focussed little or not at all on the lack; rather, it seemed to revel in identifying a multiplicity of fronts, although from a psychoanalytic as well as from a purely philosophical point of view the difference is less than it seems: American leaflets and other propaganda for German consumption proclaimed the Normandy landings, for example, as the opening not of a second but of a "fourth" front in the war, after the Eastern or Russian front, the Southern or Mediterranean Front, and the *Luftfront* constituted by the massive aerial bombardment of Germany.[14]) From saturation bombing to death camps and the total destruction incarnated in the atomic bomb, World War II piled up more horror and devastation than ever before.

A seemingly trivial but not innocuous moment during this apocalyptic time was the targeted destruction of tourist attractions, a form of cultural aggression ostensibly designed to destroy civilian "morale" through the avowed destruction of a nation's historical markers. The so-called Baedeker Blitz began in April 1942 when a spokesman for the German High Command announced that in retaliation for the RAF's Palm Sunday bombing of the historic center of the old Hanseatic town of Lübeck, "the Luftwaffe will go for every building which is

irréparable de toute distinction pertinente entre front et arrière, entre soldat et civil, entre force armée et production industrielle. La nouvelle notion d'invasion totale de la guerre moderne, symbolisée par l'assaut, aéroporté autant qu'amphibie, "à une échelle grandiose"[13] le jour du débarquement en Normandie, signifie qu'on ne peut plus se sentir à l'abri où que ce soit et qu'il n'existe plus de ligne de front derrière laquelle trouver refuge. (A l'époque, la rhétorique suggérait moins un manque de front qu'une multiplicité de fronts, bien que d'un point de vue psychanalytique ou philosophique la différence soit moindre qu'il n'y paraît: des tracts et autres écrits de propagande adressés par les Américains au public allemand annonçaient le débarquement, par exemple, comme l'ouverture non d'un deuxième mais d'un "quatrième" front de guerre, après le front est ou russe, le front sud ou méditerranéen, et le *Luftfront* que constituait le bombardement aérien massif de l'Allemagne.[14]) Des bombardements à outrance aux camps de mort et à la destruction totale incarnée par la bombe atomique, la seconde guerre mondiale bat le record d'horreur et de dévastation.

Moment mineur, peut-être, mais loin d'être innocent de cette époque apocalyptique, la destruction organisée d'attractions touristiques, sorte d'aggression culturelle visant ouvertement le "moral" des civils par la volontée affirmée de détruire l'histoire d'une nation ennemie. Ce que l'on appelle le blitz Baedeker fut déclenché en

marked with three stars in *Baedeker*."[15] In addition to numerous hit-and-run attacks on seaside resorts in England, major bombing raids were conducted against the British cathedral cities of Exeter, Bath, Norwich, York and Canterbury. The British responded with repeated bombings of Rostock and Lübeck, and then with the first "thousand-plane" raid against Cologne on May 31, 1942, which can be said to have inaugurated the systematized program of saturation bombings which aimed at nothing less than the total destruction of the German nation as emblematized in the great firestorms that wrecked Hamburg and Dresden. After the earlier implicit limitation of air attacks to airfields and military supplies (as in the Battle of Britain) and then to major industrial and governmental centers (as in the London Blitz), the so-called "three-star Blitz" marks the point of no return along the path to total warfare and the indiscriminate destruction of an enemy nation. Baedeker raids seem to have provoked unprecedented outrage and blood-curdling demands for reprisals on both sides of the conflict. To destroy the military forces, economic or political infrastructure, or even the general population of a nation somehow appears oddly more tolerable than the willful annihilation of that nation's cultural and historic monuments. Perhaps the reality of death and destruction remains too awful and inchoate,

avril 1942 lorsqu'un porte-parole de l'état-major allemand annonça qu'en représaille au bombardement de la Royal Air Force, le dimanche des Rameaux, du centre historique de la vieille ville hanséatique de Lübeck, "la Luftwaffe prendra pour cible tout bâtiment classé trois étoiles dans le *Baedeker*."[15] Outre les nombreuses attaques "éclairs" sur des stations balnéaires en Angleterre, de grands bombardements aériens furent lancés contre les cathédrales britaniques d'Exeter, Bath, Norwich, York et Canterbury. Les Anglais ripostèrent en bombardant de manière répétée Rostock et Lübeck et en lançant le premier raid de mille avions contre Cologne, la nuit du 31 mai 1942, bombardement que l'on pourrait considérer comme l'inauguration du programme systématique des bombardements à outrance qui ne visait rien de moins que la destruction totale de la nation allemande comme en témoignent les terribles incendies d'Hamburg et de Dresde. Historiquement, ce qu'on appelle "le blitz trois étoiles" marque le moment où il devint impossible de rebrousser chemin et d'éviter la guerre totale et la destruction aveugle d'une nation ennemie. Les attaques aériennes s'étaient d'abord limitées implicitement aux aérodromes et installations militaires (la bataille d'Angleterre), puis aux grands centres industriels et gouvernementaux (le blitz de Londres). Ces raids Baedeker semblent avoir provoqué, des deux côtés, des hurlements d'outrage et des exigences de représailles sanglantes. Détruire les forces militaires d'une nation, ou son

whereas a focused assault on a brick and stone representamen of the cultural imaginary, such as those targeted in the Baedeker raids, will trigger the release of aggressive impulses kept otherwise in check by the various interdictions, prohibitions, and obligations of that culture. And, of course, the various state apparatuses, which are themselves under symbolic as well as actual siege, are only too happy to legitimate the expression of those impulses.

Now, one of the most curious aspects of the Baedeker Blitz is the surprising resilience of the tourist attraction itself, its astounding ability to survive amid the rubble of its apparent destruction. This is most evident in the case of those great medieval cathedrals that, though scarred, survived the heaviest bombardments: the cathedral at Cologne, for instance, standing virtually alone among some six hundred acres of utter devastation. Or consider the cases of the Canterbury Cathedral after a bombing raid, in the words of an eyewitness: "I [saw] three towers standing triumphant amidst a sea of smoking ruins. An electric thrill ran through me, as when I hear the Hallelujah Chorus! It was the spirit of the medieval builder prevailing over the primeval destroyer."[16] Of course, it should not be entirely surprising

Exeter Cathedral after a bombing raid

La cathédrale d'Exeter après un bombardement

infrastructure économique ou politique, voire même sa population semble bizarrement plus tolérable qu'anéantir de manière délibérée ses monuments culturels et historiques. Peut-être la réalité de la mort et de la destruction reste-t-elle trop affreuse et frustre, alors qu'un assaut direct sur la représentation en brique et en pierre de l'imaginaire culturel, comme ce fut le cas lors des raids Baedeker, libère instantanément toutes les pulsions agressives que les diverses interdictions, prohibitions et obligations de cette culture refoulent habituellement. Et, bien sûr, les divers appareils de l'Etat, qui se trouvent eux-mêmes à la fois réellement et symboliquement assiégés, ne sont que trop contents de légitimer l'expression violente de ces pulsions.

Or, un des effets les plus curieux du blitz Baedeker fut la capacité de résistance étonnante de l'attraction touristique, sa capacité stupéfiante à survivre parmi les décombres de sa propre destruction. Le cas le plus évident est sans doute celui des grandes cathédrales médiévales qui, quoique endommagées, ont survécu aux bombardement les plus lourds: la Cathédrale de Cologne, par exemple, qui fut presque la seule construction à rester debout au milieu de quelque 240 hectares totalement dévastés; ou la Cathédrale de Canterbury, toujours debout après un grand bombardement, et qui

that the heavy masonry and stonework of such monumental edifices—whose construction required an entire town's collective labor over a period of generations—should be better able to withstand the effect of modern explosives and incendiary bombs than flimsier contemporary structures. Yet, while the efforts to preserve the cultural (and touristic) centers of Paris and Rome from wanton Nazi-inflicted destruction are well known, less recognized is the continued viability of many of Europe's great tourist attractions, where, in fact, the degree of wartime damage can itself become part of its attraction; witness the ruins of the cathedral at Coventry or those of the *Gedächtnis Kirche* in Berlin. Most perverse in this context are the postwar visits by ex-Luftwaffe airmen become tourists flocking to see the Minster at York, which miraculously survived their attempt to bomb it a half-century ago while the surrounding city suffered significant destruction and loss of life.[17]

Deplorable as the willful destruction of cultural monuments and artworks obviously is, as well as the ensuing and irreparable loss of countless such objects during the world wars, the uncanny way in which the tourist attraction suggests a certain indestructibility is worth reflecting upon for a moment, for it may reveal some crucial features of the way tourism works. As

inspira ce témoignage: "Je vis trois tours surgir triomphalement d'une mer de ruines encore fumantes. Un frisson électricique me parcouru, comme lorsque j'entends l'Alléluia de Handel! C'était l'esprit des bâtisseurs du Moyen Age triomphant du destructeur primitif."[16] Evidemment, il n'est pas tout à fait étonnant que la lourde maçonnerie et la pierre de ces édifices monumentaux, dont la construction exigeait le travail collectif de toute une communauté pendant des générations, résistent mieux aux explosifs et aux bombes incendiaires modernes que d'autres structures contemporaines de moindre qualité. Pourtant, bien qu'on connaisse parfaitement les efforts accomplis pour épargner les grands centres culturels (et touristiques) de Paris et de Rome de la volonté de destruction gratuite des Nazis, on reconnaît moins la pérennité de nombre de grandes attractions touristiques européennes, où le degré de destruction peut lui-même contribuer à l'attraction du site, comme c'est clairement le cas pour les ruines de la cathédrale de Coventry ou de la *Gedächtnis Kirche* à Berlin. Dans ce contexte, le comble de la perversion ce sont peut-être les visites effectuées, après-guerre, par les aviateurs de la Luftwaffe, devenus touristes, à la Cathédrale de York, qui avait miraculeusement survécu à leurs tentatives de la bombarder un demi-siècle auparavant, dans une ville qui avait beaucoup souffert et où nombre de gens avaient péri.[17]

Aussi exécrable que soit la destruction volontaire de monuments culturels et

has been argued elsewhere, the tourist attraction is an effect of its being *marked as such.*[18] Consequently, any site or anything whatsoever can become a sight for tourists if it is so designated, notably by the authority of those collective or quasi-anonymous publications such as the various *Baedekers, Blue Guides, Michelin Guides, AAA Guides*, etc., and with slightly less authority by local chambers of commerce. Here is the secret of the site's indestructibility: it is not the physical place and environs that matter but its inscription within the systems of cultural memory. The site can, of course, be physically destroyed (and in fact, all sites will sooner or later cease to exist, be it only with the end of the planet) but it cannot be obliterated as tourist attraction unless it is also effaced from cultural memory. And here is revealed the source of the specific evil of those attacks on tourist attractions in modern warfare: these attacks represent the attempt to deprive a people of its collective memory as engraved in its monuments, artworks and other cultural objects, the tourist attractions are a concretized archive of a people's ethnic or national identity. For a given culture's tourist attractions are what both it and other cultures as well have designated as what is worthy of being visited there and, consequently, as what is most representative of that culture, if not what it typically or quintessentially is.

d'œuvres d'arts, aussi bien que la perte irréparable qui s'en suit d'innombrables objets précieux au cours des guerres mondiales, il faut néanmoins réfléchir à la manière étrange et inquiétante qu'a l'attraction touristique d'insinuer l'idée d'une certaine indestructibilité, car elle peut nous révéler certains aspects cruciaux du fonctionnement du tourisme. Comme cela a déjà été dit, l'attraction touristique existe du fait qu'elle est *marquée comme telle.*[18] Par conséquent, n'importe quel site—n'importe quoi en effet—peut devenir lieu tourtistique s'il est désigné comme tel, surtout par une de ces publications collectives et quasi-anonymes qui font autorité: le *Baedeker*, le *Guide Bleu*, le *Guide Michelin*, les *guides routiers de l'Association Automobile Américaine*, etc. ou, de moindre manière, par un syndicat d'initiative. Voici donc le secret de l'indestructibilité d'un site: ce n'est ni le lieu physique et ni son environnement qui comptent, mais son inscription dans les systèmes de mémoire culturelle. On peut, bien sûr, détruire le site dans son existence matérielle (et, en fait, tout site cessera tôt ou tard d'exister, ne fût-ce qu'avec la fin de notre planète), mais on ne peut l'oblitérer en tant qu'attraction touristique qu'à la seule condition de l'effacer également de toute mémoire culturelle. Voila donc révélée la source du mal spécifique qui amène la guerre moderne à s'en prendre aux attractions touristiques: elles sont la tentative de dépouiller un peuple de sa mémoire collective telle qu'elle est gravée dans ses monuments, ses œuvres d'art et

In Europe, the essentialization of national difference can be said to have begun in earnest with the Renaissance passion for cosmography, which issued forth in great illustrated compendia—the first travel guides—such as Charles Estienne's *Guide des chemins de France* (1552), Sebastien Münster's *Cosmographia Universalis* (1552), or André Thevet's *Cosmographie de levant* (1555), where cultural difference was encoded in architectural landmarks and local costume (a word at the time scarcely differentiated from that of custom).[19] It was not long before the scattered differences noted by cosmographers coalesced into the stereotypes and caricatures of national identity, many of which all too sadly persist to this day. By the eighteenth century, cultural *difference* had become ethnic and racial *identity,* as the reification of the othering experience of travel became codified in that finishing-school exercise known as the Grand Tour, wherein the formula of national types ensured that one always saw what one expected to see. (The word tourism, of course, finds its origins in the Grand Tour, while testifying by its very existence in the language to the spread of the practice beyond the limited ranks of the old aristocracy to the rising merchant and professional classes.)

The process worked both ways. To the "native" the tourist is equally a

autres objets culturels, c'est-à-dire, l'archive matérialisée de l'identité nationale ou éthnique de ce peuple. Car les attractions touristiques d'une culture ne sont que ce qui est désigné par elle et par d'autres cultures comme valant la peine d'être visitées, et par conséquent, ce qui est proposé comme représentant le mieux cette culture, voire comme étant sa quintessence.

En Europe, on peut dire que le caractère essentiel de la différence nationale est réellement devenu primordial avec la Renaissance et sa passion pour la cosmographie, qui se manifeste dans de grands recueils illustrés, les premiers guides de voyages, tels *Le Guide des chemins de France* de Charles Estienne (1552), *La Cosmographie universelle* de Sébastien Münster(1552), ou *La Cosmographie du Levant* d'André Thevet (1556), où les différences culturelles se trouvent repértoriées par monuments architecturaux et costumes régionaux (à une époque d'ailleurs où il n'y avait guère de différence entre les termes *costume* et *coûtume*).[19] Il fallut peu de temps aux différences éparses répertoriées par les cosmographes pour se figer en stéréotypes, voire en caricatures d'identités nationales, dont trop, hélas, ont persisté jusqu'à nos jours. Déjà au dix-huitième siècle, la *différence* culturelle était devenue *identité* éthnique et raciale tandis que l'expérience altérante du voyage se voyait réifiée selon les codes de cet exercice de fin d'étude connu sous le nom du "grand voyage," dans lequel la formulation de types nationaux assuraient

type, immediately recognizable by his or her strange clothes, linguistic difficulties, and cultural ineptitude. If tourists typically return home satisfied with the superiority of their land of origin, a corollary is found in the smug assurance of those natives who view the foreign visitors as objects of ridicule, or worse as easy prey for thievery or murder. (I write as a series of murders of tourists takes place in Florida.) Yet, an overemphasis on stereotypes eventually undermines their efficacy, revealing the identities they propose as ideological caricature. More generally, a fetishism of "the authentic" can prove its own undoing. Tourism easily becomes trapped within the vertigo of authenticity then as every foreign experience becomes devalued as inadequate to the "reality" of the place visited. The effort to avoid "tourist traps," for example, in order to find the true Paris or London or Rome can never succeed, though it does contribute to the thereby unlimited profitability of what is somewhat curiously called the tourism "industry."

The widespread destruction of the Second World War left us as part of its legacy the question of the authenticity of the tourist site, even as the war's principal cause, in the ideology of fascism, represents the ferocious *nec plus ultra* of nationalistic identity formation. Nonetheless, as recent history shows, both tourism and nationalism remain healthier than ever. But after the

chacun qu'il verrait bien ce à quoi il s'attendait. (Le mot *tourisme* trouve ses origines, bien évidemment, dans la tradition du "grand tour" et témoigne, par son existence dans la langue, de l'extension de cette pratique culturelle au-delà des rangs limités de l'aristocratie ancienne vers les nouvelles classes marchandes et professionnelles).

Le processus fonctionne dans les deux sens. Les identités nationales se sont également figées lors de l'arrivée des touristes dans les pays visités. Pour l'autochtone, le touriste est également un "type", reconnaissable immédiatement par ses vêtements inhabituels, sa difficulté à comprendre la langue et son ineptie culturelle. Au touriste type qui revient chez lui persuadé de la supériorité de son propre pays, se pose comme corollaire la suffisance de celui qui voit dans le visiteur étranger un sujet de moquerie, une proie toute prête à être volée ou—pire encore!— à être assassinée. (J'écris ceci en apprennant le meurtre de touristes en Floride.) Néanmoins, la caricature excessive mine son efficacité et révèle les identités qu'elle propose comme caricatures idéologiques. De manière plus générale, le fétichisme de l'"authentique" peut causer sa propre perte. Le tourisme, on l'a déjà dit, donne facilement dans le piège de la spirale de l'authenticité quand on conteste la valeur de toute expérience à l'étranger comme "inadéquate" à la "réalité" supposée du lieu visité. L'effort fait pour éviter les "pièges à touristes" afin de découvrir le vrai Paris ou le vrai Londres ou le vrai Rome est voué à

war, the issue of restoring and even reconstructing tourist sites as well as installing commemorative monuments and plaques provoked heated debate. If a given museum, church, or historic home be rebuilt as it stood before the war, could it still be said to be "authentic?" If it is left in ruins, does it serve as a kind of testament to human courage despite the fact of war or as an emblem of defeat before humanity's worst destructive impulses? If the site is rebuilt in a "modern" way, is that to deny the war and the lives and deaths of those tragically caught up in it? In the immediate aftermath of World War II, some communities were all too eager to put up monuments and open up museums. Others—especially certain seaside resorts in Britain and France that had done quite well as tourist resorts before the war—were less willing to bring the intervening events to the attention of their clientele, and often at the last minute decided to move monuments from major public places to ones that were more out of the way, even if less historically valid.[20] But the issue of restoration, as is well known, has gone far beyond the question of what to do with the ruins of war, to embrace virtually the whole of cultural production. For there is no human-made artifact that does not or will not degrade with the passage of time. Restoration to recapture an authenticity eroded by time is a

l'échec, mais il contribue aux profits illimités de ce qu'on appelle un peu curieusement "l'industrie" du tourisme.

La destruction à grande échelle de la seconde guerre mondiale nous a legué, entre autre, la question de l'authenticité du site touristique, même si la cause principale de la guerre, dans l'idéologie fasciste, représente le *nec plus ultra* féroce de la formation des identités nationales. Malgré cela, comme en atteste l'histoire récente, tourisme et nationalisme se portent mieux que jamais. Mais, après la guerre la restauration, voire la reconstruction de sites touristiques aussi bien que la mise en place de plaques et de monuments commémoratifs n'a pas manqué de soulever des discussions parfois très vives. Un musée, une église, une demeure historique reconstruite à l'identique peuvent-ils toujours être qualifiés d'"authentique?" Laissés en ruine, serviraient-ils de témoignage du courage humain face à la guerre ou d'emblème de la défaite face aux pires pulsions destructrices de l'humanité? Reconstruire un site de manière plus "moderne," est-ce nier la guerre, la vie et la mort de ceux qui furent tragiquement pris dans son engrenage? Bien que certaines communautés aient vite saisi l'occasion d'ériger des monuments et d'ouvrir des musées, d'autres, y compris certaines stations balnéaires en Angleterre et en France qui jouaient d'une certaine réputation avant la guerre, se montrèrent moins empressées de rappeler ces événements à leur clientèle et, souvent à la

dubious enterprise fraught with imponderable dilemmas, as witnessed, for example, by the controversies brought on by the attempt to "recolor" the Sistine Chapel. Some champion the project of returning Michelangelo's work to the way it looked during the Renaissance, while others decry the concomitant damage to what remains of the master's brushstrokes in the processing of "restoring" his colors. At the other end of the spectrum of restoration is the construction of full-scale *replicas* of lost sites, or perhaps the most postmodernly radical project of all: the outright separation of the attraction from its site, best known in the case of the wholesale transporting of London Bridge from the Thames to the Arizona desert. Even more recently, a portion of the Berlin Wall, utterly removed by souvenir hunters, has been rebuilt in its former location to serve as a monument/tourist attraction. Most disturbingly, destruction itself can designate a new site of tourism, such as the point of ground zero at Hiroshima. Such extreme cases are rare, yet they do assert the primordiality of the *cultural* designation of a site over its physical or even historical features. It can rarely be shown definitively, for example, that the tanks, artillery pieces, or armored vehicles that grace many a village square along the path of liberation from Normandy to the Vosges were actually involved in

dernière minute, résolurent de placer des monuments destinés à des places publiques dans des endroits plus reculés, quoique du même coup moins pertinents d'un point de vue historique.[20] La question de la restauration, c'est bien connu, a largement dépassé celle du "que faire" des ruines dues à la guerre pour embrasser la presque totalité de la production culturelle. Car il n'existe aucun objet fabriqué par l'homme qui ne se dégrade ou ne se dégradera pas avec le temps. Restaurer afin de retrouver une authenticité perdue avec le temps est une entreprise des plus douteuses et lourde de dilemmes impondérables, comme en témoignent, par exemple, les polémiques soulevées par la décision de "rendre ses couleurs" à la Chapelle Sixtine. Les partisans du projet y voient un moyen de redonner à l'œuvre de Michel-Ange son aspect original, et ce de manière plutôt théorique, alors que d'autres voix s'élèvent contre les dommages irréparables que subiraient alors ce qui restent des coups de pinceau du maître si on laissait poursuivre ce processus de "restauration" des couleurs. A l'autre bout de l'éventail des restaurations, on trouve évidemment la construction des répliques "grandeur nature" du site perdu ou, ce qui est peut-être le plus radical et postmoderne: la séparation pure et simple de l'attraction de son site, dont l'exemple le plus frappant reste le déménagement du pont de Londres, depuis son emplacement d'origine sur la Tamise, jusqu'au désert de l'Arizona. Plus récemment encore, une portion du mur de Berlin, totalement

that town's liberation and not brought in from elsewhere at a later date. It is said, for instance, that the American Waco glider on display at the *Musée des troupes aéroportées* in Sainte-Mère-Eglise is not authentic, since it was not used on D-Day but rather served as a prop for the film *The Longest Day*.[21]

Obviously, one has to ask oneself to what degree the fetishism of authenticity has lost sight of the *signifying value* of objects displayed to assure an event's cultural memory. It would be just as pointless, and egregiously more insensitive, to complain that the reconstructed railway car or barracks room at the Holocaust Museum in Washington were not really used in the attempt to exterminate European Jewry. And, in fact, the continued attempts to deny the occurrence of the Holocaust by cynically denying the validity of the vast tomes of documentary evidence about it speaks to the prolongation of the Nazi war against Jews and indeed all "non-Aryan" peoples by a genocide so vicious it is not content to deprive its victims of their lives, but must also deprive them of their history, their literature, their culture, and their memory—hence the burning of books, desecration of cemeteries, bombing of synagogues, and the wanton destruction of other traces of the Semitic presence in Europe.[22] Compared to this, the Baedeker Blitz launched by the Luftwaffe against Great Britain in

dépecée par des chercheurs de souvenirs, a dû être reconstruite afin de servir de monument et d'attraction touristique. Plus troublante encore est la désignation d'un nouveau site historique par sa destruction même, tel le point zéro à Hiroshima. De tels cas sont rares, mais ils affirment clairement la primauté de la désignation culturelle sur les caractéristiques physiques ou historiques d'un site. Il est rarement possible de certifier, par exemple, que les chars, canons et blindés qui ornent la place centrale de tant de villages placés le long de la route de la libération, depuis la Normandie jusque dans les Vosges, ont bien joué le rôle historique qu'on leur impute et n'ont pas été importés à une date ultérieure. On dit, par exemple, que le planeur américain exposé au Musée de troupes aéroportées de Sainte-Mère-Eglise n'est pas authentique, car il n'a pas été uti-lisé le jour-J, mais comme accessoire lors du tournage du film *Le Jour le plus long*.[21]

Bien sûr, on doit se demander à quel point ce fétichisme de l'authenticité a perdu de vue la *valeur signifiante* des objets exposés pour assurer la mémoire culturelle d'un événement. Il serait tout aussi inutile—et combien plus insensible!—de remettre en question le wagon ferroviaire et la salle de caserne du Musée de l'Holocauste à Washington, sous prétexte qu'ils ne furent pas vraiment employés dans la tentative d'extermination totale des Juifs européens. Et de fait, les efforts récurrents de nier l'Holocauste, en niant de manière cynique de nombreux tomes de preuves documentées,

1942 is but the tiniest of outrages, even as it points to the potential of such a wider criminality. Against the horror of the Nazi assault on authenticity, collective memory is the only viable response. Merely to *represent* that evil always runs the risk of sensationalizing the horror, of repeating and revisiting its outrage upon the victims, but to *remember* is to memorialize the struggle of those who resisted, to dignify the lives of those who suffered, and to warn against any resurgence of the fascist evil which, as Jean-François Lyotard has sadly remarked, "has been beaten down like a mad dog, by a police action...not been refuted,"[23] hence the continued threat of its resurgence today. *Co-memoration* as public and collective memory and not representation is thus the dutiful function of the monument, reminding us as it warns us. The classic monument of war, with its allegorical figurations of the martial arts and uncritical paean to glory as the supreme value, is clearly inadequate in the wake of the horrors of the Second World War, as most poignantly addressed by the efforts of those who have put up memorials of the Holocaust, the pointedly unrepresentational or even anti-representational quality of which is often evident.[24] The traditional war monument, descended from the ancient victory triumphs, has disappeared just as surely as has the restriction of battle to a frontline. The Vietnam War

en dit long sur la volonté de perpétuer la guerre des Nazis contre les Juifs, (et en fait, contre tout peuple non-aryen), par un génocide qui ne se contente pas d'ôter leur vie à ses victimes, mais veut aussi les priver de leur histoire, leur littérature, leur culture et leur mémoire, d'où les livres brûlés, les cimetières profanés, les synagogues bombardées et la destruction aveugle de toute trace de la présence sémite en Europe.[22] En comparaison, le blitz Baedeker lancé par la Luftwaffe en 1942 contre la Grande-Bretagne n'est qu'un infime outrage, même s'il laisse présager cette criminalité plus vaste. Contre l'horreur de l'agression nazie sur l'authenticité, la mémoire collective reste la seule réponse viable. A *représenter* uniquement ce mal, on court le risque de rendre l'horreur sensationnelle, de répéter et de faire revivre l'outrage aux victimes, mais *rappeler* c'est "mémorialiser" la lutte de ceux qui ont résisté, c'est rendre la dignité à la vie de ceux qui en ont souffert, et nous prémunir contre toute résurgence du mal fasciste, qui comme Lyotard l'a noté avec tristesse, "a été abattu comme un chien enragé, par la police.... Il n'a pas été réfuté,"[23] d'où la menace permanente de sa réapparition. La *co-mémoration* en tant que mémoire publique et collective et non la représentation est ce à quoi doit servir le monument: rappeler et mettre en garde. Le monument de guerre classique, avec ses figurations allégoriques des arts martiaux et son hymne sans nuance à la valeur suprême de la gloire, est devenu tout à fait inadéquat depuis les horreurs de la seconde guerre

Memorial in Washington (in remembrance of a conflict where no front at all could be distinguished) is but another case in point of an anti-monument, nowhere near the historical site of the event it commemorates, eschewing all transcendent verticality for a horizontal descent along a slope bordered by a wall bearing nothing but names....

Fascism, as is well known, was steeped in an acute nostalgia for monumentality and the eros of glory in death. The writer Ernst Jünger, for example, speaks for the social class and caste of his fellow German military officers when he bemoans the disappearance of glory and monuments. Here, for example is a passage from his Paris diary, dated June 1, 1944, mere days before the Allied landings in Normandy. In the passage, Jünger is upset about some German propaganda films that were made in Stalingrad:

> *The films fell into the hands of the Russians and are supposed to be shown in Swedish newsreels. A portion of these lugubrious events takes place in the tractor factory, where general Strecker blew himself up along with his staff. The preparations are seen, the men who didn't belong to the general staff are seen leaving the building, followed by the massive explosion. Something automatic lies in this*

mondiale, comme en attestent, de manière poignante, les efforts de ceux qui ont bâti des monuments à l'Holocauste et dont le caractère explicitement non-représentationnel, si ce n'est anti-représentationnel, est manifeste.[24] Le monument de guerre traditionnel, dérivé des triomphes antiques, a tout autant disparu que la délimitation d'un champ de bataille à la seule ligne de front. Le Mémorial à la Guerre du Vietnam, situé à Washington (en souvenir d'un conflit sans front ni arrière) n'est qu'un cas parmi d'autres d'anti-monument, placé au plus loin du site historique des événements qu'il commémore, et esquivant toute verticalité transcendante au profit d'une descente horizontale le long d'un talus longé par un mur ne portant que des noms....

Chacun sait que le fascisme vénérait la nostalgie de la monumentalité et de l'éros de la mort glorieuse. L'écrivain, Ernst Jünger, par exemple, parle au nom de sa classe et de sa caste d'officiers allemands lorsqu'il pleure la disparition de la gloire et des monuments dans ce passage, extrait de son journal parisien et daté du 1er juin 1944, quelques jours seulement avant le débarquement allié en Normandie. Il s'inquiète ici du sort réservé à des films de propagande nazie tournés à Stalingrad. Le passage mérite bien d'être cité *in extenso*:

> *Les films sont tombés aux mains des Russes et devraient être projetés aux actualités suédoises. Une partie de ces sinistres événements se déroule dans l'usine de tracteurs où*

drive to record everything right up to the last second; it expresses itself as a kind of technical reflex, like the contractions of frog thighs. ...Such things are not monuments dedicated to posterity or the gods, be they only in the form of a cross made by deftly tying two willow branches together; rather, these are documents made by mortal persons for mortal persons and nothing but mortal persons. Very horrific and real is this eternal return in its most lusterless form: this death in an icy realm always coming back in a monotonous repetition—a demonic evocation, with no sublimation, no parting gleam, no consolation. Where is the glory?[25]

What Jünger here calls a "technical reflex" is the becoming machine of the human being through the seduction of means of mechanical reproduction such as the motion picture. That the scene filmed takes place in a tractor factory eerily and comically reinforces the machine theme with a Western stereotype of Soviet industry, while situating the action in a workaday setting hardly graced with the aura of great feats of arms. And it is precisely as one of Jünger's greatest intellectual enemies and critics, Walter Benjamin, would have said: the aura disappears under conditions of mechanical reproduc-

le général Strecker s'est fait sauter avec son Etat-Major. On voit les préparatifs, on voit les hommes qui n'appartiennent pas à l'Etat-Major quitter le bâtiment et, ensuite, l'immense explosion. Il y a une sorte d'automatisme dans cette volonté d'enregistrer jusqu'à la dernière seconde; une sorte de réflexe technique, semblable aux contractions des cuisses d'une grenouille... Il ne s'agit pas ici de monuments dédiés à la postérité ou aux dieux, ne serait-ce que la sous forme d'une croix délicatement formée de baguettes de saule, mais de documents faits par des mortels pour des mortels, et rien que pour des mortels. On en frémit: c'est bien l'éternel retour sous sa forme la plus terne: cette mort dans l'espace glacé, qui revient sans cesse, en une répétition monotone—évocation démoniaque, sans sublimation, sans dernier regard, sans rien qui console. Où est la gloire? [25]

Ce que Jünger appelle ici "une sorte de réflexe technique" c'est le devenir machine de l'être humain à travers la séduction d'un moyen de réproduction mécanique tel que le cinéma. Que le film se situe dans une usine de tracteurs renforce, de manière à la fois inquiétante et comique, le thème de la machine par ce stéréotype occidental de l'industrie soviétique, tout en situant l'action dans un décor quotidien de travail nullement auréolé de grands exploits guerriers. Et c'est précisément ce que dit Walter Benjamin, l'un des plus grands critiques et ennemis de Jünger: la reproduction mécanique fait disparaître l'aura.[26] L'aura est l'objet suprême, bien sûr, de l'esthétique

tion.[26] That aura is of course the supreme object of militarist aesthetics: glory, as concretized in stories, songs, paintings and monuments. But the mechanical eye of the movie camera, with all the multivalent possibilities of a representation, turns what should have been the valorous act of the German general staff from a pyrotechnical Thermopylae into an utterly inglorious and unconsoling military snuff film. Even more distressing—*"sehr schauerlich"*—to the German officer corps, and to Jünger, was the reappropriation of the film clip's implicit final gaze by the Russian eye, a suture authorized by the presumed death of the cameraman and capture of the film by an enemy who would voyeuristically observe with sadistic pleasure the morbid eros of the Germans' suicide, the masturbatory thanatos of a recorded self-immolation. Hence the evaporation of glory in the unsublimated coldness of this death, "this death in an icy realm (*diese sterben in Eisraum*)," repeating the syllepsis of the tractor factory with that of the Russian winter, without the imaginary warmth and consolation of even a setting sun. Instead of the transcendence of a warrior's "beautiful death," which trades earthly finitude for the infinitude of everlasting honor,[27] the Stalingrad film reveals only the finitude of mortality. In a telling antithesis, Jünger posits the desublimation of the monument (addressed in principle to

militariste: la gloire concrétisée sous forme de récits, chansons, peintures et monuments. Mais l'oeil mécanique de la caméra, grâce aux possibilités polyvalentes de la représentation, transforme ce qui aurait dû être l'acte valeureux de l'état-major allemand, son Thermopyles pyrotechnique, en un fade navet militaire sans gloire ni consolation aucune. Plus troublant encore—"on en frémit (*sehr schauerlich*)"—pour l'ensemble du corps des officiers allemands, dont Jünger, la réappropriation implicite du regard à la fin du film par un œil russe, une soudure autorisée par la mort présumée de l'opérateur et la saisie du film par l'ennemi qui, tel un voyeur, observerait avec un plaisir sadique l'éros morbide du suicide allemand, le thanatos masturbatoire d'une auto-immolation enregistrée. D'où une gloire qui se volatilise dans la froideur non sublimée de "cette mort dans l'espace glacé (*diese sterben in Eisraum*)," répétition de la syllepse de l'usine des tracteurs avec celle de l'hiver russe, sans même la chaleur et la consolation toute imaginaire d'un soleil couchant. Au lieu de la transcendance de la "belle mort" du guerrier, qui échange la finitude terrestre pour l'infini de l'honneur éternel,[27] le film de Stalingrad ne révèle que la finitude de la mortalité. Dans une antithèse qui en dit long, Jünger avance l'hypothèse de la désublimation du monument (qui s'adresse en principe à la postérité ou aux dieux, garants de la gloire éternelle du héros) en simple document, du type de ceux que les fascistes s'amusaient presqu'autant

posterity or to the gods, as guarantors of the hero's everlasting glory) into mere document, of the kind no doubt that fascists enjoyed destroying or discrediting as much as they loved to erect monuments. But if the monument serves as kind of warning or advice (*monere*), a document would be something that teaches or informs (*docere*). A monument is something constructed *after* the event which it celebrates or indicates, and it entails an interpretation of that event which those who come later are called upon to accredit; hence, its function is preeminently ideological. A document, on the other hand, is something left behind as a trace of the event (not unlike the Allied debris on the beaches of Normandy), from which one can make one's own interpretation of what happened. The document is data, something given, the basis for the "scientific" research of the historian, generally distrustful of the partiality of great monuments, that are better left, no doubt, to the gaze of tourists.

Now the suture through which the German gaze becomes Russian is interesting not only because it articulates the switch from monument to document and therefore from tourism to historiography—informing us about a detail of the battle of Stalingrad rather than eulogizing bravery in combat—but also because it seems to replicate closely the similar switch noted earlier

à détruire ou à discréditer qu'ils aimaient ériger des monuments. Mais si un monument sert à avertir ou conseiller (*monere*), le document sert à enseigner ou informer (*docere*). Le monument est érigé *après* l'événement qu'il célèbre ou indique, et il en comporte une interprétation que ceux qui viennent après seront appelés à légitimer; sa fonction est donc d'abord et avant tout idéologique. Le document, par contre, est ce qu'on laisse derrière soi, la trace de l'événement (tels les débris des Alliés sur les plages de Normandie), ce qui permettra à chacun d'interpréter à sa façon ce qui s'est passé. Le document est une donnée, la base des recherches "scientifiques" de l'historien, qui se méfie en général de la partialité des grands monuments qu'il vaut mieux selon lui laisser au regard crédule des touristes.

Or, cette soudure par laquelle le regard allemand devient russe nous intéresse non seulement parce qu'elle articule la volte-face du monument en document et donc du tourisme en historiographie—nous renseignant sur un détail de la bataille de Stalingrad plutôt que d'amorcer un éloge du courage au combat—mais aussi parce qu'elle nous semble reproduire très fidèlement cette autre volte-face mentionnée plus haut concernant la vue qui s'offrait aux Allemands depuis les bunkers du Mur de l'Atlantique. Comme celui de la caméra de l'état-major allemand à Stalingrad, le point de vue du soldat allemand à travers les ouvertures étroites et inhumaines du blockhaus

with regard to the German view from the bunkers of the Atlantic Wall. Like the camera view of the General Staff Headquarters in Stalingrad, the German soldier's gaze through the narrow, inhuman slits of the blockhouse or pillbox is the point of view of death, of a vision that is blind because it can no longer see what is projected or enframed, or can only see it at the price of its own annihilation. The tourist who now comes to look from the vantage point of that impossible vision, in a move opposite to what happens with the captured Stalingrad film, converts the documentary evidence of D-Day (the remains of American landing craft, tanks and equipment and of German coastal defenses) into monuments of that event, a monumentalization encouraged by local inscriptions and explanations as well as by guidebooks and maps. Does this reversal of the monument/document dyad also imply a return of the ethos of glory whose loss Jünger mourned not only in the case of the Stalingrad film but also in general as the unseemly end of World War II, with, in his view, the passing of German culture and gallantry under the combined onslaught of Soviet and American barbarism?

"In my opinion there is no glory in battle worth the blood it costs." So spoke the Supreme Allied Commander in Europe more than seven months after

ou du réduit en béton est celui de la mort, une vision aveugle puisqu'elle ne peut plus voir ce qui y est projeté ou encadré, ou n'y parvient qu'au prix de son propre anéantissement. Le touriste qui vient aujourd'hui voir les choses du point de vue de cette vision impossible, à l'inverse de ce qui se passe avec le film capturé à Stalingrad, transforme l'évidence documentaire du débarquement (ce qui reste des péniches, des blindés, du matériel américain et des défenses côtières allemandes) en monuments de l'événement, une monumentalisation soutenue et encouragée par les inscriptions et explications locales aussi bien que par les guides et les cartes. Faut-il en conclure que ce renversement de la dyade monument/document implique aussi le retour de cet *ethos* de la gloire, pleuré par Jünger, non seulement dans le cas du film de Stalingrad mais aussi, de façon plus générale, comme la fin inconvenante de la seconde guerre mondiale et la disparition de la culture et de la galanterie allemande sous les coups combinés des barbarismes soviétique et américain?

"A mon avis il n'y a pas de gloire au combat qui mérite le sang qu'elle coûte" remarquait le commandant en chef des forces alliées en Europe plus de sept mois après le débarquement et à la veille de l'ultime phase de la guerre, la traversée du Rhin et l'invasion de l'Allemagne (qui commença par des assauts à la fois amphibies et aéroportés semblables aux débarquements de Normandie).[28] Quant à Eisenhower, sa propre haine

D-Day on the eve of the final operation of the war, the crossing of the Rhine and the invasion of Germany (in a combined amphibious and paratrooper assault reminiscent of the landings in Normandy).[28] Eisenhower's own hatred of war (a necessary evil in his eyes) his meticulousness dedication to sparing his troops unnecessary risks—in other words, his total disregard for the ideal of glory—must have earned him considerable scorn among German officers, who thereby grossly underestimated the general's strategic and tactical brilliance.

Glory does reappear in another entry in Jünger's diary, one immediately following the passage cited above. The entry is dated June 6, 1944; already D-Day has become historicized: "This is undoubtedly the beginning of the great attack that will make this day historical. I was nonetheless surprised, just because it had been discussed so much before. Why now and here? These are questions about which there will be talk well into the distant future"(277). Jünger's questions are not ours, but he does touch here on what has become a key issue for historians: namely, why were the Germans caught off guard and so surprised by an attack they fully expected to occur? (More on this later). Yet what Jünger does, instead of trying to answer the questions raised by what he himself identifies as a major event, is to turn to a discussion of his day's read-

de la guerre—un mal nécessaire à ses yeux—le soin méticuleux qu'il prenait pour éviter à ses troupes tout risque inutile, en un mot son indifférence totale pour l'idéal de la gloire, ont dû lui valoir un certain mépris chez les officiers allemands, qui ont dû ainsi gravement sous-estimer ses grandes qualités de stratège et de tacticien.

La gloire réapparaît néanmoins à une autre date du journal de Jünger, celle du 6 juin 1944. Le jour-J fait alors déjà partie de l'histoire: "C'est là, sans aucun doute, le début de la grande attaque qui fera passer ce jour dans l'histoire. J'ai tout de même été surpris, et précisément parce qu'on en avait tant parlé. Pourquoi ce lieu, ce moment? On en disputera encore dans les siècles à venir"(294). Les questions que se posent Jünger ne sont pas les nôtres, mais il touche ici à ce qui est devenu la question centrale des historiens: pourquoi les Allemands furent-ils pris au dépourvu et tellement surpris par une attaque à laquelle ils s'attendaient depuis longtemps. Nous y reviendrons, mais pour le moment notons que Jünger, au lieu de tenter de répondre aux questions soulevées par un événement qu'il considère lui-même comme décisif, décide de discuter de ce qu'il a lu ce jour-là, *L'histoire de Saint Louis* de Joinville: "Dans certaines scènes, celle du débarquement des Croisés à Damiette, par exemple, l'humanité se trouve comme nimbée de la plus haute gloire"(294-95). Par une sorte de soudure textuelle rendue possible par une chronique médiévale française, le débarquement des

ing, Joinville's *Histoire de Saint Louis*: "In a number of scenes, such as the Crusaders' landing at Damietta, humanity is seen in the greatest possible light" (277). Through a kind of textual suture, assisted by a medieval French historical account, the Allied landings in Normandy have been reconfigured as the Crusaders' arrival in Egypt. Displacement in time and space allow this German observer to view the Allied invasion, whether consciously or unconsciously, as humanity bathed in the aura of the "greatest possible light (*im höchsten Glanz, den es gewinnen kann*)." Given Jünger's pro-fascist outlook (even though he was critical of Hitler himself) one should not jump to any quick conclusions about his sympathies with the Allies in this passage, tempting as it may be, especially if we recall the Crusade rhetoric used by Eisenhower and Churchill, among others. Rather, Jünger's remarks are to be taken as one professional soldier's admiration for the work of another. This would be the typical reaction of the German officer corps, who, with that perspective, would fail to see the extent of their implication in the war crimes for which many were prosecuted after the war (the sense of the so-called Nuremburg defense). It is also the perspective that explains how German officers could be so miffed by crusader Eisenhower's principled refusal to meet

Alliés en Normandie est transfiguré en arrivée des Croisés sur la côte d'Egypte. Le déplacement dans le temps et dans l'espace permet à l'observateur allemand, de manière consciente ou inconsciente, de voir dans l'invasion alliée le tableau d'une humanité baignant dans l'aura de "la plus grande lumière possible (*im höchsten Glanz, den es gewinnen kann*)." Etant donné le point de vue pro-fasciste de Jünger, quoiqu'il ait été très critique vis-à-vis d'Hitler lui-même, on ne doit pas se risquer à des conclusions trop rapides sur une quelconque sympathie avec la cause alliée dans ce passage, aussi tentant que cela puisse sembler, surtout si l'on se souvient de la rhétorique des Croisades utilisée par Eisenhower et Churchill, entre autres. Il faut plutôt y lire l'admiration professionnelle de soldats entre eux, point de vue typique du corps officier allemand, que cette perspective rendit aveugle à leurs propres implications dans les crimes de guerre pour lesquels beaucoup d'entre eux furent jugés après la guerre (ce qui donne sens à la défense dite de Nuremberg), ou qui se sentirent vexés quand le croisé Eisenhower refusa, par principe, de rencontrer les généraux allemands après leur reddition. C'était pour eux faire fi de la tradition militaire et de la "politesse professionnelle".[29] Ce qui compte, néanmoins, dans la double historicisation du débarquement (comme événement déjà passé et à travers la métaphore médiévale) qu'entreprend Jünger c'est qu'il prépare une résurgence de la possibilité de la gloire qui semblait avoir

with surrendered German generals. For them, this was an overt dismissal of military tradition and "professional courtesy."[29] More importantly, Jünger's double historicization of D-Day (as already past event, and via the medieval metaphor) engineers a resurgence of the possibility of glory that seemed to have been definitively lost in the cinematic snowdrifts of Russia.

The real payoff occurs in the next day's entry, when Jünger observes the following during his evening walk about the streets of Paris: "On the Boulevard de l'Amiral-Bruix, there were heavy tanks on their way to the front. Young crews sat on top of their steel colossi, in that mood that goes with the eve of battle, in the kind of serenity grounded in melancholy that I recall so well. There radiated from them the dense wholeness of being close to death, the glory of hearts willing to go to a flaming death"(278). Cloaked in the mantle of historian-archivist on June 6, the next day finds Jünger cutting the figure of a tourist, strolling along a Paris boulevard (named coincidentally and significantly after the admiral who directed Napoleon's failed plan to invade England) to note a column of Panzers

Panzers in Paris, June 1944

Panzers à Paris, Juin 1944

été perdue à jamais dans les amas de neige cinématographique de la Russie.

Le véritable bénéfice arrive le jour suivant, quand Jünger note dans son journal cette scène observée au cours de sa promenade du soir dans les rues de Paris: "Boulevard de l'Amiral-Bruix, passage de lourds blindés, en route pour le front. Sur ces colosses d'acier, les jeunes équipages arboraient sur leur visage cette paix des veilles de combat, cette sérénité faite de mélancolie dont je me souviens si bien. L'approche de la mort rayonnait d'eux, la gloire des cœurs qui consentent à s'abîmer dans les flammes"(295). Paré des robes de l'historien-archiviste le 6 juin, Jünger se transforme en touriste le lendemain, sur un boulevard (portant, comme par une coïncidence lourde de sens, le nom de l'amiral chargé par Napoléon du projet avorté d'invasion de l'Angleterre) à regarder défiler des panzers en route pour le front, tandis que lui reste à Paris à collectionner des livres rares, à passer des soirées chez l'intelligentsia collaborationniste, et à écrire dans son journal. Au fond, mise à part l'érotisation de son rapport avec la gloire des armes, le séjour de cet officier en France au sein de l'armée d'occupation pourrait passer pour les vacances typiques quoique prolongées d'un touriste, ponctuées de visites agréables dans

going off to war while he will stay in Paris collecting rare books, partying with the collaborationist intelligentsia, and writing in his diary. In fact, were it not for his eroticized relation to the glory of armed conflict, Jünger's stay in France as an officer of the occupying army could pass for a rather typical if lengthy holiday, marked by pleasant visits to museums, art galleries, châteaus, and homes of famous personages. Indeed Jünger goes out of his way during one march to see the birthplace of Joan of Arc in Domrémy.[30] One senses a strange distancing from the horrors of war in Jünger, for whom this historic conflict seems but a pretext for indulging in the esthetic treasures, literature, wine, and polite society of France. (Interrogations, roundups, deportations, summary executions and other unsavory activities of the occupying army receive scant mention.) Here, the occupier appears not as the destroyer of cultural memory but as its perverse appropriator. To the extent that such an aestheticism, with its concomitantly callous exoticism, can shield him from war's reality, that imaginary construct which is the vision of glory can be sustained—endangered though it constantly must be by any invasive intrusion of war into his personal reality.[31]

Such an aestheticizing distance on this war can only be

Panzers in Paris, June 1944

Panzers à Paris, Juin 1944

des musées, des galeries d'art, des châteaux et des demeures célèbres. Lors d'une marche, il ira même jusqu'à faire un détour par Domrémy pour voir le lieu de naissance de Jeanne d'Arc.[30] On sent bien chez Jünger une étrange distanciation vis-à-vis des horreurs de la guerre, comme si ce conflit historique n'était pour lui qu'un prétexte à séjourner en France et y apprécier les trésors esthétiques, la littérature, le vin et le beau monde. (Interrogatoires, rafles, déportations, exécutions sommaires et autres activités indélicates de l'armée d'occupation ne sont guère mentionnées.) L'occupant apparaît moins comme le destructeur de la mémoire culturelle que comme celui qui se l'approprie de manière perverse. Dans la mesure où un tel esthétisme, et l'exotisme endurci qui va de pair, peut le mettre à l'abri de la réalité de la guerre, cet édifice de l'imaginaire qu'est la gloire peut être conservé—malgré les dangers qu'il court de se voir envahi par l'intrusion de la guerre dans sa propre réalité.[31]

Une telle distance esthétisante vis-à-vis de cette guerre ne peut être qu'une sorte de cécité potentiellement mortelle, assez semblable à la vision de la caméra à Stalingrad ou à la sécurité factice du bunker. Avec la disparition du front, disparaît aussi toute possibilité de sanctuaire privé. L'armure ne peut protéger le site qu'en lui niant sa vision, en la rendant aveugle à ce qui peut le détruire, d'où le mot *blindé*, de l'allemand

a potentially lethal form of blindness, not unlike the camera view in the film made at Stalingrad or the sham security of the bunker. With the disappearance of the front, so goes any potential inner sanctum. Armor can only protect the site by denying its sight, by blinding it to what may destroy it. Hence the word *blindé* in French from German *blenden* (to blind), the adjective referring to what is protected by armor as in *abri blindé* for blockhouse (strangely, the French prefer in this case to use the wholly Germanic *blockhaus*) or *train blindé* for armored train, and the noun referring to an armored vehicle such as a tank. The latter, of course, along with the attack bomber and the amphibious invasion, has become one of the military icons of the Second World War. The mobile *blindés* of that conflict rendered the old First World War stationary *blindé* or fortified position obsolete, while the ultimate destructive invention of the last war, the nuclear bomb, made the protective armor of both equally meaningless. Only the camera can "see" a nuclear explosion, the intense brightness of whose blast alone is able to blind the unsheltered, "unblinded" eye, while the insidious effects of nuclear fallout can penetrate all but the most hermetically sealed and reinforced of shelters. And, of course, unless one persists in the most unconscionable and obdurate blindness, the nuclear bomb

blenden, aveugler, l'adjectif se référant à ce qui est protégé par l'armure, un train blindé, par exemple ou un *abri blindé* (quoique les Français pour des raisons inconnues semblent préférer utiliser le terme tout à fait germanique *blockhaus*). Quant au substantif, il désigne les véhicules blindés, les chars notamment. Ceux-ci, il faut le dire, avec l'avion de bombardement et l'invasion amphibie font maintenant partie des icônes militaires de cette époque. Les *blindés* mobiles de la deuxième guerre mondiale ont rendu obsolètes le blindé immobile ou les fortifications de la première guerre mondiale, tout comme l'ultime invention de la dernière guerre, la bombe atomique, a rendu inutile toute protection blindée. Seule l'optique mécanique de l'appareil photographique peut "voir" une explosion nucléaire, dont la luminosité intense est à elle seule capable d'aveugler l'œil sans protection, l'œil non-"blindé," tandis que les effets insidieux des *retombées* nucléaires peuvent pénétrer tout abri sauf les plus renforcés et hermétiquement fermés. Et, à moins de vouloir persister dans une cécité opiniâtre et sans conscience aucune, chacun sait que l'avènement de l'ère atomique signale la fin absolue de toute gloire. Le verbe *blinder* a de plus un sens psychologique. Selon le *Robert*, il a le sens figuré d'"endurcir, immuniser" et on le trouve dans des expressions telles "blindé contre la maladie" ou "l'alcool lui a blindé le gosier." Le *Larousse* ajoute aussi l'exemple très significatif de "se blinder contre l'injustice." Enfin, il y a l'expression populaire *se*

spells the absolute end of all glory. *Blinder* as a verb also has a psychological sense. According to the *Robert,* it has the figurative sense of *endurcir, immuniser* (to harden, to immunize) as in *blindé contre la maladie* (protected against disease) or *"L'alcool lui a blindé le gosier* (alcohol desensitized his throat). *Larousse* gives the extra, significant example of *se blinder contre l'injustice* (to harden oneself against injustice). In addition, there is the popular expression *se blinder* for *s'enivrer* (to get drunk), for that particular form of alcohol-induced psychical immurement in which a *sense* of one's heightened perception is directly proportional to the increasing loss of it.

Jünger's vision of glory would thus seem highly dependent upon a set of blinders, the kind offered by the young troupes *blindées* he sees on the boulevard in Paris the day after D-Day, but even he has no inkling how mortal that vision is. In Stalingrad, the deconstruction of the camera's blind and *blindée* vision leaves glory in the cold, as heroic self-sacrifice is revealed to be pointless suicide, whereas an imaginary erotics of death presides over the tank troops leaving Paris. About to lose their virginity in battle (they are described as "fiancés before their wedding"), these young men shine forth in their proximity to death, which, in direct and obvious contrast to the botched self-immolation in

blinder qui veut dire "s'enivrer," cette forme particulière de se murer induite par l'alcool et où le sentiment de perception accrue est directement proportionnel à la perte de celle-ci.

La vision qu'a Jünger de la gloire semble dépendre étroitement de ces œillères (que les Américains appellent des *blinders*), offertes par les jeunes troupes *blindées* qu'il voit sur ce boulevard parisien le lendemain du débarquement. Mais Jünger lui-même n'a aucune idée à quel point cette vision est mortelle. A Stalingrad, la déconstruction de la vision aveugle et blindée de la caméra ne nous laisse qu'une image des plus glaciales de la gloire, où le sacrifice héroïque se révèle vain suicide, alors qu'une érotique imaginaire de la mort préside au départ des blindés de Paris. Sur le point de perdre leur virginité au combat (on les décrit comme "fiancés avant leurs noces"), ces jeunes gens "irradient" de leur proximité à la mort, qui, contrastant directement et clairement avec la vaine immolation dans les neiges de la Russie, présage de la gloire qui ressortira de leur saut suicidaire dans l'enfer normand: "la gloire des cœurs qui consentent à s'abîmer dans les flammes (*zum Flammentode*)." Et si le débarquement allié peut recueillir un tant soit peu de gloire du fait de son allusion lointaine à un passé de croisés, les soldats allemands juchés sur les "colosses d'acier" de leurs chars—déjà monumentalisés pour ainsi dire—représentent la potentialité d'un avenir imminent,

the snows of Russia, presages the glory of a suicidal plunge into the inferno of Normandy: "The glory of hearts willing to go to a *flaming death (zum Flammentode)*" And while the Allied landing can garner some displaced glimmer of glory by its faraway reflected glint of the Crusading past, the German soldiers riding atop the "steel colossi" of their tanks—already monumentalized as it were—represent the potentiality of an imminent future, whose realization is made credible by the narrator's avowed familiarity in the form of personal recollection ("that I recall so well"), linking him imaginarily and erotically with "those boys" off to their deaths. And off to their deaths they went, indeed. For whatever Jünger's imaginary projection of glory, these young soldiers, and for that matter, the entire German Seventh Army would meet an end so catastrophic and inglorious in the summertime Battle of Normandy that it was almost immediately referred to as the Western Stalingrad.[32] Just as the Sixth German Army had been surrounded and annihilated on the banks of the Volga, so the Seventh Army was caught in the pocket defined by Falaise, Argentan, and Mortain between

The End of the German Seventh Army (The Norman Stalingrad) - from the Overlord Embroidery

La fin de la septième armée allemande (Le Stalingrad normand) - de la broderie Overlord

dont la réalisation est rendue crédible par la familiarité avouée du narrateur sous la forme de mémoire intime ("je m'en souviens si bien") qui le lie de façon imaginaire et érotique avec "ces garçons" sur le chemin de la mort. Et c'était bien à la mort qu'ils partaient, car quelle que soit la projection imaginaire de la gloire chez Jünger, ces jeunes soldats et en fait, la septième armée allemande toute entière, trouveraient une fin tellement catastrophique et sans gloire dans cette bataille estivale de Normandie, que dès ce moment on l'a désignée comme le Stalingrad occidental.[32] Tout comme la sixième armée allemande, entourée puis annéantie au bord de la Volga, la septième armée se trouvait piégée dans la grande poche comprise entre les villes de Falaise, Argentan et Mortain, dans les tenailles, d'un côté, des troupes américaines et françaises et, de l'autre côté, des forces britanniques, canadiennes et polonaises. Quelques unités allemandes réussirent pourtant à s'échapper en abandonnant tous leurs chars et autres armements lourds, mais la plupart furent prises sous les feux croisés meurtriers de l'artillerie et de l'aviation alliées, un événement dépeint dans la pénultième scène de la broderie "Overlord" à Londres. Les effec-

the great pincers of the American and Free French armies on the one side and the British, Canadian, and Polish forces on the other. While some German units managed to escape by abandoning all their tanks and other heavy equipment, most were subjected to the murderous crossfire of Allied artillery and aircraft as depicted in the penultimate frame of the Overlord Embroidery in London. German casualties in this Norman Stalingrad were staggering, with estimates ranging from 400,000 to over 600,000 men killed, wounded, captured or missing, with at best a mere 20,000 to 40,000 making it back to the Seine in disorderly retreat. One wonders how many of those fine young men Jünger observes ever even saw the enemy or made it to the front lines, mowed down as so many were far in the rear by shells flung from far over the horizon or dropped from on high. Even the famous Fieldmarshall Rommel—the Desert Fox—had to be evacuated to Germany after being seriously wounded when his car was hit by aircraft machine-gun fire. Perhaps, again, the best response to Jünger's idealizing and monumentalizing vision was made by that skeptic of glory, Eisenhower, who documents his tour of the final "inferno" of Normandy: "The battlefield at Falaise was unquestionably one of the greatest 'killing grounds' of any of the war areas. Roads, highways, and fields were so choked with destroyed equip-

tifs perdus par l'Allemagne lors de ce Stalingrad normand reste incalculable: de 400 à plus de 600 000 soldats morts, blessés, faits prisonniers ou simplement disparus, et tout au plus 20 à 40 000 le nombre de ceux qui battirent en retraite et parvinrent à la Seine. On se demande même combien de ces fiers jeunes gens qu'observait Jünger n'ont même jamais vu l'ennemi ou se sont mêmes rapprochés du front, tant il y en eut de fauchés loin en arrière par des obus lancés d'au-delà de l'horizon ou par des bombes lâchées d'en haut. Le célèbre Feldmarschall Rommel lui-même—le "renard" du désert nord-africain—dut être évacué en Allemagne après avoir été gravement blessé après le mitraillage de sa voiture par un avion allié. Peut-être, ici encore, la meilleure réponse à la vision monumentalisée de Jünger vient-elle de ce sceptique de la gloire, Eisenhower, qui décrit ainsi sa visite de l'"enfer" final de Normandie: "Le champ de bataille de Falaise fut indiscutablement un des plus grands 'lieux de massacre' parmi toutes les zones de combat. Chemins, routes et champs étaient bloqués par les armements détruits, les hommes et les animaux morts, si bien que traverser la région fut extrêmement difficile. Quarante-huit heures après la fermeture de la poche, on m'y conduisit à pied, et je vis des scènes dignes de Dante. Sur des centaines et des centaines de mètres, il était littéralement possible de ne marcher sur rien d'autre que de la chair morte et pourrissante."[33] La défaite allemande fut tellement dévastatrice que

ment and with dead men and animals that passage through the area was extremely difficult. Forty-eight hours after the closing of the gap I was conducted through it on foot, to encounter scenes that could be described only by Dante. It was literally possible to walk for hundreds of yards at a time, stepping on nothing but dead and decaying flesh."[33] So devastating was the German defeat that a mere four days after Eisenhower's tour of the battlefield, Paris was liberated, with virtually all of Northern France and Belgium freed within two weeks. And by this time, Jünger, having said his stereotypical tourist's goodbye to Paris from the vista of Sacré-Coeur, was back in Hanover, where he was visited by a certain Dr. Erhard Göpel, an art historian who had likewise enjoyed himself as a tourist/occupier of France (293, 304).

Göpel was also the author of a book about Normandy, published by the German military command and obviously destined for troops in the area[34]—such as those Jünger saw leaving Paris on their tanks. Göpel's book offers a geographical as well as historical overview of the land, information on what to see and what to do in specific regions, and a survey of the area's artists and artworks. The book is illustrated by

German soldiers on a beach -from Göpel's *Die Normandie* (1942)

Soldats allemands à la plage - de Göpel, *Die Normandie* (1942)

Paris fut libéré quatre jours seulement après cette visite du champ de bataille par Eisenhower, et quinze jours plus tard la quasi totalité du nord de la France et la Belgique furent libérées. Quant à Jünger, il était déjà parti, après avoir fait ses adieux à Paris de la façon la plus stéréotypiquement touristique, du haut du Sacré-Coeur, et il était de retour à Hanovre, où il recevait la visite d'un certain Docteur Erhard Göpel, historien d'art qui s'était également amusé en France pendant ces années de touriste/occupant (312, 325).

Göpel fut aussi l'auteur d'un livre sur la Normandie publié par le commandement militaire allemand et manifestement destiné aux soldats partant pour cette région[34]—ceux que Jünger vit quitter Paris sur leurs blindés. Son livre propose un survol géographique et historique du pays, des renseignements sur ce qu'il y a à voir et à faire dans certains lieux, et un exposé sur les artistes et les œuvres d'art de la région. Parmi les illustrations, on trouve des estampes françaises du dix-neuvième siècle, dont la plupart sont tirées des œuvres de Jules Janin (la gravure sur bois était la spécialité du Dr. Göpel [35]) et des photographies contemporaines de sites célèbres et d'œuvres d'art normands. Celles-ci sont soit totalement dépourvues de présence humaine, soit montrent des soldats allemands en uniforme, dont il n'est pas toujours facile de dire s'ils

nineteenth-century French woodcuts (Dr. Göpel's field of expertise[35]), most of which are taken from Jules Janin, and by contemporary photographs of famous Norman sites and artworks. On the few occasions where there are human beings in these pictures, they are uniformed German soldiers, about whom it is not always easy to say whether they are on holiday or guard duty, spending a leisurely day at the beach or designing coastal fortifications. More insidiously, from the very first page, Göpel's book carries out a project of cultural appropriation that comes close to legitimizing a literal annexation of Normandy by the Reich. The text begins with what appears to be a description of the medievally-inspired illustrated letter in the top left hand corner of the opening page—an illustrated letter featuring a knight riding forth from a castle. But the rider that emerges from the morning mist in Göpel's text is no medieval Norman knight, but a German cavalry officer outside Caen in 1940. The ensuing description of the "magic of Normandy" (*der Zauber der Normandie*) is then characterized not only as the collective experience of "many a German soldier" (*mancher deutsche Soldat*), but the features of the Norman countryside (*Weide und Bauernhof, Meeresnähe, Pferd und Reiter, Waffen*

Incipit from Göpel's *Die Normandie* (1942)

Incipit de Göpel, *Die Normandie* (1942)

sont en vacances ou s'ils montent la garde, s'ils passent une journée sur la plage ou s'ils organisent les défenses côtières. De manière plus insidieuse, dès la première page, Göpel entreprend une appropriation culturelle très comparable à une légitimisation de l'annexation littérale de la Normandie par le Reich. Le livre s'ouvre avec ce qui paraît être une description textuelle des enluminures évidemment inspirées du Moyen Age, en haut à gauche de la première page. Or, cette lettre fait figurer un chevalier chevauchant hors d'un château fort, mais la figure équestre qui sort de la brume matinale dans le texte de Göpel n'est nullement un chevalier normand, c'est un officier de la cavalerie allemande aux environs de Caen en 1940. La description suivante de la "magie de la Normandie" (*der Zauber der Normandie*) n'est pas seulement l'expérience de "beaucoup de soldats allemands" (*mancher deutsche Soldat*): mais les éléments de ce paysage (*Weide und Bauernhof, Meeresnähe, Pferd und Reiter, Waffen und waches Auge, Ritterlichkeit, Bauten als steingewordener Ausdruck eines mutigen Herzens und eines kühnen Geistes*—champ et ferme, voisinage de la mer, cheval et cavalier, armes et yeux aux aguets, chevalerie, bâtiments qui sont l'inscription dans la pierre d'un cœur courageux et d'un esprit téméraire) sont ensuite incroyablement proposés comme caractéristiques de la Normandie seulement "aussi longtemps que coule toujours avec chaleur dans les

und waches Auge, Ritterlichkeit, Bauten als steingewordener Ausdruck eines mutigen Herzens und eines kühnen Geistes—pasture and farmhouse, proximity to the sea, horse and rider, arms and watchful eyes, chivalry, buildings as expression in stone of a courageous heart and a bold spirit) are then, incredibly, claimed to be markers of Normandy only "as long as the blood of the forefathers who came with a fresh sea breeze from the North still flows hot in the veins of its inhabitants (*solange das Blut der mit frischen Seewinden von Norden gekommenen Vorfahren noch feurig in den Adern seiner Bewohner floss*)." All this works quite clearly to justify the German tourist/occupier as rightful inhabitant. Should Normandy cease to be sufficiently "Norman" in living up to this medieval fantasy, a new infusion of Northern blood would be the answer. Pursuing this delegitimation of Normandy as in any way "French," Göpel then adduces historical argumentation to claim that the inhabitants of Normandy have always been none other than its invaders (and one senses here a terrible slippage between the militarist sense of *besetzung* and the domestic sense of *bewohnung*) whether by Caesar's legions who "occupied" (*in Besitz nahmen*) Normandy two thousand years ago or the Vikings who "immigrated" (*einwanderten*) there a thousand years ago. The new German presence in the

veines des habitants le sang des aïeux venus avec le vent frais de la mer du nord (*solange das Blut der mit frischen Seewinden von Norden gekommenen Vorfahren noch feurig in den Adern seiner Bewohner floss*)." Tout cela finit par justifier les droits d'habitant légitime du touriste/occupant allemand. Si la Normandie cessait d'être suffisamment "normande" par rapport au fantasme moyenâgeux de Göpel, une nouvelle "infusion de sang nordique" serait sans doute prescrite. Poursuivant la délégitimation de la Normandie en tant qu'entité française, Göpel allègue des raisons historiques qui suggèrent que les habitants de la Normandie sont les descendants de ces envahisseurs (et on sent ici le glissement terrible du sens militaire de *besetzung* à celui, domestique, de *bewohnung*), que ce soient les légions de César qui "occupèrent" (*in Besitz nahmen*) la Normandie il y a deux mille ans ou les Vikings qui y "immigrèrent" (*einwanderten*) il y mille ans. La nouvelle présence allemande dans le pays dont le lieutenant de cavalerie se fait l'emblème, serait donc arrivée pile à l'heure, historiquement parlant.[36] La vraie "magie" de la Normandie pour le visiteur allemand tient à son passé de conquêtes, magie qui donnera envie aux soldats, écrit Göpel à la fin du livre, d'y rester indéfiniment (94).

La Normandie devient ainsi authentique parce qu'investie des thèmes médiévaux de conquête et de chevalerie que le touriste/soldat de l'occupation projette sur ses sites. On ne s'étonnera pas d'y voir se profiler le personnage de Guillaume le

area as emblematized by the cavalry lieutenant would thus seem to be right on schedule, historically speaking.[36] The real "magic" of Normandy for the German visitor is then its history of conquest, tempting him, so writes Göpel at the end of the book, to remain there indefinitely (94).

Normandy is authenticated then insofar as it is invested with the medieval themes of conquest and chivalry projected onto its sites by the German tourist/occupier. Not unsurprisingly, the figure of William the Conqueror looms large as the epitome of the Norman *Geistes*, and of course the latter's successful conquest of England, described in detail by Göpel, was of great topical value among German military readers in 1942. Among the photo illustrations are two scenes from the Bayeux tapestry, one showing Norman messengers on horseback (in accordance with Göpel's chivalric theme), the other, the construction of vessels for William's cross-Channel adventure. In addition, there are two woodcuts taken from Janin showing William's disembarkation in England and the Battle of Hastings. Now, with the exception of the Mont-St. Michel (curiously mentioned by Göpel only in passing), the Bayeux Tapestry is probably the single greatest tourist attraction of Normandy. Today, though, worldwind tours of France combine the visit to the famous tapestry with

Conquérant en tant que épitomé du *Geistes* normand. Bien évidemment, sa conquête de l'Angleterre que Göpel décrit en détail, bénéficia d'un grand intérêt parmi les lecteurs militaires allemands de 1942. Parmi les photographies on trouve deux scènes de la tapisserie de Bayeux, dont une montrant des messagers normands à cheval (ce qui correspond au thème chevaleresque de Göpel) et l'autre, la construction de vaisseaux pour la traversée de la Manche. On y trouve également deux gravures de Janin qui représentent le débarquement de Guillaume en Angleterre et la bataille d'Hastings. Or, avec le Mont-St.-Michel (que Göpel ne mentionne curieusement qu'en passant), la tapisserie de Bayeux est très probablement l'attraction touristique la plus célèbre de Normandie. Aujourd'hui, cependant, il faut bien admettre que les visites guidées ultra rapides de la France combinent visite de la tapisserie célèbre et visite des plages du débarquement, qui ne sont qu'à sept kilomètres de Bayeux.

Pendant la guerre, l'intérêt des Allemands pour la tapisserie frisait l'obsession, si nous nous fions au guide touristique de Göpel, parce qu'elle nourrissait le fantasme médiéval de l'occupation allemande de la Normandie tout en offrant un support visuel à l'invasion, projetée mais jamais entreprise, de l'Angleterre. Et tandis que la vue projetée de la Normandie médiévale servait à légitimer un scénario de conquête allemande, il est intéressant de voir que la véritable représentation médiévale de la

a stop at the D-Day beaches, a mere 7 kilometers away.

During the war, German interest in the Bayeaux Tapestry was obsessive, probably, if we can extrapolate from Göpel's tour guide, because it not only sustained the fantasy of medieval knighthood in the German occupation of Normandy but also provided a visual support for the projected but never undertaken invasion of England. Interestingly, while the projected view of medieval Normandy legitimated a scenario of German conquest, the real medieval representation that is the Bayeux Tapestry offered an imaginary satisfaction in lieu of a real cross-Channel conquest. Moreover, this viewing of the tapestry as fantasy projection of unrealized conquest, as "the imaginary satisfaction of a desire" to aggress (to speak like Freud), probably blinded those German viewers to the kind of close, attentive *reading* that would have clued into the fact—still denied by the German High Command as late as six weeks after D-Day—that the Anglo-American invasion would take place on the beaches of Normandy and not at the more obvious Pas de Calais. Göpel unbelievably and absolutely unwittingly even pinpoints the exact location on the Bessin coastline *"zwischen Orne und Vire"* where the Allies would land,

Bunker for the Bayeux Tapestry

Abri blindé pour la tapisserie de Bayeux

tapisserie de Bayeux offrait une satisfaction imaginaire en lieu et place d'une vraie conquête au-delà de la Manche. D'ailleurs, cette vision de la tapisserie comme projection fantasmatique d'une conquête irréalisée, comme "la satisfaction imaginaire d'un désir" d'agresser (pour parler comme Freud), a très probablement interdit à ces mêmes spectateurs allemands toute *lecture* attentive, "de près," qui leur aurait peut-être révélé le fait—encore nié par l'état-major allemand six semaines après le débarquement—que l'invasion anglo-américaine aurait lieu sur les plages de Normandie et non dans le Pas de Calais, pourtant plus évident. Göpel, d'une manière incroyable et totalement irréfléchie, indique même l'endroit exact, sur la côte du Bessin, "*zwischen Orne und Vire*" où les Alliés débarqueront, comme étant le lieu que les Vikings, menés par leur chef Rollon, avaient accosté il y a mille ans pour commencer leur "*Besetzung des Landes*"(41). Quant à l'endroit, situé quelque part entre Norrey-en-Bessin et Bretteville, où il voit ce lieutenant de cavalerie allemande surgir de la brume matinale tel un chevalier de jadis, l'armée canadienne s'en empara dès le lendemain du débarquement, le jour même où Jünger regardait passer les blindés. Bayeux même, épitomé de la culture nordique d'après Göpel, ville où les seigneurs normands envoyaient leurs fils pour apprendre "*die*

as the place were the Norsemen under their chief Rollon had landed a millennium earlier and began their *"Besetzung des Landes"*(41). As for the place, somewhere between Norrey-en-Bessin and Bretteville, where he saw the German cavalry lieutenant emerge from the morning mist like the knights of old, it would be overrun by the Canadian army as early as the day after D-Day, the same day Jünger watched the tanks go by. Bayeux itself, the epitome of Norse culture according to Göpel, the place where Norman lords sent their sons to learn *"die alte Sprache,"* reputedly still spoken there long after the speaking of French had prevailed everywhere else, and where "the best bread in France is baked" (*das beste Brot in Frankreich gebacken würde*) (41), was also taken on June 7, 1944, the first major French town liberated by the Allies and virtually the only Norman locale not utterly devastated by the battles there.

Back at the outbreak of war in September 1939, a special bunker or *abri blindé* was built in Bayeux to protect the famous embroidery from potential harm, ostensibly from bombs or shelling. But by the time of the town's liberation, this national treasure was no longer safely locked up in its protective shelter: another case of an empty bunker. Instead, it had been removed to a depository in the Sarthe region some three years earlier before being transferred to

alte Sprache", que l'on suppose toujours en usage dans cette région bien après que la langue française aura prévalu ailleurs, et où "on cuit le meilleur pain de France" (*das beste Brot in Frankreich gebacken würde*) (41), fut aussi prise le 7 juin 1944, et devint la première ville française libérée par les Alliés, et pratiquement la seule communauté normande à ne pas être totalement dévastée par les combats.

Dès le début des hostilités au mois de septembre 1939, un abri blindé fut construit à Bayeux afin de protéger la célèbre broderie de tout danger, notamment des bombes ou des obus, mais, à l'heure de la libération, ce trésor national n'était plus enfermé dans son abri: encore un cas de bunker vide. La tapisserie avait été déménagée et remisée dans un dépôt dans la Sarthe, trois ans auparavant, avant de se voir encore transférée au Louvre, où quelques heures seulement avant l'entrée à Paris de Leclerc et sa division blindée, elle échappa à un complot S.S. qui voulait la remporter de force en Allemagne.[37] Le danger que courait la tapisserie n'était cependant pas celui des obus de l'ennemi, mais plutôt celui de la pulsion scopique irrésistible de celui-ci, de son désir de voir et revoir la tapisserie, de la photographier, de la mesurer, d'en cataloguer chacun de ses traits et de la reproduire dans des textes, des dessins, des peintures, etc. Ce désir de posséder la tapisserie a servi de manière visuelle aux intérêts mentionnés plus haut, mais il mit la broderie en danger par ces manipulations répétées,

the Louvre, where, mere hours before Leclerc's Free French armored division entered the city, it narrowly escaped an S.S. plot to remove it forcibly to Germany.[37] The danger for the tapestry was not from enemy shells but from the occupier's irrepressible scopic drive, his insistent desire to see the tapestry over and over, to photograph it, measure it, catalogue its every feature for reproduction in texts, drawings, and paintings. This desire to possess the tapestry visually served the interests already mentioned, but endless handling of the precious embroidery threatened to destroy the tapestry more surely than a barrage of enemy shells. From the fall of 1940, the time of Göpel's equestrian vision, individual German soldiers and eventually entire teams of "specialists" from Berlin demanded the right to gaze longingly upon the filmlike representation of William's accession to the British throne. It has been said that Hitler himself examined the Tapestry while planning his Operation Sea-Lion, the amphibious takeover of England.[38] But in his blinded vision, the conqueror, peering over the ramparts of the giant bunker of Fortress Europe that the continent had become in Nazi propaganda, could not *read* this Tapestry in celebration of the Norman conquest from the perspective of those on

German officers gazing upon the Bayeux Tapestry

Officiers allemands contemplant la tapisserie de Bayeux

par le fait d'être sans cesse enroulée et déroulée. Dès l'automne 1940, quand Göpel eut sa vision équestre, des soldats allemands isolés, puis des équipes entières de "spécialistes" venues de Berlin, demandèrent le droit de contempler longuement la représentation quasi cinématographique de l'avènement de Guillaume au trône anglais. On dit qu'Hitler lui-même contempla la tapisserie au moment où il projetait son Opération Otarie, la conquête par la mer de la Grande-Bretagne.[38] Avec sa vision blindée/aveuglée, le conquérant qui jettait un coup d'œil par-dessus les remparts de son gigantesque bunker—la forteresse Europe—qu'était devenue l'Europe, selon la propagande nazie, était incapable de *lire* cette tapisserie qui célèbre la conquête normande du point de vue de ceux qui se trouvaient de l'autre côté de la Manche, une lecture implicite dans toute appréciation anglaise de ce monument culturel, mais qui n'a que très récemment été révélée comme déterminante à la production de cette œuvre d'art.

Bien que la tradition rapporte que la tapisserie fût tissée par la femme de Guillaume, la reine Mathilde de Flandres, et par ses servantes en honneur des faits et gestes de son mari, la réalité est très différente, comme l'a démontré une longue série de chercheurs et d'érudits, depuis Montfaucon, qui en 1729 fut le premier à faire éclater

the other side of the Channel, a reading implicit in any English appreciation of that cultural artifact, but recently shown to be quite conclusively at the very heart of this artwork's production.

While tradition holds that the Tapestry was woven by William's wife, Queen Mathilde of Flanders, and her maids in honor of her husband's great success, the reality is very different, as documented by a long line of scholars from Montfaucon who first debunked the myth in 1729 to David Bernstein whose 1986 study, *The Mystery of the Bayeux Tapestry*, has forced a major revision of our understanding of this millennial-old document.[39] Not only was the embroidery commissioned by William's half-brother, Bishop Odon of Bayeux, who wished to immortalize his own role in the conquest of England and his subsequent reward of a fiefdom in Kent, but he also had the work done by monks in Canterbury. In other words, the monumentalization of his and his brother's deeds was to be carried out by members of the very society those deeds had enslaved. That the Bayeux Tapestry was actually made in England by those who had the least reason to rejoice in the events of 1066 obliges a serious reconsideration of the tapestry's meaning as it in turn elegantly explains many of the traditional puzzles of the work. First of all, it explains why the

le mythe jusqu'à David Bernstein, dont l'étude publiée en 1986, *The Mystery of the Bayeux Tapestry*, nous oblige à une révision profonde de notre compréhension de ce document millénaire.[39] Non seulement la broderie fut-elle commandée par le frère de Guillaume, Odon, évêque de Bayeux, qui voulait immortaliser son propre rôle dans la conquête de l'Angleterre et sa récompense par un fief dans le Kent, mais aussi ce dernier fit effectuer le travail par des moines de Canterbury. Autrement dit, la monumentalisation désirée des exploits d'Odon et de Guillaume fut confiée à des membres de la société même que ces exploits-là avaient rendu esclaves. Que la tapisserie de Bayeux ait été tissée en Angleterre par ceux qui avaient le moins de raisons de se réjouir des événements de 1066 nous oblige à reconsidérer le sens de la tapisserie. Et sa relecture, sous cette optique, peut ainsi expliquer de manière élégante quelques-unes des grandes énigmes de l'œuvre. Tout d'abord, on comprend pourquoi les inscriptions sont faites dans le style saxon, ce qui apparaît aujourd'hui comme l'indice trahissant le milieu d'où provient la broderie. Plus profondément, nous comprenons pourquoi le récit présenté par la tapisserie reste tellement axé sur Harold, qui apparaît dans la première et dans la dernière scène, la diégèse commençant avec *son* départ de l'Angleterre vers le continent et se terminant avec sa mort au champ de bataille de Hastings. Dès qu'on cesse d'insister sur une vision de l'histoire du point de vue des vainqueurs normands, il devient évident que la

inscriptive lettering is in the Saxon style, which now appears as a rather obvious clue to where and how the embroidery was produced. More profoundly, we can now understand why the narrative of the tapestry is so closely focused on Harold, who appears in the first as well as the final frame, the story beginning with *his* departure from England for the continent and ending with his death on the field of Hastings. Once we stop insisting on viewing the story from the perspective of the Norman victors, it becomes clear that this so-called *Tapisserie de la Reine Mathilde* is actually about the downfall of Harold, whose weakness, foolishness and naivete bring about the defeat and occupation of England. This also explains why Harold, though politically naive, is often shown in a favorable light, even a heroic and chivalric one. In one scene, for example, he is pictorially *and* verbally depicted rescuing men from quicksand along the Couesnon river while accompanying William in the latter's conquest of Brittany. On the other hand, text and image are again used *together* to represent the conquering Norman army hurrying to "seize food" (*ut cibum raperentur*) from British peasants and then "setting a home on fire" (*hic domus incenditur*) and driving out its occupants: a woman and child. These hardly seem deeds a con-

The Normans burn woman and child out of their home
—from the Bayeux Tapestry

Les normands mettent le feu à la maison d'une femme et son enfant
—de la tapisserie de Bayeux

tapisserie, soi-disant de la Reine Mathilde, concerne effectivement la chute d'Harold, dont la faiblesse, la folie et la naïveté ont entrainé la défaite et l'occupation de l'Angleterre. Cela explique également pourquoi Harold, quoique politiquement naïf, est souvent présenté de manière favorable—parfois même de manière héroïque et chevaleresque—comme au moment où le dessin montre *et* l'inscription dit qu'il sauve des gens des sables mouvants au bord de la rivière Couesnon alors qu'il accompagne Guillaume dans sa conquête de la Bretagne. D'un autre côté, texte et image s'emploient *ensemble* à représenter l'armée normande, qui vient d'arriver en Angleterre, s'empressant par la force de "voler la nourriture" (*ut cibum raperentur*) des paysans britanniques et puis à " mettre le feu à une maison » (*hic domus incenditur*) en en chassant ses occupants, une femme et son enfant. Ces images ne semblent guère du genre de celles qu'un conquérant aimerait voir dans ce type de bannière victorieuse qu'est la tapisserie, tandis que la fin abrupte du récit, avec la défaite de l'armée d'Harold, a incité certains exégètes à émettre l'hypothèse d'un dernier fragment perdu, qui achèverait le récit, d'une manière conve-nable, par le couronnement de Guillaume à Westminster. Ce qui semble le plus probable, maintenant que nous connaissons les conditions de fabrication de la tapisserie, c'est que nous sommes devant ce type d'objet étudié, de manière si élégante par Louis

queror would want to have recalled in a victory banner like the tapestry. For years, scholars have speculated about a final concluding fragment that would "properly" close the narrative with William's coronation at Westminster; the end of the narrative as it stands now, with the defeat of Harold's army, seems oddly abrupt. More likely, given what we now know about the conditions of the tapestry's production, we can recognize that we are dealing with the kind of artifact so elegantly studied by Louis Marin, with regards to seventeenth century absolutism where praise and criticism are distinguishable only from the point of view of the reader or viewer.[40] Adding to this amphibology are the tapestry's margin illustrations, scenes from those fables of Phaedrus that most clearly address questions of power and weakness, and the wisdom of ruse over the dangerous naivete of innocence; the same fables La Fontaine would later likewise revise with a similar intent: *The Wolf and the Lamb, The Fox and the Crow, The Pregnant Bitch*, etc. The subtlety and complexity of the Bayeux Tapestry allows either a celebratory Norman reading as requested by Bishop Odon or a critical British one. A thorough analysis of the Tapestry as outlined by Bernstein's insights remains to be undertaken, and this is not the place for it. What is worth pointing out here is that the narrative of Harold is a narrative of

Marin, dans le contexte de l'absolutisme du dix-septième siècle, où éloge et critique ne se dis-tinguaient que selon le point de vue du lecteur ou du spectateur.[40] Viennent s'ajouter à ces amphibologies les illustrations dans les marges, tirées des fables de Phèdre, et qui traitent de la manière la plus claire des questions de pouvoir et de faiblesse et dépeignent la sagesse de la ruse par rapport à la naïveté dangereuse de l'innocence. On se s'étonnera pas d'ailleurs de retrouver les mêmes fables que La Fontaine reprendra avec une intention semblable: *Le loup et l'agneau*, *Le renard et le corbeau*, *La lice et son compagnon*, etc. Avec subtilité et complexité, la tapisserie de Bayeux permet tout aussi bien une lecture normande élogieuse telle que demandée par l'évêque Odon qu'une lecture critique britannique. Une analyse approfondie de la tapisserie, telle celle amorcée par Bernstein, reste à entreprendre, mais ce n'est pas le propos ici. Ce qui mérite d'être remarqué, c'est qu'au-delà du problème du point de vue de l'inter-prétation, le récit de la chute d'Harold est l'histoire d'une cécité, au sens figuré d'abord, celle de son incapacité à voir les intentions des autres, et de Guillaume notamment, ou les signes astraux tels que la comète qui prédit son désastre, et enfin, au sens propre, avec la flèche qui lui perce l'œil, le blessant mortellement à un endroit dépourvu de la protection du heaume ou de la cotte de mailles. Cette mort oculaire à la fin de ce récit à syntagmes picturaux et textuels, qui

blindness. It is a narrative of blindness in the figurative sense, in that Harold is unable to see the intentions of others, notably William, or to see the astral signs, like the comet, that foretell his downfall. It is ultimately a story of blindness in the literal sense too, with the image of the arrow that pierces Harold's eye, reaching him in a spot unprotected by helmet or chain mail and mortally wounding him. This ocular death at the end of a sequential narrative that in its pictorial and textual structure and strategies uncannily presages the layout of modern film also recalls the violent end of the film from Stalingrad. Once again, a suturing device comes into play; we are moved from the point of view of conqueror to conquered, or vice versa. Our vision is altered (pierced); we must cross over to the "other" side: Norman in the case of the Tapestry, Russian in the case of the film—or Allied in the case of the German coast bunker. What Harold's death speaks to is the ultimate chink in the armor of any protective suit or site, namely the locus of vision which can only be covered over—*blindé*—at the price of blindness, or left uncovered at the price of death.

Blind to an English reading of the Bayeux Tapestry, and lost in their fantasies of chivalric glory, the

The Death of Harold
—from the Bayeux Tapestry

La mort d'Harold
—de la tapisserie de Bayeux

présage de manière étrange et inquiétante la construction du film moderne, rappelle aussi la fin meurtrière du film de Stalingrad, et révèle une fois encore le dispositif de soudure par lequel on passe d'un point de vue à un autre. Notre vision est modifiée (percée); il nous faut passer de l'*autre* côté, du côté normand pour la tapisserie, du côté russe dans le film de Stalingrad—ou allié dans le cas du blockhaus allemand sur le littoral. Ce que dévoile la mort d'Harold, c'est la crevasse ultime qui réside dans l'armure de tout habit ou site protecteur, à savoir le *locus* de vision qui ne peut être couvert—blindé—qu'au prix de la cécité, ou bien laissé à découvert mais alors au prix de la mort.

Aveugle à une lecture anglaise de la tapisserie de Bayeux, et perdu dans son fantasme de gloire chevaleresque, l'état-major allemand ne pouvait voir ce qui allait surgir à l'horizon le matin du 6 juin 1944, même si tous les signes étaient là et qu'il leur suffisait de les lire. Les Anglais n'ont jamais oublié l'humiliation d'Hastings et la date de 1066 est gravée de manière indélébile dans l'esprit de tout écolier anglais. Fier du fait que cette île-nation n'a jamais été envahie depuis l'expédition de Guillaume, un Anglais aussi féru d'histoire que Winston Churchill aurait trouvé une certaine justice poétique dans le fait de nommer l'invasion de la Normandie, "Operation Overlord," un

The New Yorker, July 15, 1944

German High Command could never see what would come over the horizon on the morning of June 6, 1944—even though all the signs were there for them to read it. The British have never forgotten the humiliation of Hastings; the date 1066 is indelibly imprinted in every English schoolchild's mind. Proud of the fact that the island nation has never been successfully invaded since William's expedition, a historically astute Englishman like Winston Churchill would have found poetic justice in naming the Allied invasion of Normandy "Operation Overlord," a name which he is said to have personally approved,[41] but whose feudal resonances also remind us that it was at Formigny in the Bessin near the D-Day beachheads where the battle was fought that precipitated the final expulsion of the English from France at the very end of the Hundred Years' War. For that matter, the coast of Calvados was named for the shipwreck of a member of the Spanish Armada (another failed invasion of England) in the same area. Eisenhower's "crusade" rhetoric and the rampart-scaling operation at Pointe du Hoc further the set of medieval allusions. Finally, a contemporary illustration, the cover of *The*

Final panel of the Overlord Embroidery

Dernier panneau de la broderie Overlord

nom, dit-on, auquel il aurait donné son approbation personnelle,[41] mais dont les résonnances féodales devraient aussi nous rappeler que c'est à Formigny, dans le Bessin, tout près des têtes de pont du débarquement, que se livra la bataille qui précipita l'expulsion finale des Anglais hors de France à la fin de la Guerre de Cent Ans. On peut aussi ajouter que la côte du Calvados tient son nom du naufrage d'un vaisseau de l'Armada espagnole (encore une invasion manquée de l'Angleterre) dans cette même région. La rhétorique de la "croisade" d'Eisenhower et l'assaut de la Pointe du Hoc sont encore des allusions au Moyen Age. Finalement, une illustration de l'époque, la couverture du *New Yorker* du 15 Juillet 1944, montre le débarquement comme une remise en scène de la tapisserie de Bayeux, cette fois pourtant avec les Anglais qui traversent la Manche vers la France, et plus précisément vers la ville de Bayeux. Dans un ultime retour culturel à la tapisserie normande, en 1968, Lord Dulverton commanda à l'Ecole Royale de Couture une chronique des événements du débarquement. Cette œuvre, présentée en 1973, et intitulée "Overlord Embroidery,"[42] n'hésite pas à mettre bien en avant le rôle de la Grande-Bretagne (en réponse sans

New Yorker magazine on July 15, 1944, portrays the D-Day operation as a remake of the Bayeux Tapestry; this time, however, it is the British crossing the channel toward France and specifically the town of Bayeux. And in a final cultural reprise of the Norman tapestry, in 1968 Lord Dulverton commissioned The Royal School of Needlework to make a textile record of the events surrounding D-Day. The work, known as the Overlord Embroidery, was finished in 1973.[42] The representation of events in that embroidery decidedly emphasizes the British participation—perhaps in response to the widespread postwar impression of America's predominance in the war effort. The Overlord Embroidery's final panel, for instance, displays a column of British troops, escorted by RAF Spitfires overhead, marching into France along a road beside which a group of wounded and weary French civilians (or resistance fighters?) sits dejected around a dead companion. With no textual commentary, the potential ambiguity between liberation and occupation could not be greater.

This is not to say that Operation Overlord was a British *revincità* for the Norman invasion (although I believe strong hints of that can be traced in the English cultural imaginary), but that the danger of war—and of its monuments and commemorative sites, armored or not—is that this apparently most

doute à l'impression qui se dégageait après la guerre que c'étaient les Américains qui avaient eu le beau rôle). A la fin de la broderie, on voit par exemple une colonne anglaise en marche vers l'intérieur de la France accompagnée dans le ciel par des spitfires de la RAF. Au bord de la route, cependant, un groupe de français fatigués et blessés (ou des membres de la résistance?) entoure un camarade mort: sans commentaire textuel, on y voit surgir toute l'ambiguïté possible entre libération et occupation.

Il ne faut pas conclure pour lors que l'opération "Overlord" représente pour les Anglais une sorte de *revincità* après l'invasion normande (bien qu'on puisse en lire de fortes traces dans l'imaginaire culturel anglais). Mais quant au danger que pose la guerre—ce qu'il faut retenir des monuments comme des sites commémoratifs, qu'ils soient blindés ou non—c'est que ce conflit, en apparence totalement irréconciliable entre des points de vue qui s'excluent l'un l'autre, est en effet sujet à des renversements, des volte-face ou des soudures des plus inattendus et dont les conséquences risquent d'être mortelles pour tous ceux qui croient leur champ de vision sûr et illimité. La vision mégalomane à partir du bunker, aveuglée et blindée avec tout son délire de conquêtes imaginaires, ne peut différer éternellement la prise de conscience qu'à son cœur, derrière tous ses murs férocement défendus de pierre, d'acier et de béton, il n'y a rien—comme en témoigne le corps absent d'Hitler que les Russes n'ont jamais réussi

irreconcilable clash of mutually exclusive points of view is in effect subject to the most unexpected of reversals, crossovers or sutures, with potentially lethal consequences for those who believe their field of vision to be secure and unlimited. The megalomanical vision from the bunker blinded and *blindée* in all its delirium of imaginary conquests cannot forever eschew the realization that at its core, behind all its heavily guarded walls of stone, steel and concrete, there is nothing—like the absent body of Hitler the Russians never found in his Berlin bunker. On the other side, the risk of entering the *espace blindé* of the blockhouse is to become its occupier. The Rangers at Pointe du Hoc finally did find the artillery pieces they were looking for, hidden a few yards *outside* the protective enclosure. After destroying the guns however, they were forced by a heavy German counterattack to seek refuge within the very fortifications they had just fought so hard to seize. Embattled and encircled by German forces for two days, having completely exhausted their munitions, the Rangers used the remaining German armaments in the bunker to defend themselves. In the confusion, they narrowly

Omaha Beach

à retrouver dans le bunker de Berlin. D'un autre côté, ceux qui entrent dans l'*espace blindé* du blockhaus risquent à leur tour d'en devenir les nouveaux occupants. A la Pointe du Hoc, les Rangers réussirent finalement à trouver les canons qu'ils cherchaient, cachés à une distance de quelques mètres *au-dehors* de leur réduit protecteur. Ayant détruit ces pièces d'artillerie, ils subirent ensuite une lourde contre-attaque allemande qui les obligea à se réfugier dans les fortifications mêmes qu'ils venaient, après tants d'efforts, de saisir. Battus et entourés de forces allemandes jusqu'au surlendemain, ayant épuisé toutes leurs munitions, les Rangers se défendirent avec celles que les Allemands avaient laissées derrière eux. Dans la confusion, ils faillirent être fusillés par leur propre aviation, et scène ultime de folie, ils se retrouvèrent sous les salves des unités américaines envoyées à leur secours qui (avec raison!) ne reconnurent pas le bruit de leurs armes mais le son des mitrailleuses allemandes.[43]

Pour le touriste qui visite aujourd'hui les plages du débarquement en Normandie, les risques encourus sont certes moins dramatiques ou dangereux que

missed being strafed by their own aircraft, and in a final scene of folly were fired upon by the American troops sent to rescue them but who (correctly!) mistook their fire for the sound of German machine guns.[43]

For the tourist visiting the Normandy beaches today, the risks are of course much less dramatic or dangerous than that of being caught in the wrong line of fire. But if there is a risk, it is undoubtedly that of too readily assenting to the bunker's *vision blindée* by imagining the events of fifty years ago, by projecting the fantasy of invasion onto the empty beaches and cliffsides. Indeed, this vision is facilitated, so the current *Michelin Guide* says, by the very emptiness of the landscape today: "The austere and desolate appearance... along the narrow beach backing on barren cliffs, makes the invasion scene easy to imagine even today."[44] On the contrary, it seems to me that it is the contemporary's visitor's duty to resist the "ease" of this imaginary projection and to remain acutely aware of the gap between what is there, and what is not there (or there no longer). To do otherwise, I fear, is to fall prey to those ruinous representational politics whose complicity in the production of war is irrefutable, and whose excesses were indulged in by Jünger in the streets of Paris groaning under the weight of the heavy tanks, or Göpel in the fields of a

celui de se trouver du mauvais côté d'une ligne de tir. S'il y a risque, c'est celui sans doute de consentir trop facilement à la vision blindée du bunker en imaginant les événements d'il y a cinquante ans, en projetant le fantasme de l'invasion sur ces falaises et ces plages vides. Cette vision se trouve facilitée, en effet, comme le dit le *Guide Michelin* le plus récent, par le vide même du paysage aujourd'hui: "L'aspect austère et désolé que présente...cette grève étroite, adossée à un talus pelé, facilite l'évocation de ces événements."[44] Au contraire, il me semble que le devoir du visiteur contemporain est de résister à la "facilité" de cette projection imaginaire et de rester intensément conscient de l'écart entre ce qui est là et ce qui n'y est pas (ou ce qui n'y est plus). Faire autrement, j'en ai peur, c'est devenir la proie de ces ruineuses politiques de la représentation dont la complicité dans la production de la guerre est irréfutable et dont les excès firent les délices d'un Jünger dans les rues de Paris qui grondaient sous le poids des chars, ou d'un Göpel dans les champs d'une Normandie surveillée à cheval, ou de ces insistants spectateurs nazis de la tapisserie de Bayeux qui s'acharnaient à (ne pas) voir ce qu'ils avaient sous les yeux.

Dans un sens qui lui échappe alors, le vieux *Guide Michelin* avait raison d'insister sur l'absence de quelque chose à voir. Voir La Pointe du Hoc, ou Omaha Beach, ou Auschwitz, ou Hiroshima, c'est ne rien voir, si l'on ne voit pas que ce qui

Normandy patrolled by cavalry, or those insistent Nazi viewers of the Bayeux Tapestry trying so hard (not) to see what was right before their eyes.

In a sense unknown to itself, then, the old *Michelin Guide* was right in its insistence upon the absence of anything to see. To see La Pointe du Hoc, or Omaha Beach, or Auschwitz, or Hiroshima, is to see nothing, if one does not see that what matters is what we cannot see there, that there is nothing to see. As a tourist of such places, one should be careful to note one's inextricable entrapment in the repartee between the two lovers in Duras' famous screenplay:

She: *I've seen everything in Hiroshima.*
He: *No, you've seen nothing in Hiroshima.*

importe est ce que nous ne pouvons jamais voir. En tant que touriste de tels endroits, on devrait noter avec soin comment on se retrouve coincé inextricablement entre les répliques des deux amants de Duras:

Elle: *J'ai tout vu à Hiroshima.*
Lui: *Non, tu n'as rien vu à Hiroshima.*

Notes

1. *Michelin Guide: Normandy*, English edition (London: Dickens Press, 1965), p. 132.
2. Patrice Boussel and Eddy Florentin, *Le Guide des plages du débarquement et des champs de bataille de Normandie* ([Paris]: Presses de la Cité, 1984), p. 133.
3. Ibid.
4. See Ernest Nègre, *Les noms des lieux en France* (Paris: Armand Colin, 1963), p. 110. A number of American military documents, as if engaged in a project of etymological restitution, refer to this place as Pointe du Hoe (See Gordon A. Harrison, *The European Theater of Operations: Cross-Channel Attack* [Washington, D.C.: Office of the Chief of Military History, Department of the Army, 1951], pp. 322-24, 340, 370).
5. It appears that such "authenti" approaches to the beaches are being organized as part of the fiftieth-year celebration. See "A Trip back to D-Day," *U.S. News and World Report*, September 27, 1993, pp. 73-75.
6. Lawrence M. O'Rourke, "Invasion is coming on D-Day '94," *Sacramento Bee*, June 6, 1992, Travel 4.
7. On the so-called *Osttruppen* in France, see Harrison, pp. 145-46; and O'Rourke, p. 5.
8. For a detailed description of this museum, see Boussel and Florentin, pp. 164-68.
9. Cited in Harrison, p. 298.
10. Herman Wouk, *War and Remembrance* (New York: Little, Brown, 1978), p. 874.
11. Dwight D. Eisenhower, *Crusade in Europe* (Garden City: Doubleday, 1948), p. 261.
12. Ibid., p. 119
13. These words of Josef Stalin to describe his impressions of the D-Day landings appear in a letter to Winston Churchill, cited by the latter in *Triumph and Tragedy*, volume six of his *The Second World War* (Boston: Houghton Mifflin, 1953), p. 9. One of the innovations of the war was the conversion of the beach into a combat zone. Traditional naval and amphibious warfare had streesed the direct capture of seaports through a show of armed might, but the German fortifications in and around the French, Belgian and Dutch

Notes

1. N'ayant pu retrouver de *Guide michelin* de cette époque, j'ai dû traduire d'après l'édition anglaise: *Michelin Guide: Normandy* (London: Dickens Press, 1965), p. 132.
2. Patrice Boussel et Eddy Florentin, *Le Guide des plages du débarquement et des champs de bataille de Normandie* ([Paris]: Presses de la Cité, 1984), p. 133.
3. Ibid.
4. Ernest Nègre, *Les noms des lieux en France* (Paris: Armand Colin, 1963), p. 110. Il existe des documents militaires américains qui, comme s'ils poursuivaient un projet de restitution étymologique, indiquent le lieu en question sous le nom de la Pointe du Hoe (Voir Gordon A. Harrison, *The European Theater of Operations: Cross-Channel Attack* [Washington, D.C.: Office of the Chief of Military History, Department of the Army, 1951], pp. 322-24, 340, 370).
5. Lawrence M. O'Rourke, "Invasion is coming on D-Day '94," *Sacramento Bee*, June 6, 1992, Travel 4.
6. Il paraît que de telles approches "authentiques" aux plages sont prévues pour la fête du cinquentenaire du débarquement: cf. "A trip back to D-Day," *U.S. News and World Report*, September 27, 1993, pp. 73-75.
7. Sur les *Osttruppen* en France, voir Harrison, pp. 145-46; et O'Rourke, p. 5.
8. Pour une description détaillée de ce musée, voir Boussel and Florentin, pp. 164-68.
9. Cité par Harrison, p. 298.
10. Herman Wouk, *War and Remembrance* (New York: Little, Brown, 1978), p. 874.
11. Dwight D. Eisenhower, *Crusade in Europe* (Garden City: Doubleday, 1948), p. 261.
12. Ibid., p. 119.
13. Ces paroles de Josef Stalin qui décrivent ses impressions du débarquement paraissent dans une lettre à Winston Churchill, citée par celui-ci in *Triumph and Tragedy*, volume six de *The Second World War* (Boston: Houghton-Mifflin, 1953), p. 9. Une des innovations de la guerre fut l'exploitation de la plage comme zone de combat. La tradition de la guerre navale ou amphibie préconisait la prise directe des ports de mer par la présentation d'une force armée, mais les fortifications allemandes devant et autour des villes côtières françaises, belges

coast towns were so strong, as evidenced by the disastrous Canadian raid on Dieppe in 1942, as to preclude their seizure. The alternative of landing troops on an open beach through the use of specially designed landing craft and artificial port facilities constitutes a primary technological achievement on the part of the Allies. On these developments, see Harrison, pp. 1-127. The stunning successes of the D-Day operation and of similar amphibious assaults in the Pacific island campaign seem to have become obsessively ensconced in the American military imaginary, as evidenced by the repeated use of amphibious invasion technology in situations where the invaded country was both friendly and unoccupied and/or already had adequate port facilities, such as in South Vietnam in 1965, or most recently, in Somalia (with regards to this last instance, see Tom Keenan's piece in this volume, pp. 130-163). The irony in all this, of course, is that the twentieth century has also massively capitalized on the conversion of beaches into leisure and tourist zones, completing a process begun in the seventeenth century when bathing in the sea was prescribed as a cure for rabies as well as for madness, and developed into its modern, leisure form in the nineteenth century through the visits of the Comtesse de Boigne and the Duchesse de Berry as well as by the development of the railroads. See René Musset, *La Normandie* (Paris: Armand Colin, 1960), p. 31.

14. Klaus Kirchner, *Flugblatt-Propaganda im 2. Weltkrieg. Europa. Band 6: Flugblätter aus den USA 1943/44 Bibliographie Katalog* (Erlangen: Verlag D + C, 1977), p. 102.

15. Niall Rothnie, *The Baedeker Blitz: Hitler's Attack on Britain's Historic Cities* (Shepperton, Surrey: Ian Allan Ltd, 1992), p. 131. Also see, Charles Whiting's excellent *The Three-Star Blitz: The Baedeker Raids and the Start of Total War 1942-1943* (London: Leo Cooper, 1987).

16. Whiting, p. 131.

17. Whiting, p. 93.

18. See Dean MacCannell, *The Tourist: A New Theory of the Leisure Class* (New York: Schocken, 1976) and my "Sightseers: The Tourist as Theorist," *Diacritics* 10 (No. 4: December 1980), pp. 2-14.

19. On the Renaissance origins of the link between costumes and national identity, see Daniel Defert, "Un genre ethographique profane au XVIe: les livres d'habits (essai d'ethno-iconographie)" in Britta Rupp-

et hollandaises étaient inexpugnables à tel point que d'écarter toute tentative de saisie, ce qui fut douloureusement mis en évidence par le désastre du raid canadien à Dieppe en 1942. L'alternative de débarquer des troupes directement sur une plage ouverte à l'aide de péniches et de ports artificiels (qu'il fallait inventer et construire à cette fin particulière) constitue de la part des Alliés une réussite technologique primaire. Voir à ce sujet, Harrison, pp. 1-127. Les succès étonnants du débarquement en Normandie et des assauts amphibies du même genre aux îles du Pacifique se sont introduits dans l'imaginaire militaire américain de manière, semble-t-il, à produire une sorte de comportement obsédé, au moins si l'on considère l'emploi répété de la technologie de l'invasion amphibie dans des circonstances où le pays envahi entretenait des rapports amicaux avec les E.U., n'était occupé par aucun ennemi, et/ou bénéficiait déjà d'installations portuaires, comme on l'a vu se produire au Vietnam en 1965, ou, tout récemment, en Somalie (voir à propos de cette dernière épisode, l'article de Tom Keenan, pp. 130-163). L'ironie en est que c'est le vingtième siècle aussi qui a su le mieux capitaliser la plage en la convertissant en zones de loisir et du tourisme, achevant ainsi un processus commencé au dix-huitième siècle quand l'on prescrivait les bains de mer pour ceux qui souffraient de la rage aussi bien que de la folie. La forme moderne du loisir prit ensuite son essor au dix-neuvième siècle avec les séjours de la Comtesse de Boigne et de la Duchesse de Berry de même que par le développement des chemins de fer. Voir René Musset, *La Normandie* (Paris: Armand Colin, 1960), p. 31.

14. Klaus Kirchner, *Flugblatt-Propaganda im 2. Weltkrieg. Europa. Band 6: Flugblätter aus den USA 1943/44 Bibliographie Katalog* (Erlangen: Verlag D + C, 1977), p. 102.

15. Niall Rothnie, *The Baedeker Blitz: Hitler's Attack on Britain's Historic Cities* (Shepperton, Surrey: Ian Allan Ltd, 1992), p. 131. Voir aussi l'excellente étude de Charles Whiting *The Three Star Blitz: The Baedeker Raids and the Start of Total War 1942-1943* (London: Leo Cooper, 1987).

16. Whiting, p. 131.

17. Whiting, p. 93.

18. Voir Dean MacCannell, *The Tourist: A New Theory of the Leisure Class* (New York: Schocken, 1976) et G. Van Den Abbeele, "Sightseers: The Tourist as Theorist," *Diacritics* 10 (No. 4: December 1980), pp. 2-14.

19. Sur les origines à la Renaissance du rapport entre habits (ou "costumes") et identité nationale, voir Daniel

Eisenreich, ed. *Histoires de l'anthroplogie: XVI-XIX siècles* (Paris: Klincksieck: 1984), pp. 25-41.

20. Boussel and Florentin, p. 106n; Rothnie, pp. 139-40; Whiting, pp. 167-69.

21. Boussel and Florentin, p. 155.

22. The issue is perhaps most eloquently stated by Pierre Vidal-Naquet in his "A Paper Eichmann?," trans. M. Jolas, *Democracy* I:2 (April 1981), pp. 70-95.

23. Jean-François Lyotard, *The Differend: Phrases in Dispute* (Minneapolis: University of Minnesota Press, 1988), p. 106.

24. See James E. Young, *The Texture of Memory: Holocaust Memorials and Meaning* (New Haven: Yale University Press, 1993).

25. Ernst Jünger, *Strahlungen II* in *Sämtliche Werke* (Stuttgart: Ernst Klett, 1979), III, 276; all translations of Jünger are my own.

26. See Benjamin's criticism of Jünger in "Theorein des deutschen Faschismus" (1930) in *Gesammelte Schriften*, ed. Rolf Tiedemann and Hermann Scheppenhaüser, (Frankfurt am Main: Suhrkamp, 1974), III, pp. 238-50. On Benjamin's concept of the aura, see of course "The Work of Art in the Age of Mechanical Reproduction," in *Illuminations*, ed. Hannah Arendt, trans. Harry Zohn (New York: Schocken, 1969), pp. 217-51. On similarities between the two writers, see Marcus Paul Bullock, *The Violent Eye: Ernst Jünger's Visions and Revisions on the European Right* (Detroit: Wayne State University Press, 1992), pp. 36, 54-55.

27. On the notion of beautiful death, see Nicole Loraux, "Socrate contrepoison de l'oraison funèbre. Enjeu et signification du *Menexenus*," *L'Antiquité classique* 43 (1974), 172-211; and Lyotard, pp. 20-21, 88-109.

28. Eisenhower, p. 371.

29. Eisenhower, pp. 156-57.

30. *Strahlungen I* in *Sämtliche Werke*, II, p. 212.

31. See Bullock for a discussion of Jünger's reactions to the bombing of his native Hanover and especially to the death of his son (pp. 124-29).

Defert, "Un genre ethnographique profane au XVIe: les livres d'habits (essai d'ethno-iconographie)" in Britta Rupp-Eisenreich, ed. *Histoires de l'anthroplogie: XVI-XIX siècles* (Paris: Klincksieck: 1984), pp. 25-41.

20. Boussel et Florentin, p. 106n; Rothnie, pp. 139-40; Whiting, pp. 167-69.

21. Boussel et Florentin, p. 155.

22. Le sujet a dû trouver son expression la plus éloquente chez Pierre Vidal-Naquet, *Les juifs, la mémoire, le présent* (Paris: 1981).

23. Jean-François Lyotard, *Le Différend* (Paris: Minuit, 1983), p. 157.

24. Cf. James E. Young, *The Texture of Memory: Holocaust Memorials and Meaning* (New Haven: Yale University Press, 1993).

25. Ernst Jünger, *Second journal parisien*, tr. Frédéric de Towarnicki et Henri Plard (Paris: Christian Bourgois, 1980), pp. 293-94.

26. Voir la critique que fait Benjamin de Jünger in "Theorein des deutschen Faschismus" (1930) in *Gesammelte Schriften*, ed. Rolf Tiedemann and Hermann Scheppenhaüser, (Frankfurt am Main: Suhrkamp, 1974), III, pp. 238-50. Sur le concept benjaminien de l'aura, voir bien sûr "The Work of Art in the Age of Mechanical Reproduction," in *Illuminations*, ed. Hannah Arendt, trans. Harry Zohn (New York: Schocken, 1969), pp. 217-51. Sur ce qu'il y a de semblable entre ces deux écrivains, voir Marcus Paul Bullock, *The Violent Eye: Ernst Jünger's Visions and Revisions on the European Right* (Detroit: Wayne State University Press, 1992), pp. 36, 54-55.

27. En ce qui concerne l'idée de la belle mort, voir Nicole Loraux, "Socrate contrepoison de l'oraison funèbre. Enjeu et signification du *Menexenus*," *L'Antiquité classique* 43 (1974), pp. 172-211; et Lyotard, pp. 40-41, 133-62.

28. Eisenhower, p. 371.

29. Eisenhower, pp. 156-57.

30. Jünger, *Jardins et routes*, tr. Maurice Betz (Paris: Christian Bourgois, 1979), p. 245.

31. Bullock discute les réactions de Jünger au bombardement de son Hanovre natal et aussi à la nouvelle de la mort de son fils (pp. 124-29).

32. Boussel et Florentin, p. 237 et sv.

33. Eisenhower, p. 279.

32. Boussel and Florentin, p. 237f.
33. Eisenhower, p. 279.
34. Dr. Erhard Göpel, *Die Normandie* ([Paris]: *von einem Armee-Oberkommando heraus gegeben,* 1942); all translations of Göpel are my own.
35. See, for example, his *Deutsche Holzschnitte des XX. Jahrhunderts* ([Wiesbaden]: Insel-Verlag. 1955).
36. If one method of gauging the success of an invasion is by the residue of foreign names upon the map (Normandy itself being, for example, named after its Norse invaders), then while the German occupation seems to have left no new names, the Americans did successfully inscribe themselves onto the Norman topography with the rather prosaic operational codenames of "Omaha Beach" and "Utah Beach," both of which have become officially sanctioned and commonly used place names for the areas initially seized by U. S. forces. Interestingly, the more metaphoric names of the British landing beaches (Sword, Juno, Gold) have had no such posterity.
37. Information on the fate of the embroidery during the war is from René Dubosq, *La tapisserie de Bayeux, dite de la Reine Mathilde: dix années tragiques de sa longue histoire, 1939-1948* (Caen: Ozanne, 1951).
38. David J. Bernstein, *The Mystery of the Bayeux Tapestry* (London: Weidenfeld and Nicolson, 1986), p. 29.
39. Dom Bernard de Monfaucon, *Monuments de la monarchie française* (1729-30), II, p. 2. A detailed histo-ry of the interpretation of the Tapestry is provided by Bernstein, pp. 7-50.
40. Louis Marin, *Le récit est un piège* (Paris: Minuit, 1978); *The Portrait of the King*, trans. Martha Houle (Minneapolis: University of Minnesota Press, 1988); *Food for Thought*, trans Mette Hjort (Baltimore: Johns Hopkins University Press, 1989).
41. Lieutenant-General Sir Frederick Morgan, *Overture to Overlord* (Garden City: Doubleday, 1950), p. 81.
42. On the Overlord Embroidery and on its relation to the Bayeux Tapestry, see Brian Jewell, *Conquest and Overlord: The Story of the Bayeux Tapestry and the Overlord Embroidery* (London and The Hague: East-West Publications, 1981).

34. Dr. Erhard Göpel, *Die Normandie* ([Paris]: *von einem Armee-Oberkommando heraus gegeben*, 1942); toute traduction de Göpel est de ma part.
35. A consulter, par exemple, ses *Deutsche Holzschnitte des XX. Jahrhunderts* ([Wiesbaden]: Insel-Verlag. 1955).
36. Si un moyen de juger du succès d'une invasion est par le sillage cartographique de noms étrangers (la Normandie elle-même étant, par exemple, nommée d'après ses envahisseurs nordiques, alors quand bien même que l'occupation allemande ne semblerait avoir laissé aucun nom nouveau, les Américains se sont inscrits avec succès sur la topographie normande par les noms de code passablement lourdauds d'"Omaha Beach" et "Utah Beach," dont les deux sont non seulement tombés dans l'usage commun mais aussi devenus officiellement les appellations administratives des endroits premièrement saisis par les forces des Etats-Unis. Il est également intéressant de noter que les noms plus poétiques des plages britanniques (Sword, Juno, Gold) ne semblent pas avoir fait pareille fortune.
37. Ces informations sur le sort de la broderie au cours des années de guerre peuvent se retrouver chez René Dubosq, *La tapisserie de Bayeux, dite de la Reine Mathilde: dix années tragiques de sa longue histoire, 1939-1948* (Caen: Ozanne, 1951).
38. David J. Bernstein, *The Mystery of the Bayeux Tapestry* (London: Weidenfeld and Nicolson, 1986), p. 29.
39. Dom Bernard de Monfaucon, *Monuments de la monarchie française* (Paris: 1729 30), II, 2. Bernstein donne une histoire détaillée des interprétations de la tapisserie dans *The Mystery of the Bayeux Tapestry*, pp. 7-50.
40. Louis Marin, *Le récit est un piège* (Paris: Minuit, 1978); *Le portrait du roi* (Paris: Minuit, 1981); *La parole mangée* (Paris: Méridiens Klincksieck, 1986).
41. Lieutenant-General Sir Frederick Morgan, *Overture to Overlord* (Garden City: Doubleday, 1950), p. 81.
42. Pour les rapports entre l'"Overlord Embroidery" et la tapisserie de Bayeux, voir Brian Jewell, *Conquest and Overlord: The Story of the Bayeux Tapestry and the Overlord Embroidery* (London and The Hague: East-West Publications, 1981).
43. Boussel et Florentin, pp. 133-37.
44. *Guide michelin: Normandie, Cotentin, Iles anglo-normandes* (Clermont-Ferrand: Michelin et Cie., 1991), p. 106.

43. Boussel and Florentin, pp. 133-37.
44. *Normandy, Cotentin, Channel Islands* (Clermont-Ferrand: Michelin et Cie., 1989), p. 105.

I wish to thank Liz Diller and Ric Scofidio for encouraging me to write this piece, and Anna Kuhn and Juliana Schiesari for their help in its conceptualization.

Je tiens à remercier Liz Diller et Ric Scofidio qui m'ont inciter à écrire sur ce sujet et Anna Kuhn et Juliana Schiesari pour leurs critiques et suggestions.

DILLER + SCOFIDIO
HOSTILITY INTO HOSPITALITY
HOSTILITÉ ET HOSPITALITÉ

Tourism loves **firsts**: the site of the Pilgrims' *first* step onto what was to become American soil, the site of the *first* manned flight, the crater left by the *first* detonation of the atomic bomb, the club in which the Beatles *first* performed, the *first* McDonald's, etc.

Two competing communities along the Normandy coast each claim to possess the first section of French soil liberated in the Allied invasion of 1944, and for which each has erected a commemorative monument. The town of Ste. Mère-Eglise marked its location, "Kilometer 0" and Utah Beach marked its, "Kilometer 00." Bayeux, meanwhile, claims to be the first liberated city and Courseulles, the first liberated port.

The first house set free by the Allies became the first "attraction" to be imprisoned by tourism. The house now bears a commemorative plaque and its interior is plastered with photographs of infantry units and cluttered by souvenirs and postcards. According to the *Visitor's Guide to Normandy*, "M. and Mme Gondrée and their three daughters, Françoise, Georgette and Arlette, have become a vital feature of every pilgrimage to the Normandy coast." Visiting the first liberated family in the first liberated house personalizes the abstract moment of D-Day for sightseers on the tour route in search of firsts. But then, every village

Le tourisme aime les **premières**: le site où les Pères Fondateurs mirent pied à terre en *premier* sur ce qui allait devenir le sol américain, le site du *premier* vol habité, le cratère creusé par la *première* explosion de la bombe atomique, le club où les Beatles se produisirent pour la *première* fois, le *premier* McDonald, etc.

Deux communes de la côte Normande se disputent la première parcelle de terrain bout de sol français libéré lors de l'invasion Alliée de 1944 et chacune a élevé un monument commémoratif. La ville de Ste. Mère-Eglise a intitulé son emplacement "Kilomètre 0" et Utah Beach a intitulé le sien "Kilomètre 00." Bayeux, de son côté, revendique le titre de première ville libérée et Courseulles à celui de premier port libéré.

La première maison libérée par les Alliés est devenue la première "attraction" emprisonnée par le tourisme. La maison porte aujourd'hui une plaque commémorative et, à l'intérieur, ses murs disparaissent sous les photographies d'unités d'infanterie et le moindre recoin est envahi de souvenirs et de cartes postales. Selon le *Guide du Visiteur de la Normandie*, "M. et Mme Gondrée et leurs trois filles, Françoise, Georgette et Arlette sont devenus un élément essentiel de tout pélerinage sur la côte normande." Pour les touristes qui empruntent ce circuit à la recherche de "premiers," rendre visite à la première famille libérée dans la première maison libérée personnalise le moment abstrait du jour-J. Mais chaque village le long de la côte où eurent lieu les débarquements prétend, d'une manière

along the D-Day coast makes at least some claim over this spatio-temporal punctuation in history, a moment which would prove to be pivotal. The ongoing obsession to *mark* the point of D-Day, H-Hour, coincides with the desire to *market* it.

On a sunny day, fifty years after the beach was littered with bloody, mangled bodies, the battlefield is littered with carefree, sun-tanning bodies. These leisure bodies don't seem out of place, however. For, before this stretch of Normandy coast was selected as the site for the Allied invasion, it was the target of the "thermal invasion." Droves of vacationers seeking the "cure" came to immerse their bodies in the chilly therapeutic waters of the Channel. However, unlike the scenic, recreational medium it is for today's pleasure seekers, the water was of little aesthetic interest to the bathers who regarded the sea as medicinal.

According to the 1993 *Michelin Guide*, the Normandy beaches are worthy of a one-star rating, defined in the glossary as "interesting," as opposed to two-star—"worth a detour," or three-star—"worth a journey."

The perception of the sea continued to shift with the changing players of the site. For the Allies wanting to reclaim Occupied France, the sea was the opportune medium by which to weaken the German stronghold—a medium whose possibilities and limitations had to be studied in exhaustive detail in the planning of the highly technical amphibious assault. Tourism was to play a key, though indirect, role during those years of preparation. With no physical

ou d'une autre, à cette ponctuation spatio-temporelle dans l'histoire, à ce moment qui pourrait se révéler en être un pivot. L'obsession constante de *marquer* le lieu du jour-J, de l'Heure-H, coïncide avec le désir de le *marchander*.

Par beau temps, cinquante ans après que la plage ait été jonchée de corps sanglants et emmêlés, le champ de bataille est jonché de corps insouciants et bronzants. Et pourtant, ces corps oisifs ne semblent pas déplacés. Car avant que cette partie de la côte normande ne soit choisie comme lieu de l'invasion Alliée, elle était la cible de l'"invasion balnéaire." Des hordes de vacanciers cherchant la "cure" venaient immerger leur corps dans les fraîches eaux thérapeutiques de la Manche. Toutefois, contrairement au médium récréatif et scénique qu'elle est devenue pour ceux qui recherchent aujourd'hui le plaisir, l'eau était de peu d'intérêt esthétique pour les baigneurs qui considéraient la mer comme médicinale.

Selon le guide Michelin 1993, les plages de Normandie méritent une étoile, c'est-à-dire, selon son vocabulaire, qu'elles sont considérées comme "intéressant," par opposition aux deux étoiles - "mérite un détour"—ou aux trois étoiles—"vaut le déplacement."

La perception de la mer a continué de changer au fur et à mesure que les joueurs du site changeaient. Pour les Alliés qui voulaient reconquérir la France Occupée, la mer était le médium adéquat pour affaiblir la forteresse allemande, un médium dont les possibilités et les limites devaient être étudiées jusque dans le moindre détail avant de planifier l'assaut amphibien extrêmement technique. Le tourisme devait jouer un rôle

access to the occupied territory, the 85 kilometer stretch of coast was surveyed through "oblique" reconnaissance aerials supplemented by the only existing photographs of the site—tourist postcards and holiday snapshots—which were covertly solicited from British vacationers over the BBC. These benign images of holiday revelers held pertinent information about the site's topography which would be factored into the planning of the assault. A woman's footwear or the height of her skirts while wading in the water, for example, could indicate the gradient of a beach.

For the strategists of the German war machine, the sea was, simply, the termination of the land. It represented the physical limit of the German conquest. As such, the coast was deemed to be a vulnerable border that had to be fortified. This led to the erection of a complex defense system which would stretch across the coast of northern France.

In the opening sequence of the 1964 Hollywood war epic, *The Longest Day*, Field Marshall Rommel looks out to sea, then turns to the camera and speaks with an air of confidence which can only portend impending doom. Rommel's sense of invincibility appears magnified by the slow zoom in on his ardent face before the backdrop of the sea. Unlike the leisure gaze to the sea

clef, quoique indirect, au cours de ces années de préparation. Nullement accessible physiquement, les quatre-vingt-cinq kilomètres de côte durent être étudiés à l'aide d'antennes de reconnaissance "obliques," et l'information obtenue fut complétée par les seules photographies du site disponibles, les cartes postales touristiques et les clichés de vacances, que la BBC recherchaient avidement auprès des vacanciers britanniques. Ces images bénines de joyeux convives en vacances recelaient des informations pertinentes sur la topographie du site qui pouvaient être utilisées pour organiser l'assaut. Les chaussures que portait une femme ou la hauteur de ses robes lorsqu'elle pataugeait dans la mer, par exemple, pouvaient indiquer l'angle d'inclinaison de la plage.

Pour les stratèges de la machine de guerre allemande, la mer était, tout simplement, la fin de la terre. Elle représentait la limite physique de la conquête allemande. Et, comme telle, la côte semblait une frontière vulnérable qui devait être fortifiée. Ce qui amena la construction d'un système de défense complexe qui allait s'étendre tout le long de la côte du Nord de la France.

Dans la scène d'ouverture de la fresque hollywoodienne de 1964, *Le Jour le plus long*, le maréchal Rommel contemple la mer, puis se tourne vers la caméra et parle, l'air sûr de lui, d'une manière qui ne peut laisser présager que le pire. Le sentiment d'invincibilité de Rommel semble grossi par le lent *zoom* avant sur son visage ardent avec la mer en

How calm...how peaceful it is.

A strip of water between
England and the Continent...

...between the Allies and us.

But beyond that peaceful
horizon...a monster waits!

A coiled spring of men,
ships and planes...

...straining to be released against us.

But not a single Allied soldier
shall reach the shore.

Whenever or wherever this invasion
may come, gentlemen...

...I shall destroy the enemy
there...at the water's edge!

of the tourist, who interprets the image of the infinite as limitless adventure, Rommel's gaze presumes limitless power.

The horizon, however, as Foucault observed, is not solely a pictorial notion, but also a strategic one. The concept of horizon can be utilized militarily, precisely because it describes a finite, calculable distance from an observation point to a point of tangency with the earth's curvature. Putting aside Hollywood's depiction of German zealotry, the defensive military gaze understands the horizon, not as limitless, but as the limit of the observable—beyond which lies an optical blind zone. The horizon defines a scopically defensible border. When the enemy breaks the horizon, he enters the perceptual field, and in this battle, which was largely based on the observable, the *perceptual field* was, in fact, the *battlefield*.

The Atlantic Wall, from which Rommel asserted his sense of security, was modeled after a medieval and classical conception of defense—a fortress wall on a grand scale, but splintered, re-programmed, and distributed along the edge of a continent. This conception, however, still held to the notion that conflict was essentially two-dimensional and horizontal, with defensible borders protecting a vulnerable *inside* from the enemy *outside*.

toile de fond. Contrairement au regard insouciant que le touriste porte sur la mer, interprétant l'image de l'infini comme celle de l'aventure illimitée, le regard de Rommel est celui du pouvoir illimité.

Cependant, comme l'a fait remarquer Foucault, l'horizon n'est pas seulement une notion picturale, mais aussi une notion stratégique. Le concept d'horizon peut être utilisé militairement, justement parce qu'il décrit une distance fixe et calculable entre un point d'observation et un point de tangence avec la courbe de la Terre. Loin de la peinture hollywoodienne du zèle allemand, le regard militaire chargé de la défense d'un territoire voit l'horizon non comme illimité, mais comme la limite de ce qui peut être observé au-delà de laquelle se trouve une zone aveugle. L'horizon définit une frontière qu'il est possible de défendre optiquement. Lorsque l'ennemi brise l'horizon, il entre dans le champ de perception et, dans cette bataille, qui dépendait beaucoup de ce qui pouvait être observé, le *champ de perception* était, en fait, le *champ de bataille*.

Le Mur de l'Atlantique, depuis lequel Rommel affirmait son sentiment de sécurité, fut construit suivant une conception médiévale, et classique, de la défense: un mur-forteresse à grande échelle, brisé, re-programmé et réparti le long des limites d'un continent. Cette conception découlait encore de l'idée que le conflit était essentiellement bidimensionel et horizontal, les frontières qu'il était possible de défendre protégeant un

From the bunkers, the *outside*, that is, the sea, or the image of it, was two-dimensional as well—the world split in half, into water and sky. In discussing John Ruskin's fixed stare to the sea, Rosalind Krauss describes the sea as "a special kind of medium for modernism," because it constitutes both "a limitless expanse and a sameness, flattening into nothing, into the no-space of sensory deprivation. The optical and its limits."[1] The view to the sea is pure background with no figure. Depth is only produced when the optical field is disturbed. Through the long horizontal slot of the German bunker, a slot which replicated the very horizon which it surveyed, German scouts witnessed a three dimensional war emerging from the flatness: battleships slipping from the centerline of the horizon into the lower half of the optical field and aircraft slipping into the upper half.

At the very moment that the placid horizon was disrupted for the vigilant German defense by advancing Allied forces, the horizon, for the advancing forces, was reciprocally disrupted by the first sight of landfall, that is, the German defense. For the opposing enemies, the horizon was a reversible notion announcing the commencement of battle. For the war tourist (looking to the sea from the German vantage point), the reading of the horizon fluctuates.

dedans vulnérable de l'ennemi situé *au dehors*.

Des bunkers, le *dehors*, c'est-à-dire la mer, ou son image, était lui aussi bidimensionnel, le monde fendu en deux, en eau et ciel. Commentant le regard fixe de John Ruskin sur la mer, Rosalind Krauss décrit la mer comme "un type particulier de médium pour le modernisme," parce qu'elle est à la fois "une étendue illimitée et une entité unique, s'aplatissant pour disparaître dans le rien, dans le non-espace de la privation sensuelle. L'optique et ses limites."[1] La vue sur la mer est pure toile de fond sans formes. La profondeur n'existe que lorsque le champ optique est perturbé. A travers la longue fente horizontale du bunker allemand, une fente qui reproduisait de manière exacte l'horizon qu'il surveillait, les vigiles allemands virent apparaîre, sortant de la platitude, une guerre tri-dimensionelle: des navires de combat glissant de la ligne centrale d'horizon vers la moitié inférieure du champ optique et des avions glissant vers sa moitié supérieure.

Au moment même où, pour la défense allemande, l'horizon placide se trouvait dérangé par l'arrivée des forces alliées, pour les forces en marche, l'horizon était pareillement dérangé par la première vision de la terre, c'est-à-dire de la défense allemande. Pour les ennemis, des deux côtés, l'horizon était une notion réversible annonçant le début du combat. Pour le touriste passionné par la guerre (regardant du point de vue allemand),

Following the prescribed itinerary of "points of interest" along the tour route, the sea is either seen as a backdrop for the string of commemorative markers and monuments that line the coast linking the Landing beaches—Sword, Juno, Gold, Omaha, and Utah—or it is seen from the gaps between markers, un-signified and de-contextualized. The role of the sequence of monuments and markers posed before the sea backdrop is precisely to break the horizon, to interrupt the image of limitless expanse and measureless time with a punctuated moment in space and time. If the disruption of the horizon for the Allied and German forces signalled the advent of the battle, the disruption of the horizon for the war tourist sets into motion the multiple narratives of that battle.

Note

1. Rosalind Krauss, *The Optical Unconscious,* The MIT Press, 1993.

la lecture de l'horizon est fluctuante. Contemplée depuis l'itinéraire conseillé de "sites intéressants," tout au long du circuit, la mer est soit vue comme la toile de fond du chapelet de panneaux indicateurs et de monuments commémoratifs qui longent la côte et relient entre elles les plages du débarquement—Sword, Juno, Gold, Omaha, et Utah—soit vue depuis les espaces libres entre panneaux indicateurs, conptemplée hors les signes, et dé-contextualisée. Le rôle de cette série de monuments et de panneaux placée devant la toile de fond de la mer est précisément de briser l'horizon, d'interrompre l'image d'étendue illimitée et de temps incommensurable par un moment ponctuel dans l'espace et le temps. Si la perturbation de l'horizon, pour les forces alliées comme pour les forces allemandes, était le signal du combat, la perturbation de l'horizon, pour le touriste passionné par la guerre, met en branle les multiples récits de ce combat.

Note

1. Rosalind Krauss, *The Optical Unconscious*, The MIT Press, 1993.

Not even a seagull.....

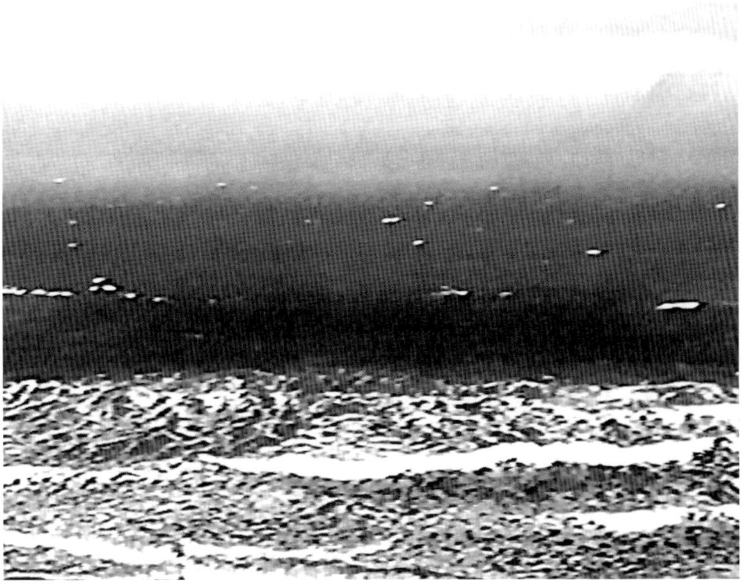

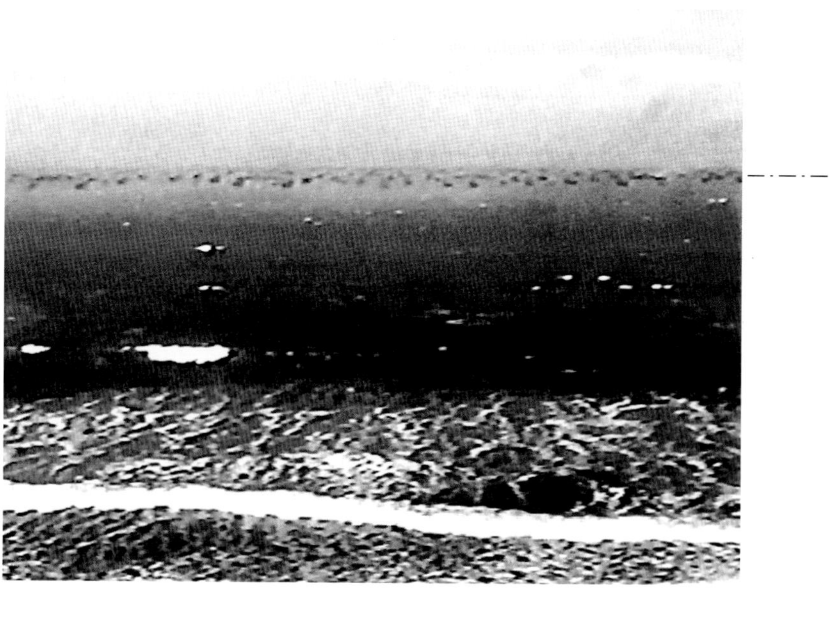

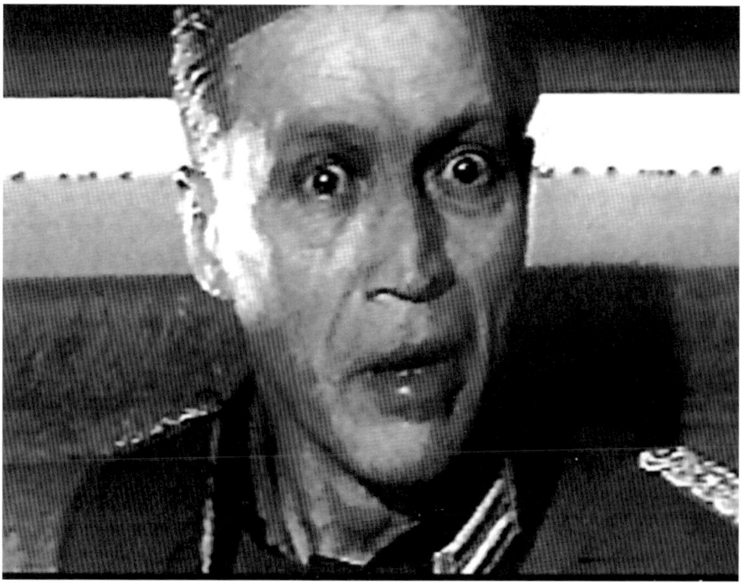

is Reached by British Troops

9

mmando Lands
at Riva-Bella is Taken

10

cial Service of Lord Lovat Lands
le Taken by 1st Suffolk

ndos Follow Road Along the Coast and H

Panic Came When the Other Stuff Start

RAL SAW WHAT HAD SHAKEN HIS BATTERY COMMANDER—THE INVASION FLEET

4th Commando Breaches Barbed Wire Defense

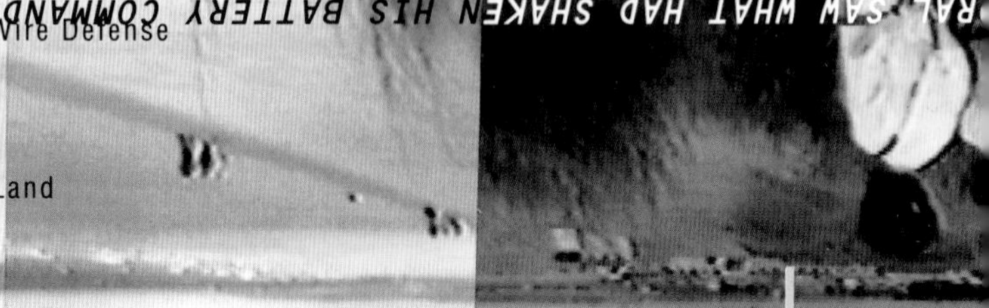

4th Commando Lands
ragoon of 79th Armored Division Land

MPOSSIBLE DUE TO THE HEAVY PALL OF SMOKE AND DUST STILL[4] OBSCURIN

11

270

g Preferable to This Horrible Boat[7]
ers Start Firing

f Every Shape and Size as Far as the Eye

12

Frobisher Starts Firing

de

13

itary were Mostly Seasick[8]

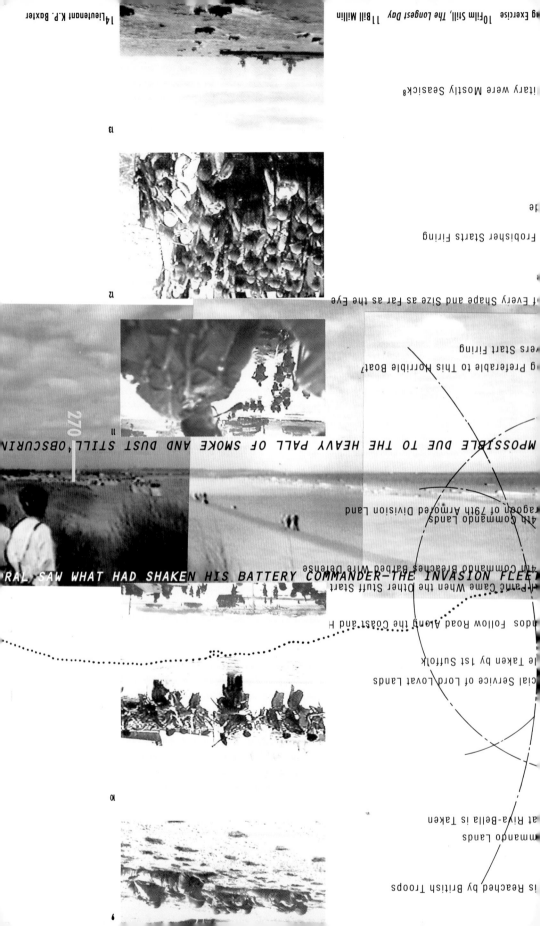

g Exercise [10]Film Still, *The Longest Day* [11]Bill Millin [14]Lieutenant K.P. Baxter

[1]Lance Corporal P.L.M. Hennessey

The Salutation,
Vivid imaginings.
The description of site. The indecipherable statement. The domestic inquiry,
Meal comments. The remark to elicit envy
The closing.
The Signature
Proper Name
Street Address
City & State,
Zip Code
Country

00

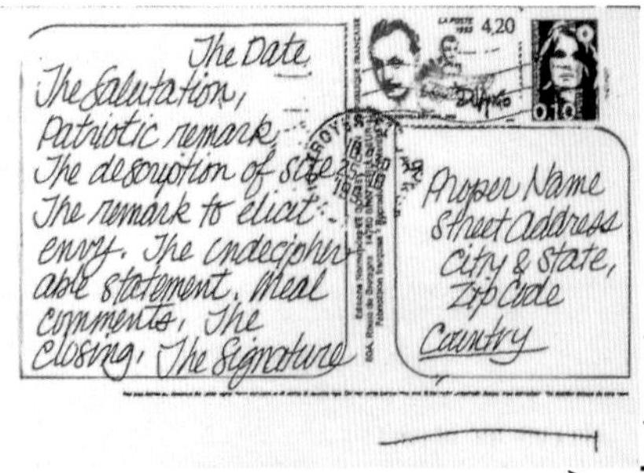

The Date
The Salutation,
Patriotic remark.
The description of site
The remark to elicit envy. The indecipherable statement, Meal comments, The closing, The Signature
Proper Name
Street Address
City & State,
Zip Code
Country

:00

irst Allied Commando Raid Memorial 11:45

ion-sur-Mer Allied Memorial

he Château du Haute-Lion

The Date
The Salutation,
Reflection of reverential power.
The description of sight. The travel itinerary. The domestic inquiry. The closing
The Signature
Proper Name
Street Address
City, State
Zip Code
Country

xposition Sword

:00

ommonwealth War Graves British Cemetery

GRATEFULLY SHARED BETWEEN THE FIVE OF US. THE BEACH WAS NOW A

oilet

Monument to Major Kieffer's Nº 4 British Commandos

IDEO FAN French Commando Memorial

:00

asino at Riva Bella

JUST SO SUNNY AND PEACEFUL. I WISH HENRY WAS HERE WITH ME NOW,

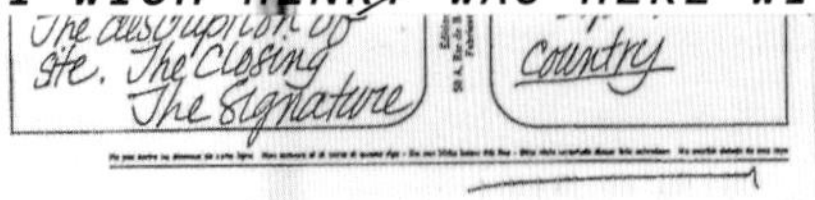

site. The Closing
The Signature
Country

Nº 4 Commando Museum

Atlantic Wall Museum

00

The Date
The Salutation,
Empathetic imaginings.
The description of site. The domestic inquiry. Meal comments. The closing.
The Signature
Proper Name
Street Address
City, State
Zip Code
Country

Ouistreham Lighthouse

Ouistreham Church

D-Day Commemoration Committee Monument

00

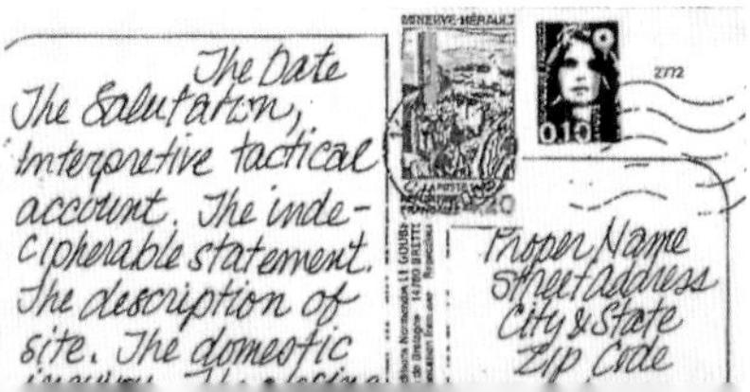

The Date
The Salutation,
Interpretive tactical account. The indecipherable statement.
The description of site. The domestic
Proper Name
Street Address
City & State
Zip Code

Breakfast

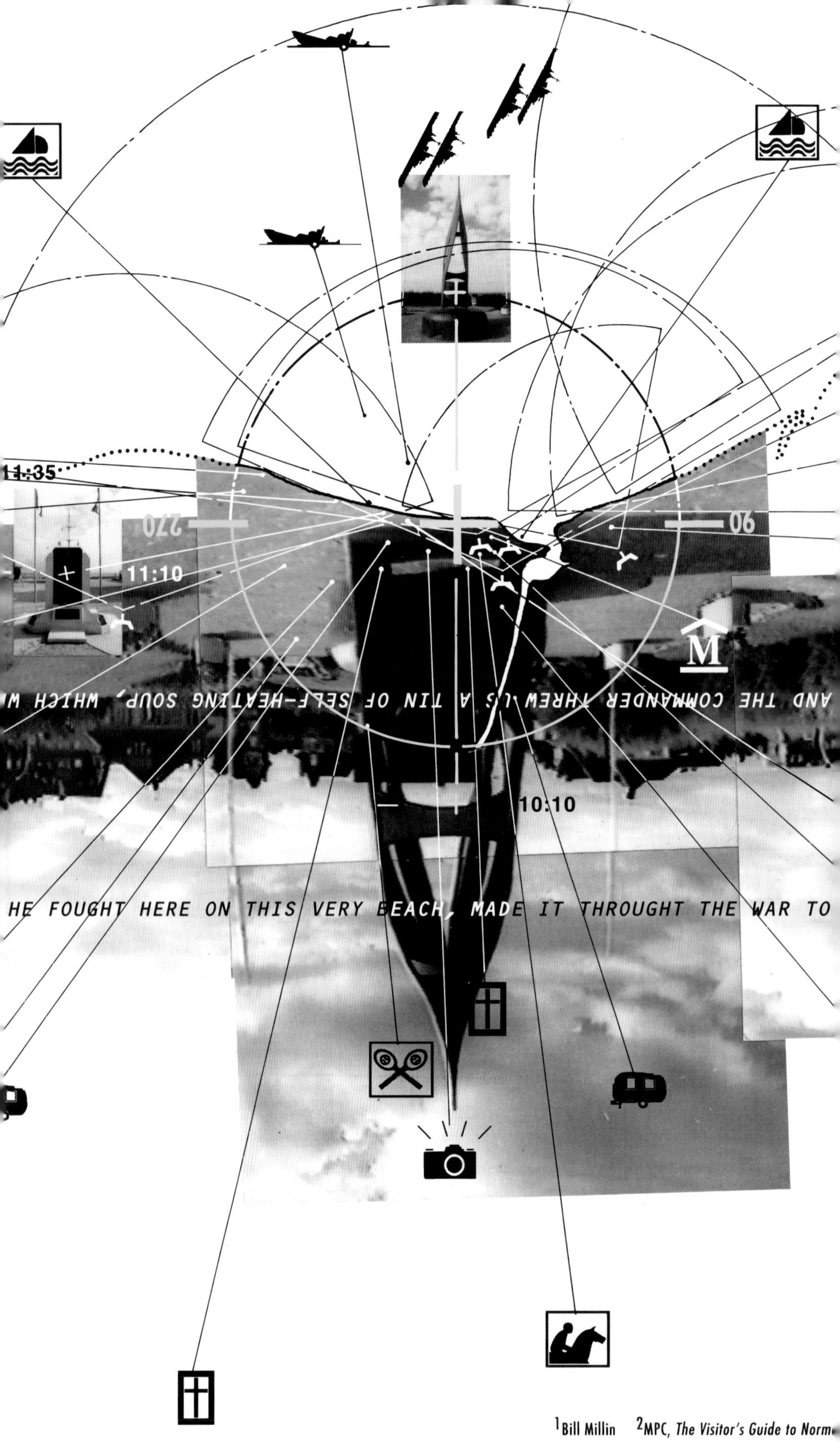
11:35
270
11:10
90
AND THE COMMANDER THREW US A TIN OF SELF-HEATING SOUP, WHICH W
10:10
HE FOUGHT HERE ON THIS VERY BEACH, MADE IT THROUGHT THE WAR TO

[1] Bill Millin [2] MPC, *The Visitor's Guide to Norm*

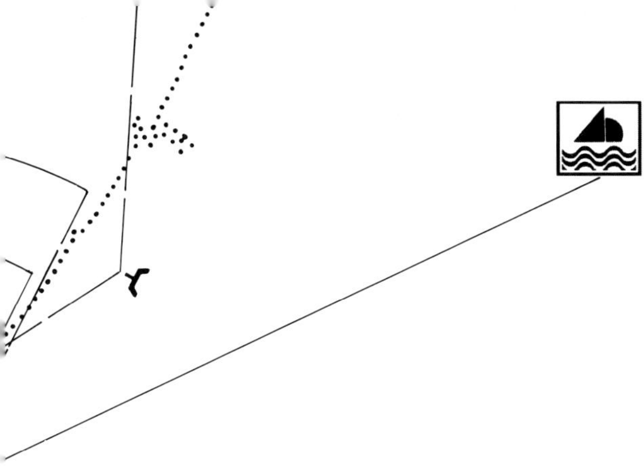

Into this turmoil at 0820 hours came No 4 Commando, complete with **Piper Bill Millin**, playing ***Highland Laddie*** and **stormed** their way past the German shore-line defenses. 2

As they waded, **Piper William Millin, waist-deep in water, oblivious to the scream and splash of shells**, keened *The Road* ***to the Isles***. [4]

 [3] Bagpiper at Normandy [4] Collier, *D-Day*, p.189 [5] Tourist

ny **A** reaches its Objective West of Saint-

taken at Position 1

tor is Free

ther Companies Follow Way of Company

4

ny **B** through Berniers Heads Toward Ang

5

ny **D** Lands Further West, Leaves Beach F

ddy Hold is Filling Full of Water[3]

Rifles Thrust from their LCA's

NG'S HAPPENING. NOT A THING. THE BIG ONE IS STILL HOVE TO, ABSO

hore Regiment at West Side of Saint-Aubin

's Disembarked and Half Beached

BUT SUDDENLY THE BOAT STARTS MOVING IN AND SOMEHOW YOU STAND UP

ke Approaching

r = 25.7km

6

ic Bombardment

nchoring

nots Fired From the Cruiser

de

7

8

e *Longest Day* [5]Fabius II Exercise [6]Sean Connery in *The* Martin, *The GI War*, p.162

English Engineer Sergeant

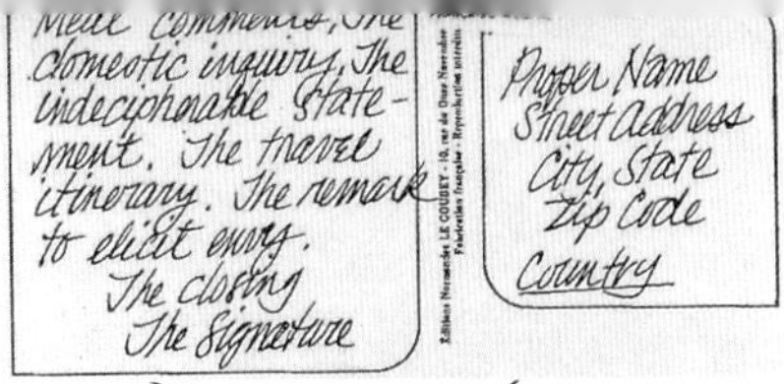

Meal comments. The
domestic inquiry. The
indecipherable state-
ment. The travel
itinerary. The remark
to elicit envy.
The closing
The Signature
Proper Name
Street Address
City, State
Zip Code
Country

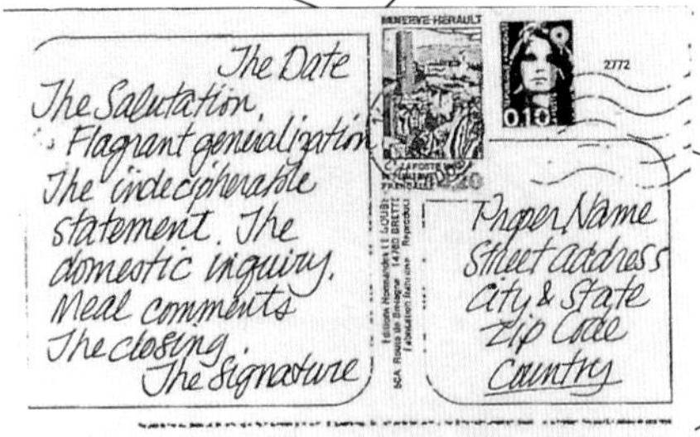

The Date
The Salutation,
Flagrant generalization
The indecipherable
statement. The
domestic inquiry.
Meal comments
The closing
The Signature
Proper Name
Street Address
City & State
Zip Code
Country

The Date
The Salutation,
Expression of pathos.
The description of
site. The indecipher-
able statement. The
travel itinerary. The
domestic inquiry.
Meal and accommodation
comments. The
closing. The Signature
Proper Name
Street address
City & State,
Zip Code
Country

bathing

ch

EIR RIFLES. JUST AS THEY WENT UP BEHIND ME THROUGH THIS OPENI

nité du Débarquement Monument Signal at Graye-sur-Mer

DEO PAN Croix de Lorraine, Monument to Charles de Gaulle at Graye-sur-Mer

val Winnipeg Rifles Memorial at Courseulles
eral de Gaulle Landing Memorial at Courseulles

nité du Débarquement Monument Signal and Queen's
JUST POSSIBLE HE STOOD RIGHT HERE WHEN HE LANDED, THIS VERY SP
Chaudiére Regiment Plaque and Queen's Ow

The Date
The Salutation,
Statement of
admiration. The
travel itinerary.
The domestic inquiry
The remark to elicit
envy. The closing
The Signature
Proper Name
Street Address
City & State
Zip Code
Country

e French Memorial
th Shore Regiment Memorial at Saint-Aubi

0

48 Commando Memorial at Langrune

The Date
The Salutation,
Contemplative
reflection. The
description of site.
The travel itinerary.
The remark to elicit
envy. The closing,
The Signature
Proper Name
Street Address
City, State
Zip Code
Country

0

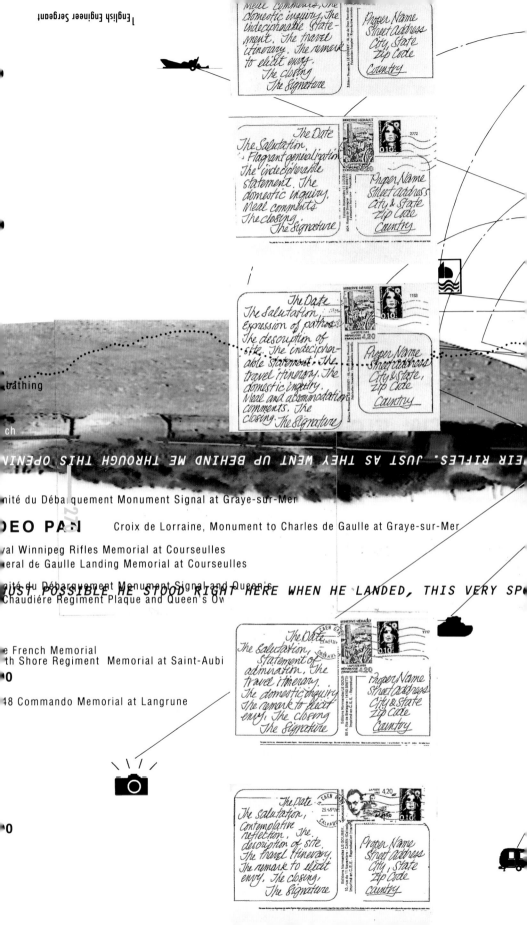

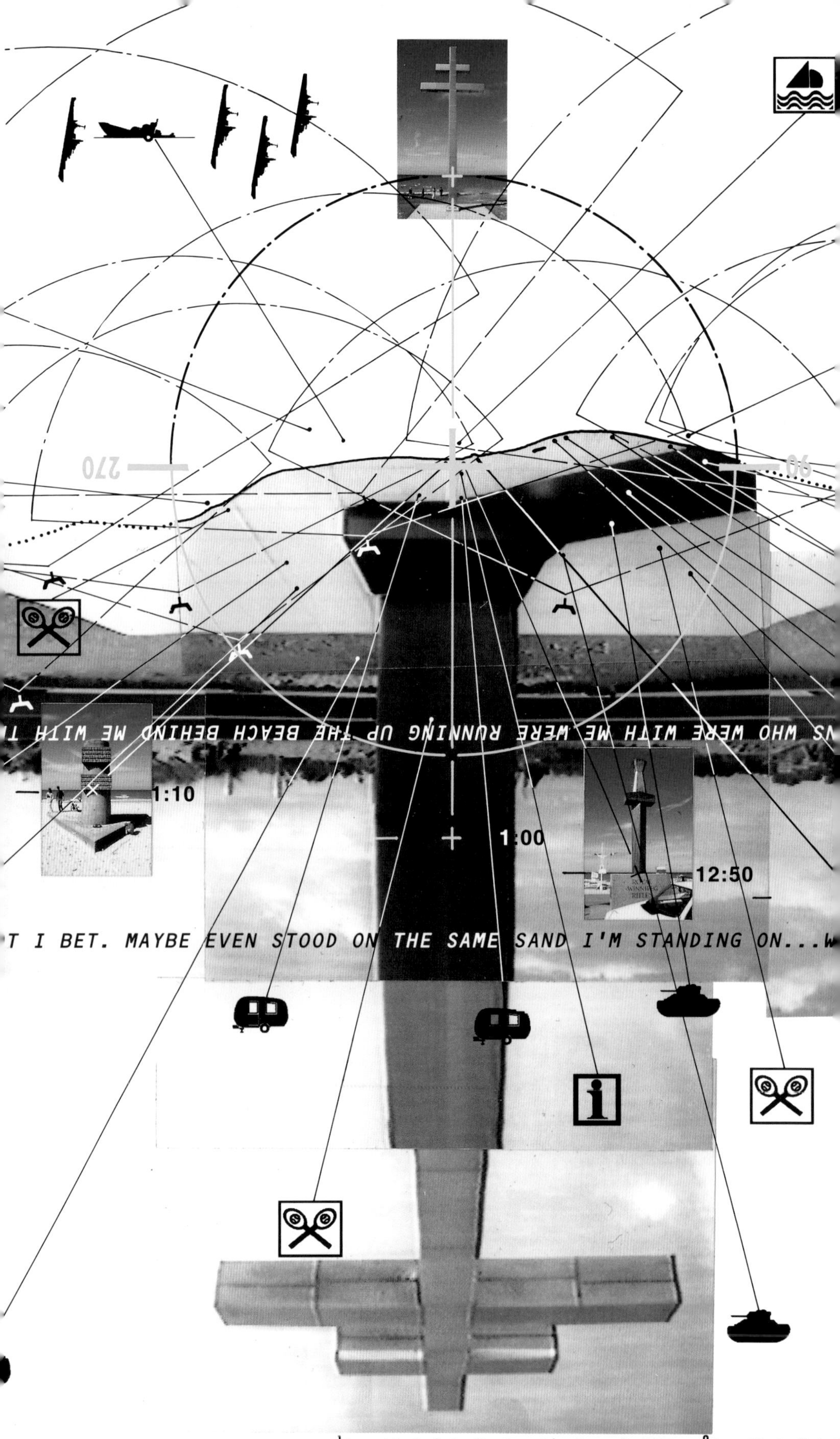
270
90
NS WHO WERE WITH ME WERE RUNNING UP THE BEACH BEHIND ME WITH T
1:10
1:00
12:50
T I BET. MAYBE EVEN STOOD ON THE SAME SAND I'M STANDING ON...W

[1]General De Gaulle Landing Memorial at Courseulles 1988 [2]General De Gaulle La

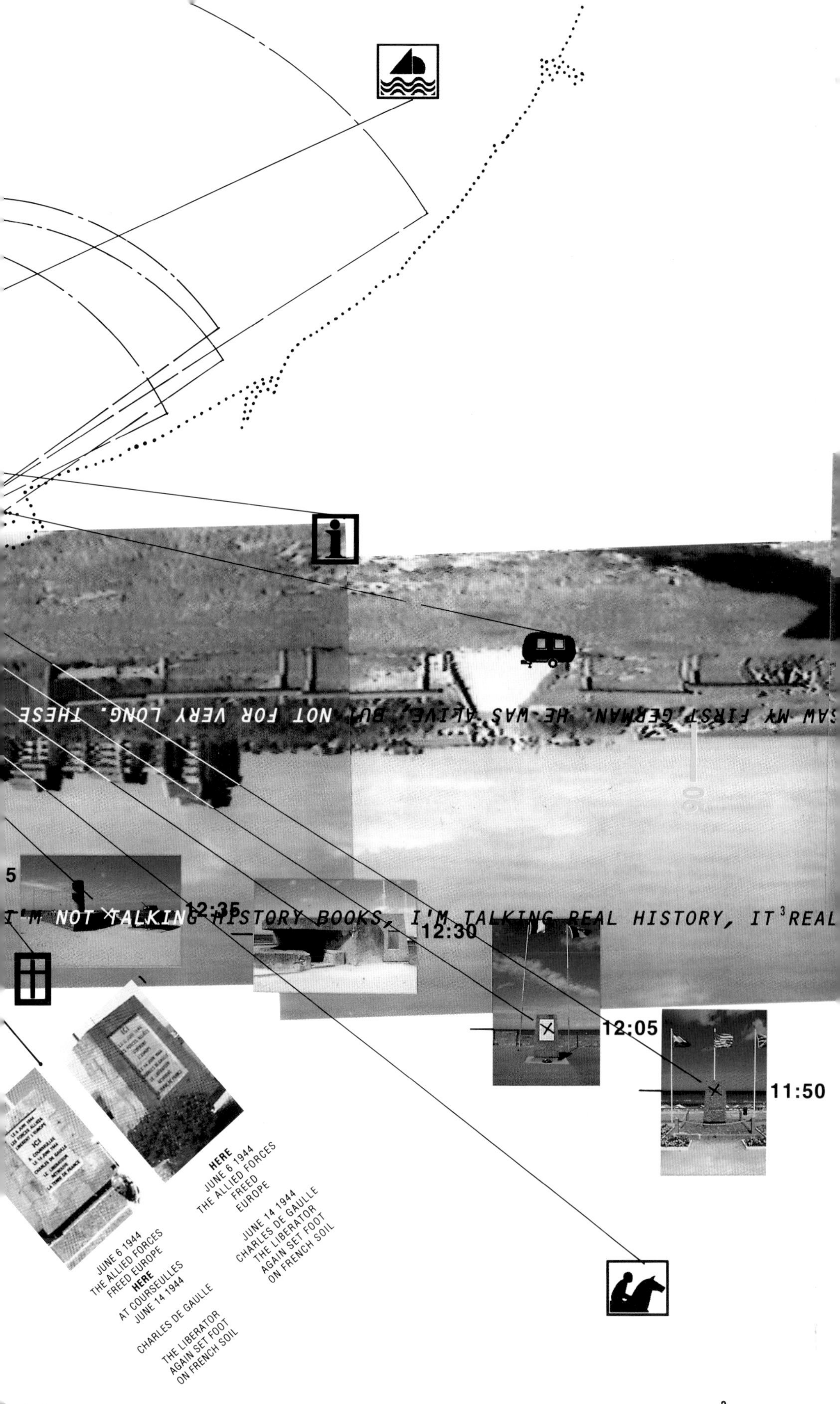

SAW MY FIRST GERMAN. HE WAS ALIVE, BUT NOT FOR VERY LONG. THESE
I'M NOT TALKING HISTORY BOOKS, I'M TALKING REAL HISTORY, IT 3REAL
5
12:35
12:30
12:05
11:50
HERE
JUNE 6 1944
THE ALLIED FORCES
FREED
EUROPE
JUNE 14 1944
CHARLES DE GAULLE
THE LIBERATOR
AGAIN SET FOOT
ON FRENCH SOIL
JUNE 6 1944
THE ALLIED FORCES
FREED EUROPE
HERE
AT COURSEULLES
JUNE 14 1944
CHARLES DE GAULLE
THE LIBERATOR
AGAIN SET FOOT
ON FRENCH SOIL

10

nthouse Falls to English

11

Companies Arrive at Meuvaines

-pout Bodies and Parts of Bodies Spread

Gather Behind Les Roquettes

Point Gained in Front of the River in Line

MC Lands Near Roquettes

12

any Lands at Les Roquettes

Not the Raging Inferno Some People Had

KENED THIS MORNING AT 1 A.M. BY A DISTANT BOMBARDMENT. WE GOT DR

mpanies of 1st Hampshire Land at Les Roquettes

orset Lands Near Les Roquettes

'AS NOT UNTIL THE FIRST FLIGHT OF ASSAULTING TROOPS WERE AWAY AN

hter Bombers Attack Resistance Points

13

s Guns Resume Firing

s Guns Stop Firing

14

ole Scene Looked at From this Distance

e

ombardment

errible and Monstrous Thing to Have to

15

11 Fabius II Exercise 12 Tank Landing 13 Film Still *The Lo* 16 Official Military Observer

Gunnery Charles Wilson

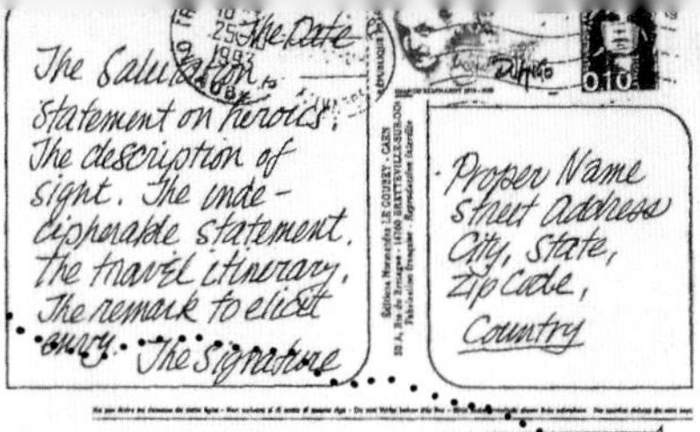

The Date
The Salutation, Statement on heroics. The description of sight. The indecipherable statement. The travel itinerary. The remark to elicit envy. The Signature
Proper Name
Street Address
City, State,
Zip Code,
Country

Bayeux Museum

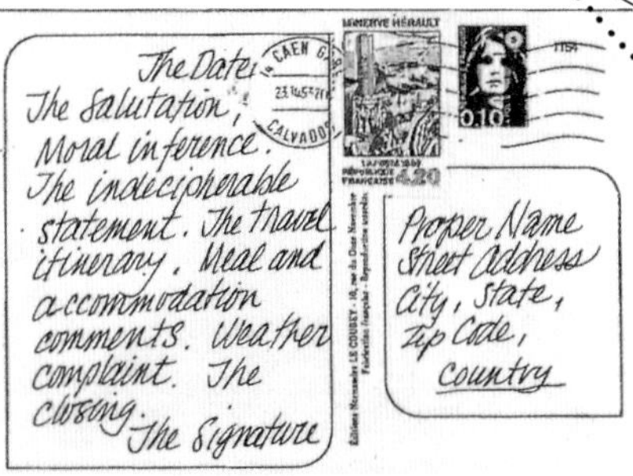

The Date
The Salutation, Moral inference. The indecipherable statement. The travel itinerary. Meal and accommodation comments. Weather complaint. The closing. The Signature
Proper Name
Street Address
City, State,
Zip Code,
Country

mité du Débarquement Monument Signal Po

rman Gun Battery Remains at Longues

More Film for Camera

The Date
The Salutation, Patriotic remark. The description of site. The travel itinerary. The remark to elicit envy. Meal
Proper Name
Street Address
City, State
elicit envy. The domestic inquiry. The closing The Signature
City, State
Zip Code
Country

dings Museum at Arromanches

HALF BY A SHELL AND HIS LOWER PART COLLAPSED IN A BLOODY HEA

oramic Table at Saint-Côme-de-Fresné

tue of Notre-Dame-des-Flots, Saint-Côme-de-Fresné

EO PAN

German bunker remains at Asnelles

270

urch at Asnelles

CHANNEL TO HERE. I DIDN'T REALIZE THAT CONCRETE FLOATS. YOU

miral Ramsay's HQ, Ver-Sur-Mer Free Fren

morial to the Liberators of Ver-sur-Mer

rman Bunker Remains at La Rivière

The Date
The Salutation, Reflection of reverential power. The description of site. The indecipherable statement. The travel itinerary. The remark to elicit envy. Meal comments. The closing The Signature
Proper Name
Street Address
City & State,
Zip Code
Country

The Date
The Salutation, Educational recollection. The description of sight. The travel itinerary. Meal comments. The remark to elicit
Proper Name
Street Address
City & State

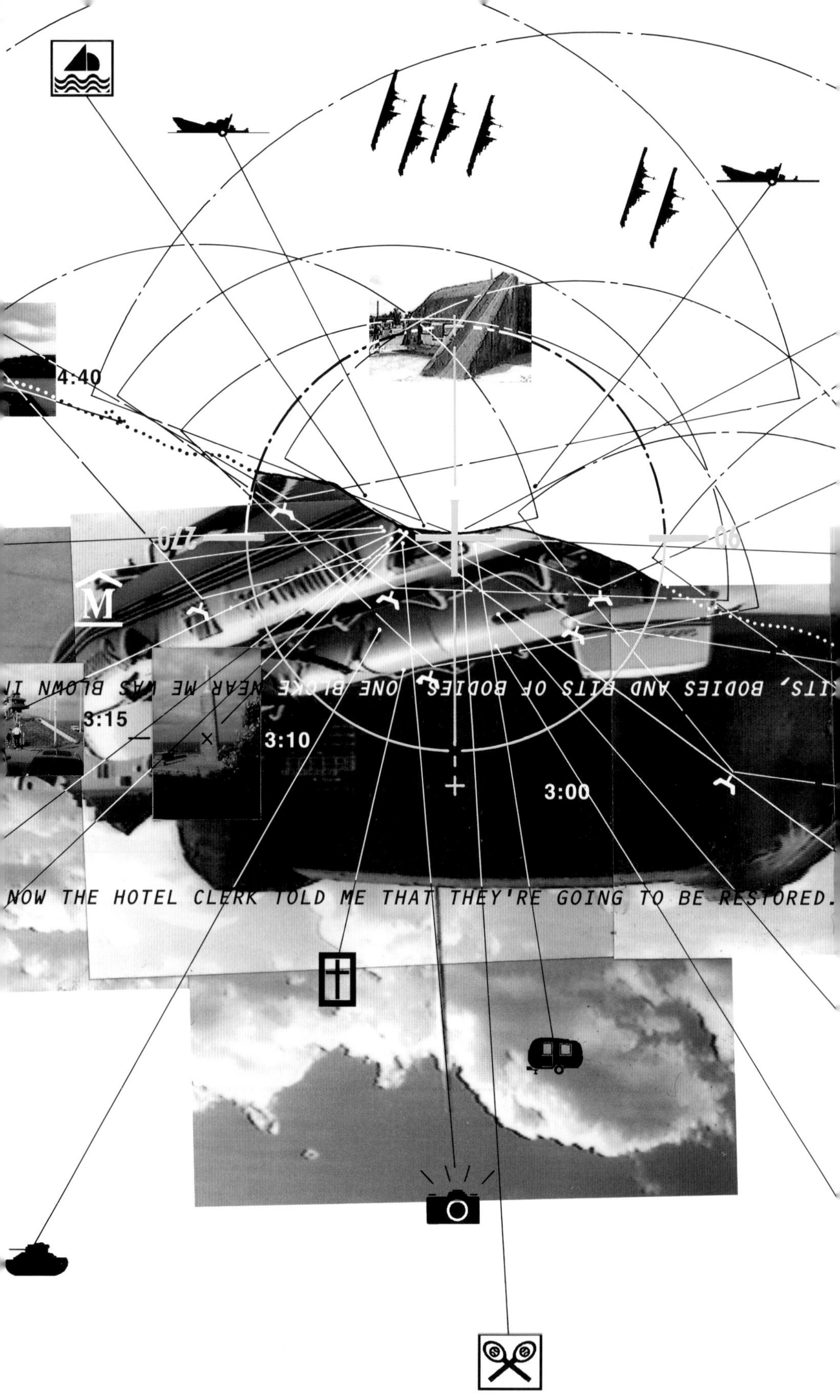
4:40
270
90
M
ITS, BODIES AND BITS OF BODIES. ONE BLOKE NEAR ME WAS BLOWN I
3:15
3:10
3:00
NOW THE HOTEL CLERK TOLD ME THAT THEY'RE GOING TO BE RESTORED.

[1]Arromanches at High Tide [2]Florentin, *Gateway to Victory*, p.110 [3]Arromanches at Low Tide

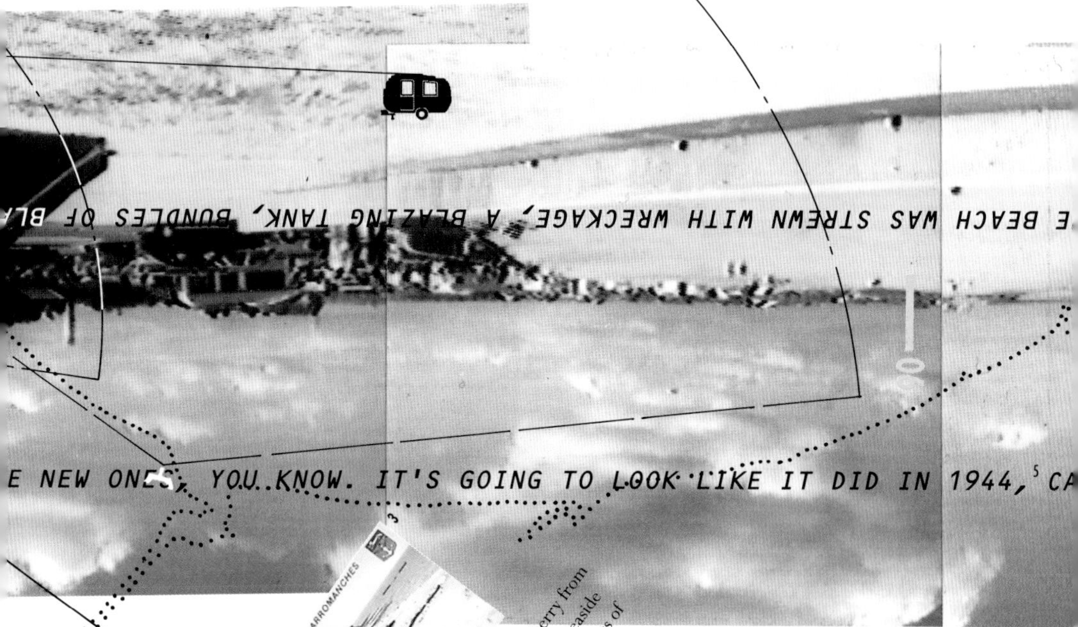

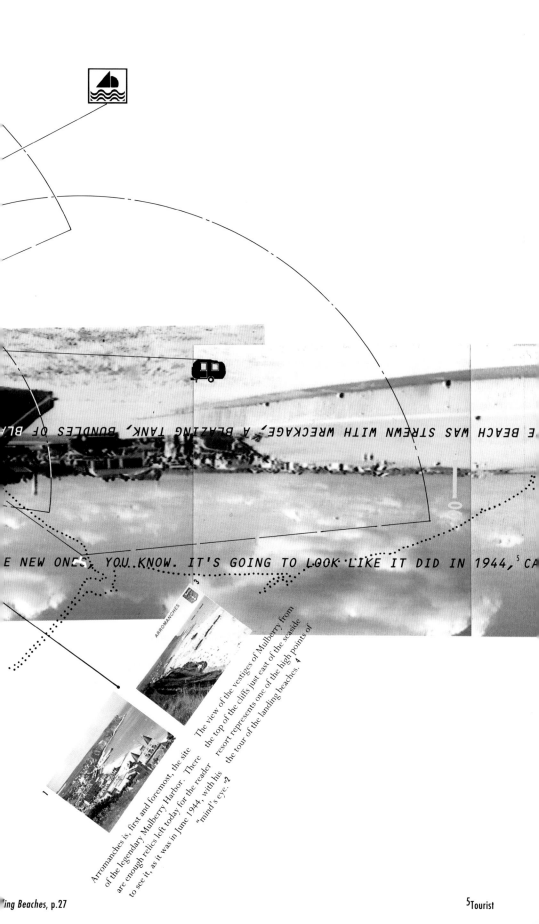

E BEACH WAS STREWN WITH WRECKAGE, A BLAZING TANK, BUNDLES OF BL

E NEW ONES, YOU KNOW. IT'S GOING TO LOOK LIKE IT DID IN 1944,[5] CA

3

The view of the vestiges of Mulberry from the top of the cliffs just east of the seaside resort represents one of the high points of the tour of the landing beaches. 4

1

Arromanches is, first and foremost, the site of the legendary Mulberry Harbor. There are enough relics left today for the reader to see it, as it was in June 1944, with his "mind's eye."2

'ing Beaches, p.27

5Tourist

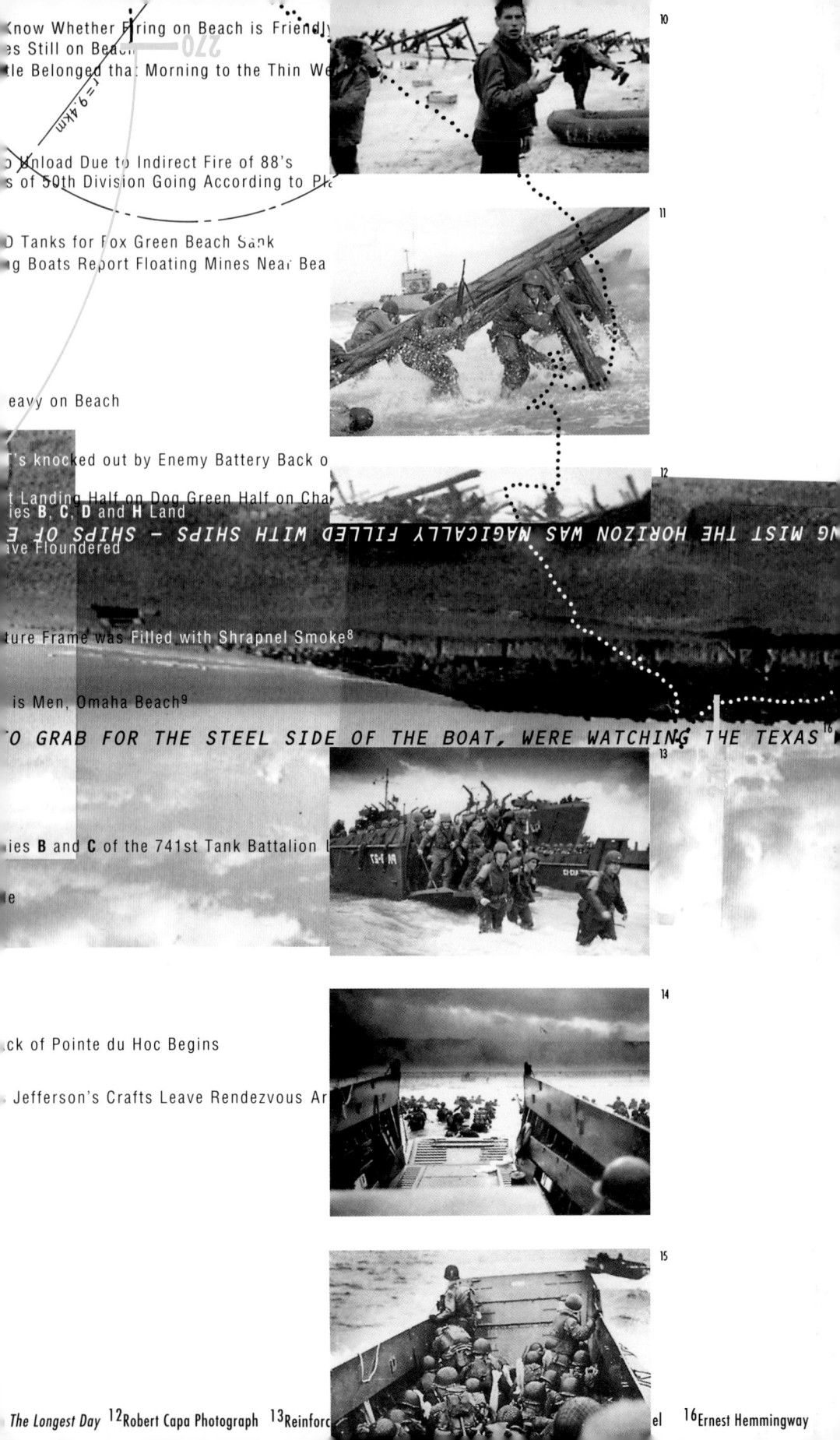

Know Whether Firing on Beach is Friendly
es Still on Beach
tle Belonged that Morning to the Thin We

270

r = 9.4km

o Unload Due to Indirect Fire of 88's
s of 50th Division Going According to Pla

D Tanks for Fox Green Beach Sank
ng Boats Report Floating Mines Near Bea

eavy on Beach

T's knocked out by Enemy Battery Back o

t Landing Half on Dog Green Half on Cha
ies **B**, **C**, **D** and **H** Land
ave Floundered

NG MIST THE HORIZON WAS MAGICALLY FILLED WITH SHIPS – SHIPS OF E

ture Frame was Filled with Shrapnel Smoke[8]

is Men, Omaha Beach[9]

O GRAB FOR THE STEEL SIDE OF THE BOAT, WERE WATCHING THE TEXAS[16]

ies **B** and **C** of the 741st Tank Battalion L

e

ck of Pointe du Hoc Begins

Jefferson's Crafts Leave Rendezvous Ar

10

11

12

13

14

15

The Longest Day [12]Robert Capa Photograph [13]Reinforc ... el [16]Ernest Hemmingway

1Pte Lee Ratel

The Salutation
Reflection of
reverential power.
The description of
site. The travel
itinerary. The
domestic inquiry.
The Closing
The Signature
Proper Name
Street address
City & State
Zip Code
Country

nch

emorial to the French Squadrons Bomber Co

0

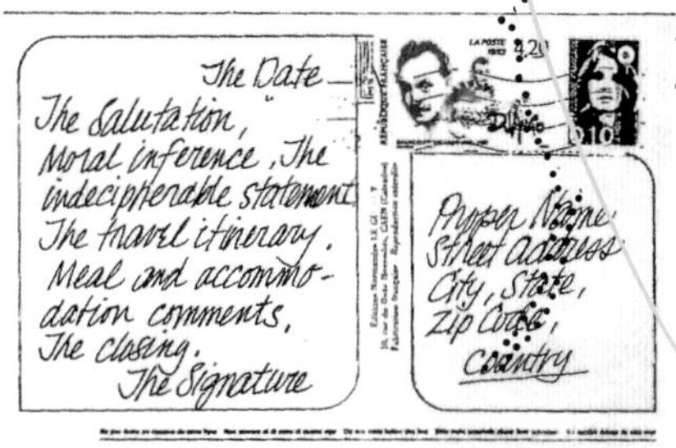

The Date
The Salutation,
Moral inference. The
indecipherable statement
The travel itinerary.
Meal and accommodation comments.
The closing.
The Signature
Proper Name
Street address
City, State,
Zip Code,
Country

nerican Ranger Memorial at Pointe du Hoc

The Date
The Salutation,
Zealous patriotic
assertion. Flagrant
generalization. The
travel itinerary,
The indecipherable
statement The
closing The Signature
Proper Name
Street address
City, State
Zip Code
Country

s

emorial to the 58th Armored Artillery Battali

00

THAT HAD TO BE DONE AND WE WERE ALLOTTED TO IT. THAT'S IT. YOU

h Engineer Special Brigade Memorial

DEO PAN

1st Infantry Division Memorial Obelisk and Seat

e Colleville-sur-Mer American Cemetery

URE THIS. THEY'RE ALL PINNED DOWN. GUNS. SMOKE. EXPLOSIONS. GUY

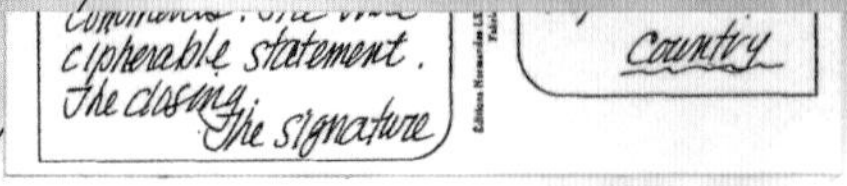

cipherable statement.
The closing
The signature
Country

mité du Débarquement Monument to the 29t

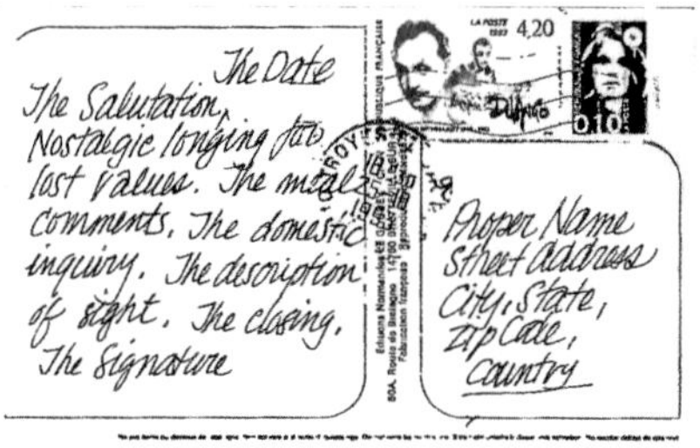

The Date
The Salutation,
Nostalgic longing for
lost values. The meal
comments. The domestic
inquiry. The description
of sight. The closing.
The Signature
Proper Name
Street address
City, State,
Zip Code,
Country

ffee and Buns

tional Guard Memorial

e Colleville-sur-Mer Church and Memorial

The Date
The Salutation,
Patriotic exaltation.
Meal comments. The
domestic inquiry
The travel itinerary
The remark to elicit
envy. The closing
Proper Name
Street address
City & State
Zip Code
Country

0

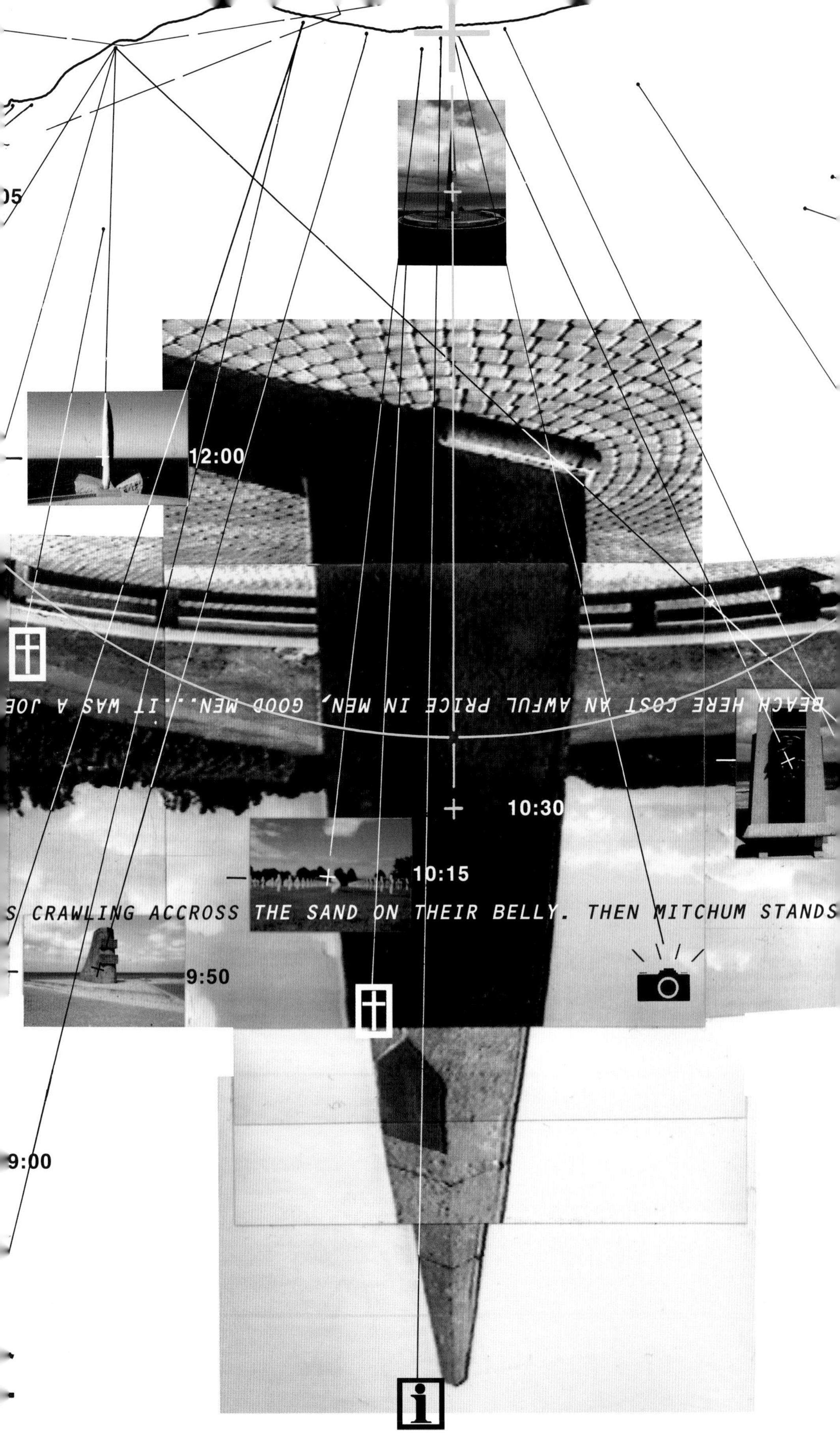
12:00
BEACH HERE COST AN AWFUL PRICE IN MEN, GOOD MEN...IT WAS A JOE
10:30
10:15
S CRAWLING ACCROSS THE SAND ON THEIR BELLY. THEN MITCHUM STANDS
9:50
9:00

VEN GET INTO THE SAND AND THERE WERE A LOT OF THEM LYING ON THE

KS ABOUT THE DEAD AND SOON TO BE DEAD. THAT'S MY FAVORITE[4] SCENE

ap [2]On Site Filming *The Longest Day* [3]Pointe du Hoc 1993 [4]Tourist

CT Lands

6

uard Crosses Atlantic Wall and Flooc

7

ıntry Division Lands

Commander Releases Goliath Tanks

E AGAINST THE SCISSORS TELESCOPE. WHAT HE SAW SEEMED BEYOND COMP

ıies E and F Land at Utah

dit

GOING TO THEIR ASSEMBLY STATIONS. BEFORE GOING ON DECK THEY 11SI

270

61 Hit

Javal Bombardment Begins

ve Controlled on Marcouf Islands

ıe

8

lied Swimmers Arrive at Saint Marco

9

ision 13 miles Out Begins Unloading

10

7Filming The Longest Day 8Reinforcements Arrive 9 11 ral Theodore Roosevelt

1 Commodore James Arnold

irborne Museum, Ste Mère Eglise

hurch and US Cemetery marker Nº 1 at Ste Mè

0

zeville Battery

oilet

0

omité du Débarquement Monument Signal to

wimming

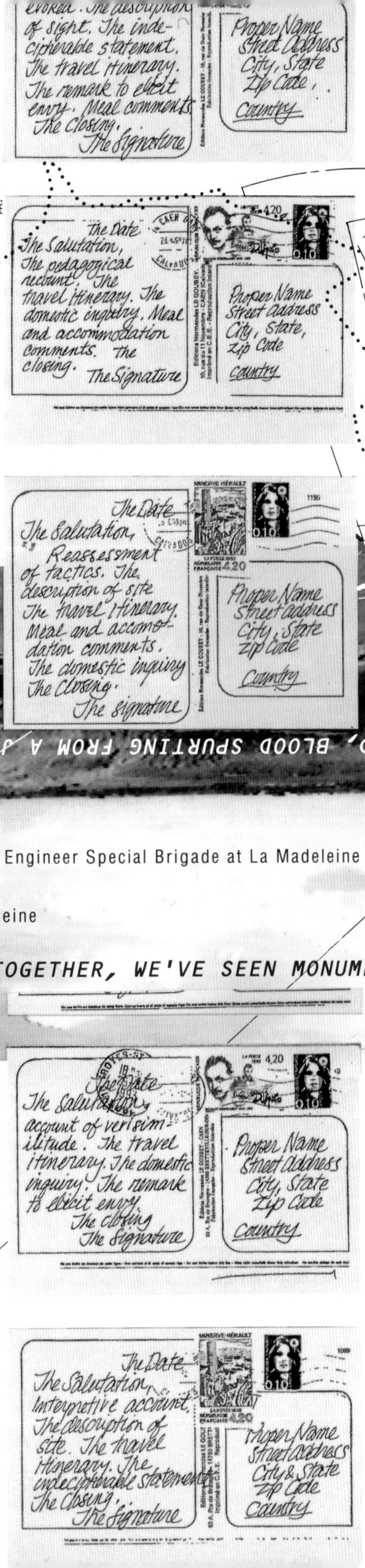

evoked. The description of sight. The indecipherable statement. The travel itinerary. The remark to elicit envy. Meal comments. The Closing. The Signature
Proper Name Street Address City, State Zip Code, Country
The Date
The Salutation, The pedagogical account. The travel itinerary. The domestic inquiry. Meal and accommodation comments. The closing. The Signature
Proper Name Street address City, State, Zip Code country
The Date
The Salutation, Reassessment of tactics. The description of site The travel itinerary. Meal and accomodation comments. The domestic inquiry The Closing. The signature
Proper Name Street address City, State Zip Code Country
The Date
The Salutation, account of verisimilitude. The travel itinerary. The domestic inquiry. The remark to elicit envy. The closing The Signature
Proper Name Street Address City, State Zip Code Country
The Date
The Salutation, Interpretive account. The description of site. The travel itinerary. The indecipherable statement. The Closing, The Signature
Proper Name Street Address City & State Zip Code Country

HE DROPPED, BLOOD SPURTING FROM A JAGGED HOLE TORN BY A SNIPER

0

erman Blockhouse, La Redoute

DEO PAN Monument of the 1st Engineer Special Brigade at La Madeleine

9th Anniversary Monument, La Madelaine

belisk to the 4th Armored Division, La Madeleine

SURE SCRAMBLED EVERYTHING TOGETHER, WE'VE SEEN MONUMENTS ON BU

0

tah Beach Museum, La Madeleine

erman Blockhouse, Le Grand Vey

02nd PIR Memorial, Carentan

0

0

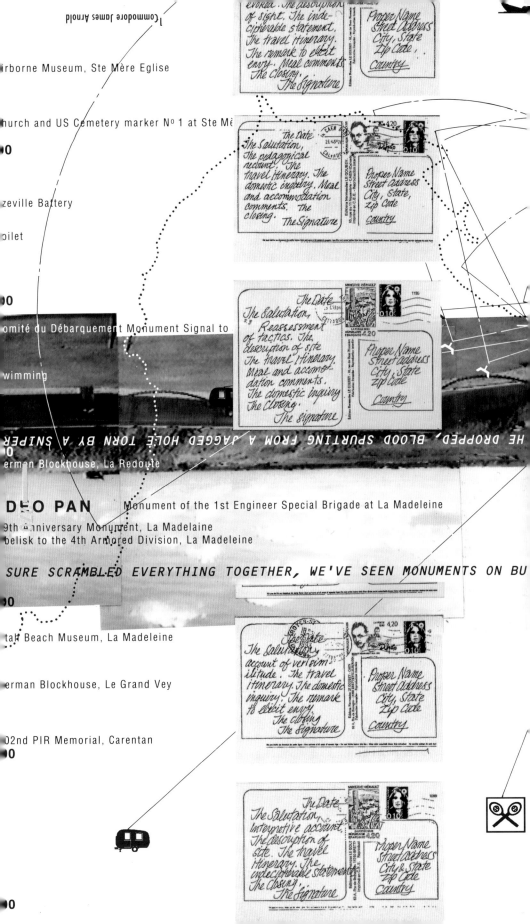

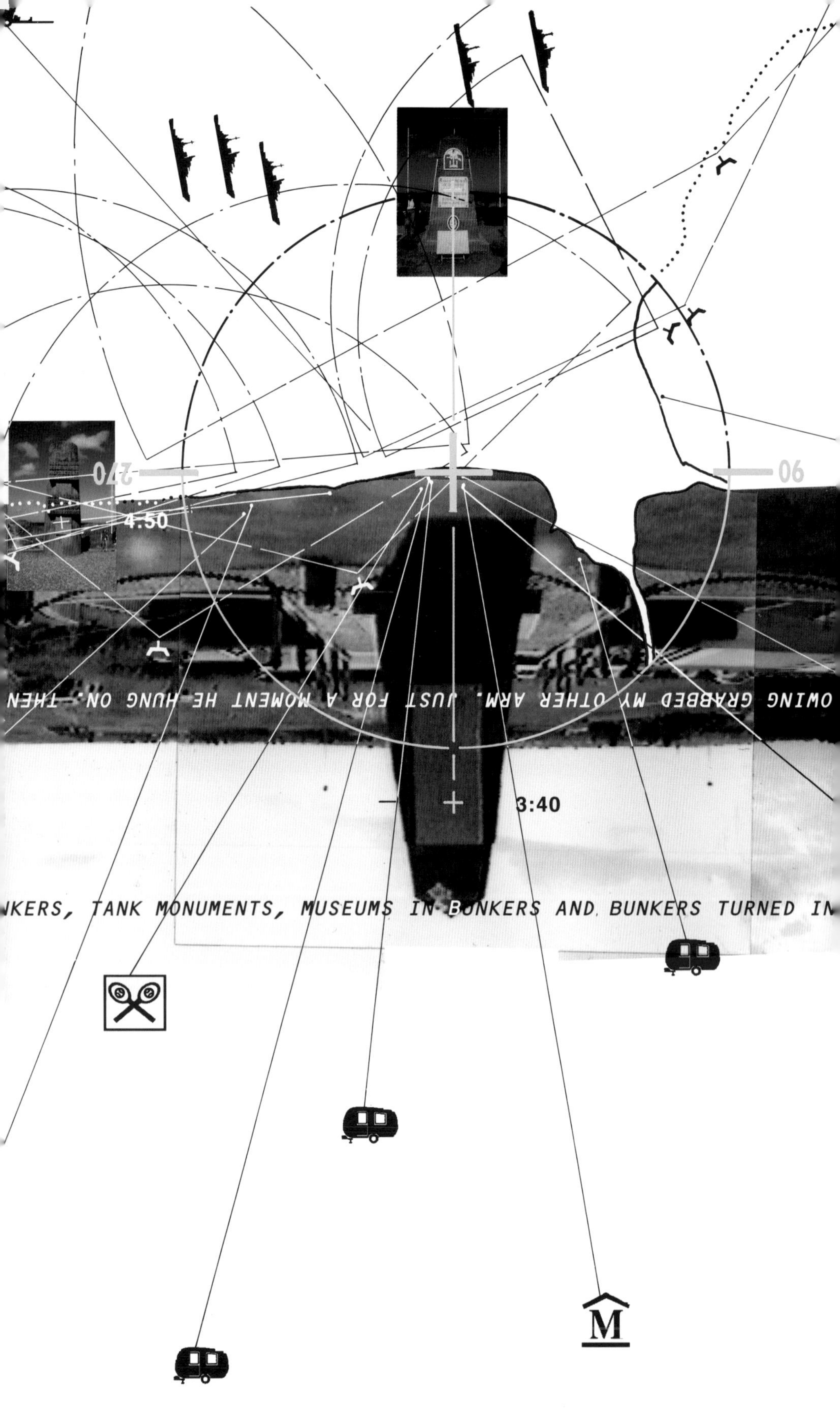
270
90
4:50
OWING GRABBED MY OTHER ARM. JUST FOR A MOMENT HE HUNG ON. THEN
3:40
KERS, TANK MONUMENTS, MUSEUMS IN BUNKERS AND BUNKERS TURNED IN
M

[1]Utah Beach 1944 [2]Murphy, *Heroes of WWII*, p.203 [3]Utah Beach 1944 [4]Time-Life Books, *The Second Fro*

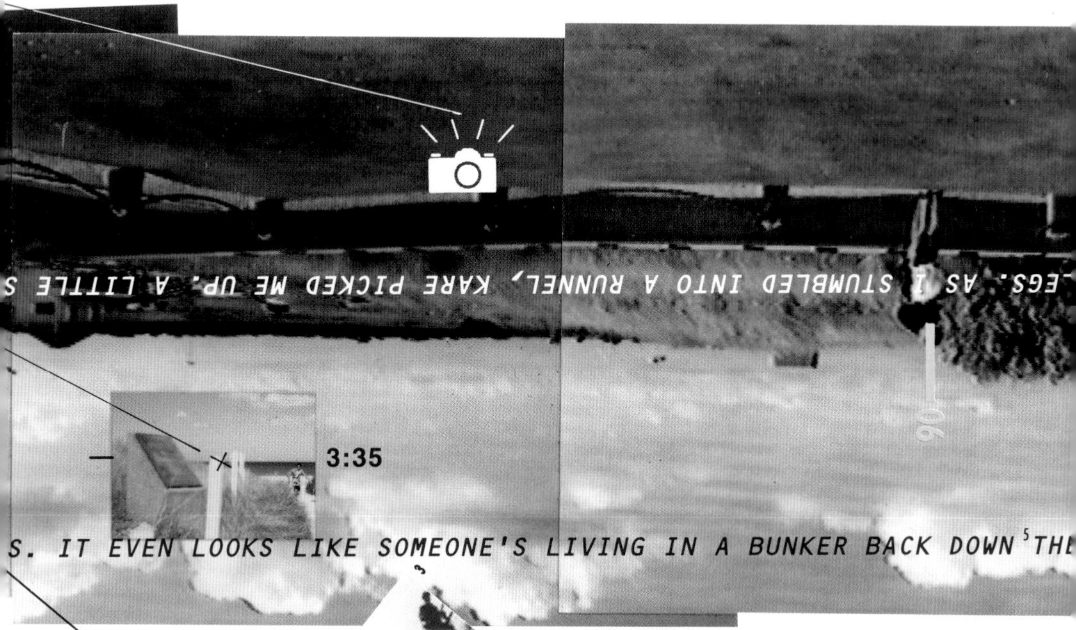
EGS. AS I STUMBLED INTO A RUNNEL, KARE PICKED ME UP. A LITTLE S
3:35
S. IT EVEN LOOKS LIKE SOMEONE'S LIVING IN A BUNKER BACK DOWN [5] THE

3

1

Gen. Roosevelt conferred briefly with his battalion commanders and made his decision. “Gentlemen”, he announced, “we'll start the war from here.”[2]

Roosevelt conferred briefly with his battalion commanders and made his decision. He would, in his own words, “start the war from here.”[4]

[5] Tourist

REMERCIEMENTS

Nous tenons à remercier pour leur soutien:

René Garrec, Président du Conseil Régional de Basse-Normandie,

Pierre Aguiton,Vice-Président du Conseil Régional de Basse-Normandie, Président du F.R.A.C. Basse-Normandie,

les membres du Conseil d'Administration du F.R.A.C. Basse-Normandie,

et plus particulièrement:

Alain Tourret, Président délégué du F.R.A.C. Basse-Normandie,

Sylvie Bénard-Courtin, Chargée de mission pour la Culture au Conseil Régional de Basse-Normandie,

ainsi que:

Alain Marais, Directeur Régional des Affaires Culturelles de Basse-Normandie,

Philippe Lagayette, Directeur Général de la Caisse des dépôts et consignations,

Francis Lacloche, Chargé de Mission pour le mécénat et l'action culturelle à la Caisse des dépôts et consignations,

Vincent Fausser, Directeur Régional de la Caisse des dépôts et consignations en Normandie, Caen,

ACKNOWLEDGEMENTS

We want to thank the following individuals for their support:

René Garrec, President of the Regional Council of Basse-Normandie,

Pierre Aguiton, Vice-President of the Regional Council of Basse Normandie, President of the F.R.A.C. Basse-Normandie,

The members of the F.R.A.C. Basse-Normandie Board,

and in particular:

Alain Tourret, Delegate-President of the F.R.A.C. Basse-Normandie,

Sylvie Bénard-Courtin, Cultural Representative at the Regional Council of Basse-Normandie,

as well as:

Alain Marais, Regional Director of Cultural Affairs of Basse-Normandie,

Philippe Lagayette, General Director of the Caisse des dépôts et consignations,

Francis Lacloche, Development and Cultural Action Officer at the Caisse des dépôts et consignations,

Vincent Fausser, Regional Director of the Caisse des dépôts et consignations en Basse-Normandie, Caen,

Catherine Brillet, Secrétaire Général de la Direction Régionale du Crédit local de France,

Pierre Marsaa, Chargé du programme Art et Architecture à la Caisse des dépôts et consignations,

Jean-Pierre Tiphaigne, Directeur de l'Office Départemental d'Action Culturelle du Calvados,

Paul Queney, Secrétaire Général de l'Association Débarquement et Bataille de Normandie 1944 au Conseil Régional de Basse-Normandie.

Nour remerçions également pour leur concours:

La galerie Philippe Uzzan, Paris,

Jean-Marc Lefranc, Maire de Grandcamp-Maisy et la SNSM (Société Nationale de Sauvetage en Mer),

Françoise Passera, Responsable des Archives et du Centre de Documentation du Mémorial de Caen,

Marie Plante, Directeur de la Communication au Conseil Régional de Basse-Normandie.

Catherine Brillet, General Secretary of the local Crédit de France,

Pierre Marsaa, Director of the Art and Architecture Program at the Caisse des dépôts et consignations,

Jean-Pierre Tiphaigne, Director of the Departmental Office for Cultural Action in Calvados,

Paul Queney, General Secretary of the Allied Invasion and Battle of Normandy 1944 at the Regional Council of Basse-Normandie.

We would also like to thank:

Philippe Uzzan Gallery, Paris,

Jean-Marc Lefranc, Mayor of Grandcamp-Maisy and the S.N.S.M. (National Sea Rescue),

Françoise Passera, Responsible for the Archives and Documentation Center at the Memorial Museum of Caen,

Marie Plante, Director of Communication at the Regional Council of Basse-Normandie.

ACKNOWLEDGEMENTS

We wish to thank Philippe Uzzan for helping to initiate this book/exhibition project and Sylvie Zavatta and the F.R.A.C. Basse-Normandie for their enthusiatic support and hard work in assisting in its realization. We are very grateful to our sponsors for their generous support.

We extend our gratitude to Georges Teyssot for his invaluable advice and help throughout the conception and production of this book. Also, we wish to acknowledge the initial suggestions of Frédéric Migayrou and Tom Keenan and the ongoing editorial assistance of Heather Champ.

Thanks, also, to Rodolphe El-Khoury, Monique Mosser, and Georges Teyssot for assisting in the translations.

The installation, *SuitCase Studies: The Production of a National Past* was originally sponsored by the Walker Art Center in Minneapolis and curated by Mildred Friedman. The project was produced with Victor Wong and with the assistance and advice of Robert McAnulty.

D + S

REMERCIEMENTS

Nous tenons à exprimer notre reconnaissance à tous ceux, particuliers et organismes, qui ont contribué à la réussite de ce livre/exposition. Nous remercions chaleureusement Philippe Uzzan et Sylvie Zavatta, ainsi que le F.R.A.C. Basse-Normandie, qui par leur disponibilité et leurs conseils nous ont aidé à donner corps à ce livre et à l'exposition. Nous voulons exprimer nos remerciements aux *sponsors* pour leur générosité.

Nous voulons exprimer notre gratitude à Georges Teyssot pour les conseils très utiles impartis durant la conception et la production de ce livre. Nous n'oublions pas les précieuses suggestions initiales de Frédéric Migayrou et Tom Keenan, ainsi que la collaboration éditoriale de Heather Champ.

Nos remerciements s'adressent en particulier à Rodolphe El-Khoury, Monique Mosser et Georges Teyssot pour nous avoir assistés dans la révision des traductions.

L'installation, *SuitCase Studies: La production d'un passé national*, a été d'abord créé pour le Walker Art Center de Minneapolis, dont le commissaire était Mildred Friedman. Le projet fut réalisé avec Victor Wong et avec l'assistance de Robert McAnulty.

D + S

Translators/Traductions:

Déotte: Simon Pleasance

Diller + Scofidio: Jean Duriau

Keenan: Jean Duriau (after initial translation by/d'après une traduction de Melanie Ross)

Migayrou: Simon Pleasance

Tillman: Claude Gintz and/et Judith Aminoff

Van den Abbeele: Jean Duriau (after initial translation by the author/d'apres une traduction de l'auteur)

Zavatta: Simon Pleasance

Copy editors/Corrections de texte: Jan Heller Levi, Warren Niesluchowski

Liaison in/en France: Christopher Evans

BIOGRAPHIES

Jean-Louis Déotte, philosophe et maître de conférence à l'Université de Paris VIII, enseigne au Collège International de Philosophie de Paris et à l'Institut de Philosophie de Madrid. Egalement chercheur au Centre G. Pompidou, à Paris, il est l'auteur de nombreux livres et articles dont *"Conserver n'est pas capitaliser* "(Cahier du CIPH, 1987), *"Le Musée monadologique* "(Cahier du CIPH, 1988) et des livres *"Portrait, autoportrait,"* Paris 1986 et *"Le musée, l'origine de l'esthétique,"* Paris 1993. Il prépare actuellement un ouvrage sur les musées d'histoire. Jean-Louis Déotte vit à Paris.

Elizabeth Diller et **Ricardo Scofidio** travaillent ensemble sur des projets interdisciplinaires depuis 1979. Ils ont créé des installations pour le Museum of Modern Art de New York, le Museum of Contemporary Art de Chicago et en préparent une pour le Centre G. Pompidou (prévue pour 1996). Architectes de formation, Diller et Scofidio enseignent à l'Université de Princeton et à la Cooper Union. Leur anti-monographie, *FLESH* (*CHAIR*) est en cours d'édition chez Princeton Architectural Press. Diller et Scofidio vivent à New York.

BIOGRAPHIES

Jean-Louis Déotte is a philosopher and a lecturer at the Université de Paris VIII who teaches at the Collège International de Philosophie de Paris and at the Institut de Philosophie of Madrid. He is also a cultural researcher at the Centre Pompidou in Paris. His published works include the articles "Conserver n'est pas capitaliser" in Cahier du CIPH, 1987, "Le musée monadologique" in Cahier du CIPH, 1988 and the books *Portrait, autoportrait*, Paris 1986 and *le Musée, l'origine de l'esthétique*, Paris 1993. He is currently working on a book on history museums. Jean-Louis Déotte lives in Paris.

Elizabeth Diller and Ricardo Scofidio have collaborated on cross-disciplinary projects since 1979. Their projects have been exhibited at the Museum of Modern Art, New York, Museum of Contemporary Art, Chicago, and a new work for the Centre Pompidou is scheduled for 1996. Educated as architects, Diller and Scofidio also teach architecture at Princeton University and The Cooper Union, respectively. Their current anti-monograph, *FLESH,* is forthcoming from Princeton Architectural Press. Diller + Scofidio live in New York.

Thomas Keenan enseigne la théorie littéraire au Département d'Anglais de l'Université de Princeton. Ses ouvrages comprennent *Fables of Responsibility* (à paraître), *Paul de Man's Wartime Journalism* et *Responses* (tous deux co-édités avec Neil Hertz et Werner Hamacher) et un numéro spécial de la revue *American Imago* sur l'amour. Il regarde beaucoup la télévision et travaille actuellement sur un livre consacré à la guerre et à la publicité, plus particulièrement axé sur la Somalie 1992-3. Thomas Keenan vit à New York.

Frédéric Migayrou, philosophe et critique d'art et d'architecture, a publié nombre d'articles et de monographies. Il a organisé, avec François Laruelle, le Colloque "Espace et Pensées" à Lyon en 1990. Il travaille actuellement sur une monographie consacrée à Jeff Wall et a organisé une conférence avec L. Diller et R. Scofidio à Castres, "La disposition des séquences." Il est aujourd'hui conseiller artistique auprès du Ministère de la Culture à Orléans. Frédéric Migayrou vit à Orléans.

Thomas Keenan teaches literary theory in the English Department at Princeton University. His works include *Fables of Responsibility* (forthcoming), Paul de Man's *Wartime Journalism* and *Responses* (both co-edited with Neil Hertz and Werner Hamacher), and a special issue of *American Imago* on love. He watches a lot of television and is currently at work on a book about war and publicity, focusing on Somalia in 1992-3. Thomas Keenan lives in New York.

Frédéric Migayrou is a philosopher and an art and architecture critic who has published many articles and monographs. With F. Laruelle, he organized the colloquium "Space and Thoughts" in Lyon, 1990. He is currently preparing a monograph devoted to Jeff Wall, and has just organized a conference with Diller + Scofidio in Castres, "The Disposition of Sequences." Migayrou is currently artistic advisor to the Ministry of Culture in Orléans. Frédéric Migayrou lives in Orléans.

Lynne Tillman est l'auteur de *Haunted Houses, Absence Makes the Heart, Motion Sickness, Cast in Doubt* et *The Madame Realism Complex,* ainsi que la co-éditrice de *Beyond Recognition: Representation, Power and Culture, writings by Craig Owens.* Ses articles paraissent dans *Art in America, Bomb* et le supplément littéraire du *Village Voice.* Elle a co-réalisé et écrit le film *Committed.* Lynne Tillman vit à New York.

Georges Van den Abbeele est professeur de Français à l'Université de Californie à Davis et a enseigné à Santa Cruz, Berkeley, Harvard et à l'Université de Miami. Il a traduit en anglais *Le Différend* de Jean-François Lyotard et écrit *Travel as Metaphor,* ainsi qu'un grand nombre d'articles sur la littérature pré-moderne et la pensée contemporaine. Georges Van den Abbeele vit à Davis, Californie.

Lynne Tillman is the author of *Haunted Houses*, *Absence Makes the Heart*, *Motion Sickness*, *Cast in Doubt*, and *The Madame Realism Complex*, and a co-editor of *Beyond Recognition: Representation, Power and Culture: Writings by Craig Owens*. Her criticism appears in *Art in America*, *Bomb*, and *the Village Voice Literary Supplement*. Tillman co-directed and wrote the film *Committed*. Lynne Tillman lives in New York.

Georges Van den Abbeele is Associate Professor of French at the University of California at Davis, after having taught at Santa Cruz, Berkeley, Harvard, and Miami University. He translated Jean-François Lyotard's *Le différend* into English for the University of Minnesota Press and is the author of *Travel as Metaphor*, and numerous articles on early modern literature and contemporary critical theory. George Van den Abbeele lives in Davis, California.

Photo credits/Crédits photographiques:
pp. 49-52, Glenn Halvorson.
pp.43-44, Joe Bensen.

Additional Images/Iconographies:
p. 21, sculpture by/par Duane Hanson.
pp. 112-128, frames from *The Draughtsman's Contract,* directed by Peter Greenaway/images tirées du film *Meurtre dans un jardin anglais* réalisé par Peter Greenaway.
pp. 282-301, frames from *The Longest Day* directed by Ken Annakin, Andrew Marton and Bernhard Wicki/images tirées du film *Le jour le plus long* réalisé par Ken Annakin, Andrew Marton et Bernhard Wicki.